高等职业教育"十四五"规划畜牧兽医宠物大类新形态纸数融合教材

U0641590

动物解剖生理

DONG WU JIE POU SHENG LI

主　编　王申锋　　王一明　　周凌博

副主编　刘　军　　王雯熙　　沈向华　　张福寿　　牛静华

编　者　（按姓氏笔画排序）

王一明　　伊犁职业技术学院

王申锋　　河南农业职业学院

王雯熙　　湖北生物科技职业学院

牛静华　　黑龙江农业经济职业学院

文　野　　湖南环境生物职业技术学院

刘　军　　湖南环境生物职业技术学院

李四豪　　河南瑞派宠物医院管理有限公司

邹丽丽　　湖南生物机电职业技术学院

沈向华　　内蒙古农业大学职业技术学院

张福寿　　商丘职业技术学院

周　敏　　河南农业职业学院

周凌博　　娄底职业技术学院

娄延岳　　河南农业职业学院

华中科技大学出版社
http://press.hust.edu.cn
中国·武汉

内 容 简 介

本书是高等职业教育"十四五"规划畜牧兽医宠物大类新形态纸数融合教材。

本书按照模块设计基本架构,主要阐述了动物解剖生理基础知识、动物体的基本结构、运动系统、被皮系统、消化系统、呼吸系统、泌尿系统、生殖系统、心血管系统、免疫系统、神经系统、内分泌系统、感觉器官、体温调节、禽类的解剖生理、其他动物解剖生理和理实一体化技能操作。本书充分发挥校企结合、院校联合编写的优势,引入思维导图,对接职业资格证书,重构教学内容,设计了模块小结、知识链接与拓展、案例分析、执考真题、能力巩固等,以增强与后续课程的衔接,突显教材的实用性。同时配套丰富的数字化学习资源,通过理实一体化技能操作,突破重难点,提高学生的动手实践能力,以突显职业教育的职业性、实践性和开放性。

本书适用于畜牧兽医专业、动物医学专业、动物药学专业、中兽医专业及相关专业的学生,也可供畜禽智能化养殖、特种经济动物养殖的工作人员参考。

图书在版编目(CIP)数据

动物解剖生理/王申锋,王一明,周凌博主编.—武汉:华中科技大学出版社,2023.1(2025.9重印)
ISBN 978-7-5680-8937-1

Ⅰ.①动… Ⅱ.①王… ②王… ③周… Ⅲ.①动物解剖学 ②动物学-生理学 Ⅳ.①Q954.5 ②Q4

中国版本图书馆 CIP 数据核字(2022)第 232638 号

动物解剖生理
Dongwu Jiepou Shengli

王申锋　王一明　周凌博　主编

策划编辑:罗　伟
责任编辑:毛晶晶　方寒玉
封面设计:廖亚萍
责任校对:谢　源
责任监印:周治超
出版发行:华中科技大学出版社(中国·武汉)　　电话:(027)81321913
　　　　　武汉市东湖新技术开发区华工科技园　　邮编:430223
录　排:华中科技大学惠友文印中心
印　刷:武汉市籍缘印刷厂
开　本:889mm×1194mm　1/16
印　张:22.5
字　数:709 千字
版　次:2025 年 9 月第 1 版第 4 次印刷
定　价:69.80 元

高等职业教育"十四五"规划
畜牧兽医宠物大类新形态纸数融合教材

编审委员会

委员（按姓氏笔画排序）

网络增值服务

使用说明

欢迎进入华中科技大学出版社图书中心

① 教师使用流程

（1）登录网址：http://bookcenter.hustp.com （注册时请选择教师用户）

注册 ＞ 登录 ＞ 完善个人信息 ＞ 等待审核

（2）审核通过后，您可以在网站使用以下功能：

下载教学资源　　建立课程　　管理学生　　布置作业　查询学生学习记录等

教师

② 学员使用流程

（建议学生在PC端完成注册、登录、完善个人信息的操作）

（1）PC 端学生操作步骤

① 登录网址：http://bookcenter.hustp.com（注册时请选择普通用户）

注册 ＞ 登录 ＞ 完善个人信息

② 查看课程资源：（如有学习码，请在"个人中心—学习码验证"中先通过验证，再进行操作）

选择课程

首页课程 ＞ 课程详情页 ＞ 查看课程资源

（2）手机端扫码操作步骤

手机扫码 → 登录 → 查看数字资源

注册

随着我国经济的持续发展和教育体系、结构的重大调整,尤其是 2022 年 4 月 20 日新修订的《中华人民共和国职业教育法》出台,高等职业教育成为与普通高等教育具有同等重要地位的教育类型,人们对职业教育的认识发生了本质性转变。作为高等职业教育重要组成部分的农林牧渔类高等职业教育也取得了长足的发展,为国家输送了大批"三农"发展所需要的高素质技术技能型人才。

为了贯彻落实《国家职业教育改革实施方案》《"十四五"职业教育规划教材建设实施方案》《高等学校课程思政建设指导纲要》和新修订的《中华人民共和国职业教育法》等文件精神,深化职业教育"三教"改革,培养适应行业企业需求的"知识、素养、能力、技术技能等级标准"四位一体的发展型实用人才,实践"双证融合、理实一体"的人才培养模式,切实做到专业设置与行业需求对接、课程内容与职业标准对接、教学过程与生产过程对接、毕业证书与职业资格证书对接、职业教育与终身学习对接,特组织全国多所高等职业院校教师编写了这套高等职业教育"十四五"规划畜牧兽医宠物大类新形态纸数融合教材。

本套教材充分体现新一轮数字化专业建设的特色,强调以就业为导向、以能力为本位、以岗位需求为标准的原则,本着高等职业教育培养学生职业技术技能这一重要核心,以满足对高层次技术技能型人才培养的需求,坚持"五性"和"三基",同时以"符合人才培养需求,体现教育改革成果,确保教材质量,形式新颖创新"为指导思想,努力打造具有时代特色的多媒体纸数融合创新型教材。本套教材具有以下特点。

(1)紧扣最新专业目录、专业简介、专业教学标准,科学、规范,具有鲜明的高等职业教育特色,体现教材的先进性,实施统编精品战略。

(2)密切结合最新高等职业教育畜牧兽医宠物大类专业课程标准,内容体系整体优化,注重相关教材内容的联系,紧密围绕执业资格标准和工作岗位需要,与执业资格考试相衔接。

(3)突出体现"理实一体"的人才培养模式,探索案例式教学方法,倡导主动学习,紧密联系教学标准、职业标准及职业技能等级标准的要求,展示课程建设与教学改革的最新成果。

(4)在教材内容上以工作过程为导向,以真实工作项目、典型工作任务、具体工作案例等为载体组织教学单元,注重吸收行业新技术、新工艺、新规范,突出实践性,重点体现"双证融合、理实一体"的教材编写模式,同时加强课程思政元素的深度挖掘,教材中有机融入思政教育内容,对学生进行价值引导与人文精神滋养。

(5)采用"互联网+"思维的教材编写理念,增加大量数字资源,构建信息量丰富、学习手段灵活、学习方式多元的新形态一体化教材,实现纸媒教材与富媒体资源的融合。

(6)编写团队权威,汇集了一线骨干专业教师、行业企业专家,打造一批内容设计科学严谨、深入浅出、图文并茂、生动活泼且多维、立体的新型活页式、工作手册式、"岗课赛证融通"的新形态纸数融合教材,以满足日新月异的教与学的需求。

本套教材得到了各相关院校、企业的大力支持和高度关注,它将为新时期农林牧渔类高等职业教育的发展做出贡献。我们衷心希望这套教材能在相关课程的教学中发挥积极作用,并得到读者的青睐。我们也相信这套教材在使用过程中,通过教学实践的检验和实践问题的解决,能不断得到改进、完善和提高。

高等职业教育"十四五"规划畜牧兽医宠物大类

新形态纸数融合教材编审委员会

前言

动物解剖生理是涉农类高等职业院校畜牧兽医类专业的一门专业基础课程。本书适用于畜牧兽医专业、动物医学专业、动物药学专业、中兽医专业及相关专业的学生,也可供畜禽智能化养殖、特种经济动物养殖的工作人员参考。

本书从动物体基本结构入手,运用系统解剖和比较解剖设计模块内容,以单个系统和器官的结构识别与功能认知为切入点,使学生对动物有机体各器官的结构与功能有基础性认识,通过比较猪、马、牛、羊等不同动物各器官,掌握各器官之间的差异,并初步掌握动物各器官系统的大体解剖方法。将体温调节作为单独模块讲授,突出其生理意义。另外,本书将禽类、犬、猫和兔的解剖生理特征单列,兼顾宠物医疗技术等宠物类专业的需求。技能操作模块将解剖学和生理学相关内容融合,共设计了25个技能操作,建议开设1~2周的实训周。通过对牛、猪、马的解剖生理特点,犬的解剖生理特点和鸡的解剖生理特点的介绍,力求让学生能够知行合一,使学生具备从事动物生产与疾病防治工作的基础能力。

本教材共分17个模块。其中动物解剖生理基础知识和消化系统理论部分由王申锋编写;消化系统技能操作由李四豪编写;动物体的基本结构由王雯熙编写;运动系统和免疫系统由沈向华编写;被皮系统和内分泌系统由娄延岳编写;呼吸系统由邹丽丽编写;泌尿系统和体温调节由周敏编写;生殖系统由张福寿编写;心血管系统和理实一体化技能操作由王一明编写;神经系统由周凌博编写;感觉器官和其他动物解剖生理由牛静华编写;禽类的解剖生理由文野、刘军编写。刘军、文野负责本书配套数字资源的制作和审校工作。全书由王申锋统稿。

本书的编写力求做到结构紧凑、文字精练、通俗易懂、特色鲜明。但由于编者水平有限,错误和不当之处在所难免,欢迎广大读者提出宝贵的意见和建议。

编　者

目录

模块一 动物解剖生理基础知识

扫码看课件

学习目标

【知识目标】

1. 能够用自己的语言解释动物解剖生理的概念。

2. 能够说出学习动物解剖生理的意义与方法，以及动物解剖生理在畜牧兽医类专业中的地位。

3. 能够说出动物体各部位的名称及专业术语。

4. 能够用自己的语言解释内脏的概念、构造及腹腔分区。

【能力目标】

1. 能识别牛全身各部位名称及方位术语。

2. 能够熟练对动物的腹腔进行分区。

3. 能够熟练操作生物显微镜，并观察到清晰的观察对象。

【思政与素质目标】

1. 树立不怕脏、不怕累的观念，培养农职院学子学农爱农、服务三农的赤子情怀。

2. 培养学生具备较强的创新能力和团队协作能力。

3. 严格遵守实验室技能操作规程，养成良好的职业操守。

知识单元 1 动物解剖生理概述

一、概念

动物解剖生理是研究动物有机体各器官的正常形态结构、位置关系及生理活动规律的科学。动物体的形态与构造决定其生理特征，而生理特征需通过一定的细胞、组织、器官、系统起作用。可见，动物体的形态构造与其生理功能是紧密相关、难以分开的。因此，把动物体的解剖和生理结合起来共同学习，有利于深刻理解动物体的生命活动规律，为后续专业课程的学习打下良好的基础。

因研究方法和对象不同，动物解剖可分为大体解剖、显微解剖和胚胎发育三个部分。

（一）大体解剖

借助于解剖器械（刀、剪、锯等），采用切割的方法，主要通过肉眼、放大镜、解剖显微镜观察、研究动物体各器官的形态、结构、位置及相互关系。根据研究的目的和方法不同，又分为系统解剖、局部解剖、比较解剖、功能解剖、X线解剖等。

（二）显微解剖

采用显微镜技术研究正常动物体的微细结构及其与功能的关系。显微解剖包括细胞、基本组织和器官组织三个部分的内容。

（三）胚胎发育

研究动物有机体的发生发育规律。主要研究从受精卵开始发生细胞分裂、分化到发育成新个体

Note

的全过程。胚胎发育包括胚胎的早期发育、器官发生和胎膜胎盘三个部分内容。

二、学习动物解剖生理的意义和方法

(一)学习的目的、意义

学习动物解剖生理是服务畜牧业生产实践的需要。在畜牧兽医工作中,要正确认识畜禽疾病,分析病因,科学养殖,对症治疗,必须首先掌握畜禽的正常形态构造和生理功能。随着畜牧业的集约化生产和人们对绿色畜产品需求的日益增多,对畜产品的要求越来越高,饲养者只有掌握畜禽的解剖构造及生命活动规律,并能主动地运用这些规律,才能定向调节和控制畜禽的生理活动,使畜禽业朝着提高生产性能、有效预防疾病、保证畜禽健康的方向发展。

(二)学习方法

动物解剖生理是一门古老的学科,它的特点是需要记忆的内容较多、知识点较零碎,初学者会感到枯燥乏味,不容易记忆。因此,学习时应理论联系实际,多看标本、模型、挂图,同时可借助于多媒体教学手段,在感性认知的前提下,掌握动物解剖生理的相关知识和技能。除此之外,在学习过程中还应树立唯物主义观点,用科学的态度对待动物解剖生理学习中的问题。

1. 形态结构与生理功能统一的观点 动物的各个器官都有其固有的功能,形态结构是一个器官完成生理功能的物质基础,生理功能是器官形态结构的具体表现,而功能的变化又影响该器官形态结构的发展。

2. 局部和整体统一的观点 动物体是一个完整的有机体,任何器官、系统都是有机体不可分割的组成部分,局部可以影响整体,整体也可以影响局部。

3. 发生发展的观点 生命的形成经历了由简单到复杂、由低级到高级的发展过程。动物体的形态结构也是不断发展的,不同的年龄、外界环境、饲养方式和调教措施,可影响动物体的形态结构。

4. 理论联系实际的观点 理论联系实际是学习的一项重要原则,在动物解剖生理的学习中,要把理论知识和标本模型、解剖图片、活体观察及必要的生产应用联系起来,才能更好地掌握动物体的形态结构。

三、动物解剖生理在畜牧兽医类专业中的地位

随着社会的不断进步与发展,畜牧业发展也取得了长足的进步,我国畜牧业产值占农业总产值的比重越来越高,涉牧专业也得到了蓬勃的发展,如畜牧兽医、动物医学、动物防疫与检验、饲料与动物营养、兽医卫生检验、畜产品加工、养禽与禽病防治、中兽医、宠物医疗技术、宠物养护与驯导等专业。只有正确认识和掌握正常动物体的形态结构、各个器官系统之间的位置关系和各器官的生理功能,才能为进一步学习后续专业课程打下坚实的基础。因此,动物解剖生理是上述畜牧兽医类专业必须开设的专业基础课之一。

四、动物解剖生理的研究方法

(一)急性实验

急性实验又可分为在体实验和离体实验两类。急性在体实验是动物在麻醉或破坏大脑状态下,经解剖暴露某种器官并给予适当刺激,进行观察记录和分析的方法,又称为活体解剖法。急性离体实验是从动物体内取出某种器官或组织、细胞,在模拟机体生理条件下进行实验的方法,如心脏、肾、乳房等器官灌流实验。急性实验的优点是操作比较简单,实验条件较易掌握,对器官系统可进行较细致的实验研究,但不一定能完全反映器官在体内的正常活动情况。

(二)慢性实验

施行慢性实验时,预先经外科手术暴露、摘除或破坏动物某一器官或组织,或在其中安置瘘管(如消化管和血管)或埋植电极(如神经组织)等,待动物恢复后,可在比较正常的条件下进行长期的系统观察。这种方法能较好地反映器官在机体内的正常活动。

上述两种实验方法,各有优点和不足之处。对于阐明动物体的生理活动规律,两者具有相互补充的作用。

知识单元2 动物解剖生理的专业名称

一、动物体主要部位名称

动物体可分为头部、躯干部和四肢三大部分(图1-1)。各部的划分和命名主要以骨为基础。

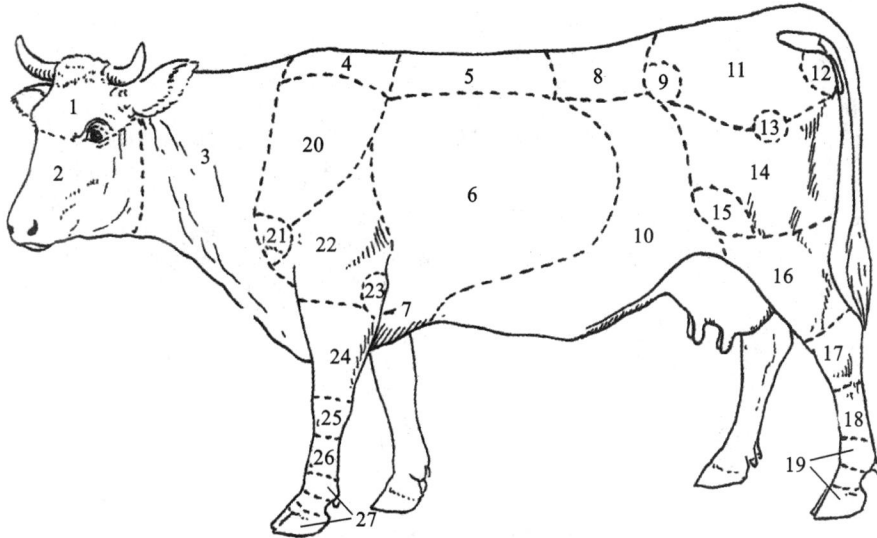

图1-1 牛体表各部位名称

1.颅部 2.面部 3.颈部 4.鬐甲部 5.背部 6.肋部 7.胸骨部 8.腰部 9.髋结节 10.腹部 11.荐臀部 12.坐骨结节 13.髋关节 14.股部 15.膝部 16.小腿部 17.跗部 18.跖部 19.趾部 20.肩带部 21.肩关节 22.臂部 23.肘部 24.前臂部 25.腕部 26.掌部 27.指部

(引自马仲华,家畜解剖学及组织胚胎学,第三版,2002)

(一)头部

1.颅部 位于颅腔周围,分为枕部、顶部、额部、耳部、腮腺部、颞部。

2.面部 位于口腔和鼻腔周围,分为眼部、眶下部、鼻部、咬肌部、颊部、唇部、颏部、下颌间隙部。

(二)躯干部

除头和四肢以外的部分称为躯干,包括颈部、背胸部、腰腹部、荐臀部、尾部。

1.颈部 分为颈背侧部、颈侧部、颈腹侧部。

2.背胸部 分为背部(鬐甲部、背部)、胸侧部、胸腹侧部(胸前部、胸骨部)。

3.腰腹部 分为腰部、腹部。

4.荐臀部 分为荐部、臀部。

5.尾部 分为尾根、尾体、尾尖。

(三)四肢

1.前肢 分为肩带部(肩部)、臂部、前臂部、前脚部(腕部、掌部、指部)。

2.后肢 分大腿部(股部)、小腿部、后脚部(跗部、跖部、趾部)。

二、动物体的轴、面与方位术语

为了正确叙述动物体各部位、各器官的方向和位置关系,以动物正常站立姿势为标准,人为地提出了轴、面和方位术语等定位规则(图1-2)。

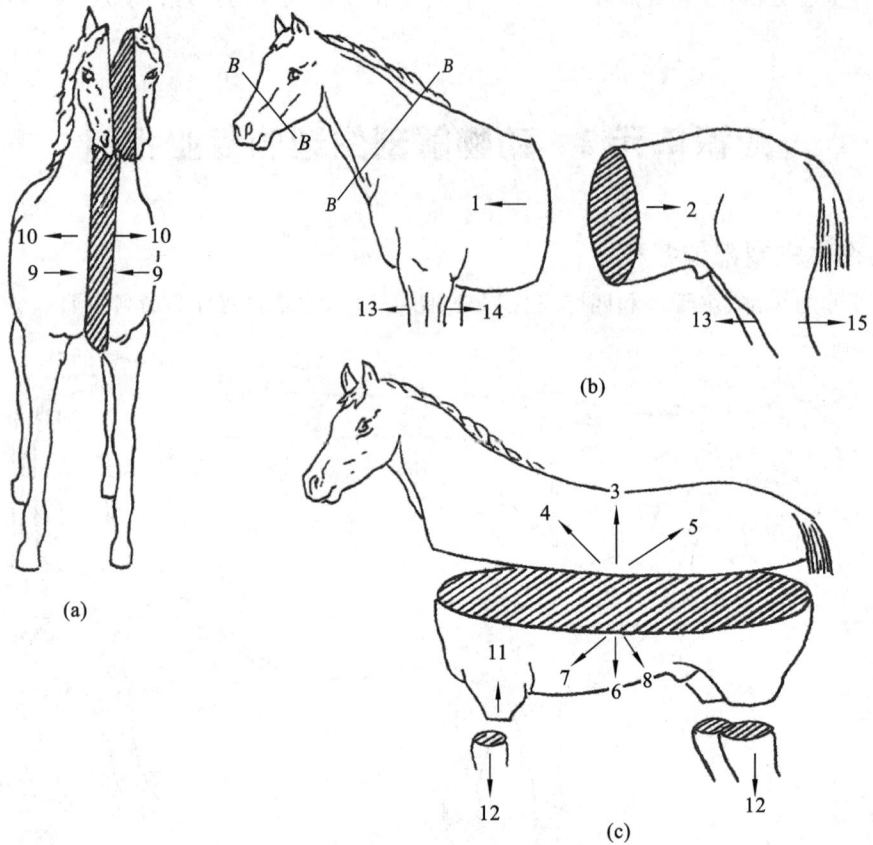

图 1-2　动物体的三个基本面及方位

（a）正中矢状面　（b）横断面　（c）额面（水平面）　*BB* 横断面

1.前　2.后　3.背侧　4.前背侧　5.后背侧　6.腹侧　7.前腹侧　8.后腹侧　9.内侧　10.外侧　11.近端　12.远端
13.背侧　14.掌侧　15.跖侧

（引自马仲华,家畜解剖学及组织胚胎学,第三版,2002）

（一）轴

1.长轴（纵轴）　动物体与地面平行的轴。头、颈、四肢和各器官的长轴均以自身长度作为标准。

2.横轴　垂直于长轴的轴。

（二）面

1.矢状面（纵切面）　与动物体长轴平行且与地面垂直的切面,分正中矢状面和侧矢状面。正中矢状面只有一个,位于动物体长轴的正中线上,将动物体分为左、右对称的两个部分。侧矢状面与正中矢状面平行,位于正中矢状面的两侧。

2.横断面　与动物体长轴相垂直的切面,位于躯干的横断面可将动物体分为前、后两个部分。头、颈、四肢和各器官的横断面是垂直于长轴的面。

3.额面（水平面）　与地面平行且与矢状面和横断面相垂直的切面,可将动物体分为背、腹两个部分。

（三）方位术语

1.用于躯干的术语

（1）内侧。靠近正中矢状面的一侧。

（2）外侧。远离正中矢状面的一侧。

（3）背侧。额面上方的部分。

（4）腹侧。额面下方的部分。

(5)头侧。朝向头部的一侧。

(6)尾侧。朝向尾部的一侧。

2.用于四肢的术语

(1)近端(上端)。离躯干近的一端。

(2)远端(下端)。离躯干远的一端。

(3)背侧。四肢的前面。

(4)掌侧。前肢的后面。

(5)跖侧。后肢的后面。

(6)桡侧。前肢的内侧。

(7)尺侧。前肢的外侧。

(8)胫侧。后肢的内侧。

(9)腓侧。后肢的外侧。

知识单元 3 内 脏 概 述

一、内脏的概念

动物体内脏包括消化、呼吸、泌尿和生殖四个系统。

二、内脏的构造

(一)管状器官

中空性器官(十二指肠)结构模式图如图 1-3 所示。

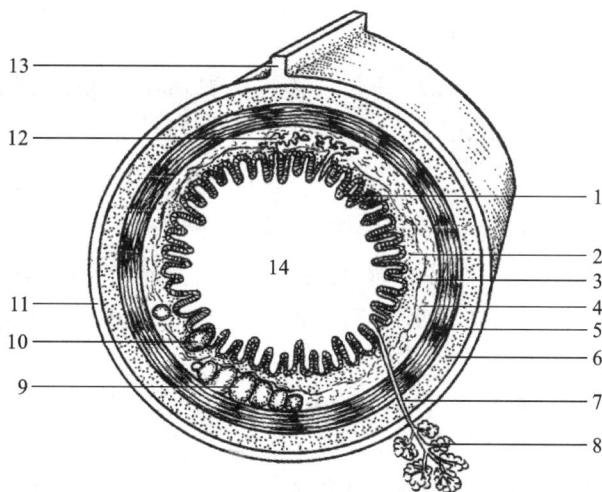

图 1-3 中空性器官(十二指肠)结构模式图

1.上皮 2.固有膜 3.黏膜肌层 4.黏膜下组织 5.内环行肌 6.外纵行肌 7.腺管 8.壁外腺 9.淋巴集结

10.淋巴孤结 11.浆膜 12.十二指肠腺 13.肠系膜 14.肠腔

(引自马仲华,家畜解剖学及组织胚胎学,第三版,2002)

(1)黏膜:构成管壁的最内层,正常黏膜的色泽因血液充盈程度而不同,可由淡红色到鲜红色,柔软而湿润,有一定的伸展性。当管腔内空虚时,常形成皱褶。黏膜具有保护、吸收和分泌等功能。

(2)黏膜下层:位于黏膜和肌层之间的一层疏松结缔组织,内含较大的血管、淋巴管和神经丛。食管和十二指肠的黏膜下层还含有腺体。

(3)肌层:除口腔、咽、食管(马前 4/5)和肛门的管壁为横纹肌外,其余各段均为平滑肌构成,一般可分为内层的环行肌和外层的纵行肌两层。

（4）外膜：富有弹性纤维的疏松结缔组织层，位于管壁的最表面。在食管前部、直肠后部与周围器官相连接处称为外膜；而在胃肠外膜表面尚有一层间皮覆盖，称为浆膜。

（二）实质性器官

实质性器官内没有明显的腔隙，是一团柔软的组织，如肝、胰、肺、肾、睾丸和卵巢等。

三、胸腔、胸膜和纵隔

（一）胸腔

胸腔是由胸廓的骨骼、肌肉和皮肤构成的截顶圆锥状腔。锥顶向前，为胸前口，由第 1 个胸椎、第 1 对肋以及胸骨柄围成；锥底向后，为胸后口，由膈封闭。胸腔以膈与腹腔分界。

（二）胸膜和胸膜腔

胸腔内的浆膜称胸膜。覆盖在肺表面的称胸膜脏层，衬贴于胸腔壁的称胸膜壁层，后者按部位又分衬贴胸壁内面的肋胸膜、贴于膈胸腔面的膈胸膜和参与构成纵隔的纵隔胸膜。胸膜壁层和脏层在肺根处互相移行，共同围成 2 个胸膜腔。胸膜腔内有胸膜分泌的少量浆液，称为胸膜液，有减少呼吸时两层胸膜摩擦的作用。

（三）纵隔

纵隔位于左、右胸腔之间，由两侧的纵隔胸膜以及夹在其间的器官和结缔组织所构成。参与构成纵隔的器官有心脏和心包、胸腺（幼畜特别发达）、食管、气管、出入心脏的大血管（除后腔静脉外）和神经（除右膈神经外）、胸导管和淋巴结等，它们彼此借结缔组织相连。心脏所在的纵隔部分，称心纵隔；心脏之前和之后的纵隔部分，分别称为心前纵隔和心后纵隔。

四、腹腔分区和腹膜

（一）腹腔

腹腔是体内最大的腔，其前壁为膈肌，后与骨盆腔相通，两侧和底壁为腹肌与腱膜，顶壁是腰椎、腰肌和膈肌脚。腹腔内有大部分消化器官和脾、肾、输尿管、卵巢、输卵管、部分子宫和大血管等。

（二）腹腔分区

为了准确地表明腹腔内各器官的位置，将腹腔划分为 10 个部分（图 1-4）。首先通过最后肋骨后缘的最突出点和髋结节前缘各做一个横断面，将腹腔划分为腹前部、腹中部、腹后部三个部分。

1. 腹前部 以肋弓为界，背侧部称季肋部，腹侧部称剑状软骨部；背侧部又以正中矢状面为界分为左、右季肋部。

2. 腹中部 沿腰椎横突两侧顶点各做一个侧矢状面，将腹中部分为左、右髂部和中间部；中间部可分为背侧的腰部和腹侧的脐部。

3. 腹后部 把腹中部的两个侧矢状面平行后移，使腹后部分为左、右腹股沟部和中间的耻骨部。

（三）腹膜

腹腔和骨盆腔内的浆膜称腹膜。贴在腹腔和骨盆腔壁内表面的部分称腹膜壁层；壁层从腔壁折转而覆盖于内脏器官外表面的称腹膜脏层，壁层与脏层之间的腔隙称腹膜腔（图 1-5）。

五、骨盆腔

骨盆腔为腹腔向后的延续，其背侧为荐骨和前 3～4 个尾椎，两侧是髂骨和荐坐韧带，底壁是耻骨和坐骨。前口由荐骨岬、髂骨体及耻骨前缘围成；后口由前几个尾椎、荐坐韧带后缘及坐骨弓围成。骨盆腔内有直肠、输尿管、膀胱，雌性动物的子宫后部和阴道或雄性动物的输精管、尿生殖道和副性腺等。

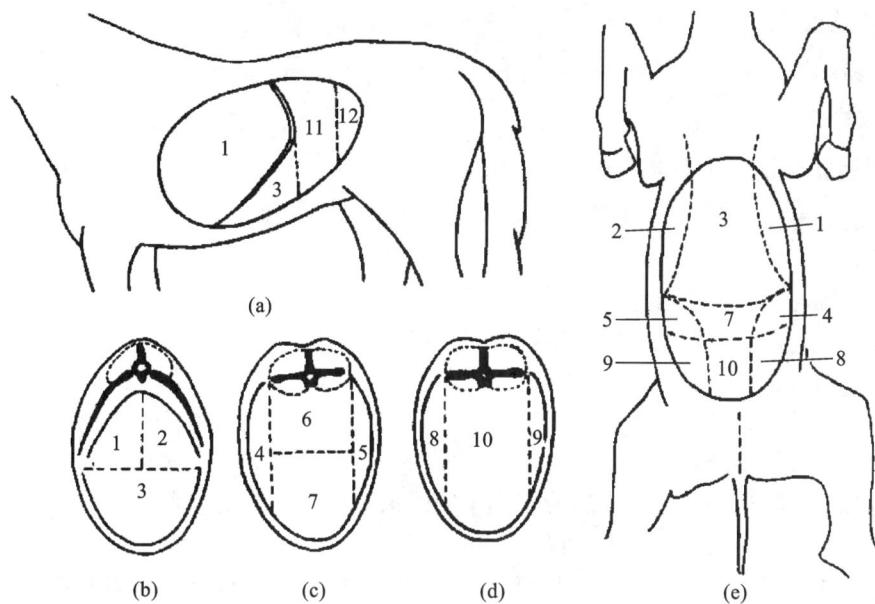

图 1-4　腹腔各区的划分

(a)侧面　(b)腹前部横断面　(c)腹中部横断面　(d)腹后部横断面　(e)腹面

1.左季肋部　2.右季肋部　3.剑状软骨部　4.左髂部　5.右髂部　6.腰部　7.脐部　8.左腹股沟部　9.右腹股沟部
10.耻骨部　11.腹中部　12.腹后部

(引自董常生,家畜解剖学,第三版,2001)

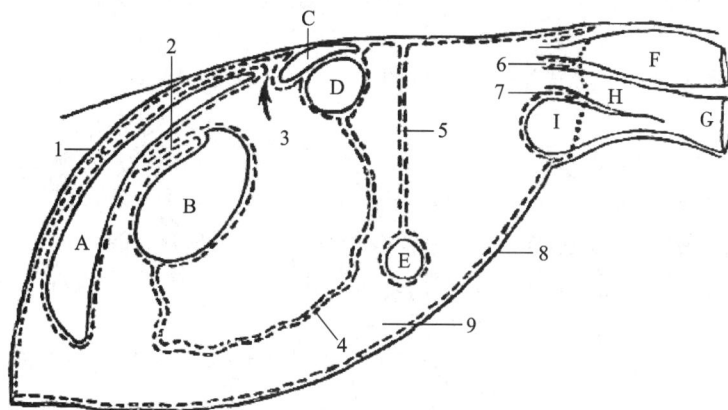

图 1-5　腹腔和腹膜腔模式图

A.肝　B.胃　C.胰　D.结肠　E.小肠　F.直肠　G.阴门　H.阴道　I.膀胱

1.冠状韧带　2.小网膜　3.网膜囊孔　4.大网膜　5.肠系膜　6.直肠生殖陷凹　7.膀胱生殖陷凹　8.腹膜壁层
9.腹膜腔

(引自朱金凤、陈功义,动物解剖,2007)

技能操作 1　生物显微镜的构造、使用和保养方法

一、技能目标

1.能够分别说出生物显微镜的机械部分和光学部分的组成及主要作用。

2.能够熟练操作生物显微镜,并用其观察到清晰的观察对象。

3.能够说出生物显微镜的保养方法。

二、材料及设备

生物显微镜,组织切片。

三、实验步骤

(一)生物显微镜的一般构造

生物显微镜的种类很多,但其构造均可分为以下两个部分。

1. 机械部分

(1)镜座:直接与实验台相接触。

(2)镜柱:在斜形显微镜的镜柱内有细调节器的齿轮。

(3)镜臂:中部弯曲,可把持移动显微镜。

(4)镜筒:连接目镜和物镜之间的金属筒,镜筒上端装有目镜,下端装有转换器。

(5)活动关节:可使镜臂倾斜。

(6)粗调节器:旋转粗调节器可使物镜与标本间距离改变。

(7)细调节器:旋转一周可使镜筒升降 0.1 mm。

(8)载物台:放组织标本的平台,分圆形和方形两种,载物台中央有一圆形或椭圆形的透光孔。

(9)推进器:可前后、左右移动标本。

(10)压夹:可固定组织标本。

(11)转换器:位于镜筒下部,上装有各种放大倍数的物镜,可转换物镜。

(12)聚光器升降螺旋:可使聚光器升降,以调节光线之强弱。

2. 光学部分

(1)接目镜(简称目镜):安装在镜筒的上端,目镜上的数字表示放大倍数,有 5 倍、8 倍、10 倍、15 倍、16 倍和 25 倍等。

(2)接物镜(简称物镜):生物显微镜最贵重的光学部分,物镜安装在转换器上,可分为低倍镜、高倍镜和油镜三种。

①低倍镜:有 8 倍、10 倍、20~25 倍。

②高倍镜:有 40 倍、45 倍。

③油镜:镜头上一般用一红色、黄色、黑色横线做标志,一般为 100 倍。

生物显微镜的放大倍数等于目镜的放大倍数乘以物镜的放大倍数。例如,目镜是 10 倍,物镜是 45 倍,则生物显微镜的放大倍数为 $10 \times 45 = 450$ 倍。

(3)反光镜有两面,一面为平面,另一面为凹面。有的生物显微镜无反光镜而直接安装灯泡作为光源。

(4)聚光器位于载物台下,旋动聚光器升降螺旋,可改变聚光器的位置,调节被检物体上的光线强度,聚光器抬升时光线增强,下降时光线减弱。聚光器上还装有虹彩(光圈)。虹彩由许多重叠的铜片组成,旁边有一条扁柄,左右移动可使虹彩的开孔扩大或缩小,以调节进光量。

(二)生物显微镜的使用方法

(1)搬动生物显微镜时,必须右手握镜臂,左手托镜座。

(2)将生物显微镜轻放于实验台上,并避免阳光直射。

(3)先用低倍镜对光,直至获得清晰、明亮、均匀一致的视野。

(4)置标本于载物台上,将观察的组织细胞对准圆孔正中央,用压夹固定。注意标本若有盖玻片,一定使盖玻片的一面向上。

(5)转动粗调节器,使镜筒徐徐下降,此时应将头偏向一侧,注视物镜下降程度,以防物镜压碎组织切片,特别是在转换高倍镜或油镜观察时更要当心。原则上物镜与标本片的距离应缩到最小。

(6)观察切片时,先用低倍镜,身体坐端正,胸部挺直,用左眼自目镜中观察(右眼睁开),同时转动粗调节器,镜筒上升到一定程度时,就会出现物象,再微微转动细调节器,调整焦点,直至物像达到最清晰程度。

如果需要观察细胞的微细结构，再转换高倍镜至镜筒下面，并转动细调节器，以期获得清晰物象。组织学标本多数在高倍镜下即可辨认。如需采用油镜观察，应先用高倍镜观察，将欲观察的部位置于视野的中央，然后移开高倍镜，把香柏油（檀香油）滴在标本上，转换油镜，使油镜与标本上的油液相接触，轻轻转动细调节器，直至获得最清晰的物像。

（7）调节光线时，可扩大或缩小虹彩（光圈）的开孔，也可使聚光器上升或下降。有的还可以直接调节灯光强度。

（三）生物显微镜的保养方法

（1）生物显微镜使用后，取下组织标本，稍微旋转转换器，使物镜叉开（呈八字形），并转动粗调节器使镜筒稍微下移，然后用绸布包好，装入显微镜箱内。

（2）无论是目镜还是物镜，若有灰尘，严禁用口吹或手抹，应用擦镜纸擦净。

（3）勿用暴力转动粗、细调节器，并保持该齿轮清洁。

（4）生物显微镜勿置于日光下或靠近热源处。

（5）活动关节不要随意弯曲，以防机件由于磨损而失灵。

（6）生物显微镜的部件不要随意拆下，箱内所装的附件，也不要随意取出，以免损坏或丢失。

（7）在使用过程中，切勿将酒精或其他药品污染生物显微镜。生物显微镜一定要保存在干燥的地方，不能使其受潮，否则会使透镜发霉或机械部件生锈，特别是在多雨地区或多雨季节，更应注意。最好用显微镜橱保存。

（8）用完油镜后，应以擦镜纸蘸少量二甲苯，将镜头上和标本上的油擦去，再用干擦镜纸擦干净。对于无盖玻片的标本，可采用"拉纸法"，即把小张擦镜纸盖在玻片上的香柏油处，加数滴二甲苯，趁湿向外拉擦镜纸，拉出去后丢掉，如此连续3～4次即可将标本上的油去净。

（四）注意事项

电光源显微镜的镜筒是固定不动的，电光源显微镜是利用载物台的上下移动来调节物镜与组织切片距离的。

（五）作业

写出实验报告。

知识链接与拓展

显微镜的来历
及发展史

案例分析

显微镜常见故障
与维修

→ 模块小结

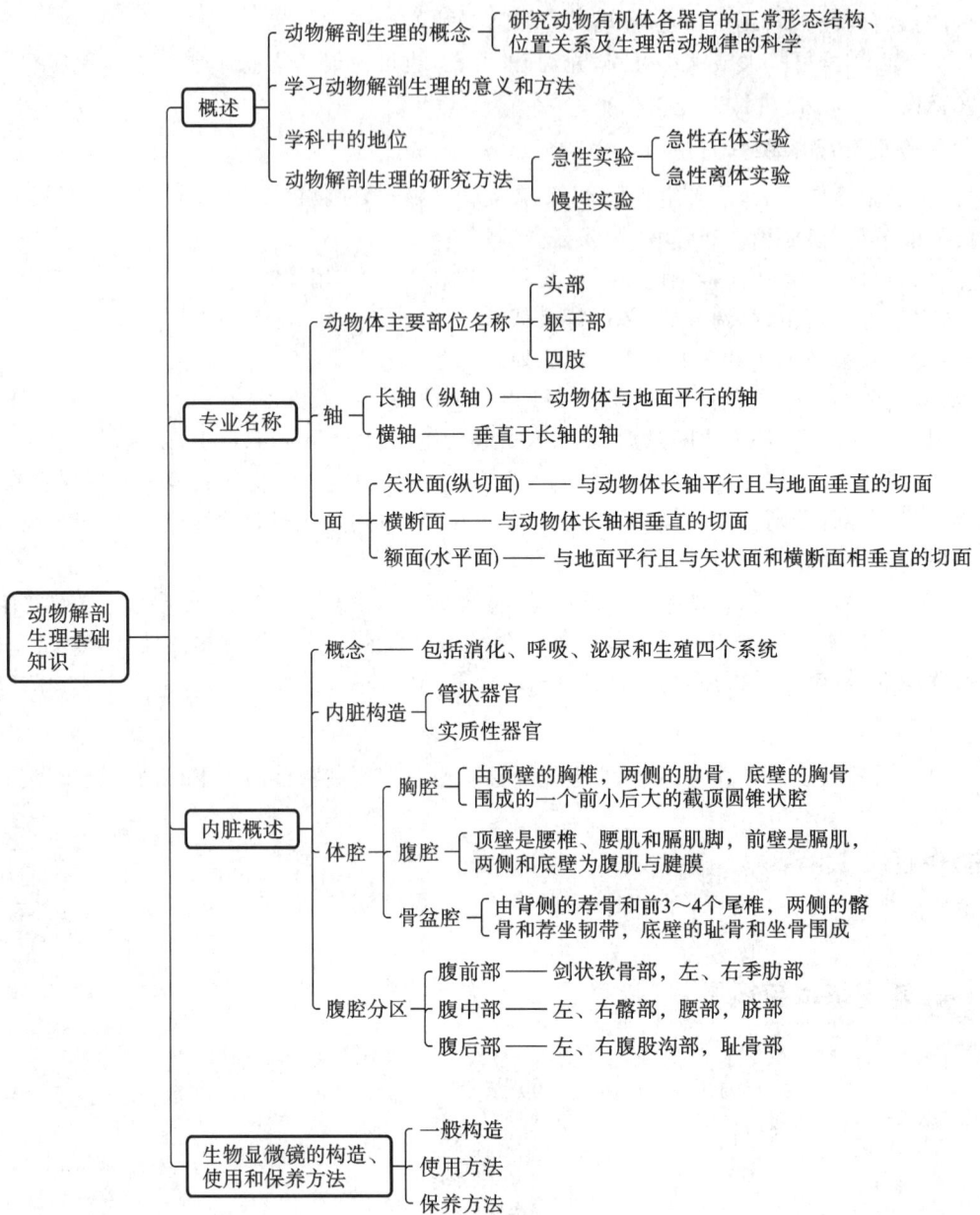

→ 执考真题

(2020年)作为胸腔和腹腔间分界的吸气肌是(　　)。

A.肋间外肌　　　B.前背侧锯肌　　C.膈肌　　　　　　D.后背侧锯肌　　E.肋间内肌

答案:C。

→ 能力巩固

一、填空题

1.动物解剖因研究方法和对象不同,分为_____、_____和_____。

2.动物体各部位可分为_____、_____和_____三大部分。

3.显微解剖研究的内容包括_____、_____和_____三个部分。

4.胚胎发育研究的内容包括_____、_____和_____三个部分。

5.躯干部包括_____、_____、_____、_____和_____部。

6.前肢的后侧为_____侧,后肢的后侧为_____侧。

7.可将动物体分成背、腹两个部分的切面是_____。

二、判断题

1.动物解剖生理研究的是动物有机体的正常形态构造,因此学习的重点是掌握器官的形态结构,而不需要掌握器官的相互关系。(   )

2.四肢的前面称为背侧,四肢的后面称为掌侧。(   )

3.前肢的内侧称为尺侧,外侧称为桡侧。(   )

4.后肢的内侧称为胫侧,外侧称为腓侧。(   )

5.动物体及其各器官的长轴始终与地面平行。(   )

三、名词

1.动物解剖生理　2.长轴　3.正中矢状面　4.内脏　5.横断面

四、简答题

1.动物解剖生理的学习方法及需要树立的科学观点有哪些?

2.熟练指出牛体表各部位名称。

3.腹腔是如何划分的?

模块二　动物体的基本结构

扫码看课件

学习目标

【知识目标】

1. 能够说出动物体的基本结构组成。

2. 能够用自己的语言解释细胞的结构、功能及重要生命活动。

3. 能够说出四大基本组织的形态、结构、分布及功能。

4. 能够说出细胞、组织、器官、系统和有机体之间的联系。

【能力目标】

1. 能够在显微镜下识别各种细胞及组织的形态和结构。

2. 能够说出各种组织的分布及功能。

3. 能够阐明有机体的稳态与功能调节。

【思政与素质目标】

1. 树立机体与环境之间的对立统一意识。

2. 掌握细胞衰老和程序性死亡的概念及机制，了解衰老与死亡是一切生命的必然归宿，树立正确的人生观与生命观。

3. 总结提炼细胞学发展中涌现的国内外专家学者的事迹，提升自身收集和整理资料的能力、语言表达能力、思辨能力，激发挑战学科前沿的勇气，培养热爱科学的良好品质。

知识单元1　细　　胞

细胞是动物体的基本结构和功能单位，是机体进行新陈代谢、生长发育和繁殖分化的形态基础。细胞构成动物体的各种组织、器官和系统，从而构成一个完整的有机体，表现出各种生命活动。

一、细胞的形态和大小

动物体内细胞的形态多样、大小不一，功能也各不相同（图 2-1）。如血细胞为圆形或椭圆形，上皮细胞为扁平形、方形或柱形，肌细胞为纺锤形，神经细胞具长突起等。

细胞直径为 $10\sim100~\mu m$，小的如小型白细胞，直径为 $3\sim4~\mu m$；最大的动物细胞是鸵鸟的卵细胞，不包括蛋清，其直径可达 $7\sim8~cm$。

二、细胞的结构

动物体内细胞虽然形态多样、大小不一，功能也各不相同，但细胞的基本结构一致，均分为细胞膜、细胞质、细胞核三个部分（图 2-2）。细胞膜是包围在细胞最外面的一层薄膜，又称为质膜。细胞质是存在于细胞膜和细胞核之间的物质，由基质、细胞器和内含物组成，是细胞进行物质代谢的场所。细胞核是细胞活动的控制中心，电镜下可见细胞核由核膜、核仁、染色质和核基质组成。

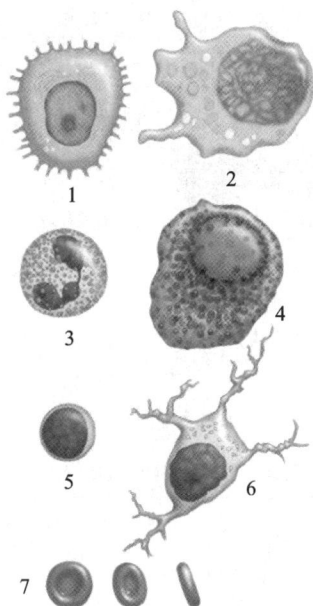

图 2-1　动物细胞的各种形态

1.角化上皮细胞　2.巨噬细胞　3.中性粒细胞　4.浆细胞　5.淋巴细胞　6.神经元　7.红细胞

（引自 William K. Ovalle & Patrick C. Nahirney，Netter's Essential Histology，第二版，2013）

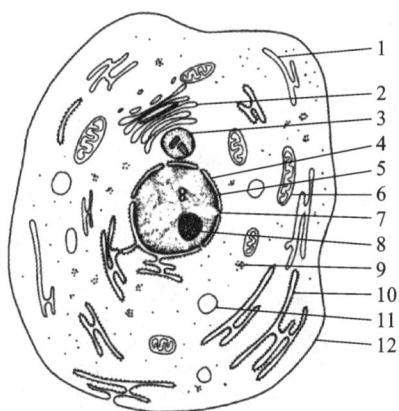

图 2-2　动物细胞结构模式图

1.光面内质网　2.高尔基复合体　3.中心体　4.核膜　5.核纤维层　6.线粒体　7.核孔　8.核仁　9.核糖体
10.粗面内质网　11.溶酶体　12.细胞膜

（一）细胞膜

细胞膜是包围在细胞表面，具有一定选择通透性的生物膜，厚度通常为 7～10 nm，又称质膜。光镜下一般较难分辨细胞膜，在电镜下可见细胞膜分为暗-亮-暗三层结构（图 2-3）。

细胞膜可以保持细胞形态结构的完整，是防止细胞外物质自由进入细胞的屏障，将细胞与外界环境分隔开，使细胞具有相对独立和稳定的内环境，确保各种生化反应能够有序运行。同时在细胞与环境之间的物质运输、能量转换及信号转导等过程中也发挥着重要作用。

1. 细胞膜的化学成分　细胞膜的主要成分包括脂质、蛋白质和糖类（表 2-1）。脂质的占比约为50%，由磷脂、胆固醇和少量糖脂构成。蛋白质的占比约为 40%，包括受体蛋白、载体蛋白、酶、抗原等。功能越复杂的细胞膜，蛋白质的种类和数量越多。根据蛋白质的分布，细胞膜中的蛋白质可以分为表在蛋白和嵌入蛋白。糖类的占比较小，为 2%～10%，常与膜蛋白或膜脂结合形成糖蛋白或糖脂，分布在细胞膜的表面，起保护和润滑作用，还与细胞表面的识别有关。此外还有微量水、无机盐、金属离子。

Note

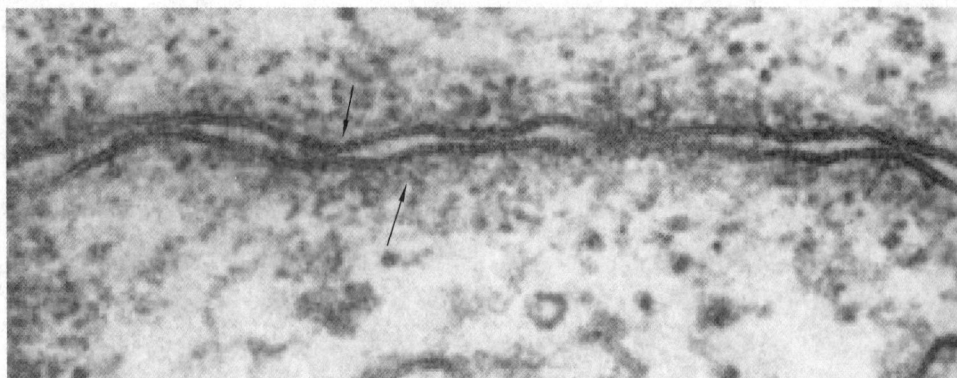

图 2-3　两个相邻细胞的细胞膜,均可见三层结构(箭头所示)

表 2-1　细胞膜的组成及功能

成　分	所占比例	在细胞膜中的作用
脂质	约50%	构成细胞膜的支架,以脂质双分子层的形式存在于质膜中
蛋白质	约40%	包括受体蛋白、载体蛋白、酶、抗原等,参与细胞与环境的物质运输、能量转换和信号转导
糖类	2%～10%	形成糖蛋白或糖脂,起黏附、保护和润滑作用,与细胞表面的识别有关
微量水、无机盐、金属离子		

2. 细胞膜的分子结构　细胞膜由规则排列的脂质双分子层和嵌入其中的蛋白质构成(图 2-4)。类脂以磷脂为主,磷脂分子是极性分子,呈长杆状,一端为头部,另一端为尾部。头部亲水,称为亲水端,尾部疏水,称为疏水端。由于细胞膜周围均为水溶液环境,所以亲水的头部朝向膜内、外表面,而疏水的尾部则朝向膜的内部,形成特有的脂质双分子层。正常情况下,脂质分子处于液态。细胞膜内的蛋白质也称膜蛋白,以不同的方式镶嵌在脂质双分子层之间或附着在表面。

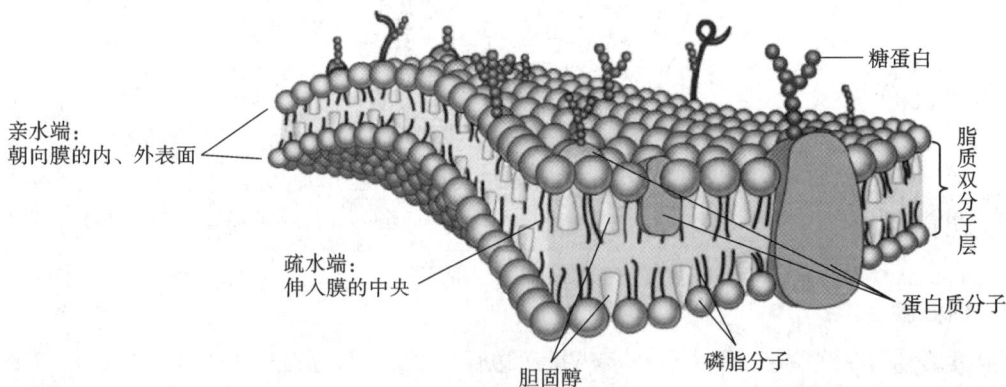

图 2-4　细胞膜的结构

3. 细胞膜的特点　细胞膜并不是静态的,膜中的脂质和蛋白质都能自由运动,基于此,人们提出了液态镶嵌模型。该模型把生物膜看成是一种动态的、不对称的具有液体流动性的结构。流动的脂质双分子层构成了膜的连续体,而蛋白质分子像岛屿一样分散在脂质的"海洋"中。因此,细胞膜的特点就是流动性和不对称性,具体说来就是脂质分子处于液态,可以流动;蛋白质分子也可横向移动;分布于膜内、外两层的脂质、蛋白质可以不同,而糖类仅分布于膜的外表面。

4. 细胞膜的功能　细胞膜的生理功能主要包括维持细胞结构的完整性,提供细胞生命活动相对稳定的环境,参与细胞识别、细胞黏连、细胞运动和免疫反应,还具有转运物质的功能。

扫码看彩图

（二）细胞质

细胞质位于细胞膜和细胞核之间,是呈半透明的胶状物质,包括基质、内含物和细胞器。

1.基质 基质是液态、透明、无定形的胶状物质,是细胞的重要组成部分,内含蛋白质、糖、无机盐、水和多种酶类,各种细胞器、细胞核和内含物悬浮于基质中,是细胞执行功能和化学反应的重要场所。

2.内含物 内含物是指细胞质中具有一定形态的营养物质或代谢产物,如脂滴、糖原、蛋白、色素等(图 2-5)。其数量和形态,可因细胞类型和生理状态的不同而变化。

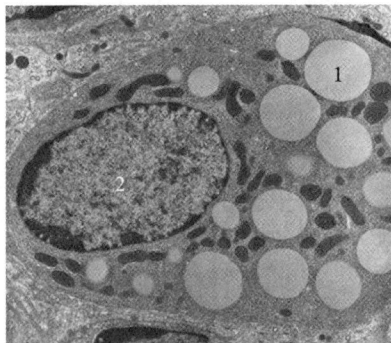

图 2-5　细胞内含物

1.脂滴　2.细胞核

(引自 William K. Ovalle & Patrick C. Nahirney, Netter's Essential Histology,第二版,2013)

3.细胞器 细胞质中最重要的部分是细胞器。细胞器是具有一定形态结构、能执行特定功能的微小器官。根据细胞器外是否有生物膜,又可以分为膜性细胞器和非膜性细胞器。膜性细胞器包括双层膜的线粒体,单层膜的内质网、高尔基复合体、溶酶体、微体等;非膜性细胞器包括核糖体、中心体;此外还有微管、微丝和中间纤维,构成了细胞的骨架。

(1)线粒体:线粒体为圆形或椭圆形小体,长 $1.0\sim2.0~\mu m$,宽 $0.5\sim1.0~\mu m$。电镜下,它由两层单位膜套叠而成,主要由外膜、内膜、膜间隙、线粒体嵴和基质组成(图 2-6、图 2-7)。外膜表面光滑,内膜向内折叠形成线粒体嵴,线粒体嵴的排列常与线粒体长轴垂直。嵴上分布有球形颗粒——基粒,基粒中含有 ATP 合成酶,能利用呼吸链产生的能量合成 ATP,因此线粒体嵴可以增加线粒体内膜表面积,增加 ATP 的合成。

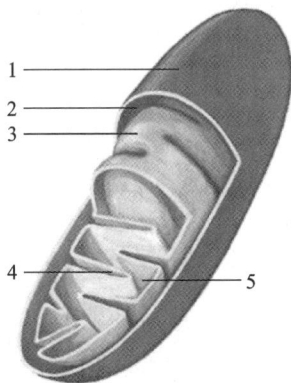

图 2-6　线粒体模式图

1.外膜　2.内膜　3.膜间隙

4.线粒体嵴　5.基质

(引自 William K. Ovalle & Patrick C. Nahirney,

Netter's Essential Histology,第二版,2013)

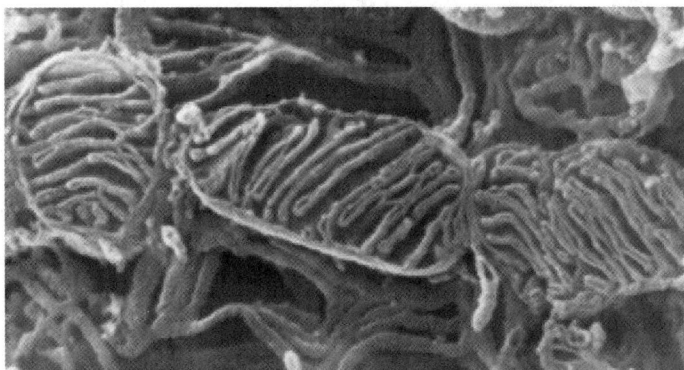

图 2-7　电镜下线粒体内部结构

(引自 William K. Ovalle & Patrick C. Nahirney,

Netter's Essential Histology,第二版,2013)

线粒体是细胞氧化代谢的场所,为细胞提供 80% 以上的能量,故有细胞内"供能站"之称。线粒体分散于细胞质中,但多集中在代谢活跃、能量利用率高的部位,如骨骼肌和心肌细胞肌膜下。动物不同组织中线粒体数量差异较大。例如,大多数哺乳动物的成熟红细胞不具有线粒体,而肝细胞中

Note

含有 2500 个线粒体。一般来说,细胞中线粒体的数量与细胞的代谢活性相关,代谢越旺盛的细胞,细胞内线粒体数量越多。

(2)内质网:内质网由一层单位膜构成,呈小管、小泡或扁囊状,腔内含有多种酶,形成一个连续的网膜系统,并可与细胞膜、核膜及高尔基复合体相连通。由于它靠近细胞质的内侧,故称为内质网。内质网分为粗面内质网和滑面内质网(图 2-8)。有的内质网呈排列整齐的扁平囊状,表面附着核糖体,呈颗粒状粗糙不平,称为粗面内质网,有合成、分泌、运输蛋白质的功能,因此分泌旺盛的细胞中粗面内质网发达,如胰腺细胞、浆细胞等。

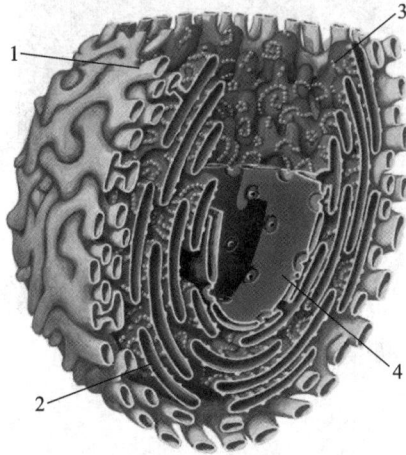

图 2-8 粗面内质网和滑面内质网结构

1.管状的滑面内质网　2.扁平囊状的粗面内质网　3.核糖体　4.细胞核

(引自 William K. Ovalle & Patrick C. Nahirney, Netter's Essential Histology,第二版,2013)

有的内质网呈分支小管状或小泡状,表面没有附着核糖体,称为滑面内质网,常与粗面内质网相通。滑面内质网功能较为复杂,如肝脏细胞含有丰富的滑面内质网,参与糖原及脂溶性药物的代谢,具有解毒作用;睾丸、卵巢、肾上腺的类固醇分泌细胞中有大量的滑面内质网,与激素的合成及脂肪、脂蛋白的代谢有关;骨骼肌和心肌细胞内含有大量滑面内质网,称为肌质网,能摄取和释放钙离子,参与肌肉的收缩。

(3)核糖体:核糖体呈颗粒状结构,外无被膜,直径为 15～20 nm,主要成分是核糖核酸(RNA)和蛋白质。核糖体由大、小两个亚基构成,呈不规则哑铃状(图 2-9),可单独存在,也可由 mRNA 连接起来,形成多聚核糖体。

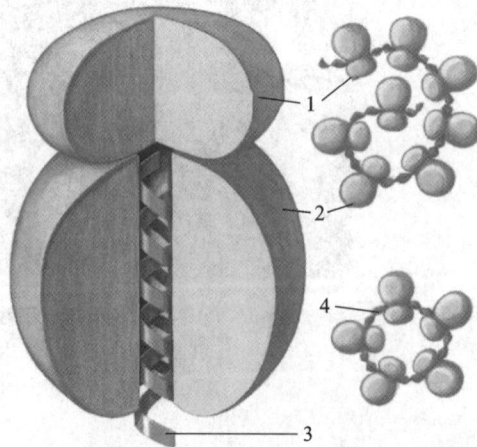

图 2-9 核糖体与多聚核糖体

1.小亚基　2.大亚基　3.新生肽链　4.mRNA

(引自 William K. Ovalle & Patrick C. Nahirney, Netter's Essential Histology,第二版,2013)

Note

核糖体的主要功能是合成蛋白质,以 mRNA 为模板,将遗传密码翻译成氨基酸序列,并将氨基酸单体聚合成蛋白质多肽链。除哺乳动物成熟的红细胞外,一切活细胞中均含有核糖体。核糖体是进行蛋白质合成的重要细胞器,在快速增殖、分泌功能旺盛的细胞中数量尤多。

根据分布位置,可分为附着核糖体和游离核糖体。游离核糖体分散于细胞质中,附着核糖体附着于内质网或核外膜。游离核糖体生成的蛋白质被释放到细胞质中并在细胞内使用,即内源性蛋白;粗面内质网上的附着核糖体合成的蛋白质常被释放到胞外,即外输性蛋白。

(4)高尔基复合体:也称高尔基体,最初是由神经学家卡米洛·高尔基(1844—1926 年)于 1898 年在神经细胞中发现的,因而得名。高尔基复合体由单位膜形成的扁平囊泡、大囊泡、小囊泡组成。其形态和分布因细胞不同而异。在功能旺盛的细胞内,高尔基复合体大而明显,在功能衰退的细胞内则减小。

扁平囊泡呈 3～8 层互相连通的扁平形囊,有两个面,靠近细胞核的一面称形成面或顺面;面向细胞膜的一面为成熟面。小囊泡又称运输囊泡,位于形成面,一般认为它是由内质网脱落而形成的。大囊泡位于成熟面,由扁平囊泡周围膨大部脱落而成,内含经高尔基复合体加工浓缩后的各种物质(图 2-10)。

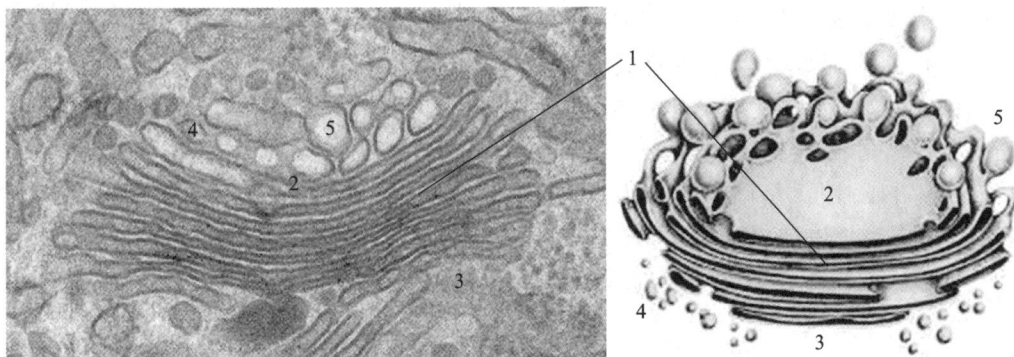

图 2-10　高尔基复合体结构图
1.扁平囊泡　2.成熟面　3.形成面　4.小囊泡　5.大囊泡
(引自 William K. Ovalle & Patrick C. Nahirney,Netter's Essential Histology,第二版,2013)

高尔基复合体的主要功能如下:①参与细胞的分泌活动。分泌物在此加工、浓缩、分类和包装,最后形成分泌颗粒排出细胞外。高尔基复合体如同一个加工车间,有利于细胞合成物的排出。②进行糖脂、多糖的合成。③形成溶酶体。

蛋白质被分泌到细胞外经历了内质网的合成和高尔基复合体的加工分泌过程。蛋白质在核糖体合成后在内质网处得到修饰与加工,然后运送到高尔基复合体进行加工、分类与包装,再分门别类地送到细胞特定的部位或分泌到细胞外。内质网是一种封闭的膜通道,用于运输材料(如核糖体产生的蛋白质)。蛋白质和其他物质被包裹在内质网产生的小囊泡中。从内质网送来的小囊泡与高尔基复合体膜融合,将内含物送入高尔基复合体腔中,完成修饰和包装,然后通过囊泡运送到细胞外。高尔基复合体还合成一些分泌到胞外的多糖和修饰细胞膜的材料。

(5)溶酶体:由单位膜围成的圆形或卵圆形小体,直径 $0.25\sim0.8~\mu m$,散在于细胞质中,由高尔基复合体囊泡形成(图 2-11)。溶酶体内含有多种水解酶,如磷酸酶、核酸酶等,多为酸性水解酶,可分解各种外源性和内源性大分子物质,在具有吞噬能力的细胞内含量丰富。溶酶体膜为单层磷脂,可避免被溶酶体酶水解,从而使其他细胞器与溶酶体分隔开。

溶酶体的主要作用是把进入细胞内的异物(如细菌、病毒等)和细胞本身衰老死亡的细胞器,进行消化分解,是细胞内的重要"消化器官"。①异噬作用:清除进入细胞内的外源性异物,与机体的防御功能有关。②自噬作用:清除细胞内的残余物,与细胞结构自我更新有关。③自溶作用:在某种特定情况下,溶酶体酶还可释放出来,使细胞自行溶解。例如,蝌蚪变青蛙时,尾巴的脱落即是尾部细

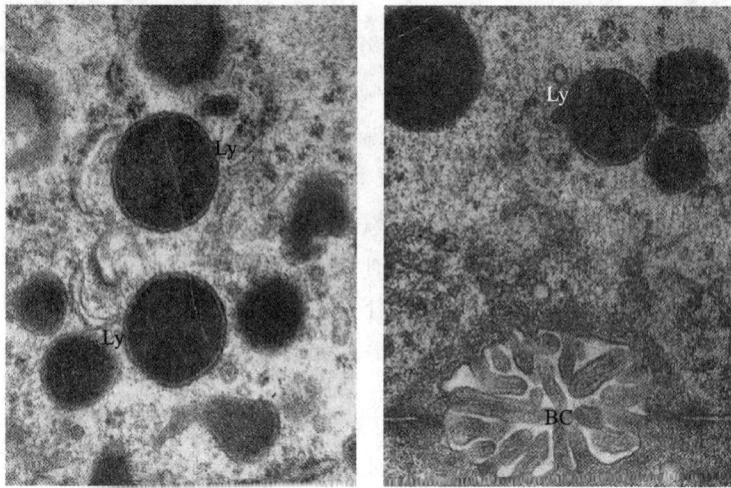

图 2-11　电镜下溶酶体示意图(Ly)

胞自溶的结果。

(6)微体:微体是单层膜围成的球形或椭圆形的小泡。最初发现时其体积较小,故被称为微体。后来发现其含有多种与过氧化氢代谢有关的酶,故又将其称为过氧化物酶体。

微体与细胞内的物质氧化有关,其主要功能是利用氧化酶和过氧化氢酶将有害物质氧化,消除对细胞有害的过氧化氢,具有解毒的作用,对细胞起保护作用。

(7)中心体:中心体位于细胞核的附近,接近细胞中心(图 2-12)。光镜下,中心体由两个中心粒和包绕在其周围的致密物质组成,称为中心球。电镜下,两个中心粒呈圆筒状的小体,互相垂直排列。中心体能够自我复制,在细胞有丝分裂时形成纺锤丝。与细胞的运动、分裂有关。

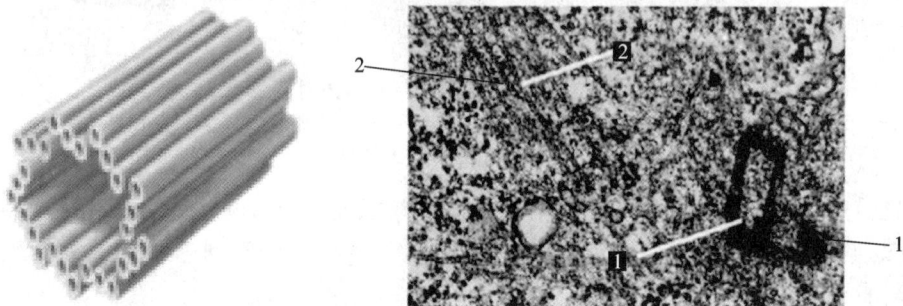

图 2-12　中心粒(左)与中心体(右)
1.中心体　2.微管

(8)细胞骨架:由蛋白质构成的纤维网架体系,包括微管、微丝、中间纤维,通常也被认为是广义上细胞器的一种(图 2-13)。细胞骨架的功能包括维持细胞形态,锚定并支撑细胞器,与细胞运动等多项生命活动有关。

微丝又称肌动蛋白纤维,由肌动蛋白构成,直径为 5~7 nm。微丝的主要功能包括:①支持细胞形态;②参与细胞的运动;③参与分泌和吞噬活动。

微管是微管蛋白装配而成的长管状结构,直径为 18~25 nm,与细胞的有丝分裂、运动、神经递质的运输有关,构成了一些细胞的纤毛和鞭毛。

中间纤维直径介于微丝和微管之间,其分布具有组织特异性,与细胞分化有关。

(三)细胞核

细胞核是动物细胞中最大、最重要的有形部分,是细胞遗传和代谢的控制中心,可储存许多遗传信息。在动物体内,除成熟红细胞不含有细胞核外,其余细胞均有细胞核。一个细胞一般有一个或

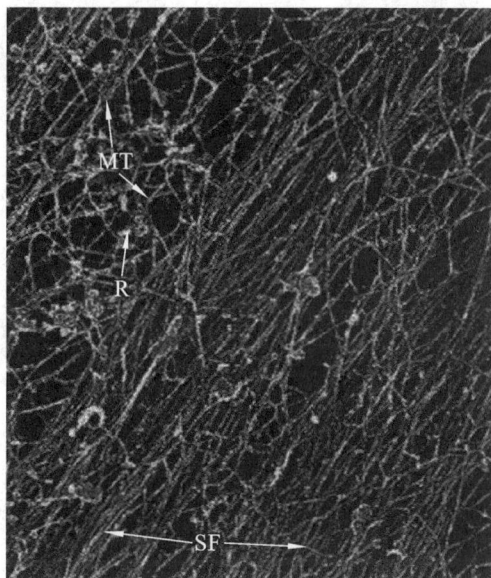

图 2-13　电镜下的细胞骨架

者多个核，骨骼肌中的细胞核可达数百个。细胞核形态呈圆形、椭圆形、杆状（如柱状上皮细胞）或分叶状（如中性粒细胞）。细胞核由核膜、核基质、核仁和染色质构成（图 2-14）。

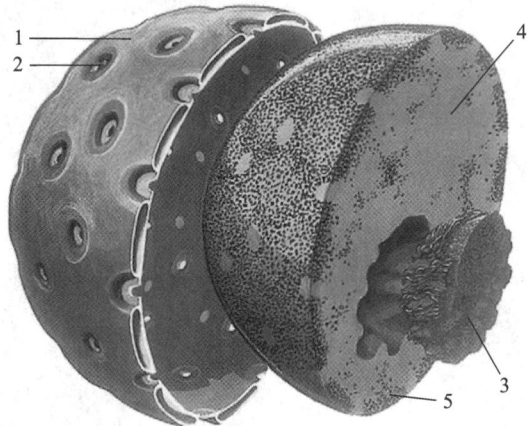

图 2-14　细胞核结构模式图
1.核膜　2.核孔　3.核仁　4.核基质　5.染色质
（引自 William K. Ovalle & Patrick C. Nahirney，Netter's Essential Histology，第二版，2013）

1.核膜　核膜为细胞核的边界，由双层单位膜构成，使细胞核成为细胞中一个相对独立的体系，核内形成一相对稳定的环境。核膜上有核孔，RNA 与蛋白质等大分子可经核孔出入核（图 2-15）。

2.核仁　细胞核内的球形小体，一般细胞有 1～2 个核仁，少数细胞有 3～5 个，个别细胞无核仁（如中性粒细胞）。核仁是核糖体 RNA（rRNA）转录及合成核糖体蛋白的部位，其化学成分为核糖核酸和蛋白质。

3.核基质　又称核液，是核行使各自功能活动的内环境，是无结构的透明胶状物质，成分与细胞质基质相近。

4.染色质　染色质是细胞核内能被碱性染料着色的物质，由 DNA、RNA 和蛋白质组成，含有大量遗传信息。染色质在高倍电镜下呈纤维状，在细胞分裂时，染色质复制加倍，组装成光镜下一条条清晰可见的短线状或棒状结构，称染色体（图 2-16）。有丝分裂结束后染色体又恢复成染色质状态。同种动物细胞染色体数目是恒定的，如人有 23 对，犬有 39 对，猫有 19 对，猪有 19 对。

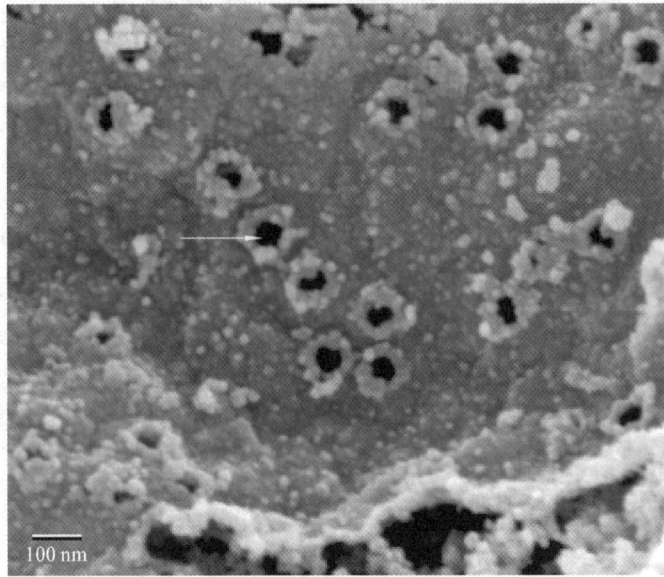

图 2-15　核孔（箭头所示）
（引自 William K. Ovalle & Patrick C. Nahirney，Netter's Essential Histology，第二版，2013）

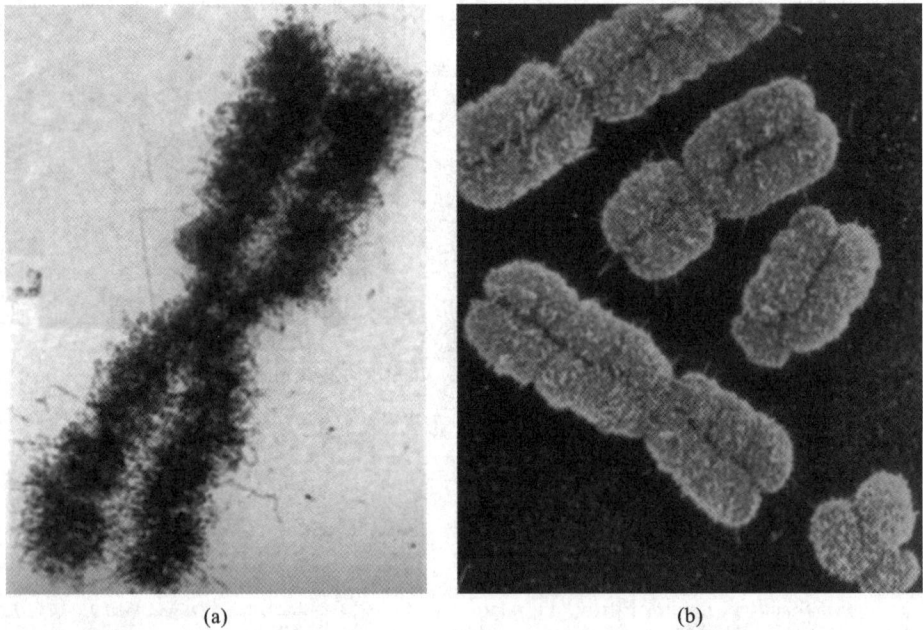

（a）　　　　　　　　　　　　　　　（b）

图 2-16　光镜与电镜下的染色体
（a）光镜　（b）电镜

三、细胞特性

（一）物质的跨膜运输

由于细胞膜脂质双分子层具有稳定性和流动性，故容易自动融合和修复。细胞膜两侧的水溶性物质不能自由通过，细胞膜具有选择透过性。细胞膜内、外的物质，如气体等小分子物质，以及葡萄糖、钠离子、钾离子、蛋白质等大分子物质进出细胞膜的方式各不相同。

细胞膜的特殊结构，使其不同于普通的半透膜。细胞膜作为一个屏障，使细胞内液成分不完全相同于细胞外液，并保持相对稳定。但是，细胞在进行新陈代谢过程中，需要不断选择性地摄入和排出多种物质，这些物质的交换是通过细胞膜进行的。根据物质跨膜转运的方向和供能特征，小分子物质转运分为被动运输和主动转运，被动运输又包括单纯扩散和易化扩散两种。大分子物质转运方式为胞吞和胞吐,也叫入胞和出胞。

1.被动运输 在物质跨膜转运过程中,物质分子顺浓度梯度(即从高浓度一侧向低浓度一侧)运输的过程,称为被动运输。

被动运输不耗能,物质运输所需的能量来自浓度差所产生的势能,包括不依靠特殊膜蛋白"帮助"的单纯扩散、依靠特殊膜蛋白"帮助"的易化扩散两种方式。

(1)单纯扩散:也叫自由扩散,对于细胞内、外的物质来说,细胞膜允许一些脂溶性的小分子物质,顺着电化学梯度,由细胞膜的高浓度一侧向低浓度一侧转运,这个过程不耗能。决定单纯扩散的主要因素是细胞内、外浓度梯度。一般而言,气体(如氧气、二氧化碳、氮气等),以及小而不带电的极性分子(如尿素、乙醚、甘油等),能以单纯扩散的方式从细胞膜高浓度一侧扩散到低浓度一侧。如肺泡和毛细血管的气体交换就是单纯扩散的过程。

(2)易化扩散:也叫协助扩散,是指非脂溶性小分子物质,通过镶嵌在细胞膜上的一些特殊蛋白质的协助,由高浓度一侧向低浓度一侧转运的过程。易化扩散可分为两类:载体介导的易化扩散和通道介导的易化扩散。参与易化扩散的蛋白质分别为载体蛋白和通道蛋白。

①载体介导的易化扩散:载体蛋白能在溶质高浓度一侧与溶质发生特异性结合,并且构象发生改变,把溶质转运到低浓度一侧,将溶质释放出来,载体蛋白恢复到原来的构象,开始新一轮转运。这个过程不消耗能量。可以转运的物质包括葡萄糖、氨基酸等小分子亲水物质。

这种转运方式的特点如下:a.特异性:载体蛋白有与底物特异性结合的位点,对底物具有高度选择性,每种载体蛋白只能与特定的溶质分子结合,所以每种载体蛋白通常只转运一种类型的分子。b.饱和性:由于细胞膜中载体蛋白的数量有限,当载体蛋白都参与了底物的转运时,底物的跨膜运输速度便达到最大值,不再随底物浓度的增加而增大。c.竞争抑制性:当其他物质与底物的结构类似时,它们将竞争载体蛋白的同一结合位点,阻碍底物的结合,转运效率降低。

②通道介导的易化扩散:通道蛋白的壁外侧面是疏水的,而壁内侧面是亲水的(称为水相孔道),能允许水及溶于水的离子通过。

这种转运方式具有相对特异性,通道蛋白对离子的选择性,取决于通道开放时水相孔道的几何大小和孔道壁的带电情况,因而对离子的选择性没有载体蛋白那样严格,可处于开放、关闭和失活等功能状态,其通透性变化快。有些通道蛋白形成的通道通常处于开放状态,如钾离子通道,允许钾离子不断外流。大多数通道的开放时间十分短促,然后进入失活或关闭状态。

2.主动转运 细胞通过本身的某种耗能过程,在特殊蛋白质的帮助下将物质逆浓度梯度由细胞膜的一侧转运到另一侧的过程。这个过程必须由外部供给能量,主要来源于细胞代谢。

单纯扩散和易化扩散都有一个平衡终点,而主动转运没有平衡终点,被转运的物质可以全部被转运到细胞膜的另一侧。

主动转运普遍存在于动植物和微生物细胞中,可保证活细胞能够按照生命活动的需要,主动选择和吸收所需要的营养物质,排出代谢废物和对细胞有害的物质。

根据能量的来源,主动转运分为原发性主动转运和继发性主动转运两大类。

(1)原发性主动转运:如钠钾泵,或称钠泵。钠泵是一种镶嵌蛋白质,本身就具有ATP酶活性,能分解ATP释放能量。在钠泵的作用下,细胞能逆浓度差,将细胞内的钠离子移出膜外,将细胞外的钾离子移入膜内。

例如,在正常生理条件下,红细胞内钾离子的浓度相当于血浆中的30倍,但钾离子仍能从血浆进入红细胞内,红细胞内钠离子浓度则比血浆中低很多,但钠离子仍能由红细胞向血浆透出,呈现一种逆浓度梯度的"上坡"运输。

因此,钠泵可以形成和保持细胞内、外钠离子及钾离子的浓度不均,这是形成生物电的基础,同时建立势能储备,可供细胞耗能过程使用。

(2)继发性主动转运:小肠上皮细胞从肠腔中吸收葡萄糖、肾小管上皮细胞从小管液中重吸收葡萄糖都属于继发性主动转运。

Note

利用钠泵活动形成的势能储备,形成膜外钠离子的高势能。当钠离子顺浓度差进入膜内时,所释放出的能量用于葡萄糖分子的逆浓度梯度转运。由于葡萄糖主动转运所需的能量间接来自钠泵活动时消耗的 ATP,所以这种类型的转运方式称为继发性主动转运。

在小分子物质进出细胞膜(即主动转运和被动运输)的过程中,载体蛋白发挥了很大的作用。但是载体蛋白对于一些大分子物质及一些颗粒性物质是无能为力的。大分子物质进出细胞膜的过程称为胞吞或胞吐。

被动运输与主动转运的示意图见图 2-17,二者之间的区别与联系见表 2-2。

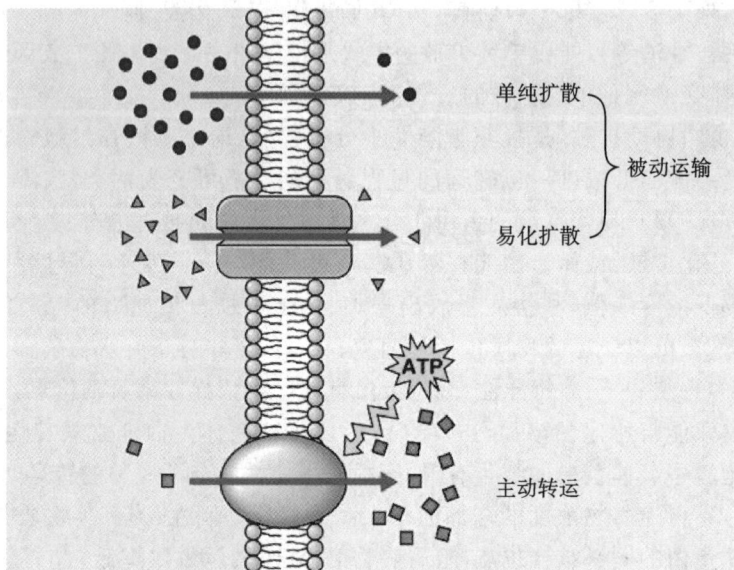

图 2-17 被动运输与主动转运示意图

表 2-2 被动运输与主动转运的异同点

运输方式	被动运输		主动转运
	单纯扩散	易化扩散	
运输方向	顺浓度梯度 高→低	顺浓度梯度 高→低	逆浓度梯度 低→高
载体蛋白	不需要	需要	需要
消耗能量	不消耗	不消耗	需要 ATP
代表例子	氧气、二氧化碳等气体,尿素、甘油等通过细胞膜	葡萄糖进入红细胞	葡萄糖、氨基酸进入小肠上皮细胞;离子通过细胞膜

3. 胞吐 又称出胞,是指细胞将成块的内容物由细胞内排出的过程。如激素的分泌、神经递质的释放。出胞是一个比较复杂的耗能过程。具体过程如下:当细胞需要外排大分子或颗粒性物质时,通过粗面内质网的合成以及高尔基复合体的包装,形成膜性结构包被的分泌囊泡,囊泡向质膜内侧移动,囊泡膜与质膜的某点接触并融合,之后融合处出现裂口,分泌物排出细胞外(图 2-18)。

4. 胞吞 又称入胞,是指细胞外某些物质团块,如细菌、病毒等异物,以及大分子营养物质等进入细胞内的过程。包括吞噬和胞饮。转运物质为固体时称为吞噬,转运物质为液体时称为胞饮。胞吞的过程如下:当细胞摄取大分子或颗粒性物质时,物质与细胞膜上的受体结合成复合物,这部分细胞膜内陷形成小囊,包围着大分子,然后小囊从细胞膜上分离下来,形成囊泡,进入细胞内部(图2-19)。

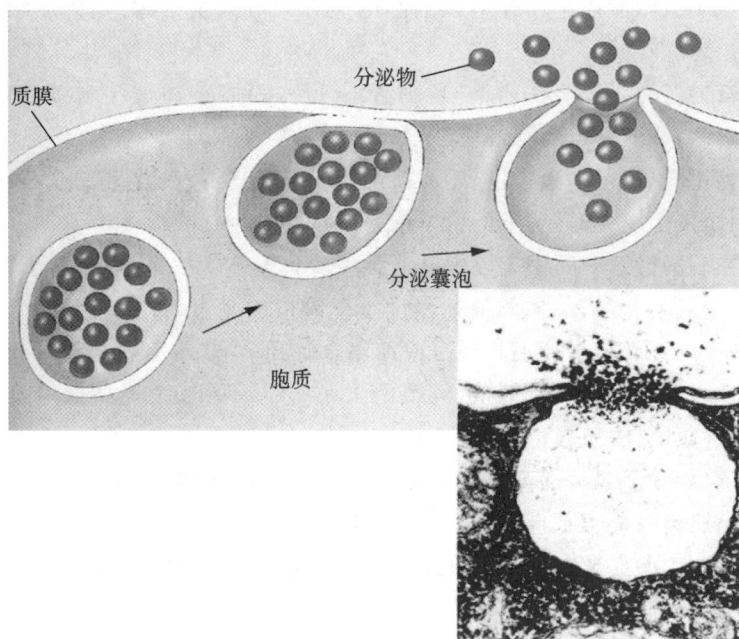

扫码看彩图

图 2-18 胞吐的过程

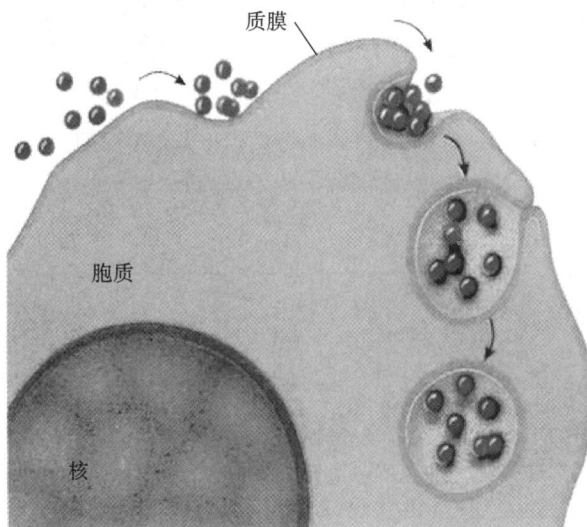

扫码看彩图

图 2-19 胞吞的过程

综上所述,物质通过细胞膜的运输方式主要包括以下几种:脂溶性的小分子物质,如气体,可通过单纯扩散透过细胞膜;水溶性的小分子物质或离子,如葡萄糖、钠离子、钾离子,需要在相关蛋白质的介导作用下才能完成跨膜运输;大分子物质或颗粒性物质,如蛋白质,则通过细胞膜的胞吞和胞吐进出细胞。

(二)细胞的兴奋性

1. 兴奋与兴奋性 机体的周围环境或组织器官的内环境发生变化时,常引起机体内部代谢过程和外表活动发生改变,称为反应。能被机体感受而引起机体一定反应的内、外环境变化称为刺激。动物体接受刺激后所产生的反应形式有两种,分别为兴奋和抑制。兴奋指机体器官或组织受刺激后,从相对静止状态转变为活动状态,或由较弱活动状态转变为较强活动状态。抑制指机体器官或组织受刺激后,从活动状态转变为相对静止状态,或由较强活动状态转变为较弱活动状态。

因此兴奋性为细胞受刺激时产生动作电位的能力。兴奋则指产生动作电位的过程或是动作电

Note

23

位的同义语。在接受刺激后能产生动作电位的细胞统称为可兴奋细胞,如神经细胞、肌肉细胞和腺细胞等。

2. 刺激引起兴奋的条件　　按照性质不同,刺激可分为三种:①物理性刺激,如声、光、电、温度或机械等。②化学性刺激,如酸、碱、药物等化学物质。③生物性刺激,如细菌、病毒、寄生虫等生物体。

刺激引起组织兴奋的要素:刺激强度、刺激持续时间、刺激强度变化率。这三个要素之间相互影响,当其中一个或两个发生变化时,剩下的两个或一个也会发生相应改变。

(1)刺激强度:在刺激持续时间固定以及刺激强度变化率不变的条件下,能引起组织兴奋的最小刺激强度,称为阈强度或阈刺激,简称阈值。强度小于阈值的刺激,称为阈下刺激;强度大于阈值的刺激,称为阈上刺激。阈下刺激不能引起兴奋或动作电位,但并非对组织细胞不产生任何影响。

衡量组织兴奋性高低的指标就是阈值,阈值的大小与组织的兴奋性高低呈负相关,引起组织兴奋的阈值越大,兴奋性越低;阈值越小,兴奋性越高。

对于多细胞组织(如骨骼肌),提高刺激强度可使肌肉收缩增强,但肌肉收缩强度达到一定水平后,刺激强度再增加,肌肉收缩也不再增强,此时的刺激强度称为顶强度。

(2)刺激持续时间:刺激必须持续一定时间,才能引起组织产生反应。在刺激强度不变的条件下,引起组织兴奋的最短作用时间称为时间阈值。

(3)刺激强度变化率:单位时间内刺激强度增减的量称为刺激强度变化率。刺激强度变化率越大,刺激作用越强,反之,则刺激作用越弱。在刺激强度变化率固定不变的条件下,在一定范围内,引起组织兴奋所需的最小刺激强度与刺激持续时间呈反变关系,也就是说,当刺激强度较大时,刺激只需持续较短的时间即可引起组织兴奋,而当刺激强度较弱时,刺激必须持续较长的时间才能引起组织兴奋,这种关系可用强度-时间曲线表示。

3. 细胞兴奋时的兴奋性变化　　当细胞受到刺激产生一次兴奋时,兴奋性也随之发生周期性变化。兴奋性的变化可分为以下几个时期(图 2-20)。

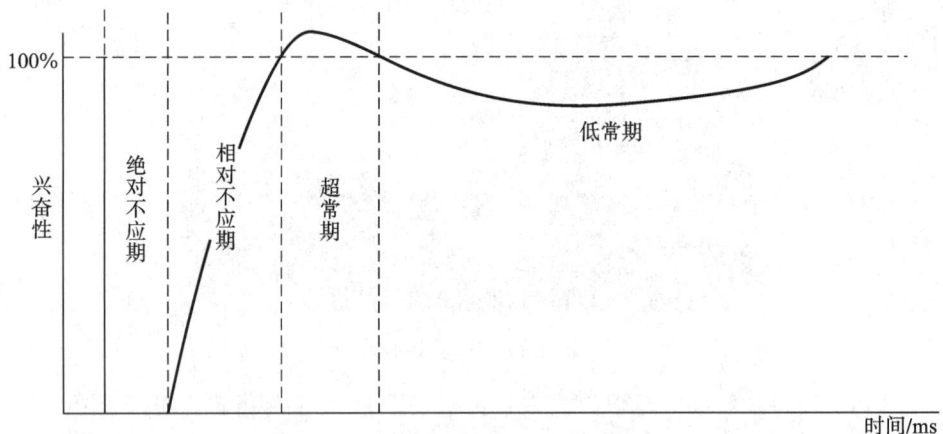

图 2-20　兴奋性的周期性变化

①绝对不应期:细胞在受到刺激而发生兴奋时,在较短时期内,细胞的兴奋性下降至零。此时无论第二次施予的刺激强度多大,都不能引起第二次兴奋。因此绝对不应期的长短,决定了该组织在单位时间内所能兴奋次数的最大值。

②相对不应期:在绝对不应期之后,细胞的兴奋性有所恢复,但要引起组织的再次兴奋,所用的刺激强度必须大于阈强度。

③超常期:在相对不应期之后,细胞的兴奋性继续上升并超过正常水平,用低于阈强度的刺激就可引起第二次兴奋。

④低常期:超常期之后,细胞的兴奋性又下降到低于正常水平,此时超过阈强度的刺激才能引起第二次兴奋。

（三）细胞的生物电现象

生物细胞无论是处于安静状态还是活动状态都存在电现象，称为生物电现象。临床上常用的检查手段心电图，就是利用心脏搏动时心肌细胞生物电的变化来辅助诊断心脏的健康情况，目前已经成为发现、诊断和预测疾病进程和治疗效果的重要手段。

生物电现象是一切有生命的细胞或组织共有的一种特性，与细胞的兴奋和抑制均有密切的联系。在细胞膜内、外两侧，由于离子跨膜转运而存在电位差，这种电位差称跨膜电位，简称膜电位，包括静息电位和动作电位。

1. 静息电位

（1）静息电位概念：静息电位是指细胞在安静状态下，存在于细胞膜两侧的电位差。通常表现为细胞膜内侧电位较细胞膜外侧为负，即内负外正。静息电位的大小因细胞的种类不同而有差异，如神经细胞约为-70 mV，心肌细胞为-90 mV。静息电位是动作电位的基础。

通常把静息时细胞膜两侧电荷分布（内负外正）的状态称为极化。当细胞膜电位绝对值增大时，称为超极化；当细胞膜电位绝对值减小时，称为去极化；细胞在发生去极化后，细胞膜电位再向静息电位方向恢复的过程，称为复极化。

（2）静息电位的产生机制：由于钠泵的活动，Na^+（钠离子）被转运到细胞外，K^+（钾离子）被转运到细胞内，细胞外 Na^+ 浓度高、细胞内 K^+ 浓度高，细胞膜内、外离子分布不均匀，存在离子浓度差；细胞膜不同功能状态对离子的通透性不同，安静时细胞膜对 K^+ 的通透性远大于 Na^+，K^+ 顺浓度梯度外流，并达到电-化学平衡。因此细胞膜内高 K^+ 浓度和安静时细胞膜主要对 K^+ 有通透性是细胞保持膜内负、膜外正的基础。

2. 动作电位

（1）动作电位概念：细胞受到刺激后，在静息电位的基础上细胞膜两侧电位发生快速的电位波动，这种电位波动可沿细胞膜向周围扩布。动作电位是大多数可兴奋细胞受到刺激时共有的特征性表现。动作电位由去极化（上升支）和复极化（下降支）两个过程组成，这两个过程是由细胞膜的离子通透性发生一连串变化造成的（图 2-21）。

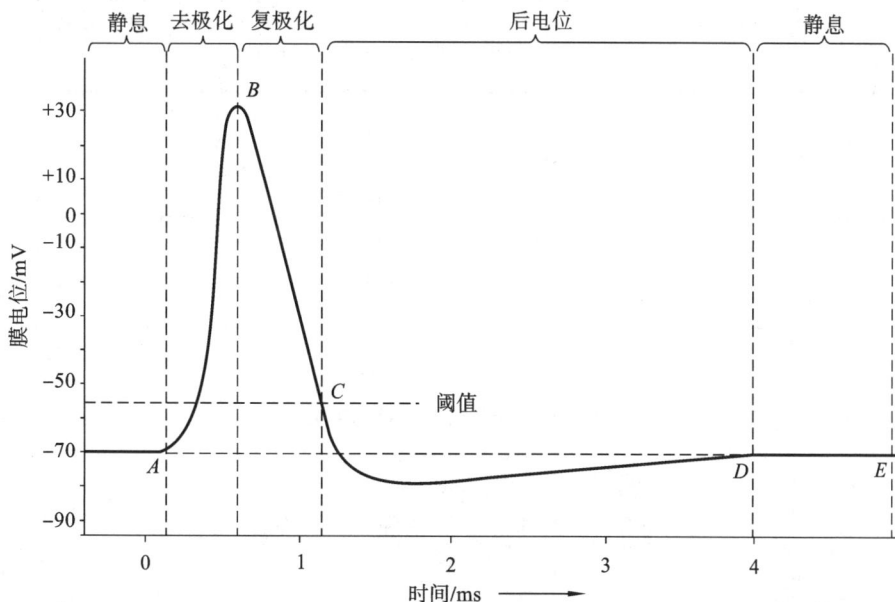

图 2-21 动作电位示意图

*AB.*动作电位上升支　*BC.*动作电位下降支　*CD.*后电位　*DE.*静息电位

（2）动作电位的产生机制：静息时细胞外 Na^+ 浓度高、细胞内 K^+ 浓度高，呈内负外正的电位差。当细胞受到刺激而产生兴奋时，细胞膜上钠通道开放，Na^+ 顺浓度梯度内流，使细胞去极化，形成细胞膜内为正、细胞膜外为负的状态,即动作电位的上升支。紧接着细胞膜的钠通道关闭,钾通道开放,细胞膜对 Na^+ 通透性降低而对 K^+ 通透性增加, K^+ 顺浓度梯度向细胞膜外扩散,使细胞复极化,形成动作电位的下降支。此时细胞膜外离子分布与静息时相比稍有不同,细胞外 K^+ 浓度高而细胞内 Na^+ 浓度高,从而激活了细胞膜上的钠泵,通过钠泵的主动转运,细胞内 Na^+ 转运至细胞外,细胞外 K^+ 转运至细胞内,使细胞膜内、外侧离子分布恢复至静息时的状态,细胞膜电位恢复到静息电位水平。

(3)动作电位特点:动作电位具有两个重要特点:①"全或无"特性。动作电位要么不产生,一旦产生就达到最大值,其幅度不会因刺激的增强而增大。②不衰减性传导。动作电位在受刺激部位产生后,将沿着细胞膜向周围扩布,迅速传播至整个细胞,在此传导过程中,动作电位的幅度和波形始终保持不变。

(4)动作电位的传导:动作电位是以局部电流形式传导的,当细胞某一部分受刺激而兴奋时,膜电位由原来的外正内负转变为外负内正的状态,因此兴奋部位和邻近未兴奋部位之间出现了电位差,无论是在细胞膜内还是细胞膜外均存在电位差。由于细胞膜两侧的溶液都是导电的,必然有电荷移动,这种电荷移动就是局部电流。在细胞膜外侧,电流由未兴奋部位流向兴奋部位;在细胞膜内侧,电流由兴奋部位流向未兴奋部位。结果使未兴奋部位的细胞膜内电位升高,细胞膜外电位降低,局部发生去极化。当局部去极化达到阈电位时,就产生了动作电位。此时未兴奋部位变为兴奋部位,电流继续向周围的未兴奋部位传导,表现为兴奋在细胞上的传导(图 2-22)。动作电位可以向两个方向传导,被称为动作电位的双向传导。动作电位在神经纤维上的传导又称为神经冲动。

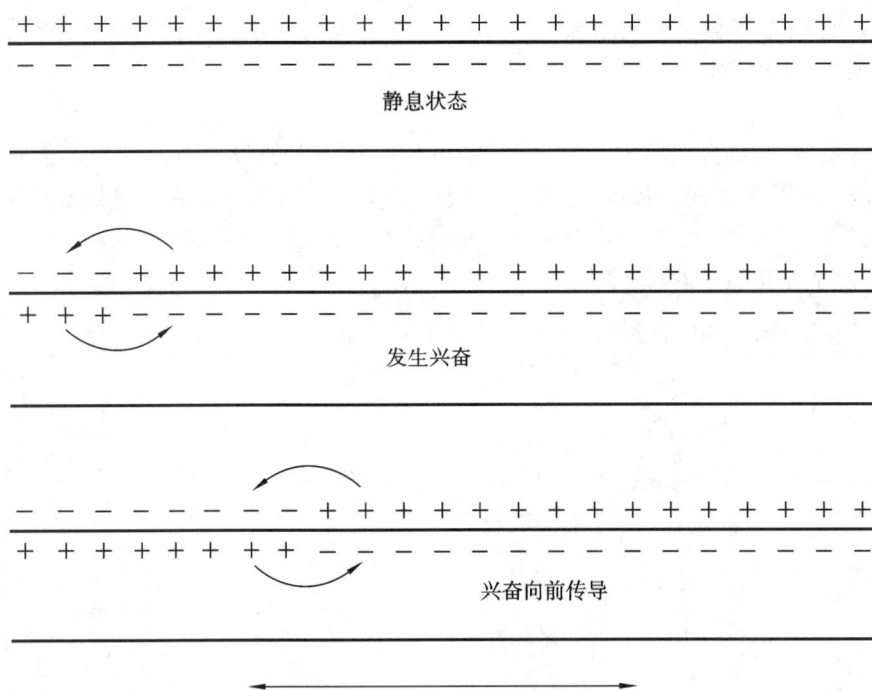

图 2-22　动作电位传导示意图

知识单元 2　组　　织

组织是由来源相同、形态结构相似、功能相关的细胞群和细胞间质构成的。动物体的组织分为上皮组织、结缔组织、肌组织、神经组织四种。

一、上皮组织

上皮组织分布广泛,除关节腔的软骨面外,体表、有腔器官的内表面和某些器官的外表面都衬贴着上皮,构成器官的边界,故又称边界组织。具有保护、吸收、分泌、排泄和感觉等功能。

上皮组织的形态结构特点如下:①细胞多,间质少,细胞排列紧密,成层分布。②上皮组织的细胞具有极性:朝向身体表面或有腔器官腔面的一面,称游离面,朝向深部结缔组织的一面,称基底面。③上皮组织中无血管分布,其营养依靠渗透作用从结缔组织中获得。④上皮组织内神经末梢丰富,因而感觉灵敏。

依据上皮组织的形态和功能不同,上皮组织可以分为以下三种:被覆上皮、腺上皮、特殊上皮。

(一)被覆上皮

被覆上皮是上皮组织中分布最广的,根据上皮细胞的排列层次和细胞形态,被覆上皮可分为单层上皮和复层上皮。单层上皮又可分为单层扁平上皮、单层立方上皮、单层柱状上皮、假复层纤毛柱状上皮;复层上皮可分为复层扁平上皮、变移上皮等。

1. 单层扁平上皮 由一层扁平细胞构成,从正面看,细胞呈多边形,边缘为锯齿状,相邻细胞互相嵌合。核椭圆形,位于细胞中央。胞质少,细胞器不发达。从侧面看,细胞呈梭形,胞核椭圆形,含核部分稍厚(图2-23)。

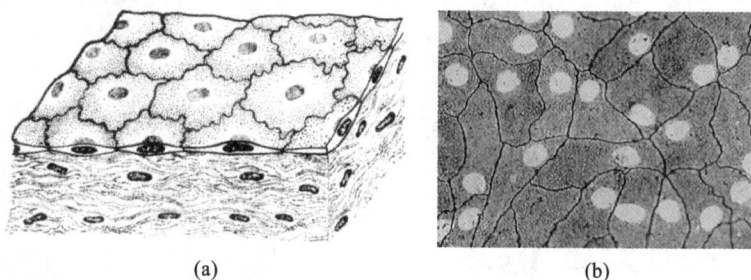

(a)   (b)

图2-23　单层扁平上皮
(a)模式图　(b)银染铺片

单层扁平上皮分布于心脏、血管、淋巴管的内表面,又称内皮(图2-24);分布于胸膜、腹膜、心包膜以及许多内脏器官的外表面,又称间皮;还分布于肺泡壁、肾小囊壁层等处。单层扁平上皮主要功能为减少摩擦。内皮薄而光滑,有利于心血管和淋巴管内液体流动和物质交换;间皮表面光滑湿润,坚韧耐磨,有保护作用。

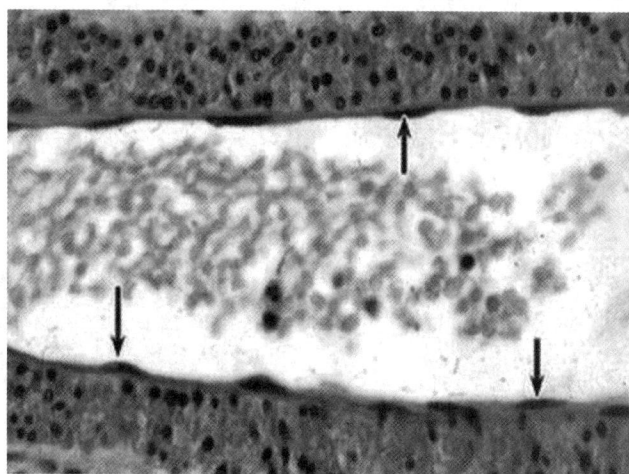

图2-24　血管纵切面,管壁为单层扁平上皮,箭头所示为细胞核

2. 单层立方上皮 由一层立方形细胞构成。从正面看,细胞呈多边形。从侧面看,细胞为正方形,胞核圆形,位于中央。主要分布于肾小管、外分泌腺的小导管、甲状腺滤泡等处,具有分泌和吸收等功能(图2-25)。

扫码看彩图

扫码看彩图

Note

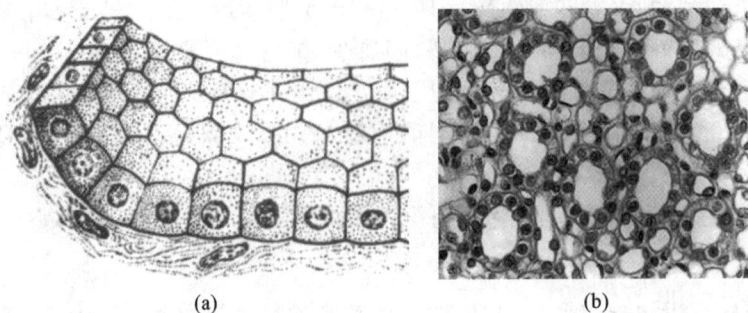

图 2-25　单层立方上皮

(a)模式图　(b)肾小管管壁的单层立方上皮(箭头所示)

3. 单层柱状上皮　由一层柱状细胞构成。从正面看,细胞呈多边形。从侧面看,细胞为长方形,胞核椭圆形,靠近细胞基底部。在上皮的游离面可见波纹状的边缘,称为纹状缘(图 2-26)。

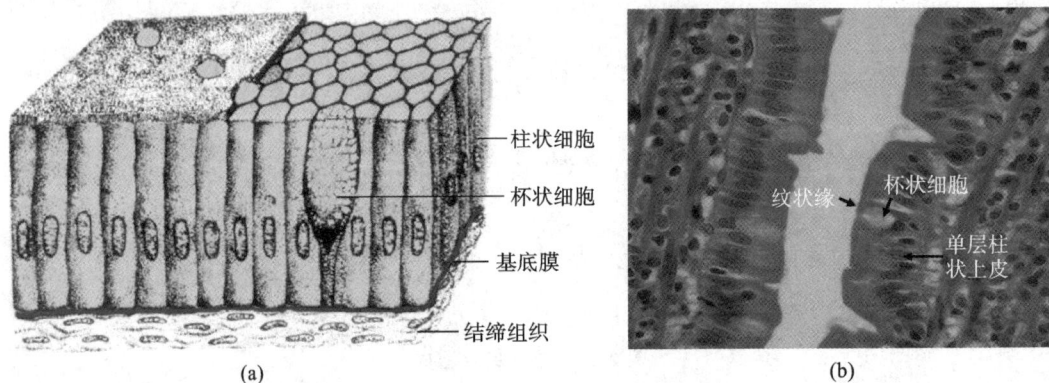

柱状细胞
杯状细胞
基底膜
结缔组织
(a)

纹状缘　杯状细胞
单层柱
状上皮
(b)

图 2-26　单层柱状上皮

(a)模式图　(b)肠道黏膜的单层柱状上皮(箭头所示)

单层柱状上皮主要分布于消化管的中部,如单胃动物的胃,反刍动物的皱胃、肠管,以及子宫黏膜等处。具有吸收、分泌和保护作用。肠道的单层柱状上皮基底部夹有杯状细胞。

4. 假复层纤毛柱状上皮　由柱状细胞、杯状细胞、梭形细胞和锥形细胞等细胞组成。将这几种细胞分离,可发现每一个细胞都与基底膜相连,柱状细胞和杯状细胞的顶端伸到上皮游离面,柱状细胞的游离面具有纤毛(图 2-27)。

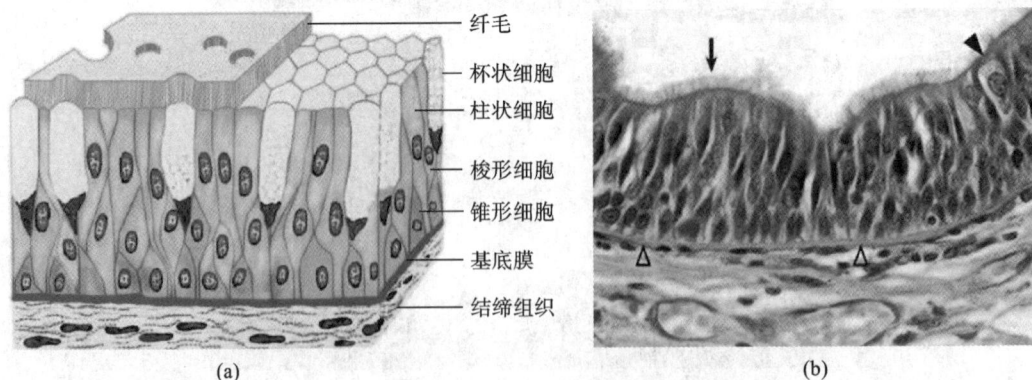

纤毛
杯状细胞
柱状细胞
梭形细胞
锥形细胞
基底膜
结缔组织
(a)

(b)

图 2-27　假复层纤毛柱状上皮

(a)模式图　(b)气管黏膜切片(箭头示纤毛)

从正面看,柱状细胞的游离面具有纤毛。从侧面看,细胞高矮不等,细胞核的位置也不在同一水平线上,因此看上去像复层上皮,但基底部均附着于基底膜,实为一层,故称为假复层纤毛柱状上皮。

假复层纤毛柱状上皮主要分布于呼吸管道的腔面,具有分泌和保护功能。如气管黏膜表面有一层纤毛,通过纤毛的摆动可将外来的灰尘和细菌等排出体外(图 2-28)。

气管壁上的纤毛

图 2-28　电镜下气管黏膜表面的纤毛

5. 复层扁平上皮　由多层细胞构成。基底层细胞呈立方形或矮柱状,为具有增殖分化能力的干细胞;中间层细胞为多边形;表层细胞呈扁平形(图 2-29)。基底层细胞有再生能力,浅层细胞很快死亡脱落,由基底层细胞不断分裂增殖加以补充。

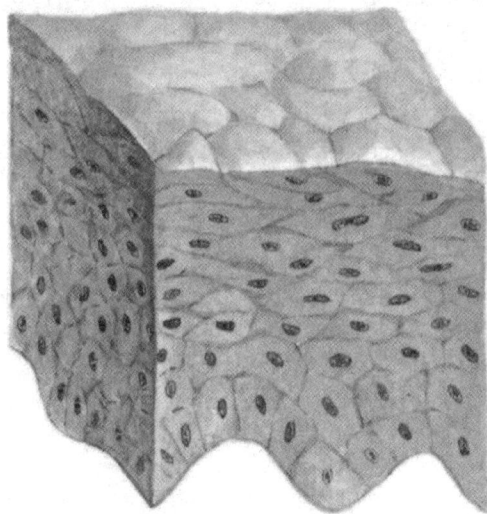

图 2-29　复层扁平上皮模式图

　　复层扁平上皮分为未角化和角化的复层扁平上皮(图 2-30)。未角化复层扁平上皮细胞主要分布在消化管的两端(口腔、咽、食管、反刍动物的前胃、肛门)、阴道等。表层细胞呈扁平状,细胞内仍有细胞核,胞质中角蛋白较少。角化复层扁平上皮细胞主要分布于皮肤表层,表层细胞的细胞核消失,胞质内充满角蛋白,细胞干硬并不断脱落,对摩擦和损伤的耐受力很强。因此未角化和角化复层扁平上皮细胞最大的区别在于表层细胞是否含细胞核。

　　复层扁平上皮具有很强的再生修复能力,具有很强的保护作用,耐摩擦,可阻止异物侵入。

6. 变移上皮　变移上皮分布于排尿管道,如输尿管、膀胱等处,具有保护作用。可分为表层细胞、中间层细胞和基底层细胞(图 2-31)。变移上皮的特点是细胞形状和层数可随器官的空虚与扩张状态而变化。以膀胱为例,当膀胱空虚处于收缩状态时,上皮细胞变厚,层数增多,表层细胞大,呈立方形,称为盖细胞,中间层细胞为多边形,基底层细胞为矮柱状,一个盖细胞可覆盖几个中间层细胞;膀胱充盈扩张时,上皮细胞变薄,层数变少,细胞变扁。

扫码看彩图

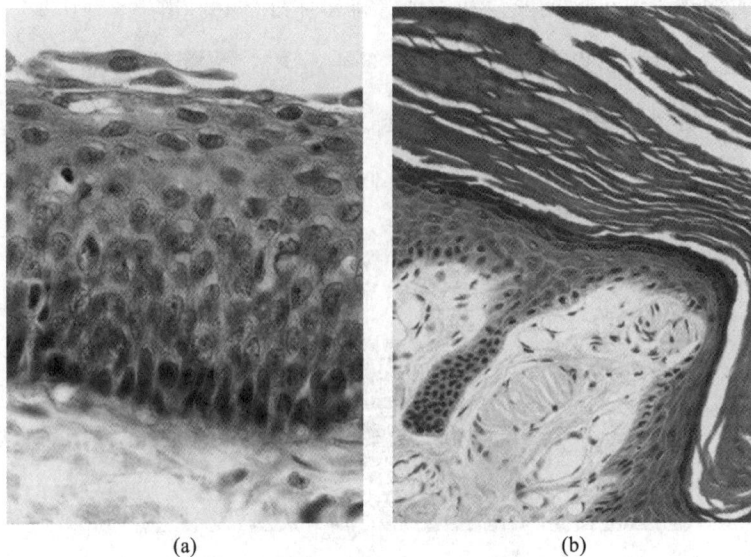

图 2-30　未角化和角化的复层扁平上皮

（a）未角化复层扁平上皮　（b）角化复层扁平上皮

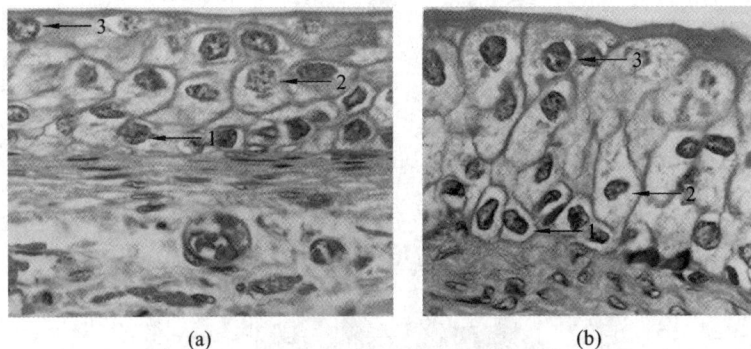

图 2-31　变移上皮（膀胱）

（a）充盈状态　（b）空虚状态

1.基底层细胞　2.中间层细胞　3.表层细胞

（二）腺上皮

在机体内，由腺细胞组成的以分泌功能为主的上皮称为腺上皮。腺细胞多呈立方形，核较大，位于细胞中央。

以腺上皮为主要成分所组成的器官称为腺，如胃腺、肠腺等。根据其分泌物的排出方式，腺体可分为内分泌腺和外分泌腺（图 2-32）。

外分泌腺由分泌部和导管两个部分组成。根据导管有无分支，外分泌腺可分为单腺和复腺。分泌部的形状为管状、泡状或管泡状。因此，外分泌腺根据形态可分为单管状腺、单泡状腺、复管状腺、复泡状腺和复管泡状腺等。

（三）特殊上皮

除被覆上皮和腺上皮外，机体内还有少量特化的上皮，如感觉上皮、生殖上皮等。

感觉上皮内有特殊分化并具有感受特殊刺激的细胞，游离端有纤毛，另一端与感觉神经相连，分布于舌、鼻、眼、耳等，如味蕾、嗅上皮等，有味觉、嗅觉、视觉、听觉等功能。生殖上皮见于睾丸曲细精管、卵巢外表面等。

二、结缔组织

结缔组织是高等动物的基本组织之一，在体内分布广泛，形态多样，如纤维性的肌腱、韧带、筋膜、

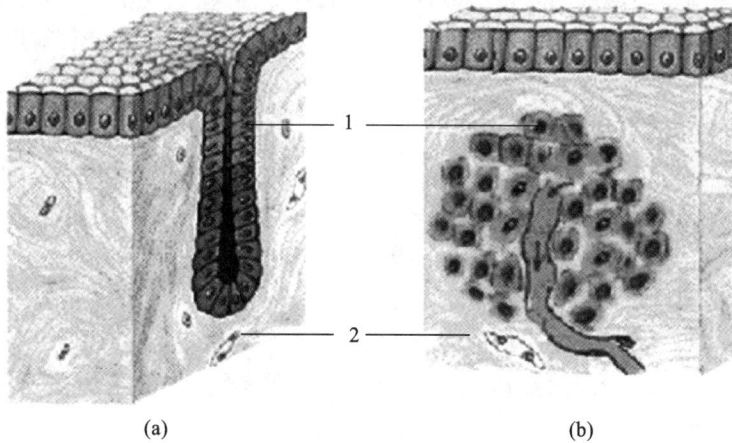

图 2-32　腺上皮模式图
(a)外分泌腺　(b)内分泌腺
1.腺细胞　2.结缔组织

流体状的血液,固体状的软骨和骨等。在机体内,结缔组织主要起支持、连接、营养、保护等作用。广义的结缔组织可分为疏松结缔组织、致密结缔组织、脂肪组织、网状组织、软骨组织、骨组织、血液和淋巴。一般所说的结缔组织仅指固有结缔组织,包括疏松结缔组织、致密结缔组织、脂肪组织、网状组织四种。

结缔组织由细胞、纤维和基质组成。结缔组织中的细胞有巨噬细胞、成纤维细胞、浆细胞、肥大细胞等。纤维包括胶原纤维、弹性纤维和网状纤维,主要起联系各组织和器官的作用。基质是略带胶黏性的液质,填充于细胞和纤维之间,为物质代谢交换的媒介。纤维和基质又合称"间质",是结缔组织中最多的成分。结缔组织具有很强的再生能力,创伤的愈合多通过它的增生来完成。

（一）疏松结缔组织

疏松结缔组织是一种柔软而富有弹性的结缔组织,细胞种类较多,纤维较少,排列稀疏,基质成分较多。广泛分布于器官、组织和细胞之间,结构疏松,形似蜂窝,所以又称蜂窝组织,具有连接、支持、营养、防御、保护和修复等功能(图 2-33)。

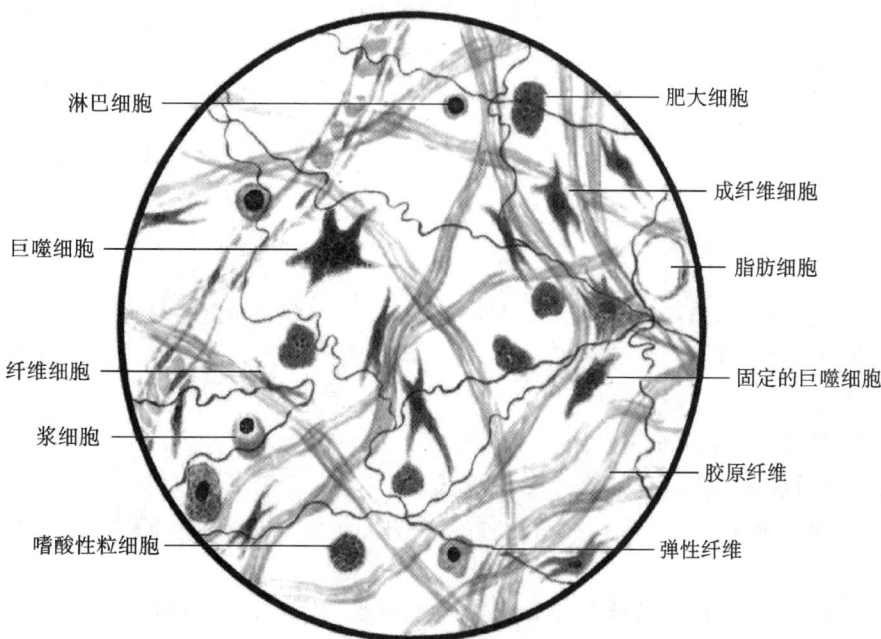

图 2-33　疏松结缔组织铺片

1. 细胞 疏松结缔组织中的细胞包括成纤维细胞、巨噬细胞、肥大细胞、白细胞、浆细胞、脂肪细胞等,此外还有未分化的间充质细胞(图 2-34)。

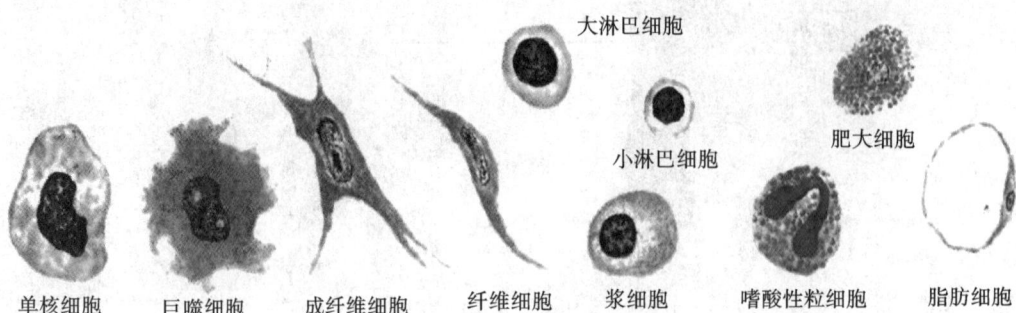

图 2-34 疏松结缔组织内各种细胞

成纤维细胞:数目最多,胞体大,为多突的纺锤形或星形的扁平细胞,细胞核呈规则的卵圆形,细胞轮廓不清。功能处于不活跃状态时称纤维细胞。两者在一定条件下可互相转化。

巨噬细胞:也称组织细胞,细胞形状不一,功能活跃时可伸出伪足而呈多突形,似成纤维细胞。细胞质较丰富,内含许多颗粒和空泡,胞质染色较深,细胞轮廓较明显。细胞核较小,呈圆形或卵圆形,染色较深。

肥大细胞:分布十分广泛,多见于小血管周围。细胞呈圆形或卵圆形,细胞核小,呈圆形或椭圆形,染色浅,位于细胞中央。细胞质内充满粗大的嗜碱性颗粒,易溶于水,可被甲苯胺蓝染成红紫色。主要参与机体的过敏反应。

白细胞:包括淋巴细胞、单核细胞、嗜酸性粒细胞等。

浆细胞:多分布于消化管和呼吸道黏膜固有层的结缔组织中。较小,椭圆形。胞核偏向一侧,核中的染色质排列成车轮状。近核处的胞质中有一淡染区。胞质嗜碱性,染色为蓝色。

脂肪细胞:90%的细胞体积被脂滴占据,细胞质位于细胞的边缘,呈"圆环"样,细胞核呈"半月"形。

2. 纤维 疏松结缔组织的纤维主要是胶原纤维、弹性纤维、网状纤维(表 2-3)。

表 2-3 三种纤维的特性

类 型	别 称	颜 色	韧 性	弹 性	分 布
胶原纤维	白纤维	白色	好	差	肌腱
弹性纤维	黄纤维	黄色	差	好	真皮网状层
网状纤维	嗜银纤维	黑色(银染)	有一定韧性	差	免疫器官(如淋巴结、脾、骨髓)、肝

胶原纤维新鲜时呈白色,故又称为白纤维。呈束状,染成粉红色,呈波浪状排列并交织成网状。其韧性好、抗拉力强、弹性差,广泛分布于各脏器内,在皮肤、巩膜和肌腱中较为丰富。

弹性纤维略呈黄色,故又称为黄纤维。为单股状,染成蓝紫色,有分支,并交织成网状。其韧性差、弹性好,对牵拉作用有更大的耐受力。分布于真皮网状层内。

网状纤维在疏松结缔组织中含量较少,纤维较细,有分支,彼此交织成网状。用银染法可将纤维染成黑色,故又称嗜银纤维。有一定的韧性,弹性差,主要分布于免疫器官(如淋巴结、脾、骨髓)、肝。

3. 基质 基质是一种无色透明、均质状的胶态物质,没有一定的形态结构,充满于纤维和细胞之间。

疏松结缔组织中含大量基质,且含有蛋白多糖,黏性强,其含有的透明质酸有阻止细菌进入和异物扩散的作用。但猪溶血性链球菌及癌细胞可分泌透明质酸酶,溶解透明质酸,使细菌与癌细胞在疏松结缔组织中蔓延。

（二）致密结缔组织

致密结缔组织分布于真皮、骨膜、软骨膜、肌腱和韧带等处。其组成与疏松结缔组织基本相同，两者的主要区别是，致密结缔组织中的纤维成分特别多，而且排列紧密，细胞和基质成分很少。除弹性组织外，绝大多数的致密结缔组织中以粗大的胶原纤维束为主要成分，其中含少量纤维细胞、小血管和淋巴管。

根据纤维的性质和排列方式，致密结缔组织可分为规则致密结缔组织、不规则致密结缔组织和弹性组织。

1. 规则致密结缔组织 主要构成肌腱和腱膜。大量密集的胶原纤维顺着受力的方向平行排列成束，基质和细胞很少，位于纤维之间。细胞成分主要是腱细胞，这是一种形态特殊的成纤维细胞（图 2-35）。

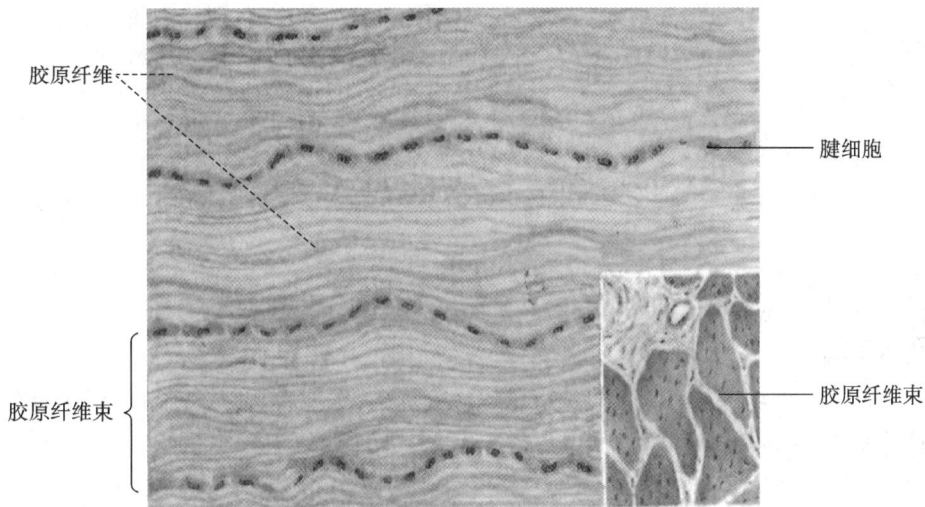

图 2-35 规则致密结缔组织——肌腱

2. 不规则致密结缔组织 见于真皮、硬脑膜、巩膜及许多器官的被膜等，其特点是方向不一的粗大的胶原纤维彼此交织成致密的板层结构，纤维之间有少量基质和成纤维细胞（图 2-36）。

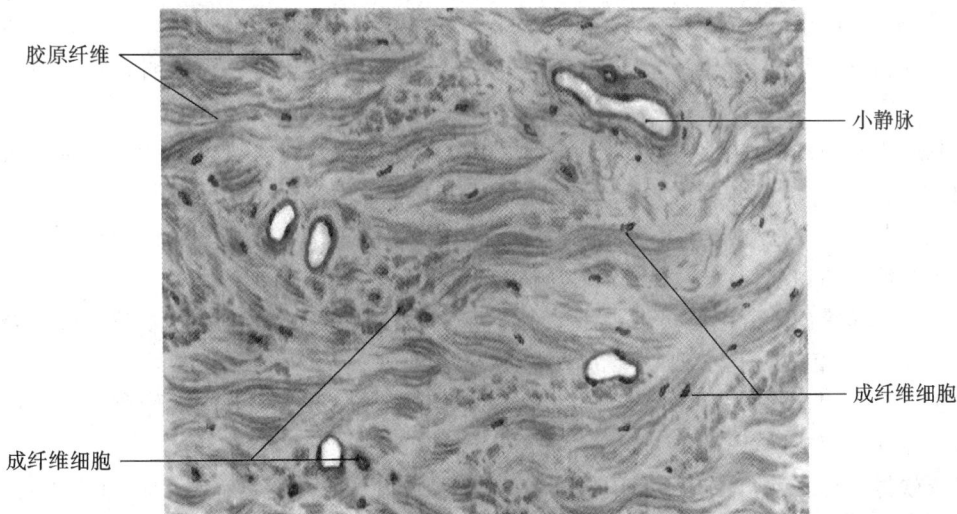

图 2-36 不规则致密结缔组织——真皮

3. 弹性组织 以弹性纤维为主的致密结缔组织。粗大的弹性纤维或平行排列成束，如项韧带和黄韧带，以适应脊柱运动；或编织成膜状，如弹性动脉中膜，以缓冲血流压力。

扫码看彩图

扫码看彩图

Note

（三）脂肪组织

脂肪组织由聚集成团的脂肪细胞和少量的疏松结缔组织及网状纤维构成。被结缔组织分成许多小叶（图 2-37）。具有储存能量、支持保护、维持体温的功能。主要分布于皮下、肠系膜、腹膜、网膜，以及肾、心脏等器官周围。

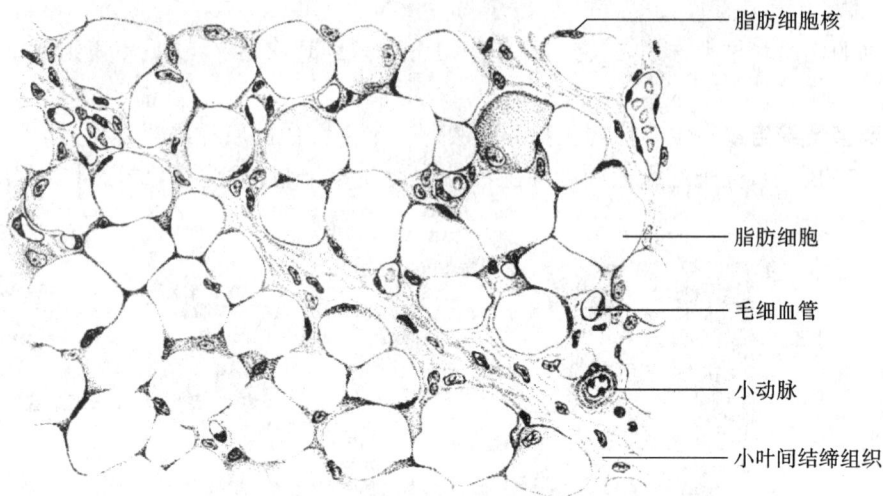

图 2-37　脂肪组织切片

脂肪细胞核
脂肪细胞
毛细血管
小动脉
小叶间结缔组织

（四）网状组织

网状组织是造血器官和淋巴器官的基本组成成分，由网状细胞、网状纤维和基质构成。

网状细胞是有突起的星状细胞，相邻细胞的突起相互连接成网。胞核较大，椭圆形，着色浅，核仁清楚。胞质较多，粗面内质网较发达。

网状细胞产生网状纤维。网状纤维细、分支交错，连接成网，沿着网状细胞的胞体和突起分布。分支互相连接成网孔，网孔内充满基质。

在机体内网状组织不单独存在，而是构成造血组织（如脾和骨髓）和淋巴组织（如淋巴结、胸腺等）的基本组成成分，为淋巴细胞发育和血细胞发生提供适宜的微环境。

（五）软骨组织

软骨组织由软骨细胞、纤维和基质组成，根据纤维组成的不同，可分为透明软骨、弹性软骨和纤维软骨。

透明软骨为胶原纤维，主要分布于喉、气管、肋软骨、关节面等处。弹性软骨为弹性纤维，主要分布于耳廓、会厌等处。纤维软骨为胶原纤维束，主要分布于椎间盘、耻骨联合等处。

1. 透明软骨　基质主要成分为软骨黏蛋白，嗜碱性，软骨基质中无血管，营养靠软骨膜中毛细血管渗出的组织液供给。

软骨浅层为幼稚的软骨细胞，扁圆形，单个分布；深部为成熟软骨细胞，圆形或椭圆形，称为同源细胞群，外有软骨囊包裹（图 2-38）。可合成纤维和基质。

2. 弹性软骨　弹性软骨主要分布于耳廓、会厌软骨等处。软骨细胞位于陷窝内，基质中有大量弹性纤维并相互交织成网（图 2-39）。

3. 纤维软骨　纤维软骨主要分布于椎间盘、关节盘和耻骨联合等处。胶原纤维束平行或交叉排列，软骨细胞小，排列成行（图 2-40）。

（六）骨组织

骨组织是一种坚硬的结缔组织，也是由细胞、纤维和基质构成的。但骨的最大特点是细胞基质具有大量的钙盐沉积，使其成为很坚硬的组织，构成身体的骨骼系统。

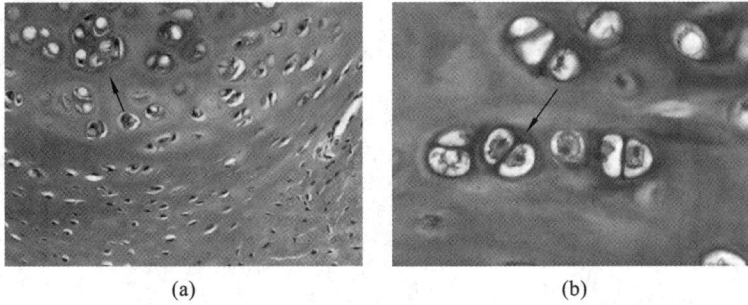

(a)　　　　　　　　　(b)

图 2-38　透明软骨和同源细胞群(箭头所示)

(a)肋软骨　(b)气管软骨

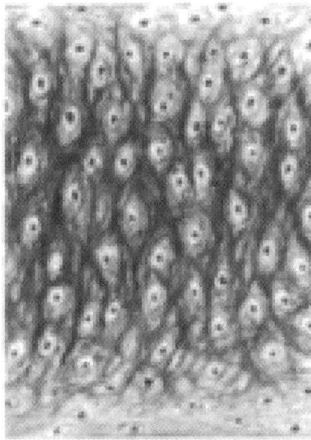

图 2-39　弹性软骨

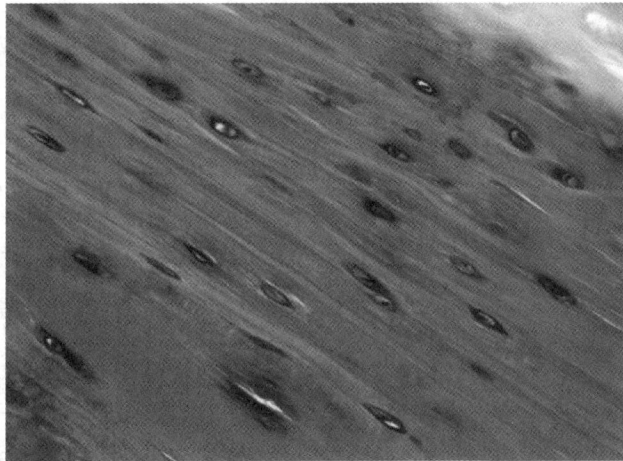

图 2-40　纤维软骨

骨组织的细胞包括骨原细胞、成骨细胞、骨细胞和破骨细胞。骨原细胞随骨组织生长分化为成骨细胞。成骨细胞产生骨基质,调节骨组织的形成和吸收,促进骨组织钙化,成骨细胞被基质包埋即成为骨细胞。骨细胞是骨组织的主要细胞,数量最多,位于骨陷窝内。破骨细胞散在分布于骨组织表面,具有很强的溶骨、吞噬和吸收能力,可溶解骨基质。在骨组织中,成骨细胞和破骨细胞相辅相成,共同参与骨的生长和改建。

骨组织的纤维为胶原纤维,也称骨胶原,基质含有大量的固体无机盐,主要成分为羟磷灰石。

观察骨组织模式图及骨磨片,可见骨组织中间有中央管(也称哈弗斯管),中央管内有血管、神经等结构通过。中央管周围呈同心圆排列的板层状结构为骨板,骨板内有胶原纤维,同一骨板内胶原纤维平行排列,相邻骨板间胶原纤维相互垂直。骨板内有骨陷窝,骨细胞位于骨陷窝内。骨陷窝和哈弗斯管及骨陷窝之间有骨小管连接(图 2-41)。

(七)血液和淋巴

血液和淋巴是流动于心脏、血管和淋巴管内的液体结缔组织,由细胞(各种血细胞和淋巴细胞)和细胞间质(血浆和淋巴浆)组成。(详见模块九心血管系统,模块十免疫系统)。

三、肌组织

肌组织由肌细胞(或肌纤维)组成。按其存在部位、结构和功能不同,可分为骨骼肌、平滑肌和心肌三种。肌细胞之间有少量的结缔组织以及血管和神经。肌纤维的细胞膜称肌膜,细胞质称为肌质,肌质中有许多与细胞长轴平行排列的肌丝,它们是肌纤维舒缩功能的主要物质基础。

(一)骨骼肌

骨骼肌主要分布于头、颈、躯干和四肢,多附着在骨骼上,受躯体神经支配,受意识控制,属随意肌,收缩快速、有力,但易疲劳。

Note

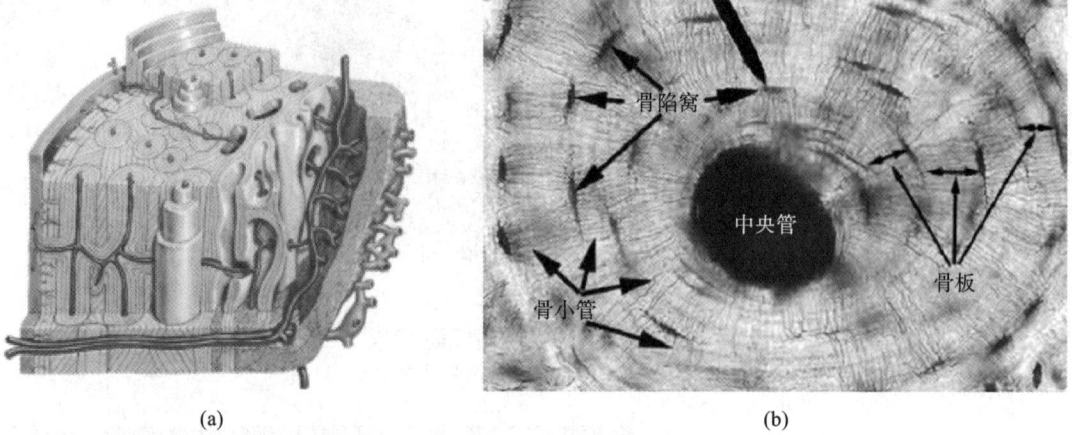

(a)　　　　　　　　　　　(b)

图 2-41　骨组织模式图及骨磨片

(a)模式图　(b)骨磨片

骨骼肌纤维在显微镜下呈长圆柱形,细胞核呈扁椭圆形,数目多,位于细胞周边,肌质内含有许多与细胞长轴平行排列的肌原纤维,肌原纤维由明带和暗带相间的结构构成,使得肌纤维显示出明暗交替的横纹,因此又称为横纹肌(图 2-42)。

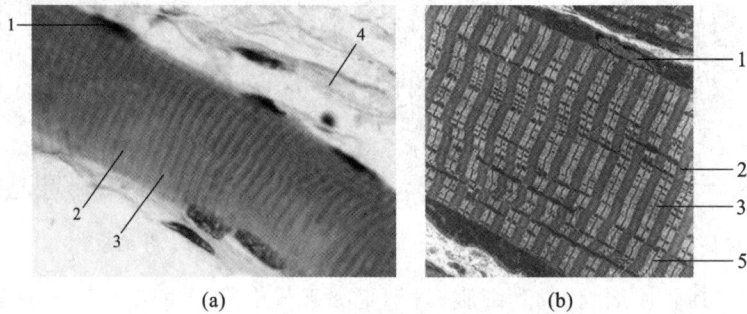

(a)　　　　　　　　　　　(b)

图 2-42　骨骼肌纤维纵切面

(a)光镜下　(b)电镜下

1.细胞核　2.暗带(A 带)　3.明带(I 带)　4.结缔组织　5.Z 线

(引自 William K. Ovalle & Patrick C. Nahirney, Netter's Essential Histology,第二版,2013)

(二)平滑肌

平滑肌分布于血管壁和许多内脏器官,所以又叫内脏肌。平滑肌受内脏神经支配,不受意识控制,属于不随意肌。内脏平滑肌的特点是收缩持久而缓慢,具有自动性,即肌纤维在脱离神经支配或离体培养的情况下,也能自动地产生兴奋和收缩。

平滑肌纤维在显微镜下呈梭形,无横纹;细胞核只有一个,呈长椭圆形,位于中央;肌纤维粗细相嵌,成束、成层排列(图 2-43)。

(三)心肌

心肌主要分布于心脏,也存在于大血管的近心端。受内脏神经支配,属不随意肌,心肌具有自动节律性,收缩慢、有节律而持久,不易疲劳。

心肌纤维在显微镜下呈短柱状,有分支并互相吻合成网,有一个细胞核,呈卵圆形,位于肌纤维中央,可见双核并偶见多核。心肌纤维连接处染色较深的带状结构,称为闰盘,呈阶梯状。肌原纤维也有明带和暗带,因而也具有横纹,但不同于骨骼肌(图 2-44)。

四、神经组织

神经组织主要包括神经细胞和神经胶质细胞两种成分。神经细胞是神经系统最基本的结构和功能单位,也称神经元,具有感受刺激和传导冲动的功能。神经胶质细胞是神经系统的辅助成分,主

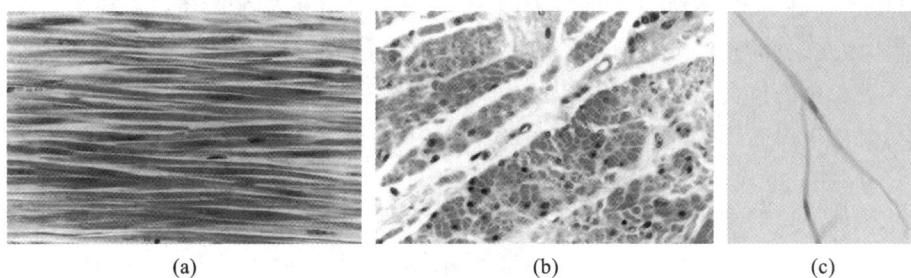

(a)　　　　　　　　　　　(b)　　　　　　　　　　　(c)

图 2-43　平滑肌

(a)平滑肌纤维纵切面　(b)平滑肌纤维横切面　(c)分离的平滑肌

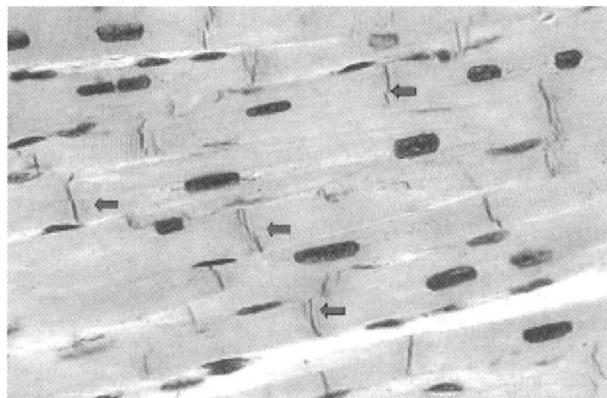

图 2-44　心肌纤维纵切面(箭头示闰盘)

要起支持、营养、保护、隔离、修复等作用。

(一)神经元

神经元的形态多种多样,大小也悬殊,但均由胞体和突起组成。突起从胞体伸出,分为树突和轴突。

1. 胞体　胞体为神经元的营养和代谢中心,形状与神经元发出的突起的数目和位置有关,呈圆形、锥形、梭形和星形。胞体由细胞膜、细胞质和细胞核组成(图 2-45)。

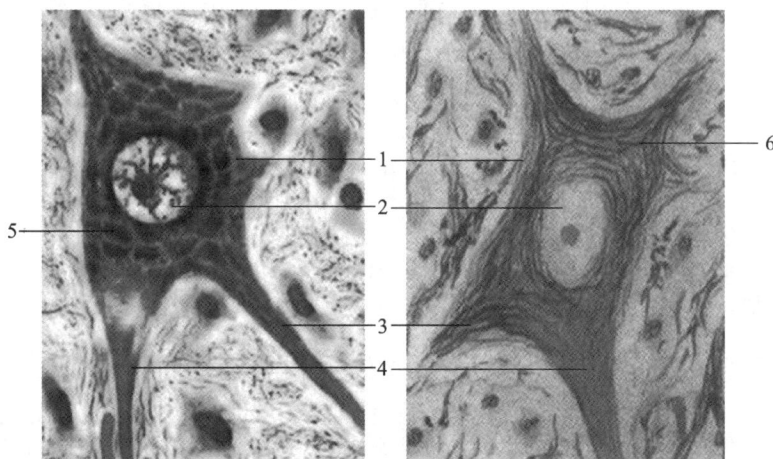

图 2-45　不同染色方法的神经元切片

(a)尼氏染色　(b)硝酸银染色

1.胞体　2.细胞核　3.树突　4.轴突　5.尼氏体　6.神经原纤维

细胞核位于胞体中央,大而圆,着色浅,核仁大。

细胞质中除一般细胞器外,还有尼氏体和神经原纤维。尼氏体为嗜碱性物质,存在于细胞质和树突内,在光镜下呈斑块状,由粗面内质网构成,能合成酶及分泌性蛋白质。神经原纤维呈细丝状,嗜银染,在胞体内交织成网,在突起内沿长轴平行排列。

2.突起 突起由胞体发出,按形态和功能可分为树突和轴突。

树突是从胞体发出的树枝状突起,有一个或多个,树突大多较短,分支多。树突的作用是接受刺激、将冲动传至胞体。

轴突是从胞体发出的细长均匀的突起,一般神经元只有一个轴突。轴突表面光滑,分支也少。轴突从胞体发出的部位呈丘状隆起,称轴丘,轴丘内无尼氏体。轴突的作用是将神经冲动从胞体传向另一神经元或效应器。

3.神经元的分类

(1)根据神经元突起的数目,可分为以下几种。

①多极神经元:有一个轴突和多个树突,此类神经元分布最广。

②双极神经元:有一个轴突和一个树突,自胞体相对的两极伸出,常见于感觉器官中的感觉神经元。

③假单极神经元:从胞体发出一个突起,很快呈"T"字形分为两支,一支进入中枢神经系统,另一支分布到周围的其他器官。此类神经元分布于脑和脊神经节中。

机体内不同的神经元虽然形态千差万别,但基本上都属于这三种神经元的范畴(图 2-46)。

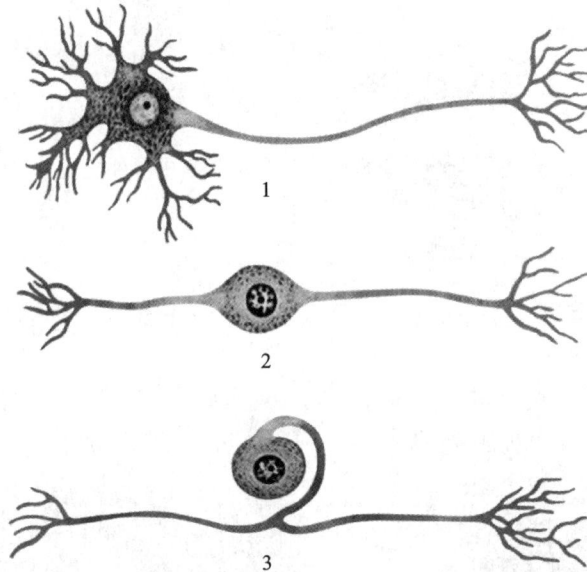

图 2-46 神经元的类型
1.多极神经元 2.双极神经元 3.假单极神经元

(2)按神经元的功能及传导冲动的方向可分为以下几种。

①感觉神经元:接受体内、外的各种刺激,将冲动从周围传向中枢,故又称传入神经元。其胞体位于脑、脊神经节内,多为假单极神经元或双极神经元。

②运动神经元:将中枢的冲动传向肌肉或腺体,引起肌肉的活动或腺体的分泌,故又称传出神经元。其胞体位于脑和脊髓内,多为多极神经元。

③联络神经元:见于中枢神经内,位于感觉神经元和运动神经元之间,起联络作用,故又称中间神经元,多为多极神经元。

4.神经元之间的联系 神经系统具有上千亿的神经元,每个神经元并不是单独活动的,而是彼此通过突触形成广泛的联系,再通过神经末梢与机体各组织器官之间的联系,处理来自体内、外环境的各种信息,协调与管理机体各组织器官的活动,以维持机体的统一与完整。

神经元之间或神经元与非神经元之间相互接触并传递信息的部位,称为突触。信号从一个神经元的树突传来,通过轴突传递给下一个神经元的树突,然后从该神经元的轴突往后传递。这两个神经元之间相接触的结构即为突触。

突触的结构:经典突触,即一个神经元的轴突末梢与另一个神经元的胞体或突起相接触的部位,又称为化学性突触。突触的结构包括突触前膜、突触后膜,以及两膜间的窄缝——突触间隙(图2-47)。

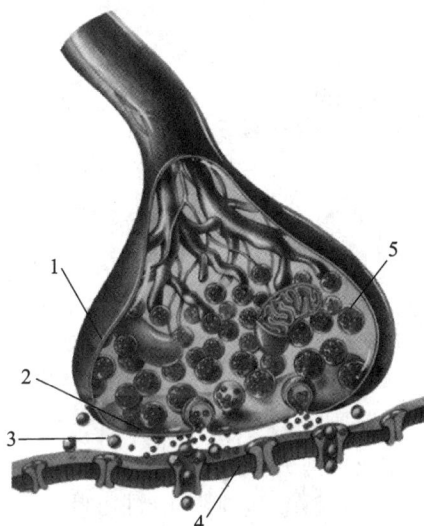

图 2-47 经典突触模式图
1.突触小体 2.突触前膜 3.突触间隙 4.突触后膜 5.突触小泡

突触的前一个神经元轴突末梢可有许多分支,每个分支末端球状膨大形成突触小体。突触小体内有大量的突触小泡,内含高浓度的神经递质,如乙酰胆碱、去甲肾上腺素、多巴胺等。突触上的兴奋传递以神经递质作为媒介,将信息传递至突触后神经元的突触。

突触小体内常有较多线粒体,突触小体通过释放突触小泡来传递神经冲动,这个过程需要消耗能量,因此分布有较多的线粒体来提供能量。

神经元之间神经冲动的传导是单方向传导,即神经冲动只能由一个神经元的轴突传导给另一个神经元的细胞体或树突,而不能向相反的方向传导。这是因为递质只在突触前神经元的轴突末梢释放。由于突触的单向传递,中枢神经系统内冲动的传递有一定的方向,即由传入神经元传向中间神经元,再传向传出神经元,从而使整个神经系统的活动能够有规律地进行。中枢神经系统中任何反射活动,都需经过突触传递才能完成。

(二)神经胶质细胞

神经胶质细胞的数量比神经元多。神经胶质细胞的突起无树突与轴突之分,胞质内无尼氏体和神经原纤维,故不具有传导冲动的功能。神经胶质细胞的突起有的包裹神经细胞体和突起,参与髓鞘的形成,有的形成血管周足,贴附于毛细血管上,参与构成血脑屏障。可见,神经胶质细胞对神经元起支持、营养、保护和修复等重要作用。

中枢神经系统的神经胶质细胞分为星形胶质细胞、少突胶质细胞、小胶质细胞、室管膜细胞(图2-48)。

周围神经系统的神经胶质细胞分为神经膜细胞(又称施万细胞)、卫星细胞。神经膜细胞为轴突提供支持,并且形成髓鞘,可分泌多种活性物质(如神经营养因子、细胞外基质及黏附因子等),其分泌的物质对维持神经纤维的存活、生长及再生具有重要意义。

(三)神经纤维

神经纤维由神经元的长突起和包绕其外的神经胶质细胞构成。根据包裹轴突的神经胶质细胞是否形成完整的髓鞘,神经纤维可分为有髓神经纤维和无髓神经纤维。

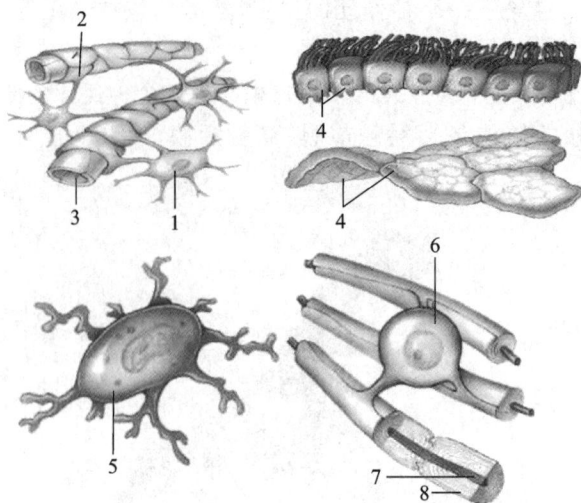

图 2-48　中枢神经系统内的神经胶质细胞

1.星形胶质细胞　2.星形胶质细胞的血管周足　3.毛细血管　4.室管膜细胞　5.小胶质细胞　6.少突胶质细胞
7.轴突　8.髓鞘

1.有髓神经纤维　周围神经系统的有髓神经纤维结构包括髓鞘、施万细胞、郎飞结、结间体。多个施万细胞包裹神经元的长轴突,形成髓鞘,呈圆筒状(同心圆板层样)厚膜,其化学成分是髓磷脂和蛋白质。髓鞘的厚薄与轴突的粗细成正比,且与神经冲动传导速度有关,即髓鞘厚的纤维传导速度快。神经膜由施万细胞呈管状包在髓鞘外面而形成。

有髓神经纤维上可见一节一节的结构,每一节为一个施万细胞,相邻施万细胞间有一无髓鞘的狭窄处,称神经纤维结,或郎飞结,两个神经纤维结之间的一段纤维称结间体(图 2-49)。

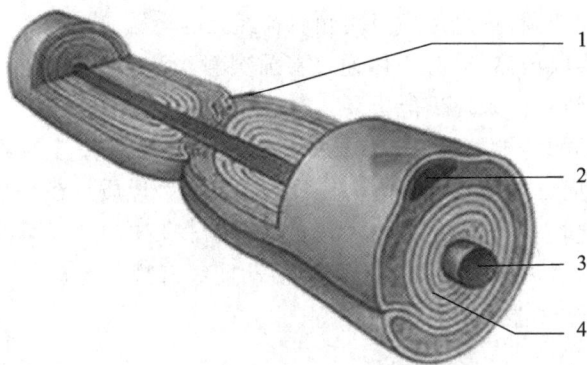

图 2-49　有髓神经纤维示意图

1.郎飞结　2.施万细胞核　3.轴突　4.髓鞘

中枢神经系统的有髓神经纤维由少突胶质细胞的叶片状突起末端缠绕轴突而形成,一个少突胶质细胞的突起末端可缠绕多个轴突。

2.无髓神经纤维　无髓神经纤维由较细的轴突及神经膜细胞(施万细胞)构成。

周围神经系统的无髓神经纤维较细,轴突陷入圆柱状施万细胞的纵行凹沟内。一个细胞可包绕多条轴突,无髓鞘,无郎飞结(图 2-50)。

中枢神经系统的无髓神经纤维轴突裸露,无特异性神经胶质细胞包裹。

(四)神经末梢

神经末梢是周围神经纤维的终末部分,终止于全身各组织和器官。神经元通过神经末梢联系体内各组织器官。根据功能不同,神经末梢可分为感觉神经末梢和运动神经末梢。

1.感觉神经末梢　感觉神经元树突或周围突终末部分的特有结构,又称感受器,能感受刺激并

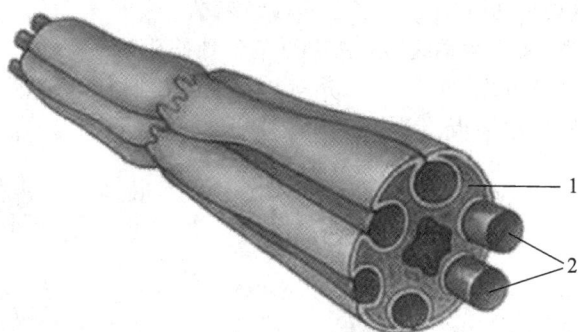

图 2-50 无髓神经纤维示意图
1.施万细胞核 2.轴突

转化为神经冲动,传至中枢神经系统。分为游离神经末梢和有被囊神经末梢。

(1)游离神经末梢多分布于敏感的上皮组织中,如表皮、角膜、骨膜、毛囊的上皮细胞之间,能感受温觉、触觉、痛觉等。

(2)有被囊神经末梢外包裹由结缔组织构成的被膜,包括环层小体、触觉小体、肌梭,能感受触觉和本体感觉。

①环层小体多见于真皮深层,以及皮下组织等结缔组织内,体积较大,呈球形或椭球形,被囊由数十层同心圆排列的扁平细胞构成,神经终末失去髓鞘,伸及环层小体中央的圆柱体内,主要功能是感受压力、振动、张力。

②触觉小体分布在皮肤的真皮乳头内,呈椭圆形,被囊内有许多横列的扁平细胞,神经终末分成细支盘绕在扁平细胞之间,主要功能是感受触觉。

③肌梭位于骨骼肌内,是由结缔组织包裹小束细肌纤维组成的梭形结构,这些特殊分化的细肌纤维称梭内肌纤维。主要功能为本体感受器,可感受肌纤维张力变化的刺激,调节骨骼肌运动(图 2-51)。

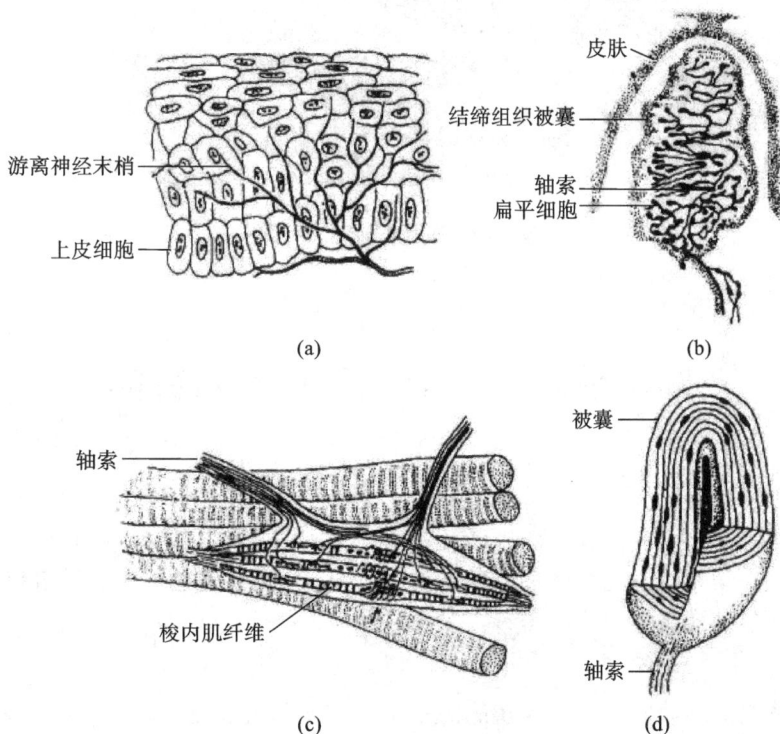

图 2-51 感觉神经末梢
(a)游离神经末梢 (b)触觉小体 (c)肌梭 (d)环层小体

2.运动神经末梢 运动神经元的轴突在肌组织和腺体的终末结构,支配肌肉收缩或腺体分泌,又称效应器。包括躯体运动神经末梢和内脏运动神经末梢。

(1)躯体运动神经末梢：又叫运动终板，主要分布于骨骼肌(图2-52)。运动神经纤维末端，在接近肌纤维处失去髓鞘，形成爪状分支，每一个分支与一条骨骼肌纤维接触，形成化学突触连接，连接处呈椭圆形板状膨大，故称运动终板。其功能为将神经冲动传递给肌纤维，引起肌纤维收缩。

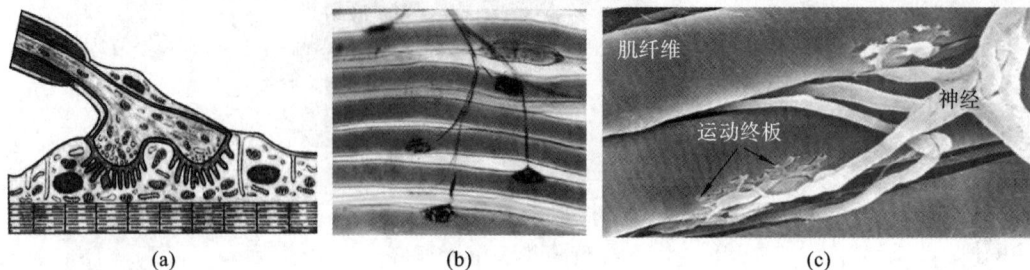

(a)　　　　　　(b)　　　　　　(c)

图2-52　运动终板

(a)结构模式图　(b)光镜下的结构　(c)电镜下的结构

(2)内脏运动神经末梢：主要分布于心肌、平滑肌、腺上皮细胞。内脏传出神经纤维多为无髓神经纤维，轴突很细，轴突终末结构简单，经反复分支，终末支呈串珠状膨大，其末端膨大部称神经终末小结，附于平滑肌细胞或腺细胞上，形成突触连接(图2-53)。其功能是当神经兴奋沿内脏传出神经纤维传导至末梢时，促使神经递质释放，从而引起平滑肌和心肌收缩以及腺体的分泌。

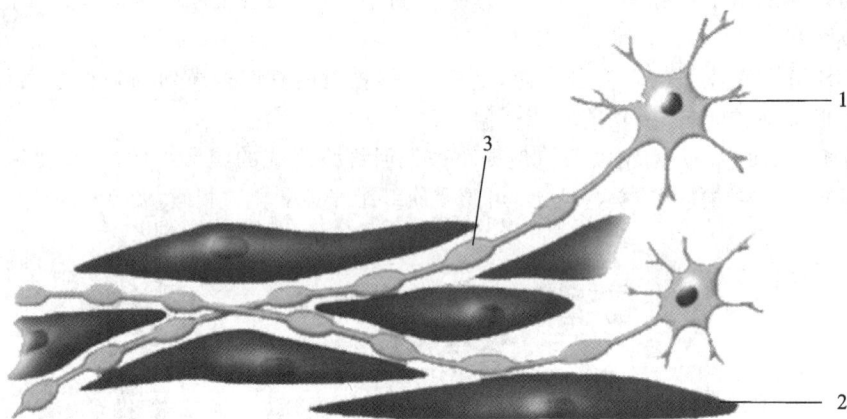

图2-53　内脏运动神经末梢

1.神经元　2.平滑肌纤维　3.轴突终末膨大

知识单元3　器官、系统和有机体

一、器官

由几种不同的组织结合在一起，形成具有一定形态、执行特定功能的结构，称为器官，如心、肝、脾、肺、肾等。器官在动物体内能发挥某种独立的生理功能，每个器官都由数种组织组成，这些组织相互联系、相互依存，共同作用。

二、系统

系统是生物体内能够共同完成生理功能的多个器官所组成的结构的总称。由若干个功能相关的器官联合在一起，完成共同的生理功能，即构成系统，如口腔、咽、食管、胃、小肠、大肠等有机地结合起来，构成了消化系统，具有消化和吸收食物的功能，为动物提供机体所需要的营养和能量。

高等动物由十大系统组成，按照功能可分为运动系统、被皮系统、消化系统、呼吸系统、泌尿系统、生殖系统、心血管系统、免疫系统、神经系统、内分泌系统。

三、有机体

动物体内的各个系统在神经系统的支配和调控下,彼此相互关联、相互制约,完成各种不同的生理功能,构成一个统一的整体——有机体。只有这样,整个有机体才能适应外界环境的变化和维持体内、外环境的协调,完成整个生命活动,使生命得以生存和延续。

四、机体功能的调节

(一)神经调节

神经调节是指在神经系统的直接参与下,对各个器官、系统的活动进行的调节,可实现机体生理功能的调节,是动物体最重要的调节方式。

神经调节的基本方式是反射,是神经系统对内、外环境变化做出规律性应答的过程,是许多器官协同作用的结果。如给动物喂食会引起唾液分泌。反射的结构基础为反射弧,反射弧包括五个部分,分别是感受器、传入神经、神经中枢、传出神经以及效应器。

神经调节作用迅速、准确,但持续时间较短,作用范围较局限。

(二)体液调节

体液调节是指细胞产生的某些化学物质通过体液(如血浆、组织液、淋巴等)的运输,作用于特定器官,从而维持机体内环境的相对恒定,调节器官及机体的新陈代谢、生长、发育、生殖等生理功能。这些化学物质主要包括激素、组胺、CO_2、H^+ 等,以激素调节为主。例如,动物采食后,血糖升高,刺激胰岛分泌胰岛素,降低血糖浓度。

与神经调节相比,体液调节一般作用比较缓慢,持续时间较长,作用范围广泛。

在有机体内,大多数生理活动受神经调节和体液调节两种方式共同作用,二者共同协调,相辅相成,以神经调节为主。

(三)自身调节

自身调节是指在周围环境变化时,许多器官、组织、细胞不依赖于神经调节或体液调节,自身对周围环境变化产生的适应性反应。这种反应是组织细胞本身的生理特性,所以称自身调节。例如,肾动脉血压在一定范围内变动时,肾血流量基本保持不变,从而保证尿液生成在一定范围内不受动脉血压变动的影响。自身调节范围较小,灵敏度比较差,但对于机体生理功能的调节具有一定意义,是神经调节和体液调节的补充。

五、机体功能与环境

(一)生命活动的基本特征

1. 新陈代谢 新陈代谢是生物维持生命活动的基本条件,是生命的基本特征。生物的一切生命活动,包括生长、发育、生殖、遗传和变异等,都是以新陈代谢为基础的,新陈代谢一旦停止,意味着生命的结束。

细胞在生命活动过程中,必须从外界摄取营养物质,经消化、吸收转变为自身所需要的物质并储存能量,这一过程称为同化作用,也叫合成代谢。同时细胞不断地氧化分解身体内原有的部分物质,释放能量供细胞活动,并排出废物,这一过程称为异化作用,也叫分解代谢。新陈代谢包括同化作用和异化作用,这两种过程既相互对立又相互统一,共同决定着生物体的存在和延续。

2. 细胞生长与增殖 细胞的生长,主要是指细胞体积的增大,细胞生长到一定阶段后以分裂的方式进行增殖,产生新的细胞。细胞生长和增殖是机体生长发育的基础,机体通过增殖来补充和更新细胞,大多数组织器官是通过不断的细胞分裂,以增加细胞数量的方式来实现器官生长的。细胞分裂包括有丝分裂和无丝分裂两种,此外,生殖细胞在成熟过程中还会发生减数分裂。

3. 细胞分化 同一来源的细胞在增殖的过程中逐渐产生形态结构、功能特征各不相同的细胞类群的过程。由一个受精卵发育而成的生物体的各种细胞,在形态、结构和功能上会有明显的差异,这就是分化的结果。

4. 细胞衰老与死亡 细胞的衰老与死亡是细胞发展过程中的必然规律,如同树叶或花的自然凋落。细胞在执行生命活动过程中,随着时间的推移,增殖与分化能力减弱,生理功能逐渐发生衰退,细胞形态和结构改变,最终被机体免疫系统清除。同时细胞不断增殖以弥补衰老死亡的细胞。细胞衰老死亡与新生细胞生长的动态平衡是维持机体正常生命活动的基础。

细胞死亡是生命现象不可逆的终止,意味着生命的结束。正常组织中经常发生细胞死亡。细胞死亡包括细胞凋亡和细胞坏死两种形式。细胞坏死是病理性因素导致的被动死亡,细胞凋亡则是细胞主动、有序的死亡,受基因的控制。

5.适应性 细胞和组织的适应性反应是指细胞和组织在对各种刺激因子和环境改变进行适应时,发生的相应功能和形态改变,形态学上一般表现为萎缩、肥大、增生和化生。

(二)机体内环境

动物体内有大量的液体,机体内的液体总称为体液。正常动物的体液量约占体重的60%,其中40%分布于细胞内,称为细胞内液;20%分布于细胞外,称为细胞外液。细胞外液中15%分布于细胞间隙,称为组织液;5%则在血管内不断地循环流动,称为血浆。此外,还有少量的淋巴液和脑脊液等,也属于细胞外液。

动物体内的细胞、组织均生存在细胞外液中,大部分细胞不能直接和外环境接触,只能通过细胞外液间接地与外界环境进行交换。因此,细胞外液是细胞赖以生存的直接场所,称为机体内环境,以区别整个机体所生存的外环境。

(三)稳态及其调节

在正常情况下,有机体内环境的理化特性(如体温、渗透压、酸碱度等)以及化学成分只在很小的范围内发生变动,使内环境保持相对稳定的状态,称为稳态。稳态具有重要生理意义,一旦遭到破坏,细胞的新陈代谢会发生紊乱,导致机体某些特定功能出现严重紊乱,引起疾病甚至是死亡。例如,当血液中钙、磷的含量降低时,会影响骨组织的钙化,在成年动物表现为骨软化病,在幼年动物表现为骨软化病或佝偻病。而血钙过高则会引起肌无力等疾病。

机体在神经调节和体液调节共同作用下,通过各器官、系统的功能活动使稳态得以维持,如通过产热和散热调节体温;通过加强呼吸补充O_2,排出CO_2;通过肾的泌尿作用排出多余的代谢产物等。因此,可以说稳态是机体内各种调节机制相互协调和共同作用的结果,是通过各系统的功能活动所维持的一种动态平衡,是细胞进行正常生命活动的必要条件。

技能操作 2　上皮组织和结缔组织的观察

一、技能目标

(1)能够在显微镜下辨认出各种组织的类型,并能阐述各种类型组织的结构与功能的关系,在显微镜下能够画出各组织的结构图。

(2)进一步熟悉显微镜的使用方法。

二、材料及设备

显微镜,单层扁平上皮、单层柱状上皮、单层立方上皮、假复层纤毛柱状上皮、复层扁平上皮、变移上皮、疏松结缔组织、致密结缔组织、软骨组织、骨组织切片及相关挂图。

三、实验步骤

(一)单层扁平上皮观察(肠系膜铺片,镀银染色)

1.低倍镜观察 选一最薄处观察,可见1层多边形细胞呈棕黄色,紧密连成一片,细胞之间有不规则的深棕色的细线,血管及其分支着色深。选择无血管且染色清晰的部位进行观察。

2.高倍镜观察 细胞呈不规则形或多边形,边缘呈锯齿状,相邻细胞相互嵌合,交界处呈深棕色。细胞核位于细胞中央,呈卵圆形,着色较浅。

(二)单层立方上皮观察(甲状腺,HE染色)

1.低倍镜观察 可见甲状腺实质由圆形或椭圆形的腺泡组成,腺泡内有大量类胶质。

2.高倍镜观察 腺泡壁的上皮为单层立方上皮,细胞的高及宽大致相等,核呈圆形,位于正中央,呈蓝紫色或紫红色。

(三)单层柱状上皮(小肠,HE 染色)

1.低倍镜观察 整个小肠壁由四层膜构成。可见小肠黏膜层的绒毛呈指状,绒毛表面的上皮即为单层柱状上皮。

2.高倍镜观察 可见细胞紧密排列,柱状上皮细胞呈高柱状,核呈椭圆形,蓝紫色或紫红色,位于细胞的基底部。细胞顶端有一层粉红色的纹状缘。在柱状上皮细胞之间,有散在的杯状细胞。

(四)假复层纤毛柱状上皮(气管,HE 染色)

1.低倍镜观察 气管横切面呈圆环形,被覆腔面的薄层紫蓝色部分是假复层纤毛柱状上皮。上皮的表面和基底面很整齐,细胞形态不一,界限不清。细胞高矮不等,细胞核位置高低不一致。

2.高倍镜观察 细胞形态多样,核不在一个水平面上,似 2~3 层,一部分细胞呈柱状,游离面有纤毛,另一部分细胞呈梭形或锥形,细胞基底面均附着于基底膜。

(五)复层扁平上皮(食管,HE 染色)

1.低倍镜观察 食管横切面的腔面凹凸不平,呈紫蓝色的部分为复层扁平上皮。上皮细胞层数多,从深层到表层染色逐渐变浅。

2.高倍镜观察 复层扁平上皮最表面一层染色浅(呈粉红色),是扁平的角化细胞,没有细胞核,细胞扁平,其下为 2~3 层多角形细胞,核呈圆形或椭圆形,最深一层为矮柱状细胞,整齐排列在波纹状的基底膜上。

(六)变移上皮(膀胱,HE 染色)

1.低倍镜观察 切片上有两个长条形组织,均为膀胱壁。厚的为收缩状态,薄的为扩张状态。收缩状态的膀胱上皮不平整,细胞层数较多;扩张状态的膀胱上皮较平整,细胞层数少。

2.高倍镜观察 收缩状态的变移上皮上层细胞多为宽立方形,核为卵圆形,中层细胞为多角形,底层细胞为低柱状;扩张状态的变移上皮细胞呈扁平形,细胞层数减少到 2~3 层。

(七)疏松结缔组织(肠系膜铺片,HE 染色)

1.低倍镜观察 可见到交织成网状的纤维,许多散在分布于纤维之间的细胞,以及纤维与细胞间无定型的基质。

2.高倍镜观察 胶原纤维较粗,平行集合成束,呈索状或波浪状,数量较多,染色呈红色。弹性纤维较细,呈网状,分散分布,染色呈蓝黑色。成纤维细胞呈多角形或星形的扁平细胞,胞质染色很浅,细胞轮廓不清;细胞核大、呈椭圆形,核染色浅,可见 1~2 个核仁。组织细胞形状不一,呈圆形、卵圆形或梭形,常有小突起;细胞核较小,呈圆形或卵形,染色较深,核内结构不清;细胞质含有蓝色颗粒,染色亦较深。肥大细胞轮廓清楚,呈圆形或卵圆形;胞核小,呈圆形,染成蓝紫色,位于细胞中央;细胞质有红色染色颗粒。此外,在切片中还可见到淋巴细胞及毛细血管等。

(八)致密结缔组织(肌腱,HE 染色)

1.低倍镜观察 可见染成红色的胶原纤维束呈平行而紧密的排列。

2.高倍镜观察 胶原纤维束较粗大,胶原纤维束内有许多平行排列的胶原纤维,但在切片上不易区分。在胶原纤维束之间分布有排列成单行、细长的腱细胞(成纤维细胞),切片上可见染成蓝紫色、椭圆形或杆状的细胞核。两个邻近细胞的核常靠近,胞质不易显示。

(九)软骨组织(气管,HE 染色)

1.低倍镜观察 气管软骨位于气管壁的中部,呈淡蓝色。在气管软骨周围有一薄层结缔组织,染成红色,为软骨膜。气管软骨内无血管和神经。

2.高倍镜观察 可见染成蓝紫色的基质和位于陷窝内的软骨细胞。气管软骨中央部分的软骨细胞较大,呈椭圆形或圆形,经常 2~4 个成群存在。近边缘的软骨细胞较小而密集,呈梭形,其长轴与气管软骨表面平行排列。气管软骨周围包有一层染成淡红色的致密结缔组织,为软骨外膜。

（十）骨组织（股骨，HE 染色）

1.低倍镜观察 可见许多呈多层同心圆排列的骨板结构,即骨单位,每个骨单位的中央有一个黑色、较大的圆形管道,为中央管。

2.高倍镜观察 骨板内或骨板间有许多扁的呈黑色的卵圆形小腔隙,即骨陷窝。骨陷窝向四周发出许多细小的黑色分支,即骨小管。还可见相邻骨陷窝之间的骨小管是彼此相通的,靠近中央管的骨小管则与中央管相通。

（十一）作业

在显微镜下正确识别上述组织切片,绘出高倍镜下单层柱状上皮、疏松结缔组织、软骨组织的结构。

技能操作3 肌组织和神经组织的观察

一、技能目标
能够在显微镜下识别骨骼肌、平滑肌、心肌、神经元、神经纤维的结构。

二、材料及设备
显微镜、骨骼肌、平滑肌、心肌、神经元、神经干组织切片及相关挂图。

三、实验步骤

（一）骨骼肌

先用低倍镜观察呈圆柱状的骨骼肌细胞,换高倍镜后可在细胞膜的下方看到许多卵圆形的细胞核,肌原纤维沿细胞的长轴排列,有清楚的横纹。

（二）平滑肌

低倍镜下可看到红色的平滑肌纤维;高倍镜下可看到平滑肌纤维呈长梭形,两头尖,中央宽,有椭圆形的细胞核。

（三）心肌

心肌纤维呈短圆柱状,有分支并相互连接成网。心肌纤维连接处染色较深的带状结构,称闰盘。细胞核一个,位于中央。有横纹,但不如骨骼肌明显。

（四）神经元

可清楚看到大而圆的核,清楚的核膜、核仁。细胞质内有尼氏体及细丝状的神经元纤维。从胞体向四周发出突起,树突短,分支多。

（五）神经纤维

神经纤维可分为有髓神经纤维和无髓神经纤维。纵断面可观察到多条神经纤维及髓鞘、郎飞结等结构。

（六）作业

在显微镜下正确识别上述组织切片,绘出高倍镜下骨骼肌、神经元的结构。

技能操作4 血细胞的观察

一、技能目标
学会制作血涂片,在显微镜下能够观察到不同血细胞的形态与结构差异。

二、材料及设备

显微镜、抗凝血、载玻片、盖玻片、瑞氏染液、蒸馏水。

三、实验步骤

(一)血涂片制作

1.取血 取干净载玻片,在离载玻片一端4~5 mm处滴一滴血,注意手指持载玻片的边缘,不接触载玻片表面。

2.推片 取一块边缘光滑的载玻片做推片,将其一端置于血滴前方,向后移动接触血滴,使血液均匀分散在推片与载玻片的接触处,使推片与载玻片成30°~40°角,向另一端平稳地推出。涂片推好后自然干燥。

3.染色 将瑞氏染液(伊红-亚甲基蓝)滴在血膜上,至染液淹没全部血膜,染30 s。加等量蒸馏水与染液混合后再染5 min。最后用蒸馏水把染液洗掉,用吸水纸吸干,自然干燥后,即可观察。

(二)血细胞观察

1.红细胞 小而圆,没有细胞核,在血涂片中最多见,常被染成淡红色,细胞的边缘厚,中间薄,使细胞边缘的颜色比中间的深。

2.白细胞 分为有粒白细胞和无粒白细胞。有粒白细胞包括嗜酸性粒细胞、嗜碱性粒细胞和中性粒细胞;无粒白细胞包括淋巴细胞和单核细胞。

(1)嗜酸性粒细胞:数量较少,但在血涂片中可以找到。细胞质中存在粗大的嗜酸性颗粒,胞质常被染成红色或玫瑰花色。细胞核呈分叶形,染成紫红色。

(2)嗜碱性粒细胞:数量最少,在血涂片中很难找到。细胞质中存在粗大的嗜碱性颗粒,胞质常被染成蓝紫色。细胞核呈分叶形,染色较深,但常被粗大的蓝紫色颗粒掩盖。

(3)中性粒细胞:在有粒白细胞中,它的数量最多,很容易找到。细胞质染成淡红色,胞质内含有细小的颗粒,一般不易看清。细胞核为蓝紫色,核呈杆状、蹄形和分叶形。

(4)淋巴细胞:在白细胞中数目是最多的,大小不等,可分为大淋巴细胞、中淋巴细胞、小淋巴细胞。

大淋巴细胞较少,其数量为中、小淋巴细胞的1/18~1/4。细胞质所占的比例较小,但随细胞体积增大而相应增多。核周围细胞质,染成天蓝色。细胞核大,圆形,染成紫蓝色。

(5)单核细胞:数目不多,是血细胞中最大的细胞。核为肾形或马蹄形,颜色比淋巴细胞淡,细胞质为淡灰蓝色。

3.血小板 为不规则的细胞质小块或碎片,形状像雪花。血小板中有细小的紫蓝色颗粒。血小板常聚集在红细胞之间。

(三)作业

在显微镜下正确识别上述血细胞,并绘出血细胞图片。

📖 **知识链接与拓展**

胡克与虎克

Note

案例分析

染色体畸变

模块小结

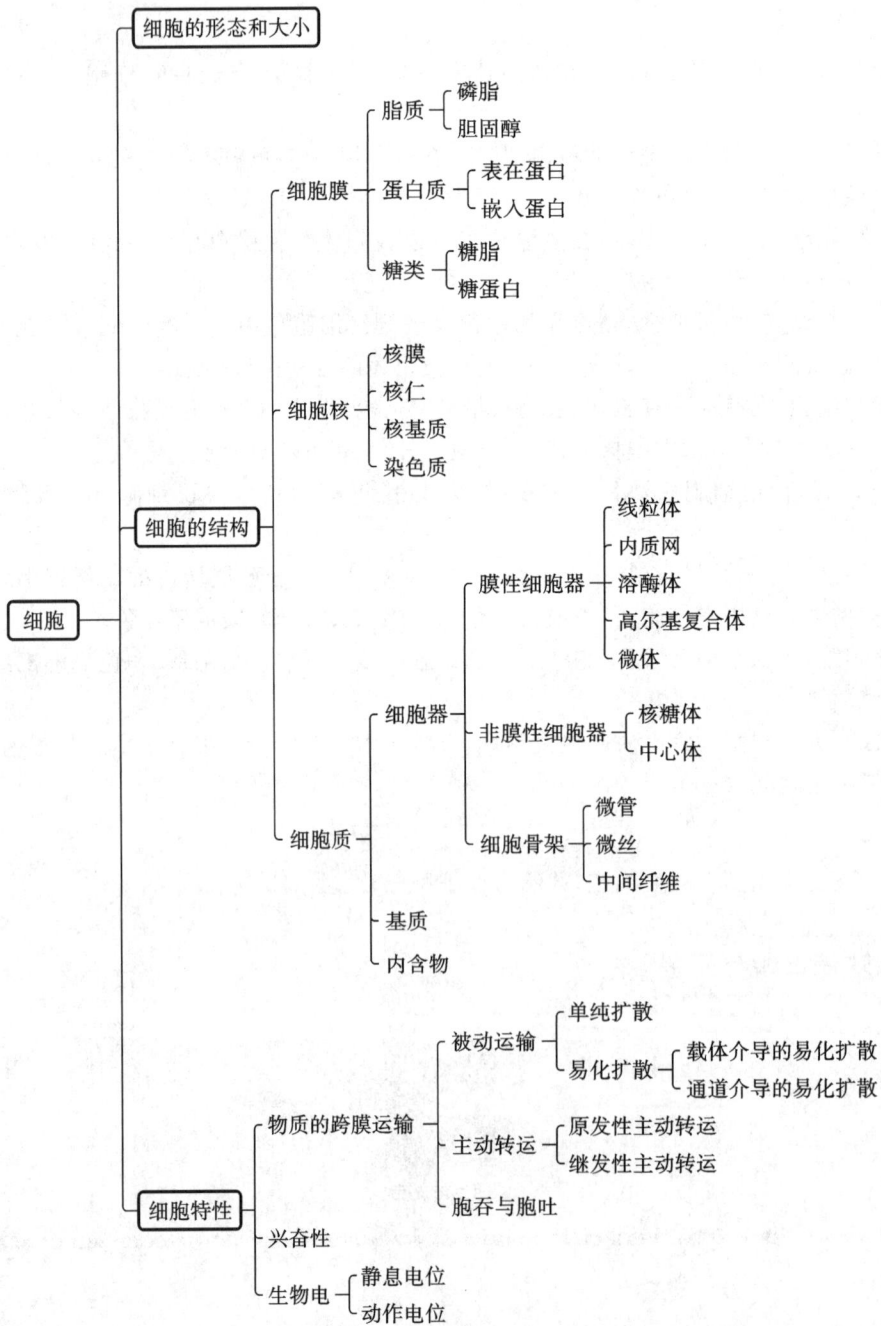

细胞
├─ 细胞的形态和大小
├─ 细胞的结构
│   ├─ 细胞膜
│   │   ├─ 脂质 ── 磷脂 / 胆固醇
│   │   ├─ 蛋白质 ── 表在蛋白 / 嵌入蛋白
│   │   └─ 糖类 ── 糖脂 / 糖蛋白
│   ├─ 细胞核 ── 核膜 / 核仁 / 核基质 / 染色质
│   └─ 细胞质
│   ├─ 细胞器
│   │   ├─ 膜性细胞器 ── 线粒体 / 内质网 / 溶酶体 / 高尔基复合体 / 微体
│   │   ├─ 非膜性细胞器 ── 核糖体 / 中心体
│   │   └─ 细胞骨架 ── 微管 / 微丝 / 中间纤维
│   ├─ 基质
│   └─ 内含物
└─ 细胞特性
    ├─ 物质的跨膜运输
    │   ├─ 被动运输 ── 单纯扩散 / 易化扩散（载体介导的易化扩散 / 通道介导的易化扩散）
    │   ├─ 主动转运 ── 原发性主动转运 / 继发性主动转运
    │   └─ 胞吞与胞吐
    ├─ 兴奋性
    └─ 生物电 ── 静息电位 / 动作电位

```
                                                        ┌ 单层扁平上皮
                                          ┌ 单层上皮 ──┤ 单层立方上皮
                                 ┌ 被覆上皮 ┤           ├ 单层柱状上皮
                                 │         │           └ 假复层纤毛柱状上皮
                   ┌ 上皮组织 ────┤         └ 复层上皮 ──┬ 复层扁平上皮
                   │             │ 腺上皮                └ 变移上皮
                   │             └ 特殊上皮
                   │                           ┌ 脂肪组织
                   │             ┌ 固有结缔组织 ┤ 疏松结缔组织
                   │             │             ├ 致密结缔组织
                   │ 结缔组织 ────┤             └ 网状组织
        组织 ──────┤             ├ 软骨组织
                   │             ├ 骨组织
                   │             └ 血液和淋巴
                   │             ┌ 骨骼肌
                   │ 肌组织 ──────┤ 平滑肌
                   │             └ 心肌
                   │             ┌ 神经元 ──┬ 胞体
                   └ 神经组织 ────┤          └ 突起 ──┬ 轴突
                                 └ 神经胶质细胞         └ 树突
```

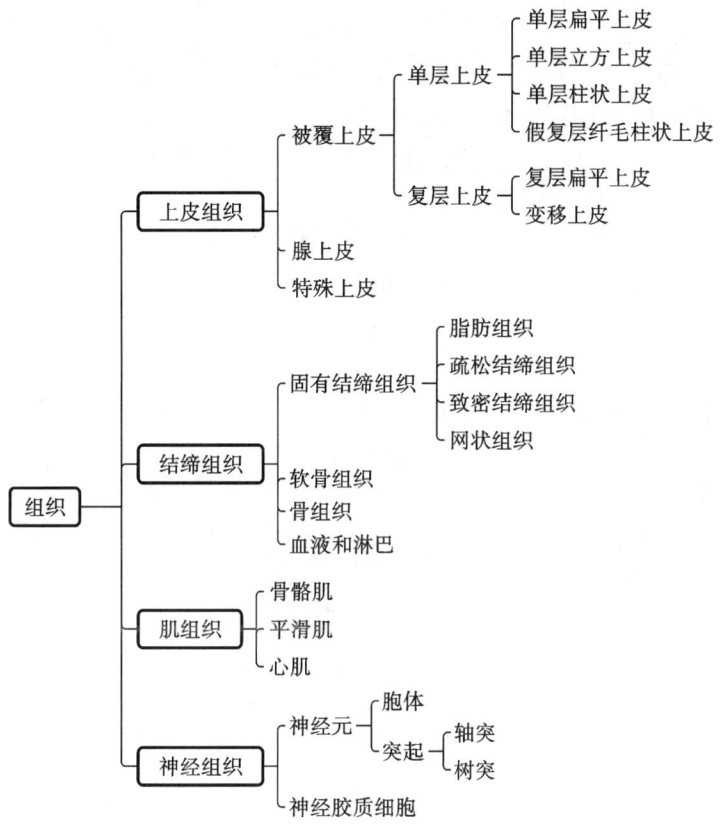

器官 ── 几种不同的组织结合在一起，形成具有一定形态、执行特定功能的结构

系统 ── 运动系统、被皮系统、消化系统、呼吸系统、泌尿系统、生殖系统、心血管系统、免疫系统、神经系统、内分泌系统

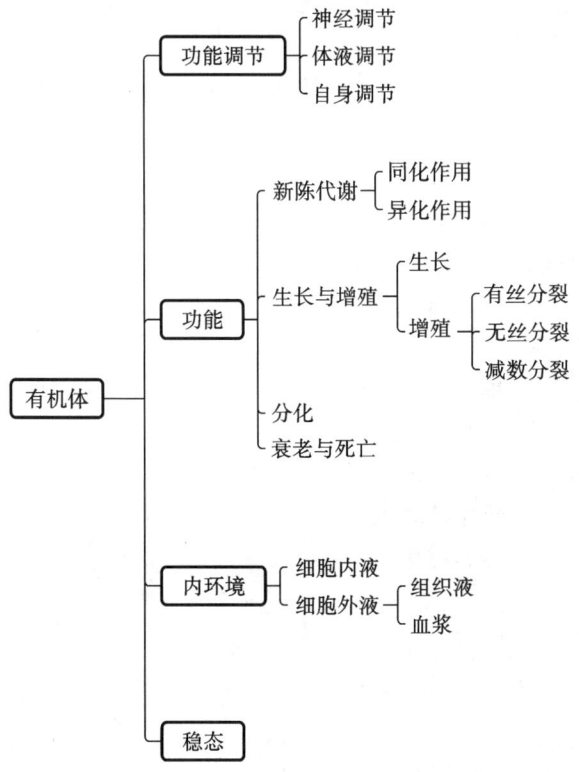

```
                   ┌ 功能调节 ──┬ 神经调节
                   │           ├ 体液调节
                   │           └ 自身调节
                   │           ┌ 新陈代谢 ──┬ 同化作用
                   │           │            └ 异化作用
                   │           │            ┌ 生长
                   │ 功能 ─────┤ 生长与增殖 ┤         ┌ 有丝分裂
        有机体 ────┤           │            └ 增殖 ──┤ 无丝分裂
                   │           │                      └ 减数分裂
                   │           ├ 分化
                   │           └ 衰老与死亡
                   │           ┌ 细胞内液
                   │ 内环境 ───┤ 细胞外液 ──┬ 组织液
                   │           │            └ 血浆
                   └ 稳态
```

→ 执考真题

1.（2016年）电位细胞的遗传信息主要储存于（　　）。

A.细胞膜　　　　B.细胞质　　　　C.溶酶体　　　　D.细胞核　　　　E.中心体

答案：D

2.（2017年）细胞质中具有合成蛋白质功能的细胞器是（　　）。

A.中心体　　　　　　　　　　B.核糖体

C.高尔基复合体　　　　　　　D.溶酶体　　　　　　　　E.过氧化物酶体

答案：B

3.（2018年）细胞内固有的具有"消化功能"的细胞器是（　　）。

A.线粒体　　　　　　　　　　B.核蛋白体　　　　　　　C.溶酶体

D.过氧化物酶体　　　　　　　E.中心体

答案：C

4.（2020年）阈电位的绝对值（　　）。

A.小于静息电位　　　　　　　B.等于静息电位　　　　　C.大于静息电位

D.等于零　　　　　　　　　　E.等于超极化值

答案：A

→ 能力巩固

一、填空题

1.物质的跨膜运输方式包括_____、_____、_____、_____和_____。

2.与蛋白质合成有关的细胞器有_____、_____、_____和_____。

3.细胞骨架由_____、_____和_____等组成。

4.固有结缔组织包括_____、_____、_____和_____四种。

5.根据神经元突起数目的多少可将神经元分为_____、_____和_____三种。

6.有机体的新陈代谢包括_____和_____两种作用。

二、选择题

1.为细胞提供所需能量,被称为细胞内"能量工厂"的细胞器是（　　）。

A.内质网　　　　B.高尔基复合体　　C.溶酶体　　　　D.线粒体

2.既需要能量又需要载体的物质转运方式是（　　）。

A.单纯扩散　　　B.易化扩散　　　C.主动运输　　　D.胞吞作用

3.分布于皮肤、口腔、食管等处表面的是（　　）。

A.单层扁平上皮　　　　　　　B.单层立方上皮

C.复层扁平上皮　　　　　　　D.变移上皮

4.构成肌腱、韧带等的主要组织是（　　）。

A.肌组织　　　　　　　　　　B.疏松结缔组织

C.致密结缔组织　　　　　　　D.网状组织

5.间皮和内皮都属于（　　）。

A.复层扁平上皮　　　　　　　B.单层立方上皮

C.单层扁平上皮　　　　　　　D.单层柱状上皮

三、名词

1.液体镶嵌模型　2.动作电位　3.闰盘　4.突触　5.新陈代谢

四、简答题

1.请比较被覆上皮的分类、形态特点、分布及主要功能。

2.科学家在进行细胞膜化学成分的分析时,需制备较纯净的细胞膜。从真核细胞分离出纯净的细胞膜较为困难,这是因为会有细胞内其他膜的混杂。哺乳动物(或人)的成熟红细胞,细胞内没有膜,也没有细胞核,将其特殊处理后,细胞破裂发生溶血,再将溶出细胞外的物质冲洗掉,剩下的结构就是较纯净的细胞膜,这在生物学上称为"血影"。对"血影"的分析得知,其化学组成如下:蛋白质占49%,脂质占43%,糖类占8%。有的科学家将"血影"中的脂质提取出来,使其在空气-水界面上铺展成单分子层,所形成的薄膜面积是原来细胞整个表面积的2倍。请回答:①哺乳动物细胞内的膜有哪些? ②"血影"化学成分中的脂质主要是什么? ③细胞膜由几层脂质分子构成?

模块三 运动系统

学习目标

【知识目标】

1.能够用自己的语言解释骨的概念和理化特性。

2.能够说出牛(羊)、猪、马骨的特点及全身主要骨的名称和关节的位置。

3.能够说出肌器官的主要构造、肌肉的作用和命名,以及肌肉的辅助器官。

【能力目标】

1.能够在猪、牛、羊等家畜的整体骨骼标本上指出全身骨骼和关节的名称。

2.能够在猪、牛、羊等家畜的活体或模型上指出全身主要的浅层肌肉的名称、形态结构和位置关系。

【思政与素质目标】

1.自觉践行社会主义核心价值观,为实现自己的人生目标而努力奋斗。

2.借助已学的动物全身骨骼、肌肉模型,进一步明确局部和整体的关系,将个人的理想追求自觉地融入国家和民族的事业。

3.具备求真务实精神、创新意识、科学素养和辩证唯物主义精神。

动物在长期适应摄取食物、逃避敌人和寻找异性,以维持个体生命和种族延续的过程中,逐渐发展并形成了运动系统。高等动物的运动系统由骨、骨连结和骨骼肌三大部分组成。附着在骨上的骨骼肌,收缩时以关节为支点,使骨的位置移动从而产生各种运动,因此骨骼肌是运动的动力,是动物运动的主要器官;动物的骨则是运动的杠杆;关节是动物运动的枢纽。骨和关节不能自行运动,必须受肌肉牵引才能发生活动,故称为运动的被动器官。

同时,运动系统构成了动物的基本体型,其重量占动物体重相当大的比例。它不仅直接关系到役用家畜的使役能力,而且影响到肉用家畜的屠宰率和品质,在畜体鉴定上有重大意义。此外,动物的一些骨及其突起直接位于皮下,可以在体表看到或摸到,在兽医实践中可以用于确定内脏器官的位置和范围、确定血管神经的径路,决定外科手术的切口和针灸穴位的部位。

知识单元 1 骨   骼

动物的骨骼主要由骨组织构成,有一定的形态和功能,既坚硬又有弹性。骨具有丰富的血管、淋巴管及神经,可不断进行新陈代谢及生长发育,并具有改建和再生的能力。同时骨基质内沉积大量的钙盐和磷酸盐,是动物体的钙磷库,参与钙磷的代谢与平衡。此外,动物的骨髓还有造血的功能。

一、骨

(一)骨的类型

家畜全身的骨骼,因位置和功能不同,形状也不一样,一般可分为长骨、短骨、扁骨和不规则骨四种类型。

扫码看课件

Note

1.长骨 呈长管状,分骨体和骨端。其中部称骨干或骨体,由骨密质构成,内有骨髓腔;两端膨大为骺或骨端,具有光滑的关节面,主要由骨松质构成,只有表面仍为骨密质。骨体和骺之间有一层骺软骨,可使骨继续生长,成年后骺软骨骨化,形成骺线。长骨多位于四肢的游离部,支持体重,形成运动幅度大的运动杠杆。敏捷轻快的马四肢骨长,而活动缓慢的猪四肢骨较短,主要起支持作用。

2.短骨 一般呈立方形,有支持和分散震动的作用,多见于结合坚固、有一定灵活性的部分,如前肢的腕骨和后肢的跗骨。

3.扁骨 一般呈板状,由内、外骨密质板与其间的骨松质构成。有时内、外骨密质板密接;有时两者之间有腔洞,称为窦。扁骨常围成腔体,支持和保护重要器官,如颅骨等,或为肌肉提供广阔的附着面,如肋骨、肩胛骨等。

4.不规则骨 形状不规则,功能亦较复杂,一般构成畜体中轴,且不成对,如椎骨和蝶骨等。不规则骨的作用也是多方面的,具有支持、保护和供肌肉附着等作用。

(二)骨的构造

家畜全身的每一块骨,都是一个复杂的器官,由骨膜、骨质、骨髓、血管和神经构成(图3-1)。

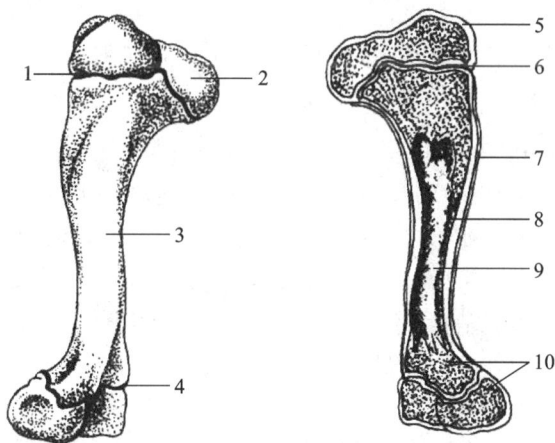

图 3-1 骨的构造

1.骺软骨 2.骨端 3.骨体 4.骺软骨 5.关节软骨 6.骺线 7.骨膜 8.骨密质 9.骨髓腔 10.骨松质

(引自彭克美,畜禽解剖学,2005)

1.骨膜 骨膜由结缔组织构成,被覆在除关节面以外的整个骨的表面,因富有血管和神经,故骨膜呈粉红色,且能感受刺激。在肌腱和韧带附着的地方,骨膜显著增厚,肌腱和韧带的纤维束穿入骨膜,有的尚能深入骨质内。

骨膜包括骨外膜和骨内膜。骨外膜位于骨质的外表面,由外层的纤维层和内层的成骨层构成。纤维层富有血管和神经,具有营养保护作用。成骨层富有细胞成分。正在生长的骨,成骨层发达,直接参与骨的生成。老龄动物成骨层逐渐萎缩,其中的细胞转为静止状态,但终生保持分化能力。在骨损伤时,成骨层有修补和再生骨质的作用。骨内膜衬于骨腔的内表面。若骨膜损伤,则骨不易愈合。若骨膜完全脱落,骨会因缺乏营养而发生坏死。

2.骨质 骨的主要成分,分骨密质和骨松质。骨密质位于长骨的骨干、骺和其他类型骨的表面,由紧密排列成层的骨板构成,坚硬、致密,有很大的坚固性。骨松质位于长骨骺和其他类型骨的内部,呈海绵状,由互相交错的骨针和骨小梁构成。骨针和骨小梁的排列方向与该骨承受的压力和张力方向一致,既减轻了骨的重量,又保证了骨的坚固性。

3.骨髓 骨髓位于长骨体的骨髓腔和骨松质的间隙内,是富有血管的柔软组织,分红骨髓和黄骨髓。红骨髓位于骨髓腔和所有骨松质的间隙内,幼畜的骨髓全部为红骨髓,红骨髓内有不同发育阶段的各种血细胞和大量的毛细血管,是重要的造血器官。成畜骨髓腔内的红骨髓则逐渐变成黄骨髓,主要由脂肪组织构成,有储存营养的作用,但长骨两端、短骨和扁骨的骨松质内终生保留红骨髓,仍有造血的功能。临床上常从胸骨或髂骨采集红骨髓,以诊断疾病。

4. 血管和神经 骨有丰富的血管供应,分布于骨膜和骨质内。小的血管经骨面的小孔进入骨内并分布于骨密质;较大的血管称滋养动脉,由骨端的滋养孔穿入骨髓腔分布于骨髓。

骨膜、骨质和骨髓均有丰富的神经分布。神经与血管伴行。有些是血管的运动神经,有些是骨膜的感觉神经。骨膜对张力或撕扯的刺激很敏感,故骨折可引起剧痛。

(三)骨的发生

骨虽具有相同的组织结构,但在胚胎期是由两种不同的方式形成的:一种方式称为膜内骨发生,如颅部和面部的部分骨块,不经过软骨阶段,直接由膜内间充质形成。另一种方式称软骨性骨发生,如畜体大部分的骨(如四肢骨、脊柱、颅底骨块、肋骨),首先形成透明软骨雏形,随后逐渐被骨组织所取代。两种骨的发生方式虽不相同,但骨组织发生的基本过程是相同的,包括骨组织形成和骨组织吸收两方面的变化,首先由间充质细胞分化为成骨细胞,再由成骨细胞产生基质和骨原纤维,随后钙盐沉积于基质内,将成骨细胞及其突起包埋在基质内,形成骨陷窝和骨小管,而成骨细胞本身变为骨细胞。组织形成和骨组织吸收在骨的发育过程中总是同时存在、相辅相成的,以保证骨的生长发育与个体发育相适应。

影响骨生长发育的因素有遗传因素和内外环境因素。大体说来,遗传因素决定骨的基本形态,而内、外环境因素影响骨的生长、内部结构和外部形态。

(四)骨的物理性质和化学成分

新鲜骨呈乳白色或粉红色,干燥的骨轻而色白。在新鲜骨中,水占50%,骨胶原占12.4%,脂肪占15.75%,矿物质占21.85%。在干燥的骨中,有机质约占1/3,无机质约占2/3。

骨是体内最坚硬的组织,并且具有显著的弹性,因而能承受很大的压力和张力。骨的这种物理特性不仅取决于骨的形态和内部结构,还与骨的化学成分有密切的关系。骨由有机质和无机质两种化学成分组成。有机质主要为骨胶原,决定骨的弹性和韧性。若用酸溶液脱去骨内钙盐,只剩有机质,骨虽保留原来形状,但失去了支持作用,柔软易弯曲。无机质主要是磷酸钙、碳酸钙、氟化钙等,决定骨的坚固性。将骨煅烧后,除去有机质,骨的外形仍保留,但变脆易碎。有机质和无机质的比例,随年龄和营养状况不同而有很大的变化。幼畜有机质多,骨柔韧富弹性;老龄家畜无机质多,骨质硬而脆,易发生骨折。妊娠母畜体内钙质被胎儿吸收,使母畜骨质疏松而发生骨软化病。乳牛在泌乳期,如饲料成分比例失调,也可发生上述情况。为了预防骨软化病,应注意饲料成分的调配。

(五)骨的表面形态

骨的表面因受肌肉的附着和牵引,血管、神经的穿通和周围器官的压迫而具有不同的形态。

1. 突起 突起供肌肉附着。骨面上截然高起的部分称为突,小的突起称结节或小结节;顶端尖锐的突起称棘;基部宽大逐渐高起的突起称隆起,粗糙的隆起称粗隆,薄而锐的长隆起称为嵴,低而较细长的隆起称为线。肌肉越发达,突起越明显。有些突起供韧带附着。

2. 凹陷 较大的凹陷称窝,小的称为凹或小凹,细长的称为沟,浅的称压迹。

3. 骨内的空腔 称为腔和窦,呈管道形的长腔称管,腔和管的开口称口或孔。

二、骨连结

骨与骨之间的连结装置叫骨连结。骨和骨之间常借纤维结缔组织或软骨相连,形成骨连结。按照构成形式和功能的不同,骨连结分为直接骨连结和间接骨连结。直接骨连结指骨与骨间借纤维结缔组织或软骨相连,不能活动或仅能微动,以保护支持功能为主。间接骨连结亦称滑膜连结,简称关节,构造较复杂,可进行灵活运动。

(一)直接连结

两骨的相对面或相对缘借助结缔组织直接相连,其间无腔隙,不活动或仅有小范围活动。直接连结分为以下三种类型:

1.纤维连结 两骨之间以纤维结缔组织连结,比较牢固,一般无活动性,如头骨缝间的缝韧带;桡骨与尺骨间的韧带联合。这种连结大部分是暂时性的,在老龄时常骨化,变成骨性结合。

2.软骨连结 两骨相对面之间借助软骨相连,基本不能运动。由透明软骨连结的(如蝶骨与枕骨的结合,长骨的骨干与骺之间的骺软骨等),到老龄时,常骨化为骨性结合;由纤维软骨连结的(如椎体之间的椎间盘),在正常情况下终生不骨化。

3.骨性结合 两骨相对面以骨组织连结,完全不能运动。骨性结合常由软骨连结或纤维连结骨化而成。如荐椎椎体之间的结合,髋骨、坐骨和耻骨之间的结合等。

(二)间接连结

间接连结又称关节,是骨连结中比较普遍的一种方式。骨与骨之间具有关节腔及滑液,可进行灵活的运动。

1.关节的构造 关节的基本构造包括关节面、关节软骨、关节囊、关节腔及韧带、关节盘等辅助结构(图 3-2)。

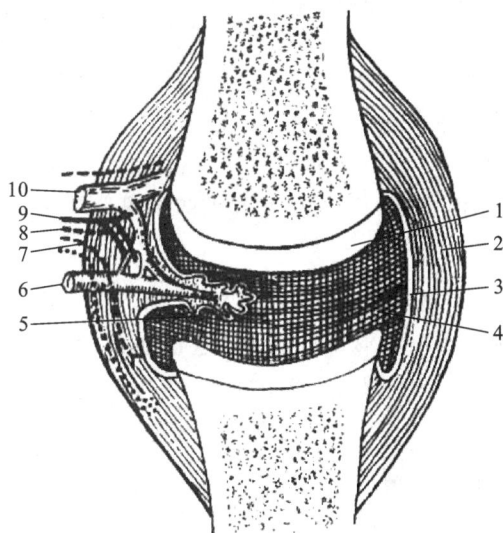

图 3-2 关节构造模式图

1.关节软骨 2.关节囊纤维层 3.关节囊滑膜层 4.关节腔 5.滑膜绒毛 6.动脉 7.感觉神经纤维 8.感觉神经纤维 9.自主神经纤维 10.静脉

(引自张平、白彩霞、杨慧超,动物解剖生理,2017)

(1)关节面:骨与骨相接触的面,致密而光滑,表面附有关节软骨。两个关节面互相适应,多为一凹一凸。如球形的股骨头和肱骨头、窝形的肩凹或髋凹,运动范围较大。有些关节面为平面,运动范围较小,主要起支持作用。

(2)关节软骨:附着在关节面上的一层透明软骨,光滑且有弹性和韧性,可减少运动时的震动和摩擦。在受摩擦和压力较大的部位,关节软骨较厚。关节软骨上无血管和神经分布,其营养主要来源于滑液和关节囊滑膜层的血管渗透作用。

(3)关节囊:包在关节周围的结缔组织囊,它附着于关节面的周缘及附近的骨面上,关闭关节腔。囊壁分内、外两层。外层为纤维层,由致密结缔组织构成,厚而坚韧,有保护和连结作用;内层为滑膜层,由疏松结缔组织构成,紧贴于纤维层内面,薄而柔软,有丰富的血管,能分泌滑液。

(4)关节腔:位于关节软骨和关节囊之间的密闭腔隙,其形状大小因关节而异。关节腔内有少量无色透明或淡黄色滑液,有润滑关节、缓冲震动及营养关节的作用。

(5)关节的辅助结构:为适应关节的功能而形成的一些结构,主要有韧带和关节盘。韧带是在关节囊外连在相邻两骨间的致密结缔组织,可加强关节的稳固性。位于关节囊外的韧带叫囊外韧带。位于关节两侧的韧带叫侧副韧带,可限制关节向两侧运动,如四肢的多数关节主要做屈伸运动,故多有侧副韧带。活动性较大的关节无侧副韧带,如肩关节。位于关节囊内的韧带叫囊内韧带,不在关节腔内,而在关节囊纤维层与滑膜层之间。

关节盘是位于两个关节面之间的纤维软骨板,它有加强关节的稳固性、扩大运动范围、缓冲震动等作用,多在活动性大的关节内分布,如下颌关节、股胫关节。

(6)关节的血管、神经:关节的血管主要来自附近的血管分支,在关节周围形成血管网,再分布到骨骺和关节囊。神经也来自附近神经分支,有分布于关节囊和韧带的感觉神经,也有分布于血管壁的自主神经。

2.关节的运动 关节面的形状和韧带的排列决定关节的运动,有屈伸、内收、外展、旋转及滑动等。

3.关节的类型 按照构成关节的骨的数目分为单关节、复关节两种。单关节仅由两块骨连结而成,如肩关节。复关节由两块以上的骨连结而成,如肘关节。或两块骨间夹有半月板,如膝关节,有利于分散或缓冲震动,增加关节的坚固性,并可使运动复杂化。

根据关节运动轴的多少,可分为单轴关节、双轴关节和多轴关节。单轴关节一般由中间有沟或嵴的滑车关节面构成。这种关节由于沟和嵴的限制,只能沿横轴在矢状面上做屈伸运动。双轴关节由呈椭圆形的凸关节面和相应的窝结合形成。这种关节除了可沿横轴做屈伸运动外,还可沿纵轴左右摆动。家畜的寰枕关节属于双轴关节。多轴关节是由半球形的关节头和相应的关节窝构成的关节,如肩关节和髋关节。这种类型的关节除能做屈伸、内收和外展运动外,尚能做旋转运动。此外,两个或两个以上结构完全独立、但必须同时进行活动的关节称为联合关节,如下颌关节。

三、全身骨骼及骨连结

畜体全身骨骼分为中轴骨、四肢骨和内脏骨骼(图3-3、图3-4、图3-5)。中轴骨位于畜体的正中线上,构成畜体的中轴,包括躯干骨和头骨。四肢骨位于躯干骨的两侧,包括前肢骨和后肢骨。内脏骨骼位于内脏器官或柔软器官内,如犬的阴茎骨、牛的心骨等。

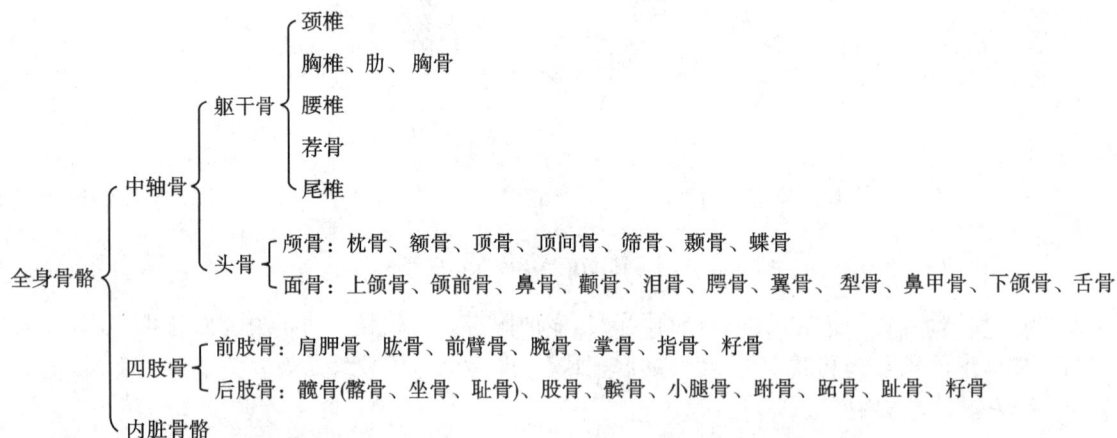

全身骨骼
- 中轴骨
  - 躯干骨
    - 颈椎
    - 胸椎、肋、胸骨
    - 腰椎
    - 荐骨
    - 尾椎
  - 头骨
    - 颅骨:枕骨、额骨、顶骨、顶间骨、筛骨、颞骨、蝶骨
    - 面骨:上颌骨、颌前骨、鼻骨、颧骨、泪骨、腭骨、翼骨、犁骨、鼻甲骨、下颌骨、舌骨
- 四肢骨
  - 前肢骨:肩胛骨、肱骨、前臂骨、腕骨、掌骨、指骨、籽骨
  - 后肢骨:髋骨(髂骨、坐骨、耻骨)、股骨、髌骨、小腿骨、跗骨、跖骨、趾骨、籽骨
- 内脏骨骼

(一)头部骨骼及其连结

1.头骨的组成 头骨位于脊柱的前端,多为扁骨和不规则骨,分为颅骨和面骨两个部分(图3-6、图3-7、图3-8)。除下颌骨和舌骨外,均以缝或软骨互相紧密结合为一个整体。

2.主要头骨的构造及骨性标志

(1)颅骨:一部分头部骨骼围成颅腔并形成听觉和平衡觉的支架,容纳并保护脑,称颅骨,由成对的额骨、顶骨、颞骨和不成对的枕骨、顶间骨、蝶骨和筛骨10块骨组成。

①枕骨:单骨,构成颅腔的后壁和下底的一部分。枕骨由基底部、侧部和鳞部组成。基底部即枕骨体,位于枕骨大孔的前下方,构成颅腔底壁,向前与蝶骨体相接。侧部位于枕骨大孔的两侧和背侧的一小部分,有卵圆形的关节面,为枕髁,与寰椎构成寰枕关节。枕髁的外侧有颈静脉突。鳞部位于侧部的背侧,连结顶间骨和顶骨。枕骨的后上方有横向的枕嵴。猪的枕嵴特别高大。

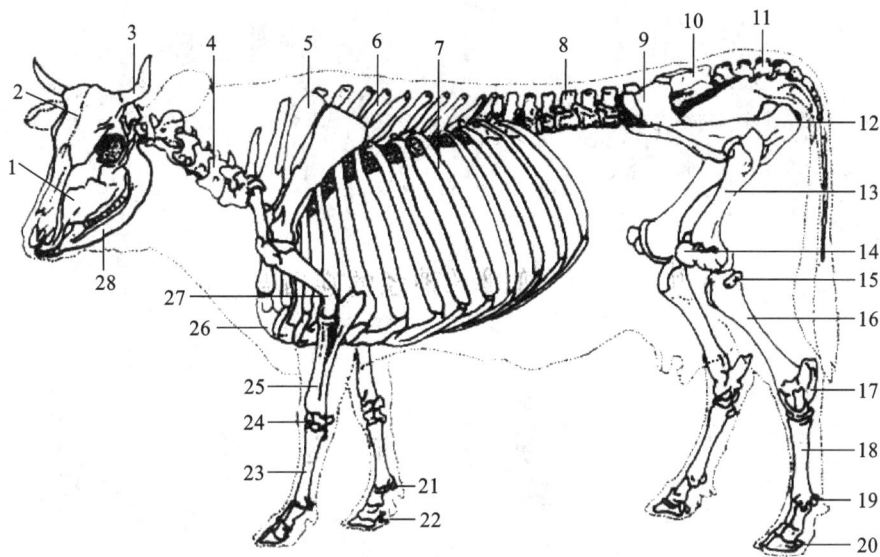

图 3-3 牛全身骨骼

1.上颌骨 2.额骨 3.角突 4.颈椎 5.肩胛骨 6.胸椎 7.第 9 肋骨 8.腰椎 9.髋骨 10.荐骨 11.尾椎
12.坐骨 13.股骨 14.髌骨 15.腓骨 16.胫骨 17.跗骨 18.跖骨 19.近籽骨 20.远籽骨 21.近籽骨 22.远
籽骨 23.掌骨 24.腕骨 25.桡骨 26.胸骨 27.肱骨 28.下颌骨

(引自彭克美,畜禽解剖学,2005)

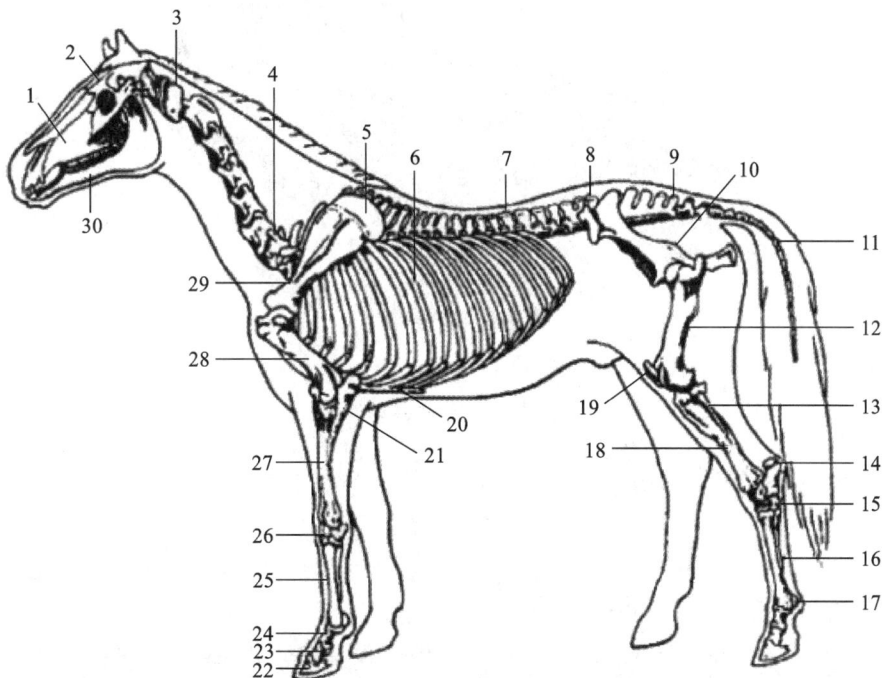

图 3-4 马全身骨骼

1.上颌骨 2.额骨 3.寰椎 4.第 7 颈椎 5.肩胛软骨 6.肋骨 7.胸椎 8.腰椎 9.荐骨 10.髋骨 11.尾椎
12.股骨 13.腓骨 14.跟结节 15.跗骨 16.跖骨 17.近籽骨 18.胫骨 19.髌骨 20.胸骨 21.尺骨 22.远指
节骨 23.中指节骨 24.近指节骨 25.掌骨 26.腕骨 27.桡骨 28.肱骨 29.肩胛骨 30.下颌骨

(引自程会昌、黄立,动物解剖与组织胚胎,第三版,2012)

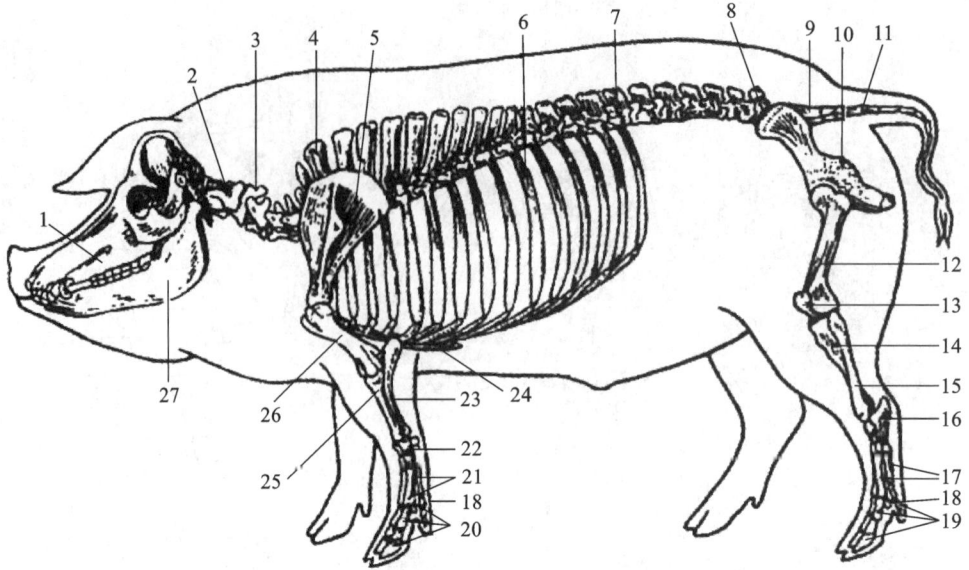

图 3-5　猪全身骨骼

1.上颌骨　2.寰椎　3.枢椎　4.第 1 胸椎　5.肩胛骨　6.肋骨　7.第 15 胸椎　8.腰椎　9.荐骨　10.髋骨　11.尾椎
12.股骨　13.髌骨　14.胫骨　15.腓骨　16.跗骨　17.跖骨　18.籽骨　19.趾骨　20.指骨　21.掌骨　22.腕骨
23.尺骨　24.胸骨　25.桡骨　26.肱骨　27.下颌骨

(引自程会昌、黄立,动物解剖与组织胚胎,第三版,2012)

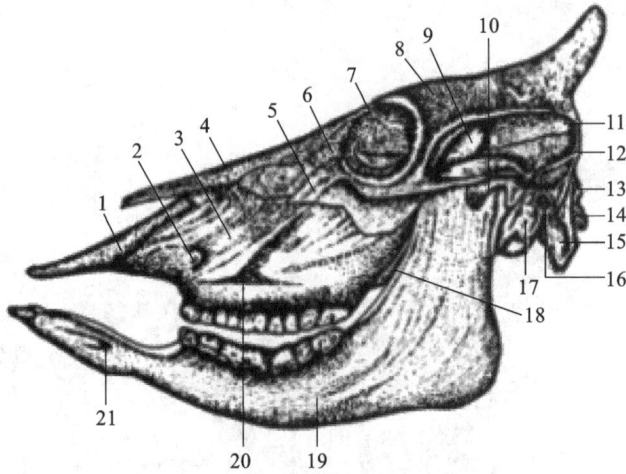

图 3-6　牛头骨侧面

1.颌前骨　2.眶下孔　3.上颌骨　4.鼻骨　5.颧骨　6.泪骨　7.眶窝　8.额骨　9.下颌骨　10.下颌髁　11.顶骨
12.颞骨　13.枕骨　14.枕髁　15.颈静脉突　16.外耳道　17.颞骨岩部　18.腭骨　19.下颌支　20.面结节　21.颏孔

(引自彭克美,畜禽解剖学,2005)

②顶骨:对骨,其后面与枕骨相连,前面与额骨相接,两侧为颞骨。马的顶骨构成颅腔的顶壁,牛、羊的顶骨构成颅腔后壁。内面有与脑的沟、回相适应的压迹。

③顶间骨:单骨,位于顶骨和枕骨之间,构成颅腔的顶壁(马、猪)或后壁(牛),常与相邻骨结合,故外观不明显,但在其脑面有枕内结节,分开大、小脑。

④额骨:对骨,位于顶骨的前方,鼻骨的后方,构成颅腔的前上壁和鼻腔的后上壁。额骨的外部有突出的眶上突。眶上突的基部有眶上孔。眶上突的后方为颞窝;眶上突的前方为眶窝,是容纳眼球的深窝。额骨的内、外板之间有含气空腔,形成额窦,用于减轻头骨重量。反刍动物从额骨上伸出角突,与额骨是一体的。

⑤筛骨:单骨,位于颅腔的前壁,颅腔和鼻腔之间。由垂直板、筛板和一对筛骨迷路组成。垂直

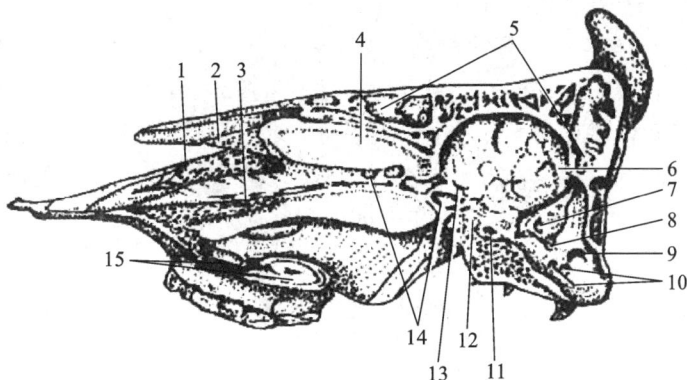

图 3-7 牛的头骨(正中矢面观)

1.下鼻甲骨 2.上鼻甲骨 3.犁骨 4.筛鼻甲 5.额窦 6.颅腔 7.内耳道 8.颈静脉孔 9.髁孔 10.舌下神经孔
11.卵圆孔 12.眶圆孔 13.视神经沟 14.蝶窦 15.腭窦

(引自彭克美,畜禽解剖学,2005)

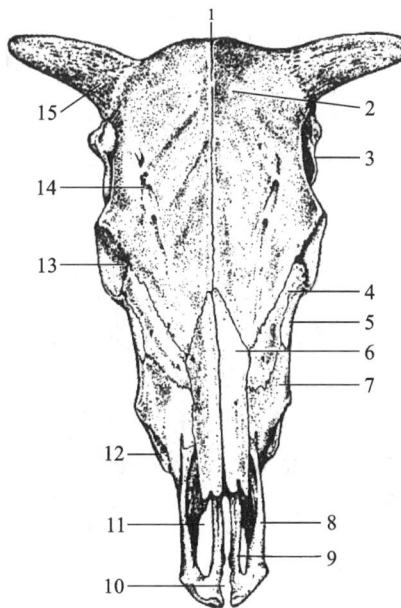

图 3-8 牛头骨正面

1.额隆起 2.额骨 3.颞骨 4.泪骨 5.颧骨 6.鼻骨 7.上颌骨 8.颌前骨 9.颌前骨腭突 10.切齿裂 11.腭裂
12.眶下孔 13.眶窝 14.眶上孔 15.角突

(引自彭克美,畜禽解剖学,2005)

板位于正中,将鼻腔后部分为左、右两部。筛板脑面形成筛骨窝,容纳嗅球,上有许多小孔,供嗅神经通过。筛骨迷路位于垂直板两侧,由许多薄骨片卷曲形成,支持嗅黏膜。

⑥蝶骨:单骨,构成颅腔下底的前部,形似蝴蝶。由蝶骨体和两对翼以及一对翼突组成。蝶骨的后缘与枕骨及颞骨形成不规则的破裂孔。其前缘与额骨及腭骨相连处有 4 个孔与颅腔相通。4 个孔由上而下为筛孔、视神经孔、眶孔和圆孔,圆孔向后还以翼管通于后翼孔。

⑦颞骨:对骨,位于颅腔的侧壁,又分为鳞部、岩部和鼓部。鳞部与顶骨、额骨及蝶骨相连。在外面有颧突伸出向前凸起,并与颧骨的突起合成颧弓。颧突根部有髁状关节面,与下颌髁构成关节。岩部位于鳞部与枕骨之间,是中耳和内耳的所在部位。鼓部位于岩部的腹外侧,外侧有骨性外耳道,向内通中耳。

(2)面骨:另一部分头部骨骼位于颅骨的前下方,为家畜嘴脸的骨质基础,构成眼眶、鼻腔和口腔的骨性支架,称面骨,由成对的上颌骨、鼻骨、颌前骨、泪骨、颧骨、腭骨、翼骨、上鼻甲骨、下鼻甲骨与

Note

不成对的下颌骨、犁骨和舌骨组成。猪除此外尚有吻骨。

①上颌骨:对骨,几乎与面部各骨均相连。它向内侧伸出水平的腭突,将鼻腔与口腔分隔开。上颌骨的外侧面宽大,有面嵴和眶下孔。上颌骨的下缘称齿槽缘,齿槽缘上具有臼齿齿槽,前方无齿槽的部分,称为齿槽间缘。骨内有眶下管通过。上颌骨内、外骨板之间形成发达的上颌窦。

②颌前骨:对骨,位于上颌骨前方,构成鼻腔的侧壁及下底和口腔上壁的前部。除反刍动物外,骨体上均有切齿齿槽。骨体向后伸出腭突和鼻突。腭突向后接上颌骨的腭突。鼻突则与鼻骨的游离端之间形成鼻颌切迹。

③鼻骨:对骨,位于额骨的前方,构成鼻腔顶壁的大部。后接额骨,外侧与泪骨、上颌骨和颌前骨相接。反刍动物正常鼻骨前端分刺。

④泪骨:对骨,位于上颌骨后背侧和眼眶底的内侧。其眶面有一漏斗状的泪囊窝,是骨性泪管的开口。

⑤颧骨:对骨,位于泪骨腹侧。前接上颌骨的后缘,构成眼眶的下壁。下部有面嵴,并向后方伸出颞突,与颞骨的颧突结合形成颧弓。

⑥腭骨:对骨,位于上颌骨内侧的后方,形成鼻后孔的侧壁与硬腭的后部,是构成硬腭的骨质基础。

⑦翼骨:对骨,是一对狭窄的薄骨片,位于鼻后孔的两侧,蝶骨颞翼的内侧。

⑧犁骨:单骨,位于鼻腔底面的正中,背侧呈沟状,接鼻中隔软骨和筛骨垂直板,分开左、右鼻腔。

⑨鼻甲骨:对骨,鼻甲骨是两对卷曲的薄骨片,附着在鼻腔的两侧壁上,并将每侧鼻腔分为上、中、下3个鼻道。

⑩下颌骨:单骨,是面骨中最大的骨,分为下颌骨体和下颌支两个部分。有齿槽的部分,称为下颌骨体,前部为切齿齿槽,后部为臼齿齿槽。下颌骨体之后没有齿槽的部分,称下颌支。两侧骨体和下颌支之间,形成下颌间隙。下颌支的上部有下颌髁,与颞骨的髁状关节面构成关节。下颌髁之前有较高的冠状突供肌肉附着。下颌支内侧面有下颌孔。

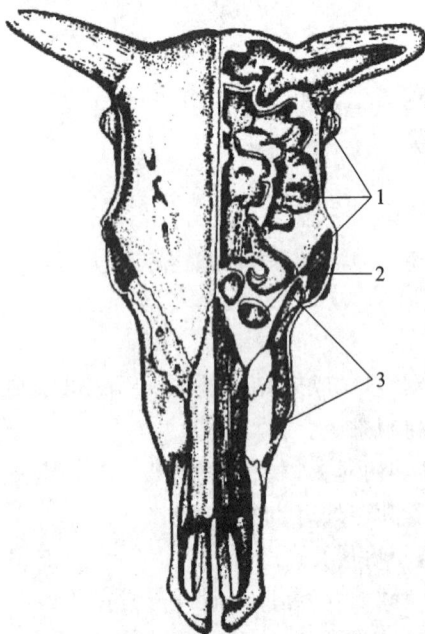

图3-9 牛额窦和上颌窦

1.额窦 2.眼眶 3.上颌窦

（引自张平、白彩霞、杨慧超,动物解剖生理,2017）

⑪舌骨:位于下颌间隙后部,由几枚小骨片组成,有支持舌根、咽和喉的作用。舌骨由一个舌骨体,成对的角舌骨、上舌骨、甲状舌骨及茎舌骨构成。舌骨体有向前突出的舌突。

3.鼻旁窦(副鼻窦) 头骨中一些骨(额骨、上颌骨、蝶骨、筛骨)的内、外两层骨板间形成的腔洞,可直接或间接与鼻腔相通,故统称为鼻旁窦。鼻旁窦包括上颌窦、额窦(图3-9)、蝶腭窦和筛窦等。鼻旁窦可增加头骨的体积而不增加其重量,并对眼球和脑起保护、隔热的作用。鼻旁窦内的黏膜和鼻腔的黏膜相延续,当鼻腔黏膜出现炎症时,常蔓延到鼻旁窦,引起鼻旁窦炎。

4.头骨的连结 头骨中除颞骨和下颌骨构成下颌关节外,其余均为直接骨连结,主要形成缝。下颌关节由颞髁和下颌髁构成,两关节面间夹有椭圆形的关节盘,并有侧韧带和关节囊,是可动连结。下颌关节的活动性很大,主要进行开闭口腔和左右活动等动作。

(二)躯干骨及其连结

1.躯干骨 躯干骨包括脊柱、肋和胸骨,有支持头部,传递推动力,参与形成胸腔、腹腔和骨盆腔的骨性支架,容纳和保护内脏器官的作用。

（1）脊柱：所有的椎骨按从前到后的顺序排列，由软骨、关节和韧带连接在一起形成身体的中轴，称为脊柱。脊柱构成畜体的中轴，分为颈椎、胸椎、腰椎、荐椎和尾椎五个部分。可支持体重，保护脊髓，传递推动力，参与形成胸腔、腹腔和骨盆腔的骨性支架，以悬吊和保护内脏器官。

①椎骨的一般构造：组成脊柱的各段椎骨功能不同，形态和构造虽有差异，但基本相似，均由椎体、椎弓和突起三个部分构成。椎体位于腹侧，圆柱状，前端凸出为椎头，后端凹窝为椎窝。表面有一薄层骨密质，内部为骨松质。椎弓位于椎体背侧，是拱形的骨板，它与椎体共同围成椎孔。所有椎骨的椎孔按前后序列连接在一起形成一个连续的管道，称为椎管，其主要作用是容纳脊髓。椎弓的前缘和后缘两侧各有一个切迹，相邻的切迹合成椎间孔，供脊神经和血管通过。从椎弓背侧向上伸出的突起叫棘突，从两侧横向伸出的突起叫横突。椎弓两侧前缘和后缘各有一对前、后关节突，它们与相邻椎骨的关节突构成关节。

②脊柱各部椎骨的主要特征：家畜颈部长短不一，但是颈椎都是 7 枚。第 1 颈椎和第 2 颈椎由于适应头部多方面的运动，形态发生特化。第 1 颈椎呈环形，又称寰椎，其两侧的宽板叫寰椎翼，其外侧缘可在体表摸到（图 3-10）。牛的寰椎无横突孔。第 2 颈椎又称枢椎（图 3-11），椎体发达，前端突出部称为齿状突，与寰椎的后关节面形成轴转关节。第 3～6 颈椎形态相似，其长度与颈部长度相适应，椎体发达，椎头和椎窝明显；关节突发达，有两支横突，横突基部有横突孔，连接在一起形成横突管（图 3-12）。马的最长，牛的较短，猪的最短。第 7 颈椎短而宽，棘突明显，是向胸椎的过渡部分。家畜的颈椎因支持头部，适应头颈部的活动，适应头颈部和鬐甲部的强大肌肉附着，具有很大的活动性和坚固性。草食动物颈椎的长度与采食方式有关，与前肢的长度成正比，在站立时能吃到地面上或高处的食物。

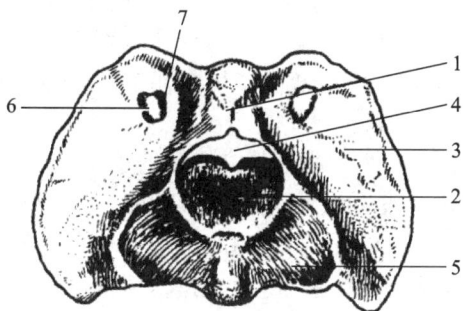

图 3-10　牛的寰椎
1.背侧弓　2.腹侧弓　3.寰椎翼　4.椎孔　5.鞍状关节面　6.翼孔　7.椎外侧孔
（引自程会昌、黄立，动物解剖与组织胚胎，第三版，2012）

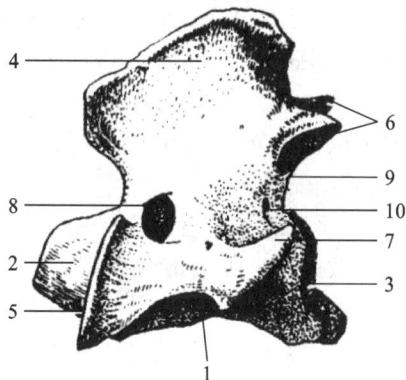

图 3-11　牛的枢椎
1.椎体　2.齿状突　3.椎窝　4.棘突　5.鞍状关节面　6.后关节突　7.横突　8.椎外侧孔　9.椎后切迹　10.横突孔
（引自程会昌、黄立，动物解剖与组织胚胎，第三版，2012）

胸椎位于背部，与肋和胸骨构成骨性胸廓。各种家畜的胸椎数目各不相同，马 18 枚，牛 13 枚，猪 14 枚或 15 枚。椎体大小较一致，胸椎前一个关节的前关节突与后一个关节的后关节突形成椎窝。胸椎椎体短，棘突发达，以第 3～5 胸椎的棘突最高，构成鬐甲部的基础，悬吊和支持头部。横突小，横突的外端有小关节面，与肋骨结节形成关节。

腰椎是构成腹腔顶壁的骨质基础。马和牛的腰椎是 6 枚，驴和骡的常为 5 枚，猪和羊的腰椎为 6 枚或 7 枚。腰椎椎体长度与胸椎相近，棘突和横突均较发达。由于需要支持腹腔内脏器官的重量和传递后肢的推动力，故腰椎结构坚固，椎体短，横突长，关节突之间连接紧密，以增加腰部的牢固性。牛的腰椎横突更长。

荐椎是构成荐部的基础，因成年时荐椎愈合成一块，也称荐骨，马和牛有 5 枚，羊、猪有 4 枚，是构成骨盆腔顶壁的基础，还可以支持后部体重并传递后肢推动力。其前端两侧的突出部叫荐骨翼，

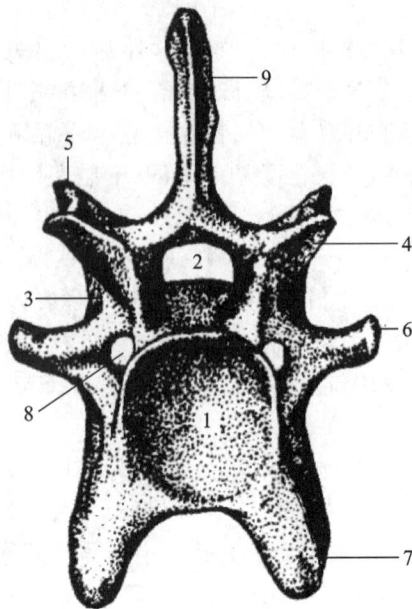

图3-12　牛的第6颈椎

1.椎体　2.椎孔　3.椎弓　4.后关节突　5.前关节突　6.横突背侧支　7.横突腹侧支　8.横突孔　9.棘突

（引自程会昌、黄立，动物解剖与组织胚胎，第三版，2012）

是荐椎的横突相互愈合而形成的。荐骨翼后下方有三角形的耳状关节面，与髂骨构成关节。第1荐椎椎头腹侧缘前端的突出部叫荐骨岬。荐骨的背面和腹面每侧各有四个孔，叫荐背侧孔和荐腹侧孔，是血管和神经的通路。牛的荐骨比马的大，愈合较完全。猪的荐骨愈合较晚且不完全。

尾椎数目变化较大，牛有18～20枚，马有14～21枚，羊有3～24枚，猪有20～23枚。家畜的尾部有维持畜体平衡和驱散蚊蝇的作用，需要很大的活动性，故尾椎数目最多。除前3枚或4枚尾椎具有椎骨一般构造外，余皆退化，仅保留圆柱状椎体并逐渐变细。牛前几个尾椎腹侧的正中有一脉管沟，其内容纳尾正中动脉。

③脊柱的弯曲：在完整的脊柱上，从侧面观察，可见4个生理性弯曲。颈曲在颈的前端，是由前几个颈椎形成的向背侧凸出的弯曲。马的颈曲较明显，猪几乎没有颈曲。在后部颈椎到第1胸椎处，形成向腹面凸出的颈背曲。背腰曲由整个胸椎和腰椎构成，呈稍凸向背侧的弓形。荐骨部的曲度不十分明显，盆面稍凹陷。脊柱的每个弯曲，都有其意义，对于支持家畜头的抬起、维持身体的前后平衡、支持体重、加强稳固性具有重要的作用。

（2）肋：肋是左右对称的弓形长骨，对数与胸椎枚数相同，连于胸椎、胸骨之间，构成胸廓侧壁，为呼吸的运动杠杆。每根肋包括肋骨和肋软骨。肋骨的椎骨端有肋骨小头和肋骨结节，分别与相应的胸椎椎体和横突构成关节。肋头有前、后关节面，分别与两邻椎体的前、后肋凹构成关节。肋结节位于肋头的后下方，其关节面与相应胸椎的横突肋凹构成关节。相邻肋骨间的空隙称为肋间隙。肋软骨连结在肋骨的下端。经肋软骨与胸骨直接相接的肋骨称真肋。如果肋骨的肋软骨不与胸骨直接相连，而是连于前一肋软骨上，这些肋骨称为假肋。肋软骨不与其他肋相接的肋骨，称为浮肋。最后肋骨与各假肋的肋软骨依次连结形成的弓形结构，称为肋弓，作为胸廓的后界。

牛、羊肋骨有13对，其中真肋8对，假肋5对；马肋骨有18对，其中真肋8对，假肋10对；猪肋骨有14对或15对，其中真肋7对，其余为假肋。

（3）胸骨：位于胸廓底壁的正中，由6～8块胸骨片借软骨连结而成。胸骨由前向后分为胸骨柄、胸骨体和剑状软骨（圆盘状）三个部分。其前端为胸骨柄；中部为胸骨体，两侧有肋窝，与真肋的肋软骨相接；后端为剑状软骨。各种家畜的胸骨形状不同，其发达程度与胸肌成正比。牛的胸骨长，马的胸骨呈舟状，猪的胸骨与牛相似。

胸廓是由背侧胸椎、两侧肋骨、肋软骨以及腹侧的胸骨围成的结构。胸廓前口由第1胸椎、两侧的第 1 肋和胸骨柄构成。胸廓后口则由最后胸椎、两侧肋弓和腹侧的剑状软骨所构成。各种家畜胸廓的容积和形态虽各有不同,但形状基本相似,均为平卧的截顶圆锥状。马的胸廓前部两侧显著压扁,向后逐渐扩大。牛的胸廓较马的短。猪的胸廓近似圆筒形。胸廓的前部小,坚固性强,可以保护心、肺等重要器官;后部的肋长且弯曲,活动范围大,利于胸廓运动,辅助呼吸。

2.躯干骨的连结 躯干骨的连结包括脊柱连结和胸廓连结。

(1)脊柱连结:可分为椎体间连结、椎弓间连结和脊柱总韧带。

椎体间连结指相邻椎骨的椎体间借助椎间软骨和纤维软骨盘(或称椎间盘)相连,活动性较小(图 3-13)。椎间盘外周是纤维环,中央为柔软的髓核,起弹性垫的作用。既能使椎骨连结紧密,起缓冲外力对脊柱的作用,又可增加脊柱运动的幅度。椎间盘越厚,运动范围越大,如尾部和颈部的椎间盘最厚。

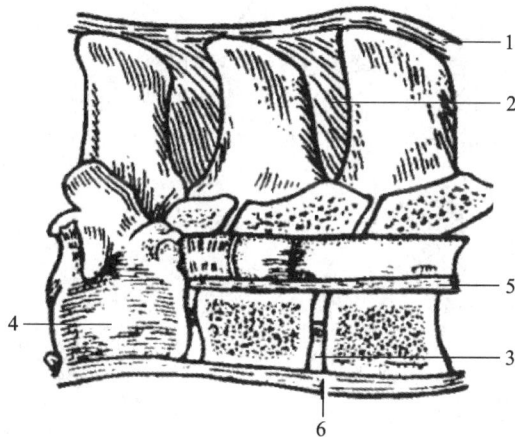

图 3-13　胸腰椎的椎体间连结
1.棘上韧带　2.棘间韧带　3.椎间盘　4.椎体　5.背侧纵韧带　6.腹侧纵韧带
(引自程会昌、黄立,动物解剖与组织胚胎,第三版,2012)

椎弓间连结是相邻椎骨椎弓之间的连结,包括关节突(后一枚胸椎的关节前突和前一枚胸椎的关节后突)和棘突间连结,相邻的关节突或棘突借助短的韧带和关节囊相连。

脊柱总韧带是贯穿脊柱,连结大部分椎骨的韧带,是起连结加固作用的辅助结构。除椎骨间的短的韧带外,还有棘上韧带、背侧纵韧带和腹侧纵韧带这三条贯穿脊柱的长韧带。①棘上韧带:由枕骨伸延到荐骨,连于多数棘突顶端。在颈部,棘上韧带强大而富有弹性,称为项韧带,它由索状部(肌纤维方向从前往后)和板状部(肌纤维方向从后往前)组成(图 3-14)。牛和马的项韧带很发达,猪的项韧带不发达。②背侧纵韧带:位于椎管底部,由枢椎至荐骨,在椎间盘处变宽并附着于椎间盘上。③腹侧纵韧带:位于椎体和椎间盘的腹面,并紧密附着于椎间盘上,由胸椎中部开始,终止于荐骨的骨盆面。

(2)胸廓连结:包括肋椎关节和肋胸关节。肋椎关节(肋凹)是每一肋骨与相应胸椎构成的关节。包括两个,一个是肋骨小头与胸椎椎体上肋窝形成的关节,另一个是肋骨结节与胸椎横突形成的关节。两个关节各有各的关节囊和短韧带。肋胸关节是由真肋的肋软骨与胸骨两侧的关节窝形成的关节。

(三)四肢的骨骼及其连结

家畜的四肢分为带部和游离部。带部是指肢体与躯体相接触的部位,其余的部分为游离部,不与躯体相接触。

1.前肢的骨骼和结构特征 家畜的前肢骨包括肩胛骨、肱骨、前臂骨、腕骨、掌骨、指骨、籽骨(图3-15)。

(1)肩胛骨:为三角形扁骨,斜位于胸廓两侧的前上部。近端有一半圆形的肩胛软骨。远端较粗,有一浅的关节窝叫肩臼,肩臼与肱骨头构成关节。肩臼前上方有突出的肩胛结节,供臂二头肌附

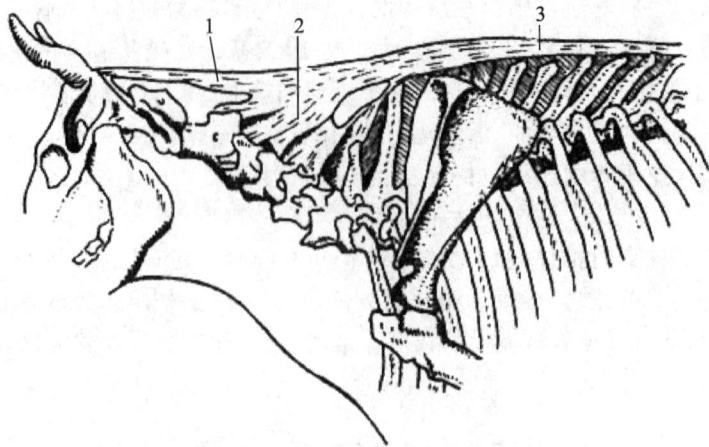

图 3-14　牛的项韧带

1.项韧带索状部　2.项韧带板状部　3.棘上韧带

(引自程会昌、黄立,动物解剖与组织胚胎,第三版,2012)

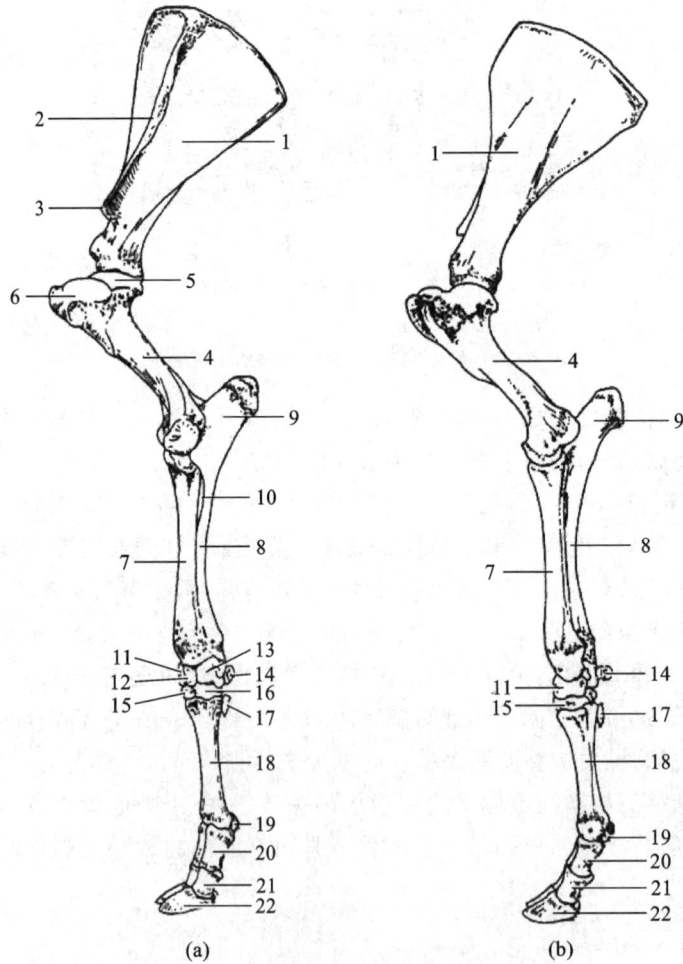

(a)　　　　　　(b)

图 3-15　牛的前肢骨

(a)外侧(左)　(b)内侧(右)

1.肩胛骨　2.肩胛冈　3.肩峰　4.肱骨　5.肱骨头　6.外侧结节　7.桡骨　8.尺骨　9.鹰嘴　10.前臂骨间隙　11.桡腕骨　12.中间腕骨　13.尺腕骨　14.副腕骨　15.第2、3腕骨　16.第4腕骨　17.第5掌骨　18.大掌骨　19.近籽骨　20.系骨　21.冠骨　22.蹄骨

(引自程会昌、黄立,动物解剖与组织胚胎,第三版,2012)

着。肩胛骨外侧面有一纵向隆起,称肩胛冈。肩胛冈将肩胛骨外侧面分为前方较小的冈上窝和后方较大的冈下窝,供肌肉附着。肩胛骨内侧面的上部三角形粗糙面是锯肌面,中、下部凹窝叫肩胛下窝。牛、羊的肩胛冈远端形成长而尖的突起称为肩峰,肩胛冈较偏前方。马的肩胛骨细长,肩胛冈平直,中部较粗大,称为冈结节,肩胛软骨呈半圆形。猪肩胛骨很宽,肩胛冈为三角形,猪的冈结节特别发达且弯向后方,肩峰不明显。

(2)肱骨:又称臂骨,为管状长骨,斜位于胸部两侧的前下部,由前上方斜向后下方。近端前方内外侧有臂骨结节,结节间是臂二头肌沟。近端后部球状关节面是肱骨头,和肩臼构成关节。前部内、外侧分别是小结节和大结节。肱骨骨干呈不规则的圆柱状,形成一螺旋状沟——臂肌沟,外侧上部有三角肌结节。肱骨远端有髁状关节面,与桡骨构成关节,髁间是肘窝,容纳尺骨鹰嘴的肘突。牛的肱骨近端粗大,大结节很发达,前部弯向内方,臂二头肌沟偏于内侧,无中间嵴,三角肌粗隆较小。马的肱骨臂二头肌沟宽,由一中间嵴分为两个部分。外结节较内结节稍大。三角肌粗隆较大。猪的肱骨与牛的相似。

(3)前臂骨:包括位于前内侧方较粗的桡骨和位于后外侧较细的尺骨,其位置几乎与地面垂直。桡骨和尺骨之间近端有间隙,称前臂骨间隙。桡骨发达,主要起支持作用,近端与肱骨构成关节。尺骨近端特别发达,高于桡骨,向后上方突出,形成鹰嘴。鹰嘴的前缘中部有一钩状的肘突伸入肱骨的肘窝中。尺骨远端的发达程度因家畜种类的不同而不同。牛的尺骨比桡骨长,成年牛尺骨骨干与桡骨愈合,有上、下两个前臂骨间隙。马尺骨显著退化,仅近端发达,骨体向下逐渐变细,与桡骨愈合。猪的桡骨短,尺骨发达,比桡骨长,近端粗大,鹰嘴特别长。

(4)腕骨:位于前臂骨和掌骨之间,由两列短骨组成,近列腕骨自内向外依次为桡腕骨、中间腕骨、尺腕骨和副腕骨;远列腕骨自内向外依次为第1腕骨、第2腕骨、第3腕骨和第4腕骨。马有7块腕骨,近列4块,远列3块,第1腕骨和第2腕骨愈合为一块。牛有6块腕骨,近列4块,远列2块,缺第1腕骨,第2腕骨和第3腕骨愈合。猪有8块腕骨,第1腕骨很小。

(5)掌骨:为长骨,由内向外分别称为第1掌骨、第2掌骨、第3掌骨、第4掌骨和第5掌骨。家畜的掌骨有不同程度的退化。马有3块掌骨,中间是大掌骨,方向与地面垂直,呈半圆柱状,内侧和外侧是小掌骨,近端较粗大,向下逐渐变细退化。牛也有3块掌骨,第3掌骨、第4掌骨相互愈合而形成发达的大掌骨,正中有纵沟。近端有关节面,与远列腕骨构成关节。远端较宽,形成两个滑车关节面,分别与第3指、第4指的系骨和近籽骨构成关节。第5掌骨为一圆锥形小骨,附于第4掌骨的近端外侧。其他掌骨退化。猪有4块掌骨,由内向外依次为第2掌骨、第3掌骨、第4掌骨、第5掌骨。第3掌骨、第4掌骨发达,第2掌骨、第5掌骨较小,缺第1掌骨。

(6)指骨:不同家畜指骨的数目不同,一般每指有三节,从上至下有三枚指骨,包括系骨、冠骨和蹄骨。马只有第3指。系骨是一较短的长骨。冠骨短。蹄骨位于蹄匣内,外形与蹄相似。马的蹄骨近端前缘突出,称伸腱突;底面凹且粗糙,称屈腱面。牛有4指,即第2指、第3指、第4指、第5指。第3指、第4指发育完全,称主指,与地面接触。第2指、第5指仅留痕迹,又称悬指,每个悬指仅有2枚指骨,即冠骨和蹄骨,不与掌骨构成关节,仅以结缔组织相连于系关节的掌侧(图3-16)。猪有4指,每指都具有3个指骨。猪的第3指、第4指发达,第2指、第5指小。

(7)籽骨:每指均包括一对近籽骨和一个远籽骨,即每指有3枚籽骨。近籽骨位于掌骨远端掌侧(2枚),为形状相似的锥形短骨,远籽骨位于冠骨和蹄骨交界部掌侧(1枚)。

2.前肢的关节 前肢的肩胛骨与躯干骨间不形成关节,以肩带肌连结。其余各骨间均形成关节,由上向下依次为肩关节、肘关节、腕关节和指关节(从上至下依次为系关节、冠关节和蹄关节)。

(1)肩关节:由肩胛骨的肩臼和肱骨的肱骨头构成,为多轴单关节。关节角向前,站立时关节角度为120°~130°(牛为100°)。没有侧韧带,具有松大的关节囊。由于两侧肌肉的限制,肩关节主要做屈伸运动。

(2)肘关节:由肱骨远端和前臂骨近端构成的单轴单关节。关节囊后壁宽松,有关节内、外侧副韧带(图3-17、图3-18)。肘关节角向后,关节角度为150°左右,只能做屈伸运动。

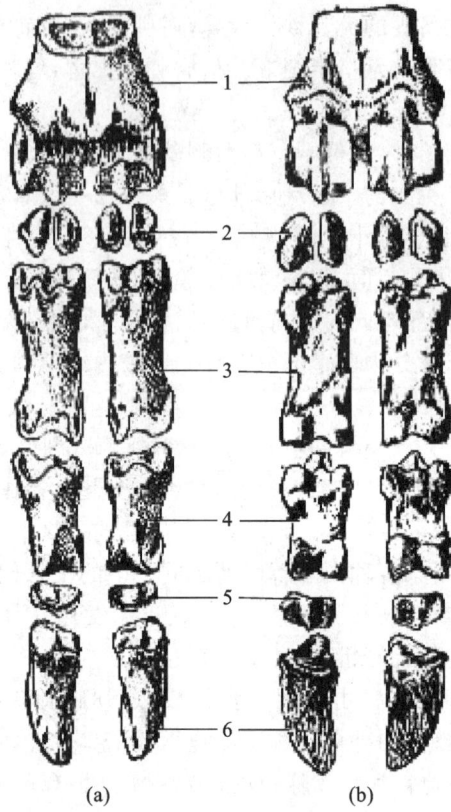

图 3-16　牛的指骨

（a）背侧　（b）掌侧

1.掌骨　2.近籽骨　3.系骨　4.冠骨　5.远籽骨　6.蹄骨

（引自程会昌、黄立,动物解剖与组织胚胎,第三版,2012)

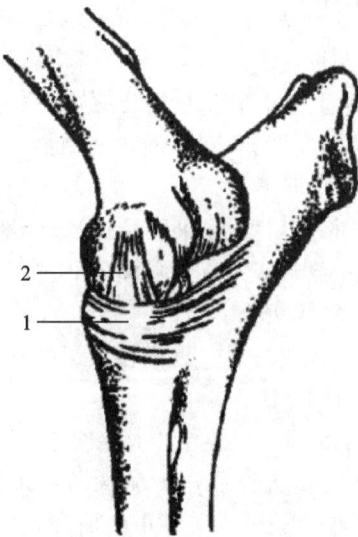

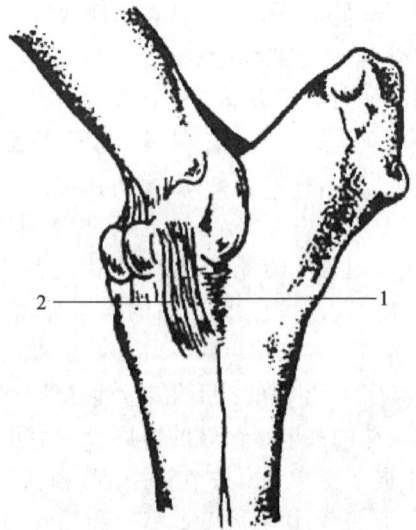

图 3-17　牛肘关节（内侧面）

1.骨间韧带　2.内侧副韧带

（引自程会昌、黄立,动物解剖与组织胚胎,第三版,2012)

图 3-18　牛肘关节（外侧面）

1.骨间韧带　2.外侧副韧带

（引自程会昌、黄立,动物解剖与组织胚胎,第三版,2012)

（3）腕关节：由桡骨远端、近列和远列腕骨以及掌骨近端构成，为单轴复关节（图3-19、图3-20）。根据运动来看，关节角向前，关节角度几乎成180°。腕关节包括桡腕关节、腕间关节和腕掌关节。关节囊的滑膜层形成三个囊，桡腕关节的最宽松，活动性也最大。关节囊的纤维层包住整个腕关节。关节囊后壁厚而紧，使之只能向掌侧屈；腕关节有长的侧韧带和短的腕骨间韧带。

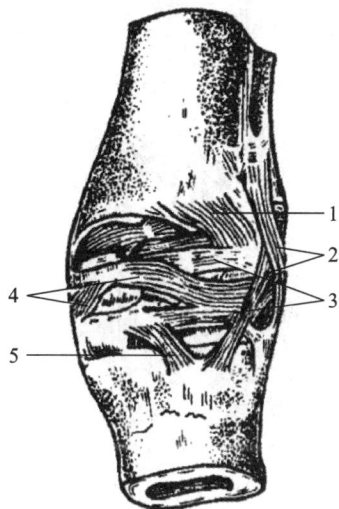

图3-19　牛腕关节（背侧面）

1.腕桡背侧韧带　2.腕外侧副韧带（浅、深二层）　3.腕骨间韧带　4.腕间背侧韧带　5.腕掌背侧韧带

（引自程会昌、黄立,动物解剖与组织胚胎,第三版,2012）

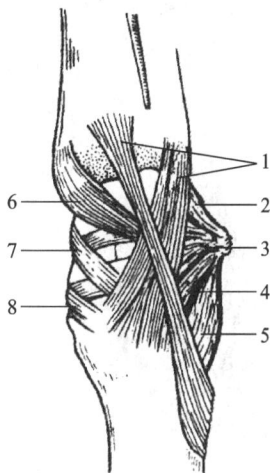

图3-20　牛腕关节（外侧面）

1.腕外侧副韧带（浅、深二层）　2.副腕骨尺骨韧带　3.副尺腕骨韧带　4.副腕骨与第4腕骨韧带　5.副腕骨与第4掌骨韧带　6.腕桡背侧韧带　7.腕间背侧韧带　8.腕掌背侧韧带

（引自程会昌、黄立,动物解剖与组织胚胎,第三版,2012）

（4）指关节：包括系关节、冠关节和蹄关节（图3-21、图3-22）。活动范围小。系关节又称球节，由掌骨远端、系骨近端和一对近籽骨组成。其侧韧带与关节囊紧密相连。悬韧带和籽骨下韧带固定籽骨，防止关节过度背屈。悬韧带起自大掌骨近端掌侧，止于籽骨，并有分支转向背侧，并伸入肌腱。牛的悬韧带含有肌质，称骨间中肌。冠关节由系骨远端和冠骨近端构成，有侧韧带紧连于关节囊。蹄关节由冠骨与蹄骨及远籽骨构成，有短而强的侧韧带。牛、羊、猪为偶蹄动物，两指关节成对，其构造与上述各指关节结构相似，两主指系关节的关节囊在掌侧相互交通。

3.后肢的骨骼和结构特征

家畜后肢的骨骼包括髋骨、股骨、膝盖骨（亦称髌骨）、小腿骨和后脚骨（包括跗骨、跖骨、趾骨和籽骨）（图3-23、图3-24）。

（1）髋骨：为不规则骨。髋骨是畜体内最大的骨，形成骨盆和臀部的骨质基础，由髂骨、坐骨和耻骨结合而成，3块骨在外侧中部结合处形成髋臼，与股骨头构成关节。

①髂骨：位于前上方，是三角形扁骨，分为前方宽而扁的髂骨翼和后方三棱柱状的髂骨体。髂骨翼的背外侧面为臀肌面，腹侧面为骨盆面，骨盆面上有一粗糙的耳状关节面，与荐骨的耳状关节面构成关节。髂骨翼外侧角粗大，称为髋结节，内侧角为荐结节。髂骨体呈三棱柱状，向后下与耻骨、坐骨共同构成的杯状关节窝为髋臼，与股骨头构成关节。

②坐骨：为不正的四边形，位于后下方，构成骨盆底的后部。左、右坐骨的后缘连成坐骨弓，弓的两端突出，形成坐骨结节。两侧坐骨在骨盆底壁正中由软骨或骨结合在一起，称坐骨联合，是骨盆联合的一部分。外侧部参与形成髋臼。

③耻骨：较小，位于前下方，构成骨盆底的前半部，并构成闭孔的前缘。外侧部参与髋臼的形成。

骨盆由两侧髋骨、背侧的荐骨和前3～4枚尾椎以及两侧的荐结节阔韧带共同构成，为一前宽后窄的圆锥形腔。骨盆腔具有保护盆腔内脏和传递推动力的作用，在母畜又是娩出胎儿的骨性产道，

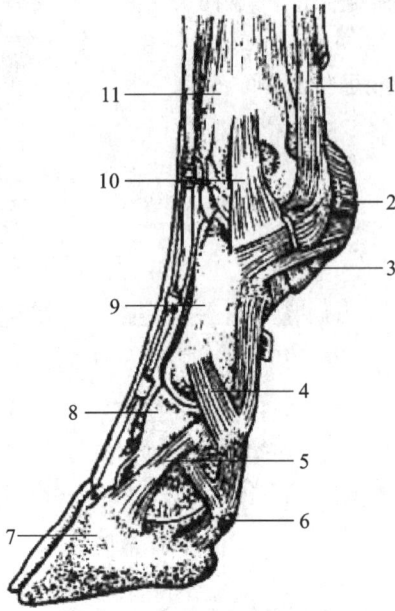

图 3-21　牛的指关节(侧面)

1.悬韧带　2.近籽骨　3.近籽骨交叉韧带　4.近指节间关节侧副韧带　5.远指节间关节侧副韧带　6.远籽骨　7.远指节骨　8.中指节骨　9.近指节骨　10.掌指关节侧副韧带　11.掌骨

(引自程会昌、黄立,动物解剖与组织胚胎,第三版,2012)

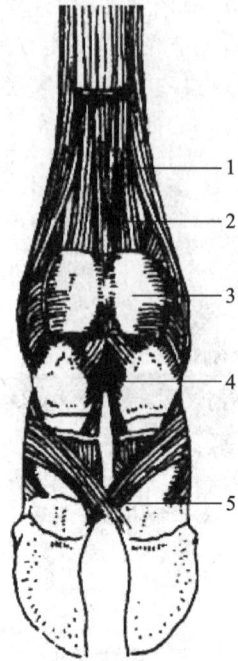

图 3-22　牛的指关节(掌侧面)

1.悬韧带中间支　2.悬韧带内侧支　3.籽骨间韧带　4.指间近韧带　5.指间远韧带

(引自程会昌、黄立,动物解剖与组织胚胎,第三版,2012)

所以,母畜的骨盆腔较公畜的骨盆腔大而宽,公畜的骨盆腔较窄。

(2)股骨:为管状长骨,由后上方斜向前下方,近端粗大,内侧是球状的股骨头,与髋臼构成关节,股骨头外侧粗大的突起是大转子。股骨头下方有一小窝称为头窝,附着圆韧带,拉紧股骨头与髋骨。股骨远端粗大,前部是滑车关节面,与膝盖骨构成关节。后部为股骨内、外侧髁,与胫骨构成关节。股骨的骨干呈圆柱状,内侧近上1/3处的嵴称为小转子。牛的股骨大转子发达并向外侧突出,骨干较细,呈圆柱形。远端滑车关节面内侧髁比外侧髁宽。马的股骨干外侧缘在与小转子相对处有一较大的突,称第3转子。远端滑车关节面内侧髁比外侧髁高而突出。猪的股骨与牛相似,但较短,大转子高度不超过股骨头,第3转子不明显。

(3)膝盖骨:又称髌骨,是一块大籽骨,呈顶端向下的楔形,背侧粗糙,供肌腱、韧带附着;后面为与股骨滑车形成关节的关节面。髌骨的作用是改变肌肉作用方向,缓冲震动。牛的髌骨近似圆锥形;马的髌骨呈四边形;猪的髌骨窄而厚。

(4)小腿骨:包括胫骨和腓骨。胫骨位于前方,由前上斜向后下,较大,呈三棱柱状,近端有胫骨内、外侧髁,近端背侧有显著的胫骨粗隆,向下延续为嵴状隆起,称胫骨嵴,供膝直韧带附着;远端有螺旋状滑车。胫骨内侧有不规则的线,称腘肌线。腓骨细小,位于胫骨近端后外侧。腓骨与胫骨之间有一间隙,为小腿骨间隙,发育程度因家畜的不同而异。牛、羊胫骨发达,形态同上述。腓骨退化,只剩近端的腓骨头,远端退化成一小骨块,称踝骨。马的胫骨发达,近端外侧有一小的关节面与腓骨头连结。腓骨为一退化的小骨,近端扁圆,称腓骨头,与胫骨近端外侧构成关节,骨体逐渐变细。猪腓骨发达,与胫骨等长。

(5)跗骨:由数块短骨构成,位于小腿骨和跖骨之间。各种家畜的跗骨数目不同,一般分为3列,由近列跗骨、中央跗骨、远列跗骨组成。近列跗骨内侧是距骨,外侧是跟骨,跟骨近端粗大,称跟结节。中间列仅有一块中央跗骨。远列跗骨由内向外依次是第1跗骨、第2跗骨、第3跗骨和第4跗骨。牛的跗骨有5块,近列为距骨和跟骨;中央跗骨与第4跗骨愈合为一块;第1跗骨很小,位于后

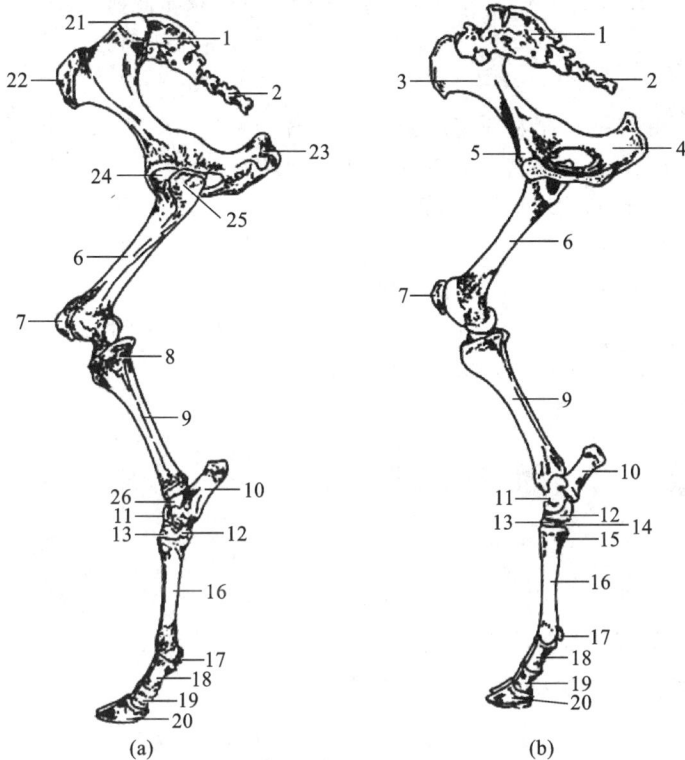

图 3-23　牛的后肢骨

(a)外侧(左)　(b)内侧(右)

1.荐骨　2.尾椎　3.髂骨　4.坐骨　5.耻骨　6.股骨　7.髌骨　8.腓骨
9.胫骨　10.腓跗骨　11.距骨　12.中央第 4 跗骨　13.第 2、3 跗骨
14.第 1 跗骨　15.第 2 跖骨　16.大跖骨　17.近籽骨　18.系骨　19.冠
骨　20.蹄骨　21.荐结节　22.髋结节　23.坐骨结节　24.股骨头
25.大转子　26.踝骨

(引自程会昌、黄立,动物解剖与组织胚胎,第三版,2012)

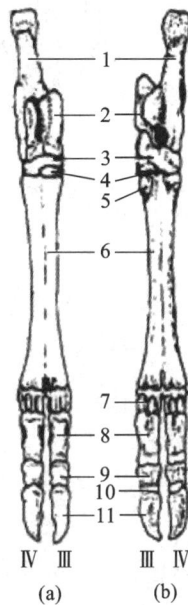

图 3-24　牛的后肢骨

(a)背侧　(b)跖侧

1.跟骨　2.距骨　3.中央第 4 跗骨　4.第 2、3
跗骨　5.第 2 跖骨　6.第 3、4 跖骨　7.近籽骨
8.系骨　9.冠骨　10.远籽骨　11.蹄骨

Ⅲ.第 3 趾　Ⅳ.第 4 趾

(引自程会昌、黄立,动物解剖
与组织胚胎,第三版,2012)

内侧;第 2 跗骨与第 3 跗骨愈合。马的跗骨有 6 块,近列为距骨和跟骨;中间列为扁平的中央跗骨;远列内后方为第 1 跗骨和第 2 跗骨愈合成的不规则小骨,中间为扁平的第 3 跗骨,外侧为较高的第 4 跗骨。猪有 7 块跗骨,近列同马、牛;中间列有中央跗骨;远列有 4 块跗骨,为第 2 跗骨、第 3 跗骨、第 4 跗骨、第 5 跗骨。

(6)跖骨:与前肢掌骨相似,但较细长。牛的大跖骨比前肢大掌骨细长,第 2 跖骨为一退化的小跖骨,呈小盘状,附于大跖骨的后内侧。马的跖骨比前肢细而长。

(7)趾骨:分系骨、冠骨和蹄骨,与前肢指骨相似。马的蹄骨较前肢的小,底面凹入较深,壁面与地面的角度比前肢的略大。

(8)籽骨:近籽骨 2 枚,远籽骨 1 枚,位置、形态与前肢籽骨相似。

4.后肢的关节　包括荐髂关节、髋关节、膝关节、跗关节和趾关节。

(1)荐髂关节:由荐骨翼和髂骨的耳状关节面构成。囊壁短,其周围由短纤维束固定。因此,荐髂关节运动范围很小。在荐骨与髂骨之间还有一些强固的韧带,其中最大的是荐结节阔韧带,起自荐骨侧缘和第 1、第 2 尾椎横突,止于坐骨,构成骨盆的侧壁。其前缘与髂骨形成坐骨大孔,下缘与坐骨形成坐骨小孔。

(2)髋关节:由髋臼和股骨头构成的多轴关节。关节角向后,站立时关节角约 115°。关节囊宽松。在髋臼与股骨头之间有一短而强的圆韧带。马属动物还有一条副韧带,来自耻前腱,沿耻骨腹面向两侧连于股骨头。髋关节能进行多角度运动,但主要是屈伸运动,在关节屈曲时常伴有外展和旋外,在关节伸展时伴有内收和旋内。

Note

（3）膝关节：包括股膝关节和股胫关节。膝关节角向前约150°，属单轴关节，可做屈伸动作。

①股膝关节：由髌骨和股骨远端前部滑车关节面组成。关节囊宽松，有侧韧带。在前方有3条强大的直韧带将髌骨连于胫骨近端。

②股胫关节：由股骨远端后部的内、外侧髁与胫骨近端构成。其间有两个半月状软骨板。除有侧韧带外，关节中央还有一对交叉的十字韧带。另有半月状板韧带连于股骨和胫骨。

（4）跗关节：又称飞节，由小腿骨远端、跗骨和跖骨近端构成的单轴复关节。关节角向后约153°。其滑膜形成胫跗囊、近侧跗间囊、远侧跗间囊和跗跖囊，有内、外侧韧带，背、跖侧韧带。跗关节仅能做屈伸运动，包括胫跗关节、跗间关节和跗跖关节。牛除胫跗关节有相当大的运动范围外，距骨和中央跗骨也有一定的活动性。马仅胫跗关节能屈伸，其余连结紧密，活动范围小，只起缓冲作用。

（5）趾关节：分为系关节、冠关节和蹄关节，其构造与前肢指关节相同。

知识单元2　肌　　肉

一、概述

运动系统所描述的肌肉特指骨骼肌（也称横纹肌），它们附着于骨骼上，是运动的动力部分。

（一）肌肉的一般构造

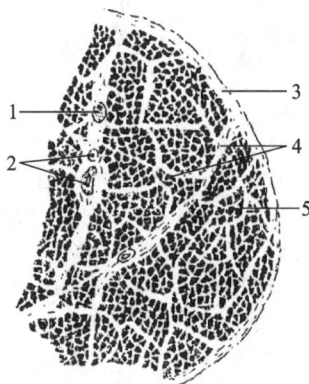

图3-25　肌器官构造模式图
1.神经　2.血管　3.肌外膜　4.肌膜
5.肌内膜
（引自彭克美，畜禽解剖学，2005）

家畜全身的每一块肌肉都是一个复杂的肌器官，构成肌器官的主要部分是骨骼肌纤维，可分为能收缩的肌腹和不能收缩的肌腱两个部分。肌腹由许多骨骼肌纤维按一定方向借结缔组织结合而成。肌纤维为肌器官的实质部分，在肌肉内部先集合成肌束，肌束再集合成一块肌肉。肌纤维的主要功能是收缩，产生动力。肌肉的结缔组织形成肌膜，构成肌器官的间质部分；每一条肌纤维外面包有肌膜，称肌内膜，若干肌纤维组成肌束，肌束外面包有肌束膜；整块肌肉外面由肌外膜包裹（图3-25）。肌膜是肌肉的支持组织，使肌肉有一定的形状，血管和神经沿肌膜伸入肌肉内。营养好的家畜肌膜内含有脂肪组织，肌肉断面上呈现大理石状花纹。

肌腱由致密结缔组织构成，为在肌腹一端或两端的直接延续，牢固地附着于骨上。肌腱的构造与肌腹相似，由腱纤维、腱纤维束、腱外膜和腱束膜等构成。腱纤维为肌纤维的直接延续，没有收缩能力，却有很强的坚韧性和抗张力，故不易疲劳。腱纤维可传导肌腹的收缩力，以提高肌腹的工作效率。

（二）肌肉的显微结构

骨骼肌含有大量的肌原纤维和高度发达的肌管系统，而且这些结构在排列上是高度规则有序的。骨骼肌是动物体进行机械活动、耗能做功的结构基础。

1.肌原纤维　骨骼肌由大量成束的肌纤维组成，每条肌纤维就是一个肌细胞。肌纤维是一种特殊分化的细胞，呈细长圆柱形，长度为 $1\sim340$ mm，大多数在 $1\sim40$ mm 之间，平均长 $20\sim30$ mm。骨骼肌纤维一般在两端逐渐变细，不同部位横切面的直径不同，在中央一般为 $10\sim100$ μm。每个肌细胞都含有上千条直径为 $1\sim2$ μm，沿细胞长轴走行的肌原纤维。肌原纤维在肌细胞内平行排列，在光学显微镜下呈现规则的明暗相间的横纹，暗带（A带）较宽，宽度比较固定，明带（I带）宽度可因肌原纤维所处状态而发生变化。肌纤维的直径与动物种类、肌肉类型、训练状况、营养状况、成熟程度和纤维类型密切相关。不同动物的肌纤维直径从大到小排序如下：鱼类＞两栖类＞爬行类＞哺乳动物类＞鸟类。在同一种动物，短而粗的肌肉的肌纤维直径一般比长而细的肌肉要大。动物的体重和体型与肌纤维直径之间没有直接的关系。例如，小鼠的肌纤维直径比大象肌纤维直径的一半还大。

骨骼肌细胞为多核细胞,平均每个细胞含100~200个细胞核。肌细胞的细胞质又称为肌质,其功能和蛋白质组成与其他细胞类似,但肌细胞中储存和分配氧的蛋白质——肌红蛋白,为肌细胞所特有,此外,肌细胞内糖酵解酶的含量与别的细胞也有所不同。由于肌红蛋白与氧的亲和力高于血红蛋白,肌细胞中的肌红蛋白可结合血液中氧和血红蛋白所携带的氧,并用于线粒体中的有氧代谢。由于氧和肌红蛋白是红色的,肌肉的颜色常常反映肌肉中所含的肌红蛋白的量。

2. 肌管系统　肌管系统由两套结构、功能各不相同的膜质管状系统(即横管系统和纵管系统)组成。

(1)纵管系统:由薄膜构成的连续和闭锁的管状系统,分布在整个肌质内。相当于其他细胞的内质网,但没有核糖体。纵管系统是肌细胞内的Ca^{2+}库,膜上有钙泵,能通过对Ca^{2+}的储存、释放和回收,触发和终止肌原纤维收缩。

(2)横管系统:横管由肌细胞膜向内呈漏斗状凹陷而形成。它们是与肌原纤维相垂直的横行小管,穿行在肌原纤维之间,形成环形肌原纤维管道。横管是兴奋传递的通路。兴奋时出现在肌细胞膜上的动作电位,能沿着横管系统迅速传进细胞内部。

三联管是横管和纵管衔接的部位,能使横管系统传递的膜电位变化与纵管终池释放回收Ca^{2+}的活动耦联起来。

(三)肌肉的形态

因功能和位置的不同,肌肉呈现不同的形态,可分为阔肌、长肌、短肌、纺锤形肌、环行肌5种。

1. 阔肌　扁而宽,呈薄板状,主要位于腹壁和肩带部,如腹壁肌、躯干与前肢连接的肌肉。在阔肌中,有些呈扇状或锯齿状。阔肌可直接移行为腱膜,以增加肌肉的坚固性。

2. 长肌　扁而长,呈带状。

3. 短肌　多数沿脊柱分布于相邻的椎骨之间,有明显的分节性。各肌束可单独存在,亦可相互结合成一大块肌肉。短肌所产生的运动幅度小。

4. 纺锤形肌　分布于四肢。在肌肉内部,肌纤维束的排列多与肌肉的长轴平行,收缩时使肌肉显著缩短,从而引起大幅度的运动。纺锤形的肌肉,两端多为腱质,中部主要由肌纤维构成。

5. 环行肌　肌纤维环行,位于自然孔的周围,形成括约肌,如口轮匝肌、肛门括约肌等,收缩时可关闭自然孔。

此外,根据肌腹内腱纤维的含量,肌肉还可分为动力肌、静力肌、动静力肌。动力肌的肌纤维方向与肌腹的长轴平行,是推动身体前进的主要动力。静力肌的肌纤维很少甚至消失,只起连接等机械作用,在家畜静止时起维持身体姿势的作用。动静力肌构造复杂,在维持身体姿势和运动中均起重要作用。

(四)肌肉起止点

每块肌肉一般附着在两块以上的骨上,以其两端附着于骨,跨越一个或两个以上的关节。当其收缩时,位置不动的一端叫起点,引起骨移动的一端称止点。例如,四肢的肌肉,通常近端为起点,远端为止点。但有时随情况的变化,两点可互换。臂头肌在站立时头端为止点,肌肉收缩时可举头颈;当前进运动时,头颈伸直固定不动,头端变为起点,肌肉收缩时,可向前提举前肢。

肌肉起止点之间越过一个关节的,只对一个关节起作用,如冈上肌只能伸肩关节;起止点之间越过多个关节的肌肉,则可对多个关节起作用,如指深屈肌,不仅能屈指关节,还可以屈腕关节和伸肘关节。

(五)肌肉的活动

肌肉通过其肌腹的收缩改变长度,从而牵动骨产生运动;家畜在运动时,每个动作往往是几块肌肉或几组肌群相互配合的结果。在一个动作中,起主要作用的肌肉称主动肌;起协助作用的肌肉称协同肌;产生相反作用的肌肉称对抗肌;参与固定某一部位的肌肉为固定肌。

(六)肌肉的命名

肌肉主要根据肌肉的功能、形态、位置、结构及肌纤维方向等来命名。少数只根据其一个最明显

Note

的特征命名,如按起止点命名的臂头肌、胸头肌;有的肌肉综合几个特点来命名,如腕桡侧伸肌、腹外斜肌等。肌肉按其收缩时产生的结果不同分为伸肌、屈肌、内收肌、外展肌、旋肌、张肌、括约肌等。

(七)肌肉的辅助器官

肌肉的辅助器官的作用是保护和辅助肌肉的工作,包括筋膜、黏液囊、腱鞘、滑车和籽骨。

1.筋膜 分浅筋膜和深筋膜。

浅筋膜位于皮下(也称皮下组织),由疏松结缔组织构成,覆盖在全身肌的表面,有些部位的浅筋膜中有皮肌,营养良好的家畜在浅筋膜内蓄积有脂肪;浅筋膜发达的部位,皮肤具有较大的移动性。浅筋膜有联系深部组织、储存营养、保护和参与体温调节等作用。

深筋膜由致密结缔组织构成,位于浅筋膜下方。在某些部位,深筋膜形成包围肌群的筋膜鞘;或伸入肌间,附着于骨上,形成肌间隔;或提供肌肉的附着面。主要起保护、固定肌肉位置的作用,使肌肉或肌群能够单独收缩,为肌肉的工作创造有利条件。

2.黏液囊 黏液囊是封闭的结缔组织囊。囊壁薄,壁内衬有滑膜,腔内有滑液。多位于肌腱、韧带、皮肤等与骨突起之间,分别称肌下、腱下、韧带下和皮下黏液囊,具有减少摩擦的作用。位于关节附近的黏液囊多与关节腔相通,称滑膜囊。多数黏液囊是恒定的,出生时就存在,少数黏液囊是出生后因摩擦才形成的。黏液囊在病理情况下,可因液体增多而肿胀。

3.腱鞘 腱鞘多位于活动范围较大的关节,如腕关节、跗关节等处。腱鞘呈长筒状,是由黏液囊卷折形成的双层筒形结构。外层为纤维层,厚而坚固,为深筋膜增厚而形成的纤维管道,有约束腱的作用;内层为滑膜层,分壁层和脏层,壁层紧贴在纤维层的内面,脏层紧包在腱上,由壁层折转而来,壁、脏两层间有少量的滑液,可减少腱活动时的摩擦。

4.滑车 多位于骨的突出部,为具有沟的滑车状突起,供腱通过,可减少肌腱与骨面之间的摩擦,并可防止肌腱移位,表层覆有软骨,腱与滑车之间常垫有黏液囊。

5.籽骨 位于关节角顶部的小骨。籽骨与滑车的作用是改变肌肉作用力的方向,减少腱与骨或关节之间的摩擦。

二、皮肌

皮肌属骨骼肌,受躯体神经支配。皮肌是分布于浅筋膜的薄板状肌,间接附着于骨骼上。皮肌分布于面部(面皮肌)、颈部(颈皮肌,牛无此肌)、臂部(肩臂皮肌,牛的较窄)和胸腹部(胸腹皮肌/躯干皮肌)。皮肌收缩时,因其紧贴皮肤,可使家畜皮肤震颤,以驱赶蚊蝇和抖掉皮肤上的灰尘水滴。

三、头部的主要肌肉

头部的肌肉可以分为面部肌和咀嚼肌。

面部肌位于口和鼻腔周围,作用于口裂、鼻孔、眼等天然孔处,分为张开天然孔的开肌和闭合天然孔的环行肌。开肌主要有鼻唇提肌,张开口裂和鼻孔;上唇固有提肌,张开口裂;下唇降肌,张开口裂。环行肌主要有口轮匝肌和颊肌。

咀嚼肌起于颅骨,止于下颌骨,收缩时可使下颌骨运动,出现口腔的张开、关闭、咀嚼和吸吮动作。包括闭口肌(如咬肌、颞肌和翼肌)和开口肌(如枕颌肌和二腹肌)。咀嚼肌以闭口肌较发达且富有腱质,因为闭口肌是咀嚼食物的动力来源。开口肌的作用是向下牵引下颌骨而开口。

四、躯干的主要肌肉

躯干的主要肌肉包括脊柱肌、颈腹侧肌、胸壁肌和腹壁肌(图3-26、图3-27)。

(一)脊柱肌

脊柱肌是指支配脊柱活动的肌肉,作用于脊柱的肌肉多为同型的短肌束。有些合成一大块肌肉,如背腰最长肌。脊柱活动性越大的部位,如颈部、尾部,肌肉分化越明显,形成许多单独的肌肉;腰部、荐部的活动性很小,几乎不分化,多为大块肌肉。脊柱肌有许多起点和止点,使脊柱有协调的整体活动。

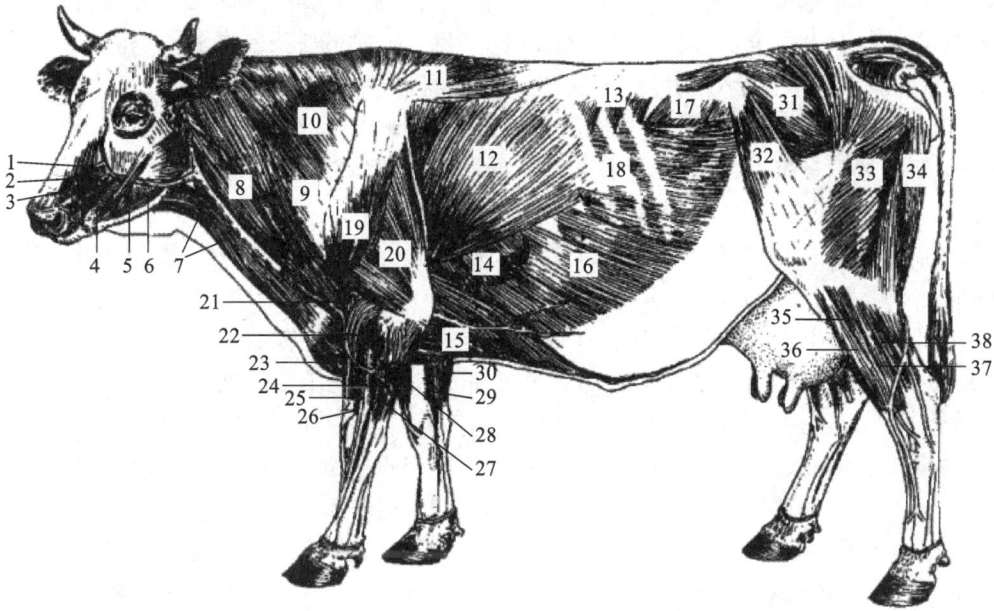

图 3-26 牛的全身浅层肌

1.鼻唇提肌 2.上唇固有提肌 3.鼻外侧开肌 4.上唇降肌 5.颧肌 6.下唇降肌 7.胸头肌 8.臂头肌 9.肩胛横突肌 10.颈斜方肌 11.胸斜方肌 12.背阔肌 13.后上锯肌 14.胸下锯肌 15.胸深后肌 16.腹外斜肌 17.腹内斜肌 18.肋间外肌 19.三角肌 20.臂三头肌 21.臂肌 22.腕桡侧伸肌 23.胸浅肌 24.指总伸肌 25.指内侧伸肌 26.腕斜伸肌 27.指外侧伸肌 28.腕外侧屈肌 29.腕桡侧屈肌 30.腕尺侧屈肌 31.臀中肌 32.筋膜张肌 33.股二头肌 34.半腱肌 35.腓骨长肌 36.第三腓骨肌 37.趾外侧伸肌 38.趾深屈肌

(引自彭克美,畜禽解剖学,2005)

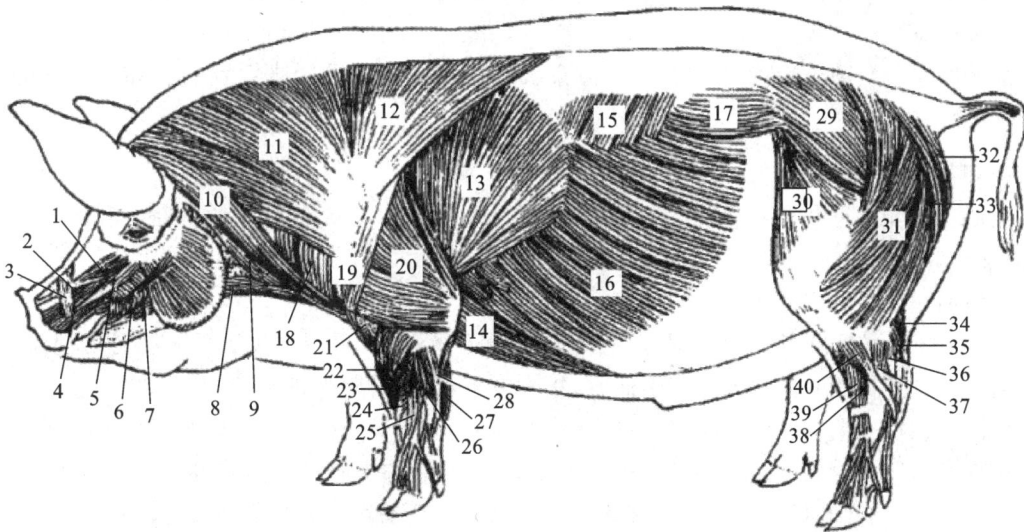

图 3-27 猪的全身浅层肌

1.上唇固有提肌 2.鼻外侧开肌 3.鼻唇提肌 4.口轮匝肌 5.吻降肌 6.颧肌 7.下唇降肌 8.胸骨舌骨肌 9.胸头肌 10.臂头肌 11.颈斜方肌 12.胸斜方肌 13.背阔肌 14.胸深后肌 15.后上锯肌 16.腹外斜肌 17.腰髂肋肌 18.冈上肌 19.三角肌 20.臂三头肌 21.臂肌 22.腕桡侧伸肌 23.腕桡侧伸肌 24.腕斜伸肌 25.指总伸肌 26.第五指伸肌 27.指浅屈肌 28.腕外侧屈肌 29.臀中肌 30.阔筋膜张肌 31.臀股二头肌 32.半膜肌 33.半腱肌 34.腓肠肌 35.趾深屈肌 36.第五趾伸肌 37.第四趾伸肌 38.趾长伸肌 39.第三腓骨肌 40.腓骨长肌

(引自彭克美,畜禽解剖学,2005)

支配脊柱活动的肌肉,根据其位置分为脊柱背侧肌群和脊柱腹侧肌群。脊柱肌的作用强大而复杂,当两背侧肌群同时收缩时,家畜可伸脊柱并提举头颈和尾,一侧收缩时可使脊柱向左或右侧屈。当两腹侧肌群同时收缩时,家畜可屈头、颈、腰尾部,一侧收缩时可使头颈尾偏向一侧。

1. 脊柱背侧肌群 脊柱背侧肌群很发达,尤其是颈部。

(1)背腰最长肌:家畜体内最大的肌肉,呈三棱形,位于胸椎、腰椎两侧的胸腰椎棘突与肋的椎骨端、腰椎横突所形成的三棱沟内,起于髂骨、荐骨,向前伸延至颈部,表面覆盖一层腱膜。两侧同时收缩时有很强的伸腰背作用,与臀部和后肢肌肉协同运动可使前肢离地或后肢蹴踢。

(2)髂肋肌:由斜向的肌束组成,位于背腰最长肌的腹外侧,与背腰最长肌之间形成髂肋肌沟。起于腰椎横突末端和后 8 个(牛)或后 15 个(马)肋骨的前缘,向前止于所有肋骨的后缘(牛)和前 12～13 个肋骨的后缘及第 7 颈椎横突(马)。作用为向后牵引肋骨,协助呼气。

(3)夹肌:位于颈侧部,呈三角形。后部被斜方肌及颈下锯肌覆盖。起于项韧带索状部,止于枕骨及前几个颈椎。可以抬头颈或侧偏头颈。

(4)头半棘肌:为强大的三角形肌,位于夹肌和项韧带板状部之间。起于胸椎横突和颈椎关节突,以肌腱止于枕骨。两侧同时收缩时举头颈,一侧收缩则偏头颈。

2. 脊柱腹侧肌群 位于椎体的腹侧,不发达,仅存在于颈、腰部,活动性小。颈部有颈长肌,位于颈椎及前 5～6 个胸椎的腹侧面,由一些短的肌束构成,作用为屈颈。腰部主要有腰小肌,为一狭长肌,位于腰椎腹侧面和椎体两旁,起于腰椎及最后(牛)或后 3 个(马)胸椎椎体腹侧面,止于髂骨中部,作用为屈腰。

(二)颈腹侧肌

颈腹侧肌位于颈部气管、食管的腹外侧,为长带状肌。

1. 胸头肌 位于颈下部的外侧,长带状,起自胸骨柄,止于下颌骨后缘。与臂头肌之间的肌间隙称颈静脉沟。作用为屈头颈。

2. 胸骨甲状舌骨肌 位于气管的腹侧。呈扁平带状,起自胸骨柄,向前分为两支。外侧支止于喉的甲状软骨,称为胸骨甲状肌;内侧支止于舌骨,称为胸骨舌骨肌。胸骨甲状舌骨肌的作用为向后牵引舌和喉,以助吞咽。

3. 肩胛舌骨肌 薄长带状,位于颈侧,臂头肌的深面。肩胛舌骨肌把颈动脉和颈静脉分隔开。可以将舌向后拉。

(三)胸壁肌

胸壁肌位于胸侧壁和胸腔后壁,参与构成胸腔。它的舒张与收缩可改变胸腔的容积,产生呼吸运动,故又称为呼吸肌,可分为吸气肌和呼气肌。

1. 吸气肌 包括肋间外肌和膈等。

(1)肋间外肌:位于相邻两肋间隙内,起自肋骨后缘,斜向后下方止于后一肋骨的前缘。肌纤维斜向后下方。其作用是向前外方牵引肋骨,扩大胸腔横径,引起吸气。

(2)膈:圆拱形凸向胸腔的板状肌,构成胸腹腔间的分界,又叫横膈膜。膈舒张时,呈圆顶状凸向胸腔。膈周围由肌纤维构成,称肉质缘;中央是强韧的腱质,称中心腱。肉质缘分别附着于前 4 个腰椎腹侧面、肋弓内侧面和剑状软骨的背侧面。在腰椎附着部,膈的肉质缘形成左、右膈脚,两脚间裂孔供主动脉、左奇静脉、胸导管通过,称主动脉裂孔,在膈上还有分别供食管和后腔静脉通过的食管裂孔和后腔静脉裂孔。

膈的收缩和舒张改变了胸腔前后径的大小,从而导致呼吸,因此膈是重要的吸气肌。膈收缩时,凸向胸腔的凸度变小,胸腔的纵径扩大,引起吸气。膈松弛时,由于腹壁肌肉回缩,腹腔内脏向前压迫膈,使凸度变大,胸腔纵径变小,辅助呼气。

2. 呼气肌 包括后背侧锯肌、肋间内肌等。肌纤维斜向前下。收缩时使胸腔变小,产生呼气动作。

（1）后背侧锯肌：位于胸壁后下部，背腰最长肌的表面，起自腰背筋膜，肌纤维方向为自后上向前下，止于肋骨的后缘，可向后牵引肋骨，协助呼气。

（2）肋间内肌：位于肋间外肌深面，起于肋骨和肋软骨的前缘，肌纤维方向为自后上向前下，止于前一个肋骨的后缘，可牵引肋骨向后并拢，协助呼气。

（四）腹壁肌

腹壁肌是构成腹腔侧壁和底壁的薄板状肌。马、牛等草食动物，腹壁肌外表面包有呈黄色的深筋膜，含有较大量的弹性纤维，称腹黄膜，协助腹壁肌肉支撑腹腔内脏的重量。其深部的腹壁肌由浅至深分别是腹外斜肌、腹内斜肌、腹直肌和腹横肌。除腹直肌外，其余三层肌的上部均为肌腹，下部变为腱膜。两侧腹壁肌的腱膜在腹底壁正中线处相互交织增厚成腹白线。腹白线是腹底壁正中线上的白色纤维索，由剑状软骨一直到耻前腱，由腹内斜肌、腹外斜肌与腹横肌腱膜交织而成，中部有脐的痕迹。

1. 腹外斜肌 腹壁肌最外层，起于肋骨的外侧面，肌纤维由前上方斜向后下方，在肋弓下约一掌处变为腱膜，止于腹底壁正中纵向的腹白线。

2. 腹内斜肌 位于腹外斜肌深面，起自髋结节，呈扇形向前下方扩展，逐渐变为腱膜，主要止于腹白线。

3. 腹直肌 左、右腹直肌并列于腹腔底的腹白线两侧，肌纤维纵行，起于胸骨及肋软骨，止于耻骨前缘。

4. 腹横肌 腹壁的最内层肌，起自腰椎横突及假肋下端的内侧面，肌纤维横行，走向内下方，以腱膜止于腹白线。在该肌肉内表面是一层腹膜（牛、羊、马）或腹壁脂肪（猪）。

5. 腹股沟管 位于腹底壁后部，耻前腱两侧，是腹内斜肌与腹外斜肌之间的斜行裂隙。腹股沟管是胎儿时期睾丸及附睾从腹腔下降到阴囊的通道，公畜的腹股沟管内有精索，母畜的腹股沟管仅有血管、神经通过。腹股沟管的内口通腹腔，称腹环；外口通皮下，称皮下环。

腹壁肌各层肌纤维走向不同，彼此重叠，再加上腹黄膜，形成了柔韧的腹壁，对腹脏内器官起着重要的支持和保护作用。腹肌收缩时，可增大腹压，有助于呼气、排便和分娩等活动。

五、前肢的主要肌肉

前肢的肌肉按照部位分为肩带肌、肩部肌、臂部肌、前臂及前脚部肌（图 3-28、图 3-29）。

（一）肩带肌

肩带肌是连接前肢与躯干的肌肉。该部肌肉多呈板状。多数起于躯干骨，止于肩部和臂部，收缩时能使肩胛骨、臂骨前后摆动，以此扩大前肢的运动范围，并可提举躯干。根据其所在的位置，可分为背侧肌群和腹侧肌群。

1. 背侧肌群 包括斜方肌、菱形肌、背阔肌、臂头肌，牛、羊、猪还有肩胛横突肌。

（1）斜方肌：为三角形薄板状肌，位于肩颈上部浅层，分颈、胸两部。起于项韧带索状部和前 10 个胸椎棘突，止于肩胛冈。有提举、摆动和固定肩胛骨的作用。

（2）菱形肌：位于斜方肌和肩胛软骨的深面，也分颈、胸两部。颈菱形肌狭长，起于第 2 颈椎至第 5 颈椎之间的项韧带索状部、棘上韧带和前数个胸椎棘突，止于肩胛软骨内侧。具有提举肩胛骨的作用。

（3）背阔肌：位于胸侧壁上部的扇形板状肌，起自腰背筋膜，在牛还起于第 9～11 肋骨、肋间外肌和腹外斜肌的筋膜，肌纤维向前下方止于肱骨内侧。其可向后上方牵引肱骨，屈肩关节。牛的背阔肌还可协助吸气。

（4）臂头肌：位于颈侧部浅层，呈长带状。起始于枕嵴、寰椎和第 2～4 颈椎横突，止于肱骨外侧三角肌结节；形成颈静脉沟的上界。牛的臂头肌前宽后窄，可明显分为上部的锁枕肌和下部的锁乳突肌。其作用为牵引前肢向前，伸肩关节。提举或侧偏头颈。

（5）肩胛横突肌：马无此肌。前部位于臂头肌深面，后部位于颈斜方肌与臂头肌之间。起始于寰

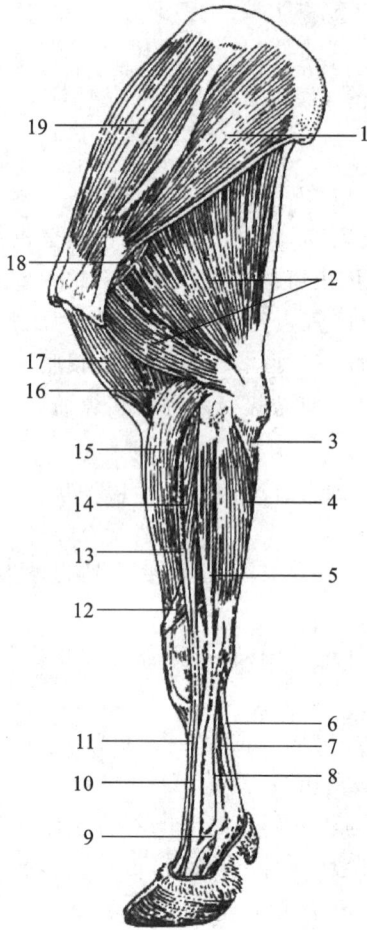

图 3-28　牛左前肢外侧肌

1.冈下肌　2.臂三头肌　3.指深屈肌　4.腕外侧屈肌　5.指外侧伸肌　6.指浅屈肌腱　7.指深屈肌腱　8.悬韧带　9.悬韧带分支　10.指总伸肌腱　11.指内侧伸肌腱　12.腕斜伸肌　13.指内侧伸肌　14.指总伸肌　15.腕桡侧伸肌　16.臂肌　17.臂二头肌　18.小圆肌　19.冈上肌

（引自彭克美,畜禽解剖学,2005）

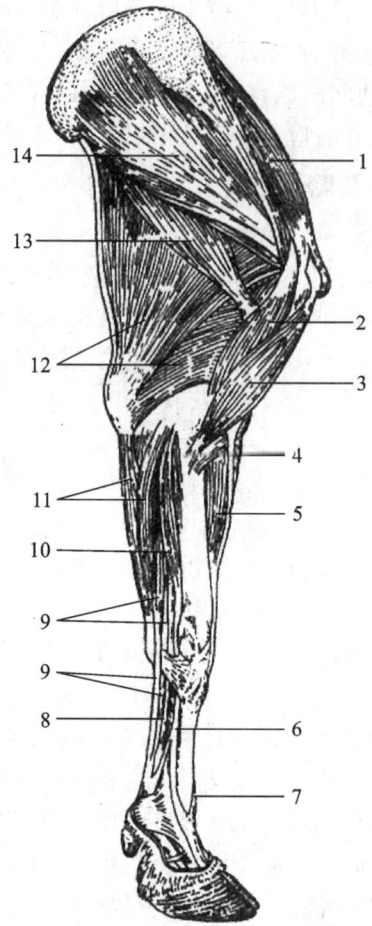

图 3-29　牛左前肢内侧肌

1.冈下肌　2.喙臂肌　3.臂二头肌　4.臂肌　5.腕桡侧伸肌　6.悬韧带　7.指内侧伸肌腱　8.指深屈肌腱　9.指浅屈肌腱　10.腕桡侧屈肌　11.腕尺侧屈肌　12.臂三头肌　13.大圆肌　14.肩胛下肌

（引自彭克美,畜禽解剖学,2005）

椎翼,止于肩峰部筋膜。有牵引前肢向前、侧偏头颈的作用。

2.腹侧肌群　包括胸肌和腹侧锯肌。

（1）胸肌:位于臂和前臂内侧与胸骨之间。分胸浅肌（胸前浅肌、胸后浅肌）和胸深肌（胸前深肌、胸后深肌）两层。有内收前肢和牵引躯干向前的作用。

（2）腹侧锯肌:位于颈胸部的外侧面,为一宽大的扇形肌。因下缘呈锯齿状而得名。起自颈椎横突和前 4～9 个（牛）或前 8～9 个（马）肋骨外侧面,集聚止于肩胛骨内侧上部锯肌面及肩胛软骨内侧。其作用为举颈、提举和悬吊躯干,将躯干悬垂于两前肢之间,是体重的主要负荷者,并能协助呼吸。

（二）肩部肌

肩部肌分布于肩胛骨的内侧及外侧面,起自肩胛骨,止于肱骨,跨越肩关节。可分为外侧肌和内侧肌。

1.外侧肌　包括冈上肌、冈下肌和三角肌。

（1）冈上肌:位于肩胛骨冈上窝内,全为肌质。起自冈上窝和肩胛软骨,分两支,分别止于肱骨大结节和肱骨小结节。作用为伸展或固定肩关节。

（2）冈下肌:位于肩胛骨冈下窝内,大部被三角肌覆盖。起于冈下窝,止于肱骨近端外侧结节,可外展臂部和固定肩关节。

(3)三角肌:位于冈下肌的浅层,呈三角形。起于肩胛冈及冈下肌腱膜,牛还起于肩峰,止于肱骨外侧三角肌结节,可屈肩关节。

2. 内侧肌 包括肩胛下肌和大圆肌。

(1)肩胛下肌:位于肩胛骨内侧面,起于肩胛下窝,止于肱骨近端内侧小结节。可内收肱骨或固定肩关节。

(2)大圆肌:位于肩胛下肌后方,起于肩胛骨后角,止于肱骨内侧圆肌结节。屈肩关节。

(三)臂部肌

臂部肌分布于肱骨周围,主要作用于肘关节。可分伸肌组、屈肌组。伸肌组(掌侧肌群)位于肱骨后方,屈肌组(背侧肌群)位于肱骨前方。

1. 伸肌组 包括臂三头肌和前臂筋膜张肌。

(1)臂三头肌:位于肩胛骨和肱骨后方的夹角内。肌腹大,分长头、外侧头和内侧头。长头最大,起于肩胛骨后缘;外侧头起自肱骨外侧面;内侧头起自肱骨内侧面。三头共同止于尺骨肘突。主要作用为伸肘关节。

(2)前臂筋膜张肌:位于臂三头肌的后缘及内侧面。以一薄的腱膜起于背阔肌的腱膜及肩胛骨的后缘,止于肘突及前臂筋膜,其作用为伸肘关节。

2. 屈肌组 包括臂二头肌和臂肌。

(1)臂二头肌:位于肱骨前面,呈纺锤形(马)或圆柱状(牛)。起自肩胛结节,越过肩关节前面和肘关节,止于桡骨近端前面的桡骨结节,主要作用是屈肘关节,也有伸肩关节的作用。

(2)臂肌:位于肱骨臂肌沟内。起自肱骨后面上部,止于桡骨近端内侧缘。其作用为屈肘关节。

(四)前臂及前脚部肌

前臂及前脚部肌为作用于腕关节、指关节的肌肉,可分为背外侧肌群和掌侧肌群。前臂及前脚部肌的肌腹部多分布在前臂部,至腕关节附近则移行为肌腱。

1. 背外侧肌群 分布于前臂骨的背侧和外侧面。它们是作用于腕、指关节的伸肌。

(1)腕桡侧伸肌:位于桡骨的背侧面,起于肱骨远端,止于大掌骨近端。主要作用是伸腕关节。

(2)腕斜伸肌:呈扁三角形,起自桡骨外侧下半部,斜伸延向腕关节内侧。有伸和旋外腕关节的作用。

(3)指总伸肌:位于指内侧伸肌和指外侧伸肌之间。主要作用为伸指和腕关节,也可屈肘。

(4)指内侧伸肌(牛):又称第3指固有伸肌。位于腕桡侧伸肌和指总伸肌之间,有伸第3指的作用。

(5)指外侧伸肌:又称第4指固有伸肌。位于前臂外侧面,在指总伸肌后方,有伸指和腕关节的作用。

2. 掌侧肌群 分布于前臂骨的掌侧面,为腕和指关节的屈肌。

(1)腕外侧屈肌:又称尺外侧肌,位于指外侧伸肌的后方,起自肱骨远端,止于副腕骨和第4掌骨近端。作用为屈腕、伸肘。

(2)腕尺侧屈肌:位于前臂部内侧后部,起于肱骨远端内侧和肘突,止于副腕骨。有屈腕、伸肘的作用。

(3)腕桡侧屈肌:位于腕尺侧屈肌前方,桡骨之后。起于肱骨远端内侧,马的止于第2掌骨近端,牛的止于第3掌骨近端。作用为屈腕、伸肘。

(4)指浅屈肌:位于腕尺侧屈肌深面与指深屈肌之间,肌腹与指深屈肌不易分离,在系骨远端分为两支,分别止于系骨和冠骨的两侧。作用为屈指和腕关节。

(5)指深屈肌:其肌腹在前臂掌侧面,被其他屈肌包围。分别起自肱骨远端内侧、肘突和桡骨近端后面。三个头的腱合成一个总腱,以肌腱止于蹄骨的屈腱面。其作用为屈指和腕关节。

六、后肢的主要肌肉

后肢肌肉较前肢肌肉发达,是推动身体前进的主要动力。可分为臀部肌、股部肌、小腿和后脚部肌(图3-30、图3-31)。

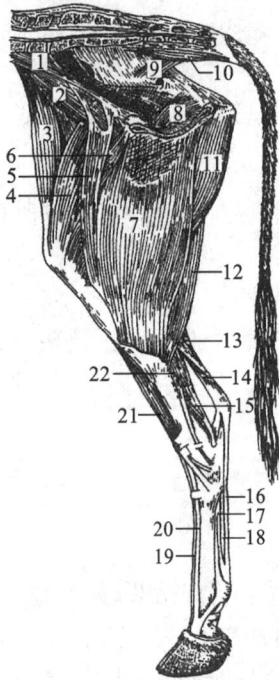

图3-30　牛右后肢内侧肌

1.腰小肌　2.髂腰肌　3.阔筋膜张肌　4.股直肌　5.缝匠肌　6.耻骨肌　7.股薄肌　8.闭孔内肌　9.尾骨肌　10.荐尾侧腹肌　11.半膜肌　12.半腱肌　13.腓肠肌　14.趾浅屈肌　15.趾深屈肌　16.趾浅屈肌腱　17.悬韧带　18.趾深屈肌腱　19.趾长伸肌腱　20.趾内侧伸肌腱　21.第三腓骨肌　22.趾长屈肌

(引自彭克美,畜禽解剖学,2005)

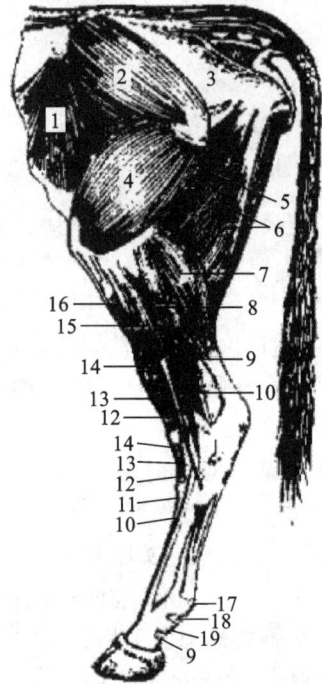

图3-31　牛左后肢外侧肌(阔筋膜张肌和臀股二头肌已切除)

1.腹内斜肌　2.臀中肌　3.荐结节阔韧带　4.股外侧肌　5.半膜肌　6.半腱肌　7.腓肠肌　8.比目鱼肌　9.趾深屈肌及其腱　10.趾外侧伸肌及其腱　11.趾短伸肌　12.趾长伸肌　13.趾内侧伸肌及其腱　14.第三腓骨肌及其腱　15.腓骨长肌　16.胫骨前肌　17.系关节掌侧环韧带　18.趾浅屈肌腱　19.趾近侧环韧带

(引自彭克美,畜禽解剖学,2005)

(一)臀部肌

臀部肌分布于臀部,肌肉丰厚,常在此处进行肌内注射。臀部肌起于荐骨、髂骨,跨越髋关节,止于股骨,主要作用于髋关节、膝关节,对跗关节也有作用,可伸、屈髋关节及外旋大腿。

1.臀浅肌　马的臀浅肌位于臀部浅层,有两个起点,即髋结节和臀筋膜,均止于股骨第3转子。有外展后肢和屈髋关节的作用。牛、羊无此肌。

2.臀中肌　臀部的主要肌肉。起自髂骨翼和荐结节阔韧带,止于股骨大转子。主要作用是伸髋关节,外展后肢,还参与竖立、蹴踢和推动躯干前进等。

3.臀深肌　位于臀中肌的深面,有外展髋关节的作用。

4.髂腰肌　起自髂骨腹侧面,止于小转子。因其与腰大肌的止部紧密结合在一起,故常合称为髂腰肌。其作用为屈髋关节及外旋后肢。

(二)股部肌

股部肌分布于股骨周围,可分为股前肌群、股后肌群和股内侧肌群。

1.股前肌群　包括阔筋膜张肌和股四头肌。

(1)阔筋膜张肌:位于股前外侧皮下,起自髋结节,向下呈扇形连于阔筋膜(位于股外侧面,较厚而呈腱性的深筋膜),并借阔筋膜止于髌骨和胫骨前缘。可紧张阔筋膜和屈髋关节。

（2）股四头肌：位于股骨前面及两侧，由四个头组成，分别为直头、内侧头、外侧头、中间头。分为股直肌、股内侧肌、股外侧肌和股中间肌。股直肌起自髂骨体，其余三个头起于股骨，四个头均止于髌骨。作用为伸膝关节，股直肌还能屈髋关节。

2. 股后肌群　包括股二头肌、半腱肌、半膜肌。

（1）股二头肌：长而宽大，位于股后外侧，有两个头，分别起于荐骨和坐骨结节，向后下行，止于髌骨侧缘、胫骨嵴，另分出一腱支加入跟腱，止于跟结节。有伸髋关节、膝关节、跗关节的作用，可推进躯干，参与后踢及竖立等动作，在提举后肢时，可屈膝关节。

（2）半腱肌：位于股二头肌后方，起自坐骨结节，止端转到内侧，止于胫骨嵴、小腿筋膜和跟结节。作用为伸髋关节、膝关节和跗关节。

（3）半膜肌：起于坐骨结节，止于股骨远端内侧，起伸髋关节和内收后肢的作用。

3. 股内侧肌群　包括股薄肌、耻骨肌、内收肌和缝匠肌等。

（1）股薄肌：呈四边形，薄而宽，起于骨盆联合，以腱膜止于胫骨嵴。有内收后肢的作用。

（2）耻骨肌：位于耻骨前下方，起于耻骨前缘和耻前腱，止于股骨中部的内侧缘。可内收后肢和屈髋关节。

（3）内收肌：呈三棱形，位于耻骨肌后面，起于耻骨和坐骨的腹侧面，止于股骨后面。可内收后肢和伸髋关节。

（4）缝匠肌：呈狭长带状，位于股内侧前部，起于骨盆盆面髂筋膜和腰小肌腱，止于胫骨近端内面。有内收后肢的作用。

（三）小腿和后脚部肌

小腿和后脚部肌一般为纺锤形肌，肌腹位于小腿部，作用于跗关节和趾关节。可分为背外侧肌群和跖侧肌群。

1. 背外侧肌群　包括趾长伸肌、趾外侧伸肌、第三腓骨肌、胫骨前肌和腓骨长肌。

（1）趾长伸肌：位于小腿背外侧部，起于股骨远端，在跗关节上方延续为肌腱，经背侧面伸向趾端，止于蹄骨伸腱突，有伸趾关节、屈跗关节的作用。

（2）趾外侧伸肌：在小腿外侧，起于胫骨近端外侧及腓骨，在跖骨中部并入趾长伸肌腱。其作用同趾长伸肌。

（3）第三腓骨肌：马第三腓骨肌无肌质，为一强腱。牛、猪第三腓骨肌发达，呈纺锤形，位于小腿背侧面的浅层，起自股骨远端，沿胫骨前肌背侧下行，在跗关节上方分为两支，分别止于大跖骨近端和跗骨。有屈跗关节的作用。

（4）胫骨前肌：紧贴胫骨前，起自胫骨近端外侧，止于大跖骨近端和跗骨。有屈跗关节的作用。

（5）腓骨长肌：在小腿背外侧部，起于胫骨外侧髁和腓骨，止于跖骨近端和跗骨。有屈跗关节和旋内后脚的作用。马无此肌。

2. 跖侧肌群　包括腓肠肌、趾浅屈肌、趾深屈肌和腘肌。

（1）腓肠肌：位于小腿后部，分内、外两头，起自股骨远端跖侧，于小腿中部变为腱，与趾浅屈肌腱扭结一起，止于跟结节，成为跟腱的一部分。腓肠肌、趾浅屈肌、股二头肌和半腱肌的肌腱扭转而成一粗而坚硬的腱索，称为跟腱，其作用为伸跗关节。

（2）趾浅屈肌：肌腹夹于腓肠肌二头之间，几乎全为腱质。起于股骨髁上窝，其腱与腓肠肌腱扭结一起，在跟结节处变宽，呈帽状罩于其上，主腱继续下行，经跗部和跖部后面向下伸延至趾部，止于冠骨。其主要作用是屈趾关节。

（3）趾深屈肌：肌腹位于胫骨后面，以三个头（外侧浅头、外侧深头和内侧头）起于胫骨后面，止于第3、4趾骨的远趾节骨的屈肌面。

（4）腘肌：厚，呈三角形。位于膝关节后面。以圆腱起于股骨远端，肌腹扩大为厚的三角形，止于胫骨近端后面，起屈膝关节的作用。

知识单元 3　骨骼肌生理

肌肉组织的收缩是动物体各种形式运动的基础。肌肉组织可分为三大类:第一类是附着在骨骼上的骨骼肌(横纹肌)。四肢、躯体和头颈部的肌肉都是骨骼肌。骨骼肌将近占动物体重的一半。骨骼肌的活动受躯体神经的直接控制。骨骼肌的功能是引起或制止各种关节的活动,借以完成躯体运动、呼吸运动,保持正常姿势、维持躯体平衡和完成其他复杂的运动。第二类是平滑肌。它受自主神经的直接支配。它的功能是维持各种内脏的正常形态和位置,并完成各种内脏的运动。第三类是心肌,可以看作是特殊类型的横纹肌,它在许多方面类似骨骼肌但在另一些方面又类似平滑肌。

一、骨骼肌细胞的收缩机制

家畜所有骨骼肌的活动,都是在中枢神经系统控制下完成的,从运动神经元的兴奋到肌肉的收缩共包括三个过程。首先,中枢神经系统发出的指令以神经冲动(动作电位)的形式,沿躯体运动神经传导,并传递给肌细胞,这个过程称为神经-肌肉间的兴奋传递;其次,肌细胞膜表面的动作电位通过肌细胞的三联管结构传到肌细胞内部,使肌质网中的 Ca^{2+} 释放到肌质,并将信息传递给肌质内调节蛋白,这一过程称为兴奋-收缩耦联;最后,肌质中高浓度 Ca^{2+} 通过肌质内调节蛋白,触发收缩蛋白的结合,并使肌肉收缩。

(一)神经-肌肉间的兴奋传递

运动神经元通过神经-肌肉接头将神经冲动传递给骨骼肌。运动神经纤维末梢和肌细胞(即肌纤维)相接触的部位,称为神经-肌肉接头或运动终板。一条运动神经纤维末梢经反复分支,其分支可达几百条以上,每条分支都支配一条肌纤维。当某一神经元兴奋时,其冲动可引起其所支配的全部肌纤维收缩。每个运动神经元和其所支配的全部肌纤维,称为运动单位。当神经分支的末端接近肌纤维时,失去髓鞘,并再分成更细的分支,即神经末梢,裸露的神经末梢嵌入相应的特化了的肌膜皱褶之中,上边覆盖施万细胞。这种特化了的肌膜称为终板膜,即神经-肌肉接头的后膜,而神经末梢的膜则称为神经-肌肉接头的前膜。前、后膜之间的间隙,称为突触间隙。神经末梢内存在大量突触小泡和线粒体,突触小泡内有乙酰胆碱。后膜上有较多的蛋白质分子,它们最初被称为 N 型乙酰胆碱受体,现已证明它们是一些化学门控通道,具有能与乙酰胆碱特异性结合的亚单位和附着其上的胆碱酯酶。

影响神经-肌肉接头传递的因素如下:①细胞外液 Ca^{2+} 浓度升高时,乙酰胆碱释放量增加,有利于兴奋传递;相反,Ca^{2+} 浓度降低时,则影响兴奋传递。②乙酰胆碱与受体结合是触发终板电位的关键,而受体阻断剂可特异性阻断后膜乙酰胆碱受体通道,从而造成传递阻滞,使肌肉松弛。③胆碱酯酶能及时清除乙酰胆碱,保证兴奋由神经向肌肉传递。如有机磷制剂有抑制胆碱酯酶的作用,使乙酰胆碱在体内蓄积,导致后膜持续性去极化,引起胆碱能神经和部分中枢功能亢进,兴奋传递受阻。

(二)兴奋-收缩耦联

在整体情况下,骨骼肌总是在支配它的躯体传出神经的兴奋冲动刺激下进行收缩的。肌细胞膜兴奋并触发肌纤维收缩的生理过程称为兴奋-收缩耦联。当神经冲动经神经-肌肉接头引起肌膜兴奋后,产生的动作电位能沿着横管膜一直传递到细胞深部,到达三联管和肌节附近。横管膜的电位变化,引起邻近的终池膜结构中的某些带电基团移位和某些蛋白质的构型发生变化,使膜对 Ca^{2+} 的通透性突然升高,从而触发肌丝滑行。动作电位消失后,肌细胞膜和横管膜的电位恢复到静息状态,终池对 Ca^{2+} 的通透性降低,肌质中的 Ca^{2+} 被泵回肌质网内。这时,与肌钙蛋白结合的 Ca^{2+} 重新解离,肌钙蛋白-原肌球蛋白复合物的抑制作用恢复,肌细胞转入舒张状态。

(三)骨骼肌收缩

根据骨骼肌的微细结构特点以及它们在肌肉收缩时的改变,目前广泛采用的说明肌肉收缩机制的理论是滑行理论,是 Huxley 等在 20 世纪 50 年代初提出的,其主要内容如下:肌肉收缩时虽然在外观上可以看到整个肌肉或肌纤维的缩短,但在肌细胞内并无肌丝或它们所含的分子结构的缩短或卷曲,只是在每个肌小节内发生了细肌丝与粗肌丝之间的滑行,从而使肌小节长度变短,造成整个肌原纤维、肌细胞,乃至整条肌肉长度的缩短。

二、骨骼肌的生理特性

骨骼肌有兴奋性、传导性和收缩性等生理特性。兴奋性是一切活组织都具有的特性。传导性是肌肉组织和神经组织共同具有的特性。而收缩性是肌肉组织独有的特性。

骨骼肌的兴奋性较心肌和平滑肌高。其主要特点如下:在正常情况下,它只能接受躯体运动神经传来的神经冲动而兴奋。因此,骨骼肌与支配它的神经的联系被破坏后,就失去运动能力而陷入瘫痪。在不同状态下,骨骼肌的兴奋性会发生变化。例如,适当拉长骨骼肌可使其兴奋性增加,疲劳使其兴奋性下降。骨骼肌受到神经纤维传来的冲动而发生兴奋后,也像心肌一样,会暂时失去兴奋的能力,出现不应期。但骨骼肌的不应期比心肌短得多。

骨骼肌具有传导兴奋的能力。肌纤维上任何一点发生兴奋,都能沿着肌纤维传播。但传播的范围只局限于同一条肌纤维内,不能传播到另一条肌纤维中去。这一点与心肌不同,是神经系统对骨骼肌收缩进行精细调节的重要条件。此外,骨骼肌传导兴奋的另一个特点是传导速度比心肌和平滑肌快。

骨骼肌兴奋后,在外形上表现为明显缩短,这种特性称为收缩性,是骨骼肌重要的生理特性。骨骼肌的各种生理功能都是通过收缩活动来实现的。其特点是速度快、强度大,但不能持久。

兴奋性、传导性和收缩性这三种生理特性是互相联系和不可分割的。正常时,骨骼肌纤维的某一点先接受神经纤维传来的神经冲动而兴奋,然后兴奋沿着这条肌纤维迅速传播,引起整条肌纤维兴奋,最后使整条肌纤维发生收缩反应。

(一)骨骼肌的收缩形式

1. 等长收缩和等张收缩　肌肉兴奋后,可发生长度和张力上的机械性变化。根据肌肉收缩时长度能否自由缩短,可以区分出两种收缩。肌肉收缩时长度发生变化而张力不变的,称为等张收缩;张力发生变化而长度不变的,称为等长收缩。在自然条件下,动物体内每条骨骼肌收缩时都同时发生张力变化和长度变化。因此正常的骨骼肌收缩都是包括张力变化和长度变化的混合收缩。

骨骼肌的收缩是肌纤维兴奋后所发生的机械性反应,也可以看作肌纤维兴奋过程的外在表现。这种机械性反应表现出两种效应:①长度变化:肌纤维长度变化即肌纤维伸长或缩短;②张力变化:肌纤维张力变化即肌纤维产生张力。长度变化可以完成各种运动功能,张力变化可以负荷一定的重量。

各种骨骼肌的结构和功能不同,有的收缩时以长度变化为主,有的收缩时以张力变化为主。一般来说,进行大幅度运动的四肢伸肌群和屈肌群,在收缩时以长度变化为主;负荷重量的肩部和腰部的肌群在收缩时以张力变化为主。另一些骨骼肌收缩时两种变化的比例相差不大,胸部和腹部的许多肌群就属于这一类。

2. 单收缩　在实验条件下,骨骼肌接受单个刺激后产生一次兴奋和表现一次收缩,收缩完毕后又迅速舒张而恢复原状,这种由单个刺激所引起的单一收缩称为单收缩。单收缩是肌肉收缩的最简单形式,也是一切复杂的肌肉运动的基础。

单收缩的全部活动过程可以分为 3 个时期,包括潜伏期、缩短期和舒张期。从给予刺激到肌肉开始收缩的一段时间,称为潜伏期。在此期间,肌肉发生着兴奋-收缩耦联的复杂过程。从肌肉开始收缩到收缩达到最大限度的一段时间称为缩短期,在此期间,肌肉内发生肌丝滑行,张力和长度发生变化。从肌肉最大限度收缩到恢复至原来的长度和张力的一段时间称为舒张期。在正常机体内一般不发生单收缩,因为支配肌肉活动的神经不发放单个冲动而是发放一连串的冲动。

3. 强直收缩　在实验条件下,给肌肉一连串的刺激,若后一次刺激落在前一刺激所引起收缩的舒张期内,则肌肉不再舒张,而出现一个比前一次收缩幅度更高的收缩,这种现象称为收缩总和。随着刺激频率的增加,肌肉不断进行综合,直至肌肉处于持续的缩短状态,这种收缩称为强直收缩。在

Note

刺激频率较低时,描记的收缩曲线呈锯齿状态,这样的收缩称为不完全强直收缩。当刺激频率升高时,可描记出平滑的收缩曲线,这样的收缩称为完全强直收缩。引起完全强直收缩所需的最低刺激频率称为临界融合频率。应当指出的是,收缩与兴奋是两个不同的生理过程。在强直收缩中,收缩可以融合,但兴奋并不融合,它们仍然是一连串各自分离的动作电位。正常机体内骨骼肌的收缩都是不同程度的强直收缩。

(二)骨骼肌的机械工作

1.骨骼肌的绝对力量 一块骨骼肌在最强收缩时所能产生的最大等长收缩张力称为骨骼肌的力量。骨骼肌的力量取决于肌肉肌纤维的数目和粗细,而与肌纤维的长度无关。组成骨骼肌的肌纤维越多或越粗,肌肉收缩时产生的力量也就越大。1 cm的骨骼肌横断面积所能产生的力量称为骨骼肌的绝对力量。动物在接受合理的运动训练和调教过程中,骨骼肌内的肌纤维数目虽然不会增多,但每条肌纤维会逐渐增粗,整块骨骼肌的生理直径增大,肌肉的力量也会增强。

2.骨骼肌所做的功 骨骼肌收缩时都能完成一定的机械工作,这种机械工作就是骨骼肌所做的功。骨骼肌所做的功通常用肌肉负重和肌肉缩短的距离的乘积来计算,用 kg•m 表示。骨骼肌做功必须具备两个基本条件,一方面是肌肉产生张力,即肌肉负重;另一方面是肌肉缩短。

$$肌肉做功＝肌肉负重(kg)×肌肉缩短的距离(m)$$

(1)肌纤维初长度:肌纤维在收缩前的长度称为初长度。肌肉在最适初长度时收缩,收缩越短,做功越大。例如,四肢运动时,屈肌与伸肌交替出现,可使肌肉初长度伸展到适宜的长度,从而可做最大的功。

(2)负重大小:在一定范围内,骨骼肌所做功的大小与负重大小呈正比关系,但若负重超过限度,则所做功反而减少。

(3)肌肉的收缩速度:适宜的收缩速度,才能获得最高的机械效率,做最大的功。肌肉收缩速度过快,将使较多的能量消耗在克服肌肉内部分子之间的摩擦上;而肌肉收缩过慢,将使较多的能量消耗在维持肌肉的持续缩短状态上,两者都使机械效率降低。

3.骨骼肌的机械效率 骨骼肌收缩时,必须消耗能量。在消耗的全部能量中,只有一小部分能够被用来做功,大部分能量以热能的形式散发到体外。这部分用来做功的能量,在消耗的全部能量中所占的百分比,称为骨骼肌的机械效率。它代表骨骼肌对能量的利用率。适宜的收缩速度,是使骨骼肌获得最高的机械效率、做最大功的关键。一般来说,当收缩速度维持在最大收缩速度的30%时,骨骼肌的收缩效率最高。因此,在一般情况下,骨骼肌的机械效率只有20%～30%。

(三)骨骼肌的电活动和代谢

1.电活动 肌纤维受刺激时,能产生动作电位并迅速传播。运动神经的冲动是节律性的,因此肌纤维也出现节律性的动作电位。一条骨骼肌纤维收缩时,由于兴奋的肌纤维数量和动作电位频率不同,收缩的程度和综合电位变化也不相同。使用电学仪器将骨骼肌的电位变化情况引导出来加以放大、描记成的曲线图,称为肌电图,它可用于判断肌肉的活动状态。

2.代谢 骨骼肌收缩所需能量全部来源于ATP的分解释放,1/3用于做功,2/3转化为热能。若肌纤维从血液中摄取营养成分,或线粒体中产生ATP的速度来不及补充ATP的消耗时,则启动肌纤维中存储的肌酸磷酸供能。

能量来源:ATP分解为ADP释放能量,ADP再磷酸化所需要的能量来源于磷酸肌酸途径、糖原分解途径、氧化代谢途径三种途径。当肌肉开始收缩时,ATP分解。首先由磷酸肌酸提供合成ATP的能量。如果肌肉收缩活动超过几秒钟,肌肉细胞必须从其他的供应来源得到ATP。中等水平的肌肉活动时,大部分ATP是由氧化磷酸化提供的。而糖、脂肪和蛋白质则给这个过程提供能源。当肌肉强烈活动时,糖原分解途径开始发挥作用,糖原酵解生成丙酮酸和乳酸,释放能量,合成ATP或CP储能。经过激烈运动之后,肌肉细胞中产生了一系列的变化:磷酸肌酸的水平降低,大部分肌糖原转变成乳酸。要恢复到原来的状态必须增加糖原的储备,重新合成磷酸肌酸,这些都需要能量。因此,在肌肉收缩活动停止以后,仍然要消耗氧以供应这些合成过程所需要的能量。运动越激烈,运动时间越长,则肌肉恢复原状所要的时间也越长。

三、骨骼肌的类型和生长发育

(一)骨骼肌的类型

根据收缩速度和代谢特性,骨骼肌可分为红肌和白肌两种类型。红肌纤维含有丰富的肌红蛋白和线粒体,线粒体含有带红色的细胞色素,使肌纤维呈红色。骨骼肌中红肌纤维占优势的,称为红肌;白肌纤维占优势的,称为白肌。肌红蛋白能与氧迅速结合生成氧合肌红蛋白,当肌纤维内氧含量降低时,氧合肌红蛋白分解而释放氧,以供能源物质的有氧氧化和氧化磷酸化的需要。此外,红肌纤维由于含有丰富的线粒体,在有氧条件下可迅速产生 ATP。

红肌的收缩比较缓慢,但持久,所以也称慢肌。这是由于红肌中肌球蛋白的 ATP 酶活性较低,ATP 分解速度较慢,因此红肌收缩时氧和能量物质消耗较少,机械效率就较高。白肌的收缩较快,但较易疲劳。白肌主要从糖原酵解中获得能量,通常白肌纤维储存大量的糖原。同一个运动单位的肌纤维属于同一种代谢类型,同一块肌肉包含不同的运动单位和不同代谢类型的肌纤维,有利于机体对骨骼肌收缩程度和速度的精确整合和调控。

(二)骨骼肌的生长发育

动物出生前,骨骼肌纤维的生理反应近似慢肌,肌膜上广泛分布有乙酰胆碱受体,对神经递质敏感,但终板形成时,乙酰胆碱受体集于终板膜。脊髓腹角小 α 运动神经元支配的肌纤维形成慢肌。这种神经元及其所支配的全部慢肌纤维组成的功能单位称为 Ⅰ 型运动单位。由脊髓腹角大 α 运动神经元支配的肌纤维发育成快肌。该神经元所支配的快肌纤维组成的功能单位称为 Ⅱ 型运动单位。成年时,骨骼肌因肌节增加而变长,但如果缺乏运动,肌节可减少,使骨骼肌变短。

肌肉生长主要通过"肥大过程",使肌肉生理直径和力量增大;骨骼肌可通过肌肉组织内卫星细胞分化生成新的肌纤维,或肥大肌纤维纵向一分为二而成,这一过程称为增生。肌肉的肥大主要是由于每个肌纤维中粗、细肌丝增加;肌肉可以不断被重塑到肌肉收缩所需的合适长度。

应用 β-受体激动剂、生长激素、生长素介质等,可以促进骨骼肌的生长、肌蛋白合成和改善胴体品质。

(三)骨骼肌的去神经支配和萎缩

切断成年动物的运动神经,或脊髓损伤,肌肉失去运动神经支配时,运动终板以外的肌膜恢复对乙酰胆碱的敏感性;去神经 5～15 天,出现肌纤维自动去极化、颤动,2 个月后肌肉开始萎缩,表现为肌肉中蛋白质和 RNA 含量下降,横纹消失,超微结构破坏,肌纤维被结缔组织和脂肪取代;若很快恢复神经支配,肌肉的结构和功能大约在 3 个月内恢复,否则,功能恢复的可能性越来越小,最终在 1 年后完全失去功能。

技能操作 5　牛全身主要骨骼、关节和骨性标志的观察

一、技能目标

能够在牛的全身骨标本上指出全身骨的名称、结构特征及主要关节的组成和运动形式。

二、材料及设备

牛全身骨标本、关节标本和模型。

三、实验步骤

(一)头骨及其连结

头骨分颅骨和面骨。观察额窦和上颌窦的位置和体表投影。观察颞下颌关节的组成及运动形式。

(二)躯干骨及其连结

躯干骨包括脊柱、肋和胸骨,并连结构成脊柱和胸廓。

椎骨:观察椎骨的一般构造及脊柱各段椎骨,颈椎、胸椎、腰椎、荐椎和尾椎的主要形态特征。观察椎间盘、脊柱总韧带、寰枕关节和寰枢关节。

肋:区分肋骨和肋软骨,观察肋椎关节和肋胸关节。

胸骨:观察胸骨柄、胸骨体和剑状软骨的形态。

(三)前肢骨及其连接

观察前肢骨骼形态及关节的组成和运动形式。

1. 前肢骨骼 观察肩胛骨、肱骨、前臂骨、腕骨、掌骨、指骨和籽骨。

2. 前肢关节 依次观察肩关节、肘关节、腕关节、系关节、冠关节和蹄关节。

(四)后肢骨及其连接

观察后肢骨骼形态及关节的组成和运动形式。

1. 后肢骨骼 观察髋骨、股骨、髌骨、小腿骨、跗骨、跖骨、趾骨和籽骨的形态特点。

2. 后肢关节 依次观察荐髂关节、髋关节、膝关节、跗关节、系关节、冠关节和蹄关节。

四、技能考核

在牛的全身骨标本上识别畜牧生产和兽医临床上常用的主要骨关节和骨性标志。

技能操作 6 牛、羊全身肌肉的观察

一、技能目标

能够在牛、羊的活体或全身肌肉标本和模型上指出其主要的浅层肌肉的名称、位置和作用。

二、材料及设备

牛、羊活体;牛、羊全身肌肉标本和模型。

三、实验步骤

(一)头部肌

观察面部肌、咀嚼肌(咬肌、颞肌)。

(二)躯干肌

1. 脊柱肌 主要观察脊柱背侧肌群,包括背腰最长肌、髂肋肌、夹肌和头半棘肌。

2. 颈腹侧肌 观察胸头肌、胸骨甲状舌骨肌、肩胛舌肌骨。

3. 胸壁肌 位于肋间和胸、腹腔之间,观察肋间外肌、肋间内肌和膈。

4. 腹壁肌 从外向内依次观察腹外斜肌、腹内斜肌、腹直肌、腹横肌及腹股沟管。

(三)前肢肌

1. 肩带肌 观察背侧肌群的斜方肌、菱形肌、背阔肌、臂头肌和肩胛横突肌(牛),腹侧肌群的胸肌和腹侧锯肌。

2. 肩部肌 观察外侧肌的冈上肌、冈下肌和三角肌。内侧肌的肩胛下肌和大圆肌。

3. 臂部肌 观察伸肌组的前臂筋膜张肌和臂三头肌,屈肌组的臂二头肌和臂肌。

4. 前臂及前脚部 背外侧肌群观察腕桡侧伸肌、腕斜伸肌、指总伸肌、指内侧伸肌(牛)和指外侧伸肌,掌侧肌群观察腕外侧屈肌、腕尺侧屈肌、腕桡侧屈肌、指浅屈肌和指深屈肌。

(四)后肢肌

1. 臀部肌 观察外侧面臀浅肌(马)、臀中肌、臀深肌,内侧面的髂腰肌。

2. 股部肌 观察股前肌群(阔筋膜张肌、股四头肌)、股后肌群(股二头肌、半腱肌、半膜肌)和股内侧肌群(股薄肌、内收肌、耻骨肌、缝匠肌)。

3. 小腿和后脚部肌 背外侧肌群观察第三腓骨肌、趾外侧伸肌（牛）、趾长伸肌、腓骨长肌（牛）和胫骨前肌，跖侧肌群观察腓肠肌、趾浅屈肌和趾深屈肌。

📚 **知识链接与拓展**

兴奋性的含义
及其变迁

⏱ **案例分析**

如何通过饲养
让马匹增重？

➡ **模块小结**

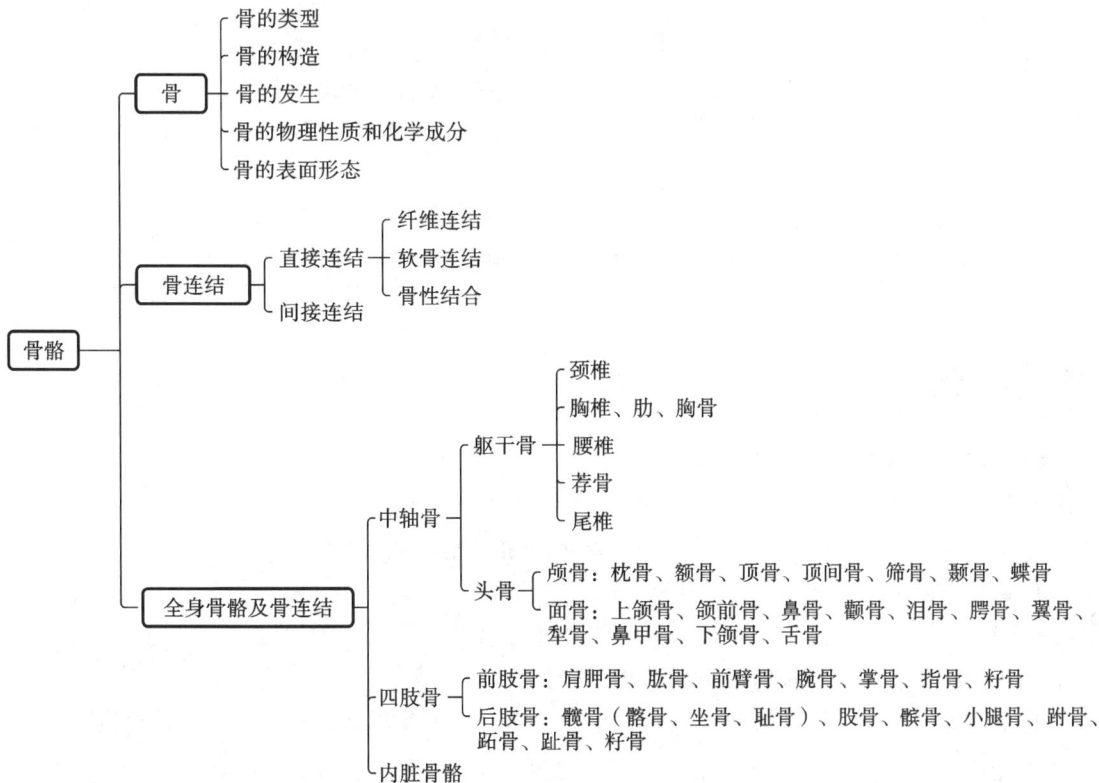

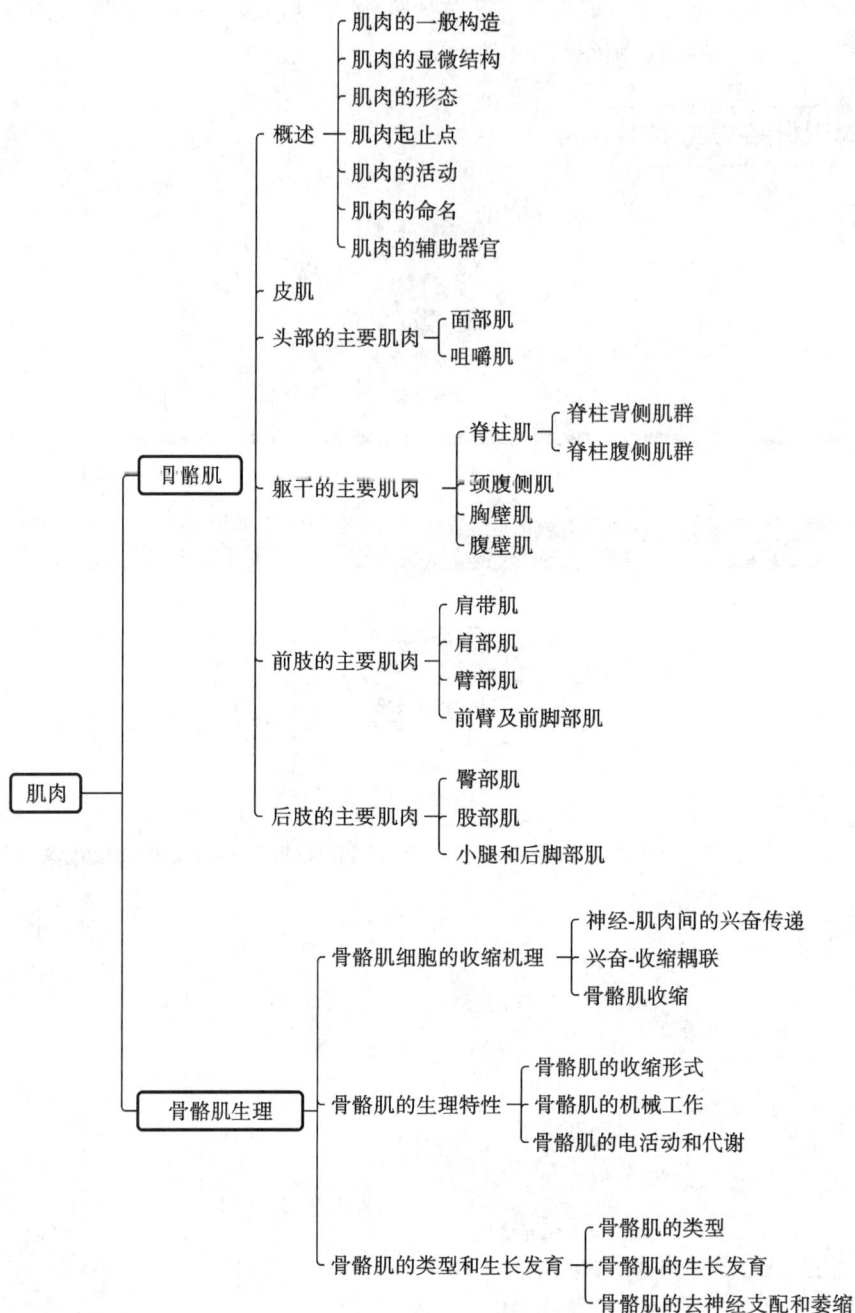

肌肉
- 骨骼肌
  - 概述
    - 肌肉的一般构造
    - 肌肉的显微结构
    - 肌肉的形态
    - 肌肉起止点
    - 肌肉的活动
    - 肌肉的命名
    - 肌肉的辅助器官
  - 皮肌
  - 头部的主要肌肉
    - 面部肌
    - 咀嚼肌
  - 躯干的主要肌肉
    - 脊柱肌
      - 脊柱背侧肌群
      - 脊柱腹侧肌群
    - 颈腹侧肌
    - 胸壁肌
    - 腹壁肌
  - 前肢的主要肌肉
    - 肩带肌
    - 肩部肌
    - 臂部肌
    - 前臂及前脚部肌
  - 后肢的主要肌肉
    - 臀部肌
    - 股部肌
    - 小腿和后脚部肌
- 骨骼肌生理
  - 骨骼肌细胞的收缩机理
    - 神经-肌肉间的兴奋传递
    - 兴奋-收缩耦联
    - 骨骼肌收缩
  - 骨骼肌的生理特性
    - 骨骼肌的收缩形式
    - 骨骼肌的机械工作
    - 骨骼肌的电活动和代谢
  - 骨骼肌的类型和生长发育
    - 骨骼肌的类型
    - 骨骼肌的生长发育
    - 骨骼肌的去神经支配和萎缩

执考真题

1.(2016 年)构成牛肘关节的骨骼是( )。

A. 肱骨和前臂骨 B. 肱骨和肩胛骨

C. 前臂骨、腕骨和掌骨 D. 掌骨、近指节骨和近籽骨

E. 前臂骨和腕骨

答案：A

2.(2019 年)马小腿后脚部背外侧肌群中不包括( )。

A. 趾长伸肌 B. 趾外侧伸肌 C. 腓骨长肌 D. 第三腓骨肌 E. 胫骨前肌

答案：C

3.(2017 年)与臂头肌共同组成家畜颈静脉沟的肌肉是( )。

A.肩胛横突肌   B.肩胛舌骨肌   C.胸骨甲状舌骨肌

D.胸骨舌骨肌   E.胸头肌

答案:E

4.(2015年)组成髂肋肌沟的肌肉是(　　　)。

A.头半棘肌与髂肋肌   B.头寰最长肌与髂肋肌

C.髂肋肌与夹肌   D.背腰最长肌与髂肋肌

E.髂肋肌与颈多裂肌

答案:D

能力巩固

一、填空题

1.家畜全身的骨骼,因位置和功能不同,一般可分为 _____、_____、_____ 和 _____ 四种类型。

2.家畜的每一块骨,都是一个复杂的器官,由 _____、_____、_____、_____ 和 _____ 构成。

3.直接骨连结分为 _____、_____ 和 _____ 三种类型。

4.虽然椎骨由于功能不同,形态和构造有差异,但基本相似,均由 _____、_____ 和 _____ 三个部分构成。

5.前肢的肌肉按照部位分为 _____、_____、_____、_____ 及 _____。

二、判断题

1.骨质是骨的主要成分,分骨密质和骨松质。(　　　)

2.根据关节运动轴的多少,关节可分为单轴关节、双轴关节和多轴关节。(　　　)

3.脊柱构成畜体的中轴,分为颈椎、胸椎、腰椎、荐椎和尾椎五个部分。(　　　)

4.肋胸关节是由真肋的肋软骨与胸骨两侧的关节窝形成的关节。(　　　)

5.骨骼肌不具有传导兴奋的能力。(　　　)

三、名词解释

1.关节   2.纤维连接   3.等长收缩   4.等张收缩   5.强直收缩

四、简答题

1.关节由哪些结构组成?畜体的主要关节包括哪些?

2.试述骨骼肌的收缩机制。

模块四　被皮系统

学习目标

【知识目标】

1. 能够用自己的语言解释动物被皮系统的概念。
2. 能够说出动物被皮系统的构成。
3. 能够说出动物皮肤的构造和功能。
4. 能够说出动物皮肤的衍生物及泌乳生理。

【能力目标】

1. 能阐述动物被皮系统的构造及功能。
2. 能够熟练操作显微镜,并观察动物皮肤各部分的构造。

【思政与素质目标】

1. 积极参与师生互动,踊跃回答问题,勤学好问,养成良好的学习习惯。
2. 具有较强的自我管控能力和团队协作能力,有较强的责任感和科学认真的工作态度。
3. 严格遵守实验室操作规范,课后自觉整理操作台面,养成良好的职业操守。

知识单元 1　皮肤的构造与功能

被皮系统由皮肤和皮肤衍生的特殊器官构成,皮肤衍生的特殊器官包括毛、蹄、汗腺、皮脂腺、乳腺、角以及禽类的羽毛、冠、喙和爪等。其中,汗腺、乳腺和皮脂腺又称为皮肤腺。

皮肤被覆于动物体表面,由表层的复层扁平上皮和其下的结缔组织构成,内含大量的血管、淋巴管、汗腺以及丰富的感受器。这些结构使皮肤具有保护、感觉、调节体温、排泄废物和储存营养物质等功能。

由于动物种类、品种、年龄、性别以及身体部位不同,皮肤的厚度也存在很大差异。家畜中,牛的皮肤最厚,绵羊的最薄;老龄畜比幼畜的厚;公畜比母畜的厚;同一畜体,背部、四肢外侧的皮肤比腹部和四肢内侧的厚。皮肤虽然厚度差异很大,但其结构类似,均由表皮、真皮和皮下组织构成(图 4-1)。

一、表皮

表皮是皮肤的最表层,由复层扁平上皮构成,无血管和淋巴管。由深层向浅层依次为生发层、颗粒层、透明层和角质层。

1. 生发层　生发层位于表皮最深层,与真皮相连,由数层多角形细胞组成。这些多角形细胞增殖能力很强,可不断分裂产生新的细胞,以补充表皮角质层死亡脱落的细胞。当表皮受到损伤时,也由生发层的多角形细胞增殖完成修复。

2. 颗粒层　颗粒层位于生发层的浅部,由 1~5 层梭形细胞组成,细胞质内有许多透明角质颗粒,颗粒大小向表层逐渐增大,数量也由深至浅逐渐增加。

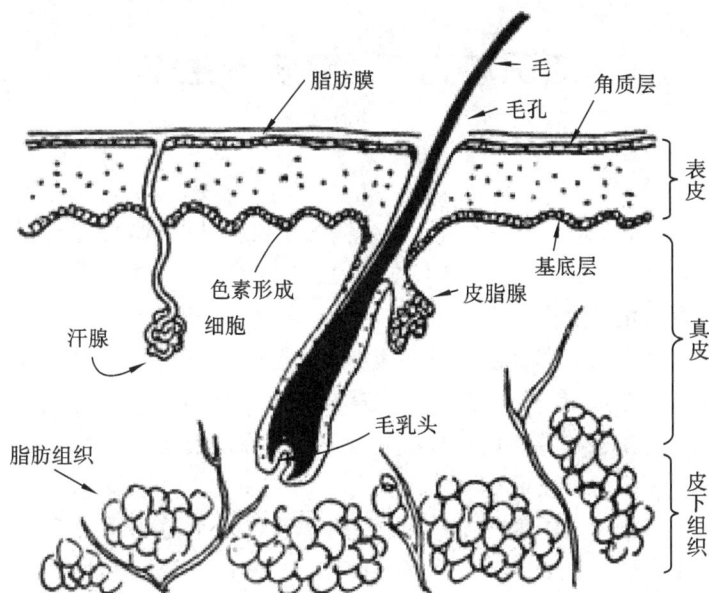

图 4-1　皮肤结构模式图

3. 透明层　透明层是无毛皮肤特有的一层,在鼻镜和乳头等无毛的皮肤处最显著,而在其他部位则较薄或不存在。透明层位于角质层与颗粒层之间,由数层互相密接的无核扁平细胞组成,细胞质内有透明角质蛋白颗粒液化生成的角母素,故细胞界限不清,形成均质透明的一层。

4. 角质层　角质层为表皮的最浅层,由大量角化的无核扁平细胞组成,细胞内充满角蛋白。角蛋白有助于减少水分蒸发,甚至能吸收水分,使皮肤保持湿润。角化的细胞死亡后脱落形成皮屑,可清除皮肤上的污物和寄生虫,构成动物机体的重要屏障。当这些细胞脱落时,位于基底层的细胞会被推上来,形成新的角质层。

二、真皮

真皮位于表皮的深层,是皮肤最主要的一层,由致密结缔组织构成,坚韧而富有弹性,也是皮肤最厚的一层。皮革即由真皮鞣制而成。真皮分为浅层的乳头层和深层的网状层,但两层无明显分界。真皮层内有丰富的血管、淋巴管、神经和腺体,具有营养、分泌、感受外界刺激和调节体温等作用。

1. 乳头层　乳头层是真皮的浅层,形成很多乳头状突起,突向表皮深层的生发层并与之密切相连,称真皮乳头。真皮乳头的厚薄与皮肤的厚度和毛的多少有关,如毛少皮厚的水牛真皮乳头层发达。乳头层富含血管、淋巴管和感觉神经末梢,起营养表皮和感受外界刺激的作用。

2. 网状层　网状层为真皮的深层,与乳头层无明显界限,内有大量粗大的胶原纤维束和弹性纤维束,故坚韧而具有弹性。此层有较大的血管、淋巴管以及毛、毛囊、汗腺、皮脂腺和立毛肌等。神经和神经末梢也较丰富,深层有环层小体,能感受压迫和振动的刺激。

临床上的皮内注射就是将药液注入真皮内。

三、皮下组织

皮下组织又称浅筋膜,位于真皮的深层,由疏松结缔组织构成。皮下组织内有大量交织成网的纤维束、脂肪组织、较大的血管、淋巴管和神经,具有保温、储藏能量和缓冲机械压力的作用。分布到皮肤的血管、淋巴管和神经也从皮下组织中通过,毛囊和汗腺也常延伸到皮下组织中。在骨突起的部位,皮下组织有时出现腔隙,形成黏液囊,内含少量黏液,可减少骨与该部皮肤的摩擦。皮下组织的厚度、纤维组织的含量因动物个体、年龄、性别和部位的不同而异;皮下组织中脂肪组织的多少是衡量动物营养状况的标志。由于皮下组织结构疏松,皮肤具有一定的活动性,可形成皱褶,如牛的颈垂。

临床上的皮下注射就是将药液注入皮下组织内。

知识单元2　皮肤衍生物

一、毛

毛由表皮生发层演化而来,是一种坚韧而有弹性的角质丝状结构,覆盖于皮肤表面,是温度的不良导体,有良好的保温作用。动物的毛还具有重要的经济价值。

1. 毛的结构　毛由角化的上皮细胞构成,分毛干和毛根两部分。毛干为露出皮肤表面的部分;毛根为埋在皮肤内的部分。毛根基部膨大呈球状,称为毛球。毛球的细胞分裂能力很强,是毛的生长点。毛球的底缘内陷呈杯状,有真皮的结缔组织伸入其内,称为毛乳头,富含血管和神经。毛根周围有一囊状结构,由表皮组织和结缔组织构成,称为毛囊。在毛囊的一侧有一条立毛肌,由平滑肌束构成,受交感神经支配,收缩时可使毛竖立。

2. 毛的形态和分布　畜体不同部位毛的类型、粗细和作用不尽相同。毛有被毛和特殊毛两类。生长在畜体表面的毛称为被毛,因粗细不同,分为粗毛和细毛。不同动物毛的分布和形态有差异,牛、马、猪的被毛多为短而直的粗毛;绵羊的被毛多为细毛。牛、马的被毛单根均匀分布,绵羊的被毛成簇分布;猪的被毛常是三根集合成一组,其中一根是主毛,比较长。同一动物不同部位毛的分布也有差异,短而粗的被毛多分布在头部和四肢。特殊毛是指着生在畜体特定部位的一些长粗毛,如马颅顶的鬣、尾毛和距毛。牛、马唇部的触毛,其毛根具有丰富的神经末梢,能感受触觉。

毛在畜体表面成一定方向排列,称为毛流。在畜体的不同部位,毛流排列的形式也不相同。毛流的方向与外界的气流和雨水在体表流动的方向相适应,但在特定部位可形成特殊方向的毛流。

3. 换毛　毛有一定的寿命,如人的睫毛为6个月左右,当毛生长到一定时期,就会衰老脱落,被新毛所代替,这个过程就称为换毛。不同动物换毛的原因不同,有的是为了获得更好的保护色(如雪兔),有的是为了保温或更好地散热。随着毛乳头的血管逐渐萎缩,血流停止,毛球的细胞停止增生,并逐渐角化和萎缩,最后与毛乳头分离,毛根逐渐脱离毛囊,向皮肤表面移动。同时毛乳头周围的细胞分裂增殖形成新毛。最后旧毛被新毛推出而脱落。换毛的方式有两种,一种为持续性换毛,指换毛不受时间和季节的限制,如马的鬣、尾毛,猪鬃,绵羊的细毛等。另一种是季节性换毛,每年春秋两季各进行一次换毛,如骆驼、兔等。大部分家畜既有持续性换毛,又有季节性换毛,因而属于混合性换毛,但在春秋两季换毛较明显。

换毛按一定部位顺序进行,称换毛序。春季换毛序通常从头、颈和前肢开始,然后沿两肋、腹部,进而扩展到背部,臀和尾部最后脱换。新生夏毛也是按此顺序生长。秋季换毛顺序恰与春季换毛序相反,先从尾、臀部开始,逐步向前扩展到躯干,最后到四肢及头部。新生冬毛亦按此顺序生长。尾臀部最早脱换,但成熟最迟。换毛期间可能出现色素沉积,皮肤颜色也会发生相应改变。

二、枕和蹄

1. 枕　枕是家畜肢端由皮肤衍生而成的一种减震装置,其结构与皮肤相同。枕可分为腕(跗)枕、掌(跖)枕和指(趾)枕,分别位于腕(跗)部、掌(跖)部和指(趾)部的内侧面、后面和底面。掌行动物(如猴、猩猩等)的腕(跗)枕、掌(跖)枕和指(趾)枕发达。蹄行动物(如猪、马、牛等)仅指(趾)枕发达,其他枕退化或消失。

反刍动物和猪无腕(跗)枕、掌(跖)枕,只有指(趾)枕,位于蹄底面的后部,又称蹄枕(蹄球),无蹄叉。蹄枕有弹性作用,其结构与皮肤相同,分为枕表皮、枕真皮和枕皮下组织。枕表皮角化,柔软而有弹性;枕真皮有发达的乳头和丰富的血管、神经;枕皮下组织发达,由胶原纤维、弹性纤维和脂肪组织构成。

马的腕(跗)枕退化,为黑色椭圆形角化物,俗称附蝉;腕枕位于腕关节上方内侧面,跗枕位于跗关节下方跖骨内侧面。马的掌(跖)枕也退化成一堆角化物,俗称距,分别位于近指(趾)节骨的掌侧面,为距毛所遮盖。马的指(趾)枕呈楔形,后部宽而厚,称枕隆突,与蹄冠后端共同构成蹄球(蹄枕);前端尖,呈叉状,伸向蹄底的中央,称蹄叉。

2. 蹄 蹄是牛、马、猪等有蹄类动物指(趾)端着地的部分,由皮肤衍变而成的角质化坚硬结构,有利于行走和支撑体重。根据蹄数不同可分为奇蹄和偶蹄两类。动物的前肢和后肢为单数着地的蹄,称为奇蹄;动物的前肢和后肢均为双数着地的蹄,称为偶蹄。牛(羊)为偶蹄动物,前肢和后肢仅第3、第4指(趾)的蹄发达,且等长,直接接触地面并负重,其余各指(趾)退化或不发达,如第1指(趾)退化,第2、5指(趾)很小,不着地,附着于系关节掌(跖)侧面,称悬蹄(图4-2)。

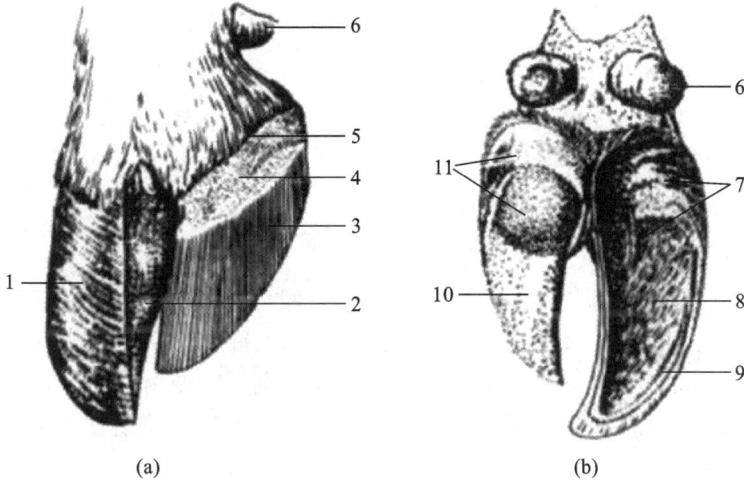

图4-2 牛蹄(一侧的蹄匣除去)

(a)背面 (b)底面

1. 蹄的远轴面 2. 蹄壁的轴面 3. 肉壁 4. 肉冠 5. 肉缘 6. 悬蹄 7. 蹄球 8. 蹄底 9. 白线 10. 肉底 11. 肉球

主蹄形状与蹄骨相似,由蹄匣、肉蹄和蹄的皮下组织构成。

(1)蹄匣:即蹄的角质层,由表皮衍生而成的质地坚硬的外壳,为蹄的最外层。包括角质壁、角质底和角质球三部分。

①角质壁:构成蹄匣的轴面和远轴面。轴面,即轴侧面,面凹,仅后部与对侧主蹄相接;远轴面,即远轴侧面,面凸,呈弧形弯向轴侧面,一起形成角质壁,表面有数条与冠状缘平行的角质轮,内面有许多较窄的角小叶。远轴面可分为三部分,前方为蹄尖壁,后方为蹄踵壁,二者之间为蹄侧壁。角质壁的近端与皮肤连接的部分形成一条柔软而有弹性的窄带,称蹄缘,可减轻蹄匣对皮肤的压迫。蹄缘的下方有一条颜色稍淡的环带,称蹄冠,其内面凹陷成沟,称蹄冠沟。沟底有无数角质小管的开口,蹄冠真皮乳头伸入其中。

角质壁的结构由内向外,分别为内层、中层和外层。内层又称小叶层,由许多纵行排列的角质小叶构成,小叶间形成一定空隙,称小叶间隙。角质小叶较柔软,与肉小叶互相紧密嵌合在一起,具有加固蹄匣与肉蹄连接的作用,无色素沉着。中层,即冠状层,是最坚固的一层,坚固而富有弹性,由很多纵行排列的角质小管和管间角质构成,有保护蹄内组织和负重的作用。角质中常由于色素沉着而呈深灰色。外层又称釉层,位于表层,由角质化扁平细胞构成,有保持角质壁内水分的作用,幼畜明显,成年后常脱落。

②角质底:位于蹄底面的前部,表面略凹,前面呈三角形,与地面接触。与角质壁底缘相连接处,有淡色的白线为界。白线又称白带,由蹄壁角质小叶层向蹄底延伸而成,是动物装蹄时下钉的定位标志。

③角质球:呈球状隆起,由较柔软的角质构成,位于角质壁的后方,在过于干燥的环境下常裂开,口蹄疫病毒等常经裂缝感染动物。

(2)肉蹄:即蹄的真皮层,由真皮衍生形成,富含血管和神经,故颜色鲜红、感觉敏锐。套于蹄匣内面,形状与蹄匣相似,包括肉壁、肉底和肉球。

①肉壁:位于角质壁与蹄骨之间,分肉缘、肉冠和肉叶三部分。

肉缘,紧接皮肤真皮,向下延伸为蹄冠真皮,位于角质缘的深层,与骨膜相接,表面有细而短的真皮乳头,插入角质缘的小孔中,以滋养蹄缘。

肉冠,是肉蹄较厚的部分,位于蹄冠沟中,皮下组织发达,富含血管和神经,感觉敏锐并有滋养角质壁的作用,表面密生粗而长的乳头,伸入蹄冠沟的角质小管中。

肉叶,表面有许多平行排列的肉小叶,嵌入蹄壁角质小叶中,无皮下组织,与骨膜紧密相连。

②肉底:位于角质底的深层,形状与角质底相似。表面有许多小乳头,插入角质底的小孔中。肉底无皮下组织,与骨膜紧密相连。

③肉球:位于角质球的深层,皮下组织发达,含有丰富的弹性纤维,富有弹性。

(3)蹄的皮下组织:蹄壁和蹄底无皮下组织;蹄缘和蹄冠部的皮下组织薄;蹄球的皮下组织发达,弹性纤维丰富,富有弹性,构成指(趾)端的弹性结构。无皮下组织处,肉蹄直接与蹄骨骨膜相接。

三、角

角是反刍动物额骨角突表面覆盖的皮肤衍生物。由角表皮和角真皮构成。

1. 角表皮 角表皮高度角质化,位于角的表面,由角质小管和管间角质形成坚硬的角质鞘。牛的角质小管排列非常紧密,角真皮乳头伸入此小管中,管间角质很少。羊角则相反。

2. 角真皮 角真皮位于角表皮的深层,直接与反刍动物额骨角突骨膜相连,是额部皮肤真皮的延续,其表面形成许多乳头。乳头在角根部短而密,向角尖则逐渐变为长而稀,至角顶又变密。这些乳头伸入角质小管中,使角质鞘和角真皮紧密结合。角无皮下组织,靠角真皮的小乳头使角鞘与角突牢固结合。

角可分角根(基)、角体和角尖。角根与额部皮肤相连续,角质层薄而软,并有环状的角轮出现;牛角靠近角根处的角轮明显,向上则逐渐消失。角体是由角根生长延续而来,角质层逐渐增厚。角尖由角体延续而来,角质层最厚,甚至形成实体。

四、皮肤腺

皮肤腺是位于动物真皮内的重要结构,根据分泌物的不同,可分为汗腺、皮脂腺和乳腺。

1. 汗腺 汗腺为单管状腺,由分泌部和导管部构成,分泌部为盘曲折叠的球状管道,位于真皮深部,周围有大量毛细血管网;导管部细长而扭曲,多数开口于毛囊,少数开口于皮肤表面的汗孔(图4-3)。汗腺分泌汗液,有排泄废物和调节体温的作用。马和绵羊的汗腺较发达,几乎分布全身;猪的汗腺比较发达,以趾间部汗腺分布最多;牛只在面部和颈部发达;犬猫汗腺不发达。

扫码看彩图

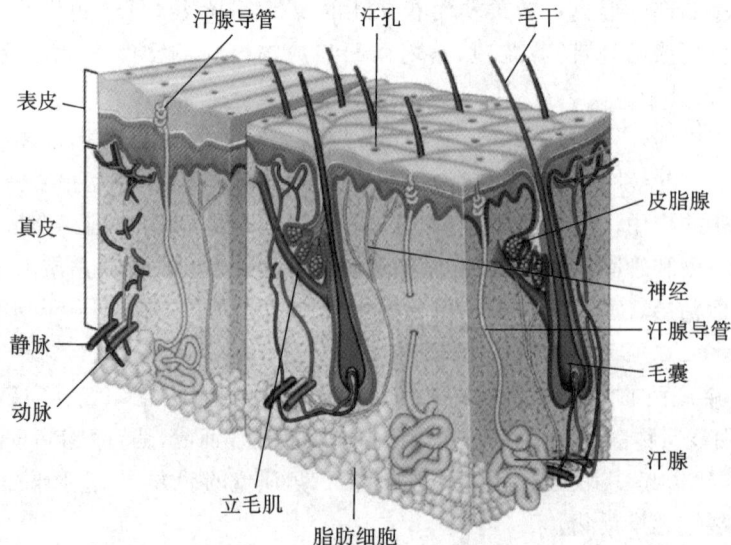

图4-3 汗腺结构模式图

2. 皮脂腺 皮脂腺位于真皮内,多在毛囊与立毛肌之间,呈囊泡状,可分泌皮脂,有滋润皮肤和被毛的作用,使皮肤和被毛保持柔软。皮脂腺排泄管很短,多数开口于毛囊,无毛部位直接开口于皮肤表面。家畜除角、蹄、爪、乳头及鼻唇镜等处的皮肤无皮脂腺外,几乎分布全身。皮脂腺发达程度因家畜种类和身体的部位不同而有差异,马和绵羊的皮脂腺发达,猪的不发达。

3. 特殊的皮肤腺 特殊的皮肤腺是汗腺和皮脂腺的变型结构。由汗腺衍生的,如外耳道皮肤的耵聍腺,分泌耵聍;牛的鼻镜腺以及羊、猪的鼻唇腺和猪的腕腺,可分泌浆液。由皮脂腺衍生的,有肛门腺、包皮腺、阴唇腺和睑板腺等。马和驴的蹄叉腺,公驼特有的颈腺(又称项腺),也属于特殊的皮肤腺。

4. 乳腺 乳腺是哺乳动物特有的皮肤腺,属复管泡状腺。雌性和雄性动物均有乳腺,但只有雌性能充分发育,并具有分泌乳汁的能力,有的还可形成发达的乳房。各种动物乳房的数目、位置、形态均不同。

(1)乳腺的形态和位置:不同动物的乳腺,形态、位置差异很大。马的乳腺呈扁圆形,羊的呈圆锥形,猪的乳腺稍小,位于胸部和腹正中部的两侧。

母牛的乳腺发育成发达的乳房,呈倒置圆锥形,在两股之间,悬吊在腹后耻骨部,分为紧贴腹壁的基部、中间的体部和游离的乳头部。乳房由纵行的乳房间沟分为左、右两半,每半又以浅的横沟分为前、后两部,共四个乳丘。每个乳丘上有一个乳头,乳头多呈圆柱形或圆锥形,前列乳头较长,每个乳头有一个乳头管。有时在乳房的后部有一对小的副乳头,无分泌能力(图4-4)。

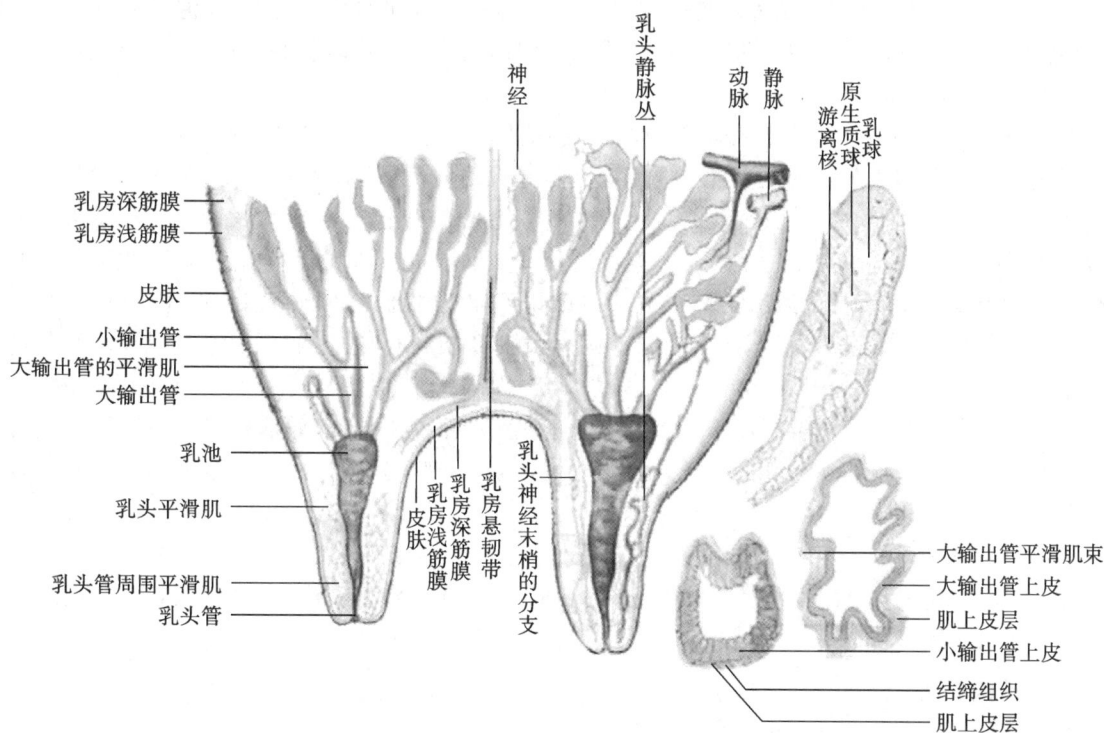

图4-4 牛乳房的构造图

(2)乳腺的结构:乳腺的最外层为薄而柔软的皮肤,有助于散热。其深面由筋膜和实质构成。乳腺皮肤除乳头外均有一些稀疏的细毛,皮肤内有汗腺和皮脂腺。筋膜层包括浅筋膜和深筋膜。浅筋膜为腹浅筋膜的延续,由疏松结缔组织构成,使乳腺皮肤具有活动性。深筋膜富含弹性纤维,结缔组织伸入乳腺实质将乳腺分隔成许多腺小叶。每一腺小叶由分泌部和导管部组成。分泌部可分泌乳汁,包括腺泡和分泌小管,其周围有丰富的毛细血管网。导管部输送乳汁,由许多小的输乳管汇合成较大的输乳管,再汇合成乳道,开口于乳头上的乳池,乳头管内衬黏膜形成许多纵嵴,呈辐射状向乳头管口外延伸,黏膜下有发达的平滑肌和弹性纤维,平滑肌在管口处形成括约肌。

五、泌乳生理

泌乳是哺乳动物特有的、延续后代的一个重要生理过程。母乳含有丰富的营养物质,初乳中还有大量免疫球蛋白,是幼龄动物生长发育最理想的食物。泌乳包括乳的分泌和乳的排出这两个独立而又相互联系的过程。在正常生理状态下,乳腺在初次妊娠过程中达到完全发育,分娩后开始分泌乳汁。雌性动物每次分娩后乳腺持续分泌乳汁的时期称为泌乳期。黄牛和水牛的泌乳期分别为90天、120天,而经人工培育的乳牛可达300天左右。泌乳期结束后不再泌乳的时期,称为干乳期。

(一)乳腺

1. 乳腺的发育 雌性动物乳腺的发育受多种激素影响,例如脑垂体分泌的泌乳素、促性腺激素,卵巢分泌的孕激素、雌激素,肾上腺以及甲状腺分泌的激素等。乳腺的构造随动物的生长而变化。出生时,乳腺只有很小的腺乳池和极不发达的导管系统,但纤维结缔组织和脂肪组织发育良好。从出生到初情期,随着动物的生长发育,乳腺的脂肪组织和纤维结缔组织增生,乳房增大。性成熟后,乳腺在发情周期中经历生长发育的周期性变化。在发情期,乳腺导管系统迅速生长,并形成少量发育不全的腺泡。在间情期,乳腺停止生长,导管系统稍缩小。在妊娠期,乳腺导管迅速发育,数量增多,并且在每个细小导管的末端形成腺泡。在妊娠前半期,腺泡没有分泌腔。到妊娠中期,腺泡内逐渐出现分泌腔,腺泡和导管的体积不断增大,逐渐代替脂肪组织和纤维结缔组织,同时乳腺内的血管和神经纤维也不断增生。到妊娠后期,腺泡的分泌上皮细胞开始具有分泌功能,临分娩前即开始分泌少量初乳。分娩后,腺泡开始大量地分泌乳汁。经过一段时期的泌乳活动,腺泡和导管又逐渐缩小,分泌腔逐渐消失,腺组织被脂肪组织和纤维结缔组织所代替。这时乳腺体积变小,泌乳量逐渐减小,最后泌乳活动完全停止。

2. 乳腺发育的调节 乳腺的发育既受卵巢、腺垂体和胎盘等分泌的各种激素的控制,又受中枢神经系统的调节。卵巢分泌的雌激素主要促进乳腺导管的生长,而卵泡发育则需要雌激素和孕酮的共同作用。试验表明,性成熟前摘除卵巢,将引起乳腺的发育不全,但同时大大减少了许多老年动物发生乳腺肿瘤的可能。故在宠物临床常建议在宠物性成熟前进行卵巢子宫摘除术,可大大降低乳腺肿瘤等相关疾病的发病率。相反,给性未成熟或已切除卵巢的雌性动物周期性地注射雌激素,可引起乳腺导管系统的生长发育,但不能引起腺泡的生长发育,必须同时注射孕酮才能引起乳腺腺泡的正常发育。

腺泡的充分发育除了需要雌激素和孕酮外,还需要多种垂体激素,如催乳素、生长激素、促肾上腺皮质激素和肾上腺皮质所分泌的几种激素。在妊娠期,胎盘所产生的雌激素及孕酮对乳腺的发育也起着重要的作用。

乳腺的发育还受神经系统的调节和支配。泌乳感受器感受刺激后,发出冲动传到中枢神经系统,通过下丘脑-垂体系统或直接支配乳腺的传出神经,控制乳腺的发育。在生产实践中,按摩初胎母牛或怀胎母猪的乳房,能促进乳腺发育和产后的泌乳量。

(二)乳的分泌

乳腺组织的分泌细胞从血液中摄取营养物质生成乳汁后,分泌入腺泡腔内,这一生理过程称为乳的分泌。

1. 乳的化学成分 乳是乳腺分泌的产物。乳含有水分、蛋白质、脂类、糖类、无机物、维生素、酶类、生长因子、有机酸以及激素等。乳可分为初乳和常乳2种。

(1)初乳:雌性动物分娩后最初3~5天产生的乳。初乳含有丰富的营养物质,幼龄动物能及时吃到初乳,是使其死亡率降低和快速生长发育的关键。初乳较黏稠,常呈淡黄色,稍有咸味和腥味,煮沸时凝固。初乳中干物质含量较高,可超出常乳数倍之多,各种营养成分的含量和常乳有显著不同。在干物质中又以蛋白质(血清白蛋白和免疫球蛋白)和无机盐(主要是镁盐)含量较高。此外,初乳中还含有白细胞。新生仔畜吮食初乳后,初乳中的蛋白质通过消化管被迅速吸收入血,以补充新生仔畜血浆蛋白的不足;在新生仔畜出生后24~36 h,免疫球蛋白可通过肠黏膜直接被机体吸收,使新生仔畜获得被动免疫,以增强抗病能力;镁盐具有缓泻作用,可促使胎粪排出。

(2)常乳:雌性动物分娩6天后所产的乳称为常乳。常乳中的蛋白质和无机盐的含量逐渐减少,酪蛋白和乳糖的含量不断增加。常乳中主要包括以下营养物质。

蛋白质:乳中蛋白质的种类较多,是乳的主要成分。哺乳动物乳中蛋白质主要由酪蛋白和乳清蛋白两部分组成。酪蛋白包括α-酪蛋白、β-酪蛋白、κ-酪蛋白等,乳清蛋白主要是指β-乳球蛋白、α-乳清蛋白和溶菌酶等。

脂肪:乳脂的主要成分是甘油三酯,以脂肪球形式存在,外面包裹磷脂蛋白膜,强烈振动时,脂肪球膜被破坏,脂肪球就互相黏合而析出。乳中还有少量的磷脂胆固醇和其他脂类。

糖:乳中的糖是乳糖,大多数动物乳中的乳糖含量较高,乳糖是维持乳正常渗透压的主要成分。

维生素:乳含有动物体所需要的各种维生素。脂溶性维生素A、维生素D、维生素E和维生素K都与脂肪球结合,各种水溶性维生素都存在于乳的脱脂部分。

无机物:乳中的无机盐包括钠、钾、钙、镁的氯化物、磷酸盐和硫酸盐等,其中钙磷的比例一般为1.2∶1,有利于钙的吸收利用。乳还含有铁、铜、锌、锰等微量元素,但乳中铁的含量不足,特别是对哺乳仔猪来说,为避免贫血,应补给少量含铁物质。

2. 乳的生成过程　乳的生成过程是在乳腺腺泡和细小乳导管的分泌上皮细胞内进行的,生成乳的原料来自血液。乳中的主要蛋白质(酪蛋白、乳清蛋白)是乳腺分泌上皮细胞利用血液提供的氨基酸合成,并经核糖体和高尔基体进一步加工而成的。乳糖则是由血液中的葡萄糖,经乳糖合成酶的催化等一系列过程生成的。而乳中的球蛋白、酶、激素、维生素和无机盐等虽也来源于血浆,但通过乳腺分泌上皮细胞的选择性吸收和浓缩,种类和含量与血浆明显不同。与血液相比较,乳中的钙增加了13倍,钾和磷增加7倍,镁增加4倍以上,但钠只有血液中的1/7。

3. 乳的分泌过程　乳腺分泌细胞内合成的乳组分,先从合成部位到达细胞膜顶端,然后跨膜进入腺泡腔中。

(1)乳脂的分泌:乳腺细胞质内的脂肪小球,在由细胞基底部向顶端移行的过程中逐渐凝集,脂肪小球越来越大,最后在接近细胞顶膜区时,被质膜包围并释放入腺泡腔中。

(2)乳蛋白的分泌:细胞内的蛋白颗粒移行至细胞顶膜时,以出胞的方式释放蛋白质。

(3)乳糖的分泌:乳糖分子存在于高尔基体小泡内,乳糖分泌与乳蛋白密切相关,乳糖亦以出胞方式进入腺泡腔。

(4)Na^+和K^+的分泌:在分泌细胞基底膜和侧膜"钠泵"的作用下,Na^+转出细胞而K^+进入细胞。在顶膜区Na^+和K^+进行被动扩散,Cl^-也顺浓度差由细胞内被动扩散至细胞外,同时,在基底膜和顶膜的"氯泵"作用下,通过主动转运,Cl^-在细胞内蓄积。

(三)乳分泌的调节

泌乳期间乳的分泌包括泌乳的启动和泌乳的维持两个过程,主要通过神经-体液途径来进行调节。

乳的分泌由腺垂体的催乳素直接控制,雌激素和孕酮对催乳素的释放起抑制作用。在妊娠期,由于胎盘和卵巢分泌大量的雌激素和孕酮,故无泌乳。分娩以后,孕酮水平突然下降,催乳素迅速释放,对乳的生成产生强烈的促进作用,引起泌乳。

在动物哺乳期间,仔畜吸吮或挤乳刺激乳房感受器,神经冲动沿传入神经到达脑部,兴奋下丘脑的有关中枢,然后通过神经-体液途径,腺垂体释放催乳素增多,从而对乳的生成活动进行调节。

(四)排乳

仔畜吸吮或挤乳可引起乳腺系统紧张性改变,使蓄积在腺泡和乳导管系统的乳迅速流向乳池,这个过程称为排乳。排乳是一种复杂的反射活动。最先排出的乳是乳池内的乳,之后排出的是从乳腺腺泡及乳导管所获得的乳,称为反射乳。

1. 乳的蓄积　乳由乳腺细胞生成后,被分泌进入腺泡腔。腺泡周围的肌上皮细胞和导管系统受到乳汁蓄积的刺激,其内的平滑肌反射性收缩,将乳周期性地转移到较大的乳导管和乳池中。乳腺的全部腺泡腔、导管、乳池构成蓄积乳的容纳系统。在乳蓄积的初始阶段,腺泡上皮的压力感受器反射性地引起腺导管平滑肌紧张性降低,于是乳在容纳系统中储存。当乳过度充盈时会通过一系列反射阻碍乳腺的血液循环,结果使乳的生成速度显著减慢。在乳生成量减少的同时,乳的成分也发生相应的变化。乳排出后,乳房内压下降,乳的生成随之增加。

2. 排乳过程 在排乳过程中,最先排出的一部分乳称乳池乳,其储存在乳池内,当乳头括约肌开放时,只需借助本身重力即可排出。乳牛的乳池乳一般占泌乳量的 1/3～1/2。此后由排乳反射从腺泡和乳导管排出的乳,称为反射乳,占总乳量的 1/2～2/3,黄牛和牦牛的反射乳不能一次排尽,一般分 2～3 个周期排出。刺激乳房不到 1 min,即可引起乳牛的排乳反射。牛的排乳反射持续 3～5 min,因此挤乳必须加速进行,这样才能使乳房内的乳汁较彻底地排出。猪的排乳反射需要较长时间,仔猪用鼻吻突撞击猪乳房 2～3 min,猪乳房才开始排乳。反射乳排出后,乳房内还残留一部分不能排出的乳,称为残留乳,它将与新生成的乳汁混合,在下一次哺乳(或挤乳)时排出。

3. 排乳的神经-激素调节 排乳是由大脑皮层、下丘脑和垂体参加的复杂反射活动。排乳反射的传出途径有 2 条:一条是神经途径,传出纤维存在于精索外神经和交感神经中,直接支配乳导管周围平滑肌活动,使乳汁排出。另一条是神经-体液途径,下丘脑-垂体轴释放催产素,使腺泡和细小乳导管周围的肌上皮细胞收缩,促进腺泡乳的排出。挤乳时,大约经过 5 s 的潜伏期,动物可出现纯神经性排乳反射,此时交感神经兴奋引起乳导管平滑肌收缩,排出较大乳导管中的乳,即反射乳。之后,神经垂体在中枢神经系统控制下反射性地释放催产素,催产素可引起腺泡和细小乳导管周围的肌上皮细胞收缩,将腺泡乳排出。这是以催产素为媒介的神经-体液性反射。由于大多数动物的乳汁主要蓄积在腺泡腔中,所以神经-体液途径所引起的排乳反射有更重要的作用。

技能操作 7 皮肤和乳腺的观察

一、技能目标
掌握皮肤和乳腺的结构。

二、材料及设备
牛皮肤标本;牛乳腺标本和模型。

三、实验步骤

(一)皮肤结构观察

观察表皮、真皮和皮下组织的分层及结构,观察毛干、毛根、毛囊、毛乳头、汗腺、皮脂腺的位置结构。

(二)乳腺结构观察(牛)

观察乳腺基部、体部、乳头部三部分的组成及乳腺表面的纵沟和横沟将乳腺隔开形成的乳丘。观察乳房悬韧带、腺泡、小输出管、大输出管、腺乳池、乳头乳池、乳头管的位置、形态、结构。

> **知识链接与拓展**
>
> 牛奶的生产过程

→ 模块小结

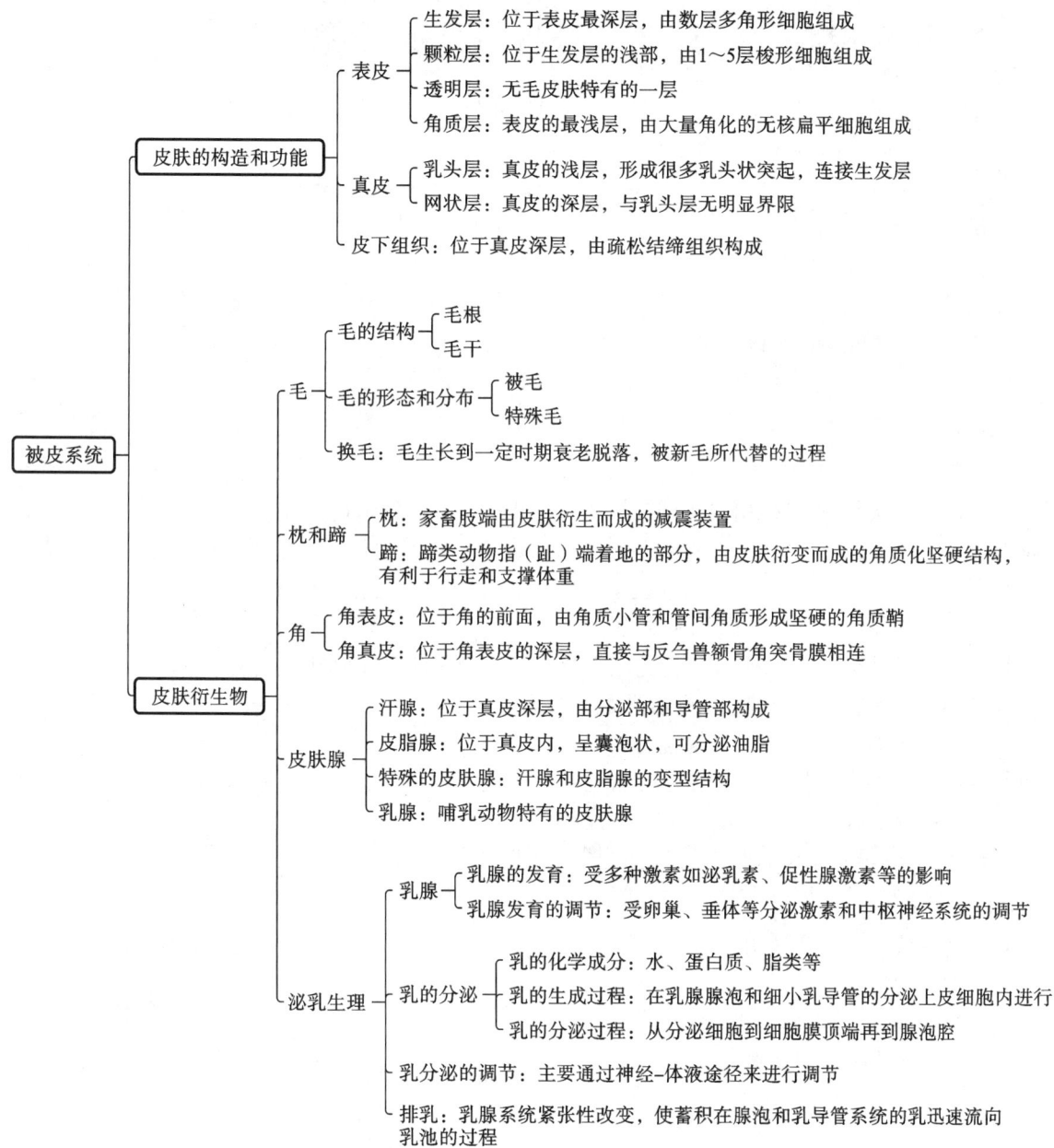

→ 执考真题

（2015 年）临床的皮内注射是注射在（　　）内。

A. 表皮　　　　　　B. 真皮　　　　　　C. 皮下组织　　　　　　D. 肌肉组织

答案：B

→ 能力巩固

一、名词解释

1. 皮肤衍生物　2. 蹄白线　3. 换毛　4. 乳镜　5. 毛的生长点

二、选择题

1.表皮生发层的组成为（　　）。

A.单层立方上皮　　　　　　　　　　B.单层矮柱状或立方形细胞

C.数层立方形细胞　　　　　　　　　D.数层形态不同的细胞

2.被皮中无血管分布的结构是（　　）。

A.表皮　　　　　　　B.真皮　　　　　　　C.蹄匣　　　　　　　D.肉蹄

3.大量出汗时,可导致（　　）。

A.排尿量减少　　　　　　　　　　　B.机体水分丢失减少

C.机体水分丢失增多　　　　　　　　D.无机盐丢失增多

4.下列部位没有皮脂腺的是（　　）。

A.鼻唇镜　　　　　　B.颈部皮肤　　　　　C.乳腺　　　　　　　D.尾部皮肤

5.汗腺最发达的动物是（　　）。

A.马　　　　　　　　B.猪　　　　　　　　C.牛　　　　　　　　D.羊

三、填空题

1.皮肤的组织结构可分为＿＿＿＿＿、＿＿＿＿＿和＿＿＿＿＿三层。

2.表皮位于皮肤最表层,由角化的复层扁平上皮构成,表皮内无＿＿＿＿＿和＿＿＿＿＿,但有丰富的＿＿＿＿＿。

3.表皮可分为＿＿＿＿＿、＿＿＿＿＿、＿＿＿＿＿和＿＿＿＿＿四层。

4.角可分为角基、角体、角尖三部分,组织结构由＿＿＿＿＿和＿＿＿＿＿构成。

5.皮内注射是将药物注射到＿＿＿＿＿,皮下注射是将药物注射到＿＿＿＿＿。

6.牛蹄由＿＿＿＿＿和＿＿＿＿＿两部分组成。

7.皮肤腺包括＿＿＿＿＿、＿＿＿＿＿和＿＿＿＿＿。

8.肉蹄位于蹄匣的内面,由＿＿＿＿＿、＿＿＿＿＿及＿＿＿＿＿构成,富有＿＿＿＿＿和＿＿＿＿＿,呈鲜红色。

9.蹄组织中,蹄匣由皮肤的＿＿＿＿＿衍生而来,肉蹄由皮肤的＿＿＿＿＿衍生而来。

四、简答题

1.简述皮肤的分层及结构。

2.简述毛的结构。

3.简述牛、羊蹄的基本结构。

4.简述牛乳房的组织结构。

模块五 消 化 系 统

学习目标

【知识目标】

1. 能够说出消化系统的组成,并用自己的语言解释消化、吸收的概念。

2. 能够说出各消化器官的形态、位置、构造及生理功能。

3. 能够说出消化的方式及三大营养物质消化吸收的过程。

4. 能够说出各种营养物质吸收的机制和消化管各段的运动特点与作用。

【能力目标】

1. 能够在动物尸体标本上识别主要消化器官的形态和构造。

2. 能够熟练使用生物显微镜,并能识别肝、肠、胰组织的构造。

3. 能够在动物活体上准确指出肝、胃、肠等体表投影的位置。

【思政与素质目标】

1. 具备大国"三农"情怀,能够以强农兴农为己任,能够"懂农业、爱农村、爱农民",增强服务农业农村现代化、服务乡村全面振兴的使命感和责任感。

2. 养成严肃、认真、科学的学习态度和良好的学习习惯。

3. 具备较强的责任感,具有较强的自我管控能力和团队协作能力。

4. 具备热爱畜牧业、动物医学的创新创业意识。

知识单元 1　消化系统概述

一、消化、吸收的概念

饲料在消化管内被分解成结构简单、可被吸收的小分子物质的过程,称为消化。消化后的产物通过消化管黏膜上皮细胞,进入血液和淋巴循环的过程称为吸收。消化和吸收是两个相辅相成、紧密联系的过程。

二、消化方式

食物在消化管内的消化包括三种方式:物理性消化、化学性消化和微生物消化。

(一)物理性消化

物理性消化又称机械性消化,是通过消化器官的运动(如咀嚼、蠕动等),磨碎、压迫饲料,使饲料颗粒变小的过程,为化学性消化和微生物消化创造条件,同时促进内容物后移,有利于消化残余物的后送与排出。

(二)化学性消化

化学性消化指在消化液中各种消化酶的作用下,饲料中的蛋白质、脂肪和糖类分解成为易被机体吸收的小分子的过程。

酶是一种具有催化作用的特殊蛋白质,称为生物催化剂。具有消化作用的酶称为消化酶,由消化腺产生,多存在于消化液中,有的存在于肠黏膜脱落的细胞或肠黏膜内。酶具有高度的特异性,即一种酶只能影响某一种或一类化合物的化学反应,对其他化合物则无作用。如淀粉酶只能催化淀粉的分解,而对蛋白质和脂肪甚至双糖的分解都无作用。酶的作用易受温度、pH、激动剂、抑制剂、致活剂等的影响。

温度对酶的影响很大,通常 37~40 ℃是消化酶的最适温度,这时酶促反应的速度最大,但当温度达到 60 ℃时,酶的活性即消失。

酶对环境 pH 非常敏感,不同的酶要求有不同的 pH 环境,如胃蛋白酶在酸性环境下活性较强,胰蛋白酶在碱性环境下活性较强,而唾液淀粉酶在中性环境下最活跃。

能增强酶的活性的物质称为激动剂,如氯离子能增强淀粉酶的活性;有的物质能降低酶的活性,甚至使酶的活性完全丧失,称酶的抑制剂,如 Ag^{2+}、Cu^{2+}、Hg^{2+}、Zn^{2+} 等金属离子。

有些消化酶在腺细胞内产生后的储存期间或刚从细胞分泌出来时是没有活性的,称为酶原。酶原必须在一定条件下才能转化为有活性的酶,这一转化过程称为酶的活化。

(三)微生物消化

微生物消化是在体内微生物的作用下,饲料的分子结构由复杂到简单,直至能被机体吸收利用的过程。这种消化方式对草食动物尤为重要,因为畜禽本身的消化液中不含纤维素酶,而饲料中却含有大量的纤维素、半纤维素,畜禽体内只有微生物对纤维素有分解作用,因此微生物消化可提高饲料的利用效能。

正常情况下三种方式的消化是同时进行的。物理性消化为化学性消化和微生物消化创造条件,使内容物能更好地与消化液混合,贴近消化管壁,并逐渐后移;而化学性消化和微生物消化过程的好坏又在一定程度上影响物理性消化的过程,调节物理性消化的速度和力度。不同部位的消化管因结构不同,消化方式各有侧重。

经过上述一系列消化活动后,大分子的蛋白质分解为氨基酸,脂肪分解为甘油和脂肪酸,糖类分解为单糖,连同不需改变化学结构便可被机体消化的维生素、无机盐、水等,一起被消化管黏膜上皮吸收。剩余的不能被消化吸收的物质,则形成粪便排出体外。

三、消化系统的组成

机体内完成消化和吸收的器官,统称为消化器官,又称消化系统。消化器官由消化管和消化腺组成。消化管包括口腔、咽、食管、胃、小肠(十二指肠、空肠和回肠)、大肠(盲肠、结肠和直肠)、肛门。消化腺主要由唾液腺、肝、胰等组成(图 5-1)。消化腺又分为壁内腺和壁外腺。壁内腺主要指存在于

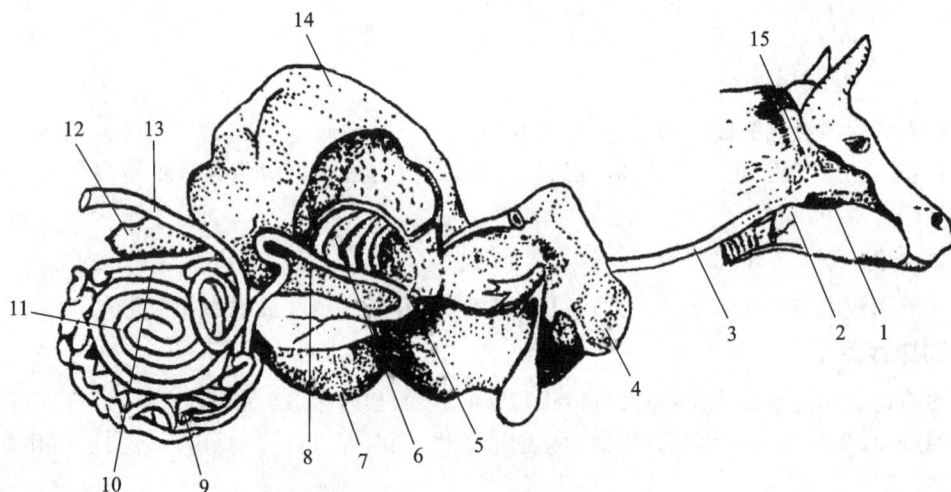

图 5-1 牛消化系统模式图

1.口腔　2.咽　3.食管　4.肝　5.网胃　6.瓣胃　7.皱胃　8.十二指肠　9.空肠　10.回肠　11.结肠　12.盲肠　13.直肠　14.瘤胃　15.腮腺

(引自朱金凤、陈功义,动物解剖,2007)

消化管壁内的腺体,如食管腺、胃腺、肠腺等。壁外腺是能够独立于消化管外单独构成一个完整器官的腺体,如唾液腺(腮腺、颌下腺、舌下腺)、肝、胰,它们的分泌物可经特定的排泄管排入消化管内,参与消化过程。

知识单元2 消化器官

一、口腔

口腔是消化器官的起始部,由唇、颊、硬腭、软腭、口腔底、舌、齿、齿龈及唾液腺等组成(图5-2),具有采食、咀嚼、辨味、吞咽和分泌等功能。其前壁为唇,两侧壁为颊,顶壁为硬腭,底壁为口腔底和舌,后壁为软腭。口腔前有口裂与外界相通,后以咽峡与咽腔相通。唇、颊和齿弓之间的腔隙为口腔前庭,齿弓以内部分为固有口腔。口腔黏膜呈粉红色,常有色素沉着,黏膜上皮为复层扁平上皮。

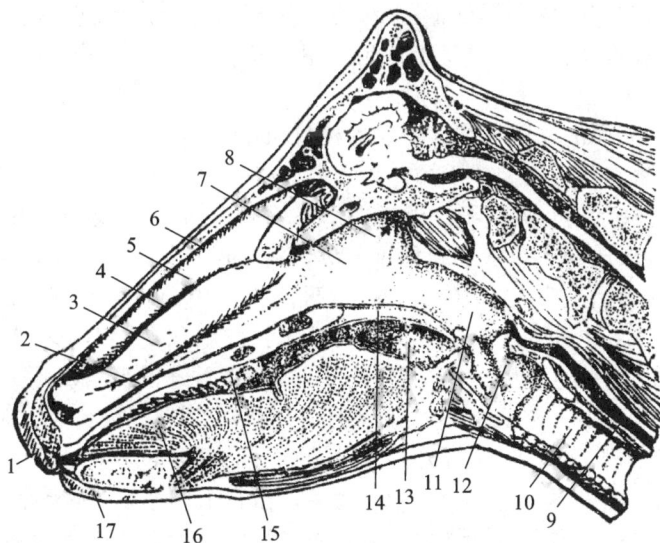

图 5-2 牛头纵剖面

1.上唇 2.下鼻道 3.下鼻甲 4.中鼻道 5.上鼻甲 6.上鼻道 7.鼻咽部 8.咽鼓管咽口 9.食管 10.气管 11.喉咽部 12.喉 13.口咽部 14.软腭 15.硬腭 16.舌 17.下唇

(引自朱金凤、陈功义,动物解剖,2007)

(一)唇

唇构成口腔最前壁,其游离缘共同围成口裂,分上唇和下唇两部分。上唇和下唇汇合处称口角。唇黏膜深层有唇腺,腺管直接开口于唇黏膜表面。

1.牛唇 牛唇较坚实、宽厚、运动不灵活。唇黏膜上有角质乳头,口角处较长,尖端向后。上唇中部和两鼻孔之间的无毛区称鼻唇镜。鼻唇镜内有鼻唇腺,常分泌一种水样液体,使鼻唇镜保持湿润状态,鼻唇镜是否保持湿润状态常作为牛是否健康的标志。

2.羊唇 羊唇薄而运动灵活,上唇中部有一条浅缝,唇表面密生被毛,并掺杂长的触毛。左、右两鼻孔之间形成无毛的鼻镜。

3.猪唇 猪唇运动不灵活,唇腺少而小。上唇宽厚,与鼻端一起形成吻突,下唇小而尖。口裂很大,口角与3～4前白齿相对。

4.马唇 马唇运动灵活,是采食的主要器官。唇的皮肤上密生被毛,并掺杂粗长的触毛。唇的黏膜内常分布有腺体,表面可见黑色素沉着。

(二)颊

颊构成口腔的侧壁,内衬黏膜、外被皮肤。在颊黏膜上有颊腺和腮腺管的开口。牛的颊黏膜上,有许多尖端向后的圆锥状乳头。而猪、马的颊黏膜较平滑。

（三）硬腭和软腭

1.硬腭 硬腭构成固有口腔的顶壁，向后延续为软腭。硬腭黏膜厚而坚实，上皮高度角质化。硬腭向后延续为软腭。硬腭的正中矢面上有一条纵行的腭缝，腭缝的两侧各有一些横行的腭褶，腭褶上有角质化的锯齿状乳头，有利于食物的磨碎。

2.软腭 软腭构成口腔的后壁，表面被覆复层扁平上皮，背侧面与鼻腔黏膜相连。马的软腭较发达，平均长约 15 cm，向后下方延伸，其游离缘围绕于会厌基部，将口咽部与鼻咽部隔开，故马不能用口呼吸，病理情况下逆呕时逆呕物从鼻腔流出。

（四）口腔底和舌

1.口腔底 口腔底大部分被舌占据，前部以下颌骨切齿部为基础，表面被覆黏膜。口腔底前部舌尖下面有一对突出物，称为舌下肉阜，为颌下腺管的开口处。

2.舌 舌主要由舌肌构成，附着在舌骨上，表面被覆黏膜，占据固有口腔的大部分。分舌尖、舌体和舌根三部分。在舌尖与舌体交界处的腹侧，有黏膜褶与口腔底相连，称为舌系带。牛舌体的背后部有一椭圆形隆起，称舌圆枕。舌根是舌体后部附着于舌骨上的部分，其背侧的黏膜内含有大量淋巴组织，称舌扁桃体。

舌主要由舌肌及其表面的黏膜构成。舌肌为横纹肌，由固有肌和外来肌组成。固有肌由 3 种走向不同的横肌、纵肌和垂直肌互相交错而成。外来肌起于舌骨和下颌骨，止于舌内，收缩时可改变舌的位置。舌的运动十分灵活，可参与采食、吸吮、咀嚼、吞咽等活动，有触觉和味觉。

在舌背表面的黏膜形成的乳头状隆起称舌乳头。根据形状和大小不同将舌乳头分为丝状乳头、圆锥状乳头、豆状乳头、菌状乳头、轮廓乳头和叶状乳头。其中菌状乳头、轮廓乳头和叶状乳头的黏膜上皮中存在许多圆形小体，称为味蕾。味蕾主要由味觉细胞和支持细胞构成，能感觉滋味。

（1）牛（羊）的舌：宽厚有力，是采食的主要器官。在舌背上分布有丝状乳头、圆锥状乳头、豆状乳头、菌状乳头和轮廓乳头。舌圆枕上分布有较大的圆锥状乳头和豆状乳头。菌状乳头数量较多，散在于锥状乳头之间。轮廓乳头较大，呈排分布于舌圆枕后部两侧。

（2）猪的舌：长而窄，舌尖薄而尖。舌系带有两条。猪舌下肉阜小，位于舌系带处。

（3）马的舌：窄而长，舌尖扁平，舌体稍大，柔软而灵活。马无舌圆枕。舌系带两侧各有一个舌下肉阜，是颌下腺的开口处，中兽医称之为"卧蚕"，具有重要的临床诊断意义。

（五）齿

齿是动物体内最坚硬的器官，具有采食和咀嚼作用，嵌于上、下颌骨的齿槽内，因其排列成弓形，所以分为上齿弓和下齿弓。每一侧的齿弓由前向后排列为切齿、犬齿和臼齿。其中切齿由内向外又依次称为门齿、内中间齿、外中间齿、隅齿。臼齿可分为前臼齿和后臼齿。

1.齿式 动物齿的排列方式称为齿式。

$$齿式 = 2 \times \left(\frac{切齿 \cdot 犬齿 \cdot 前臼齿 \cdot 后臼齿}{切齿 \cdot 犬齿 \cdot 前臼齿 \cdot 后臼齿} \right)$$

动物的齿一般在出生后逐个长出。除后臼齿外，其余齿到一定年龄时均按一定顺序进行脱换。脱换前的齿称为乳齿，一般个体较小，颜色乳白，磨损较快；脱换后的齿称为恒齿，相对较大，坚硬，颜色较白。在实践中，常根据齿出生和更换的时间次序来估测动物的年龄。动物的齿式如下：

恒齿式：

$$牛:2 \times \left(\frac{0 \quad 0 \quad 3 \quad 3}{4 \quad 0 \quad 3 \quad 3} \right) = 32$$

$$猪:2 \times \left(\frac{3 \quad 1 \quad 4 \quad 3}{3 \quad 1 \quad 4 \quad 3} \right) = 44$$

$$马(公):2 \times \left(\frac{3 \quad 1 \quad 3 \quad 3}{3 \quad 1 \quad 3 \quad 3} \right) = 40$$

$$马(母):2 \times \left(\frac{3 \quad 0 \quad 3 \quad 3}{3 \quad 0 \quad 3 \quad 3} \right) = 36$$

乳齿式:

$$牛:2\times\left(\frac{0\quad 0\quad 3\quad 0}{4\quad 0\quad 3\quad 0}\right)=20$$

$$猪:2\times\left(\frac{3\quad 1\quad 3\quad 0}{3\quad 1\quad 3\quad 0}\right)=28$$

$$马:2\times\left(\frac{3\quad 0\quad 3\quad 0}{3\quad 0\quad 3\quad 0}\right)=24$$

2.齿龈 齿龈指被覆于齿颈及邻近骨表面的黏膜,与口腔黏膜相连,无黏膜下层,与齿根部的齿周膜紧密相连,并随齿伸入齿槽内,移行为齿槽骨膜。齿龈内神经分布少而血管多,呈淡红色,有固定齿的作用。

3.齿的形态结构 齿在外形上可分为齿冠、齿颈和齿根三部分,埋于齿槽内的部分称齿根,露于齿龈外的称齿冠,介于两者之间被齿龈覆盖的部分称为齿颈。上、下齿冠相对的咬合面称为磨面(咀嚼面)(图5-3)。

齿壁由齿质、釉质和齿骨质构成(图5-4)。齿质位于齿壁内层,呈淡黄色,是构成齿的主体。齿冠部齿质的外面包以光滑、坚硬、乳白色的釉质,含钙盐97%左右,是体内最坚硬的组织。齿根部齿质的外面则被覆略带黄色的齿骨质,结构类似于骨组织。齿的中心部为齿髓腔,腔内有富含神经、血管的齿髓。齿髓的作用是生长齿质和营养齿组织,有炎症时会引起剧烈的疼痛。

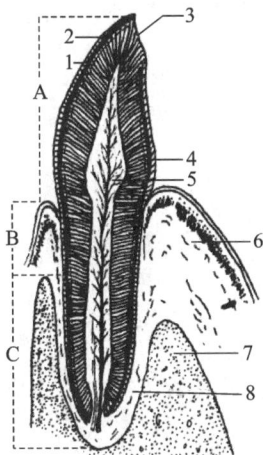

图5-3 牛切齿(短冠齿)的构造

1.齿骨质 2.釉质 3.咀嚼面 4.齿质 5.齿髓腔 6.齿龈 7.下颌骨 8.齿周膜

A.齿冠 B.齿颈 C.齿根

(引自董常生,家畜解剖学,第三版,2001)

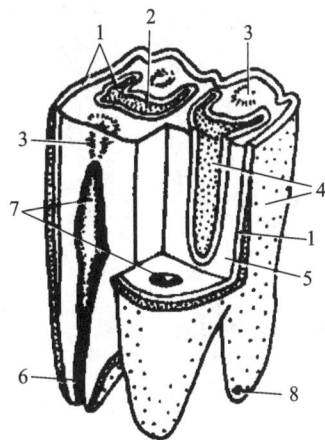

图5-4 牛臼齿(长冠齿)的构造

1.釉质 2.齿坎 3.齿星 4.齿骨质 5.齿质 6.齿根管 7.齿腔 8.齿根尖孔

(引自董常生,家畜解剖学,第三版,2001)

齿可分为长冠齿和短冠齿。牛切齿属短冠齿,齿冠呈铲形;齿颈明显,呈圆柱状;齿根圆细,嵌入齿槽内不甚牢固,老龄动物齿槽常松动。切齿齿冠磨损后的磨面外周一圈为釉质,中央为齿质,当磨损到齿髓腔时齿质会出现黄褐色齿星。齿星是齿髓腔周围的新生齿质,初为圆形,后逐渐变为方形。臼齿属于长冠齿,齿冠较长,部分埋于齿槽内,随着磨面的磨损而不断生长推出。长冠齿在磨面上有被覆釉质的齿漏斗,又称齿坎或齿窝。臼齿的齿颈不明显;齿根较短,形成较晚。

(1)牛齿:无上切齿,代之以坚硬角质化的齿垫。下切齿齿冠呈铲形,齿根细圆,脱换有一定规律,常作为牛的年龄鉴定的依据。乳切齿一般可保留到2岁左右。恒门齿最先出现为2岁,2.5岁时内中间恒齿出现;3岁时外中间恒齿出现;4岁左右隅恒齿出现,14岁后齿冠全部磨损。

(2)猪齿:除犬齿为长冠齿外,其余均为短冠齿。切齿为单形齿,上切齿较小,方向近垂直,排列较疏;下切齿较大,方向近水平,排列紧密。犬齿很发达。

(3)马齿:齿冠长且深入齿槽内。磨面上有一漏斗状齿窝,窝内残留食物残渣,腐败变质后呈黑色,因而称为黑窝(又称齿坎)。当齿磨损后,可在磨面上见到内外两圈明显的釉质褶,它们之间为齿质。随着年龄的增长,齿冠磨损加大,黑窝逐渐消失,齿质暴露,成为一黄褐色的斑痕,称为齿星。因此常可根据马切齿的出齿时间、换齿时间、齿冠磨损情况、齿星出现情况等判定马的年龄。

(六)唾液腺

唾液腺是导管开口于口腔,能分泌唾液的腺体。唾液腺主要有腮腺、颌下腺和舌下腺(图5-5)。

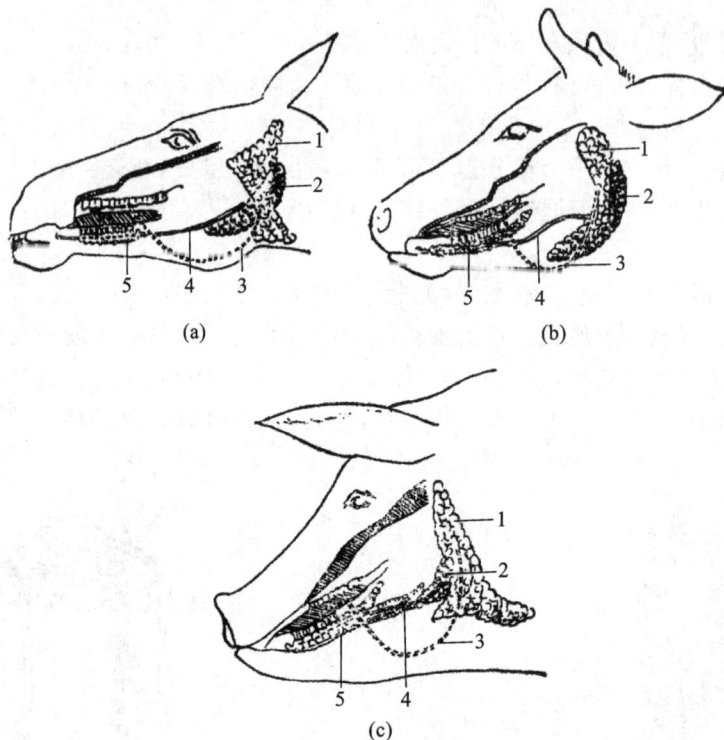

图 5-5　唾液腺模式图

(a)马　(b)牛　(c)猪

1.腮腺　2.颌下腺　3.腮腺管　4.颌下腺管　5.舌下腺

(引自肖传斌,动物解剖学与组织胚胎学,2001)

1.腮腺　腮腺位于耳根下方,下颌骨后缘。

2.颌下腺　颌下腺位于下颌骨内侧,后部被腮腺所覆盖。

3.舌下腺　舌下腺位于舌体和下颌骨之间的黏膜下,呈淡黄色。

二、咽

咽位于口腔、鼻腔的后方,喉和食管的前上方,是呼吸道和消化管相交叉的部位,可分鼻咽部、口咽部和喉咽部三部分。咽有7个孔与周围邻近器官相通,前上方经2个鼻后孔通鼻腔,前下方经咽峡通口腔,后背侧经食管口通食管,后腹侧经喉口通气管,两侧壁各以耳咽管口通中耳。

咽壁由黏膜、肌层和外膜三层构成。黏膜衬于咽腔内面,内含咽腺和淋巴组织。咽的肌层为横纹肌,有缩小和开张咽腔的作用,参与吞咽、反刍、逆呕和嗳气等活动。外膜为颊咽筋膜的延续,是包裹在咽肌外的一层纤维膜。

三、食管

食管是将食物由咽运送入胃的一条肌质性管道,分为颈、胸和腹三段。颈段起始于喉和气管背侧,至颈中部逐渐转向气管的左侧,经胸腔前口入胸腔;胸段又转向气管的背侧并继续向后延伸,经纵隔到达膈肌,经膈肌上的食管裂孔进入腹腔后转为腹段;腹段很短,直接与胃的贲门相连接。

食管管壁具有消化管管壁的一般结构。黏膜上层为复层扁平上皮。黏膜下层发达,含有丰富的食管腺,能分泌黏液,润滑食管,有利于食团通过。肌层一般由横纹肌和平滑肌组成。

牛（羊）的肌层比较特殊，食管管壁肌层全由横纹肌构成，较薄，主要分为内环行肌、外纵行肌两层。

猪的食管短而直，其颈段沿气管的背侧向后行，不发生偏转。食管始端、末端较粗，中间段管径较细。食管管壁肌层几乎全部为横纹肌，仅接近胃的部分为平滑肌。

马的食管管壁肌层前 4/5 为横纹肌，后 1/5 为平滑肌。

四、胃

（一）胃的形态和位置

胃为消化管的膨大部分，位于腹腔内，前接食管，入口处为贲门，后部以幽门通十二指肠，具有暂时储存食物、进行初步消化和推送食物进入十二指肠的作用。贲门和幽门处有括约肌，可以控制食物的通过。胃可分为多室胃（牛、羊）和单室胃（猪、马）两种类型（图5-6）。多室胃又称反刍胃，可分为瘤胃、网胃、瓣胃和皱胃4个室（胃）。前3个胃合称为前胃，黏膜内无腺体；皱胃又叫真胃，黏膜内有腺体，可以分泌消化液。胃壁的结构分为黏膜、黏膜下层、肌层和浆膜。

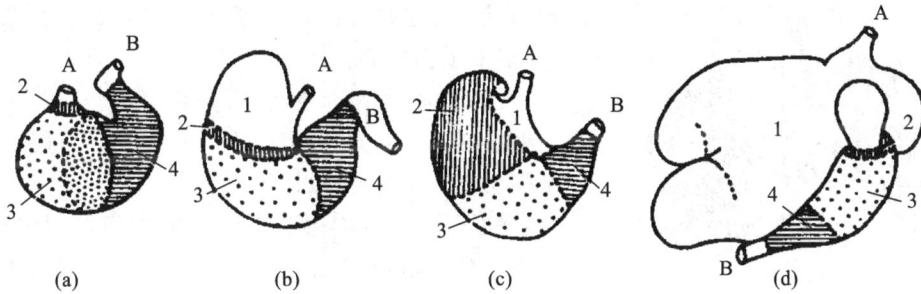

图5-6 动物胃的类型及其黏膜分区
（a）犬 （b）马 （c）猪 （d）反刍动物
A.食管 B.十二指肠
1.无腺部（反刍动物为前胃部） 2.贲门腺区 3.胃底腺区 4.幽门腺区

1.牛、羊的胃 牛、羊的胃为多室胃，依次为瘤胃、网胃、瓣胃和皱胃（图5-7）。前3个胃没有腺体分布，主要起储存食物和发酵、分解粗纤维的作用，临床上常称为前胃。皱胃黏膜内分布有消化腺，能分泌胃液，具有化学性消化作用，所以也叫真胃。

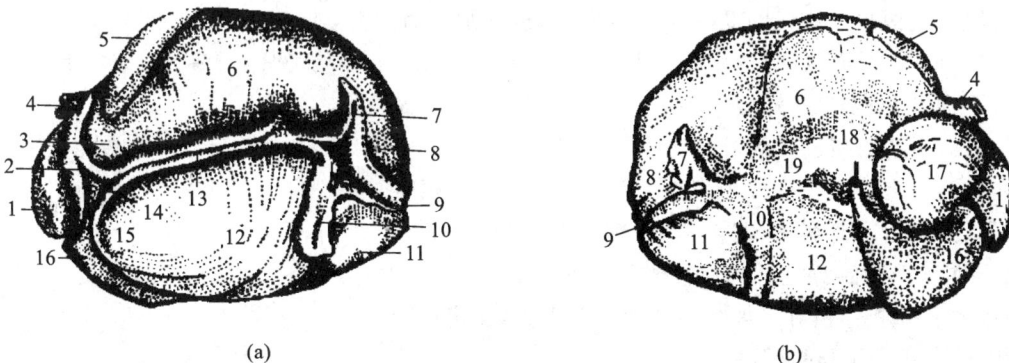

（a） （b）

图5-7 牛的胃
（a）左侧 （b）右侧
1.网胃 2.瘤网胃沟 3.瘤胃房 4.食管 5.脾 6.瘤胃背囊 7.背侧冠状沟 8.后背盲囊 9.后沟 10.腹侧冠状沟 11.后腹盲囊 12.瘤胃腹囊 13.左纵沟 14.前沟 15.瘤胃隐窝 16.皱胃 17.瓣胃 18.十二指肠 19.右纵沟
（引自董常生，家畜解剖学，第三版，2001）

（1）瘤胃：容积最大，成年牛的瘤胃约占四个胃总容积的80%，呈前后稍长、左右略扁的椭圆形，占据整个腹腔的左半部和右半部的一部分。其前端与第7~8肋间隙相对，后端达骨盆腔前口。左面与脾、膈肌和腹壁相邻，称壁面；右面与瓣胃、皱胃、肠、肝、胰等器官相邻，称脏面。

瘤胃的前、后两端各有一条明显的沟,分别称为前沟和后沟。两条沟分别沿瘤胃的左、右侧伸延,形成了较浅的左纵沟和右纵沟,它们围成的环状沟将瘤胃分为瘤胃背囊和瘤胃腹囊。较明显的后背冠状沟和后腹冠状沟将瘤胃背囊和瘤胃腹囊的后部分为后背盲囊和后腹盲囊;瘤胃背囊和瘤胃腹囊的前部只有较浅的前背冠状沟,故前背盲囊不明显。前背盲囊的基部称为瘤胃前庭,有贲门与食管相连,瘤胃前庭向前以瘤网口与网胃相通,瘤网口很大。在与瘤胃各沟相对应的内侧面,有光滑的肉柱。

瘤胃壁的黏膜呈棕黑色或棕黄色,无腺体,表面有密集的长约 1 cm 的瘤胃乳头,内含丰富的血管。但肉柱和瘤胃前庭黏膜上无乳头。

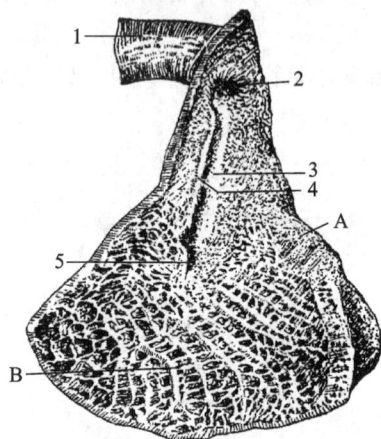

图 5-8　牛的食管沟

A.瘤网褶　B.网胃黏膜

1.食管　2.贲门　3.食管沟右唇　4.食管沟左唇

5.网瓣口

(引自朱金凤、陈功义,动物解剖,2007)

(2)网胃:4 个胃中最小且位置最靠前的一个胃,占 4 个胃容积的 5%(牛)。网胃呈梨状,是瘤胃背囊向前下方的延续部分,与第 6~8 肋骨相对。网胃与心包之间仅以膈肌相隔,当牛吞食的尖锐物体停留在网胃中时,常可穿透胃壁引起创伤性网胃炎,严重时还可穿过膈肌而刺破心包,引发创伤性心包炎。

网胃黏膜也呈黑褐色,形成许多高低不等的薄板状皱褶,并连接成多边形小房,呈蜂巢状,故网胃又叫蜂巢胃。皱褶上密布角质乳头(图 5-8)。

食管沟:食管沟由两个隆起的黏膜厚褶组成,沟的两侧缘有黏膜褶,称为唇,两唇之间为沟底。沟唇起于瘤胃贲门,沿瘤胃前庭和网胃右侧壁伸延到网瓣口,扭转成螺旋状。两唇稍呈交叉状,当幼龄动物吸吮乳汁或水时,可通过食管沟两唇闭合后形成的管道经瓣胃底直达皱胃。犊牛的食管沟发育完全,可合并成管,乳汁可由贲门经食管沟和瓣胃直达皱胃。随着年龄的增大、饲料性质的改变,食管沟闭合的功能逐渐减退。成年牛的食管沟闭合不严。

(3)瓣胃:牛的瓣胃占 4 个胃总容积的 7%~8%,羊的瓣胃则是 4 个胃中容积最小的。瓣胃呈两侧稍扁的椭圆形,位于右季肋部,与第 7~11(12)肋间隙相对,肩关节水平线通过瓣胃中线。

瓣胃黏膜表面由角质化的复层扁平上皮覆盖,并形成百余片大小、宽窄不同的叶片,叶片分大、中、小和最小四级,呈有规律地相间排列,故又称为百叶胃。在瓣胃底壁上有一瓣胃沟,前接网瓣孔与食管沟相连,使网瓣口与瓣皱口相通,一些小颗粒饲料和液体自网胃经瓣胃沟直接进入皱胃。

(4)皱胃:皱胃的容积占 4 个胃总容积的 7%~8%,其前部粗大,称为胃底部,与瓣胃相连;后部狭窄,称为幽门部,与十二指肠相接。整个皱胃呈长囊状,位于剑状软骨部和右季肋部,与第 8~12 肋骨相对。皱胃后部弯向后上方,小弯朝上与瓣胃相邻,大弯朝下与腹腔底壁相邻。

皱胃黏膜形成 13~14 条纵行的、平滑而柔软的黏膜褶,它们由瓣皱口呈螺旋状向幽门方向延伸。黏膜表面被覆单层柱状上皮,黏膜内有腺体,按位置和颜色分为贲门腺区(颜色较淡)、胃底腺区(颜色深红)和幽门腺区(颜色黄),可分泌消化液,对食物进行消化。

[附]　犊牛胃的特点

犊牛因吃奶,其皱胃特别发达,瘤胃和网胃相加的容积约等于皱胃的一半(图 5-9)。10 周龄后,由于瘤胃逐渐发育,皱

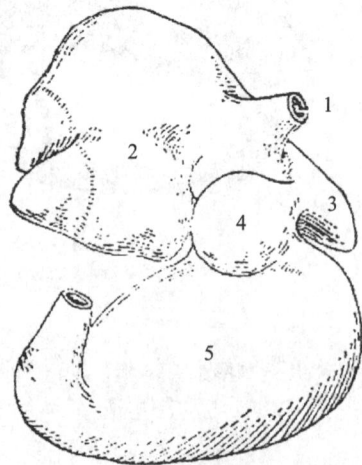

图 5-9　犊牛胃(右侧)

1.食管　2.瘤胃　3.网胃　4.瓣胃　5.皱胃

(引自朱金凤、陈功义,动物解剖,2007)

胃仅为其容积的一半,此时,瓣胃因无功能,仍然很小。4个月后,随着消化植物性饲料能力的出现,瘤胃、网胃和瓣胃迅速增大,瘤胃和网胃相加的容积约为瓣胃和皱胃相加的4倍。到1岁多时,瓣胃和皱胃的容积几乎相等,4个胃的容积比例与成年时的比例相当。

2. 猪的胃 猪的胃为单室混合胃,容积5～7 L,呈弯曲的囊状。横位于腹前部,大部分在左季肋部,小部分在右季肋部。胃的凸缘称为大弯,凹缘称为小弯。大弯与左腹壁相贴,相当于第11～12肋骨。胃的前面称为膈面,与肝脏、膈肌相邻;后面称为脏面,与大网膜、肠、肠系膜和胰等相接触。猪胃左侧特别发达,并有一明显的隆突,称为胃憩室。在幽门的小弯处,有一纵长的鞍状隆起,称为幽门圆枕,它与对侧的唇形隆起相对,有关闭幽门的作用。

3. 马的胃 马的胃为单室混合胃,形态与猪胃相似。胃的大部分位于左季肋部,小部分位于右季肋部。胃盲囊靠近左侧膈肌脚,和第16～17肋上部相对。胃左侧圆形向后上方突出部分,称为胃盲囊。

(二)胃的组织构造

胃壁由内向外分为黏膜、黏膜下层、肌层和浆膜。

1. 黏膜 黏膜由上皮、固有层和黏膜肌层组成。

根据黏膜内有无腺体,黏膜可分为有腺部和无腺部两部分(图5-10、图5-11)。有腺部黏膜有腺体,相当于多室胃的皱胃,其表面形成许多凹陷,称为胃小凹(窝),是胃腺的开口。无腺部黏膜的上皮为复层扁平上皮,颜色苍白,因无腺体,相当于多室胃的前胃。

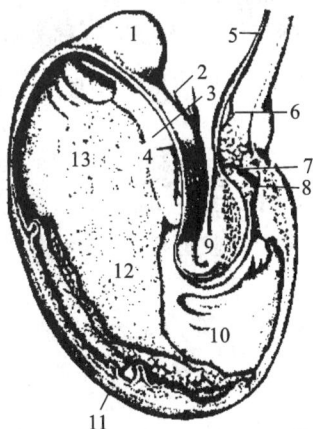

图5-10 猪胃黏膜

1.胃憩室 2.食管 3.无腺部 4.贲门 5.十二指肠 6.十二指肠憩室 7.幽门 8.幽门圆枕 9.胃小弯 10.幽门腺区 11.胃大弯 12.胃底腺区 13.贲门腺区

(引自董常生,家畜解剖学,第三版,2001)

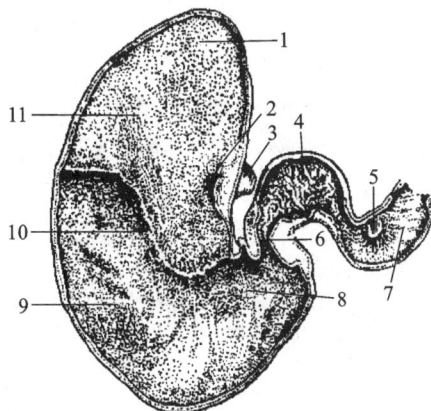

图5-11 马胃黏膜

1.胃盲囊 2.贲门 3.食管 4.十二指肠壶腹 5.十二指肠憩室 6.幽门 7.十二指肠肝门曲 8.幽门腺区 9.胃底腺区 10.褶缘 11.无腺部

(引自董常生,家畜解剖学,第三版,2001)

根据位置、颜色和腺体的不同,有腺部又分为贲门腺区、幽门腺区和胃底腺区。其中贲门腺区和幽门腺区主要由黏液细胞分泌碱性黏液,以润滑和保护胃黏膜。胃底腺区最大,位于胃底部,是分泌胃消化液的主要部位,其细胞主要有四种:①主细胞,数量较多,可分泌胃蛋白酶原、胃脂肪酶、凝乳酶(幼龄动物),参与消化;②壁细胞(盐酸细胞),数量较少,夹在主细胞之间,分泌盐酸;③颈黏液细胞,一般成群分布在腺体的颈部,分泌黏液,保护胃黏膜;④银亲和细胞,广泛存在于动物的消化管内,具有内分泌的功能。

2. 黏膜下层 黏膜下层很厚,由疏松结缔组织构成,含有较大的血管、淋巴管和神经丛。

3. 肌层 胃的肌层很厚,可分为三层。内层为斜行肌,仅分布于无腺部,在贲门部最发达,形成贲门括约肌;中层为环行肌,很发达,在胃的幽门部特别增厚,形成强大的幽门括约肌;外层为不完整的纵行肌,主要分布于胃的大弯和小弯处。

4. 浆膜 浆膜为胃的最外层,光滑而湿润,被覆于胃的表面。

五、肠

（一）肠的形态和位置

肠是细长的管道，前端连接胃的幽门，后端止于肛门，可分为大肠和小肠两部分。

小肠可分为十二指肠、空肠和回肠。十二指肠位于右季肋部和腰部，位置较为固定，其弯曲所形成的半个圈或整个圈，称为十二指肠袢。十二指肠起于胃的幽门，先在腹腔右侧腰下部向后行，在肠系膜前动脉根部转向左侧，再向前行，移行为空肠，有胆（肝）管和胰管通入十二指肠始段。空肠是最长的一段，前连十二指肠，后连回肠，在延伸过程中形成许多迂曲的肠环，并以肠系膜固定于腹腔顶壁，空肠系膜很长，所以空肠的活动范围很大。回肠是小肠的末段，肠管较直，不形成迂曲的肠环，前连空肠，后连盲肠。回肠进入盲肠的入口称为回盲口，回盲韧带与盲肠相连。

大肠可分为盲肠、结肠和直肠。草食动物的盲肠特别发达。多数动物的盲肠位于腹腔右侧。有的动物的结肠可分为大结肠和小结肠。直肠位于骨盆腔内，前连结肠，后端以肛门与外界相通，在骨盆腔中，其直径增大部称为直肠壶腹，以直肠系膜连于骨盆腔顶壁。

1. 牛（羊）的肠

（1）小肠：十二指肠起始于胃的幽门，并向前上方延伸，在肝的脏面形成"乙"状弯曲。再向后上方延伸，到髋结节的前方，折转向左前方延伸，形成一弯曲，再向前方延伸，到右肾腹侧，移行为空肠。

空肠位于腹腔右侧，在结肠圆盘周围形成许多迂曲的肠环，借助于空肠系膜悬吊在结肠圆盘周围。

回肠较短，约50 cm，从空肠最后卷曲起，直向前上方延伸至盲肠腹侧，开口于盲肠。回盲口位于盲肠与结肠交界处，在回肠进入盲肠的开口处，黏膜形成回盲瓣。盲肠与结肠相通的口，称为盲结口。

（2）大肠：盲肠管径较大，呈长圆筒状，位于右髂部，起于回盲口，沿右髂部的上部向后伸延，盲端可达骨盆腔入口处，前端移行为结肠。

结肠借总肠系膜附着于腹腔顶壁，可分为初袢、旋袢和终袢三部分。初袢起自盲结口，整个初袢形成"乙"状弯曲；旋袢位于瘤胃右侧，呈一扁平的圆盘状，分为向心回和离心回。向心回是初袢的延续，以顺时针方向向内旋转约两圈（羊约三圈）至中心曲。离心回自中心曲起，按逆时针方向旋转约两圈（羊约三圈），移行为终袢。

直肠位于骨盆腔内，不形成直肠壶腹（图5-12）。

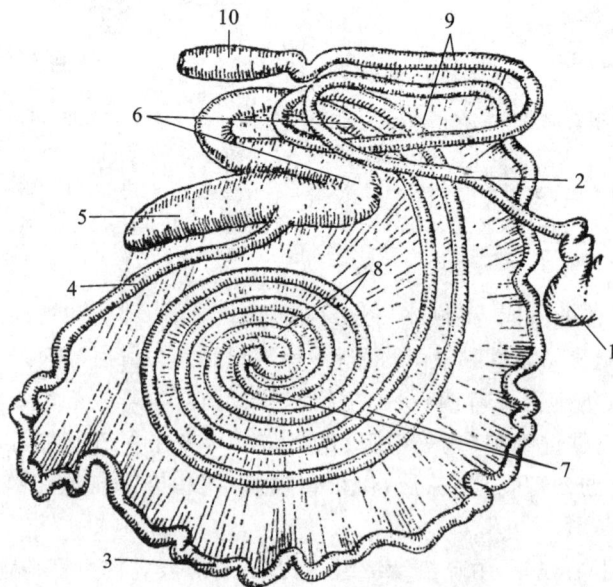

图5-12 牛肠袢模式图

1.皱胃 2.十二指肠 3.空肠 4.回肠 5.盲肠 6.结肠初袢 7.结肠旋袢向心回 8.结肠旋袢离心回 9.结肠终袢 10.直肠

（引自朱金凤、陈功义,动物解剖,2007）

（3）肛门：位于尾根的下方，一般不向外突出。

2.猪的肠

（1）小肠：十二指肠较长，起始部形成"乙"状弯曲。胆总管的开口距幽门约2.5 cm，而胰管的开口距幽门约10 cm。

空肠形成许多迂曲的肠环，以较长的空肠系膜与总肠系膜相连。空肠大部分位于腹腔右半部。

回肠较短，开口于盲肠与结肠的交界处。

（2）大肠：盲肠呈短而粗的圆锥状盲囊，一般位于腹腔左髂部。回肠突入盲肠和结肠之间的部分呈圆锥状，称为回盲瓣，其口称为回盲口。

结肠由盲结口开始，在结肠系膜中盘曲成圆锥状或哑铃状，称为旋襻。旋襻可分为向心回和离心回，向心回按顺时针方向旋转三圈半或四圈半到锥顶，然后转为离心回；离心回按逆时针方向旋转三圈半或四圈半，然后转为终襻。终襻在荐骨岬处连直肠。

直肠形成直肠壶腹（图5-13）。

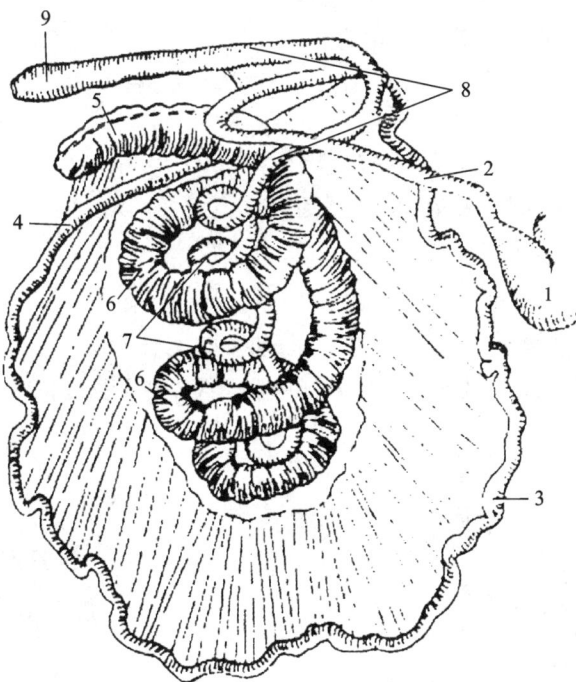

图5-13 猪肠模式图

1.胃 2.十二指肠 3.空肠 4.回肠 5.盲肠 6.结肠圆锥向心回 7.结肠圆锥离心回 8.结肠终襻 9.直肠

（引自朱金凤、陈功义,动物解剖,2007）

（3）肛门：不向外突出，在肛门周围有括约肌分布。

3.马肠

（1）小肠：包括十二指肠、空肠和回肠三部分。

十二指肠长约1 m，位于右季肋部和腰部。

空肠长约22 m，形成许多迂曲的肠环，借助于前肠系膜悬吊在前位腰椎的下方。

回肠长约1 m，以回盲韧带与盲肠相连。

（2）大肠：包括盲肠、结肠和直肠（图5-14）。

盲肠外形呈逗点状，长约1 m，位于腹腔右侧，从右髂部的上部起，沿腹侧壁向前下方伸延，达剑状软骨部。可分为盲肠底（或盲肠头）、盲肠体和盲肠尖三部分。

结肠可分为大结肠和小结肠。大结肠特别发达，长约3 m，占据腹腔的大部分，呈双层马蹄铁形，可分为四段三个弯曲，从盲结口开始，依次为右下大结肠→胸骨曲→左下大结肠→骨盆曲→左上大结肠→膈曲→右上大结肠。小结肠长约3 m，借后肠系膜连于腰椎腹侧。

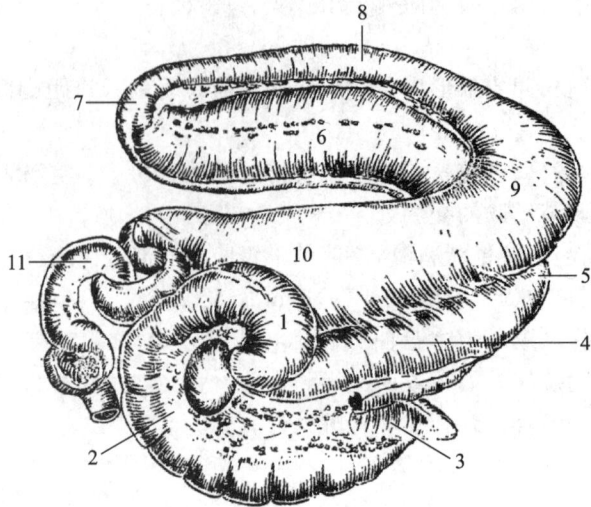

图 5-14　马的大肠

1.盲肠底　2.盲肠体　3.盲肠尖　4.右下大结肠　5.胸骨曲　6.左下大结肠　7.骨盆曲　8.左上大结肠　9.膈曲
10.右上大结肠　11.小结肠

马的直肠比牛的直肠长而粗,长约 30 cm。后段管径增大,形成直肠壶腹。

（3）肛门:呈圆锥状,突出于尾根之下。

（二）肠的组织构造

1. 小肠的组织结构　肠壁分为黏膜、黏膜下层、肌层和浆膜 4 层。

（1）黏膜:小肠黏膜形成许多环形皱褶和微细的肠绒毛,突入肠腔内,以增加与食物接触的面积
（图 5-15、图 5-16）。

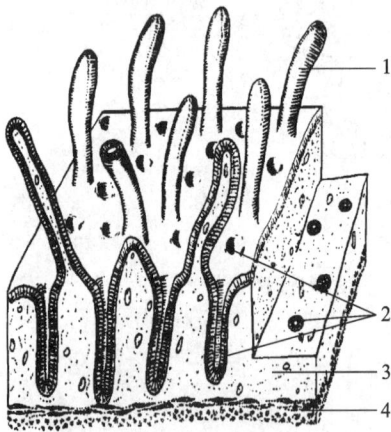

图 5-15　小肠黏膜层

1.绒毛　2.肠腺　3.固有层　4.黏膜肌层

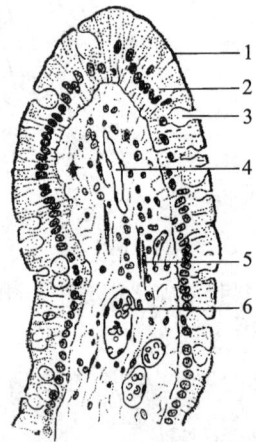

图 5-16　小肠绒毛纵切

1.纹状缘　2.肠上皮　3.杯状细胞　4.中央乳糜管
5.平滑肌　6.毛细血管

①上皮:被覆于黏膜和绒毛的表面,由单层柱状上皮构成,上皮细胞之间夹有杯状细胞和内分泌
细胞,柱状细胞游离面有明显的纹状缘。

②固有层:由富含网状纤维的结缔组织构成,固有层内除有大量的肠腺外,还有毛细血管、淋巴
管、神经和各种细胞(如淋巴细胞、嗜酸性粒细胞、浆细胞和肥大细胞等)。固有层中央有一条粗大的
毛细淋巴管(绵羊有两条),它的起始端为盲端,称中央乳糜管。中央乳糜管管壁由一层内皮细胞构
成,无基膜,通透性很大,一些较大的分子物质可进入管内。

③黏膜肌层:一般由内环、外纵两层平滑肌组成。

(2)黏膜下层:由疏松结缔组织构成,内有较大的血管、淋巴管、神经丛及淋巴小结等。

(3)肌层:由内环、外纵两层平滑肌组成。

(4)浆膜:与胃的浆膜相同。

2.大肠的组织构造 大肠也由四层构成(图5-17)。

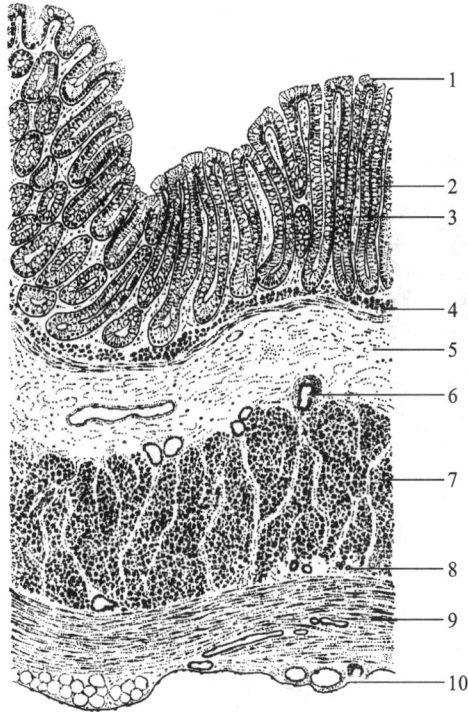

图5-17 大肠纵切

1.上皮 2.肠腺 3.固有层 4.黏膜肌层 5.黏膜下层 6.血管 7.内环肌 8.肌间神经丛 9.外纵肌 10.浆膜
(引自王树迎、王政富,动物组织学与胚胎学,2000)

(1)大肠黏膜没有环形皱襞,黏膜表面没有绒毛。

(2)黏膜上皮中杯状细胞多,无纹状缘。

(3)大肠腺比较发达,直而长。杯状细胞较多,分泌碱性黏液,可中和粪便发酵的酸性产物。分泌物不含消化酶,但有溶菌酶。

(4)孤立淋巴小结较多,集合淋巴小结较少。

(5)肌层特别发达。

六、肝

(一)肝的形态位置

肝是动物体内最大的腺体。

肝位于腹前部,膈肌的后方,大部分偏右侧或全部位于右侧,呈扁平状,颜色为红褐色。肝的背侧一般较厚,腹侧缘薄而锐,在腹侧缘上有深浅不同的切迹,将肝分成大小不等的肝叶。膈面隆突,脏面凹,中部有肝门。门静脉和肝动脉经肝门入肝,胆汁的输出管和淋巴管经肝门出肝。肝各叶的输出管合并在一起形成肝管。没有胆囊的动物,肝管和胰管一起开口于十二指肠。有胆囊的动物,胆囊的胆囊管与肝管合并,称为胆管,开口于十二指肠。

肝的表面被覆浆膜,并形成左、右冠状韧带,镰状韧带,圆韧带,左、右三角韧带与周围器官相连。

1.牛(羊)的肝 牛肝略呈长方形,被胃挤到右季肋部,被胆囊和肝圆韧带分为左、中、右三叶(图5-18)。左叶与第6~7肋骨相对,右叶在第2~3腰椎下方,分叶不明显,中叶被肝门分为上方的尾叶和下方的方叶。尾叶有两个上突,一个叫乳头突,另一个叫尾状突,尾状突突出于右叶以外。胆管在十二指肠的开口距幽门50~70 cm。

2. 猪的肝 猪肝较发达,中央部厚,周围边缘薄,大部分位于腹前部的右侧,左缘与第9或第10肋间隙相对;右缘与最后肋间隙的上方相对;腹缘位于剑状软骨后方,距离剑状软骨3~5 cm。肝被三条深切迹分左外叶、左内叶、右内叶和右外叶。猪肝的小叶间结缔组织发达,所以肝小叶很明显,用肉眼就可以看得很清楚。胆囊位于右内叶的胆囊窝内,胆管开口于距幽门2~5 cm处的十二指肠憩室(图5-19)。

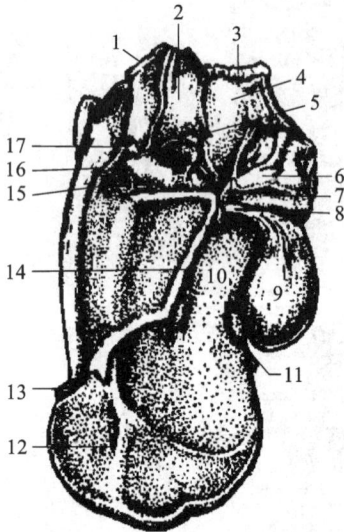

图5-18 牛肝(脏面)

1.肝肾韧带 2.尾状突 3.右三角韧带 4.肝右叶 5.肝门淋巴结 6.十二指肠 7.胆管 8.胆囊管 9.胆囊 10.方叶 11.肝圆韧带 12.肝左叶 13.左三角韧带 14.小网膜 15.门静脉 16.后腔静脉 17.肝动脉

(引自马仲华,家畜解剖学及组织胚胎学,第三版,2002)

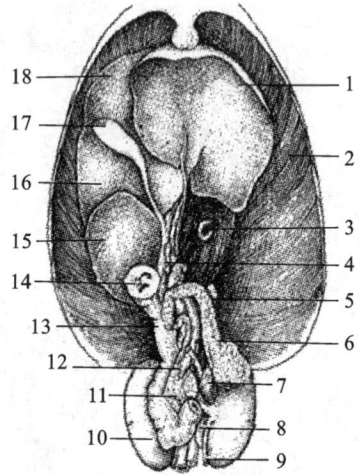

图5-19 猪肝

1.左外叶 2.膈 3.食管 4.胆管 5.胃淋巴结 6.胰左叶 7.肾上腺 8.肾淋巴结 9.输尿管 10.右肾 11.胰中叶 12.门静脉 13.十二指肠 14.幽门 15.右外叶 16.右内叶 17.胆囊 18.左内叶

(引自朱金凤、陈功义,动物解剖,2007)

3. 马的肝 马肝的特点是分叶明显,没有胆囊。大部分位于右季肋部,小部分位于左季肋部,其右上部达第16肋骨中上部,左下部与第7~8肋骨的下部相对。肝的背缘纯,腹侧缘薄而锐。肝的腹侧缘上有两个切迹,将肝分为左、中、右三叶。肝脏的输出管为肝总管,由肝左管和肝右管汇合而成,开口于十二指肠憩室(图5-20)。

(二)肝的组织构造

肝的表面大部分被覆一层浆膜,其深面为由富含弹性纤维的结缔组织构成的纤维囊,纤维囊结缔组织随血管、神经、淋巴管和肝管等出入肝实质内,构成肝的支架,并将肝分隔成许多肝小叶。

1.肝小叶 肝小叶为肝的基本单位,呈不规则的多面棱柱状。每个肝小叶的中央沿长轴都贯穿着一条中央静脉。肝细胞以中央静脉为轴心呈放射状排列,切片上则呈索状,称为肝细胞索。肝细胞呈单行排列构成的板状结构,又称肝板。肝板互相吻合连接成网,

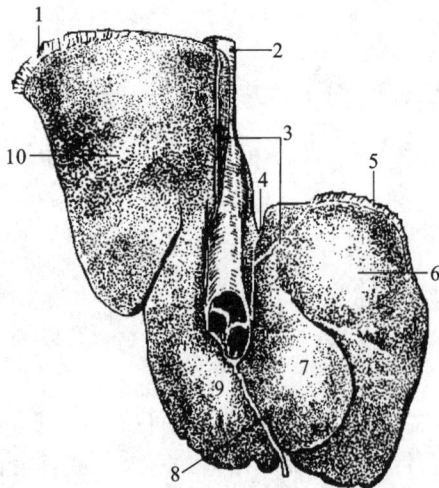

图5-20 马肝(壁面)

1.右三角韧带 2.后腔静脉 3.左、右冠状韧带 4.食管切迹 5.左三角韧带 6.左外叶 7.右内叶 8.镰状韧带 9.中叶(方叶) 10.右叶

(引自董常生,家畜解剖学,第三版,2001)

网眼内为窦状隙。窦状隙极不规则,通过肝板上的孔彼此沟通(图5-21)。

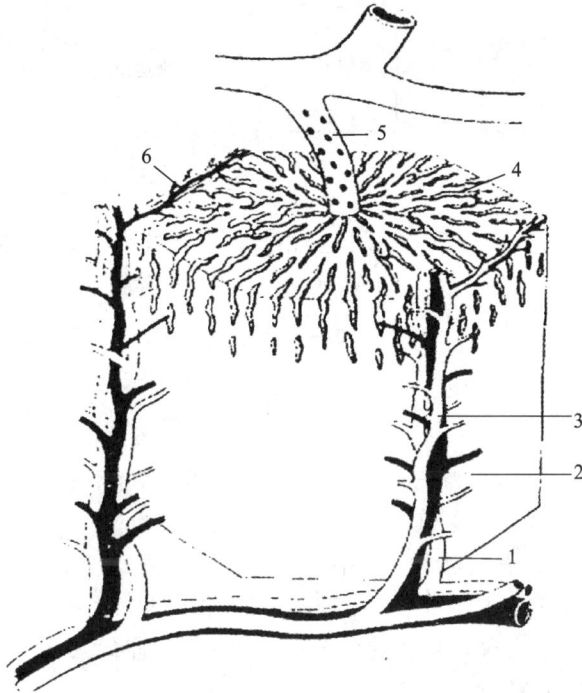

图5-21 肝小叶模式图
1.小叶间动脉 2.小叶间静脉 3.小叶间胆管 4.肝血窦 5.中央静脉 6.终末支
(引自朱金凤、陈功义,动物解剖,2007)

(1)肝细胞:呈多面形,胞体较大,界限清楚。胞核圆而大,位于细胞中央(常有双核细胞),核膜清楚。

(2)窦状隙:肝小叶内血液通过的管道(即扩大的毛细血管或血窦),位于肝板之间。窦壁由扁平的内皮细胞构成,细胞核呈扁圆形,突入窦腔内。此外,窦腔内还有许多体积较大、形状不规则的星形细胞,星形细胞以突起与窦壁相连,称为枯否细胞。这种细胞是体内单核巨噬细胞系统的组成部分。

(3)胆小管:直径 $0.5\sim1.0\ \mu m$,由相邻肝细胞的细胞膜围成。胆小管位于肝板内,并互相连接成网,从肝小叶中央向周边部行走,胆小管在肝小叶边缘与小叶内胆管连接。

2. 门管区 由肝门进出肝的三个主要管道(门静脉、肝动脉和肝管),以结缔组织包裹,总称为肝门管。三个管道在肝内分支,并在小叶间结缔组织内相伴而行,分别称为小叶间静脉、小叶间动脉和小叶间胆管。在门管区内还有淋巴管、神经伴行。

3. 肝的血液循环 进入肝的血管有门静脉和肝动脉。

(1)门静脉:来自胃、脾、肠、胰的血液汇合成门静脉,经肝门入肝,在肝小叶间分支形成小叶间静脉,再分支成终末分支开口于窦状隙,然后血液流向小叶中心的中央静脉。门静脉血由于主要来自胃肠,所以血液内既含有经消化吸收来的营养物质,又含消化吸收过程中产生的毒素、代谢产物及细菌、异物等有害物质。其中,营养物质在窦状隙处可被吸收、储存或经加工、改造再排入血液中,运到机体各处,供机体利用;而代谢产物及有毒、有害物质,则可被肝细胞结合或转化为无毒、无害物质,细菌、异物可被枯否细胞吞噬。因此,门静脉属于肝脏的功能血管。

(2)肝动脉:来自腹主动脉。经肝门入肝后,在肝小叶间分支形成小叶间动脉,并伴随分支后的小叶间静脉,一同进入窦状隙和门静脉血混合。部分分支还可到达被膜和小叶间结缔组织等处。这支血管由于来自腹主动脉,含有丰富的氧气和营养物质,可供肝细胞物质代谢使用,所以是肝脏的营养血管。

肝的血液循环途径：

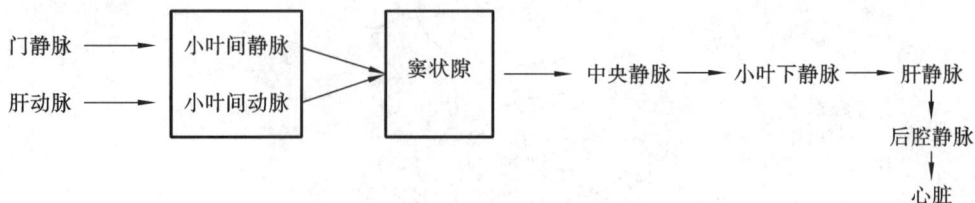

门静脉 —→ 小叶间静脉 —→ 窦状隙 —→ 中央静脉 —→ 小叶下静脉 —→ 肝静脉
肝动脉 —→ 小叶间动脉 ↗   ↓
                                                            后腔静脉
                                                            ↓
                                                            心脏

4.胆汁排出途径 肝细胞分泌的胆汁排入胆小管内。在肝小叶边缘,胆小管汇合成短小的小叶内胆管。小叶内胆管穿出肝小叶,汇入小叶间胆管。小叶间胆管向肝门汇集,最后进入肝管出肝直接开口于十二指肠(在马)或与胆囊管汇合成胆管后,再通入十二指肠内(在牛、羊和猪等)。

七、胰

(一)胰的形态和位置

胰呈淡红黄色,形状不规则,近似三角形,位于腹腔背侧,靠近十二指肠。胰可分为三个叶,靠近十二指肠的部分叫中叶(或胰头),左侧的部分分为左叶,右侧的部分叫右叶。胰的输出管有的动物(牛、猪)有一条,有的动物(马、犬)有两条,其中一条叫胰管,另一条叫副胰管。

1.牛的胰 牛胰呈不正的四边形,分叶不明显,位于右季肋部和腰部。胰头靠近肝门附近。左叶背侧附着于膈肌脚,腹侧与瘤胃背囊相连。右叶较长,向后伸延到肝尾状叶附近,背侧与右肾邻接,腹侧与十二指肠和结肠为邻(图5-22)。

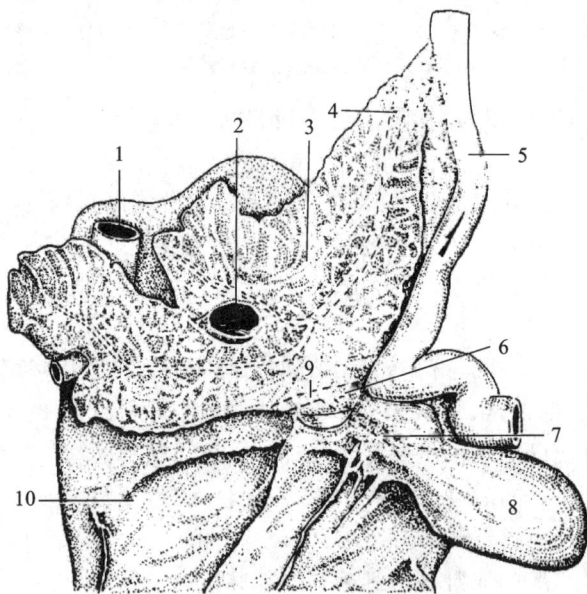

图5-22　牛胰(腹侧面)
1.后腔静脉　2.门静脉　3.胰　4.胰管　5.十二指肠　6.胆管　7.胆囊管　8.胆囊　9.肝管　10.肝
(引自马仲华,家畜解剖学及组织胚胎学,第三版,2002)

2.猪的胰 猪胰由于脂肪含量较多,故呈灰黄色,略呈三角形。胰头稍偏右侧,位于门静脉和后腔静脉腹侧,右叶沿十二指肠向后方伸延到右肾的内侧缘;左叶位于左肾的下方和脾的后方,整个胰位于最后两胸椎和前两个腰椎的腹侧。胰管由右叶末端发出,开口于距幽门 $10\sim12$ cm 处的十二指肠内(图5-23)。

3.马的胰 马胰呈扁三角形,呈淡红色,横位于腹腔顶壁的下面,大部分位于右季肋部。

(二)胰的组织构造

胰表面结缔组织被膜比较薄。结缔组织伸入腺内,将腺实质分隔成许多小叶。胰具有外分泌和内分泌两种功能,所以胰的实质也分外分泌部和内分泌部(图5-24)。

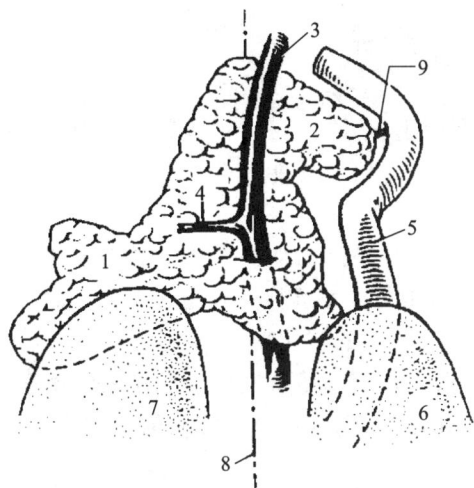

图 5-23　猪胰(背侧面)

1.左叶　2.右叶　3.门静脉　4.胃脾静脉　5.十二指
肠降部　6.左肾前极　7.右肾前极　8.正中平面近侧
位置　9.胰管

(引自董常生,家畜解剖学,第三版,2001)

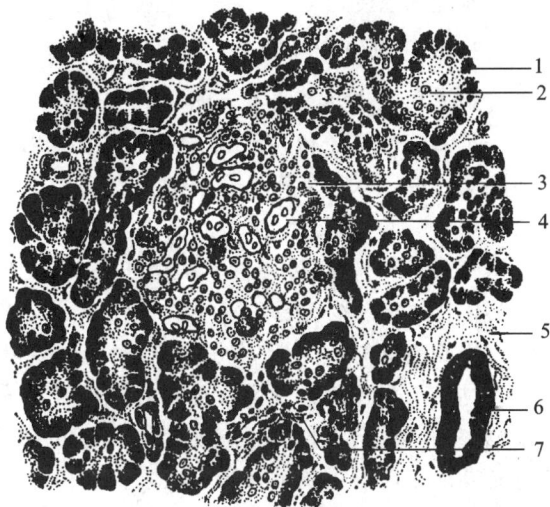

图 5-24　胰的组织构造

1.腺泡　2.泡心细胞　3.胰岛　4.毛细血管　5.小叶间结缔
组织　6.小叶间导管　7.闰管

(引自王树迎、王政富,动物组织学与胚胎学,2000)

1. 外分泌部　胰外分泌部属消化腺,分腺泡和导管两部分,占腺体的绝大部分。腺泡分泌液称胰液,一昼夜可分泌 6～7 L(牛、马)或 7～10 L(猪),经胰管注入十二指肠。

2. 内分泌部　胰内分泌部位于外分泌部的腺泡之间,由大小不等的细胞群组成,形似小岛,故名胰岛。胰岛细胞分泌胰岛素和胰高血糖素,经毛细血管进入血液,有调节血糖的作用。

八、肛门

肛门是消化管末端,外为皮肤,内为黏膜。皮肤与黏膜之间有平滑肌形成的内括约肌和横纹肌形成的外括约肌,控制肛门的开闭。提肛反射是否消失是判定动物是否彻底死亡的标志之一。

知识单元 3　消 化 生 理

一、胃肠道平滑肌的特性及功能调节

(一)胃肠道平滑肌的特性

在消化管中,除口腔、咽、食管大部分(马前 2/3,牛和猪几乎全部)和肛门外括约肌是骨骼肌外,其余部分都是由平滑肌组成的,消化管通过平滑肌的舒缩活动完成对食物的物理性消化。消化管平滑肌除具有兴奋性、传导性、收缩性等肌肉组织的共同特性外,还具有收下特性。

(1)兴奋性较低、收缩缓慢。消化管平滑肌与骨骼肌、心肌相比兴奋性较低,静息电位不稳定,可以缓慢自动去极化。

(2)较大的展长性。消化管平滑肌能适应需要做很大伸展,可比原初长度增加几倍,且不发生张力的改变。

(3)紧张性。消化管平滑肌经常保持微弱的持续收缩状态,即具有一定的紧张性。

(4)节律性收缩。消化管平滑肌收缩有明显的自动节律性,能够自动地进行缓慢的节律性运动。即使是离体的胃肠道平滑肌,在适宜的环境中,仍能进行缓慢的节律性运动。这种运动是使消化管中内容物循着一定方向缓慢移动的基础。

(5)对化学、温度、牵张刺激敏感。微量的化学物质,尤其是体液因素,常常能显著地改变消化管的运动速度和强度。

(二)胃肠道功能的调节

胃肠道功能主要受两个方面调节。

一是受外来神经和内分泌系统调节。消化管除口腔、食管上段及肛门外括约肌外,都受交感神经和副交感神经双重支配。其中副交感神经的作用是主要的。胃肠道功能受自主神经系统和胃肠壁内在神经丛的控制。

副交感神经兴奋,可使胃肠运动加强,消化腺分泌增加,括约肌舒张,加快胃肠道的化学性和物理性消化作用;交感神经兴奋,可使消化腺分泌减少,胃肠运动减弱。交感神经和副交感神经对胃肠道的作用是拮抗的,它们的作用对立统一,使胃肠道共同维持着正常的消化功能。

二是受消化系统本身所特有的内在神经丛和胃肠道激素的调节。尽管起全身性作用的激素有很多,如生长激素促进消化系统生长发育,甲状腺素促进消化液分泌、加速营养物质的吸收等,但调节胃肠功能活动的主要是胃肠道激素。

二、口腔消化

(一)物理性消化

1. 咀嚼　咀嚼的作用如下:①磨碎食物;②混合唾液;③反射性引起唾液腺、胃腺、胰腺等消化腺的分泌活动和胃肠道的运动,为以后的消化过程创造有利条件。

2. 吞咽　由口腔、舌、咽和食管肌肉共同参与的一系列复杂的反射性协调活动叫作吞咽,是食团从口腔进入胃的过程。

(二)化学性消化

口腔的化学性消化主要依靠唾液来完成。唾液是三对大消化腺(腮腺、颌下腺、舌下腺)和口腔黏膜中许多小腺体(唇腺、颊腺)的分泌物混合而成的分泌物。

1. 唾液的性质和组成　唾液为无色透明的、黏稠的弱碱性液体,由水、无机盐和有机物组成。动物唾液的比重在 $1.001 \sim 1.009$ 之间,平均 pH:猪为 7.32,犬和马为 7.56,反刍动物为 8.2。

2. 唾液的生理作用

(1)湿润口腔和饲料,有利于动物嘶鸣、咀嚼和吞咽。

(2)能溶解食物中的某些成分而产生味觉,并引起胃、肠消化液分泌及运动加强的某些反射活动。

(3)猪等动物唾液中所含的淀粉酶,能催化淀粉水解为麦芽糖。

(4)以乳为食的某些幼畜唾液中的脂肪分解酶,可水解脂肪和游离脂肪酸。

(5)唾液可冲洗口腔中的异物和饲料残渣,洁净口腔,犬等肉食动物唾液中的溶菌酶具有杀菌作用。

(6)维持口腔中的弱碱性环境,使饲料中的碱性酶免遭破坏。

(7)某些汗腺不发达的动物,如牛、犬,可借助唾液中水分蒸发来调节体温。

(8)反刍动物可随唾液分泌大量的尿素进入瘤胃,参与机体的尿素再循环,减少氮的损失。

3. 唾液的生成　唾液的生成包括唾液腺的腺细胞分泌原液和原液的无机盐离子在细导管内交换两个过程。

4. 唾液分泌的调节　唾液分泌受神经反射性调节,摄食时唾液分泌包括条件反射和非条件反射。

三、单胃的消化

单室胃动物胃内的消化以化学性消化为主,物理性消化为辅。

(一)化学性消化

化学性消化主要靠胃液中的消化酶进行。

1. 胃液的性质　纯净胃液为无色、透明、清亮的强酸性液体,pH 为 $0.9 \sim 1.5$。

2. 胃液的主要成分及作用

(1)盐酸:即通常所说的胃酸。胃液中的盐酸有两种形式:一是游离酸,二是结合酸,二者合称总酸。其中绝大部分是游离酸。盐酸的含量因畜禽种类不同而异,猪约 0.35%,马约 0.24%,犬约 0.5%。猪胃液中游离盐酸约占总酸的 90%,结合酸约占 10%。

盐酸的主要作用:①激活胃蛋白酶原,使其转变成有活性的胃蛋白酶,并为其提供适宜的酸性环境。②使蛋白质膨胀变性,便于被胃蛋白酶水解。③抑制和杀灭随饲料进入胃内的微生物,维持胃和小肠的无菌状态。④盐酸进入小肠后,能刺激胰液素的释放,从而促进胰液、胆汁和小肠液的分泌。⑤盐酸所造成的酸性环境有助于铁和钙的吸收。

初生幼畜胃液特别缺乏盐酸。胃液过多时可侵蚀胃和十二指肠黏膜,是消化性溃疡的诱因之一。

(2)胃消化酶:胃黏膜分泌的消化酶有胃蛋白酶、凝乳酶和胃脂肪酶等。胃消化酶均由主细胞分泌。

①胃蛋白酶:胃液中主要的消化酶。由胃腺主细胞分泌到胃腔的是无活性的胃蛋白酶原,它在盐酸或已激活的胃蛋白酶作用下,转变为有活性的胃蛋白酶。在酸性环境中胃蛋白酶能分解蛋白质,主要产物是胨和胨,少量多肽和氨基酸。

②凝乳酶:哺乳期幼畜的胃液内含量较高,刚分泌时亦为无活性的酶原,盐酸能将其激活。凝乳酶能将乳汁中的酪蛋白凝固,从而延长乳汁在胃内的停留时间,以利于胃液对乳汁的充分消化,这对哺乳期幼畜极为重要。

③胃脂肪酶:能将一部分脂肪分解为甘油和脂肪酸。但胃脂肪酶的含量和活性低,在胃内消化脂肪的作用不大。

(3)黏液:胃的黏液是由胃黏膜表面上皮细胞、胃腺的主细胞、颈黏液细胞,贲门腺和幽门腺共同分泌的,有可溶性黏液和不溶性黏液两种。可溶性黏液较稀薄,由胃腺的主细胞和颈黏液细胞以及贲门腺和幽门腺分泌,是胃液的一种成分。它与胃内容物混合可润滑及保护黏膜免受损伤。不溶性黏液由胃黏膜表面上皮细胞分泌,呈胶冻状,衬于胃腔表面,形成厚约 1 mm 的黏液层,还与胃黏膜分泌的 HCO_3^- 一起构成"黏膜-碳酸氢盐屏障"。该屏障的主要作用在于防止胃酸和胃蛋白酶对胃黏膜的侵蚀和消化。

(4)内因子:壁细胞还分泌一种分子量约为 6 万的糖蛋白,称为内因子,它可与随着食物进入胃内的维生素 B_{12} 结合,其主要作用是防止维生素 B_{12} 在胃肠消化过程中被破坏,从而促进维生素 B_{12} 的吸收。维生素 B_{12} 是红细胞生成的重要因子,缺乏时影响红细胞的有丝分裂,导致巨幼红细胞贫血,又称大细胞贫血。

3. 胃液分泌的调节

(1)刺激胃液分泌的因素:食物是引起胃液分泌的生理性刺激物,一般按感受食物刺激的部位,分为三个时期:头期、胃期和肠期。①头期:引起胃液分泌的传入冲动主要来自位于头部的感受器。头期分泌的胃液特点是分泌量多,酸度高,胃蛋白酶的含量高,因而消化力强。②胃期:食物进入胃后,继续刺激胃液分泌。胃期分泌的胃液的特点是酸度高,但消化力比头期弱。③肠期:食物在胃内部分消化而成为食糜进入小肠后,还能引起少量的胃液分泌。肠期分泌的胃液特点是分泌量少,约占进食后胃液分泌总量的 10%,酶原含量也少。

(2)抑制胃液分泌的因素:胃液的分泌受盐酸、脂肪、高渗溶液、精神、情绪等因素的影响。

①盐酸:当胃窦和十二指肠内盐酸过多(胃窦内 pH<1.2 或十二指肠内 pH<2.5 时),可以抑制胃酸分泌。

②脂肪:进入小肠内的脂肪及其消化产物,可以刺激小肠黏膜释放肠抑胃素,进而抑制胃液的分泌。

③高渗溶液:十二指肠内的高渗溶液可抑制胃液分泌。

④通过刺激小肠黏膜释放胃肠激素抑制胃液分泌。

(3)某些药物对胃液分泌的影响:组织胺是一种很强的胃酸分泌刺激物。正常情况下,胃黏膜恒定地释放少量组织胺,通过局部弥散到达邻近的壁细胞发挥作用。临床上常用于检查胃腺的分泌功能。近年来认为,组织胺不仅本身具有刺激胃酸分泌的作用,还可以提高壁细胞对胃泌素和乙酰胆碱的敏感性。

4. 胃内的消化过程 进入胃内的食物,在胃液消化酶作用下开始消化。微生物的发酵作用参与草食和杂食畜整个消化过程。

糖类和蛋白质的初步分解主要在胃内进行,脂肪开始乳化但分解量很少。食物进入胃后在一段时间保持分层排列状态,并紧贴胃壁,胃壁腺体分泌的酸性胃液逐渐由外向内透入。幼畜的胃液含盐酸量很少或完全缺乏,所以对蛋白质的消化和杀灭细菌的能力很弱,这是幼畜易患某些消化管疾病的一个重要原因。

(二)物理性消化

胃的物理性消化依靠胃的运动来实现。构成胃壁的平滑肌按其纤维的排列方向分为纵行、环行和斜行三层。这些肌肉的收缩形成胃的运动。

1. 胃的运动形式 胃的运动可使食物与胃液充分混合,一起进入小肠。

(1)紧张性收缩:胃壁平滑肌经常保持着一定程度的收缩状态,称紧张性收缩,其意义在于维持胃内一定的压力和胃的形状、位置。当胃内充满食物时,紧张性收缩加强,所产生的压力有助于胃液渗入食物和促进食糜向十二指肠移行。

(2)容受性舒张:当咀嚼和吞咽食物时,食物刺激咽、食管等处感受器,反射性地引起胃底和胃体部肌肉舒张,这种舒张使胃能适应大量食物的涌入,而胃内压上升不多,以完成储存食物的功能,故称容受性舒张。

(3)蠕动:食物进入胃后约5 min,胃即开始蠕动,蠕动波从胃体中部开始,逐渐推向幽门,蠕动开始时不很明显,越靠近幽门,收缩越强。蠕动波的频率每分钟3次,约需1分钟到达幽门。因此,通常是"一波未平,一波又起"。胃反复蠕动可使胃液与食物充分混合,并推送胃内容物分批通过幽门进入十二指肠。

胃运动的作用:①储存食物;②使食物和胃液充分混合变成半流体的食糜;③将食糜分批排入十二指肠。

2. 胃运动的调节

(1)神经调节:迷走神经对胃运动具有兴奋作用,交感神经能减慢胃的基础生物电节律的频率和传导速度,抑制胃运动。

(2)体液调节:许多胃肠道激素能影响胃收缩和生物电活动。胃泌素可使胃的基础生物电节律及动作电位的频度增加,使运动增强。促胰液素和抑胃肽可使胃运动减弱。

(三)胃的排空

食物由胃排入十二指肠的过程称为胃的排空。对于单室胃动物,在食物进入胃后5 min,部分食物开始排入十二指肠。胃对不同食物的排空速度是不同的,这与食物的物理状态和化学组成有关。通常流体食物比固体食物排空快,颗粒小的食物比颗粒大的食物排空快。

(四)呕吐

呕吐是指胃内容物和肠内容物被强力挤压后,通过食管从口腔吐出的动作。

动物借助呕吐将进入消化管的有害物质排出。因此,它是一种具有保护意义的防御反射。但呕吐对动物也有不利的一面,长期剧烈的呕吐,不仅影响正常进食和消化活动,而且使大量消化液丢失,造成体内水、电解质和酸碱平衡紊乱。

四、复胃的消化

(一)反刍动物前胃内的消化

反刍动物具有庞大的复胃,由瘤胃、网胃、瓣胃和皱胃四个胃构成。前三个胃的黏膜无腺体,不分泌胃液,合称前胃。前胃除具有反刍、嗳气、食管沟作用外,更重要的是微生物发酵作用,可使饲料内可消化的干物质的 70%～80% 在此消化。

1. 瘤胃

(1)瘤胃内微生物生存的条件。

①有丰富的营养物质和水分稳定地进入瘤胃,以供给微生物繁殖所需的营养物质和充足的水。

②离子强度在最佳范围内,使瘤胃中渗透压维持在接近血浆水平。

③温度适宜,通常为 38～41 ℃。

④瘤胃背囊气体多为二氧化碳、甲烷及少量氮、氢等,形成了高度厌氧环境。

⑤饲料发酵产生大量挥发性脂肪酸和氨,不断被吸收入血,或被碱性唾液所缓冲,使 pH 维持在 6～7 之间。

⑥瘤网胃周期性的运动可使内容物充分混合,将未被消化的食糜和微生物排到后段消化管。

(2)瘤胃内微生物的种类和作用:瘤胃中的微生物主要是厌氧的纤毛虫和细菌,种类繁多,并随饲料性质、饲喂制度和动物年龄的不同而发生变化。微生物总体积占瘤胃液的 3.6%。

①纤毛虫的种类及作用:分为全毛和贫毛两种。前者全身被覆纤毛,后者的纤毛集中成簇,只分布在一定部位。

纤毛虫蛋白质的消化率高达 91%,超过细菌蛋白(74%),并含有丰富的赖氨酸等必需氨基酸,其营养品质优于细菌蛋白质。随食糜进入瘤胃后消化管的瘤胃纤毛虫,成为畜体蛋白质营养的重要来源之一。

②细菌的种类和作用:瘤胃中的细菌不仅种类多,而且极为复杂。从形态来看有杆菌、弧菌、球菌、螺旋菌、单胞菌和巨球型菌。依据发酵物质的不同又分为分解纤维素、半纤维素、蛋白质、果胶、淀粉、尿素的菌,产生甲烷、氨的菌和利用酸、葡萄糖和脂肪的菌。

③瘤胃厌氧真菌:瘤胃内的厌氧真菌约占瘤胃内微生物总量的 8%。真菌的孢子附着在饲料残渣上,生长发育成菌丝体,然后长出孢子囊,孢子囊繁殖出大量活动的孢子。因此,瘤胃真菌的生活史包括孢子和菌丝体两期,一个生活周期约需 24 h。

④共生:瘤胃内的微生物不仅与宿主(牛、羊)之间存在着共生关系,微生物之间彼此也存在着共生关系。如果将瘤胃内纤毛虫消除,细菌和真菌数目虽然大量增加,但这时瘤胃内消化代谢过程仍维持在原来的水平。实验证明,纯培养的纤维素分解菌分解纤维的能力,远远不及多种纤维素分解菌和其他菌类协同作用时的分解能力。瘤胃真菌与甲烷菌之间也存在密切的共生关系,两者混合培养时,纤维素降解率显著提高。

(3)瘤胃内微生物的消化与代谢:饲料进入瘤胃后,在瘤胃内微生物作用下,通过一系列复杂的消化和代谢过程产生挥发性脂肪酸,合成微生物菌体蛋白、糖原和维生素等,供机体利用。

①碳水化合物的消化:反刍动物饲料中的纤维素、半纤维素、淀粉、果聚糖、戊聚糖、蔗糖和葡萄糖等,均可被瘤胃内微生物发酵而分解。

反刍动物所需糖的来源主要是纤维素,在瘤胃中发酵的纤维素占总纤维素的 40%～50%。发酵的进行主要靠瘤胃中纤毛虫和细菌的纤维素分解酶。纤维素和半纤维素等在分解发酵过程中,首先生成纤维二糖,再分解为葡萄糖。葡萄糖继续分解,经乳酸和丙酮酸阶段,最终生成挥发性脂肪酸(主要是乙酸、丙酸、丁酸)、甲烷和二氧化碳。

在反刍动物和其他草食动物中,挥发性脂肪酸是主要能源物质。以牛为例,一昼夜挥发性脂肪酸提供 25121～50242 kJ 能量,占机体所需能量的 60%～80%。挥发性脂肪酸在瘤胃内的含量为 90～150 mmol/L。

乙酸、丙酸、丁酸在瘤胃液中的相应浓度反映了它们的生成速度,其相应浓度对营养和代谢有重要影响,通常乙酸、丙酸、丁酸的比例是 70∶20∶10,但随饲料的质量、种类而变化,如日粮中精饲料多时,丁酸的比例升高;粗饲料多时,乙酸的比例升高。

②蛋白质消化和代谢：反刍动物蛋白质代谢过程中最大特点是除可利用饲料的蛋白质外，还可利用非蛋白氮，形成微生物蛋白质，这是反刍动物的重要蛋白质来源。

进入瘤胃的饲料蛋白质，一般有30%～50%未被瘤胃内微生物分解而排入后段消化管，其余则在瘤胃内被微生物蛋白酶水解为游离氨基酸和肽类，随后被微生物脱氨基酶分解，生成氨、二氧化碳和短链脂肪酸。因此，瘤胃液中的游离氨基酸很少。畜牧生产中将饲料蛋白质用甲醛溶液或加热法进行预处理后饲喂牛、羊，可以保护蛋白质，避免蛋白质被瘤胃内微生物分解，从而提高蛋白质日粮的利用率。在可利用糖充足的情况下，许多瘤胃内微生物，包括那些能利用肽的微生物在内，也可以利用氨合成蛋白质。这样，瘤胃中的非蛋白氮如尿素、铵盐和酰胺等被微生物分解产生氨后，也可用于合成微生物蛋白质。

氨基酸分解所产生的氨，以及微生物分解饲料中的非蛋白氮如尿素、铵盐、酰胺等所产生的氨，一部分被细菌用作氮源，合成菌体蛋白；另一部分被瘤胃上皮迅速吸收，并在肝脏中经鸟氨酸循环生成尿素。一部分尿素能通过唾液分泌或直接通过瘤胃上皮进入瘤胃，并被细菌分泌的尿素酶重新分解为二氧化碳和氨，可被瘤胃内微生物再利用，通常将这一循环过程称为尿素再循环。另一部分尿素随尿排出体外。尿素再循环对于提高饲料中含氮化合物的利用率具有重要意义，尤其在低蛋白日粮的条件下，反刍动物依靠尿素再循环可以节约氮的消耗，保证瘤胃内氮的浓度，利于瘤胃内微生物菌体蛋白的合成，同时使尿中尿素的排出量降到最低水平。畜牧生产中，尿素可用来代替日粮中约30%的蛋白质。但是尿素在瘤胃内脲酶作用下迅速分解，产生氨的速度约为微生物利用速度的4倍，所以必须降低尿素的分解速度和提高尿素利用效率，以免瘤胃内氨储积过多而引起氨中毒。目前除了通过抑制脲酶活性、制成胶凝淀粉尿素或尿素衍生物使释放氨的速度延缓外，日粮中供给易消化糖类，使微生物更多地利用氨合成蛋白质也是一种必要手段。

③脂肪的消化和代谢：饲料中的脂肪大部分能被瘤胃内微生物彻底水解，生成甘油和脂肪酸。

④维生素合成：瘤胃内微生物能合成多种B族维生素和维生素K，幼年反刍动物，瘤胃发育不完善，微生物区系不健全，有可能患B族维生素缺乏症；成年反刍动物，当日粮中钴缺乏时，瘤胃内微生物不能合成足够的维生素B_{12}，于是出现食欲抑制等症状。

2. 瓣胃 生长中的反刍动物，瓣胃发育迅速。出生后10天与150天犊牛的瓣胃容积可增大几十倍。

来自网胃的流体食糜通过瓣胃的叶片之间时，大量水分被移去，瓣胃起到了滤器作用。截留于叶片之间的较大食糜颗粒，被叶片的粗糙表面揉捏和研磨，变得细碎。在瓣胃内，食物中约20%的纤维素被消化。

3. 前胃运动及其调节

(1)网胃运动：整个前胃运动从网胃两次收缩开始。第一次收缩程度较弱，第二次收缩十分强烈，其内腔几乎消失。此时网胃中如有铁钉等异物，易造成创伤性网胃炎或网胃心包炎。网胃收缩的作用如下：①驱使一部分液体食糜流进瘤胃前庭；②驱使比重轻的食糜流进瘤胃背囊；③控制部分液状食糜从网瓣口进入瓣胃；④促使前庭内的液状食糜逆流而发生逆呕。

(2)瓣胃运动：瓣胃运动是与网胃运动互相协调的，网胃收缩时，网瓣口开放，特别是在网胃第二次收缩时，网瓣口开放，此时一部分食糜由网胃快速流入瓣胃。食糜进入瓣胃后，瓣胃沟首先收缩，使其中的液态食糜由瓣胃移入皱胃，而固态食糜则被挤进瓣胃的叶片之间，在瓣胃收缩的作用下被进一步磨碎。

(3)前胃运动的调节：前胃运动同单室胃动物的胃运动一样，具有自动节律性。在正常情况下，这种节律性受神经系统的调节，其基本中枢位于延髓，高级中枢位于大脑皮层，中枢的传出冲动经迷走神经和交感神经传到前胃，支配其节律性活动。各种体液因素也参与前胃运动的调节。

4. 反刍 反刍是指反刍动物将没有充分咀嚼而咽入瘤胃内、经浸泡软化和一定时间发酵的饲料，在休息时返回口腔再仔细咀嚼的特殊消化活动。反刍分为四个阶段：逆呕、再咀嚼、再混入唾液和再吞咽。

反刍的生理意义在于动物可以在短时间内尽快地摄取大量食物,储存于瘤胃中,然后在休息时将食物逆呕回口腔,再充分咀嚼。这是反刍动物在进化过程中逐渐发展起来的一种生物学适应,借以避免采食时受到各种肉食动物的侵袭。其功能是将饲料嚼细并混入大量唾液,以便更好地消化。

5. 嗳气 瘤胃内微生物在强烈发酵饲料的过程中,不断产生大量气体,主要是二氧化碳(50%～70%)和甲烷(20%～45%),还有少量氢气、氮气和硫化氢等。瘤胃中的气体,约 1/4 通过瘤胃壁吸收入血后经肺排出;一部分被瘤胃内微生物所利用;一小部分随饲料残渣经胃肠道排出;大部分靠嗳气排出。

瘤胃中部分气体通过食管向外排出的过程,称为嗳气。嗳气的次数取决于气体产生的速度,正常情况下瘤胃中所产生的气体和通过嗳气等所排出的气体之间维持相对的平衡;如产生的气体过多,不能及时排出,可形成瘤胃急性臌气。牛每小时嗳气 17～20 次。

6. 食管沟(网胃沟)反射 网胃沟起始于贲门,向下延伸至网-瓣胃间孔。网胃沟实质上是食管的延续,收缩时呈管状,起着将乳汁或其他液体自食管输往瓣胃沟和皱胃的通道作用。

网胃沟反射与吞咽动作是同时发生的,其感受器分布在唇、舌、口腔和咽部的黏膜上,传入神经为舌咽神经、舌下神经和三叉神经的咽支,反射中枢位于延髓内,与吸吮中枢紧密相关;传出神经为迷走神经,若切断两侧迷走神经,网胃沟闭合反射就会消失。幼龄动物吮乳时,吸吮动作可反射性地引起网胃沟的两唇闭合成管状,形成将乳汁通向皱胃的直接通道。这种反射活动在动物断奶后伴随年龄的增长逐渐减弱以至消失,但如果一直连续吮乳,则动物到成年时仍可保持幼年时的功能状态。

(二)皱胃的消化

皱胃的结构和功能与非反刍动物的单胃类似。

1. 消化液的分泌 皱胃是反刍动物胃的有腺部分,分胃底和幽门两部。胃底腺分泌的胃液为水样透明液体,含有盐酸、胃蛋白酶和凝乳酶,并有少量黏液。皱胃胃液的酸性,不断地杀死来自瘤胃的微生物。微生物蛋白质被皱胃的蛋白酶初步分解。

2. 皱胃的运动 在胃体部处于静止状态时,幽门窦出现强烈的收缩波,半流体的皱胃内容物随幽门运动而排入十二指肠。绵羊的皱胃食糜从幽门间歇地排入十二指肠,一次 30～40 mL,一昼夜总量为 8.5～10 L。由于十二指肠有时出现逆蠕动,绵羊有 10%(山羊为 40%)食糜向皱胃回流。

由前胃流入皱胃的食糜速率受副交感神经的反射性调节。瘤胃内容物容积增加反射性引起瓣胃流入皱胃的食糜量增多,当皱胃被来自前胃的食糜充满时,则抑制食糜继续流入皱胃;同样,食糜流入十二指肠刺激其容积和化学感受器反射性抑制食糜通过。

五、小肠内的消化

(一)小肠的运动

肠壁的内层肌由环行肌组成,它的收缩使肠管的口径缩小;肠壁的外层肌由纵行肌组成,它的收缩使肠管的长度缩短。

1. 小肠运动的形式 小肠运动的形式包括消化期的紧张性收缩、分节运动、蠕动、摆动以及消化间期的移行性运动复合波。

(1)紧张性收缩:小肠平滑肌的紧张性是其他运动形式有效的基础。当小肠紧张性降低时,肠壁易于扩张,小肠对食糜混合无力,推送缓慢;小肠紧张性较高时,食糜在肠腔内的混合和推送均加快,为 10～30 cm/min。

(2)分节运动:以环行肌为主的节律性收缩的舒张活动。表现为在食糜所在的某一段肠管上,环行肌在许多点同时收缩,将食糜分割成许多节段。随后,原来收缩处舒张、舒张处收缩,使原来的食糜节段分为两半,相邻的两半则融合为新的节段。如此反复进行,食糜不断地分开,又不断地混合。在持续一段时间之后,肠管通过蠕动把食糜推到下一段肠管,再重新进行分节运动。分节运动可使食糜与消化液充分混合;使食糜与肠管紧密接触,有利于吸收;还能挤压肠壁,有助于肠壁血液和淋巴回流。

(3)蠕动:由环行肌和纵行肌共同参与的一种速度缓慢的波浪式的推进运动。纵行肌先开始收缩,当收缩完成一半时,环行肌便开始收缩。当环行肌收缩完成时,纵行肌的舒张完成一半。如此连续进行,使食糜缓慢后移。小肠还出现一种进行速度快(2~25 cm/s)、传播较远的蠕动,称为蠕动冲,它可把食糜从小肠始端推向末端,有时可直接推到大肠。在十二指肠和回肠末端有时还会出现与蠕动方向相反的蠕动,叫逆蠕动,蠕动与逆蠕动相配合,使食糜在肠管内来回移动,有利于食糜充分消化和吸收。

(4)摆动(钟摆运动):摆动是草食家畜特有的,以纵行肌节律性舒缩活动为主的运动。当食糜进入某段小肠后,该段小肠的纵行肌一侧发生节律性的舒张和收缩时,对侧纵行肌则发生相应的收缩和舒张。表现为该段肠管时而朝这个方向运动,时而又朝相反方向移动,形如钟摆运动。其作用与分节运动相似。

(5)移行性运动复合波:此波发生在消化间期,是一种强有力的蠕动性收缩,传播很远,有时能传播至整个小肠。其生理意义还不清楚,多认为在推送小肠内未消化的食物残渣离开小肠和控制前段肠管内细菌的数量方面起重要作用。

2. 小肠运动的调节

(1)神经调节。

①内在神经丛的作用:位于纵行肌和环行肌之间的肌间神经丛对小肠运动起主要作用。当机械或化学刺激作用于肠壁感受器时,通过局部反射可引起平滑肌蠕动。若切断外来神经,小肠的蠕动仍可进行。

②外来神经的作用:副交感神经兴奋能加强小肠的运动,交感神经兴奋产生抑制作用。但上述效果还取决于肠肌当时的状态,如肠肌的紧张性高,则无论是交感神经还是副交感神经兴奋,都会抑制小肠运动;相反,如肠肌的紧张性低,则这两种神经兴奋都可增强其活动。

(2)体液因素的作用。

促进小肠运动的体液因素:乙酰胆碱、5-羟色胺、胃泌素、胆囊收缩素、胃动素、P物质等。其中P物质、5-羟色胺等作用更强。抑制小肠运动的物质有血管活性肠肽、抑胃肽、内肽、促胰液素、肾上腺素、胰高血糖素等。

3. 回盲瓣或回盲括约肌的功能　牛、羊、猪、犬有发达的回盲瓣,而马有发达的回盲括约肌。在回盲瓣处,环行肌显著增厚,形成回盲括约肌,一般状态下回盲括约肌保持收缩状态。回盲瓣或回盲括约肌的主要功能是防止回肠内容物过快地进入盲肠,延长食糜在小肠内停留的时间,保证小肠内容物能被机体充分消化和吸收;同时,回盲瓣或回盲括约肌还能有效地阻止大肠内带细菌的内容物向回肠倒流而污染小肠。

(二)胰液的消化作用

1. 胰液的组成、功能和分泌量　胰液是无色透明而黏稠的碱性液体,pH 7.2~8.4。不同动物一昼夜胰液分泌量各不相同,马10~12 L,牛6~7 L,猪7~10 L,绵羊250~500 mL。

胰液中约90%为水,其余为无机物和有机物。无机物主要为碳酸氢盐和少量氯化物,其主要作用是中和进入十二指肠的胃酸,使肠黏膜免受强酸的侵蚀;同时也提供了适宜小肠内多种消化酶活动的环境。胰液中的有机物由胰腺的腺泡细胞分泌,主要是各种消化酶,可消化进入小肠的食糜。胰液是所有消化液中最重要的一种。

2. 胰消化酶的分泌及其作用

(1)胰蛋白酶:胰液中的蛋白分解酶主要是胰蛋白酶。

（2）胰淀粉酶：胰淀粉酶是一种 α-淀粉酶，在 Cl^- 存在下，能将淀粉水解为糊精和麦芽糖。

（3）胰脂肪酶：胰脂肪酶是胃肠道消化脂肪的主要酶，在胆盐的共同作用下，可将脂肪分解为脂肪酸和甘油一酯。

（三）胆汁的消化作用

1. 胆汁的性质、成分 胆汁是一种具有苦味的黏稠性黄绿色液体。胆汁的主要成分有胆汁酸、胆盐、胆色素、胆固醇、黏蛋白、卵磷脂和其他磷脂、脂肪酸和各种电解质，但没有消化酶。

2. 胆汁的生理作用 胆汁的生理作用主要是胆盐或胆汁酸的作用。

①胆盐可降低脂肪的表面张力，使脂肪乳化成微滴，分散于肠腔，增加了脂肪与胰脂肪酶的接触面积，促进脂肪的分解。

②胆盐因其分子结构特点，当达到一定浓度时，可与甘油一酯和脂肪酸结合成水溶性的混合微胶粒，使脂肪分解产物以及脂溶性维生素（A、D、E 和 K）能到达肠黏膜的表面，促进其吸收。

③胆盐本身是促进胆汁分泌的重要体液因素。胆汁中的胆盐和胆汁酸进入小肠后，绝大部分（约 90% 以上）可以在回肠末端被主动吸收，经由门静脉返回肝脏，再分泌到胆汁中去，这一过程称为胆盐的肠肝循环。

④胆盐可增强脂肪酶的活性，起激动剂作用。

⑤胆盐可刺激小肠运动。

（四）小肠液的消化作用

动物的小肠内有两种腺体：十二指肠腺和肠腺。小肠液是小肠黏膜中各种腺体的混合分泌物。

1. 小肠液的性质、成分 小肠液呈弱碱性，无臭味，混浊液体，pH 为 8.2～8.7，小肠液中除含有大量水分外，无机物的含量和种类一般与体液相似，仅碳酸氢钠含量高。有机物主要是黏液、多种消化酶和大量脱落的上皮细胞。

小肠液中的酶：①肠肽酶，主要是氨基肽酶，可从肽链的氨基端进一步水解多肽；②肠脂肪酶，能补充胰脂肪酶对脂肪水解的不足；③双糖酶，水解相应的双糖为单糖，但对小肠消化并不起主要作用。

2. 小肠液的作用 小肠液的作用：①消化食物的作用；②保护作用，弱碱性黏液能保护肠黏膜免受机械性损伤和胃酸的侵蚀，同时黏膜上的免疫球蛋白能抵抗进入肠腔的有害抗原。

（五）小肠内消化过程

小肠食糜中的营养物质在消化酶作用下，逐步分解，变成可被肠壁吸收的物质。

饲料中的糖类主要是纤维素、淀粉等多糖以及蔗糖、乳糖等双糖。在小肠前段的肠腔消化期，淀粉的 α-1,4 糖苷键被胰淀粉酶水解而产生 α-环糊精、麦芽二糖和麦芽三糖。在膜消化期，这些淀粉分解产物在上皮细胞纹状缘表面，才分别被各自特异性酶分解为葡萄糖。同时，蔗糖和乳糖也被各自的酶分解为单糖而被吸收。

经胃液初步作用的饲料蛋白质和内源蛋白质主要在小肠前段被消化。在肠腔消化期，胰腺分泌的内切酶（胰蛋白酶、糜蛋白酶和胰脂酶）与外切酶（羧肽酶 A 和羧肽酶 B）将蛋白质水解为小肽和氨基酸，一部分小肽在黏膜细胞纹状缘表面被进一步分解为氨基酸。

脂肪在肠腔内主要是依赖胰脂酶和胆汁的共同作用进行消化的，由于动物缺乏纤维素酶，饲料中纤维素要依靠栖居于胃肠道中的微生物产生的纤维素酶来消化。

六、大肠内的消化

（一）大肠的运动

大肠运动的特点是少而慢，对刺激的反应也较迟钝。这些特点有利于大肠内微生物的活动和粪便的形成。

1. 盲肠运动 肉食动物只有不发达的盲肠,而草食和杂食动物都有发达的盲肠。各种家畜的盲肠都能进行类似于小肠分节运动的节律性收缩,但频率和速度都比小肠低得多。盲肠的生理功能是搅拌和揉捏盲肠内容物,没有推进作用。

2. 结肠运动 动物都有发达的结肠。结肠基本电节律的起点是前结肠或结肠中段的环行肌。由此产生慢波沿结肠分别向两端传播,即前半段向近端传播,后半段向远端传播。结肠中出现的运动形式有袋状往返运动、分节或多袋推进运动和蠕动。

牛、羊、马、猫、犬等的结肠前段可发生逆蠕动,而猪不发生。

(二)大肠内的消化

大肠液是由大肠黏膜表面的柱状上皮细胞及杯状细胞分泌的富含黏液和碳酸氢盐的液体,其pH 为 8.3~8.4。碳酸氢盐的作用在于中和大肠内发酵产生的酸性物质。

1. 肉食动物大肠内的消化 小肠内没有被消化吸收的蛋白质可以被大肠中的腐败菌分解生成吲哚、粪臭素(甲基吲哚)、酚、甲酚等有毒物质。这些物质一部分由肠黏膜吸收入血,在肝脏内经解毒后随尿排出体外;另一部分则随粪便排出。

小肠内没有被消化的脂肪和糖类,在大肠内细菌的作用下,脂肪分解成脂肪酸及甘油,糖类分解为单糖及其他产物,如草酸、甲酸、乙酸、乳酸、丁酸以及二氧化碳、甲烷、氢气等。大肠的运动与小肠运动相似,但速度比小肠慢,强度也较弱。

2. 草食动物大肠内的消化 单室胃草食动物大肠内微生物的消化特别重要。尤其是对于马属动物和兔等动物来说,饲料中的纤维素等多糖类物质的消化和吸收,全靠大肠内微生物的作用。

大肠(尤其是盲肠)的容积很大,与反刍动物的瘤胃一样,具有微生物生长、繁殖的良好条件。马属动物大肠内微生物蛋白质合成效率较低,而且多数微生物蛋白不能像反刍动物那样有效地被消化吸收。蛋白质被大肠内的腐败菌分解,产生吲哚、甲基吲哚(粪臭素)、酚、胺类等有毒物质,这些物质小部分被大肠黏膜吸收,在肝脏经解毒随尿排出,大部分随粪便排出。在大肠内微生物发酵和腐败过程中,还产生硫化氢、二氧化碳、甲烷、氢气等物质,其中一部分经肛门排出,一部分通过肠黏膜吸收入血,再经肺呼出。此外,大肠内微生物还能合成 B 族维生素和维生素 K,并被大肠黏膜吸收以供机体利用。大肠壁还能排泄钙、镁、铁等矿物质元素。兔有吞食自己排出的软粪的习性,使未被消化吸收的养分得到再一次利用,减少养分的损失。

3. 杂食动物大肠内消化 用植物性饲料饲喂的杂食动物猪,其大肠内的消化过程与草食动物相似,即微生物的消化起主要的作用,1 g 盲肠内容物含有细菌 1 亿~10 亿个,以乳酸杆菌和链球菌占优势,还有大量大肠杆菌和少量其他类型细菌。猪对饲料中粗纤维的消化,几乎完全靠大肠内纤维素分解菌的作用,不过纤维素分解菌必须与其他细菌共生,才能更有效地发挥作用。

大肠内的细菌在分解蛋白质、多种氨基酸及尿素,产生氨、胺类及有机酸的同时,还能合成 B 族维生素和高分子脂肪酸。另外,亦可排泄钙、镁、铁等矿物质元素。

七、吸收

食物的成分或消化后的产物,通过消化管黏膜的上皮细胞,进入血液和淋巴循环的过程称为吸收。

(一)吸收的部位

消化管不同部位的吸收能力有很大差异,这主要与消化管各部位的组织结构、食物在该部位停留时间的长短和食物被分解的程度等因素有关。

1. 胃 单室胃动物的胃内营养成分吸收很少,只能吸收乙醇、少量的水分和无机盐。反刍动物的前胃能吸收挥发性脂肪酸、二氧化碳、氨、葡萄糖、有机酸、各种无机离子和大量水分进入血液供畜体利用,并借以维持瘤胃内容物成分的相对稳定。

2. 小肠 小肠是吸收的主要部位。一般认为,糖类蛋白质和脂肪的消化吸收大部分在十二指肠和空肠进行。回肠能主动吸收胆盐和维生素 B_{12}。小肠能吸收各种营养物质与其结构相关。

3. 大肠　肉食动物的大肠除结肠的起始部吸收水和部分电解质外,其他部分的吸收能力是很有限的。所有草食动物和猪的大肠很适合于吸收,尤其是马属动物的大肠,不只吸收盐类和水分,还吸收纤维素发酵所产生的挥发性脂肪酸,以及二氧化碳和甲烷等。禽类大肠和草食动物的大肠一样,也是挥发性脂肪酸、部分高脂肪酸、水分以及盐类等的重要吸收部位。

(二)吸收的机制

胃肠道吸收被消化的营养成分大致可分为被动转运和主动转运两个过程。

1. 被动转运　被动转运过程主要包括滤过、扩散、渗透等。

2. 主动转运　胃肠黏膜上皮对各种营养成分的吸收具有明显的选择性,主动吸收过程主要靠上皮细胞的代谢活动,这是一种需要消耗能量的、逆电化学梯度的吸收过程。营养物质的主动吸收需要细胞膜上载体的协助。

(三)各种营养物质的吸收

各种营养物质的吸收主要是在小肠内进行的。脂肪酸、甘油一酯、部分单糖、部分氨基酸和维生素(维生素 B_{12} 除外)在十二指肠和空肠前段被吸收;大部分氨基酸及部分单糖在小肠中段被吸收;胆盐和维生素 B_{12} 在回肠被吸收。

1. 糖的吸收　糖以单糖形式被吸收。主要的单糖有葡萄糖、少量半乳糖、果糖。糖在胃中几乎不吸收,在小肠几乎完全被吸收,吸收后入肝。吸收机制:单糖的吸收是靠载体系统进行的,载体系统的转运具有高度特异性,它使糖的吸收能逆浓度差进行。

反刍家畜的小肠食糜内葡萄糖含量很少,这是因为大量糖类在前胃内被细菌转化为有机酸,部分呈挥发性脂肪酸而被吸收。

2. 挥发性脂肪酸(VFA)的吸收　瘤胃是 VFA 的主要吸收部位,网胃和瓣胃吸收 VFA 的过程与瘤胃相同,只是吸收量很少。

瘤胃内生成的 VFA 主要以酸性的离子形式被吸收,约80%经瘤胃壁及网胃壁吸收,其余 VFA 在瓣胃和真胃吸收。

3. 蛋白质的吸收　蛋白质经过消化绝大部分变成肽和氨基酸,被肠绒毛上皮细胞吸收进入毛细血管,再经门静脉到达肝脏。氨基酸的吸收是主动过程,机制和糖吸收相似,也与钠吸收相偶联。

4. 脂肪的吸收　饲料中的脂肪在小肠中消化而产生游离脂肪酸、甘油一酯、胆固醇等,很快与胆汁中的胆盐形成混合微胶粒,由于胆盐也具有亲水性,它能携带着脂肪的消化产物通过覆盖在小肠绒毛表面的静水层而靠近上皮细胞。总之,脂肪的吸收可经淋巴和血液循环两条途径。短、中链脂肪酸和甘油进入门静脉运输;乳糜微粒(中性脂肪)及多数长链脂肪酸则由淋巴途径进入血液。

5. 维生素的吸收

(1)水溶性维生素:包括 B 族维生素和维生素 C,以简单扩散的方式被机体吸收。

(2)脂溶性维生素:全部在小肠内被吸收,以十二指肠和空肠吸收为主。

6. 无机盐的吸收　盐类的吸收部位主要在小肠,一般而言,肠管对无机盐的吸收具有选择性。一价碱盐如钠、钾、铵盐的吸收很快,多价碱性盐类则吸收很慢。凡能与钙结合而形成沉淀的盐,如硫酸盐、磷酸盐、草酸盐等则不能被吸收。

(1)钠的吸收:钠占体液中阳离子总量的90%以上,肠内容物中95%～99%的钠被吸收。空肠对钠吸收最快,回肠次之,结肠最慢。

(2)钙的吸收:钙的吸收部位在小肠和结肠。十二指肠对钙离子的吸收最强。钙的吸收较钠慢,绝大部分是在小肠前段通过肠黏膜微绒毛上的钙结合蛋白主动转运来吸收的。

(3)铁的吸收:铁在十二指肠和空肠前段被吸收。饲料中的铁多数是三价高铁形式,但须还原为亚铁才能被吸收。

（4）负离子的吸收：小肠吸收的负离子主要是氯离子（Cl^-）和碳酸氢根离子（HCO_3^-）。

7.水的吸收　动物每天都有大量的消化液和水进入胃肠道，但随粪便排出的水却很少，大量的水分是在小肠和大肠内被吸收的，胃吸收的很少。

（四）营养物质在消化管与循环血液之间的交换

消化活动无论是在各段消化管之间，还是在各消化过程之间，都存在着相互联系和相互制约的关系。消化管任何一处受到刺激往往会引起一系列消化活动的连锁反应，一般表现为后段消化活动加强和前段消化活动减弱或抑制。进食动作可引起唾液分泌和胃肠道活动的加强，为随后的食物进入和消化做好准备。胃与肠道之间也存在明显的反射性联系，食物充满胃后，肠道的分泌和运动功能加强，甚至会引起排粪反射；反之，刺激肠内感受器，会反射性抑制胃的运动和分泌。刺激盲肠压力感受器，可抑制小肠运动。

八、粪便的形成与排粪

（一）饲料通过消化管的时间

猪为 18～24 h，约持续 12 h 排完；马为 2～3 天，经 3～4 天排完。饲料在牛、羊消化管内储留的时间最长，一般要耗费 7～8 天甚至十几天的时间才能将饲料残余物排尽。食物通过人消化道的时间为 24～36 h，犬则需 12～15 h。

（二）粪便的形成与排粪

食糜被消化吸收后，残余部分进入大肠的后段，在这里，水分被大量吸收，内容物逐渐浓缩，形成粪便，最后运至直肠。

排粪反射是一种复杂的反射动作。当直肠粪便不多时，肛门括约肌处于收缩状态，粪便停留在直肠内。当粪便积聚到一定数量时，就能刺激肠壁感受器中枢，经传入神经（盆神经）传到荐部脊髓低级排粪中枢，并由此继续上传到高级排粪中枢，再由高级排粪中枢沿盆神经传到大肠后段，引起肛门内括约肌舒张，直肠壁肌肉收缩，同时腹肌收缩以增大腹压进行排粪。若腰荐部脊髓受到损伤，动物将不能排便。

动物能随意排粪或抑制排粪，也能建立排粪的条件反射。除犬、猫外，其他动物都能在行进状态下排粪。

技能操作8　消化器官的观察

一、技能目标

（1）能够在动物标本上指出各消化器官的位置、形态、构造、神经和血管分布以及走向。

（2）能够阐述出不同种属动物消化生理的差异。

（3）在显微镜下能够识别出真胃、小肠和肝的组织构造的差异。

二、材料设备

牛、羊消化系统视频。牛、羊、猪、犬、猫的消化器官标本或者模型，包含口腔、食管、胃、小肠、大肠，以及胰腺和肝脏等。显微镜，真胃胃底部、空肠和肝的组织切片。

三、方法步骤

（一）观看牛、羊消化系统视频

要注意整体观察。

（二）观察各种动物消化器官模型

先观察消化管，从口开始，依次观察咽、食管、胃、十二指肠、空肠、回肠、盲肠、结肠、直肠、肛门。再观察消化腺，唾液腺（腮腺、下颌腺、舌下腺）、肝脏和胰腺。

（1）观察不同种属动物胃的位置、大小。掌握牛、羊、猪、犬、猫胃的外观形态，以及内部结构。

（2）重点观察反刍动物前胃（瘤胃、网胃和瓣胃）和真胃（皱胃）的形态、内部构造和位置关系。注意瘤胃乳头的变化，其长度、形状和角质化程度受日常饮食中食物性质的影响而有差异。瘤胃乳头较长者（长的可达 15 mm）与饲料中粗纤维比例较高有关；瘤胃乳头较短者与精饲料食入过多有关。

（3）犬、猫作为主要宠物，临床上消化器官手术常见。因此要重点掌握胃部血管、神经走向，特别要认真观察胃部静脉的走向，其与肠道、胰腺和脾脏共同汇集在门静脉，经肝门进入肝脏，最后进入后腔静脉。犬、猫胃网膜从胃背侧开始延展，覆盖腹腔至骨盆入口处。胃网膜可抗感染和促进手术伤口恢复，所以要掌握胃网膜的位置、分布和面积，仔细观察胃网膜的血管分布。

（4）观察肠管，注意观察不同种属动物肠道的长度、血管走向、位置、肠道厚度，并且熟记肠道的划分和肠壁的结构。

（三）真胃、小肠和肝的组织构造的观察

1. 真胃的组织构造　先用低倍镜观察胃壁的四层结构和胃小凹，再换高倍镜观察黏膜上皮和胃腺。

2. 小肠的组织构造　先用低倍镜观察小肠壁的四层结构和肠绒毛，再换高倍镜观察黏膜上皮、肠腺和肠绒毛的构造。

3. 肝的组织构造　先用低倍镜观察肝小叶的形态、结构，再换高倍镜观察肝细胞和枯否细胞。

（四）作业

实验结果观察、记录及分析。

知识链接与拓展

巴甫洛夫的假饲
实验及意义

家畜的采食
方式及调节

案例分析

家禽的食管
切开术与假饲
实验方案

胃肠运动的直接
观察、小肠吸收
与渗透压的关系

→ 模块小结

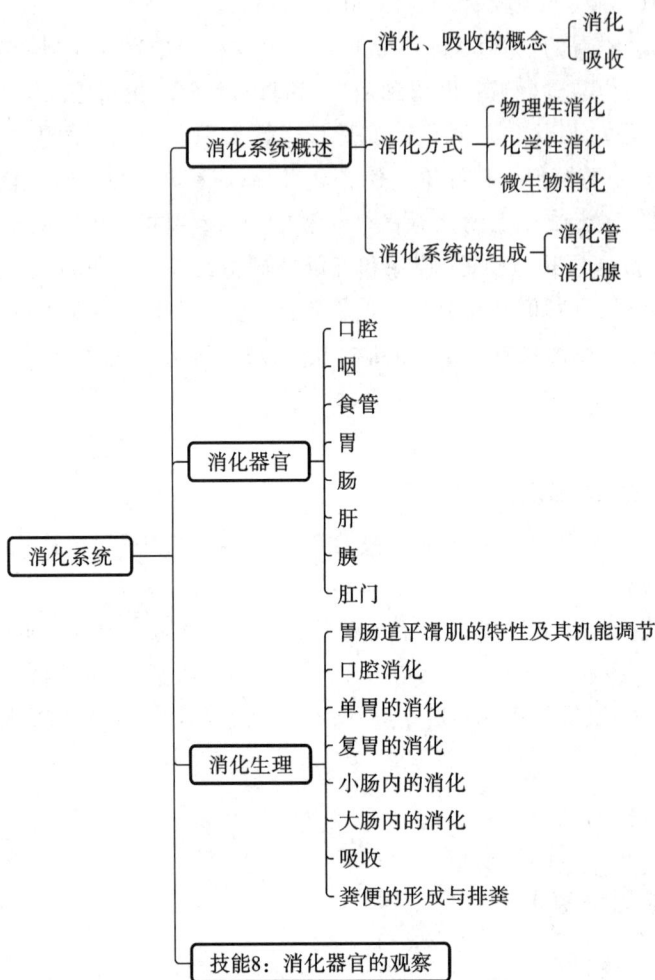

→ 执考真题

1.(2016年)瘤胃发酵产生的气体大部分(　　)。

A.经呼吸道排出　　　　　　　　B.被微生物利用　　　　　　　　C.经嗳气排出

D.经直肠排出　　　　　　　　　E.被胃肠道吸收

答案:C

2.(2018年)激活胃蛋白酶原的因素是(　　)。

A.碳酸氢盐　　　　B.内因子　　　　C.磷酸氢盐　　　　D.盐酸　　　　E.钠离子

答案:D

3.(2018年)主要由肠环行肌的节律性收缩和舒张而产生的小肠运动形式是(　　)。

A.紧张性收缩　　　B.蠕动冲　　　　C.逆蠕动　　　　D.分节运动　　　　E.钟摆运动

答案:D

4.(2019年)铁在肠道内吸收的主要部位是(　　)。

A.直肠　　　　　　B.盲肠　　　　　C.十二指肠　　　　D.回肠　　　　E.结肠

答案:C

5.(2019年)促进胃液分泌的激素是(　　)。

A.降钙素　　　　　　　　　　　　B.甲状旁腺激素　　　　　　　　　C.胃泌素

D.胆囊收缩素　　　　　　　　E.雌激素

答案:C

6.(2020年)动物体内最大的腺体是(　　)。

A.食管　　　B.肝脏　　　C.口腔　　　D.小肠　　　E.胰脏

答案:B

以下提供若干组考题,每组考题共用在考题前列出的 A、B、C、D、E 五个备选答案。请从中选择一个与问题关系最密切的答案,某个被选答案可能被选择一次、多次或不被选择。

(7~9 题共用备选答案)(2015 年)

A.马　　　B.牛　　　C.猪　　　D.犬　　　E.兔

7.盲肠呈逗点状的动物是(　　)。

8.盲肠呈螺旋状弯曲的动物是(　　)。

9.回肠与盲肠交界处有圆小囊的动物是(　　)。

答案:A、D、E

(10~12 题共用备选答案)(2016 年)

A.十二指肠　　　B.空肠　　　C.回肠　　　D.盲肠　　　E.结肠

10.羊肠的黏膜下层有腺体的肠段是(　　)。

11.牛小肠中最长、弯曲最多的一段是(　　)。

12.马大肠有一段形态特殊、盘曲成双层马蹄铁形的是(　　)。

答案:A、B、E

(13~15 题共用备选答案)(2019 年)

A.马　　　B.驴　　　C.牛　　　D.猪　　　E.骡

13.舌上具有舌圆枕的动物是(　　)。

14.舌下肉阜小,位于舌系带处的动物是(　　)。

15.上切齿缺失的动物是(　　)。

答案:C、D、C

能力巩固

一、填空题

1.消化系统包括_____和_____两部分。

2.消化管主要包括_____、_____、_____、_____、_____、_____和肛门。

3.消化腺包括_____和_____。

4.消化管管壁的组织结构由内向外分别为_____、_____、_____和_____四层。

5.动物的唾液腺主要有_____、_____和_____三对。

6.网胃的黏膜形成许多网格状的皱褶,皱褶上密布角质乳头,故又称_____。

7.咽是_____和_____的共同通道。

8.动物的胃可分为_____和_____两大类。

9.牛的瓣胃约与_____至_____肋间隙下半部相对。

10.牛的结肠可分为_____、_____、_____三段。

11.牛(羊)的胃为多室胃,分为_____、_____、_____和皱胃。

12.胃蛋白酶和盐酸分别由胃黏膜的_____细胞和_____细胞分泌。

13.瘤胃内微生物消化主要产生_____、_____、_____三种 VFA。

二、选择题

1.不具有胆囊的动物是(　　)。

A. 马　　　　　　　B. 牛　　　　　　　C. 猪　　　　　　　D. 羊

2. 多室胃又称反刍胃,见于(　　)。

A. 马　　　　　　　B. 牛　　　　　　　C. 猪　　　　　　　D. 犬

3. 瘤胃呈前后稍长,左、右略扁的椭圆形大囊,几乎占据整个腹腔的(　　)。

A. 左侧　　　　　　B. 右侧　　　　　　C. 前部　　　　　　D. 后部

4. 皱胃是一端粗一端细的扁长囊,位于(　　)。

A. 右季肋部　　　　B. 左季肋部　　　　C. 剑状软骨部　　　　D. 脐部

5. 牛的空肠大部分位于(　　)。

A. 左季肋部　　　　B. 右季肋部　　　　C. 右髂部　　　　　D. 右腹股沟部

6. 网胃呈梨形,位于(　　)。

A. 右季肋部　　　　B. 剑状软骨部　　　C. 左季肋部　　　　D. 季肋部

7. 牛的瓣胃是两侧稍扁的球形,位丁(　　)。

A. 右季肋部　　　　B. 左季肋部　　　　C. 剑状软骨部　　　　D. 脐部

8. 下列动物中,结肠成圆盘状的是(　　)。

A. 马　　　　　　　B. 兔　　　　　　　C. 猪　　　　　　　D. 牛

9. 排粪反射的基本中枢位于(　　)。

A. 大脑　　　　　　B. 下丘脑　　　　　C. 延髓　　　　　　D. 脊髓

10. 胃没有以下哪种运动?(　　)

A. 蠕动　　　　　　B. 分节运动　　　　C. 容受性舒张　　　D. 紧张性收缩

11 胃蛋白酶的激活物是(　　)。

A. Na^+　　　　　　B. K^+　　　　　　C. Cl^-　　　　　　D. HCL

12. 胆汁中有消化功能的成分主要是(　　)。

A. 胆盐　　　　　　B. 无机盐　　　　　C. 胆色素　　　　　D. 胆固醇

三、判断题

1. 口腔的前壁为唇,侧壁为颊,顶壁为硬腭,底为下颌骨和舌。(　　)

2. 牛的肝位于右季肋部,分为左外叶、左内叶、右内叶和右外叶。(　　)

3. 颊构成口腔的两侧壁,主要由咬肌构成,外覆皮肤,内衬黏膜。(　　)

4. 硬腭构成固有口腔的顶壁,向后延续为软腭。(　　)

5. 牛的小肠可分为十二指肠、空肠和回肠三部分,大部分位于左季肋部、左髂部和左腹股沟部。(　　)

6. 牛舌可分为圆枕、舌体和舌尖。(　　)

7. 牛舌黏膜面上丝状乳头、锥状乳头和豆状乳头均有味蕾。(　　)

8. 食管可分为头、颈、胸和腹四段。(　　)

9. 成年牛的瘤胃占胃总容积的80%,几乎占据整个腹腔左侧。(　　)

10. 网胃又称百叶胃,位于右季肋部。(　　)

四、简答题

1. 简述肝脏的组织构造。

2. 简述胃液的主要成分及生理作用。

3. 与单室胃相比,多室胃消化有何特点?

五、问答题

1. 为什么牛容易患创伤性网胃炎?

2. 简述小肠和大肠组织构造上的差异。

3. 犊牛为什么不能用桶直接进行喂乳?

模块六 呼吸系统

扫码看课件

学习目标

【知识目标】

1.能够说出呼吸系统的组成。

2.能够用自己的语言说出鼻腔、咽、喉、气管、肺的位置、形态及构造。

3.能够用自己的语言解释呼吸运动、气体交换、气体运输、呼吸运动的调节等基本呼吸生理知识。

【能力目标】

1.能找出牛体上肺的体表投影。

2.在显微镜下能够识别肺的组织构造。

【思政与素质目标】

1.养成勤动手、善观察、主动查阅资料的良好学习习惯。

2.具备团队意识和合作精神。

3.树立爱护动物、保护动物的有爱精神。

4.养成实验器材及时归位的良好个人习惯。

知识单元 1 呼吸系统的构造

动物生命活动离不开呼吸。呼吸是从体外吸入氧气,将体内的二氧化碳呼出去,从而进行气体交换的过程,主要靠呼吸系统完成。呼吸系统由鼻、咽、喉、气管、支气管和肺构成。

一、鼻

鼻是呼吸的起始部,是空气进出的通道,对吸入的空气具有湿润、温暖的作用;同时也是嗅觉器官。它以面骨为支架,位于口腔的背侧,内部衬以黏膜所构成的管状腔洞。鼻包括外鼻、鼻腔和鼻旁窦。

（一）鼻腔

鼻腔被鼻中隔分为左、右两部分,每侧鼻腔都分为鼻孔、鼻前庭和固有鼻腔。

1.鼻孔　鼻孔呈圆筒状,是鼻腔的入口,前方与外界相通,后方鼻后孔与咽相连,由内、外侧鼻翼围成,鼻翼由软骨和皮肤褶皱构成,有一定的弹性和活动性。马的鼻孔大,鼻翼灵活。牛和猪的鼻孔小,鼻翼不灵活。

2.鼻前庭　鼻前庭是鼻腔前衬以皮肤的部分,相当于鼻翼所围成的空间,鼻前庭区的皮肤由面部皮肤折转而形成,上面覆有鼻毛,有过滤空气的作用。在鼻前庭的外侧壁上有鼻泪管的开口。马鼻前庭背侧皮下有一盲囊,向后达鼻颌前骨切迹,称鼻憩室或鼻盲囊。牛、羊、猪、犬无鼻憩室。

3.固有鼻腔　固有鼻腔位于鼻前庭的后方,其为覆以黏膜的骨性鼻腔。每侧固有鼻腔上附有上、下鼻甲骨,将鼻腔分为上、中、下三个鼻道。上鼻道位于鼻腔顶壁与上鼻甲骨之间,较窄,后连嗅

Note

区;中鼻道位于上鼻甲骨和下鼻甲骨之间,通鼻旁窦;下鼻道位于下鼻甲骨和鼻腔底壁之间,最宽,经鼻后孔通咽。鼻甲骨、鼻中隔之间的腔隙构成总鼻道,与上、中、下三个鼻道相通。

固有鼻腔根据覆盖黏膜的性质和作用可分为呼吸区和嗅觉区。呼吸区位于固有鼻腔前中部,占据鼻腔的大部分,黏膜中含有较多的腺体和丰富的血管,上面覆盖假复层纤毛柱状上皮,功能为湿润、净化和温暖空气。嗅觉区位于筛鼻甲和鼻中隔后部,内含嗅觉细胞,功能为嗅闻气味。

（二）鼻旁窦

鼻旁窦,又称副鼻窦或鼻窦,为鼻腔周围头骨(额骨、蝶骨、上颌骨、筛骨)中含气的空腔。鼻旁窦通过狭窄的空隙与鼻腔相通,鼻旁窦黏膜与鼻黏膜相连。鼻旁窦直接或者间接与鼻腔相通。鼻旁窦有减轻头骨重量、温暖湿润空气和共鸣的作用。家畜的鼻旁窦包括上颌窦、额窦、蝶窦等,在临床上,鼻黏膜有炎症时,可波及鼻旁窦。

二、咽

咽为呼吸道和消化管共同的通道。位于口腔和鼻腔的后方,喉的上方。咽有 7 个孔与邻近器官相通:前上方经鼻后孔通鼻腔;前下方经咽峡通口腔;后背侧经食管口通食管;后腹侧经喉口通气管;两侧面壁部各一咽鼓管口通中耳。咽按照部位可分为口咽部、鼻咽部、喉咽部。

(1)口咽部:又称咽峡,位于软腭与舌根之间,前端以咽峡与口腔相通,后端在会厌软骨与喉咽部相连。

(2)鼻咽部:位于鼻腔的后方,软腭的背侧,两侧面壁部各以咽鼓管口通中耳。马的咽鼓管在鼻咽部膨大形成咽鼓囊(喉囊),临床上容易发炎。

(3)喉咽部:位于喉口的背侧,上通食管,下通喉腔。

三、喉

喉是空气进出肺的通道,也是发声器官。喉位于头部与颈部交界的腹侧、下颌间隙的后方,前方与咽连接,后方通气管。主要组成部分为喉软骨、喉肌以及喉黏膜。

1. 喉软骨 喉软骨有环状软骨、甲状软骨、会厌软骨和成对的杓状软骨,共计五块。环状软骨位于第一气管软骨前方,呈戒指状。甲状软骨位于环状软骨前方,为最大的一块喉软骨,呈 U 形,两侧为板状,底部为体,其腹侧后部有一小突起,称喉结。会厌软骨位于甲状软骨前方,呈叶片状。会厌软骨具有弹性,前端能向舌根翻转,吞咽时可盖住喉口,防止食物进入喉和气管。杓状软骨成对,位于甲状软骨的背内侧、环状软骨的前方,呈三面锥体状。

2. 喉肌 喉肌位于喉软骨外侧,为横纹肌,收缩时牵引喉产生运动,能改变喉的形状,从而引起吞咽、呼吸和发音等。

3. 喉黏膜 喉内部以软骨为支架,由肌肉和韧带将软骨连接起来的空腔称为喉腔。喉腔内表面衬以黏膜,称为喉黏膜。喉腔中部的黏膜形成一褶皱,为杓状软骨至甲状软骨间的韧带,外被覆黏膜形成的声带褶。两声带褶皱间形成的裂隙称为声门裂。声带褶和声门裂共同构成声门。气流通过声带产生振动,就会发出声音。喉黏膜上有丰富的感觉神经末梢,当受到异物刺激时,会引发咳嗽反射,将异物排出。

四、气管和支气管

气管和支气管是连接喉和肺之间的管道。支气管为气管的分支,其形态和结构功能非常相似。

1. 气管的形态和结构 气管和支气管为圆筒状长管,由 50～60 个借助结缔组织连接起来的软骨环构成。每个环的背侧不完全封闭,由结缔组织和平滑肌连接。气管位于颈椎和胸椎的腹侧,前方连接喉,后方入胸前口后,分成左、右两个支气管,分别进入同侧的肺内。牛、羊和猪的气管在分为两个主支气管前,在右侧先分出一右上支气管到右肺尖叶。支气管进入肺后再多次分支形成支气管树(图 6-1)。

2. 气管的构造 气管壁由内向外可分为黏膜层、黏膜下层和外膜。

(1)黏膜层:由黏膜上皮和固有膜构成。黏膜上皮为假复层纤毛柱状上皮,纤毛向喉的方向摆

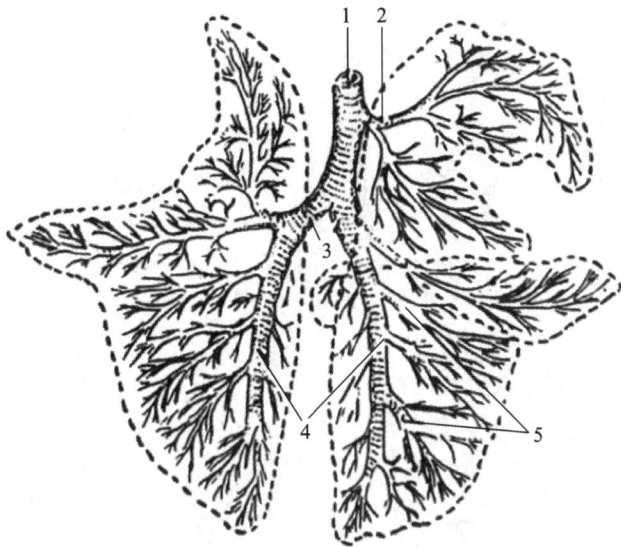

图 6-1　牛的支气管树

1.气管　2.右尖叶支气管　3.支气管　4.主支气管　5.小支气管

(引自马仲华,家畜解剖学及组织胚胎学,第三版,2002)

动,能将附在黏膜上的尘埃和黏液一起排出。

(2)黏膜下层:由疏松结缔组织构成,含有腺体,称为气管腺,可分泌黏液。

(3)外膜:又称软骨纤维膜,由软骨环(朝向背侧,呈缺口 C 形)和结缔组织构成。软骨环为透明软骨,环的缺口位于气管的背侧,被结缔组织和平滑肌填充。

五、肺

(一)肺的位置和形态

肺位于胸腔内,心脏的两侧,分左肺和右肺,右肺通常大于左肺,两肺占据胸腔大部分,呈底面斜切的三面棱柱状,有三面三缘。健康的肺呈粉红色,质地轻,海绵状,富有弹性。

(1)肺的三个面:肋面、纵隔面和膈面。肋面隆突,与肋接触,其上可见肋的压迹;纵隔面位于内侧,又叫内侧面,较平,与纵隔与胸椎椎体接触,其上有大血管、食管、心等的压迹,后上方有肺门,为支气管、血管、淋巴管和神经进出的门户,这些结构被结缔组织包裹在一起称为肺根;膈面位于后方,较凹,与膈接触。

(2)肺的三个缘:背缘、腹缘和底缘。背缘钝而圆,位于脊椎沟中;腹缘较薄,位于胸外侧和胸纵隔间沟中,腹侧缘有心切迹,左肺心切迹大,投影于第 4～6 肋骨,右肺心切迹小,投影于第 3～4 肋间隙。底缘薄又称后缘,位于胸外侧壁与膈之间的沟中,在临床诊断上有着重要的意义。

(3)肺的分叶:家畜叶与叶之间有明显的分叶裂,将肺分成若干个叶。不同动物的分叶有所差异。以主支气管在肺内的第一级分支为准,左肺分三叶,由前向后依次为尖叶、心叶和膈叶(或前、中、后三叶);右肺分四叶,由前向后依次为尖叶、心叶、膈叶和副叶(或前、中、后、副四叶),其中右尖叶又可分为前、后两部分,并与右尖叶支气管相连。

牛、羊的分叶明显,左肺分 3 叶:由前往后分别为前、中、后(分别又称尖、心、膈)三叶。右肺分 4 叶:由前往后分别为前、中、后、副(分别又称尖、心、膈、副)四叶,前叶又分前、后两部分(图 6-2)。

猪和犬的分叶情况相似。左肺分 3 叶:前、中、后三叶。右肺分 4 叶:前、中、后、副四叶,前叶不分前、后两部分。

马的分叶不明显,左、右肺在心切迹以前的部分,称为前叶;心切迹以后的部分,称为后叶。此外,右肺还有一个副叶,位于后叶的内侧。

由于家畜左肺较右肺小,心脏在纵隔内向左偏移,左侧心包更多地外露于肺,与左胸壁相接触,所以临床上常将左肺心切迹作为心脏听诊的主要部位。

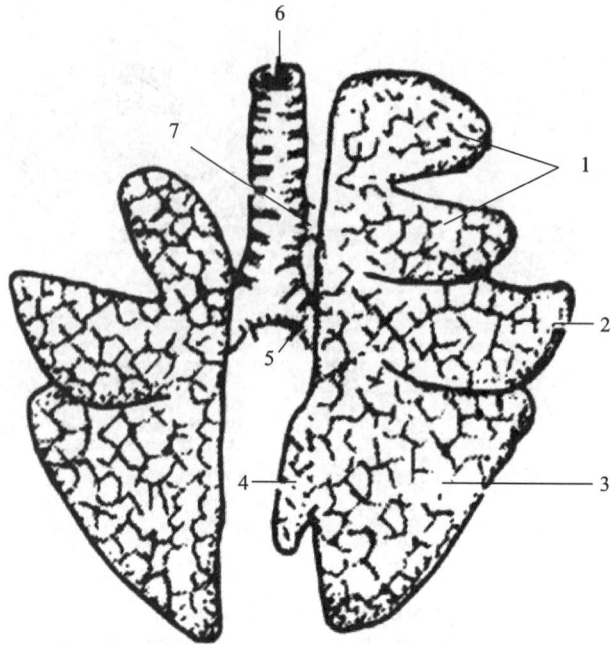

图 6-2　牛肺的分叶模式

1.尖叶　2.心叶　3.膈叶　4.副叶　5.支气管　6.气管　7.右尖叶支气管

（引自马仲华,家畜解剖学及组织胚胎学,第三版,2002）

（二）肺的组织结构

　　肺的表面被覆一层浆膜,叫胸膜,该膜伸入肺实质内部,将肺分成许多肉眼可见的肺小叶。肺小叶以细支气管为轴心,由呼吸性细支气管、肺泡管、肺泡囊、肺泡构成肺的结构单位。牛、猪的肺小叶分界明显。

　　支气管由肺门进入肺后,分出肺叶支气管,肺叶支气管分出肺段支气管,再反复分支,形成小支气管。管径在 0.5 mm 以下者,称为终末细支气管。终末细支气管再次分支,在管壁上形成肺泡开口,称为呼吸性细支气管。呼吸性细支气管进一步分支,在管壁上形成大量肺泡开口,管壁失去原有的连续结构,称为肺泡管,由数个肺泡管围成的结构称为肺泡囊。由于支气管在肺内反复分支,形成树枝状,故称支气管树,按管径大小及分支,支气管树逐级为支气管—各级小支气管—细支气管—终末细支气管—呼吸性细支气管—肺泡管—肺泡囊—肺泡。每个细支气管连同其分支所属结构和周围的肺泡共同组成肺小叶。临床上的小叶性肺炎,就是指肺小叶的炎症。

　　按支气管树部位和功能,支气管又分为导管部和呼吸部。

　　1.导管部　　导管部为气体在肺内流通的管道,包括各级小支气管、细支气管和终末细支气管,主要作用是保障和控制肺的通气,无气体交换功能。管壁分为黏膜、黏膜下层和外膜。由气管、支气管至导管部管腔逐渐变小,上皮组织逐渐发生变化,管壁逐渐变薄,结构相继简化。

　　(1)各级小支气管:内径在 3 mm 以下;黏膜上皮为假复层纤毛柱状上皮,其上的杯状细胞逐渐变少;黏膜下层的气管腺逐渐变少;软骨片不规则且逐渐减少;固有层的平滑肌相对增多,逐渐形成环形束。

　　(2)细支气管:内径在 1 mm 以下;黏膜上皮渐变为单层纤毛柱状上皮,其上的杯状细胞更少甚至消失;黏膜下层的气管腺和软骨片更少或消失;固有层平滑肌的环形束明显增多。

　　(3)终末细支气管:内径在 0.5 mm 以下;黏膜上皮变为单层纤毛柱状上皮;杯状细胞、气管腺、软骨片都已消失;固有层平滑肌形成完整的环形层。

　　2.呼吸部　　呼吸部是肺与血液间进行气体交换的场所,包括呼吸性细支气管、肺泡管、肺泡囊和肺泡,这些组成部分的外壁与紧贴在外的毛细血管壁组成气血屏障,气体分子可自由通过,故具有气体交换功能。

(1)呼吸性细支气管:每个终末细支气管上分出两支或两支以上的呼吸性细支气管,且呼吸性细支气管管壁上有零散的肺泡开口,开始具有气体交换的功能。黏膜上皮由单层纤毛上皮移行为单层立方或单层柱状上皮,上皮下有少量的结缔组织和平滑肌。

(2)肺泡管:管壁上出现大量的肺泡连续开口。黏膜上皮为单层立方上皮或扁平上皮;上皮下有较薄结缔组织和少量环形平滑肌。

(3)肺泡囊:由数个肺泡共同的开口形成的通道或公共腔体,其腔体上的囊壁就是肺泡壁。

(4)肺泡:由呼吸性细支气管、肺泡管和肺泡囊连通的管道末端开口形成的半球形结构,是气体交换的场所。相邻肺泡的肺泡壁紧贴形成肺泡隔。相邻肺泡的小孔称为肺泡孔,为相邻肺泡之间气体沟通的通道。肺泡壁很薄,腔面衬以上皮细胞。根据上皮细胞的形态和功能分为Ⅰ型肺泡细胞和Ⅱ型肺泡细胞。

Ⅰ型肺泡细胞呈扁平状,含有许多吞饮小体,是执行气体交换最主要的部位。

Ⅱ型肺泡细胞是分泌细胞,常单个或三五成群镶嵌于Ⅰ型肺泡细胞之间。Ⅱ型肺泡细胞呈立方体形,细胞核大而圆,细胞质呈泡沫状,内含大量的嗜锇性板层小体,可分泌表面活性物质,以胞吐的方式分泌后,分布于肺泡上皮表面。表面活性物质具有降低肺泡表面张力、稳定肺泡形态的作用。当呼气时,肺泡缩小,表面活性物质密度增加,肺泡表面张力减少,肺泡回缩力降低,从而防止肺泡过度回缩而塌陷;当吸气时,肺泡扩张,表面活性物质密度降低,肺泡表面张力增大,肺泡回缩力增强,从而防止肺泡过度膨胀。临床上,表面活性物质的分泌和合成受到抑制或破坏时,会引起肺泡塌陷,导致肺衰竭。当Ⅰ型肺泡细胞受损伤时,Ⅱ型肺泡细胞可变为Ⅰ型肺泡细胞,发挥气体交换功能。

(5)肺泡隔:相邻肺泡之间的结缔组织,其上分布丰富的毛细血管、弹性纤维和网状纤维等。在这些结缔组织当中还分布有巨噬细胞,胞体大而不规则,具有较强的吞噬功能。这些巨噬细胞还可以穿过肺泡上皮进入肺泡腔,并且能逆着支气管树排出体外。吞噬尘埃颗粒后的巨噬细胞,称为尘细胞。巨噬细胞和尘细胞属于单核巨噬细胞系统。在心力衰竭导致肺淤血时,大量红细胞从毛细血管穿出,被巨噬细胞吞噬,细胞质内含有大量血红蛋白分解产物——含铁血黄素颗粒,称心力衰竭细胞。

(6)气-血屏障:肺泡与血液之间进行气体交换的结构,包括6层,分别是肺泡表面液体层、Ⅰ型肺泡细胞、Ⅰ型肺泡细胞的基膜、薄层结缔组织、毛细血管基膜、毛细血管内皮细胞。气-血屏障很薄($0.2\sim1~\mu m$),有利于气体交换,其中任何一层的病变,均可导致气体交换障碍。

知识单元2 呼 吸 生 理

呼吸是家畜生命活动的重要特征,是机体与外界环境进行气体交换的过程,整个过程包括三个环节:外呼吸、气体运输和内呼吸。外呼吸包括肺的通气和肺的换气,指气体(氧气和二氧化碳)在肺泡和血液之间的交换,因发生的部位在肺部,故又称肺呼吸。气体运输指气体在血液中的运输。内呼吸指血液与组织液之间的气体交换,因发生的部位在组织,故又称组织呼吸。

一、呼吸运动

呼吸运动指由呼吸肌的舒缩而造成的胸腔有规律的扩大与缩小相交替的运动,包括吸气运动和呼气运动。呼吸运动的基本意义是使肺内气体与外界气体进行交换,有效地提供机体代谢所需要的氧气,排出体内产生的二氧化碳。

(一)肺通气的动力和阻力

1.肺通气的动力 肺通气的动力是肺内压与大气压之差。因大气压一般不变,所以差值取决于肺内压的变化。肺内压的变化是由呼吸运动引起的,所以呼吸运动是肺通气的原动力。

(1)吸气运动:吸气运动是一个主动的过程。吸气肌主要有膈肌和肋间外肌。当膈肌收缩时,动物胸腔的前后径增大,肺随之扩张,肺内压下降,当肺内压低于大气压时,气体进入肺内,引起吸气。当肋间外肌收缩时,动物胸廓的背腹径和左右径增加,胸腔容积增大,肺随之扩张,肺内压下降,当肺内压低于大气压时,气体进入肺内,引起吸气。平静吸气是主动过程。

(2)呼气运动：呼气运动是一个被动的过程。呼气运动不是由呼气肌收缩引起的。当平静吸气结束后,膈肌和肋间外肌舒张,使得胸廓回位,恢复到吸气以前的位置。结果胸廓缩小,肺也随之回缩,肺内压上升,高于大气压,气体排出体外,形成被动的呼气运动。因此,平静状态下的呼气是被动的。只有在用力呼气时,呼气肌才参与收缩,呼气才成为主动活动。参与的呼气肌有肋间内肌和腹壁肌。

2.肺通气的阻力 肺通气的阻力分为弹性阻力和非弹性阻力。

(1)弹性阻力:弹性组织在外力作用下发生变形时对抗变形的力量。包括肺的弹性阻力和胸廓的弹性阻力,约占平静呼吸时总阻力的70%。

(2)非弹性阻力:包括气道阻力、惯性阻力和组织黏滞阻力,约占平静呼吸时总阻力的30%,以气道阻力为主。

3.胸内负压 胸内压又称胸膜腔内压。胸膜腔是指由贴在肺表面的脏层胸膜和贴在胸廓内壁上的壁层围成的一个密闭的腔隙。因为胸膜腔外面的壁层有胸廓保护,不受大气压的影响,而胸膜腔的脏层受到了两种方向相反的作用力:一是肺内压,使肺泡扩张;二是肺的回缩力,使肺泡缩小。肺泡腔的压力等于这两种力的代数和,因此胸内压可以用下列公式表示:

$$胸内压＝肺内压(大气压)－肺回缩力$$

因胸膜腔内的压力总是低于外界大气压,故又称为胸内负压。胸内负压的形成因素包括胸膜腔的密闭完整性、肋间肌和膈肌的收缩力、肺的弹性回缩力三个部分。

胸内负压具有重要的生理意义:①作用于食管,有利于呕吐时的反射,有利于牛、羊反刍时胃内容物逆呕至口腔;②对胸腔内各组织器官有影响,可促进淋巴、血液循环;③使胸膜腔的壁层和脏层之间产生相吸的倾向,确保肺和小气管维持扩张的状态,也使肺内经常能保留一定量的余气,从而维持肺的通气功能,而不至于萎缩塌陷。

正常情况下,胸膜腔处于负压状态,并无气体存在。当肺组织与胸腔之间产生破口或者胸壁受到创伤时,空气从破损处进入胸膜腔,造成胸腔内积气的状态,出现气胸。

(二)呼吸式、呼吸频率和呼吸音

1.呼吸式 即呼吸的方式。家畜主要有胸式呼吸、腹式呼吸和胸腹式呼吸。呼吸时以肋间肌活动为主,胸廓起伏较腹壁起伏明显者称胸式呼吸。呼吸以膈肌运动为主,腹壁起伏较胸廓起伏明显者称为腹式呼吸。呼吸时,肋间肌和膈肌运动相等,胸廓起伏和腹部起伏程度接近一致者,称胸腹式呼吸。健康家畜一般以胸腹式呼吸为主,犬的呼吸以胸式呼吸为主。

呼吸式常因动物的生理状况或疾病状态发生改变。家畜怀孕或者腹部脏器发生病变时,常以胸式呼吸为主。当胸部发生病变时,常以腹式呼吸为主。在临床上注意观察动物的呼吸式有助于诊断。

2.呼吸频率 家畜每分钟呼吸的次数即为呼吸频率。呼吸频率因动物种类不同而异,还受动物年龄、外界温度、生理状况、海拔高度、使役状况及疾病等因素的影响,一般与机体的代谢强度相关,代谢活动越强,呼吸频率越快。

3.呼吸音 家畜呼吸时,气体通过呼吸道和进入肺泡产生的声音,称为呼吸音。

肺泡音:健康动物胸部可听到类似于轻读"夫"的肺泡呼吸音,是由空气通过毛细支气管及肺泡入口处的狭窄部而产生的狭窄音,与空气在肺泡内的漩涡流动时所产生的音响构成。肺泡呼吸音随吸气动作而逐渐加强,随呼气动作而逐渐变弱。

支气管音:一种类似于将舌抬高而呼出气时所发出的"赫"音,是空气通过声门裂时出现气流漩涡而产生的。健康动物(除马外)在肺区前部,接近较大支气管的体表处可听到支气管呼吸音。

附加呼吸音:有啰音和胸膜摩擦音,是重要的病理征象。

(三)肺容积、肺容量和肺通气量

1.肺容积 肺容积指肺内容纳的气体量。基本肺容积包括潮气量、补吸气量、补呼气量、残气量。

(1)潮气量:平静状态下,每次吸入或呼出气体的气体量。

(2)补吸气量:平静吸气末,再用力吸气所能增加吸入的气体量。

(3)补呼气量:平静呼气末,再用力呼气所能增加呼出的气体量。

(4)残气量:最大呼气末残留在肺内不能呼出的气体量,又称余气量。

2. 肺容量 肺容量主要是肺活量和功能残气量之和。

(1)肺活量:在最大吸气后,再尽最大力将肺内气体呼出去的总量,是潮气量、补吸气量和补吸气量三者之和。肺活量反映一次最大通气能力,在一定程度上可作为肺通气功能的指标。

(2)功能残气量:平静呼气末,残留于肺内的气体量,是残气量和补呼气量之和。其生理意义是缓冲呼吸过程中的氧分压和二氧化碳分压的过度变化。

(3)肺总容量:肺内所容纳的最大气体量。

3. 肺通气量

(1)每分肺通气量:每分钟吸入或呼出的气体量。其公式为:

$$每分肺通气量 = 潮气量 \times 呼吸频率$$

(2)肺泡通气量:每分钟肺泡吸入的空气量。呼吸运动中,每次吸入的新鲜空气并不全部进入肺泡,一部分停留在从鼻腔到终末细支气管的呼吸通道内,不能与血液进行气体交换,是无效的,这一段呼吸道容积称为解剖无效腔。进入肺泡的气体也可能因为血液在肺内分布不均匀而未能与血液进行气体交换,未能发生气体交换的这部分肺泡容积称为肺泡无效腔。解剖无效腔和肺泡无效腔统称为生理无效腔。肺泡通气量可用公式表示:

$$肺泡通气量 = (潮气量 - 生理无效腔) \times 呼吸频率$$

二、气体交换

(一)气体交换原理

家畜在吸入和呼出的气体中,氧(O_2)和二氧化碳(CO_2)含量有着显著的变化。实验证明,吸入气体中的氧气含量比呼出的多,而呼出气体中的二氧化碳含量比吸入的多,说明通过呼吸运动,家畜体内的气体进行了交换。肺换气和组织换气统称为气体交换。二者具有共同的生理特征。

(1)O_2 和 CO_2 的交换是通过生物膜(通透膜)以自由扩散方式来实现的。

(2)气体交换的动力是气体分压。气体分压指在混合气体中某些气体成分在总气体中所占的份额。在混合气体中,某种气体成分的浓度越高,其气体分压也就越高,反之则越低。

(3)O_2 和 CO_2 在同一通透膜上是互换的。气体从分压高的一侧扩散至分压低的一侧。

(二)肺换气

肺泡与肺毛细血管之间的气体交换,称为肺换气。

1. 肺换气的过程 肺泡中 O_2 向肺毛细血管扩散,肺毛细血管中的 CO_2 向肺泡腔扩散。肺换气的结果是肺毛细血管中的静脉血变成动脉血。

2. 影响肺换气的因素

(1)呼吸膜的厚度:呼吸膜厚度为 $0.2 \sim 1~\mu m$,O_2 和 CO_2 分子极易透过。但发生病理变化(如肺炎和肺水肿病)时,呼吸膜的厚度显著增厚,引起气体分子扩散速率降低,换气量减少。

(2)呼吸膜的面积:使役和运动时增大,肺气肿、肺不张和毛细血管栓塞等疾病时减少。

(3)通气/血流值,即每分钟肺泡通气量(VA)和每分钟血流量(Q)的比值。

(三)组织换气

机体毛细血管网与网间分布的组织细胞之间的气体交换称为组织换气。

1. 组织换气的过程 机体毛细血管中的 O_2 向组织中扩散,组织中的 CO_2 向机体毛细血管中扩散,交换的结果是机体毛细血管中的动脉血变成静脉血。

组织换气的意义:通过组织换气,组织细胞得到了 O_2,细胞进行新陈代谢产生的 CO_2 废气得以排出,这是组织细胞新陈代谢的保障。

2. 影响组织换气的因素

(1)通透膜的厚度、代谢细胞的数量、代谢细胞数与血流量的比值、组织代谢的强度以及毛细血管壁通透性等,如组织水肿时通透膜的通透性会降低。

(2)全身血液循环障碍:在心力衰竭、局部贫血、淤血等病理情况下,组织换气会受影响,严重时

Note

引起局部缺氧。

三、气体运输

呼吸运动中,血液担任气体运输的工作,不断地把氧气(O_2)从肺运输到组织,又将组织产生的二氧化碳(CO_2)运输到肺部,排出体外。

(一)氧的运输

氧进入血液后,有以下两种运输形式。

1. 物理溶解 物理溶解的量与气体分压成正比,即气体分压高则溶解多,气体分压低则溶解少,物理溶解的 O_2 仅占血液运输量的 $0.8\%\sim1.5\%$。

2. 化学结合 O_2 的运输主要靠化学结合,占血液运输 O_2 总量的 $98.5\%\sim99.2\%$,O_2 与 Hb 结合的特征如下。

(1)反应快,可逆($Hb+O_2 \Longrightarrow HbO_2$),不需酶的催化。

(2)受氧分压、二氧化碳分压、H^+ 浓度及血液温度等因素的影响。二氧化碳分压、H^+ 浓度增高,促进 HbO_2 解离,HbO_2 呈鲜红色,氧离 Hb 呈暗红色。

(3)Hb 与 O_2 结合是氧合而不是氧化。

(4)1 分子 Hb 可结合 4 分子 O_2。

(二)二氧化碳的运输

CO_2 进入血液后,有以下三种运输形式。

1. 物理溶解 CO_2 直接溶解于血液中,量少,约占 5%。

2. 化学结合 化学结合有两种:一是 CO_2 可直接与 Hb 的氨基结合,形成氨基甲酸血红蛋白,约占 7%;二是形成碳酸氢盐($NaHCO_3$、$KHCO_3$),约占 87%。

四、呼吸运动的调节

呼吸运动是一种节律性的活动,动物有机体通过神经和体液调节共同实现呼吸的节律性并控制呼吸的频率和深度。

(一)神经调节

1. 呼吸中枢 呼吸中枢指中枢神经系统中产生和调节呼吸运动的神经细胞群所在的部位,主要分布在大脑皮层、间脑、脑桥、延髓和脊髓等部位。这些部位的作用各不相同,呼吸运动在这些部位的相互配合下共同完成。其中延髓是初级中枢也是最基本的中枢。脑桥上有抑制吸气的中枢,称为呼吸调整中枢。在脑桥中下部有兴奋吸气的长吸中枢。

延髓上也有吸气中枢和呼气中枢。当吸气中枢兴奋时,呼气中枢抑制,产生吸气运动;当呼气运动兴奋时,吸气中枢抑制,产生呼气运动。

2. 肺牵张反射

(1)肺扩张反射:肺充气或扩张时抑制吸气的反射。感受器位于气管到支气管的平滑肌中。当肺扩张牵拉呼吸道时,感受器兴奋,冲动传入延髓,在延髓内通过一定的神经联系使吸气切断机制兴奋,切断吸气,转为呼气。这样便加速了吸气和呼气的交替,使得呼吸频率增加。

(2)肺缩小反射:肺缩小引起吸气的反射。这个反射一般在肺较大程度缩小时才出现,对阻止呼气过深或肺不扩张具有一定作用。

3. 呼吸肌本体感受器反射 呼吸肌上具有肌梭装置,为呼吸肌的本体感受器。当呼吸肌被动拉长或肌纤维收缩时,本体感受器被牵拉兴奋,将神经冲动传入脊髓,反射性使感受器所在的呼吸肌收缩加强。此反射能调节正常呼吸运动,还能在呼吸超负荷时调节呼吸强度和频率。

4. 防御性呼吸反射 当呼吸黏膜受到刺激时,发生以清除刺激物为目的的反射,称为防御性呼吸反射,常见的有咳嗽反射和喷嚏反射。

(二)体液调节

1. 化学感受器 机体通过呼吸运动调节体内 O_2、CO_2 和 H^+ 浓度,而动脉血液中 O_2、CO_2 和 H^+

浓度又可以通过化学感受器调节呼吸运动。根据化学感受器所在的部位不同,又分为外周化学感受器和中枢化学感受器。

(1)外周化学感受器:位于颈动脉体和主动脉体,是机体最重要的外周化学感受器,能感受氧分压(PO_2)、二氧化碳分压(PCO_2)和 H^+ 浓度变化,将神经冲动传入延髓,反射性调节呼吸运动。

(2)中枢化学感受器:位于延髓腹外侧浅表部位,能感受到脑脊液和局部细胞外液的 H^+ 浓度变化。血液中的 CO_2 能通过血脑屏障,使中枢化学感受器周围的 H^+ 浓度发生变化,从而刺激中枢化学感受器,引起呼吸中枢的兴奋。

2. CO_2 对呼吸的影响 CO_2 是调节呼吸运动最重要的生理性化学因素。当 PCO_2 降到很低水平时,机体可出现呼吸暂停;吸入 CO_2 增加时,动脉血 PCO_2 也升高,因而呼吸加快、加深;当 PCO_2 超过一定限度后,机体出现呼吸困难、头痛、头晕,有抑制和麻醉效应。

3. H^+ 浓度对呼吸的影响 动脉血中 H^+ 浓度升高导致呼吸加快加深,降低则导致呼吸抑制。

4. 缺氧对呼吸的影响 缺氧对呼吸中枢的直接影响是抑制,这种抑制作用随着缺氧的程度增加而加强。轻度或者中度缺氧时可通过刺激外周化学感受器而兴奋呼吸中枢,在一定程度上可以对抗缺氧对呼吸中枢的直接抑制作用。但是严重缺氧时,来自外周化学感受器的传入冲动将不能抗衡缺氧对呼吸中枢的抑制作用,导致机体呼吸减弱,甚至呼吸停止。

技能操作 9　呼吸系统的观察

一、技能目标
(1)能够在动物标本上识别各呼吸器官的形态、结构、位置等。
(2)在显微镜下能够识别肺的组织构造。

二、材料及设备
(1)猪、犬、牛、羊、马等的新鲜尸体或呼吸系统的浸润标本、解剖刀、剪刀、镊子。
(2)显微镜、肺的组织切片。

三、实验步骤
(1)在猪、犬、牛、羊、马等的新鲜尸体或呼吸系统的浸润标本上识别以下各器官的位置和形态:鼻、喉、气管、支气管和肺。
(2)重点观察和识别肺的位置、形态、颜色、质地等。
(3)利用显微镜识别组织构造,重点观察肺内各级支气管、肺泡管、肺泡囊和肺泡。

四、技能考核
(1)要求学生在猪、犬、牛、羊、马等的新鲜尸体或呼吸系统的浸润标本上指出鼻、喉、气管、支气管和肺等器官,并说出它们的区别与特点。
(2)能利用显微镜识别肺的组织构造。
(3)实验报告:要求学生绘制显微镜下看到的肺的组织结构模式图。

知识链接与拓展

奇妙的鼻子　　　表现为呼吸困难的疾病

案例分析

一例犬肺水肿
治理方案

模块小结

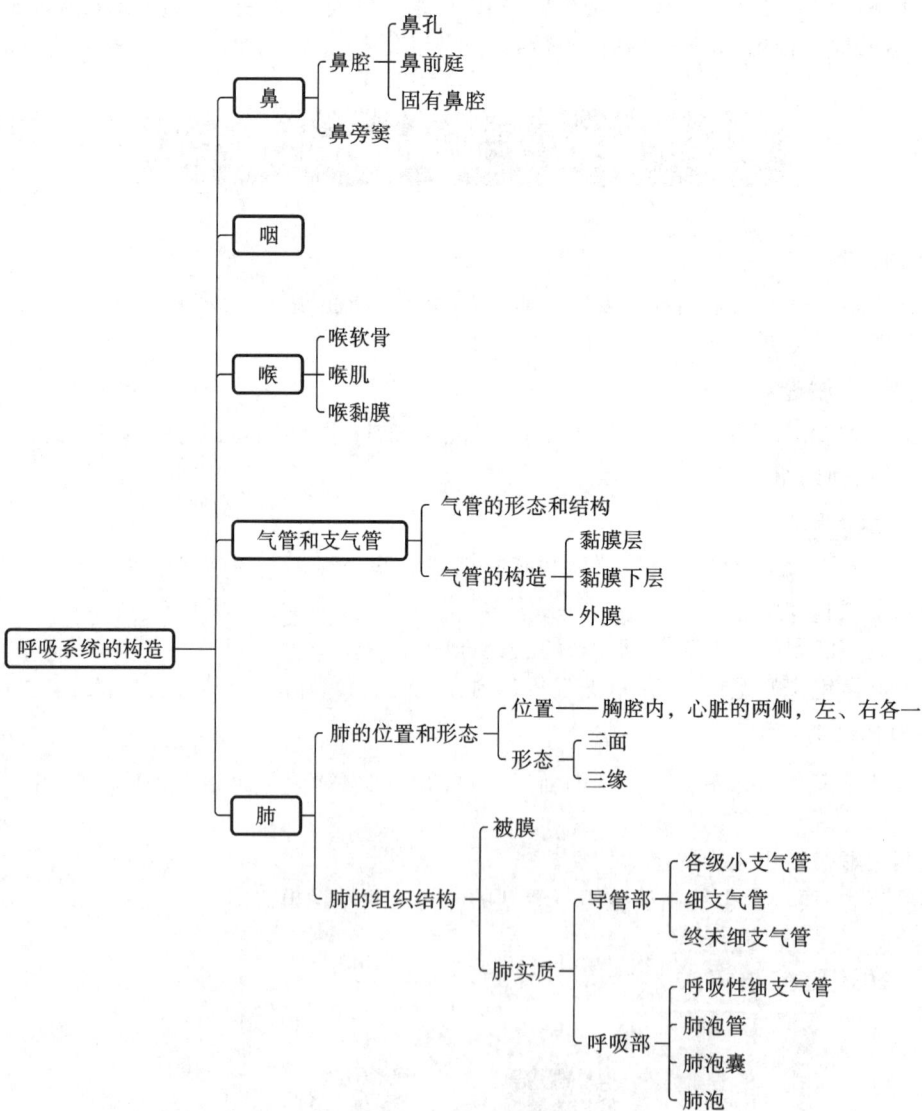

呼吸系统的构造
├─ 鼻
│   ├─ 鼻腔
│   │   ├─ 鼻孔
│   │   ├─ 鼻前庭
│   │   └─ 固有鼻腔
│   └─ 鼻旁窦
├─ 咽
├─ 喉
│   ├─ 喉软骨
│   ├─ 喉肌
│   └─ 喉黏膜
├─ 气管和支气管
│   ├─ 气管的形态和结构
│   └─ 气管的构造
│   ├─ 黏膜层
│   ├─ 黏膜下层
│   └─ 外膜
└─ 肺
    ├─ 肺的位置和形态
    │   ├─ 位置——胸腔内，心脏的两侧，左、右各一
    │   └─ 形态
    │   ├─ 三面
    │   └─ 三缘
    └─ 肺的组织结构
        ├─ 被膜
        └─ 肺实质
            ├─ 导管部
            │   ├─ 各级小支气管
            │   ├─ 细支气管
            │   └─ 终末细支气管
            └─ 呼吸部
                ├─ 呼吸性细支气管
                ├─ 肺泡管
                ├─ 肺泡囊
                └─ 肺泡

Note

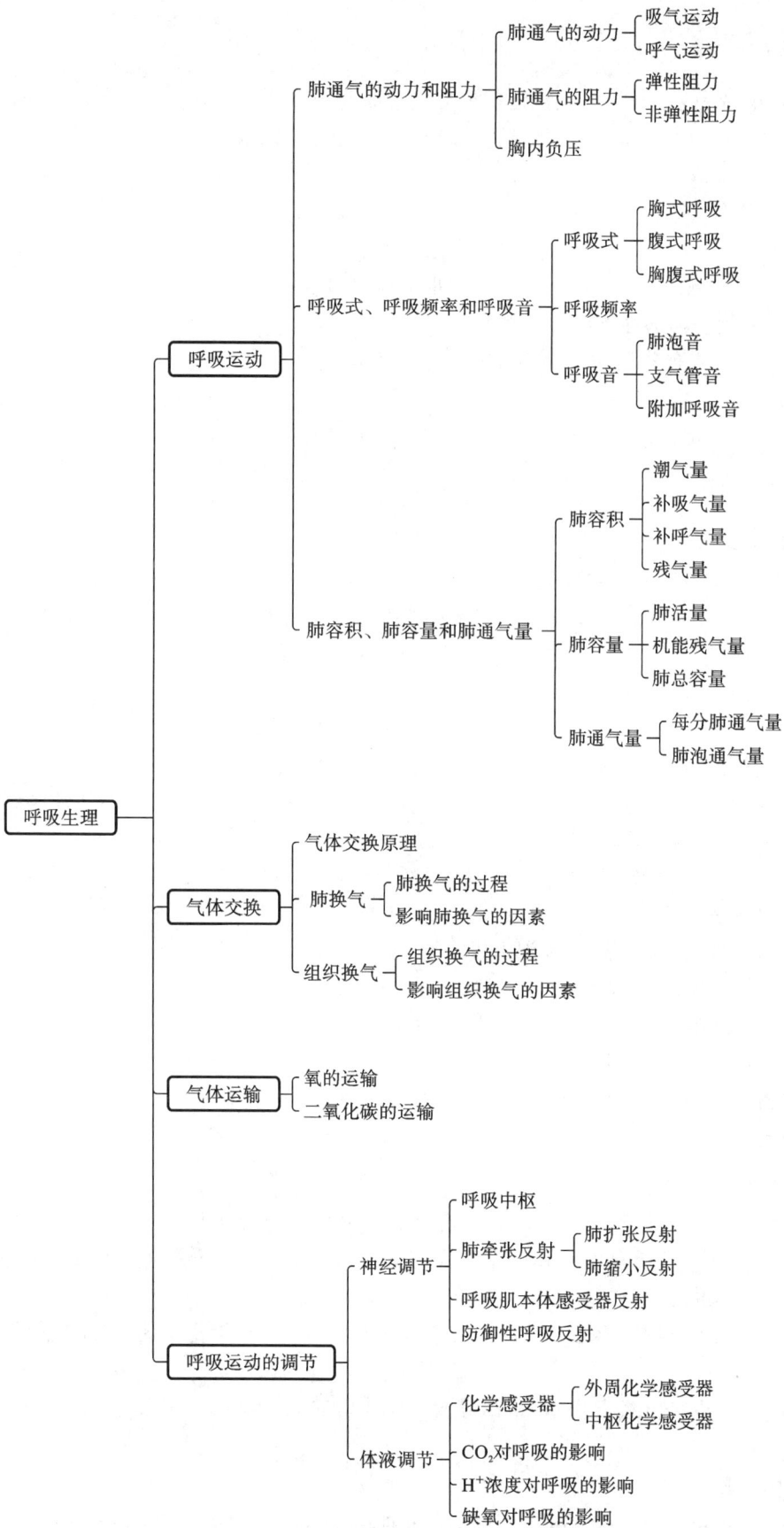

呼吸生理
├─ 呼吸运动
│   ├─ 肺通气的动力和阻力
│   │   ├─ 肺通气的动力 ─┬─ 吸气运动
│   │   │   └─ 呼气运动
│   │   ├─ 肺通气的阻力 ─┬─ 弹性阻力
│   │   │   └─ 非弹性阻力
│   │   └─ 胸内负压
│   ├─ 呼吸式、呼吸频率和呼吸音
│   │   ├─ 呼吸式 ─┬─ 胸式呼吸
│   │   │   ├─ 腹式呼吸
│   │   │   └─ 胸腹式呼吸
│   │   ├─ 呼吸频率
│   │   └─ 呼吸音 ─┬─ 肺泡音
│   │   ├─ 支气管音
│   │   └─ 附加呼吸音
│   └─ 肺容积、肺容量和肺通气量
│   ├─ 肺容积 ─┬─ 潮气量
│   │   ├─ 补吸气量
│   │   ├─ 补呼气量
│   │   └─ 残气量
│   ├─ 肺容量 ─┬─ 肺活量
│   │   ├─ 机能残气量
│   │   └─ 肺总容量
│   └─ 肺通气量 ─┬─ 每分肺通气量
│   └─ 肺泡通气量
├─ 气体交换
│   ├─ 气体交换原理
│   ├─ 肺换气 ─┬─ 肺换气的过程
│   │   └─ 影响肺换气的因素
│   └─ 组织换气 ─┬─ 组织换气的过程
│   └─ 影响组织换气的因素
├─ 气体运输
│   ├─ 氧的运输
│   └─ 二氧化碳的运输
└─ 呼吸运动的调节
    ├─ 神经调节
    │   ├─ 呼吸中枢
    │   ├─ 肺牵张反射 ─┬─ 肺扩张反射
    │   │   └─ 肺缩小反射
    │   ├─ 呼吸肌本体感受器反射
    │   └─ 防御性呼吸反射
    └─ 体液调节
        ├─ 化学感受器 ─┬─ 外周化学感受器
        │   └─ 中枢化学感受器
        ├─ CO_2对呼吸的影响
        ├─ H^+浓度对呼吸的影响
        └─ 缺氧对呼吸的影响

Note

→ **执考真题**

1.(2014年)呼吸系统中,真正执行气体交换功能的器官是(   )。

A.鼻　　　　　B.咽　　　　　C.喉　　　　　D.肺　　　　　E.气管

答案:D

2～3题共用备选答案(2011年)

A.肺泡隔　　　　　　　　B.尘细胞　　　　　　　　C.Ⅰ型肺泡细胞

D.Ⅱ型肺泡细胞　　　　　E.Ⅲ型肺泡细胞

2.能分泌肺泡表面活性物质的细胞是(   )。

3.位于相邻的肺泡之间,具有吞噬功能的细胞是(   )。

答案:D、B

→ **能力巩固**

一、选择题

1.肺进行气体交换的最主要场所是(   )。

A.肺泡　　　　　　　　B.肺泡囊　　　　　　　　C.肺泡管

D.细支气管　　　　　　E.呼吸性细支气管

2.右肺分三叶的动物是(   )。

A.马　　　　　B.牛　　　　　C.猪　　　　　D.羊　　　　　E.犬

3.喉软骨中成对的是(   )。

A.会厌软骨　　　B.甲状软骨　　　C.环状软骨　　　D.杓状软骨　　　E.盘状软骨

4.家畜的肺分为左肺和右肺,而右肺(   )。

A.较小　　　　　B.较大　　　　　C.较圆　　　　　D.较钝　　　　　E.较尖

5.气-血屏障的结构组成包括(   )。

A.毛细血管内皮、内皮基膜、肺泡上皮

B.毛细血管内皮、内皮基膜、上皮基膜、Ⅰ型肺泡细胞

C.Ⅰ型肺泡细胞、基膜、毛细血管内皮

D.肺泡上皮、上皮基膜及内皮

E.肺泡隔、肺泡上皮、基膜和尘细胞

二、填空题

1.喉软骨有甲状软骨、_____、_____和_____。

2.鼻甲骨将鼻腔分为上、中、下三个鼻道。上鼻道位于鼻腔顶壁与上鼻甲骨之间,较窄,后连_____;中鼻道位于上鼻甲骨和下鼻甲骨之间,通_____;下鼻道位于下鼻甲骨和鼻腔底壁之间,最宽,经鼻后孔通_____。

3.肺泡上皮根据细胞的形态和功能分为Ⅰ型肺泡细胞和Ⅱ型肺泡细胞,其中执行气体交换最主要的部位为_____;可分泌表面活性物质的为_____。

4._____以细支气管为轴心,由呼吸性细支气管、肺泡管、肺泡囊、_____构成肺的结构单位。

三、判断题

1.肺活量可以反映肺通气功能。肺活量是潮气量、补吸气量、补吸气量和残气量之和。(   )

2.呼吸的方式,家畜主要有胸式呼吸、腹式呼吸和胸腹式呼吸。健康家畜一般以胸腹式呼吸为主,犬的呼吸以胸式呼吸为主。(   )

3.肺小叶以细支气管为轴心,由小支气管、呼吸性细支气管、肺泡管、肺泡囊、肺泡构成肺的结构单位。( )

4.外周化学感受器位于延髓腹外侧浅表部分,是机体最重要的外周化学感受器。( )

5.肺有三面三缘。三个面分别是肋面、纵隔面和膈面。肺的三个缘分别是背缘、腹缘和底缘。( )

四、名词解释

1.胸内负压 2.鼻旁窦 3.支气管树 4.潮气量 5.肺小叶

五、简答题

1.简述组成牛呼吸系统中各器官的名称、位置及作用。

2.何为胸内负压?胸内负压有何生理意义?

3.何为气胸?气胸对动物机体有何影响?

模块七　泌尿系统

扫码看课件

学习目标

【知识目标】

1. 能够说出泌尿系统的器官组成以及各器官的主要功能。

2. 能够说出马、牛、羊、猪肾的外形、位置及内部结构特点。

3. 能够说出马、牛、猪等家畜输尿管、膀胱和尿道的形态结构特点。

4. 能够用自己的语言解释影响尿液形成的因素及排尿的神经调节方式。

5. 能够用自己的语言解释影响肾小球滤过的因素及肾小管和集合管对物质的重吸收及分泌作用。

【能力目标】

1. 具备动物临床疾病分析的思维能力。

2. 具备前后知识连贯的能力。

3. 能通过观察尿液的分泌来分析各种影响尿液生成的因素。

【思政与素质目标】

1. 具有较强的创新意识,养成求真务实的科学态度。

2. 通过节约药品、水、电,爱惜实验动物和标本等,养成勤俭节约的良好习惯以及爱护生命的理念。

3. 具备和谐的人际沟通能力和团结协作的理念,综合素质得到进一步提高。

视频:泌尿系统概述

知识单元1　泌尿系统的组成

泌尿系统由肾、输尿管、膀胱和尿道组成。肾是生成尿液的器官;输尿管为输送尿液至膀胱的管道;膀胱为暂时储存尿液的器官;尿道是排出尿液的管道。

一、肾

(一)肾的形态位置

肾为实质性器官,形如蚕豆,呈红褐色,左、右各一。一般位于最后几个胸椎和前三个腰椎横突腹侧、腹主动脉和后腔静脉两侧。右肾位置略偏前,常与肝尾叶接触,并在其上形成肾压迹。营养状况良好的动物,肾的周围常包有大量的脂肪,称肾脂肪囊。肾的内侧缘中部凹入,称为肾门,是输尿管、血管(肾动脉和肾静脉)、淋巴管和神经出入的地方。肾门深入肾内形成肾窦,肾窦是由肾实质围成的腔隙,以容纳肾盂和肾盏。肾盂为输尿管起始部在肾内的膨大部分(反刍动物缺)。肾盂或输尿管(反刍动物)的一级分支称肾大盏。肾大盏再次分支并包围每一肾乳头,称肾小盏(图7-1)。

(二)肾的一般构造

肾的表面包有一层薄而坚韧的纤维膜,也称被膜,由致密结缔组织构成,与实质连接不紧密,健

Note

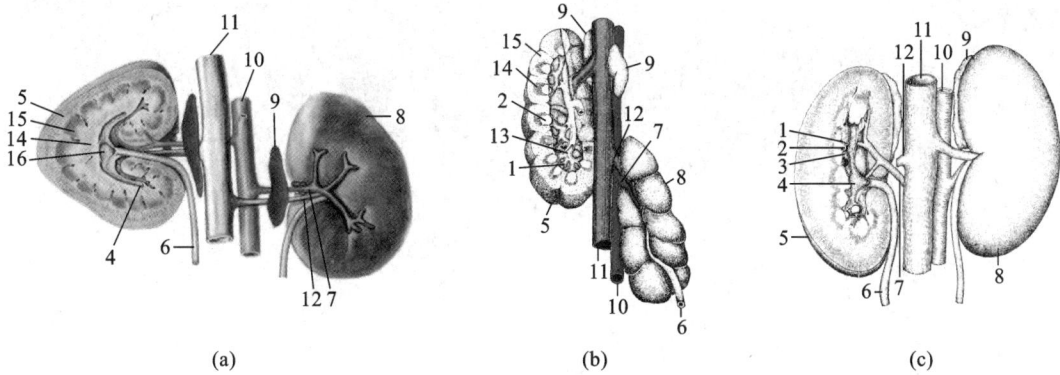

图 7-1 马、牛、猪肾脏

(a)马肾 (b)牛肾 (c)猪肾

1,3.肾盏 2.肾乳头 3.肾盂 5.右肾 6.输尿管 7.肾动脉 8.左肾 9.肾上腺 10.腹主动脉 11.后腔静脉

12.肾静脉 13.肾盏管 14.髓质 15.皮质 16.肾嵴

(引自朱金凤、陈功义,动物解剖,2007)

康动物肾的被膜容易剥离,但病理状态时易与肾实质粘连。肾实质由若干肾叶组成,每一肾叶可分为皮质和髓质。皮质位于外周,血管丰富,新鲜时呈红色,切面上有许多红色细小颗粒,为肾小体。髓质位于内部,血管少所以颜色较浅,呈圆锥形的髓质部分称为肾锥体,锥底宽大、与皮质相连,锥尖纯圆,称肾乳头,与肾盂或肾盏相对,上有若干乳头孔。在髓质切面上可见许多放射状淡色条纹,由髓袢、集合管和血管等组成,并伸入皮质形成皮质内的髓放线。相邻肾锥体之间有皮质伸入,称肾柱(图 7-2)。

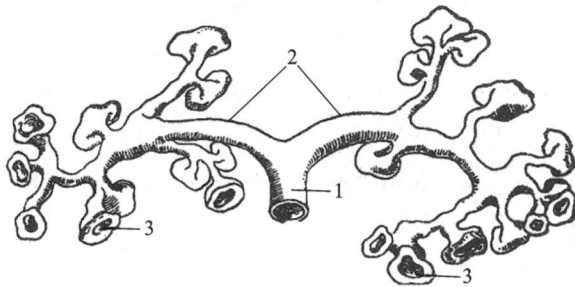

图 7-2 牛的输尿管起始部和肾小盏

1.输尿管 2.集合管 3.肾小盏

(引自朱金凤、陈功义,动物解剖,2007)

(三)肾的类型

1.肾的类型 肾由许多肾叶构成。根据外形和内部愈合程度不同,动物的肾可分为复肾(鲸、熊、水獭等)、有沟多乳头肾(牛)、光滑多乳头肾(猪)和光滑单乳头肾(马、羊、兔、犬等)四种基本类型。其中,有沟多乳头肾各肾叶仅中部合并,肾表面以沟分开,肾内部保留若干肾乳头;光滑多乳头肾各肾叶进一步合并,肾表面光滑而无分界,但在切面上仍可见到显示各肾叶髓质部形成的肾锥体,其末端为肾乳头;光滑单乳头肾各肾叶的皮质和髓质完全合并,肾乳头也合并为一个总乳头(图7-3)。

2.不同动物的肾脏

(1)牛肾的位置形态和结构特点。

牛肾呈红褐色,属有沟多乳头肾。每侧肾由16~22个大小不等的肾叶组成。皮质位于外周,髓质位于深部,肾锥体明显,有18~22个肾乳头,肾乳头单个存在。肾盏与肾乳头相对,收集由肾乳头孔流出的尿液,在肾盏汇合为前、后两条集收管(相当于肾大盏),进而汇合为一条输尿管,无明显的

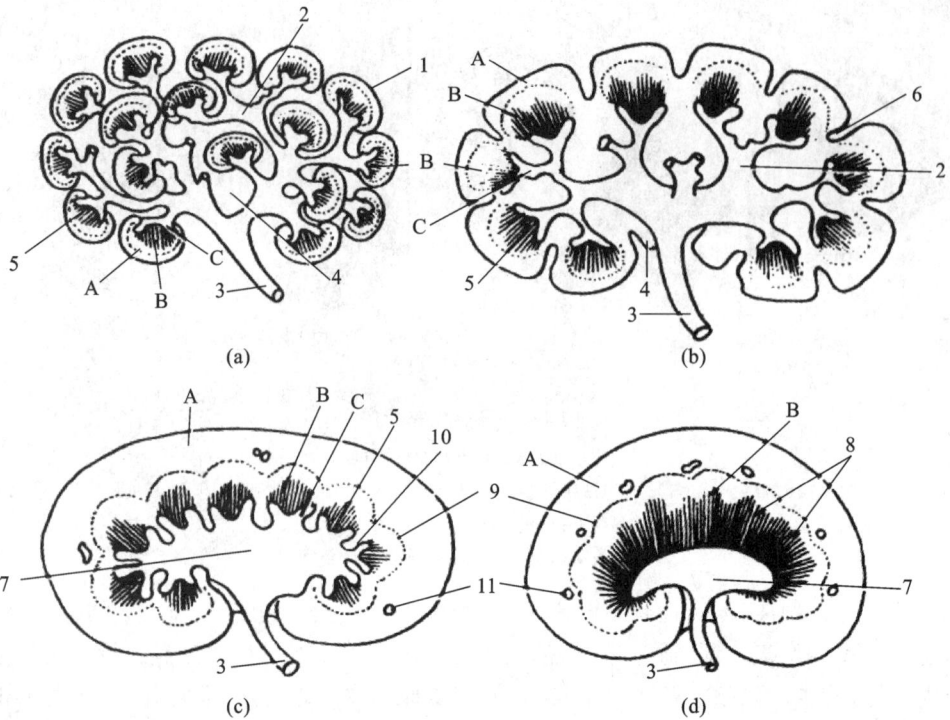

图 7-3 哺乳动物肾类型模式图
(a)复肾 (b)有沟多乳头肾 (c)光滑多乳头肾 (d)光滑单乳头肾
A.泌尿区 B.导管区 C.肾盏

1.小肾(肾小叶) 2.肾盏管 3.输尿管 4.肾窦 5.肾乳头 6.肾沟 7.肾盂 8.肾总乳头 9.交界线 10.肾柱
11.切断的弓状血管

肾盂。初生牛犊左、右肾形态相似,位置几乎对称。成年牛右肾呈长椭圆形,位于第 12 肋间隙至第 2、第 3 腰椎横突的腹侧,内缘凹陷为肾门。左肾呈厚三棱形,前端较小,后端大而钝圆,位于第 2～5 腰椎横突的腹面,往往随瘤胃充盈程度的不同而左右移动。

(2)猪肾的位置形态和结构特点。

猪肾属于光滑多乳头肾。表面光滑无沟,皮质较厚。肾叶的皮质部完全合并,但肾乳头仍单独存在。左、右肾均呈豆形,且左、右肾位置几乎对称。左肾稍靠前方,位于最后胸椎和前 3 个腰椎横突腹侧。每个肾乳头与一个肾小盏相对,肾小盏汇入两个肾大盏,肾大盏再汇成肾盂,接输尿管。

(3)马肾的位置形态和结构特点。

马肾属于光滑单乳头肾,不仅肾叶之间的皮质部完全合并,相邻肾叶髓质部之间也完全合并,肾乳头融合成嵴状,称为肾嵴。输尿管在肾窦呈漏斗状膨大,形成肾盂。右肾呈三角形,位于最后 2～3 个肋骨椎骨端及第 1 腰椎横突腹侧;左肾呈长椭圆形或豆形,比右肾狭长,位于最后肋骨椎骨端及第 1～3 腰椎横突腹侧。

(4)羊肾和犬肾的位置形态和结构特点。

羊肾和犬肾均属于光滑单乳头肾。两肾均呈豆形,肾乳头合并成一个肾总乳头。羊肾的位置与牛肾相似,但稍靠后。羊的右肾位于最后肋骨至第 2 腰椎下,左肾在瘤胃背囊的后方,第 4～5 腰椎下。犬的右肾位置比较固定,位于前 3 个腰椎椎体的下方,有的前缘可达最后胸椎。左肾位置变化较大,当胃空虚时,肾的位置位于第 2～4 腰椎椎体下方。当胃内容物充满时,左肾便向后移,左肾的前端约与右肾后端相对应。羊和犬的肾除在中央纵轴为肾总乳头突入肾盂外,在总乳头两侧尚有多个肾嵴,肾盂除有中央的腔外,还形成相应的隐窝。

(四)肾的组织结构

1.肾单位 肾单位是肾脏结构和功能的基本单位,与集合管一起共同完成尿液的生成。各种动物肾单位数目不一,如牛约为800万个,猪约220万个,犬约80万个,猫约40万个,鸡约80万个。但每个肾单位都包括肾小体和肾小管两部分(图7-4)。

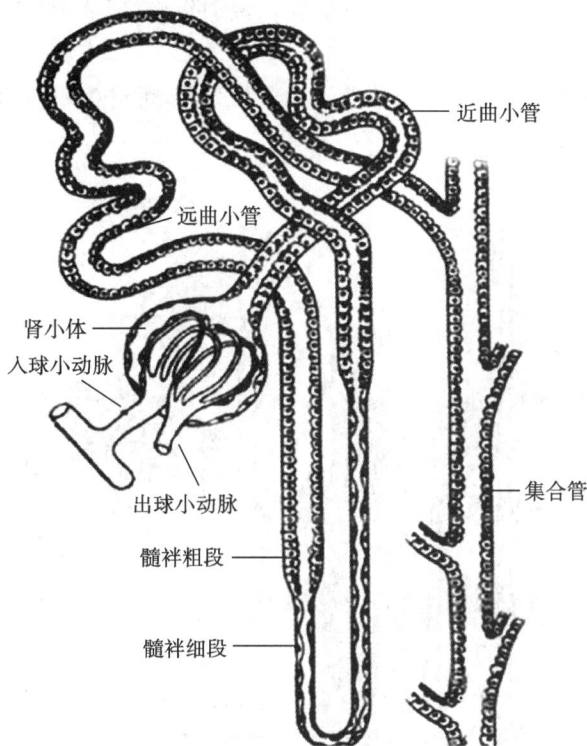

图7-4 肾单位示意图

（1）肾小体：分布在肾皮质,包括肾小球和肾小囊两部分。

①肾小球是一团毛细血管网,其两端分别与入球小动脉和出球小动脉相连。入球小动脉进入肾小囊后,再反复分支,最后分成许多袢状毛细血管小叶,毛细血管各分支间又相互吻合形成血管球。最后各小叶的毛细血管再汇合成出球小动脉离开肾小球。一般出球小动脉较入球小动脉细,因而在血管球内形成较高的压力。

②肾小囊指肾小球外的包囊。它是肾小管起始部盲端膨大凹陷形成的杯状囊,有内、外两层上皮细胞。内层(脏层)紧贴在毛细血管壁上,外层(壁层)与肾小管壁相连；两层上皮之间的腔隙称为肾小囊腔,与肾小管管腔直接相通。血浆中某些成分可通过肾小球毛细血管网向囊腔滤出,我们把到达肾小囊腔的液体称为原尿。

（2）肾小管：一条细长而弯曲的小管,起于肾小囊腔,由近球小管、髓袢和远球小管三部分组成。

①近球小管包括近曲小管和髓袢降支粗段。近曲小管是肾小管中最长而弯曲的部分。盘曲在所属肾小体周围。管壁由单层立方上皮细胞组成,管腔小而不规则,是肾小管发挥重吸收功能的重要部分。

②髓袢是从皮质进入髓质,又从髓质返回皮质的"U"形小管,连接近曲小管与远曲小管。髓袢由髓袢降支和升支组成；前者包括髓袢降支粗段(也是近球小管的组成部分)和降支细段；后者包括髓袢升支细段和升支粗段(也是远球小管的一部分)。不同部位的肾单位髓袢的长度不同,皮质肾单位的髓袢较短,薄壁段很短或缺失。近髓肾单位的髓袢则较长,一直深入髓质,可达锥体乳头。这类髓袢对尿液的浓缩有特殊的作用。

③远球小管包括髓袢升支粗段和远曲小管。远曲小管位于皮质内,比近曲小管短而且弯曲少,迂曲盘绕在所属肾小体附近,与近曲小管相邻。管壁由单层立方上皮细胞组成,管腔大而规则。其末端与集合管相连。

（3）集合管：集合管不包括在肾单位内，它是由皮质走向髓质锥体乳头孔的小管，沿途有许多肾单位的远曲小管与它相连，管径逐渐变粗，管壁逐渐变厚。进入乳头后的集合管称为乳头管，乳头管在肾乳头上开口于肾盏。过去认为集合管只有运输尿液的作用，现认为集合管与远曲小管同样具有重吸收和分泌的作用。

2. 皮质肾单位和近髓肾单位　肾单位按其所在部位不同，可分为皮质肾单位和近髓肾单位两类（图7-5）。

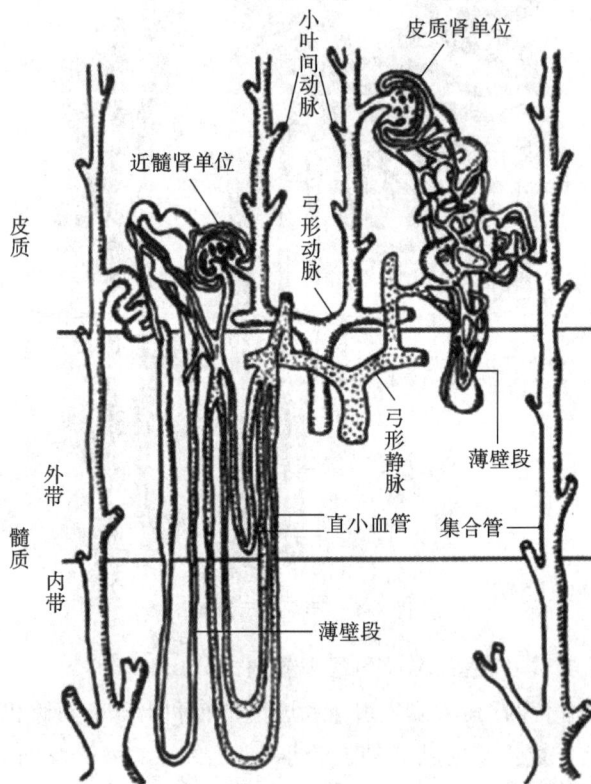

图7-5　两类肾单位和肾血管示意图

（1）皮质肾单位：这类肾单位的肾小体主要分布于外皮质层和中皮质层。肾小球体积较小，入球小动脉的口径比出球小动脉粗，两者口径之比约为2∶1。出球小动脉进一步分为毛细血管后，几乎全部分布于皮质部分的肾小管周围。这类肾单位的髓袢很短，只达外髓质层，有的甚至不到髓质。此外，皮质肾单位的球旁细胞所含的肾素较多。在功能上，皮质肾单位与尿液的生成以及肾素的合成和释放关系较大。

（2）近髓肾单位：这类肾单位的肾小体分布于靠近髓质的内皮质层。这类肾单位的肾小球体积较大；其髓袢甚长，可深入内髓质层，有的甚至可到达乳头部。入球小动脉和出球小动脉的口径没有明显差异，有些入球小动脉的口径甚至还要细些。出球小动脉不仅形成缠绕邻近的近曲小管或远曲小管的网状毛细血管，还形成细而长的"U"形直小血管。直小血管可深入内髓质层。相邻的"U"形直小血管之间有吻合支，血液可以相通。此外，近髓肾单位的球旁细胞几乎不含肾素。近髓肾单位和直小血管的这些解剖特点，决定了它们在尿液的浓缩与稀释过程中起重要作用。

3. 球旁器（肾小球旁器）　位于肾小体附近，是远曲小管和入球小动脉特殊分化的部分，是远曲小管穿行于皮质时和入球小动脉相接触的部位，由球旁细胞、致密斑和系膜（间质）细胞三种特殊的细胞组成（图7-6）。

（1）球旁细胞：这是入球小动脉中层特殊分化的细胞，呈圆球形，细胞质内有染色颗粒。目前认为它是肾素合成、储存和释放的部位，在尿量与血压调节中起重要作用。

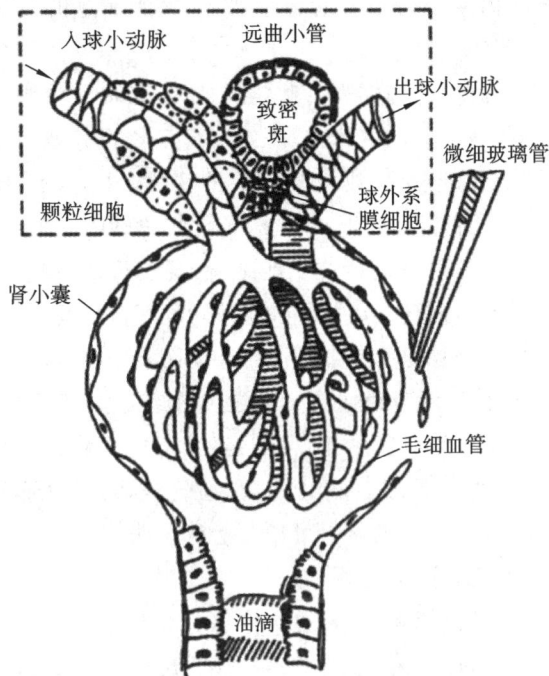

图 7-6 肾小球、肾小囊穿刺和球旁器示意图(方框示球旁器)

(2)致密斑:位于远曲小管的起始部分,此处的上皮细胞变为高柱状细胞,局部呈现斑状隆起,排列紧密,故称为致密斑。致密斑与入球小动脉和出球小动脉相接触。致密斑可感受小管液中 NaCl 含量的变化,并将信息传递给球旁细胞,调节肾素的释放。

(3)系膜(间质)细胞:系膜(间质)细胞是指在入球小动脉和出球小动脉之间的一群细胞,具有吞噬能力。它们与致密斑相互联系,细胞内有肌丝,故也有收缩能力。球外系膜细胞的具体功能目前尚不清楚。

4.肾的血液循环及其特点

(1)肾的血液循环:肾动脉由腹主动脉垂直分出,依次分为叶间动脉—弓形动脉—小叶间动脉—入球小动脉。每支入球小动脉进入肾小体后,又分成肾小球毛细血管网,后者汇集成出球小动脉离开肾小体。出球小动脉再次分成毛细血管网,缠绕于肾小管和集合管的周围。所以,肾血液供应要经过两次毛细血管网,然后才汇合成静脉,由小叶间静脉—弓形静脉—叶间静脉—肾静脉回到下腔静脉(图7-5)。

(2)肾血液循环的特点:①肾血流量大,并且肾内血流分布不均。肾动脉直接起于腹主动脉,短而粗,血流量大,约占心输出量的1/4。如此之大的血流量并非肾脏的代谢所必需,而是尿液生成的需要。肾内不同区域的血流量不同,皮质血流量大,流速快;髓质血流量小,仅占肾血流量的10%,流速亦慢。在急性肾功能衰竭时,常由于小叶间动脉痉挛收缩,皮质浅部供血减少甚至中断,大量血液流经髓质直小血管衶短路循环,致使浅表肾单位的肾小体滤过功能严重低下,甚至缺血性坏死,出现少尿,甚至无尿等急性肾功能衰竭症状。②肾脏血液循环最重要的特点是形成两次毛细血管网。肾小球毛细血管网介于入球小动脉和出球小动脉之间,而且皮质肾单位入球小动脉的口径比出球小动脉的粗1倍。因此,肾小球毛细血管内血压较高,有利于肾小球的滤过作用;血浆成分在肾小球被滤出后,血液再从出球小动脉到达肾小管周围的毛细血管网,血流量已经降低,再加上克服血流阻力消耗了能量,因此肾小管周围的毛细血管网的血压较低,可促进肾小管的重吸收。

5.肾血流量的调节 肾血流量的调节包括肾血流量的自身调节和神经-体液调节。

(1)肾血流量的自身调节:去除神经支配或离体肾灌注实验显示,当肾动脉灌注压变动于10.7～24.0 kPa 范围内,肾血流量仍能保持相对恒定的水平。这种在没有外来神经支配的情况下,肾血流量在一定动脉血压变动范围内仍能保持不变的现象,称为肾血流量的自身调节。一般认为,自身调节只涉及肾皮质的血流量。

关于自身调节的机制,有人提出肌源学说。此学说认为,当肾灌注压增高时,血管平滑肌因灌注压增加而受到牵张刺激,这使得平滑肌的紧张性加强,血管口径相应地缩小,血流的阻力便相应地增大,保持肾血流量稳定;而当灌注压减小时则发生相反的变化。由于在灌注压低于 10.7 kPa 时,平滑肌已达到舒张的极限;而灌注压高于 24.0 kPa 时,平滑肌达到收缩的极限。因此,在 10.7 kPa 以下和 24.0 kPa 以上时,肾血流量的自身调节便不能维持,肾血流量将随血压的变化而变化。只有在 10.7~24.0 kPa 的血压变化范围内,入球小动脉平滑肌才能发挥自身调节作用,保持肾血流量的相对恒定。通过肾血流量自身调节,肾小球滤过率不会因血压波动而改变,维持肾小球滤过率相对恒定。

(2)肾血流量的神经-体液调节:调节肾血流量的主要神经是交感神经,当肾交感神经兴奋时,肾血管收缩,肾血流量减少,常见于情绪高度紧张、剧烈运动、疼痛等情况。

在各种体液调节因素中,肾上腺素、去甲肾上腺素、血管紧张素、血管升压素等都能使血管收缩,肾血流量减少。前列腺素、乙酰胆碱、一氧化氮可使肾血管扩张,肾血流量增多。其生理意义在于调节肾血流量,以适应全身血液重新分配的需要。

正常情况下,在一般的血压变化范围内,肾主要依靠自身调节来保持血流量的相对稳定,以维持正常的泌尿功能。紧急情况下,如血压降至 10.7 kPa 以下或升高超过 24.0 kPa 时,才通过神经和体液因素进行全身血液的再分配,以保证脑、心等重要器官的血液供应。

二、输尿管

输尿管是把肾脏生成的尿液输送到膀胱的细长的管道,左、右各一。起于集合管(牛)或肾盂(马、猪、羊、犬),出肾门后,沿腹腔顶壁向后伸延,左侧输尿管在腹主动脉的外侧,右侧输尿管在后腔静脉的外侧,横过髂内动脉的腹侧面进入骨盆腔。雌性动物输尿管大部分位于子宫阔韧带的背侧部,雄性动物的输尿管在骨盆腔内位于尿生殖褶中,与输尿管相交叉,向后伸达膀胱颈的背侧,斜向穿入膀胱壁。输尿管在膀胱壁内斜向延伸一段距离(2~3 cm),在靠近膀胱颈的部位开口于膀胱背侧壁,这种结构特点可防止尿液逆流。

三、膀胱

膀胱是暂时储存尿液的器官,略呈梨形。其前端钝圆为膀胱顶,突向腹腔;中部膨大叫膀胱体;后端逐渐变细称膀胱颈,膀胱颈以尿道内口与尿道相通;膀胱顶和膀胱颈之间为膀胱体。随着储存尿液量的不同,膀胱的形状、大小和位置均有变化。膀胱空虚时,约拳头大小(马、牛),位于骨盆腔内。充满尿液时,顶端可突入腹腔内。雄性动物膀胱在直肠、尿生殖褶和精囊腺的腹侧,雌性动物的膀胱在子宫和阴道的腹侧。在膀胱两侧与盆腔侧壁之间有膀胱侧韧带。在膀胱侧韧带的游离缘有一圆索状物,称为膀胱圆韧带,是胎儿时期脐动脉的遗迹。膀胱由黏膜、黏膜下层、肌层和浆膜构成。黏膜上皮为变移上皮,空虚时有许多皱褶。膀胱肌层较厚,在膀胱颈部形成括约肌。

四、尿道

尿道是将尿液从膀胱排出体外的肌性管道。雄性和雌性动物的尿道的功能和构造不完全相同。

雄性动物的尿道很长,兼有排尿和排精作用,故又称为尿生殖道。它可以分为骨盆部和阴茎部两个部分,两者以坐骨弓为界。尿生殖道骨盆部是指自膀胱颈到骨盆腔后口的一段,位于骨盆腔底壁与直肠之间。尿生殖道阴茎部是尿道经坐骨弓转到阴茎腹侧的一段,末端开口在阴茎头,开口处称尿道外口。在坐骨弓处,尿生殖道壁上的海绵体层稍变厚,形成尿道球。

雌性动物的尿道较短,位于阴道腹侧,起自膀胱的尿道内口,后端开口于尿生殖前庭起始部的腹侧面,阴瓣的后方,为尿道外口(详见生殖系统)。母牛尿道在阴道前庭的下方形成一宽、深各 1~2 cm 的盲囊,称尿道下憩室。在导尿时应注意避免将导尿管插入尿道下憩室内。

知识单元 2　泌 尿 生 理

动物有机体将物质代谢终产物和其他不需要的物质经过血液循环由体内排出的过程,称为排泄。排泄的器官包括肾、肺、皮肤和消化管等,其中肾脏是动物体的主要排泄器官,动物体可通过尿液的生成和排出完成以下生理功能:①排除机体的大部分代谢终产物以及进入体内的异物。②调节细胞外液量和渗透压。③保留体液中的重要电解质如钠离子、钾离子、碳酸氢盐以及氯离子等,排出氢离子,维持酸碱平衡。④肾脏分泌促红细胞生成素、肾素、羟化维生素 D_3 和前列腺素等生物活性物质,具有内分泌功能。由此可见,肾脏不但是排泄器官,而且是维持和调节机体内环境稳态过程中甚为重要的脏器之一。因此肾的泌尿活动具有特别重要的生理意义。

一、尿液的成分和理化性质

尿液的成分和性状,在很大程度上反映着畜体新陈代谢和泌尿功能状况。因此,检测尿液是改善饲养管理和诊断某些疾病的依据和手段。

(一)尿液的成分

家畜尿液中绝大部分是水,占 96%～97%,少部分是固体溶解物,占 3%～4%,其中包括尿素、肌酸酐、尿酸、马尿酸和尿色素等有机物,以及硫酸盐、磷酸盐等无机物。使用药物和添加剂时,尿液中会出现残余排泄物。

(二)尿液的理化性质

色泽和透明度:一般情况下,健康哺乳动物的尿液多呈淡黄色或黄色透明状,草食动物的尿液多呈淡黄色,猪的尿液呈透明水样。牛、羊尿液刚排出时也是透明的,久置后变混浊。因马属动物的尿液含大量碳酸钙和黏液,所以马属动物尿液一经排出便是混浊黏稠的液体。家畜每昼夜排尿量:牛 6～14 L,羊 1～1.5 L,马 3～8 L。

密度:取决于尿量及成分,草食动物的密度较杂食动物高。

酸碱度:与动物种类和采食的饲料种类有关。草食动物尿液呈碱性,肉食动物尿液呈酸性,杂食动物尿液因食物性质不同,可呈碱性或酸性。

二、尿液的生成

尿液的生成是由肾单位和集合管共同完成的,入球小动脉的血液经过肾小球的滤过作用,形成滤过液(称为原尿)再经过肾小管和集合管的重吸收作用以及分泌和排泄作用,最终形成终尿排出。尿液的生成包括肾小球的滤过,肾小管和集合管的重吸收,肾小管和集合管的分泌和排泄三个基本过程。

视频:尿的生成与排尿

(一)肾小球的滤过作用

肾小球滤过是肾脏生成尿液的初始阶段。当血液流过肾小球时,血浆中的一部分水和小分子溶质(包括分子量较小的少量蛋白质)可通过物理的滤过作用滤入肾小囊内形成原尿。原尿中除了不含血细胞和大分子的蛋白质外,其他成分与血浆基本相同。单位时间内从肾小球滤过的原尿量,称为肾小球滤过率,以 mL/min 表示。肾小球滤过率和每分钟肾血浆流量的比值称为滤过分数。流经肾脏的血浆约有 1/5 经肾小球滤过成为原尿,即滤过分数为 20%,剩余的 4/5 经出球小动脉流向肾小管周围的毛细血管。

肾小球的滤过作用主要取决于两个因素:一是滤过膜的通透性;二是肾小球的有效滤过压。

1.滤过膜的通透性　肾小球毛细血管的内皮细胞、基膜和肾小囊的脏层细胞三者紧贴在一起形成的有通透性的膜,称为滤过膜(图 7-7)。不同物质通过肾小球滤过膜的能力取决于被滤过物质的分子大小及所带的电荷。该滤过膜厚度不足 1 μm。最内层是毛细血管内皮细胞层,厚 30～50 nm,它具有大小不等的微细小孔,孔径为 50～100 nm。中间层是非细胞结构的基膜层,它是一种厚约

Note

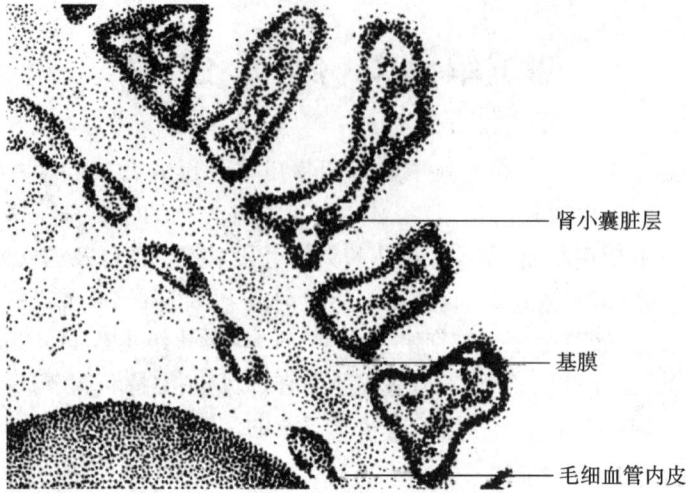

图 7-7　滤过膜示意图

325 nm 的微纤维网,纤维网上孔的大小为 4～8 nm,是滤过膜的主要滤过屏障,外层是肾小囊的上皮细胞层,厚 40 nm,其细胞表面有足状突起并交错形成裂隙,称为足细胞。交错的足细胞间隙上有一层滤过裂隙膜,膜上有直径 4～14 nm 的孔。滤过膜上存在的大小不同的孔道,对大小不同的溶质分子的滤过起着机械屏障作用。滤过膜的通透性还取决于被滤过物质所带的电荷。滤过膜的各层表面都有带负电荷的糖蛋白,由于静电排斥作用,能阻止带负电荷物质通过,起着电化学屏障作用。因此,正常情况下,带负电荷的血浆蛋白分子不易透过滤过膜。滤过膜的机械和电化学屏障作用决定了其特殊的通透性,其对于原尿的质和量有着重要影响。

2. 有效滤过压　肾小球滤过作用的动力是有效滤过压。肾小球滤过膜的内、外两侧存在着压力差,这种压力差就称为肾小球的有效滤过压。与其他器官组织液生成的机制相同,肾小球有效滤过压＝(肾小球毛细血管血压＋囊内液胶体渗透压)－(血浆胶体渗透压＋肾小囊内压)(图 7-8)。由于滤过膜对血浆蛋白质几乎不通透,肾小囊内的滤过液中蛋白质浓度较低,囊内液胶体渗透压可忽略不计。这样原尿生成的有效滤过压只剩三种力量的作用,肾小球毛细血管血压是滤出的唯一动力,而血浆胶体渗透压和肾小囊内压则是滤出的阻力。即肾小球有效滤过压＝肾小球毛细血管血压－

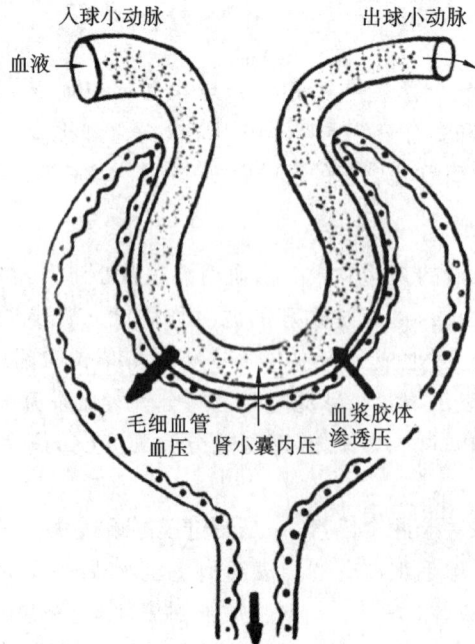

图 7-8　有效滤过压示意图

（血浆胶体渗透压＋肾小囊内压）。用微穿刺法测得肾小球毛细血管平均值为 6.0 kPa；研究者还发现，由肾小球毛细血管的入球端到出球端，血压下降不多，两端的血压几乎相等。肾小囊内压与近曲小管内压力相近，肾小囊内压为 1.33 kPa。但肾小球毛细血管内的血浆胶体渗透压不是固定不变的，在血液流经肾小球毛细血管时，由于不断生成滤过液，血液中血浆蛋白浓度就会逐渐增加，血浆胶体渗透压也随之升高。因此，有效滤过压也逐渐下降。据推测，家畜血浆胶体渗透压在肾小球入球小动脉端约为 2.67 kPa，而在出球动脉端上升为 4.67 kPa。

综上所述，肾小球入球小动脉端有效滤过压可由下式表示：

$$入球端有效滤过压＝6\ kPa－(2.67\ kPa＋1.33\ kPa)＝2\ kPa$$
$$出球端有效滤过压＝6\ kPa－(4.67\ kPa＋1.33\ kPa)＝0\ kPa$$

当滤过阻力等于滤过动力时，有效滤过压降为零，称为滤过平衡，此时滤过便停止了。由此可见，不是肾小球毛细血管全段都有滤过作用，只有从入球小动脉端到滤过平衡这一段才有滤过作用。滤过平衡越靠近入球小动脉端，有效滤过的毛细血管长度就越短，有效滤过压和滤过面积就越小，肾小球滤过率就越低。相反，滤过平衡越靠近出球小动脉端时，有效滤过的毛细血管长度越长，有效滤过压和滤过面积就越大，肾小球滤过率就越高。如果达不到滤过平衡，全段毛细血管都有滤过作用。肾小球毛细血管的入球小动脉端尽管只有 2 kPa 的有效滤过压作为滤过的动力，但滤过膜有良好的通透性且滤过膜的面积大（牛 40 m²、猪 7～8 m²），肾血流量大，故原尿生成不仅顺利，而且生成量相当可观，例如一昼夜原尿生成量，牛约 1400 L，犬约 50 L，绵羊约 140 L。但在出球小动脉端，虽然滤过膜的通透性同样良好，但有效滤过压为零，故无原尿生成。

3. 影响滤过作用的因素　肾小球滤过作用主要受有效滤过压、滤过膜通透性和肾血浆流量的影响。

(1)有效滤过压：制约有效滤过压的三大因素中，任何一种因素发生改变，均可引起有效滤过压的相应变化，从而使肾小球滤过率发生改变。

①肾小球毛细血管血压的大小，取决于体循环动脉血压水平及入球小动脉和出球小动脉的口径。由于肾血流量具有自身调节机制，动脉血压在 10.7～24.0 kPa 范围内变动时，肾小球毛细血管血压和肾血流量都能够维持在相对稳定的水平。当动脉血压由于休克或大失血而下降到 10.7 kPa 以下时，此时自身调节失去作用；同时由于交感神经兴奋，肾上腺髓质激素分泌增多，肾血管收缩，肾小球毛细血管血压显著降低，肾血流量也大大减少，有效滤过压因此而下降，从而导致肾小球滤过率降低，引起少尿或无尿。

②血浆胶体渗透压是由血浆蛋白形成的。正常情况下不会出现明显变动，也不会对有效滤过压造成明显的影响。当动物营养不良，或者临床上静脉快速注入大量生理盐水时，都将导致血浆蛋白浓度明显减少，血浆胶体渗透压降低，肾小球有效滤过压增加，尿量增多。

③肾小囊内压在正常情况下较稳定。当肾盂或输尿管结石、肿瘤压迫或其他原因引起输尿管阻塞，某些药物浓度太高而在肾小管中析出，某些疾病引起溶血过多，血红蛋白堵塞肾小管等，都会导致肾小囊内压升高而使有效滤过压降低，尿量减少。

(2)滤过膜通透性：滤过膜在原尿生成过程中起着机械屏障和电化学屏障作用，正常情况下其通透性和有效滤过面积比较稳定，对肾小球滤过率的影响不大。病理情况（如急性肾小球肾炎）下，由于肾小球内皮细胞肿胀、基膜增厚，肾小球毛细血管变得狭窄或阻塞不通，以致有滤过功能的肾小球数量减少，有效滤过面积明显减少，导致肾小球滤过率显著降低，出现少尿或无尿。在缺氧或中毒时，滤过膜通透性加大，使通常不能被滤出的血细胞、大分子蛋白质透过滤过膜，造成血尿或蛋白尿。

(3)肾血浆流量：肾血浆流量对肾小球滤过率有很大影响，主要影响滤过平衡的位置。如果肾血浆流量增大，肾小球内血浆胶体渗透压的上升速度变慢，滤过平衡靠近出球小动脉端，有效滤过压和滤过面积增加，肾小球滤过率随之增加。相反，肾血浆流量减少时，血浆胶体渗透压的上升速度加快，滤过平衡靠近入球小动脉端，有效滤过压和滤过面积减少，肾小球滤过率将降低。严重缺氧、中毒性休克等病理情况下，由于交感神经兴奋，肾血流量和肾血浆流量显著减少，肾小球滤过率也显著降低。

（二）肾小管和集合管的选择性重吸收作用

原尿生成后进入肾小管中,称为小管液。小管液经过肾小管和集合管的作用后,最终从尿道排出称为终尿。肾小管和集合管的重吸收是指肾小管与集合管上皮细胞将小管液中的物质转运回到血液的过程。与小管液相比,终尿的质和量都发生了很大的变化(表7-1)。牛两侧肾脏每天产生的原尿量约为1400 L,每天排出的终尿量只有6~20 L,终尿量仅占原尿量的1‰,这表明小管液中约有99％的水被肾小管和集合管重吸收。

此外小管液中的葡萄糖已被全部重吸收回血液;而钠、尿素等不同程度地被重吸收;肌酐、尿酸、H^+和K^+则被分泌到小管液中而排出体外。可见肾小管和集合管对小管液中的物质进行了高度选择性重吸收和主动分泌或排泄(图7-9)。

表7-1　血浆、原尿和终尿成分比较

成　　分	血浆/(g/L)	原尿/(g/L)	终尿/(g/L)	终尿中浓缩倍数
水	900	980	960	1.1
Na^+	3.0	3.0	3.5	1.1
K^+	0.20	0.20	1.50	7.5
Cl^-	3.70	3.70	6.00	1.6
磷酸盐	0.04	0.04	1.50	37.5
尿素	0.30	0.30	18.0	60.0
尿酸	0.04	0.04	0.50	12.5
肌酐	0.01	0.01	1.00	100.0
蛋白质	70~90	0.30	微量	—
葡萄糖	1.00	1.00	极微量	—

引自彭芳,生理学,2018

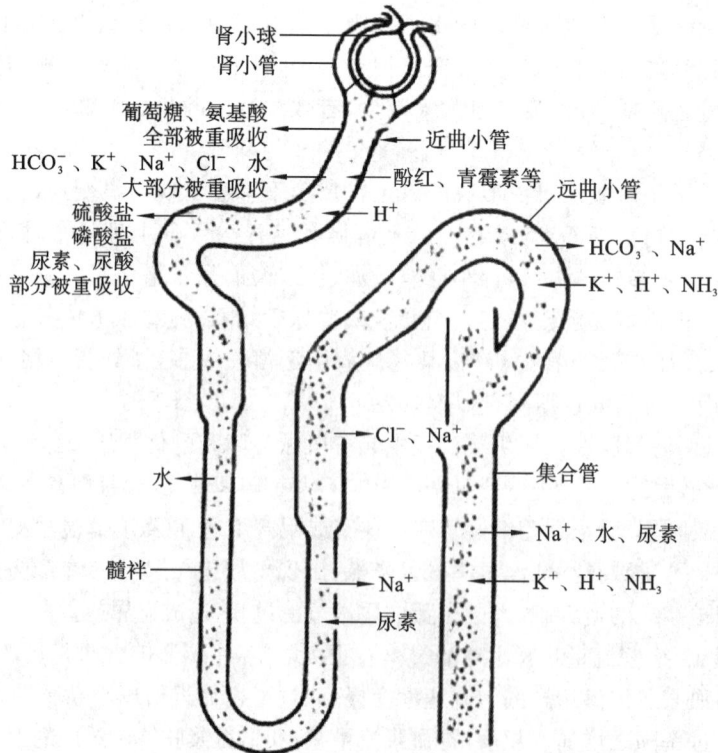

图7-9　肾小管与集合管的重吸收与分泌作用示意图

1. 重吸收的方式 肾小管和集合管的重吸收方式可概括为两类，即主动重吸收和被动重吸收。

(1)主动重吸收：肾小管和集合管上皮细胞将小管液中的溶质逆电化学梯度转运至肾小管周围组织间液的过程。

(2)被动重吸收：肾小管和集合管上皮细胞将小管液中的溶质顺电化学梯度转运至肾小管周围组织间液的过程。被动重吸收并不直接消耗上皮细胞的代谢能量。

2. 几种主要物质的重吸收

(1)葡萄糖的重吸收：生理状态下，葡萄糖重吸收的部位仅限于近曲小管前半段。近曲小管对葡萄糖的重吸收有一个浓度限度。当血液中葡萄糖浓度超过 200 mg/100 mL 时，部分肾小管对葡萄糖的重吸收已达到极限，尿液中开始出现葡萄糖，此时的血糖浓度限度称为肾糖阈。葡萄糖重吸收是一个与钠泵偶联转运的主动过程(图 7-10)。小管液中 Na^+ 减少时，葡萄糖重吸收率下降；葡萄糖浓度降低时，Na^+ 的转运也随之下降。这一偶联活动依赖于近曲小管纹状缘中的载体蛋白，当它与葡萄糖和 Na^+ 在结合位点上相结合形成复合体后，由管腔膜外侧进入膜内，入膜后 Na^+ 与葡萄糖脱离，Na^+ 经膜中的钠泵的作用主动排出细胞而进入组织间液；而入膜后的葡萄糖则可通过与 Na^+ 无关的载体蛋白，顺浓度差透过管周膜进入组织间液。

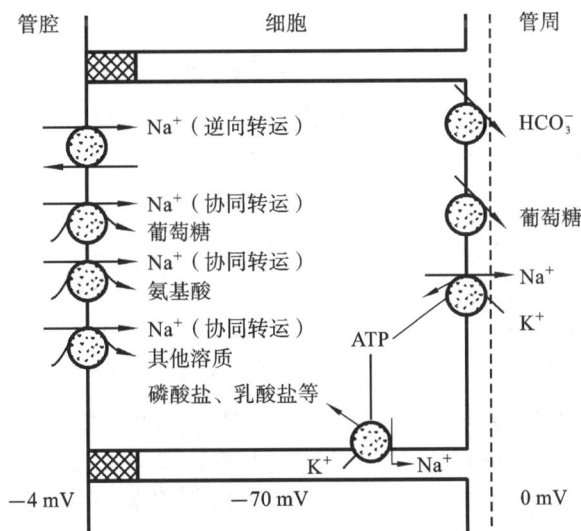

图 7-10 近曲小管重吸收葡萄糖、氨基酸示意图

(2)氨基酸的重吸收：小管液中氨基酸的重吸收部位主要在近曲小管(图 7-10)，几乎全部被重吸收。它的重吸收机制与葡萄糖重吸收机制相同，但是转运机制不同，转运葡萄糖和转运氨基酸的载体不同。

(3)Na^+ 的重吸收：肾小管各段和集合管都能重吸收 Na^+。近球小管的重吸收量最多，占65%～70%，远曲小管重吸收量约占10%，其余的在髓袢升支和集合管被重吸收。

近球小管对 Na^+ 的重吸收现在普遍以"泵-漏模式"来解释(图 7-11)。近球小管的相邻管壁细胞之间存在着细胞间隙。在靠近管腔处，相邻的管壁细胞膜相互紧贴，构成紧密连接，紧密连接将细胞间隙和管腔隔开。管壁细胞的管腔膜刷状缘对 Na^+ 的通透性很高，Na^+ 可通过与葡萄糖、氨基酸同向转运的方式，以及 Na^+-H^+ 交换的方式进入小管细胞；而管周膜和侧膜上有钠泵，钠泵不断将细胞内的 Na^+ 主动转运到细胞间隙。其结果一方面降低了细胞内的 Na^+ 浓度，使小管液中的 Na^+ 通过刷状缘不断地扩散进入细胞；另一方面又使细胞间隙的 Na^+ 浓度升高，其渗透压也升高，管腔内的水随之进入细胞间隙，这样就提高了细胞间隙的静水压。这一压力驱使细胞间隙中大部分的 Na^+ 和水进入毛细血管，同时也使少量的 Na^+ 和水通过紧密连接反流入管腔，后一现象称为回漏。

(4)Cl^- 的重吸收：在近球小管，Cl^- 是伴随着 Na^+ 的主动重吸收而被动重吸收的。髓袢升支粗段对 NaCl 的重吸收是以 $1Na^+：2Cl^-：1K^+$ 同向转运模式进行的。只有当 Na^+、Cl^-、K^+ 同时存在

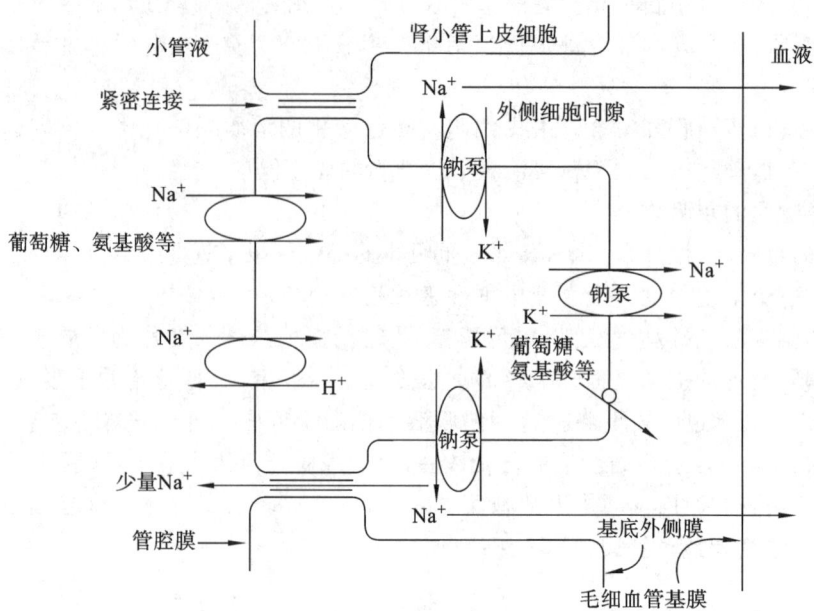

图 7-11　近球小管重吸收 NaCl 示意图

时,NaCl 才能被重吸收。钠泵是 NaCl 重吸收的重要因素。在远曲小管和集合管中,Cl$^-$ 的重吸收过程同样也是伴随 Na$^+$ 的主动重吸收而进行的。

(5)K$^+$的重吸收:小管液中的 K$^+$绝大部分在近球小管被重吸收,小部分在髓襻升支粗段、远曲小管和集合管被重吸收。但目前对 K$^+$ 重吸收的机制尚不清楚。

(6)HCO$_3^-$ 的重吸收:HCO$_3^-$ 在血浆中以钠盐(NaHCO$_3$)的形式存在,是动物体内重要的碱贮。正常情况下,小管液中的 HCO$_3^-$ 有 80%~85%在近球小管被重吸收。其余的由髓襻和远球小管重吸收。HCO$_3^-$ 的重吸收与小管上皮细胞管腔膜上的 Na$^+$-H$^+$ 交换有密切关系(图 7-12)。血浆中NaHCO$_3$ 滤入囊腔进入肾小管后可解离成 Na$^+$ 和 HCO$_3^-$。通过 Na$^+$-H$^+$ 交换,H$^+$ 由细胞内分泌到小管液中,Na$^+$ 进入细胞内,并与细胞内的 HCO$_3^-$ 一起被转运回血。由于小管液中的 HCO$_3^-$ 不易通过管腔膜,它与分泌的 H$^+$ 结合生成 H$_2$CO$_3$,在碳酸酐酶作用下,H$_2$CO$_3$ 迅速分解为 CO$_2$ 和 H$_2$O。CO$_2$ 是高度脂溶性物质,能迅速通过管腔膜进入细胞内,在碳酸酐酶作用下,进入细胞内的 CO$_2$ 与H$_2$O 又结合生成 H$_2$CO$_3$。H$_2$CO$_3$ 又解离成 H$^+$ 和 HCO$_3^-$。H$^+$ 通过 Na$^+$-H$^+$ 交换从细胞分泌到小管液中,HCO$_3^-$ 则与 Na$^+$ 一起转运回血。因此,肾小管重吸收 HCO$_3^-$ 是以 CO$_2$ 的形式,而不是直接以 HCO$_3^-$ 的形式进行的。如果滤过的 HCO$_3^-$ 超过了分泌的 H$^+$,HCO$_3^-$ 就不能全部(以 CO$_2$ 形式)被重吸收。由于它不易透过管腔膜,余下的便随尿液排出体外。可见肾小管上皮细胞分泌 1 个 H$^+$就可使 1 个 HCO$_3^-$ 和 1 个 Na$^+$ 重吸收回血,这在机体的酸碱平衡调节中起到重要作用。由于 CO$_2$

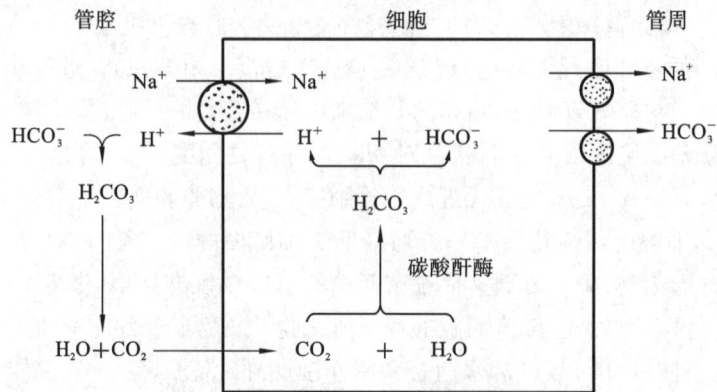

图 7-12　肾小管上皮细胞重吸收 HCO$_3^-$ 与 H$^+$ 的分泌示意图

透过管腔膜的速度明显高于 Cl^- 的速度,因此,在近球小管的前段,HCO_3^- 的重吸收率明显大于 Cl^- 的重吸收率。

(7)水的重吸收:从肾小球滤过的原尿,其水分在流经肾小管和集合管时 99% 被重吸收,仅有 1% 的水分被排出体外。如果水的重吸收百分率减少 1%,最后的终尿量可增加 1 倍,说明水的重吸收与终尿量关系很大。无论是在肾小管各段还是在集合管,水的重吸收都是被动的,都是靠渗透作用进行的。其中近球小管重吸收的水量最大,占滤过液总量的 65%~70%;其余在髓袢、远曲小管和集合管被重吸收。由于 Na^+ 等溶质的主动重吸收,建立起管腔内外的渗透压差,水便不断从小管液进入上皮细胞,并从细胞不断进入细胞间隙,造成细胞间隙静水压升高;加上管周毛细血管内静水压较低,胶体渗透压较高,水便通过周围组织间隙进入毛细血管而被重吸收。因此,如果小管液中的溶质浓度过高,就会提高管腔内的渗透压,妨碍水的重吸收,使尿量增加。近球小管对水通透性很大,这个部位对水的重吸收是通过水通道蛋白 1(AQP1)在渗透压作用下完成的。由于水与溶质重吸收的比例相等,故近球小管液的重吸收是等渗重吸收,与体内是否缺水无关。远曲小管和集合管上皮细胞对水是不易通透的,这个部位对水的重吸收受抗利尿激素(ADH)的调节。

(8)其他物质的重吸收:小管液中 HPO_4^{2-}、SO_4^{2-} 等的重吸收机制与葡萄糖、氨基酸相似,只是转运体不同。部分尿酸在近球小管被重吸收,大部分 Ca^{2+}、Mg^{2+} 在髓袢升支粗段被重吸收,滤出的少量蛋白质在近球小管通过入胞作用被重吸收。

(三)肾小管和集合管的分泌与排泄

肾小管和集合管的分泌作用是指小管上皮细胞能将细胞生成的或血液中某些物质转运到小管液中的过程。

1. H^+ 的分泌 体内代谢不断产生大量的 H^+。除髓袢细段外,肾小管各段和集合管都有分泌 H^+ 的能力,这对调节细胞外液的酸碱平衡有重要意义。近球小管是分泌 H^+ 的主要部位,并以 Na^+-H^+ 交换的方式为主,同时还促进 HCO_3^- 重吸收。在近球小管上皮细胞内,CO_2 和 H_2O 在碳酸酐酶的催化下生成 H_2CO_3,H_2CO_3 又可解离成 H^+ 和 HCO_3^-,H^+ 通过 Na^+-H^+ 交换从细胞分泌到小管液中。

除了近球小管细胞通过 Na^+-H^+ 交换分泌 H^+ 外,远曲小管和集合管的闰细胞也可分泌 H^+。H^+ 的分泌是逆电化学梯度的主动转运过程。有人认为管腔膜上有 H^+ 泵,能将细胞内的 H^+ 泵入小管腔内。分泌的 H^+ 与 HCO_3^- 结合形成 H_2CO_3,也可与 HPO_4^{2-} 结合形成 $H_2PO_4^-$;还可与上皮细胞分泌的 NH_3 结合,形成 NH_4^+。肾小管和集合管分泌 H^+ 的量与小管液的酸碱度(pH)有关。小管液 pH 降低,H^+ 的分泌减少。

2. NH_3 的分泌 远曲小管和集合管的上皮细胞在代谢过程中不断生成 NH_3,这些 NH_3 主要由谷氨酰胺脱氨而来,其次来自细胞内其他氨基酸的脱氨。NH_3 具有脂溶性,能通过细胞膜向小管液周围组织间液和小管液自由扩散,扩散量取决于两种液体的 pH。当小管液的 pH 较低(H^+ 浓度较高),细胞内的 NH_3 较易向小管液中扩散。分泌到小管液中的 NH_3 能与 H^+ 结合并生成 NH_4^+,小管液中 NH_3 浓度因而下降,于是管腔膜两侧形成了 NH_3 浓度梯度,此浓度梯度又加速了 NH_3 向小管液中扩散。由此可见,NH_3 的分泌与 H^+ 的分泌密切相关;H^+ 的分泌增加促使 NH_3 分泌增多。NH_3 与 H^+ 结合并生成 NH_4^+ 后,可进一步与小管液中的强酸盐(如 $NaCl$、Na_2SO_4 等)的负离子结合,生成酸性铵盐(NH_4Cl 等)并随尿液排出。强酸盐的正离子(如 Na^+)则与 H^+ 交换而进入肾小管细胞,然后和细胞内 HCO_3^- 一起被转运回血。所以,肾小管细胞分泌 NH_3,不仅由于铵盐的形成而促进了排 H^+,而且也促进了 $NaHCO_3$ 的重吸收。

3. K^+ 的分泌 原尿中的 K^+ 在近曲小管几乎全部被重吸收,因而一般认为尿液中的 K^+ 主要由远曲小管和集合管上皮细胞分泌。K^+ 的分泌与 Na^+ 的重吸收有着密切联系。

K^+ 分泌的动力:①在远曲小管和集合管的小管液中,Na^+ 通过主细胞的管腔膜上的 Na^+ 通道进入细胞,然后由基侧膜上的钠泵将细胞内的 Na^+ 泵至细胞间隙而被重吸收,Na^+ 的主动重吸收建立了管腔内外的电位差,腔内为负,管壁外为正,此电位差成为 K^+ 从小管上皮细胞和组织间液被动扩散入管腔的动力。②在远曲小管后段和集合管,主细胞内 K^+ 浓度明显高于小管液中的 K^+ 浓度,K^+ 便顺浓度梯度从细胞内通过管腔膜上的 K^+ 通道进入小管液。③Na^+ 进入主细胞后,可刺激基侧膜上的钠泵,使更多的 K^+ 从细胞外液中泵入细胞内,提高细胞内 K^+ 浓度,增加细胞内和小管液之间的 K^+ 浓度梯度,从而促进 K^+ 分泌。

此外,K^+ 分泌还与肾小管泌 H^+ 有关。远曲小管和集合管既存在 H^+-Na^+ 交换,也存在 K^+-Na^+ 交换,K^+-Na^+ 交换与 H^+-Na^+ 交换存在着竞争性抑制作用。其中一个增强时,另一个就会减弱。如酸中毒时,小管液中 H^+ 浓度增高,H^+-Na^+ 交换增强,会导致 K^+-Na^+ 交换减弱,造成血 K^+ 浓度升高。当发生碱中毒时,上皮细胞内 H^+ 生成减少,H^+-Na^+ 交换减弱,会导致 K^+-Na^+ 交换增强,可使血 K^+ 浓度降低。

4. 其他一些代谢产物和进入体内的异物的排泄 肌酐可通过肾小球滤过,也可被肾小管和集合管分泌和重吸收(少量);青霉素、酚红和一些利尿剂可与球蛋白结合,不能被肾小球滤过,但可在近球小管被主动分泌入小管液中而排出。体内的酚红94%由近球小管主动分泌入小管液中并随尿液排出。因此,检测尿液中酚红的排泄量可作为判断近球小管排泄功能的粗略指标。

(四)影响肾小管与集合管重吸收以及分泌和排泄的因素

1. 小管液中溶质的浓度 小管液中溶质所呈现的渗透压,是对抗肾小管重吸收水分的力量。如果小管液中某种溶质的浓度超过了肾小管的重吸收限度时,多余的未吸收成分留在小管液中,致使肾小管中渗透压增加。由于渗透作用,一部分水保留在小管内,小管液中的 Na^+ 被稀释而浓度下降,小管液中与细胞内的 Na^+ 浓度差变小,Na^+ 重吸收减少而使小管中有较多的 Na^+,进而又使小管液中保留较多的水。结果使水的重吸收减少,尿量和 $NaCl$ 排出增多。这种现象称为渗透性利尿。如糖尿病患者的多尿,就是由于小管液中葡萄糖含量增多,肾小管不能将葡萄糖完全重吸收回血,小管液渗透压增高,结果妨碍了水和 $NaCl$ 的重吸收所造成的。兽医临床工作中,根据渗透性利尿的原理,可给病畜使用一些能被肾小球滤过而不被肾小管重吸收的药物(如甘露醇和山梨醇等),以提高小管液中溶质的浓度,借以达到利尿和消除水肿的目的。

2. 球-管平衡 近球小管对溶质和水的重吸收量不是固定不变的,而是随肾小球滤过率的变动而变化的。肾小球滤过率增大,滤液中的 Na^+ 和水的总含量增加,近球小管对 Na^+ 和水的重吸收率也提高;反之,肾小球滤过率降低,滤液中的 Na^+ 和水的总含量也减少,近球小管对 Na^+ 和水的重吸收率也相应地降低。实验表明,不论肾小球滤过率或增或减,近球小管是定比重吸收的,即近球小管的重吸收率始终占肾小球滤过率的 $65\%\sim70\%$(即重吸收百分率为 $65\%\sim70\%$)。这种现象称为球-管平衡。

定比重吸收的机制主要与肾小管周围毛细血管内血浆胶体渗透压的变化有关。近球小管周围毛细血管内的血液直接来源于肾小球的出球小动脉,如果肾血流量不变而肾小球滤过率增加(如出球小动脉阻力增加而入球小动脉阻力不变),则进入近球小管周围毛细血管的血量就会减少,毛细血管血压下降,而血浆胶体透压升高,这些改变都有利于近球小管对 Na^+ 和水的重吸收;当肾小球滤过率减少时则发生相反的变化,近球小管对 Na^+ 和水的重吸收量减少。所以,无论肾小球滤过率增加还是减少,近球小管对 Na^+ 和水的重吸收百分率基本保持不变。

球-管平衡的生理意义在于保持尿量和尿钠的相对稳定。球-管平衡在某些情况下可被破坏,如发生渗透性利尿时,虽然肾小球滤过率不变,但近球小管重吸收减少,重吸收百分率小于 $65\%\sim70\%$,尿量和尿中的 $NaCl$ 排出量明显增多。

3. 肾小管上皮细胞的功能 肾小管上皮细胞有强大的重吸收功能,而且具有选择性,它与细胞膜上的载体数目、泵的功能、细胞内酶系统的活动以及肾小管的血液循环供应等密切相关。当某些病理因素损害肾小管上皮细胞的功能时,可造成其重吸收障碍,导致尿量增加或尿液中出现某种异常成分。如有机汞剂所解离出的汞离子,可与近曲小管细胞中的硫氢基系统结合,从而抑制肾小管对 Na^+ 的重吸收,也间接影响水的重吸收,故出现利尿效应。

（五）尿液的浓缩和稀释

尿液的浓缩和稀释是尿液的渗透压和血浆渗透压相比较而言的。尿液的渗透压可随体内液体量的不同而出现大幅度的变动。当机体缺水时，小管液中的水可被大量重吸收回血液，机体排出高于血浆渗透压的高渗尿，表示尿液被浓缩；反之，若体内水分过剩，小管液中的水较少被重吸收，机体将排出低于血浆渗透压的低渗尿，说明尿液被稀释。如果肾脏浓缩和稀释尿液的功能严重损坏，则无论机体缺水或水分过多，排出的尿液的渗透压与血浆的几乎相等，成为等渗尿。所以，根据尿液的渗透压可以了解肾的浓缩和稀释能力。肾脏对尿液的浓缩和稀释能力，在维持体内液体平衡和渗透压稳定中有极为重要的作用。

1. 尿液的稀释 尿液的稀释是由小管液的溶质被重吸收而水不易被重吸收造成的。因为近球小管对溶质与水是等渗重吸收，所以尿液的浓缩与稀释发生在近球小管以后，主要是在髓袢升支粗段。髓袢升支粗段能主动重吸收 Na^+ 和 Cl^-，但对水却不通透，故水不被重吸收，所以小管液在流经髓袢升支粗段时，Na^+ 和 Cl^- 被大量重吸收，造成髓袢升支粗段小管液为低渗液。当低渗的小管液流经远曲小管和集合管时，Na^+ 和 Cl^- 继续被重吸收，而远曲小管和集合管上皮细胞对水的通透性则取决于抗利尿激素的水平；如果机体不缺水，血浆缺乏抗利尿激素，远曲小管和集合管对水的通透性就小，水无法被重吸收，使小管液渗透压进一步降低，从而形成低渗尿。因此，是否形成低渗尿是由血浆抗利尿激素水平决定的。抗利尿激素完全缺乏时，如有严重尿崩症，则每天都会排出大量低渗尿。

2. 尿液的浓缩 尿液的浓缩是由小管液中的水被重吸收而溶质仍留在小管液中造成的。水重吸收的动力来自肾髓质渗透梯度的建立，即髓质渗透浓度从髓质外层向乳头部深入而不断升高。用冰点降低法测定鼠肾的渗透浓度，观察到肾皮质部的组织间液（包括细胞内液和细胞外液）的渗透浓度与血浆渗透浓度是相等的，说明皮质部组织间液与血浆是等渗的。而髓质部与血浆的渗透浓度之比，由髓质外层向乳头部深入而逐渐升高，分别为 2.0、3.0、4.0，如图 7-13 所示，线条越密表示渗透浓度越高。这表明肾髓质的渗透浓度由外向内逐步升高，具有明显的渗透梯度。抗利尿激素存在时，远曲小管和集合管对水通透性增加，小管液从外髓集合管向内髓集合管流动，由于渗透作用，水便不断进入高渗的肾间质，使小管液不断被浓缩而变成高渗液，形成浓缩尿。可见髓质的渗透梯度的建立成为浓缩尿的必要条件。髓袢是形成髓质渗透梯度的重要结构，只有具有髓袢的肾才能形成浓缩尿，髓袢越长，浓缩能力就越强。例如，沙鼠的肾髓质内层特别厚，它的肾能产生 20 倍于血浆渗透浓度的高渗尿。

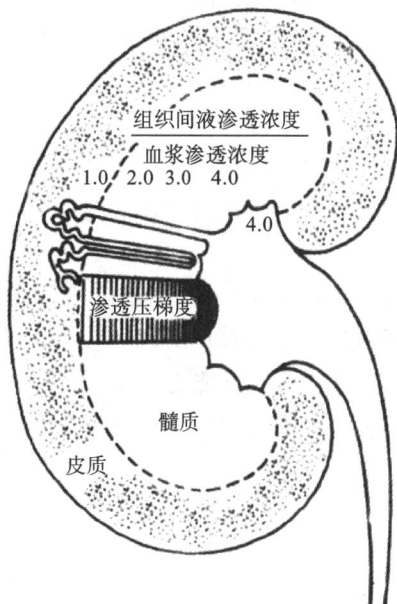

图 7-13 肾髓质渗透梯度示意图

猪的髓袢较短，只能产生 1.5 倍于血浆渗透浓度的尿液。人的髓袢具有中等长度，最多能产生 4～5 倍于血浆渗透浓度的高渗尿。

3. 肾髓质高渗梯度的形成和保持

（1）逆流交换和逆流倍增现象：在物理学上，两个下端相连通的并列管道（U 形管）液体流动的方向相反，称为逆流。如果此两管内的液体存在溶质浓度差或温度差，且管壁又具有通透性或导热性，则液体在逆流过程中，其溶质或热量可以在两管间进行交换，称为逆流交换。

在逆流系统中，如果 U 形管管壁由细胞构成，且这些细胞能主动将升支中的溶质单方向转入降支，则降支溶液中的溶质浓度由上而下逐渐升高，到 U 形管折返处达最高值；而升支中的溶液则因失去溶质，溶质浓度由下而上逐渐降低。于是 U 形管中的溶质浓度沿管的长轴出现成倍增加的现象，称为逆流倍增。逆流的速度越慢，管道越长，其逆流交换的效率越高，逆流倍增的作用也越强。

（2）肾髓质高渗梯度的形成：①外髓部高渗梯度在外髓部形成，髓袢升支粗段对水不通透，但对 Na^+ 和 Cl^- 具有很强的主动重吸收能力；因此，小管液在经髓袢升支粗段向皮质方向流动时，小管液内 NaCl 含量逐步降低，使小管液渗透压逐步下降，而使外髓部组织间液成为高渗液。所以，外髓部渗透梯度是由髓袢升支粗段主动重吸收 NaCl 而形成的。②内髓部高渗梯度的形成与 NaCl 的重吸收和尿素再循环有关。

由于远曲小管、皮质部和外髓部的集合管对尿素不易通透，当小管液流经这些部位时，在抗利尿激素的作用下，水不断被重吸收，小管液的尿素浓度逐渐升高。因内髓部集合管对尿素的通透性良好，故小管液流至该段时，管内高浓度的尿素顺其浓度差到达内髓部的组织间液，造成内髓部渗透压升高。髓袢升支细段对尿素有中等程度的通透性。故从内髓部集合管透出的尿素可以进入升支细段，然后随小管液流经升支粗段后又重复上述过程。尿素的这种循环运行过程称为尿素再循环。尿素再循环使大量尿素聚积在内髓部组织间液，成为内髓高渗环境的主要溶质之一。

另一种主要溶质 NaCl 在内髓组织间液中的聚集与髓袢细段的通透性有关。髓袢细段是伸入内髓深部的 U 形管道。降支细段对水有良好的通透性，但对 NaCl 则不易通透。如图 7-14 所示，小管液在降支细段流动的过程中，在管外高浓度尿素的作用下，管内水不断透到管外；而 NaCl 则保留在管内，于是小管液的 NaCl 浓度逐渐升高，渗透压也随之不断上升。当小管液到达降支与升支细段的折返部时，管内的 NaCl 浓度和渗透压都达到最高。升支细段对水不易通透，而对 NaCl 则有良好的通透性，如此降支细段与升支细段就构成了一个逆流倍增系统。小管液在升支细段流动的过程中，管内高浓度的 NaCl 顺其浓度差不断透出管壁，到达内髓部组织间液，使内髓部组织间液形成渗透梯度。

（3）肾髓质高渗梯度的保持：肾髓质高渗梯度的维持与直小血管的逆流交换作用有关。如图 7-14所示，直小血管也是伸入内髓深部的 U 形管道，其管壁对尿素、NaCl 和水都具有良好的通透性。直小血管降支内的血液在下行过程中，由于血管外组织间液的溶质浓度是逐渐升高的，故组织间液的 NaCl 和尿素不断扩散进入直小血管降支，而血管内的水则透出到组织间液，越向内髓部深入，血管降支内的 NaCl 和尿素浓度越高。而在升支内朝向皮质方向流动的过程中，因血管外组织间液的溶质浓度是逐渐降低的，所以升支血管内的 NaCl 和尿素又不断透到管外，再透入血管降支，而组织间液的水则流向升支血管中。这样依靠直小血管的逆流交换作用，NaCl 和尿素就可以在直小血管的升支与降支之间循环运行，而不致被血流大量带走，在水被重吸收的同时保持了髓质组织间液的高渗梯度。

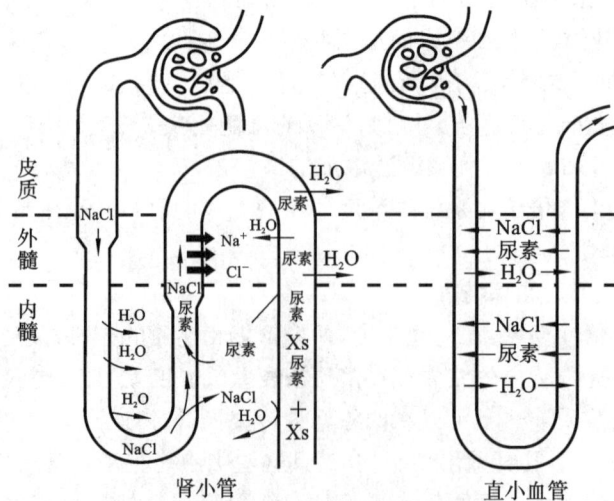

图 7-14 尿液浓缩机制示意图

粗箭头表示髓袢升支粗段主动重吸收 Na^+、Cl^-；Xs 表示未被重吸收的溶质

三、影响尿液生成的因素

正常情况下,肾脏通过自身调节机制保持肾血流量相对稳定,从而使肾小球滤过率和终尿的生成保持对恒定。此外,尿液生成的全过程,包括肾小球的滤过、肾小管和集合管的重吸收以及肾小管和集合管的分泌和排泄,还受神经和体液因素的调节。

(一)神经调节

肾交感神经在肾脏内不仅支配肾血管,还支配肾小管上皮细胞和球旁细胞,对肾小管的支配以近球小管、髓袢升支粗段和远球小管为主。

交感神经兴奋时,释放去甲肾上腺素,通过下列方式调节尿液的生成:①与肾脏血管平滑肌 α 受体相结合,引起肾血管收缩而减少肾血流量。由于入球小动脉比出球小动脉收缩更明显,肾小球毛细血管血浆流量减少,毛细血管血压下降,肾小球滤过率下降。②通过激活 β 受体,球旁器的球旁细胞释放肾素,导致循环血液中血管紧张素Ⅱ和醛固酮浓度升高,增加肾小管对水和 NaCl 的重吸,使尿量减少。③与 α_1 受体结合,刺激近球小管和髓袢(主要是近球小管)对 Na^+、Cl^- 和水的重吸收,这一效应可被 α_1 受体拮抗剂所阻断。肾交感神经活动受许多因素的影响。例如循环血量增加,可以通过心肺感受器反射,抑制交感神经的活动;动脉血压增高,可以通过压力感受器反射,减弱交感神经活动。当机体出现功能紊乱,如严重大失血时,机体处于应激状态,肾交感神经兴奋,传出冲动使肾小球滤过率减少,以保证重要器官的血液供应。

(二)体液调节

1. 抗利尿激素

(1)抗利尿激素的来源和作用:抗利尿激素(ADH)又称血管升压素(VP),是由 9 个氨基酸残基组成的小肽,由下丘脑的视上核和室旁核的神经元分泌。它在细胞体中合成,经下丘脑-垂体束被运输到神经垂体然后释放出来。它的作用主要是提高远曲小管和集合管上皮细胞对水的通透性,从而增加水的重吸收,使尿液浓缩,尿量减少(抗利尿)。

抗利尿激素与远曲小管和集合管上皮细胞管周膜上的受体结合后,通过 G 蛋白激活膜内的腺苷酸环化酶,使上皮细胞中环磷酸腺苷(cAMP)的生成增加;cAMP 激活上皮细胞中的蛋白激酶,激活的蛋白激酶使管腔膜的膜蛋白磷酸化而发生构型改变,促使管腔膜附近的含有水通道蛋白的小泡镶嵌在管腔膜上,增加管腔膜上的水通道,从而增加对水的通透性。当抗利尿激素缺乏时,管腔膜上的水通道蛋白可在细胞膜的凹陷处集中,后者形成吞饮小泡进入胞质,称为内移。此时,管腔膜上的水通道消失,对水就不通透。这种含水通道的小泡镶嵌在管腔膜或从管腔膜进入细胞内,就可调节管腔膜对水的通透性(图 7-15)。基侧膜则对水自由通过,因此,水通过管腔膜进入细胞后可自由通过基侧膜进入毛细血管而被重吸收。

(2)抗利尿激素的分泌调节:抗利尿激素的释放受多种因素的调节和影响,其中最重要的是血浆晶体渗透压和循环血量。

①血浆晶体渗透压:下丘脑视上核及其附近有渗透压感受器。血浆晶体渗透压的改变可明显影响抗利尿激素的分泌。大量出汗、严重呕吐、腹泻、高热等情况使机体失水时,血浆晶体渗透压升高,对渗透压感受器刺激增强,可引起抗利尿激素分泌增多,使肾对水的重吸收活动明显增强,导致尿液浓缩和尿量减少。相反,大量饮清水后,尿液被稀释,尿量增加,使机体内多余的水排出体外。这种大量饮用清水引起尿量增多的现象,称为水利尿。临床上用来检测肾的稀释能力。

②循环血量的改变:血量过多时,左心房被扩张,刺激了容量感受器,传入冲动经迷走神经传入中枢,抑制下丘脑-垂体后叶系统释放抗利尿激素,从而引起利尿,由于排出了过多的水分,机体恢复正常血量。血量减少时,机体发生相反的变化。严重失血时,抗利尿激素的合成和释放大量增加,抗利尿激素不仅能促进远曲小管和集合管重吸收大量水分,使丧失的血量得到部分补偿,同时还可使血管平滑肌收缩,血管容量减少,外周阻力增加,因而使血压不至于下降过多。

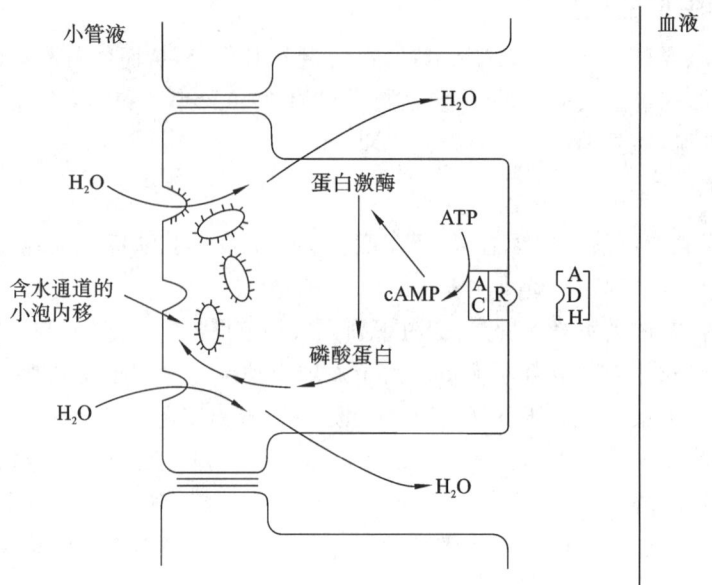

图 7-15 抗利尿激素的作用机制示意图

ADH:抗利尿激素　R:ADH 受体　AC:腺苷酸环化酶　ATP:三磷酸腺苷　cAMP:环磷酸腺苷

此外,动脉血压升高,刺激颈动脉窦压力感受器,可反射性地抑制抗利尿激素的释放;心房肌合成、分泌的心房钠尿肽可抑制抗利尿激素分泌;血管紧张素Ⅱ、疼痛刺激和精神紧张则可刺激其分泌。

2. 肾素-血管紧张素-醛固酮系统　肾素主要是由球旁器中的球旁细胞分泌的。它是一种蛋白水解酶,能催化血浆中的血管紧张素原生成血管紧张素Ⅰ。血液和组织中,特别是肺组织中有血管紧张素转换酶,该转换酶可使血管紧张素Ⅰ降解,生成血管紧张素Ⅱ。血管紧张素Ⅱ可刺激肾上腺皮质球状带合成和分泌醛固酮。

(1)肾素的分泌受多方面因素的调节:目前认为,肾内有两种感受器与肾素的分泌有关,一是入球小动脉处的牵张感受器,一是致密斑感受器。当动脉血压下降,循环血量减少时,肾内入球小动脉的压力也下降,血流量减少,于是对小动脉壁的牵张刺激减弱,这便激活了牵张感受器,肾素释放量因此而增加;同时,由于入球小动脉的压力降低和血流量减少,肾小球滤过率减少,滤的 Na^+ 量因而减少,到达致密斑的 Na^+ 量也减少,于是激活了致密斑感受器,肾素释放量也可增加。

(2)血管紧张素Ⅱ对尿液生成的调节:①刺激醛固酮的合成和分泌,从而调节远曲小管和集合管上皮细胞对 Na^+ 的重吸收和 K^+ 的分泌。②可直接刺激近球小管对 NaCl 的重吸收,使尿液中排出的 NaCl 减少。③刺激垂体后叶释放抗利尿激素,因而增加远曲小管和集合管对水的重吸收,使尿量减少。

(3)醛固酮对尿液生成的调节:醛固酮是肾上腺皮质球状带分泌的一种激素,可促进远曲小管和集合管的细胞重吸收 Na^+、水,同时促进 K^+ 的排出,所以醛固酮有保 Na^+、排 K^+、保水(图 7-16),维持细胞外液量和渗透压稳定的作用。

醛固酮进入远曲小管和集合管的上皮细胞后,与胞质受体结合,形成激素-受体复合物;后者通过核膜,与核中的 DNA 特异性结合位点相互作用,调节特异性 mRNA 转录,最后合成多种醛固酮诱导蛋白。醛固酮诱导蛋白可能是:①管腔膜的 Na^+ 通道蛋白,从而增加管腔的 Na^+ 通道数量。②线粒体中合成的 ATP 酶,增加 ATP 的生成,为上皮细胞活动(钠泵)提供更多的能量。③基侧膜的钠泵,增加钠泵的活性,促进细胞内的 Na^+ 泵回血液和 K^+ 进入细胞,提高细胞内的 K^+ 浓度,有利于 K^+ 分泌,Na^+ 重吸收增加,造成了小管腔内的负电位,有利于 K^+ 的分泌和 Cl^- 的重吸收。结果,在醛固酮的作用下,远曲小管和集合管对 Na^+ 重吸收增强的同时,Cl^- 和水的重吸收也增加,导致细胞

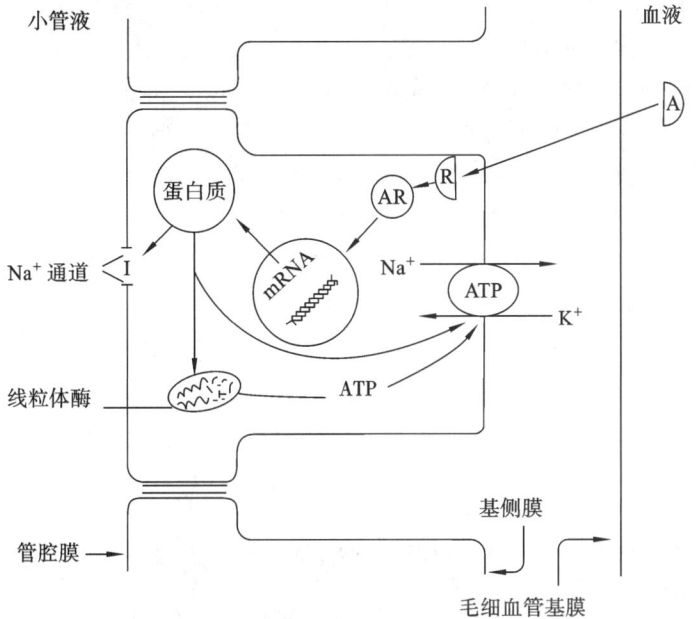

图 7-16 醛固酮作用机制的示意图
A:醛固酮 R:胞质受体 AR:激素-受体复合物

外液量增多;K^+的分泌量增加。

醛固酮的分泌除了受血管紧张素调节外,血 K^+ 浓度升高和血 Na^+ 浓度降低,可直接刺激肾上腺皮质球状带增加醛固酮的分泌,导致保 Na^+ 排 K^+,从而维持了血 K^+ 和血 Na^+ 浓度的平衡;反之,血 K^+ 浓度降低,或血 Na^+ 浓度升高,则醛固酮分泌减少。

3. 心房钠尿肽 心房钠尿肽是心房肌合成的肽类激素。血容量增加,牵张刺激心房壁,可使这种肽类激素释放入血。心房钠尿肽的主要作用是使血管平滑肌舒张和促进肾脏排钠排水。其作用机制可能包括:①抑制集合管对 NaCl 的重吸收。心房钠尿肽与集合管上皮细胞基侧膜上的心房钠尿肽受体结合,激活了鸟苷酸环化酶,造成细胞内环磷酸鸟苷(cGMP)含量增加,后者使管腔膜上的 Na^+ 通道关闭,抑制 Na^+ 重吸收,增加 NaCl 的排出。②使入球小动脉和出球小动脉(尤其是前者)舒张,增加肾血浆流量和肾小球滤过率。③抑制肾素、醛固酮、抗利尿激素的合成和分泌。

四、尿液的排出

肾连续不断地生成尿液,由于膀胱有储存作用,故排尿是间歇性的。不断生成的尿液,由于压力差以及肾盂的收缩而被送入输尿管,输尿管中的尿液则通过输尿管的周期性蠕动而被送入膀胱中储存起来。当膀胱充盈达到一定容量时,将引起排尿反射,使尿液通过尿道排出体外。尿液的排出受中枢神经系统控制。

(一)膀胱与尿道的神经支配

膀胱逼尿肌和内括约肌受交感和副交感神经支配。由骶髓发出的盆神经中含副交感神经纤维,其兴奋时可使逼尿肌收缩、膀胱内括约肌松弛,促进排尿。交感神经纤维由腰髓发出,经腹下神经到达膀胱,它的兴奋可使逼尿肌松弛、内括约肌收缩,阻止尿液的排放。在排尿活动中起主要作用的是副交感神经。

(二)排尿反射

排尿是一种复杂的反射性活动。排尿反射的基本中枢在腰荐部脊髓。正常情况下,当膀胱内尿量达到一定程度时,膀胱内压升高,刺激膀胱壁牵张感受器引发传入性冲动,经盆神经传入腰荐部脊髓的初级排尿中枢,冲动可同时上传到脑干和大脑皮层的排尿反射中枢,产生尿意。如果当时条件不适于排尿,低级排尿中枢可被大脑皮层抑制,使膀胱壁进一步松弛,继续储存尿液。直到有排尿的条件或膀胱内压过高时,初级排尿中枢的抑制才被解除,这时排尿反射的传出冲动沿盆神经传到膀胱,引起膀胱逼尿肌收缩,内括约肌松弛,尿液进入尿道。当尿液进入尿道时又引起另一反射,其传入冲动经阴部神经也传到脊髓排尿中枢,进一步加强盆神经的作用,同时使阴部传出神经传出冲动的频率降低,引起尿道外括约肌松弛,于是尿液在强大的膀胱内压驱动下通畅地排出体外。此外,在排尿时,膈肌下降,腹壁肌收缩,腹内压升高,从而使膀胱内压升高,加速尿液排出。排尿末期,尿道海绵体肌肉发生节律性收缩,可挤出残余在尿道中的尿滴。

腰荐部脊髓是排尿反射的初级中枢,排尿反射同时还受脑桥、中脑和大脑皮质等高级中枢的调节。排尿或储尿任何一方发生障碍,均可引起排尿异常。临床上常见的有尿频、尿潴留和尿失禁。排尿次数过多称为尿频,常由膀胱炎症或机械性刺激引起,如膀胱结石。膀胱中尿液充盈过多而不能排出称为尿潴留。尿潴留大多是由腰荐部脊髓损伤使排尿反射初级中枢活动发生障碍所致,尿道受阻也能造成尿潴留。当脊髓受损,使初级中枢与大脑皮质失去功能联系时,排尿失去了意识控制,机体可出现尿失禁。

技能操作 10　泌尿器官的观察

一、技能目标

通过对泌尿器官(肾脏、输尿管、膀胱、尿道等标本与模型)的形态位置与结构特征的观察,要求学生掌握泌尿器官的形态位置与结构特征;通过实物观察能够辨别出肾的位置关系和形态以及肾的基本构造;通过肾切片的观察掌握肾基本的显微结构。

二、材料及设备

(1)牛(羊)、马和猪肾脏标本与模型。

(2)输尿管与膀胱标本。

(3)牛(羊)、马和猪尿道(母)或尿生殖道(公)标本。

(4)牛(羊)、马和猪的内脏位置标本或模型。

(5)手术刀、剪、镊子,活羊或猪。

(6)离体的羊或猪肾,切开羊或猪肾。

(7)显微镜,肾切片。

三、实验步骤

(一)肾脏、输尿管、膀胱和尿道标本与模型观察

先以牛为主观察下列内容。

(1)在牛整体标本上观察肾脏、输尿管、膀胱、尿道或尿生殖道的位置和相互关系。

(2)观察肾脏、输尿管、膀胱、尿道或尿生殖道的形态位置与结构。

(3)观察输尿管走向以及膀胱的开口,公、母牛尿道的特征等。

(二)比较牛、羊、马、猪标本与模型的泌尿系统的形态结构特征

观察牛(有沟多乳头肾)、羊(平滑单乳头肾)、马(平滑单乳头肾)和猪(平滑多乳头肾)肾脏、输尿管、膀胱和尿道的形态结构特征。

(三)在实物上辨别出肾的位置关系和形态

(1)将宰杀的羊或猪开腹后,扒出肠管,显露出肾脏区域。

(2)辨认下列结构:肾脂肪囊、左肾和右肾、左肾上腺和右肾上腺,腹主动脉和左、右肾动脉,后腔静脉和左、右肾静脉,肾门。

(3)观察并描述新鲜羊或猪肾的颜色,观察并描述肾的位置关系。

(四)辨认出羊或猪肾的基本构造

(1)在矢状切开的羊或猪肾上剥离肾被膜并认出下列结构:肾门、输尿管、肾窦、皮质、髓质、肾叶、肾锥体、肾乳头、肾柱、髓放线、肾小盏、肾大盏、肾盂或集合管、叶间沟等。

(2)辨别出羊或猪肾的类型。

(3)在肾切面上辨认出皮质和髓质。

(五)辨认肾脏基本组织结构

(1)在低倍镜下辨认出肾小球、近曲小管和远曲小管。

(2)在高倍镜下辨认如下结构:肾小球、肾小囊、近曲小管、细段远曲小管、集合小管、球旁细胞、致密斑。

(六)注意事项

(1)实验结束,所用解剖器械要擦拭干净,及时清除污物,保持实验台面清洁卫生。

(2)实验过程中要爱护动物模型标本及显微镜等。

(七)作业

写出实验报告。

技能操作 11　尿液生成的观察

一、技能目标

掌握膀胱插管技术,神经分离技术,学习尿量的记录和测量方法。观察神经、体液等诸因素对尿液生成的影响,并分析其作用机制。

二、材料及设备

(1)动物:家兔。

(2)仪器:多用仪、保护电极、哺乳类动物手术器械一套、兔手术台、气管插管、动脉插管、膀胱套管或输尿管导管、注射器(2 mL、20 mL)及针头、棉线若干。

(3)试剂:20%氨基甲酸乙酯、生理盐水、20%葡萄糖、1∶10000 的去甲肾上腺素、呋塞米(速尿)、垂体后叶素。

三、实验步骤

(一)麻醉及固定

沿耳缘静脉注入 20%氨基甲酸乙酯(5 mL/kg(体重)),待动物麻醉后仰位固定于手术台上。

(二)颈、腹部手术

(1)剪去颈前部兔毛,做长 5~6 cm 的正中切口,分离皮下组织和浅层肌肉后,沿纵行的气管前肌和胸锁乳突肌间钝性分离,将胸锁乳突肌向外侧分开,即可见到深层位于气管旁的血管神经丛,仔细辨认并小心分离右侧的迷走神经,穿线备用。然后分离左侧颈总动脉,穿线备用。尿液滴在记滴器上。

(2)颈总动脉插管:分离左侧颈总动脉 2~3 cm(尽量向头端分离),近心端用动脉夹夹闭,远心端用线扎牢,在结扎处的近端剪一斜口,向心脏方向插入已注满肝素盐水的动脉插管(注意管内不应有气泡),用线将插管与动脉扎紧。在观察项目前暂勿放开动脉夹。检查一切装置完好后,放开动脉夹,打开记滴器。

（三）尿液收集方法

可选择膀胱套管法或输尿管插管法，尿液滴在处理系统的记滴装置上。

1. 膀胱套管法 先将膀胱套管内充满温热的生理盐水，并用止血钳夹住备用。自耻骨联合上缘向上沿正中线做 4 cm 皮肤纵切口。再沿腹白线剪开腹壁及腹膜(勿伤及腹腔脏器)，找到膀胱，将膀胱翻至体外(勿使肠管外露，以免血压下降)。再于膀胱底部找出两侧输尿管，认清两侧输尿管在膀胱的开口部位。小心地从两侧输尿管下穿一丝线，将膀胱上翻，结扎尿道。然后，在膀胱顶部血管较少处剪一小口，插入膀胱套管，用线结扎固定膀胱套管。将直套管下端连接记滴装置。用线结扎膀胱颈部以阻断膀胱同尿道的通路。

2. 输尿管插管法 沿膀胱找到并分离两端输尿管，在靠近膀胱处穿线将其结扎；再在离此结扎处约 2 cm 的输尿管近肾端穿一根线，在管壁剪一斜向肾侧的小切口，插入充满生理盐水的"Y"形细塑料导尿管并用留置的线扎住固定。再插入另一侧输尿管。导尿管的另一端连至记滴器。手术完毕后，用温生理盐水纱布覆盖腹部创口。

（四）观察项目

依次进行下列实验项目，记录尿液的滴数，连续记录 5 min，分别在第 1 min、第 2 min、第 3 min、第 4 min、第 5 min 记录尿液的滴数，并将所得结果记录于下表。每项实验前都要记录尿量作为对照。

(1)向耳缘静脉徐徐注入 38 ℃生理盐水 20 mL，记录每分钟尿液的滴数。

(2)静脉注射 38 ℃的 20% 葡萄糖 5 mL，记录每分钟尿液的滴数。

(3)静脉注射 1：10000 去甲肾上腺素 0.5 mL，记录每分钟尿液的滴数。

(4)切断右侧迷走神经，用保护电极以中等强度的电刺激连续刺激右侧颈部迷走神经的离中端，记录每分钟尿液的滴数。

(5)静脉注射呋塞米(5 mg/kg(体重))，记录每分钟尿液的滴数。

(6)静脉注射垂体后叶素 2 单位，记录每分钟尿液的滴数。

实验项目	对照 （实验前）	实 验 组				
		1 min	2 min	3 min	4 min	5 min
38 ℃生理盐水 20 mL						
38 ℃ 20%葡萄糖 5 mL						
1：10000 去甲肾上腺素 0.5 mL						
电刺激右侧颈部迷走神经						
呋塞米 5 mg/kg(体重)						
垂体后叶素 2 单位						

（五）讨论分析

讨论实验结果，分析各项观察项目的作用机制。

1. 快速注射生理盐水

(1)现象：静脉快速注射大量生理盐水后，尿量明显增加。

(2)原理：静脉快速注射大量生理盐水后，血浆蛋白被稀释，血浆胶体渗透压降低，肾小球有效滤过压增加；另外，肾血浆流量增加，血浆胶体渗透压升高速度减慢，达到滤过平衡的时间推迟，于是肾小球滤过率增加，尿量增加，且反应时间相对较长。

2. 快速注射葡萄糖

(1)现象：家兔静脉注射 20%葡萄糖 5 mL，尿量明显增多。

(2)原理：静脉注射葡萄糖，使家兔血糖浓度升高，提高了肾小管液渗透压，妨碍水的重吸收，于是尿量增加。

3. 注射去甲肾上腺素

(1)现象:静脉注射去甲肾上腺素后,尿量减少。

(2)原理:去甲肾上腺素能使肾血管收缩,肾血流量减少,从而使肾小球毛细血管血压降低,有效滤过压降低,肾小球滤过率减小,尿液的生成减少,尿量减少。

4. 电刺激迷走神经

(1)现象:电刺激迷走神经,家兔尿量减少。

(2)原理:电刺激迷走神经,其节后纤维释放乙酰胆碱,作用于心机细胞膜上的 M 型胆碱能受体,改变离子通道的通透性和心肌动作电位,使心脏活动受到抑制,出现负性变时、变力、变传导效应,使心输出量减少,血压下降,肾小球毛细血管血压降低,有效滤过压降低,肾小球滤过率减小,尿液的生成量减少,尿量减少。

5. 注射呋塞米

(1)现象:注射呋塞米后,尿量明显增多。

(2)原理:因髓袢升支粗段对 Na^+ 和 Cl^- 的主动重吸收是外髓部渗透梯度形成的动力,所以,该段 NaCl 的重吸收直接影响尿液的浓缩和稀释。呋塞米等利尿剂能阻抑髓袢升支粗段上皮细胞管腔膜的载体转运功能,使其对 Na^+、Cl^- 的重吸收受到抑制,影响肾髓质渗透梯度的形成,从而干扰尿液的浓缩机制,导致利尿。

6. 注射垂体后叶素

(1)现象:注射垂体后叶素后,尿量明显减少。

(2)原理:垂体后叶素的主要作用因素为抗利尿激素,抗利尿激素的主要作用是提高远曲小管和集合管上皮细胞对水的通透性,从而增加对水的重吸收,使尿量浓缩,尿量减少。

(六)注意事项

(1)选择兔体重在 2.0～3.0 kg 之间,实验前多喂菜叶和水。

(2)每项实验前后,均应有对照记录,待前一项药物作用基本消失后,再观察下一项。

(3)保护耳缘静脉,注射从耳尖开始,逐步向耳根移行。

知识链接与拓展

水通道

案例分析

急性肾衰竭、
血液透析、腹膜
透析、肾移植

急性肾小球肾炎

尿石症

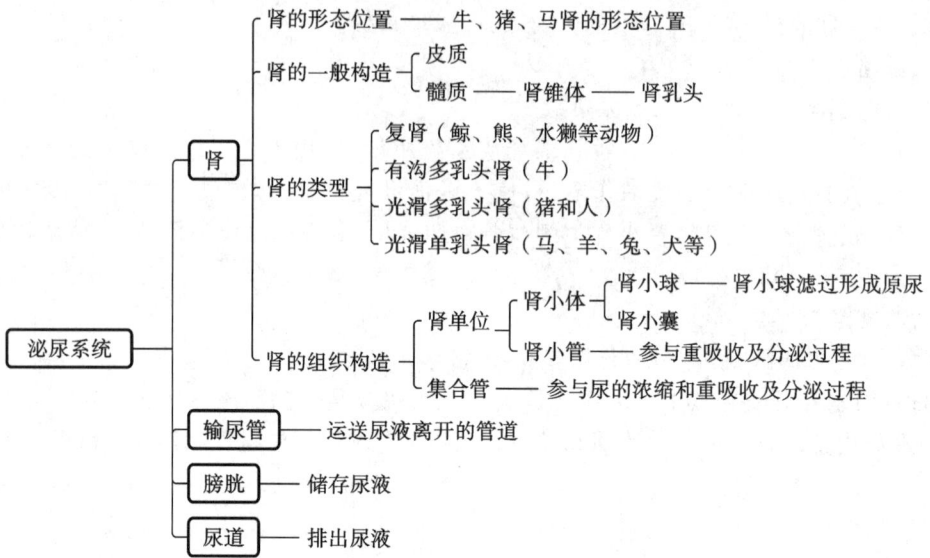

模块小结

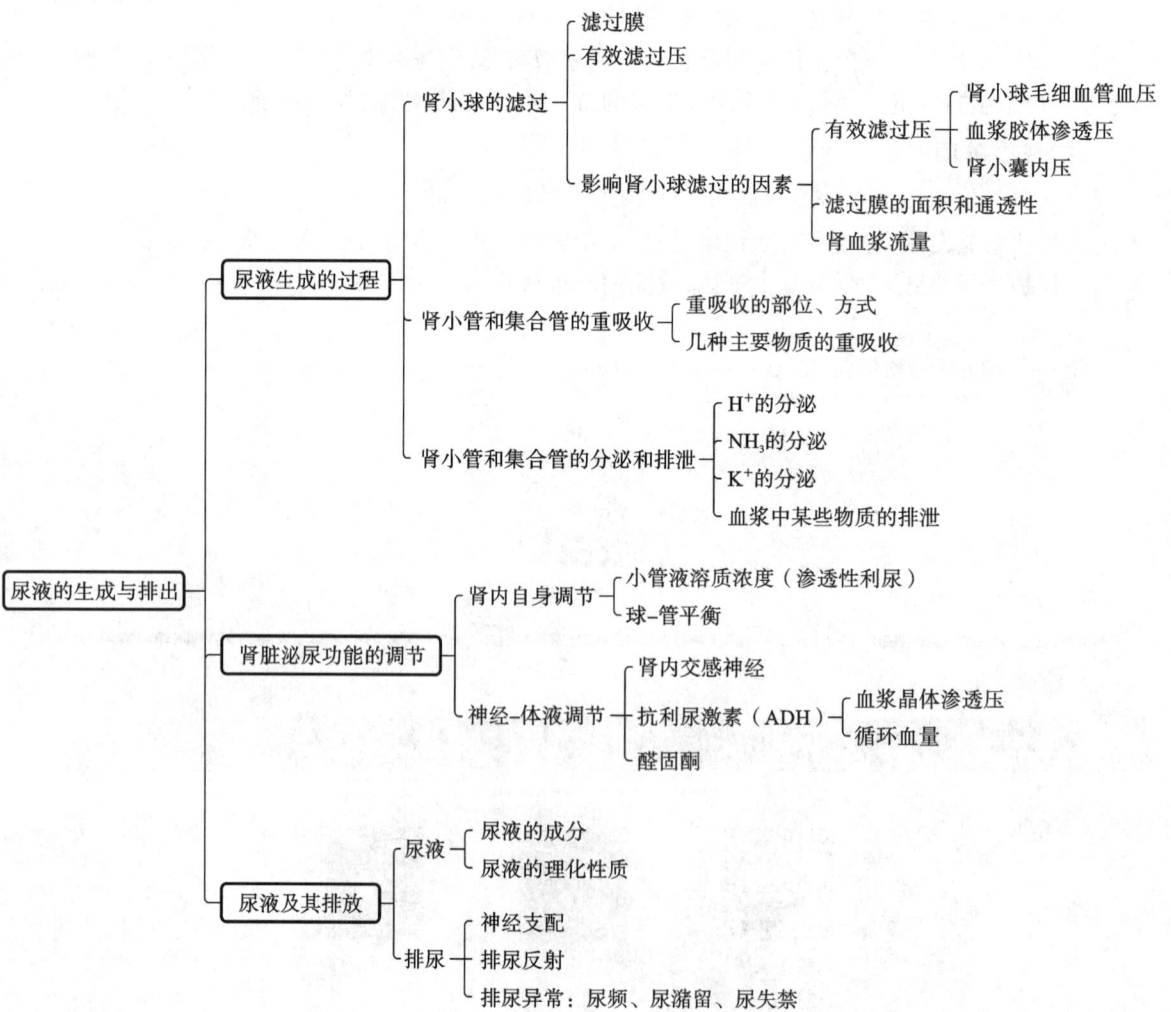

执考真题

1.(2010年)肾外表面坚韧的结缔组织膜构成(　　)。
A.滑膜　　　　B.浆膜　　　　C.上皮　　　　D.纤维囊　　　　E.脂肪囊
答案:D

2.(2012年)犬肾为(　　)。
A.复肾　　　　　　　　B.光滑多乳头肾　　　　　　　　C.光滑单乳头肾
D.有沟单乳头肾　　　　E.有沟多乳头肾
答案:C

3.(2013年)具有肾大盏和肾小盏,但无肾盂的家畜是(　　)。
A.羊　　　　B.牛　　　　C.猪　　　　D.马　　　　E.犬
答案:B

能力巩固

一、填空题

1.泌尿系统由_____、_____、_____、_____组成。其中_____是形成尿液的器官;_____是储存尿液的器官。

2.肾单位是肾的基本结构和功能单位,由_____和_____构成。

3.根据肾的外形和内部结构不同,动物的肾可分为_____、_____、_____和_____四种基本类型。

4.膀胱略成梨形,可分为_____、_____和_____三部分。

5.肾小体包括_____和_____两部分。肾小管由_____、_____、_____三部分组成。

6.生理状况下,促进肾小球滤过的动力是_____,滤过的阻力是_____和_____。

7.血浆晶体渗透压_____,将引起垂体后叶的分泌增多。

二、选择

1.有沟多乳头肾见于(　　)。
A.马　　　　B.牛　　　　C.猪　　　　D.羊

2.光滑多乳头肾见于(　　)。
A.马　　　　B.牛　　　　C.猪　　　　D.羊

3.光滑单乳头肾见于(　　)。
A.马　　　　B.牛　　　　C.猪　　　　D.羊

4.有尿道下憩室的动物为(　　)。
A.马　　　　B.牛　　　　C.猪　　　　D.羊

5.左肾呈蚕豆形,右肾呈钝角三角形,见于(　　)。
A.马　　　　B.牛　　　　C.猪　　　　D.羊

6.醛固酮的主要作用是(　　)。
A.保 Na^+,排 K^+,保水　　　　B.保 Na^+,排 K^+,排水
C.保 Na^+,保 K^+,保水　　　　D.排 Na^+,排 K^+,保水

7.下述哪种情况会导致肾小球滤过率降低?(　　)
A.血浆胶体渗透压下降　　　　B.血浆胶体渗透压升高
C.血浆晶体渗透压下降　　　　D.血浆晶体渗透压升高

8.使肾小球滤过率降低的因素是（　　）。

A.肾小球毛细血管血压降低　　　　　　B.血浆蛋白含量减少

C.肾小球的血浆流量增加　　　　　　　D.近球小管重吸收量增加

9.在各段肾小管中,重吸收物质量最大的是（　　）。

A.集合管　　　　　　　　　　　　　　B.远曲小管

C.髓袢升支粗段　　　　　　　　　　　D.近球小管

10.静脉注射甘露醇引起尿量增加是通过（　　）。

A.增加肾小球滤过率　　　　　　　　　B.增加肾小管液中溶质的浓度

C.减少血管升压素的释放　　　　　　　D.减少醛固酮的释放

三、名词解释

1.肾门　2.肾单位　3.排泄　4.肾小球滤过率　5.有效滤过压

四、简答题

1.肾脏可分为哪些类型? 牛、马、猪、羊肾各有何特点?

2.从肾乳头排出的尿液是原尿还是终尿? 为什么?

3.简述尿液的生成过程。

4.影响肾小球滤过的因素有哪些? 请详述各因素如何影响肾小球滤过。

5.大量饮清水后,尿量会发生什么变化? 为什么?

模块八　生殖系统

学习目标

【知识目标】

1. 能够用自己的语言解释生殖、受精、排卵、分娩的概念。

2. 能够说出雄性动物和雌性动物生殖系统的组成。

3. 能够说出雄性动物生殖器官的形态位置、结构与生理功能特征。

4. 能够说出雌性动物生殖器官的形态位置、结构与生理功能特征。

【能力目标】

1. 能够正确识别动物生殖器官的形态位置及组织构造。

2. 能够熟练进行生殖系统的解剖观察,并能正确判断生殖器官是否正常。

3. 能够运用生殖器官的生殖功能特征分析动物繁殖异常问题。

【思政与素质目标】

1. 依据所学动物生殖系统知识,科学饲养畜禽,最大限度地提高动物繁殖性能,满足人们对肉、蛋、奶日益增长的需求。

2. 树立严谨科学的工作态度。

知识单元 1　雄性生殖系统

雄性动物的生殖系统由睾丸、附睾、输精管、精索、副性腺、尿生殖道、阴茎、包皮和阴囊组成(图8-1)。其中睾丸、附睾、输精管、精索和副性腺为内生殖器官;阴茎、包皮和阴囊称为外生殖器官。

一、睾丸

睾丸属于实质性器官,形态为长椭圆形(卵圆形),位于两个阴囊腔内。睾丸外观平滑,具有睾丸头、睾丸体和睾丸尾三部分结构。血管神经连接睾丸端为睾丸头,中间隆粗为睾丸体,另一端为睾丸尾。睾丸一侧有附睾附着,称为附睾缘。牛睾丸呈灰黄白色,猪睾丸呈微红色,羊睾丸呈微红淡白色。

睾丸的组织结构由被膜和实质两部分构成。睾丸外包裹固有鞘膜,其深层的致密结缔组织为白膜。白膜从睾丸头处深入睾丸内部,进而延伸至睾丸尾,形成睾丸纵隔。睾丸纵隔向周边放射状延伸,形成睾丸小梁(睾丸间隔)。许多睾丸小梁将睾丸实质分成若干个区块称为睾丸小叶(图 8-2)。每个小叶内有两条或三条细而弯曲的管道,称为曲细精管(产生精子的部位)。曲细精管靠近睾丸纵隔处变直为直细精管,相邻直细精管相互吻合形成睾丸网,在睾丸头处汇集成数条睾丸输出管离开睾丸实质。睾丸间质细胞填充于曲细精管的空隙处,并能分泌雄激素(睾酮)。

二、附睾

附睾为弯曲的管道,借附睾缘附着于睾丸一侧。管壁有外膜、平滑肌层和黏膜三层结构。数条睾丸输出管汇集成一条附睾管,且管道弯曲较多。附睾由睾丸头延续至睾丸尾,依次分为附睾头、附

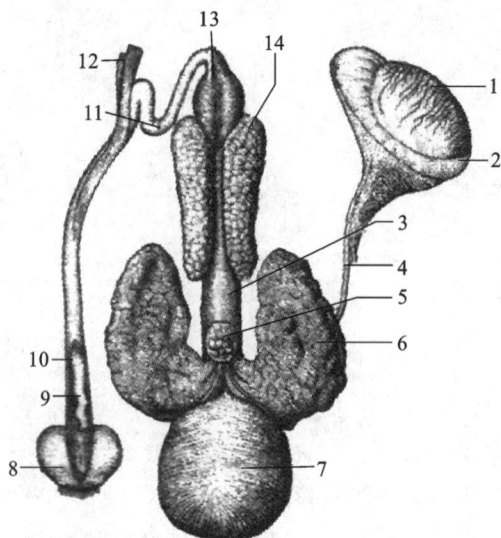

图 8-1 公猪生殖系统模式图

1.睾丸 2.附睾 3.尿道肌 4.输精管 5.前列腺 6.精囊腺 7.膀胱 8.包皮憩室 9.阴茎头 10.包皮 11.阴茎乙状弯曲 12.阴茎缩肌 13.球海绵体肌 14.尿道球腺

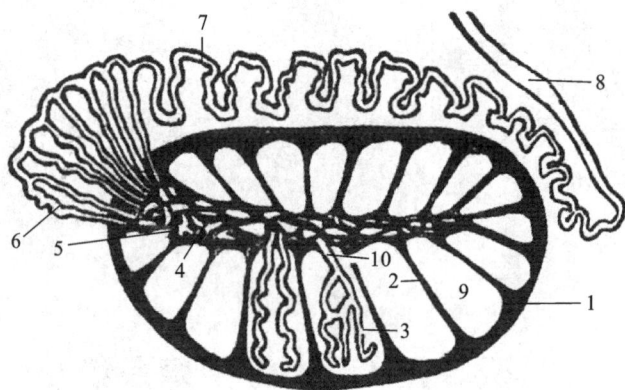

图 8-2 睾丸和附睾结构模式图

1.白膜 2.睾丸小梁 3.曲细精管 4.睾丸网 5.睾丸纵隔 6.输出管 7.附睾管 8.输精管 9.睾丸小叶 10.直细精管

睾体和附睾尾三部分。附睾末端变直,延续为输精管。

三、输精管和精索

输精管由附睾管末端延续而成,呈淡白色。管壁有外膜、平滑肌层和黏膜三层结构。输精管通过精索,经腹股沟管上行进入腹腔,向后上方进入骨盆腔,开口于尿生殖道起始部背侧壁的精阜上。马、牛和羊等动物的输精管在膀胱背侧形成输精管膨大部,称为输精管壶腹。猪的输精管不形成输精管壶腹。

精索基部较宽,附着于睾丸和附睾处,向上逐渐变细,形成稍扁的锥形索状结构。精索外有鞘膜管,具有悬吊睾丸和附睾的作用。精索内有联系睾丸和附睾的血管、神经和淋巴管,以及睾内提肌和输精管等结构。

四、阴囊

阴囊是袋状囊,有保护睾丸和附睾的作用,位于两股之间。阴囊借助腹股沟管与腹腔相通。阴囊壁的结构由皮肤、肉膜、阴囊筋膜和鞘膜构成(图 8-3)。

1.皮肤 阴囊皮肤薄而柔软,富有弹性,是阴囊壁的最外层。在阴囊中线形成阴囊缝,是去势时的位置定位标志。皮肤表面有较细的短毛,内含丰富的汗腺和皮脂腺。

视频:雄性生殖管道及副性腺

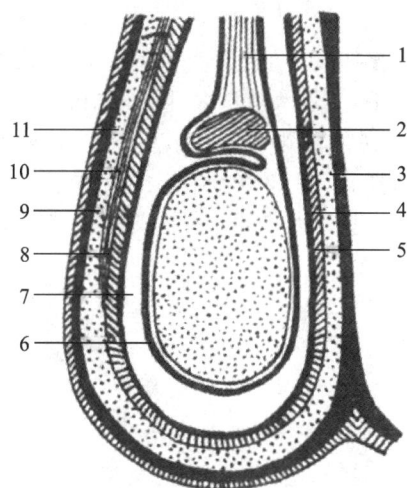

图 8-3 阴囊结构模式图

1.精索 2.附睾 3.阴囊中隔 4.总鞘膜纤维层 5.总鞘膜 6.固有鞘膜 7.鞘膜腔 8.睾丸外提肌 9.筋膜
10.肉膜 11.皮肤

2. 肉膜 肉膜紧贴于皮肤内层,由大量的平滑肌构成。肉膜在阴囊缝处形成阴囊中隔,将阴囊分成左、右互不相通的两个腔体。肉膜有调节温度的作用,天冷时肉膜收缩,阴囊起皱,缩小散热面积,天热时肉膜松弛,阴囊下垂。

3. 阴囊筋膜 阴囊筋膜位于肉膜深面。阴囊筋膜后外方有睾外提肌,收缩时上提睾丸,使其接近腹壁,并与肉膜一起参与调节阴囊温度。

4. 鞘膜 鞘膜是阴囊壁的最深层。鞘膜包括总鞘膜和固有鞘膜。总鞘膜紧贴于阴囊筋膜内表面,在阴囊一侧折转形成固有鞘膜,折转处形成鞘膜皱褶,称为睾丸系膜。固有鞘膜包裹于睾丸、附睾和精索之外。总鞘膜与固有鞘膜之间的空腔称鞘膜腔,内有少量的浆液。鞘膜腔上端变细形成鞘膜管,内包裹精索。鞘膜管与腹腔相通,当鞘膜管口过大时,小肠可经鞘膜管进入鞘膜腔内,形成阴囊疝或腹股沟疝,严重者需要手术治疗(将腹股沟管管口缩小)。

五、尿生殖道

尿生殖道为排尿和排精的共同通道。在膀胱颈处为尿生殖道起始部,向后延伸,绕过坐骨弓,再经阴茎腹侧的尿道沟前行,在阴茎头处,以尿道外口开口于外界。雄性动物的尿生殖道较长,按所在位置,以坐骨弓为界,分为尿生殖道骨盆部和尿生殖道阴茎部两部分。尿生殖道起始部背侧壁黏膜有隆起结构称为精阜,上有一对输精管的开口,即射精孔。

六、副性腺

雄性家畜的副性腺主要有前列腺、精囊腺和尿道球腺。副性腺能够分泌精清,有稀释精子、营养精子及改善阴道环境的作用。幼龄动物去势后,副性腺发育不充分。动物性成熟后摘去睾丸,副性腺逐渐萎缩。

1. 精囊腺 家畜的精囊腺有一对,位于膀胱颈背侧向后延伸至尿生殖道起始部,输精管末端的外侧。精囊腺导管与输精管共同开口于精阜。动物种属不同,精囊腺的形态特征差异较大。猪的精囊腺特别发达,呈棱形三面体状;马的精囊腺呈囊状;牛、羊的精囊腺也较发达,呈分叶状;犬无精囊腺。

2. 前列腺 家畜的前列腺位于尿生殖道起始部的背侧,腺导管开口于精阜附近。马的前列腺发达,由左、右腺叶和中间峡部构成;牛的前列腺由腺体部和扩散部构成;羊的无腺体部,仅有扩散部;猪的也由腺体部和扩散部构成。

3. 尿道球腺 家畜的尿道球腺有一对,位于尿生殖道骨盆部后端的背外侧,其腺导管开口于尿生殖道内。牛的尿道球腺为胡桃状;马的为卵圆形;猪的较发达,呈圆柱形。

七、阴茎和包皮

阴茎是公畜的交配器官,位于腹壁皮下,起于坐骨弓,经两股之间向前伸至脐部。阴茎平时软小,性兴奋时勃起,伸长增粗变硬。阴茎分为阴茎根、阴茎体和阴茎头三部分。

阴茎根以两阴茎脚附着于坐骨弓的两侧;阴茎体,呈圆柱状;阴茎头,位于阴茎的前端,各种家畜差异较大。牛、羊的阴茎呈细长圆柱状,阴茎体在阴囊的后方形成"乙"状弯曲,阴茎头长而尖,羊的还能伸出 3～4 cm 的尿道突;马的阴茎粗大平直,不形成"乙"状弯曲;猪的阴茎头尖细呈螺旋状,阴茎体在阴囊的前方形成"乙"状弯曲(图 8-4)。

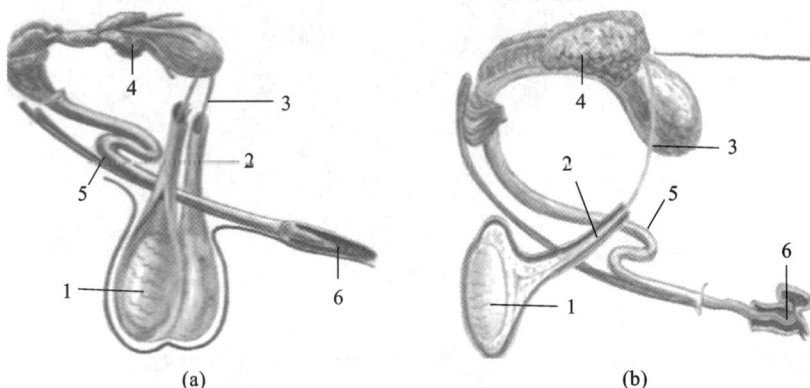

图 8-4 公畜的阴茎和包皮
(a)公牛生殖系统(左) (b)公猪生殖系统(右)
1.睾丸 2.精索 3.输精管 4.精囊腺 5.阴茎"乙"状弯曲 6.包皮

阴茎头处的皮肤折转形成的管状鞘,称为包皮。

知识单元 2 雌性生殖系统

雌性生殖系统由卵巢、输卵管、子宫、阴道、尿生殖前庭和阴门等组成。尿生殖前庭和阴门称为外生殖器,其余生殖器官称为内生殖器(图 8-5)。

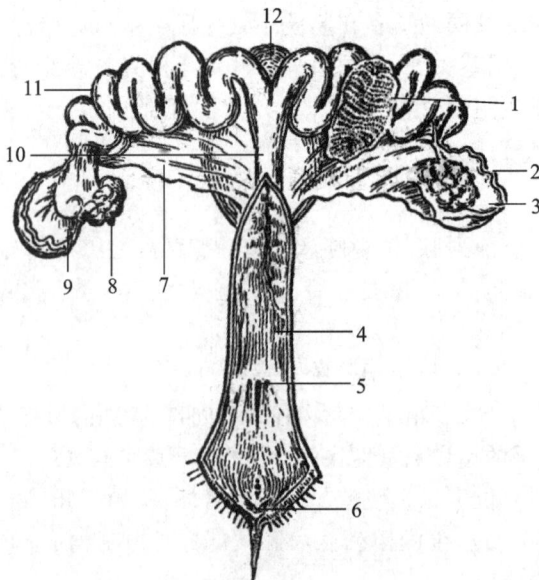

图 8-5 母猪的生殖系统模式图
1.子宫黏膜 2.输卵管 3.卵巢囊 4.阴道黏膜 5.尿道外口 6.阴蒂 7.子宫阔韧带 8.卵巢 9.输卵管腹腔口
10.子宫体 11.子宫角 12.膀胱

一、卵巢

家畜卵巢均有两个,属于实质性器官。卵巢的形态、位置因种属、年龄不同而有差异。一般家畜卵巢呈椭圆形,借卵巢系膜悬吊在腰椎下部、肾脏后方。血管、神经和淋巴管经卵巢系膜进入卵巢的地方,称为卵巢门。

牛的卵巢呈稍扁的椭圆形,青年母牛卵巢通常位于骨盆腔内,妊娠后和经产母牛的卵巢位于腹腔内、耻骨前缘稍下方(图 8-6)。

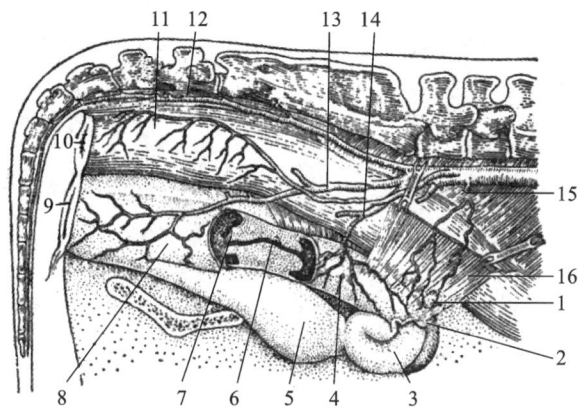

图 8-6 母牛生殖器官位置关系模式图

1.卵巢 2.输卵管 3.子宫角 4.子宫体 5.膀胱 6.子宫颈 7.子宫阴道部 8.阴道 9.阴门 10.肛门 11.直肠
12.荐中动脉 13.尿生殖动脉 14.子宫中动脉 15.子宫卵巢动脉 16.子宫阔韧带

羊的卵巢呈长椭圆形,如图 8-7 所示。青年母羊卵巢位于骨盆腔内,妊娠后和经产母羊的卵巢位于腹腔内、耻骨前缘稍下方。

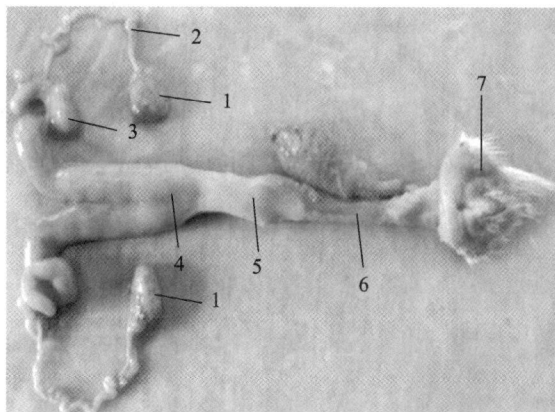

图 8-7 母羊生殖系统

1.卵巢 2.输卵管 3.子宫角 4.子宫体 5.子宫颈 6.阴道 7.阴门

母猪的卵巢因年龄不同而有差异。4 月龄内的母猪卵巢较小,呈椭圆形,表面光滑,肉红色,位于荐骨胛两侧稍后方,膀胱的前上方;5～6 月龄的母猪卵巢体积增大,呈桑葚形,表面有大小不等的卵泡突出,位置下垂前移,位于第 6 腰椎前缘或髋结节前缘横断面处的腰下部;性成熟及经产母猪的卵巢更大,呈葡萄状,表面有大小不等的卵泡或黄体,位置再向前下方移动,位于髋结节前缘约 4 cm 处的横断面上(图 8-8)。

马的卵巢呈蚕豆形,表面光滑,约位于第四至第五腰椎横突腹侧。其卵巢的腹缘有一凹陷结构,称为排卵窝(图 8-8)。

卵巢由被膜和实质构成,实质分为皮质和髓质两部分。牛、羊、猪的卵巢皮质在外周,髓质在中央。皮质内有发育不等的卵泡,成熟的卵细胞从卵巢表面排出,髓质由血管、神经、淋巴管、平滑肌和结缔组织构成。马卵巢髓质在外周,皮质在中央,内有发育不等的卵泡,成熟的卵细胞从排卵窝处排出。

视频:雌性
生殖腺

扫码看彩图

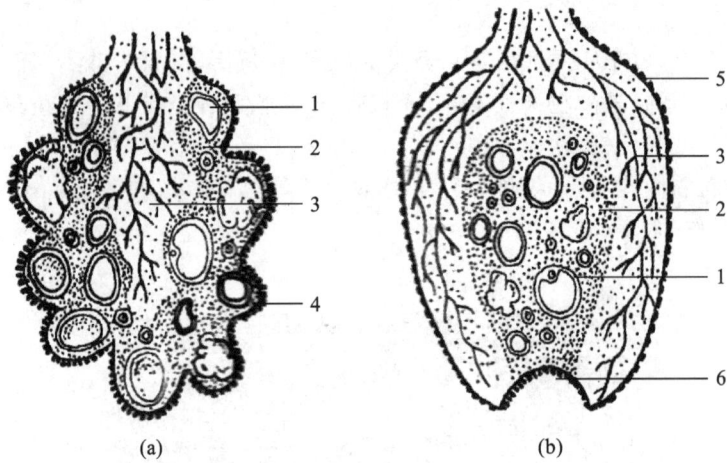

图 8-8　猪和马卵巢结构模式图

(a)猪卵巢结构模式图(左)　(b)马卵巢结构模式图(右)

1.卵泡　2.卵巢皮质　3.卵巢髓质　4.生殖上皮　5.浆膜　6.排卵窝

二、输卵管

输卵管是位于子宫角和卵巢之间细长而弯曲的管道,颜色呈乳白色,略带粉红色。两个卵巢和子宫角之间各有一条输卵管,输卵管分为漏斗部、壶腹部和峡部三个部分。漏斗部是靠近卵巢侧的部分,管径膨大边缘不规则呈伞状,又称输卵管伞(或称漏斗部)。输卵管伞中央有一小的输卵管腹腔口,与腹腔相通,后端有输卵管子宫口通子宫。壶腹部较长,管腔膨大,管壁薄而弯曲,是哺乳动物的受精场所。峡部短,细而直,管壁较厚,末端以输卵管子宫口与子宫角相通连。在生产实践中,常常采用结扎输卵管和摘除卵巢的方法以达到雌性家畜绝育的目的。

输卵管管壁具有黏膜层、肌层和浆膜结构。黏膜上有向子宫摆动的纤毛,有利于排卵。

三、子宫

家畜的子宫属于中空性器官,在孕育期子宫壁具有伸展性,是胎儿生长发育的地方。子宫借助子宫阔韧带悬吊在腰下部,大部分位于腹腔内,小部分位于骨盆腔内,直肠和膀胱之间。子宫阔韧带内有血管、神经、淋巴管和结缔组织。子宫前端与输卵管相通,后端与阴道相通。正常子宫壁外观呈淡白色,略带微红色,子宫壁由子宫内膜、子宫肌和子宫外膜三层构成。

家畜的子宫多属双角子宫,可分为子宫角、子宫体和子宫颈三部分。子宫角有一对,为子宫的前部,与输卵管相通。两子宫角后端合并为子宫体。子宫体圆筒状,向后延续为子宫颈,如图 8-9 所示。有些家畜子宫颈后端突入阴道内的部分称为子宫颈阴道部,平时闭合,发情时松弛,分娩时扩大。猪不形成子宫阴道部。

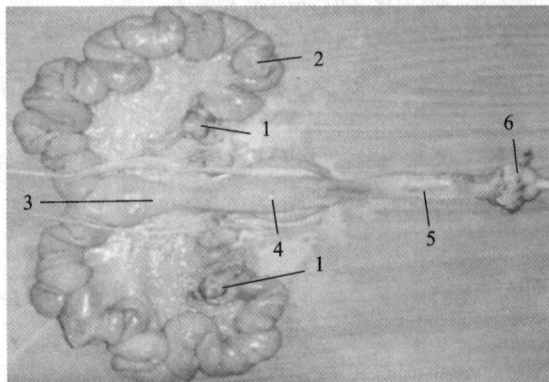

图 8-9　母猪生殖系统

1.卵巢　2.子宫角　3.子宫体　4.子宫颈　5.阴道　6.阴门

视频:雌性生殖管道、交配器官及产道

扫码看彩图

子宫外膜为一层浆膜;子宫内膜内有子宫腺,其分泌物对早期胚胎有营养作用。牛羊的子宫角和子宫体的黏膜上有特殊的圆形隆起,称为子宫阜,共有四排 100 多个(羊约 60 个,顶端略凹陷)。妊娠时子宫阜特大,胎膜与子宫壁相互结合形成胎盘。临床上胎衣不下的治疗就是将子宫阜与胎盘之间剥离即可。子宫肌层发达,主要由两层平滑肌构成,内有血管、神经和淋巴管。分娩时子宫肌层强烈收缩,可使胎儿娩出。

四、阴道

阴道是雌性动物的交配器官和产道,位于骨盆腔内。阴道背侧与直肠相邻,腹侧是膀胱和尿道。子宫向后延接阴道,阴道向后延接尿生殖前庭。有子宫阴道部的动物,在阴道内形成环形的隐窝称为阴道穹窿。阴道向后腹侧壁黏膜形成横行皱褶称阴瓣,该处为阴道和尿生殖前庭的分界。

五、尿生殖前庭和阴门

尿生殖前庭是雌性动物的交配器官和产道,也是排尿经路。位于直肠的腹侧,前接阴道,后通阴门。阴门是生殖道和尿道通向外界的门户。

知识单元 3 生 殖 生 理

动物能繁衍与本体相似的子代,以延续种族的生理功能称为生殖。生殖是保证生物体和种族繁殖的最基本生命活动。

一、性成熟与体成熟

1. 性成熟 哺乳动物出生后生长发育到一定时期,生殖器官基本发育完全,并具备繁殖能力,这一时期称为性成熟。性成熟后,性腺能分泌性激素和形成成熟的生殖细胞,出现各种性反射,能完成交配、受精、妊娠和胚胎发育等生殖过程。动物首次出现性反射并排出精子或卵子,称为初情期。公畜的初情期不易判断,一般以阴茎勃起、爬跨母畜、交配等行为为标志。母畜初情期的主要表现是第一次发情行为。在性成熟时期,若动物体格尚未完全达到成年状态,则不宜种用,过早配种和繁殖,会影响本体发育,进而影响后代品种质量。

2. 体成熟 在性成熟之后,动物体继续生长发育,直到具有成年动物的体格状态和结构特点,这一段时期称为体成熟。体成熟又称初配年龄,体成熟后,机体各器官系统的功能发育较完全,可以用于配种和繁殖,保证后代优良的品种质量。部分动物性成熟和初配年龄见表 8-1。

表 8-1 部分动物性成熟和初配年龄

动物种类	性 成 熟		初 配 年 龄	
	雄 性	雌 性	雄 性	雌 性
猪	5～8 个月	5～8 个月	9～12 个月	8～10 个月
马	18～24 个月	12～18 个月	36～48 个月	30～36 个月
牛	10～18 个月	9～14 个月	24～36 个月	18～24 个月
山羊	6～10 个月	6～10 个月	12～18 个月	12～18 个月
绵羊	6～10 个月	6～10 个月	12～18 个月	12～18 个月

二、雄性生殖生理

1. 睾丸的生殖功能 睾丸具有产生精子和分泌雄激素的作用。睾丸内曲细精管能够产生精子,生成的精子经曲细精管转运至直细精管,再汇合至睾丸网后转入附睾中储存。睾丸间质细胞能够分泌雄激素,主要为睾酮。睾酮对雄性生殖器官的生长发育,副性征的维持和雄性性欲有着较强的促进作用。睾丸支持细胞能够分泌抑制素,参与生殖功能的调节。

动物种属不同,睾丸的生精周期(精子生成速度)也各不相同,如牛约 60 天,猪约 35 天。睾丸产生精子的数量也相差较大,如猪单次射精量约 250 mL(每毫升 1 亿～3 亿精子),牛约 6 mL(每毫升 8 亿～12 亿精子)。精液量和精子数量太少不易使卵子受精,因此,在兽医实践中经常检查动物精液质量,以确保受精率。

胎儿期,雄性家畜的睾丸和附睾位于腹腔内,在肾脏附近。当胎儿发育至一定时期,睾丸和附睾一起通过腹股沟管下降至阴囊内,这一现象称为睾丸下降。这是保证雄性动物有无生育能力的关键过程。例如,雄性动物出生后,阴囊内无睾丸,称该动物为隐睾动物,没有生育能力;若阴囊内只有一个睾丸,称该动物为单睾动物,生育能力低下。在实践生产中,隐睾猪和单睾猪不作种用,一般育肥后作商品猪出售。

2. 附睾和输精管的功能 附睾具有储存精子、转运精子、浓缩精子、为精子进一步成熟提供微环境和吸收精子崩解产物等作用。附睾尾部粗大,能储存较多的精子;附睾管壁有收缩能力,交配时将精子转运至输精管;附睾管壁能够分泌特有物质,使精子进一步成熟;附睾管壁细胞能吸收部分液体成分,使精子进一步浓缩;衰老、死亡的精子及其崩解产物也可被附睾管壁细胞吸收。

输精管的主要功能是输送精子,在动物交配时输精管蠕动,将精子由附睾尾部输送至尿生殖道内。

3. 副性腺的功能 副性腺能够分泌精清,有稀释精子、营养精子及改善阴道环境的作用。精清与精子混合成精液,并占有精液量的较大部分。精液呈乳白色,有特殊腥味。pH 为 7.2～7.3,为等渗溶液(约为 0.9% 的氯化钠溶液)。各种动物自然交配射精量差别很大,各种动物射精量及精子浓度见表 8-2。兽医实践中,少精、无精即可导致动物繁殖障碍现象的发生。

表 8-2 各种动物射精量及精子浓度

动 物 种 类	单次射精量/mL	精子浓度/每毫升个数
猪	200～400	$(0.1～0.2)×10^{10}$
马	50～100	$(0.08～0.2)×10^{10}$
牛	4～5	$(1～2)×10^{10}$
羊	1～2	$(2～5)×10^{10}$

4. 阴茎和包皮的功能 阴茎主要是公畜的交配器官。性反射和交配时阴茎充血勃起,变粗变长;性反射和交配结束后阴茎缩小,变细变短。包皮有容纳和保护阴茎头的作用。

三、雌性生殖生理

1. 卵巢的生殖功能 卵巢具有产生卵子、排出卵子和分泌激素的作用。在胚胎期,卵巢皮质处生殖上皮细胞演变成原始卵泡,卵泡中央有卵子(卵原细胞)。发育成熟的卵泡从卵巢表面排出。卵巢能够分泌雌激素、孕激素和少量的雄激素、抑制素等,妊娠期卵巢还可分泌松弛素。雌激素对雌性生殖器官的生长发育、生殖活动和机体代谢起调节作用。孕激素对子宫内膜和子宫肌有调节作用,以适应孕卵着床和维持妊娠。雌激素对乳房的发育也有很好的调节作用。松弛素可使产道松软,有利于产出胎儿。抑制素主要通过反馈调节腺垂体,影响卵泡发育。

卵泡发育成熟后,从卵巢表面排出的现象称为排卵。马属动物在排卵窝处排卵。排卵后,卵巢中的卵泡腔内充满血液,并形成血凝块。然后卵泡迅速转变为黄体。若排出的卵子受精,黄体继续生长,称为妊娠黄体。妊娠黄体在妊娠期内持续存在,并能够分泌孕激素。若排出的卵子未受精,黄体很快萎缩退化,最后形成白体。

依据排卵数量,动物可分为单胎动物和多胎动物两种。单胎动物在一个发情周期中只排出一个卵泡和一个卵子,如牛和马等;多胎动物在一个发情周期中同时排出多个卵子,如猪和羊等。依据排卵类型,动物可分为自发排卵和诱发排卵两种。牛、猪、羊和马等大多数动物,在卵泡发育成熟后自发排出卵子,称为自发排卵;犬、兔和猫等动物必须通过交配才能排卵,称为诱发排卵。

2. 输卵管的功能 输卵管位于卵巢和子宫之间。哺乳动物输卵管壶腹部是受精部位。输卵管是精子获能和受精的场所,是受精卵卵裂和早期胚胎发育的场所,具有接纳卵巢排出的卵子和转运卵子和精子的作用。

3.子宫的生殖功能 子宫是胚胎发育的场所,主要作用是孕育胎儿。具体作用:在发情期和交配因素的作用下,子宫肌收缩,可促进精子向输卵管方向移动,有利于受精;在妊娠期,子宫肌运动减弱,相对静止,有利于妊娠维持和胎儿的生长发育;在分娩时,子宫肌发生强力收缩,有利于胎儿排出;子宫内膜参与胎盘形成,为胎儿生长发育提供所需的物质和环境;子宫内膜分泌的前列腺素能溶解黄体;在发情期,子宫颈可分泌较为稀薄的黏液而有利于精子的通过;在妊娠期,分泌物黏稠,子宫颈闭塞,可防止感染物进入子宫。

4.阴道的功能 阴道既是交配器官,也是胎儿产出的通道。阴道前庭腺在动物发情时能分泌黏液,在临床可用于鉴别母畜发情。

5.交配和受精 交配是发育成熟的公畜和母畜共同完成的一种性行为活动。在放牧养殖模式中,公畜通过交配活动将精液射入母畜生殖道内,以繁衍后代。在现代化养殖模式中,常采用人工授精的方式,通过人工采精和人工输精,将精液输送至母畜生殖道内,以高效繁殖后代。依据动物射精部位,可将动物分为阴道射精型(牛和羊等)和子宫射精型(猪、马和犬等)。雄性动物单次射精几亿个或十几亿个,而到达受精部位的一般不超过1000个。

精子在射精和输精部位,通过子宫和输卵管到达受精部位(输卵管壶腹部)。精子与卵子结合成为合子的过程,称为受精。受精过程主要分为三个步骤,一是精子与卵子在输卵管壶腹部相遇,二是精子进入卵子,三是精子和卵子融合成合子。受精后,受精卵即将发生卵裂。

6.妊娠 妊娠是指雌性动物的卵子受精后,经过受精卵的发育和胎儿生长,胎儿发育成熟的生理过程。动物种属不同,妊娠期也各不相同。各种动物的妊娠期见表8-3。记忆妊娠期,有助于推算动物分娩日期,为母畜接产、产后护理和幼崽保育做好生产准备。

表 8-3　各种动物的妊娠期

动 物 种 类	平均妊娠期/天	变动范围/天
猪	115	110～140
马	340	307～402
牛	282	240～311
羊	152	140～169

7.分娩 分娩是指发育成熟的胎儿和胎衣从母畜生殖道内排出的生理过程。一般动物临近分娩有一定预兆,例如,阴部有黏液流出,有的动物有做窝现象,有的动物乳房开始泌乳。分娩可分为开口期、胎儿排出期和胎衣排出期三个过程。

开口期子宫出现阵缩,把胎儿和胎衣挤向子宫颈,子宫颈开大,胎膜推入阴道,并流出部分羊水。

胎儿排出期是分娩的主要阶段。子宫收缩频次增加,力量增强而持久,此时腹肌也协同收缩,出现明显努责现象。胎儿和胎膜通过子宫颈和阴道而排出体外。

胎衣排出期是分娩的最后阶段。胎儿排出后,经过短暂间歇,子宫再次收缩,随后胎衣排出。马和猪的胎盘较易脱离,胎衣排出较快。犬和猫的胎衣随胎儿同时排出。马的胎衣在1 h内排出,羊约在3 h内排出,牛约在12 h内排出。

知识单元 4　胎膜与胎盘

一、胎膜

卵子受精后,经过多次卵裂,由输卵管移向子宫。胚胎继续分裂,体积增大,内有空腔和液体,形成胚泡。胚泡与子宫内膜发生组织学和生理学演变,使胚泡附着于子宫内膜上,这一生理过程称为着床(附植)。胚泡着床后继续发育,表面逐渐形成胎膜,胎膜由羊膜、尿囊膜和绒毛膜等结构组成。胎膜关系模式图见图8-10。

羊膜包裹在胎儿外表,内有羊膜囊,充满羊水,胎儿浮于羊水中。尿囊膜属于中间层,与羊膜之

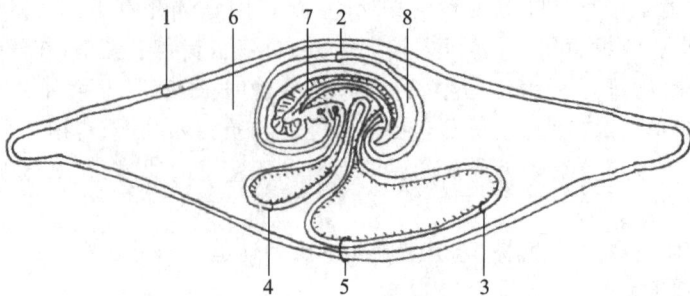

图 8-10 胎膜关系模式图

1.绒毛膜 2.羊膜 3.尿囊膜 4.卵黄囊膜 5.尿囊绒毛膜 6.胚外体腔 7.胚体 8.羊膜腔

间形成尿囊腔,胎儿代谢产物通过脐尿管排入尿囊腔。绒毛膜是胎膜最外层,紧贴于尿囊膜外表,表面有绒毛。

二、脐带

脐带是胎儿与胎盘进行物质交换的通道,呈长索状结构,外有羊膜包裹,内有脐动脉、脐静脉和尿囊柄。脐静脉将胎盘动脉血输入胎儿体内,脐动脉将胎儿体内静脉血引入胎盘,与母体进行物质交换。在分娩时,胎儿产出后,脐带被剪断,经过数天后脐带干化,结痂自行脱落。胎儿体内脐动脉和脐静脉闭合,形成相关韧带。

三、胎盘

胎盘是胎儿尿囊绒毛膜与母体子宫内膜相互形成的特殊结构,是胎儿与母体之间进行物质交换器官。牛和羊的胎盘是由绒毛子叶与子宫阜互相嵌合而成,属于子叶型胎盘;猪和马的胎盘是由密集的绒毛膜与子宫内膜的凹陷部分相互嵌合而成,属于散布型胎盘。胎盘除具有物质交换功能外,还具有内分泌和免疫的功能。胎盘能分泌雌激素、孕激素、松弛素和催乳素等激素。胎盘的免疫功能主要是胎盘的屏障作用,即胎盘可以排斥某些物质进入胎儿体内,可对胎儿起到免疫保护作用。

技能操作 12 生殖器官的观察

一、技能目标

能够正确识别正常动物生殖器官的形态、位置、色泽、结构。

二、材料及设备

牛、羊、猪等动物的新鲜生殖器官,生殖器官的整体模型和离体模型,雄性和雌性动物生殖器官彩图,解剖刀,手术剪,一次性手术衣、手套。

三、实验步骤

(一)图片和模型的观察

学生对照图片,在雄性动物生殖器官的模型上依次观察睾丸、附睾、输精管、精索、阴囊、尿生殖道、副性腺、阴茎和包皮的形态位置。

学生对照图片,在雌性动物生殖器官的模型上依次观察卵巢、输卵管、子宫、阴道、尿生殖前庭和阴门的形态位置。

(二)新鲜生殖器官的解剖观察

学生观察雄性动物的新鲜生殖器官的形态、色泽,依次解剖睾丸、附睾、精索、阴囊、副性腺和阴茎体等器官,观察雄性动物生殖器官的组织构造。

学生观察雌性动物的新鲜生殖器官的形态、色泽,依次解剖卵巢、输卵管、子宫和阴道等器官,观察雌性动物生殖器官的组织构造。

知识链接与拓展

精子和卵子
的生成过程

精子和卵子
受精过程

案例分析

发情季节与
发情周期

模块小结

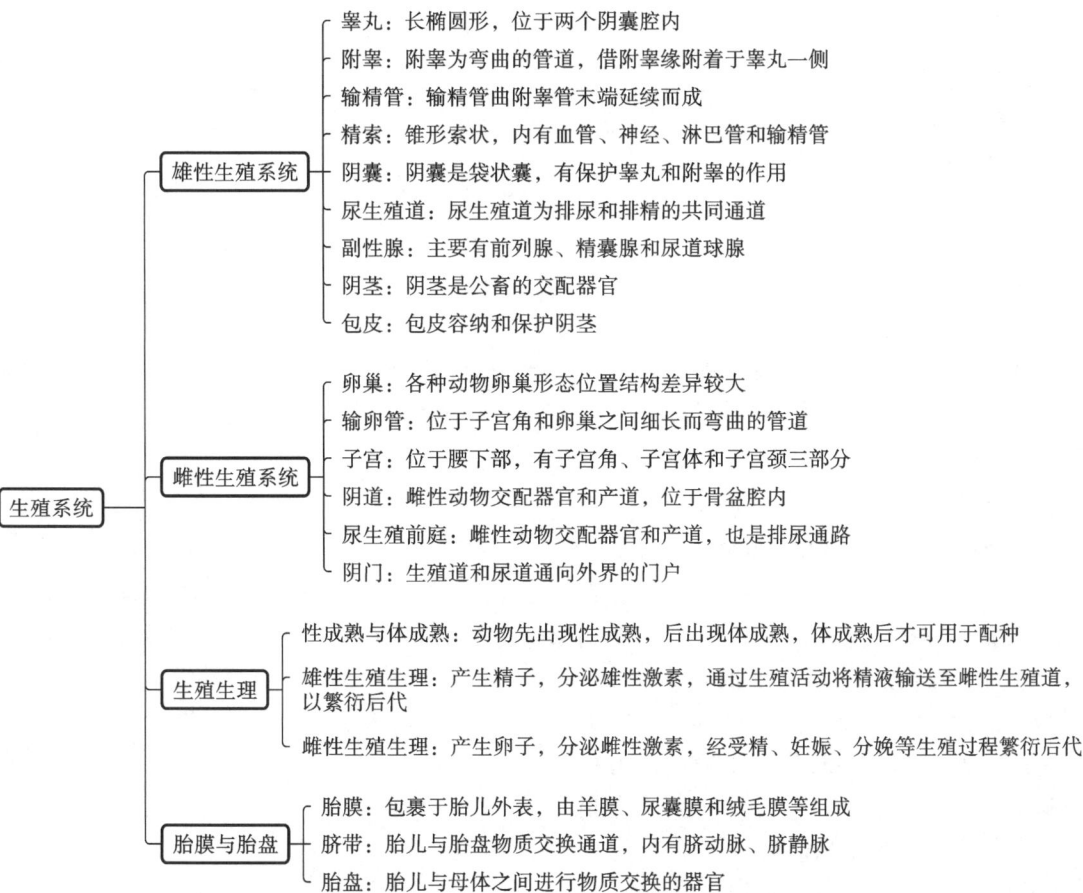

生殖系统

雄性生殖系统
- 睾丸：长椭圆形，位于两个阴囊腔内
- 附睾：附睾为弯曲的管道，借附睾缘附着于睾丸一侧
- 输精管：输精管由附睾管末端延续而成
- 精索：锥形索状，内有血管、神经、淋巴管和输精管
- 阴囊：阴囊是袋状囊，有保护睾丸和附睾的作用
- 尿生殖道：尿生殖道为排尿和排精的共同通道
- 副性腺：主要有前列腺、精囊腺和尿道球腺
- 阴茎：阴茎是公畜的交配器官
- 包皮：包皮容纳和保护阴茎

雌性生殖系统
- 卵巢：各种动物卵巢形态位置结构差异较大
- 输卵管：位于子宫角和卵巢之间细长而弯曲的管道
- 子宫：位于腰下部，有子宫角、子宫体和子宫颈三部分
- 阴道：雌性动物交配器官和产道，位于骨盆腔内
- 尿生殖前庭：雌性动物交配器官和产道，也是排尿通路
- 阴门：生殖道和尿道通向外界的门户

生殖生理
- 性成熟与体成熟：动物先出现性成熟，后出现体成熟，体成熟后才可用于配种
- 雄性生殖生理：产生精子，分泌雄性激素，通过生殖活动将精液输送至雌性生殖道，以繁衍后代
- 雌性生殖生理：产生卵子，分泌雌性激素，经受精、妊娠、分娩等生殖过程繁衍后代

胎膜与胎盘
- 胎膜：包裹于胎儿外表，由羊膜、尿囊膜和绒毛膜等组成
- 脐带：胎儿与胎盘物质交换通道，内有脐动脉、脐静脉
- 胎盘：胎儿与母体之间进行物质交换的器官

Note

执考真题

1.(2020年)形似蝌蚪,分头、颈和尾三部分的生殖细胞是(   )。
A.次级精母细胞　　　　　　　　B.初级精母细胞　　　　　　　　C.精子细胞
D.支持细胞　　　　　　　　　　E.精子
答案:E

2.(2019年)卵巢上有排卵窝的家畜是(   )。
A.牛　　　　　B.马　　　　　C.羊　　　　　D.猪　　　　　E.犬
答案:B

3.(2018年)与母畜膀胱背侧紧邻的器官是(   )。
A.卵巢和输卵管　　　　　　　　B.卵巢和子宫　　　　　　　　C.子宫和阴道
D.阴道和阴道前庭　　　　　　　E.子宫和阴道前庭
答案:C

4.(2020年)牛、羊的子宫阜位于(   )。
A.子宫角与子宫体黏膜　　　　　B.子宫体与子宫颈黏膜　　　　C.子宫颈黏膜
D.子宫角与子宫体浆膜　　　　　E.子宫角与子宫颈浆膜
答案:A

5.(2020年)一般而言,发情期持续时间较长且发情症状明显的动物是(   )。
A.山羊　　　　　B.绵羊　　　　　C.黄牛　　　　　D.猪　　　　　E.奶牛
答案:D

能力巩固

一、填空题

1.动物附睾的作用有_____、_____、_____、_____、_____。
2.动物输卵管的作用有_____、_____、_____、_____。
3.动物子宫的大体结构有_____、_____和_____,其中与阴道相接的是_____。
4.动物睾丸的大体结构有_____、_____和_____。睾丸的生理作用有_____和_____两方面。
5.雄性动物去势时,必须将阴囊壁切开,切断精索,才能摘出_____和_____,进而达到绝育的目的。也可将精索内输精管结扎或截断,达到绝育目的,该法可保留阴囊内睾丸和附睾结构。

二、单选题

1.正常精子与卵子相遇而受精的部位是(   )。
A.子宫体部　　　　　　　　　　B.子宫颈部　　　　　　　　　　C.输卵管的伞部
D.输卵管的峡部　　　　　　　　E.输卵管的壶腹部

2.下列动物单次射精量最大的是(   )。
A.牛　　　　　B.马　　　　　C.犬　　　　　D.猪　　　　　E.羊

3.下列动物中,妊娠期最长的是(   )。
A.牛　　　　　B.羊　　　　　C.猪　　　　　D.马　　　　　E.犬

4.通常阴囊内的温度比体温低(   )。
A.1～2 ℃　　　B.3～4 ℃　　　C.5～6 ℃　　　D.7～8 ℃　　　E.9～10 ℃

5.下列不是动物输卵管作用的是（　　　）。

A.接纳卵巢排出的卵子　　　　　B.对卵子和精子有转运作用

C.是精子受精场所　　　　　　　D.是受精卵卵裂和早期胚胎发育的场所

E.孕育胎儿

三、判断题

1.家畜性成熟后就可用作种畜繁殖后代。（　　　）

2.睾丸具有产生精子和分泌激素的作用。（　　　）

3.腹腔内温度是精子生成的适宜温度。（　　　）

4.睾丸呈卵圆形，位于阴囊内。（　　　）

5.家畜均属双角子宫，由子宫角、子宫体和子宫颈三部分构成。（　　　）

四、简答题

1.简述健康羊睾丸的形态位置、结构和生理功能。

2.简述健康猪卵巢的形态位置、结构和生理功能。

3.简述健康羊卵巢的形态位置、结构和生理功能。

4.简述雌性动物子宫的形态位置、结构和生理功能。

模块九 心血管系统

【知识目标】

1. 能够说出心脏的形态、结构、位置和动物全身血管的分布。
2. 能够说出血液的成分及作用。
3. 能够说出心脏和血管的生理功能。
4. 能够阐述血液循环的基本原理及过程。

【能力目标】

1. 能识别动物体表主要静脉血管。
2. 能准确听取动物心音,测量心率,检查动脉脉搏。
3. 能进行血液成分的测定。

【思政与素质目标】

1. 心血管系统包括心脏和血管。在学习血管的分类时,让学生从动脉、静脉、毛细血管的来源、管壁、管径、肌肉、纤维等方面进行总结,通过自己的总结掌握这部分的内容,培养学生对知识的概括和归纳能力。

2. 学生明白心率产生的机制,心率测定的部位,能运用所学的理论知识指导具体实践工作,坚持理论与实践相结合的学习方法。

3. 血液循环靠着心脏不断泵血才能运行,可以说心脏是整个心血管系统的核心和动力;学生在做每一件事情时,都要找到推动自己前进的动力源,这样才能取得最大的进步。

扫码看课件

知识单元1 心 脏

一、心脏的形态和位置

心脏(图 9-1、图 9-2)呈左、右稍扁的倒圆锥形,为中空的肌质性器官,外被心包包裹。心脏的上部大,称为心基,有进出心脏的大血管,位置较固定;下部小而游离,称为心尖。心脏的前缘凸,后缘短而直。

心脏的表面有冠状沟和左、右纵沟,在牛心脏的后面还有一条副纵沟。冠状沟靠近左心基,是心房和心室的外表分界。沟的上部为心房,下部为心室。左纵沟位于心的左前方,自冠状沟向下伸延,几乎与心的后缘平行。右纵沟位于心脏的右后方,自冠状沟向下伸至心尖。两纵沟是左、右心室的外表分界,两纵沟前部为右心室,后部为左心室。牛心脏的副纵沟位于心脏的后面,自冠状沟向下伸延。在冠状沟、纵沟及副纵沟内有营养心脏的血管,并有脂肪填充。

心脏位于胸腔纵隔内,左、右两肺之间,略偏左侧,在第 2 肋间隙(或第 3 肋骨)和第 6 肋间隙(或第 6 肋骨)之间(马心 3/5,牛心 5/7 位于正中平面的左侧)。牛的心基大致位于肩关节的水平线上。心尖位于最后胸骨片的背侧,距膈 2～5 cm。马的心脏位于第 3～6 肋骨之间,心基最高点与第 1 肋骨

Note

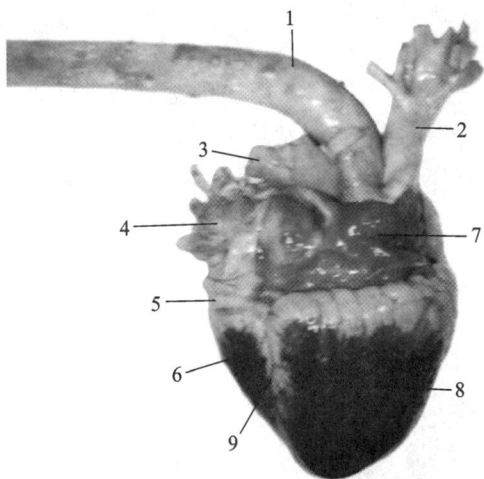

图 9-1 牛心右侧观

1.主动脉弓 2.臂头动脉干 3.肺动脉干 4.肺静脉 5.冠状沟 6.左心室 7.右心房 8.右心室 9.窦下室间沟(右纵沟)

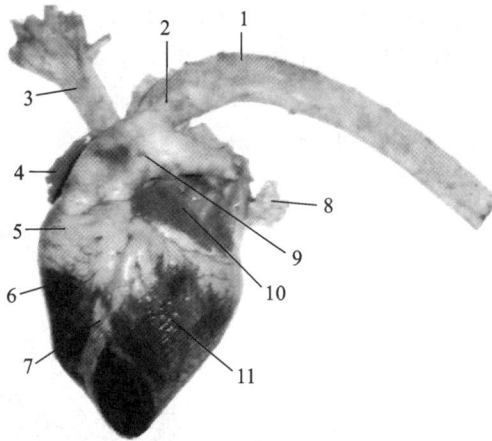

图 9-2 牛心左侧观

1.主动脉弓 2.动脉韧带 3.臂头动脉干 4.右心房 5.冠状沟 6.右心室 7.圆锥旁室间沟(左纵沟) 8.肺静脉 9.肺动脉干 10.左心房 11.左心室

中点水平线相对,心尖达第 6 肋骨远端距胸骨 1 cm 处。猪的心脏位于第 2~5 肋骨之间,心尖位于第 7 肋骨和软肋骨的连接处。

二、心腔的构造

心腔以纵走的房中隔和室中隔分为左、右互不相通的两部分,每半又分为上部的心房和下部的心室,同侧的心房和心室以房室口相通(图 9-3、图 9-4)。

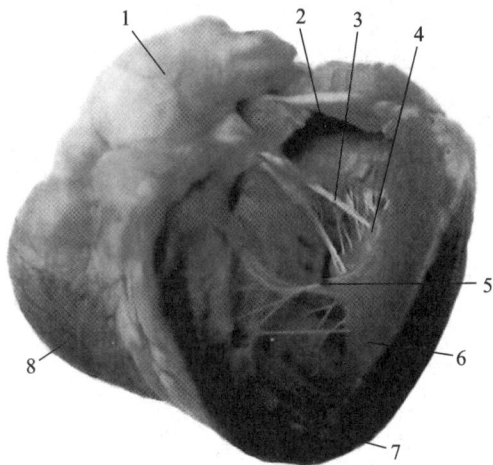

图 9-3 牛左心室剖面观

1.肺动脉干 2.左房室口 3.腱索 4.乳头肌 5.隔缘肉柱 6.左心室壁 7.心尖 8.右心室

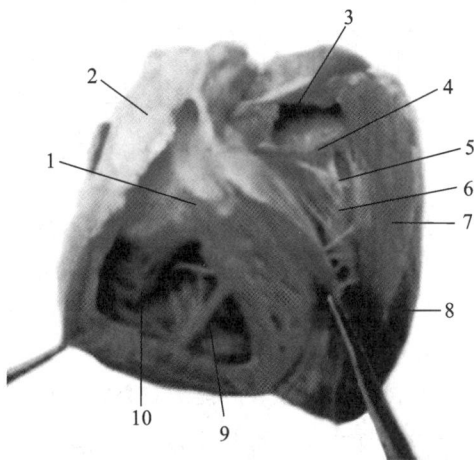

图 9-4 牛左心室纵剖面

1.半月瓣 2.肺动脉干 3.左房室口 4.左房室瓣(二尖瓣) 5.腱索 6.乳头肌 7.心肌 8.心外膜 9.隔缘肉柱 10.心内膜

1.右心房 右心房构成心基的右前部,包括静脉窦和右心耳两部分。静脉窦是体循环静脉的开口部。右心耳为圆锥状盲囊,尖端向左再向后伸至肺动脉干的前方,壁内面有许多梳状肌。右心房的背侧壁和后壁分别有前腔静脉和后腔静脉的开口。两开口间有一发达的肉柱称静脉间嵴,有分流前、后腔静脉血,避免相互冲击的作用。在后腔静脉口的腹侧有一冠状窦,为心大静脉、心中静脉和左奇静脉的开口。在后腔静脉口附近的房中隔上有一卵圆窝,为胚胎时期卵圆孔的遗迹。20%的成年猪的卵圆孔闭合不全。

右心房通过右房室口和右心室相通。

2.右心室 右心室位于心的右前方,顶端向下,不达心尖,入口为右房室口,出口为肺动脉口。

右房室口附着有3片三角形的瓣膜,称为右房室瓣或三尖瓣(图9-5)。瓣膜的游离缘向下垂入心室,通过腱索连于乳头肌。乳头肌为突出于心室壁的圆锥状肌肉。当心房收缩时,房室口打开,血液由心房流入心室,当心室收缩时,心室内压升高,血液将瓣膜向上推使其相互合拢,由于腱索的牵引,瓣膜不致翻向右心房,从而可防止血液倒流。

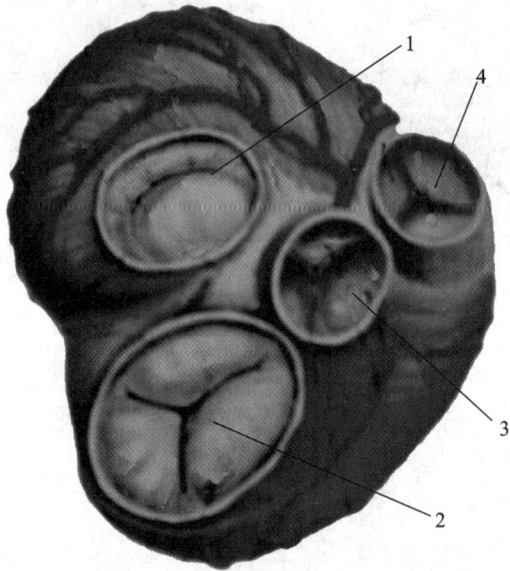

图 9-5 心脏瓣膜
1.二尖瓣 2.三尖瓣 3.主动脉瓣 4.主静脉瓣

肺动脉口位于右心室的左前上方,有一纤维环支持,上端附着有3个半月形的瓣膜,称为肺动脉瓣或半月瓣。每个瓣膜均呈袋状,袋口向着肺动脉干,防止血液倒流回心室。

心室里面,在室中隔上有横过室腔走向室侧壁的心横肌,也称为隔缘肉柱,当心室舒张时,有防止其过度扩张的作用。

3.左心房 左心房构成心基的左后部。左心房的构造与右心房相似,有向左前方凸出到肺动脉干后方的圆锥状盲囊,称为左心耳,其内壁也有梳状肌。在左心房的后背侧壁上有6~8个肺静脉口;腹侧有1个左房室口,为血液流向左心室的出口。

4.左心室 左心室位于左心房的下方,空腔略呈圆锥状,顶端伸至心尖,心室腔的上方有左房室口和主动脉口。左房室口位于左心室的后上方,附着有2片强大的瓣膜,称为左房室瓣或二尖瓣,其结构与作用与三尖瓣相似(图9-5)。主动脉口为左心室血液的出口,位于左心室的前上方。其构造与肺动脉口相似,纤维环上也有3个半月瓣,称为主动脉瓣。左心室内也有心横肌。

三、心壁的组织构造

心壁分为3层,由外向内依次为心外膜、心肌层和心内膜。

1.心内膜 心内膜是被覆于心腔内面的一层滑润的膜,与出入心脏的血管内膜相延续,它由内皮和内皮下层构成。内皮与大血管的内皮相延续,由一层多边形内皮细胞组成,位于薄层连续的基膜上。内皮下层位于基膜外,临床上所指的心内膜炎主要是这层的病变。该层由结缔组织构成,可分为内、外两层,内层薄,由成纤维细胞、胶原纤维和弹性纤维构成,其中含少量平滑肌肌束,尤以室间隔处较多;外层较厚,靠近心肌层,又称心内膜下层,为疏松结缔组织,含有小血管、淋巴管和神经以及心传导系的分支。乳头肌和腱索处无心内膜下层。心内膜各部的厚度不同,在心室和心耳处的心内膜较心房和室间隔上的心内膜薄,主动脉口和肺动脉处的心内膜最厚,而肉柱上的心内膜最薄。左心房的心内膜比右心房的心内膜厚。各心瓣膜都由心内膜向心腔折叠而成,中间夹有薄层致密结缩组织。

2. 心肌层 心肌层为构成心壁的主体,包括心房肌和心室肌两部分。心房肌最薄,附着于心纤维骨骼的上面;心室肌较厚,其中左心室肌最厚,附着于心纤维骨骼的下面。心房肌和心室肌并不直接相连,这也保证了心房肌和心室肌不同时收缩,心房肌收缩在前,心室肌收缩在后。心肌层由心肌纤维和心肌间质组成。心肌纤维呈分层或束状。心肌间质内有结缔组织,含有心肌胶原纤维、弹性纤维、血管、淋巴管、神经纤维及一些非心肌细胞成分,如成纤维细胞等,这些结构成分充填于心肌纤维之间,在心肌局部损伤修复时大量增加。心肌本身分化程度较高,再生修复能力很低。

(1)心房肌:心房肌较薄,由浅、深两层组成。浅层肌束横行,包绕左、右心房,为左、右心房共有,其前面的心肌较明显,一部分延伸为房间隔的肌纤维。深层肌纤维分别包绕左、右心房,呈袢状或环状。袢状纤维跨过心房的前、后面,到达房室口的纤维环;环状纤维环绕心耳、腔静脉口和肺静脉口以及卵圆窝周围。当心房收缩时,这些肌纤维具有括约作用,可阻止血液逆流。心房肌上有许多梳状的嵴称梳状肌。在界嵴和梳状肌处的肌纤维呈束状,肌束之间有较多胶原、弹力纤维,如用强光透照肌束之间的心房壁,则可观察到此处心房壁如薄纸,略显透明,最薄处是右房后窝,行心导管术时应格外小心,防止因损伤导致此处破裂后大出血。心房肌具有分泌心钠素的功能,心钠素具有利钠、利尿、扩张血管和降低血压的作用。

(2)心室肌:心室肌比较发达,尤以左心室为甚。肌纤维层复杂,一般分为浅(心外膜下肌纤维)、中(中层肌)、深(心内膜下肌纤维)3层。

浅层肌纤维纵行,起自纤维环,向左下方斜行,在心尖处捻转形成心涡,并转入深层移行为纵行的深层肌,上行续于肉柱和乳头肌,并附于纤维环。在左心室,深层肌除形成肉柱和乳头肌外,余为薄层纵行肌纤维。浅层肌收缩时可缩小心室腔。

中层肌纤维环行,亦起于纤维环,位于浅、深两层肌之间,有分别环绕左、右心室的纤维,亦有联系左、右心室的"S"形肌纤维。左心室的环行肌尤其发达,围成圆锥形的左室腔,环绕左心室的流入道和流出道。浅层肌与深层肌收缩时,可缩短心室,中层肌收缩时则缩小心室腔。环行肌在左心室底部最厚,心室肌收缩时是向心底运动的,能将血液挤入大血管,对心室的射血起重要作用。部分心肌纤维呈螺旋状走行,收缩时其合力可使心尖进行顺时针方向旋转,造成心收缩时心尖向前顶击,因此在体表可打及心尖搏动。室间隔处由浅、中、深3层心肌纤维构成,以中层环行肌纤维为主。心尖部缺乏环行肌纤维,此处心壁最薄,易发生室壁瘤。

乳头肌的心肌纤维为心室浅层肌经心涡处延续为深层肌的延伸,可与心室肌同时收缩。因此,当心室收缩时,乳头肌的收缩能防止二尖瓣和三尖瓣各瓣尖的反转。

3. 心外膜 心外膜即浆膜性心包的脏层,包裹在心肌表面。表面被覆一层间皮,由扁平上皮细胞组成。间皮深面为薄层结缔组织,在大血管与心接口处,结缔组织与血管外膜相连。深层含有胶原纤维、弹力纤维、血管和许多神经纤维,也有不定量的脂肪组织,脂肪的含量与个体年龄及身体胖瘦程度有关,亦有人将此层称为心外膜下层。心房的心外膜下层,尤其是冠状血管周围和冠状沟附近,脂肪组织较多。心外膜的组织结构使其具有较大的弹性,以适应心舒缩功能。

四、心脏的血管

心脏本身的血液循环称为冠状循环,心脏的血管包括冠状动脉、毛细血管和心静脉。

1. 冠状动脉 冠状动脉有左、右两条,分别从主动脉根部发出。左冠状动脉起自主动脉根部的左侧,经肺动脉和左心耳之间进入冠状沟,立即分为两支,一支沿冠状沟向后延伸,另一支沿左纵沟伸达心尖;右冠状动脉起自主动脉根部,经动脉圆锥与右心耳之间进入冠状沟,沿冠状沟向右、向后伸至右纵沟。冠状动脉分支分布于心房和心室,在心肌内形成丰富的毛细血管网。

2. 心静脉 心静脉分为心大静脉、心中静脉和心小静脉。心大静脉和心中静脉伴随左、右冠状动脉分布,最后注入右心房的冠状窦;心小静脉分成数支,在冠状沟附近直接开口于右心房。

五、心脏的传导系统与神经

(一)心脏的传导系统

心脏的传导系统(图9-6)由特殊的心肌纤维组成,其主要功能是产生并传导心脏搏动的冲动至整个心脏,调控心脏的节律性收缩和舒张。心脏传导系统包括窦房结、房室结、房室束和浦肯野纤维。其中窦房结细胞的自律性最高,为心脏正常功能的起搏点。心脏的起搏总是从窦房结开始,沿上述顺序依次传播,从而引起心脏有节律的收缩和舒张。

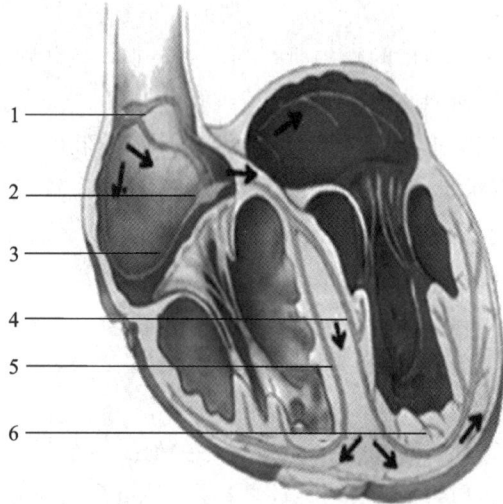

图9-6 心脏传导系统示意图
1.窦房结 2.房室结 3.房室束 4.左束支 5.右束支 6.浦肯野纤维

1.窦房结 窦房结位于前腔静脉和右心耳间界沟内的心外膜下,除分支到心房肌外,还分出数支结间束与房室结相连。窦房结能自动产生节律性波动,并传导至心房肌使心房收缩;同时,还通过结间束将搏动传导至房室结,引起房室结搏动。

2.房室结 房室结位于房间隔右心房的心内膜下、冠状窦的前方,分支分别与心房肌和房室束相连。房室结可将来自窦房结的搏动传导至心房和房室束。

3.房室束 房室束为房室结的直接延续,在室中隔上部分出一较细的右束支和一较粗的左束支,分别在室中隔的左室侧和右心室心内膜下伸延,分出小分支至膈肌,还分出一些分支通过心横肌到心室侧壁。以上分支在心内膜下分散为浦肯野纤维丛,与心肌纤维相延续。

(二)心脏的神经

分布于心脏的运动神经有交感神经和副交感神经(迷走神经),前者可兴奋窦房结,使心肌活动加强,因此称为心加强神经;后者作用正好相反,称为心抑制神经。心感觉神经分布于心壁各层,其纤维随交感神经和迷走神经进入脊髓和脑。

六、心包

心包(图9-7)为包裹心脏的锥形囊,囊壁由外层的纤维膜和内层的浆膜组成,具有保护心脏的作用。

纤维膜是一层坚韧的结缔组织膜,在心基部与起止于心脏的大血管外膜相延续;在心尖部折转到胸骨背侧,与心包胸膜共同构成胸骨心包韧带,使心脏附着于胸骨上。

浆膜分壁层和脏层,壁层贴于纤维膜的内面,脏层在心基和大血管部移行转折到心的表面构成心外膜。两层之间为心包腔,腔内有少量浆液(心包液),起润滑作用,减少摩擦。

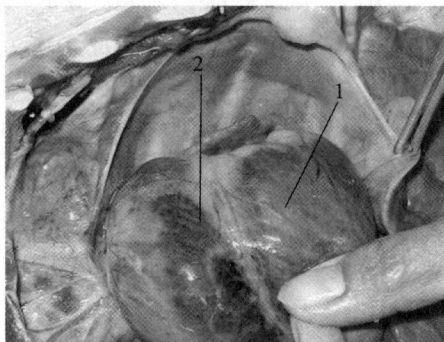

图9-7　心包
1.心包　2.心脏

知识单元2　血　　管

一、血管的分类、构造和功能特点

无论是体循环还是肺循环,由心室射出的血液都流经由动脉、毛细血管和静脉相互串联形成的血管系统,再返回心房。

1.动脉

(1)大动脉:动脉主干及其发出的最大的分支。大动脉血管的管壁厚而富含弹性纤维,可扩张性和弹性较大。当心室收缩将血液射入大动脉时,大动脉扩张,容纳心脏射入的血液,使血压不致过高,血液不致突然涌入较小的动脉。当心室舒张期射血停止时,动脉瓣关闭,被扩张的动脉由于弹性回缩,把心室舒张期储存的势能释放来,维持血压的稳定,推动血液继续流向外周。大动脉的这种弹性血库的作用以及心室的间断性射血,使动脉中有持续不断的血流。需要指出的是,动脉管壁的弹性随年龄的增长而减小。

(2)中动脉:中动脉的功能是将血液输送至各器官组织,又称为分配血管。

(3)小动脉和微动脉:小动脉和微动脉的管壁有丰富的平滑肌,有较强的收缩力,对血流的阻力大,又称为毛细血管前阻力血管。尤其后者的舒缩活动可使局部血管的口径和血流阻力发生明显变化,从而改变所在器官、组织的血流量。

2.毛细血管

(1)毛细血管前括约肌:在真毛细血管的起始部常有平滑肌环绕,称为毛细血管前括约肌。它的收缩和舒张可控制其后的毛细血管的关闭和开放,因此可决定某一时间内毛细血管开放的量。

(2)交换血管:交换血管指真毛细血管。交换血管的管壁仅由单层内皮细胞构成,它们的口径平均只有几微米,长度也只有 $0.2\sim0.4~\mu m$。但是它们的数量很大,彼此连接成网,几乎遍及全身各组织、器官。真毛细血管的通透性很高,允许气体和各种晶体分子自由通过,小分子蛋白质也能微量通过,因此真毛细血管成为血管内血液和血管外组织液物质交换的场所。

3.静脉　静脉也可分为大静脉、中静脉、小静脉和微静脉。它们的共同特点是管壁薄而柔软,口径比相应的动脉大,弹性和收缩性都比较小。多数较大的静脉都有瓣膜,它们朝着向心方向开放,以防止血液倒流。

(1)微静脉:微静脉因管径小,对血流也产生一定的阻力,又称为毛细血管后阻力血管。其舒缩可影响毛细血管前阻力和毛细血管后阻力的比值,从而改变毛细血管压以及体液在血管内和组织间隙内的分布情况。

(2)静脉:静脉指大、中、小静脉,由于数量多、口径粗、管壁薄,故其容量较大,而且可扩张性较大,即较小的压力变化就可使容积发生较大的变化。在安静状态下,整个静脉系统容纳了全身循环血量的 60%～70%。静脉的口径发生较小的变化时,静脉内容纳的血量可发生很大的变化,而压力的变化较小。静脉在血管系统中起着血液储存库的作用,因此静脉又称为容量血管。

正常情况下,心血管系统各个部分的血容量占全身循环血量的百分比大致如下(近似值):心脏血管容量占 12%,主动脉占 2%,体循环动脉系统占 10%,毛细血管占 4%～6%,体循环静脉系统占50%～52%,肺循环系统占 20%。血液循环示意图见图 9-8。

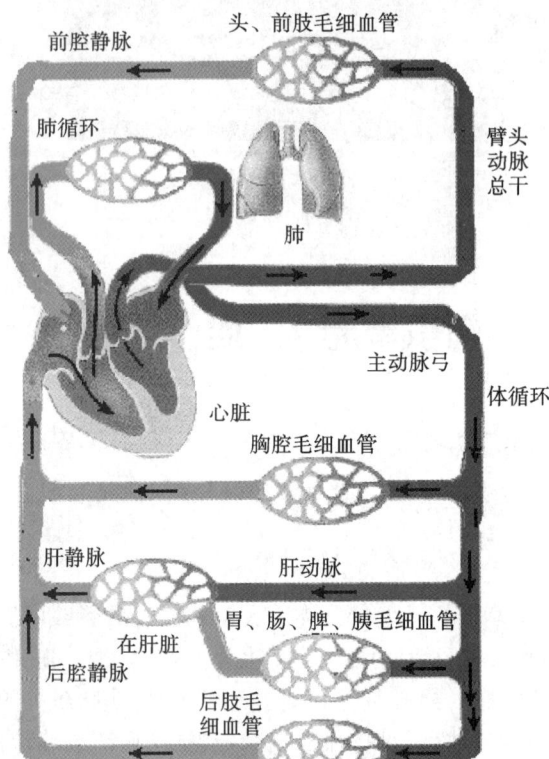

图 9-8　血液循环示意图

4.短路血管　短路血管指一些血管床中直接联系小动脉和小静脉之间的血管。它们可使小动脉内的血液不经过毛细血管而直接流入小静脉。蹄部、耳廓等处的皮肤中有许多短路血管存在,它们在功能上与体温调节有关。

二、肺循环的血管

肺循环的血管包括肺动脉、毛细血管和肺静脉。

肺动脉干起于右心室的肺动脉口,在升主动脉的左侧向后上方延伸,于心基后上方分为左、右肺动脉。左、右肺动脉在同侧主支气管的前方由肺门入肺,在肺内随支气管分支而分支,直到肺泡壁移行为毛细血管网。肺静脉属支起于肺毛细血管网,在肺内沿肺动脉和支气管的分支逐级汇合,最后汇集成 6～8 支,由肺门出肺后开口于左心房。

三、体循环的血管

(一)动脉

主动脉为体循环动脉的总干,全身所有的动脉支都直接或间接自此发出(图 9-9)。主动脉起于左心室的主动脉口。主动脉弓为主动脉的第一段,自主动脉口斜向背后侧,呈弓状延伸至第 6 胸椎腹侧;然后再继续延伸至膈的主动脉裂孔处,称为胸主动脉;胸主动脉穿过膈的主动脉裂孔进入腹腔,称为腹主动脉。腹主动脉在盆腔前口处或第 5、6 腰椎腹侧分出左、右髂外动脉和左、右髂内动脉,其主干移行为荐中动脉、尾中动脉,依次沿荐椎和尾椎向后伸延至尾端。

1.主动脉弓及分支　主动脉弓的主要分支有左、右冠状动脉,臂头动脉总干,双颈动脉干和前肢动脉。

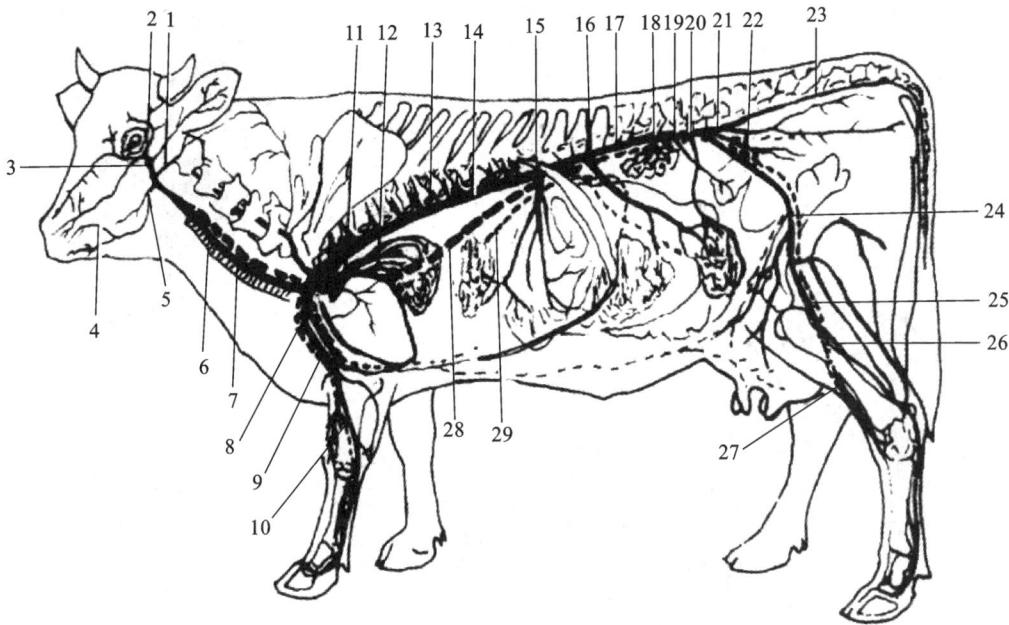

图 9-9　牛全身动、静脉分布图

1.枕动脉　2.颌内动脉　3.颈外动脉　4.面动脉　5.颌外动脉　6.颈动脉　7.颈静脉　8.腋动脉　9.臂动脉　10.正中动脉　11.肺动脉　12.肺静脉　13.胸主动脉　14.肋间动脉　15.腹腔动脉　16.前肠系膜动脉　17.腹主动脉　18.肾动脉　19.精索内动脉　20.后肠系膜动脉　21.髂内动脉　22.髂外动脉　23.荐中动脉　24.股动脉　25.腘动脉　26.胫后动脉　27.胫前动脉　28.后腔静脉　29.门静脉

（引自曲强、程会昌、李敬双，动物解剖生理，2012）

（1）左、右冠状动脉：由主动脉在其根部发出，大部分分布到心脏。

（2）臂头动脉总干：为分布于胸廓前部、头颈和前肢的动脉总干，出心包后沿气管腹侧向前延伸，分出左锁骨下动脉后，移行为臂头动脉。臂头动脉分出短而粗的双颈动脉干后，移行为右锁骨下动脉。

左、右锁骨下动脉绕过第 1 肋骨前缘出胸腔前口，分别移行为左、右前肢的腋动脉。左锁骨下动脉发出的分支有肋颈动脉、颈深动脉、椎动脉、胸内动脉和颈浅动脉；右侧的肋颈动脉、颈深动脉和椎动脉自臂头动脉发出，胸内动脉和颈浅动脉自右锁骨下动脉发出。

（3）双颈动脉干（颈动脉总干）：双颈动脉干（图 9-10）很短，是头颈部的动脉主干，沿气管腹侧向前延伸，在胸腔前口附近分为左、右颈总动脉。左、右颈总动脉在颈静脉沟的深部，分别沿食管和气管的外侧向前向上延伸，至环枕关节腹侧分为枕动脉、颈内动脉和颈外动脉。颈总动脉在枕动脉起始处略膨大，称为颈动脉窦，窦壁内有感受血压变化的压力感受器。颈总动脉在延伸途中分出很多分支，分布于附近的肌肉、皮肤、食管、气管、腮腺、甲状腺、咽和喉等。

①枕动脉：向上延伸通过枕骨大孔入颅腔，分布于咽、软腭、脑膜、脑和颈部肌肉。

②颈内动脉：仅犊牛有，而且也较细，分布于脑。成年牛的颈内动脉退化。

③颈外动脉：为颈总动脉的直接延续，向前向上伸延至下颌关节腹侧，分出颞浅动脉后，移行为颌内动脉。颈外动脉在下颌支内分支为颌外动脉，颌外动脉又分支为舌动脉和面动脉。面动脉向前伸至下颌支腹侧，与同名静脉和腮腺管一起绕过血管切迹转到面部。

（4）前肢动脉（图 9-11）：由锁骨下动脉延伸而来，在肩关节内侧称为腋动脉，在臂部称为臂动脉，在前臂部位于前臂内侧的正中沟内，称为正中动脉，在掌部称为指总动脉，指总动脉分为指内、外侧动脉，分别沿指间下行至指端。前肢动脉干各段均有分支分布于相应部位的肌肉、皮肤和骨骼等处。

2. 胸主动脉及分支　胸主动脉（图 9-12）是主动脉弓向后的直接延续，其分支有肋间动脉和支气管食管动脉。牛的肋间动脉有 13 对，前 3 对由左锁骨下动脉和臂头动脉的分支分出，后 10 对均由胸主动脉分出，主要分布于胸部脊柱附近的肌肉和皮肤。支气管食管动脉在第 6 胸椎处以一主干起自于胸主动脉腹侧，然后分为支气管动脉和食管动脉，分别分布于肺组织和食管。

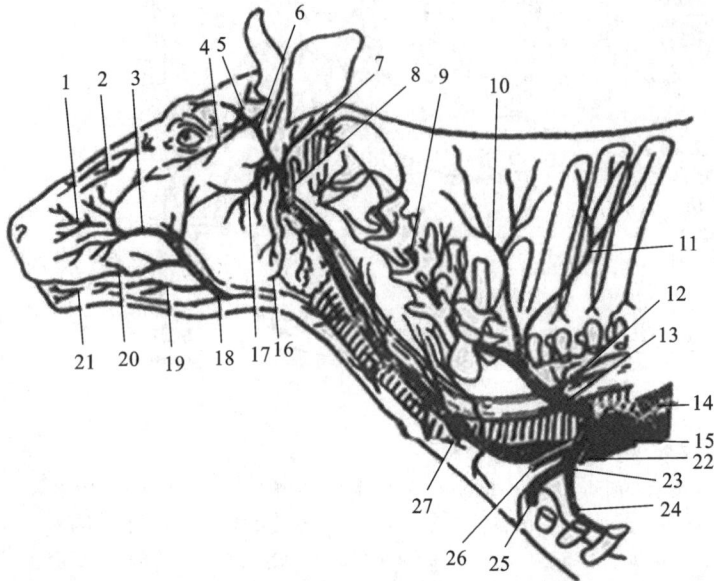

图 9-10　牛头颈部动脉

1.眶下动脉　2.鼻背动脉　3.上唇动脉　4.泪腺动脉　5.角动脉　6.颞浅动脉　7.耳后动脉　8.枕动脉　9.椎动脉　10.颈深动脉　11.肩胛背侧动脉　12.最上肋间动脉　13.肋颈动脉干　14.臂头动脉干　15.臂头动脉　16.咬肌动脉　17.面横动脉　18.面动脉　19.下唇浅动脉　20.下唇深动脉　21.颏动脉　22.双颈动脉干　23.左锁骨下动脉　24.胸廓内动脉　25.腋动脉　26.颈浅动脉　27.左颈总动脉

（引自曲强、程会昌、李敬双,动物解剖生理,2012）

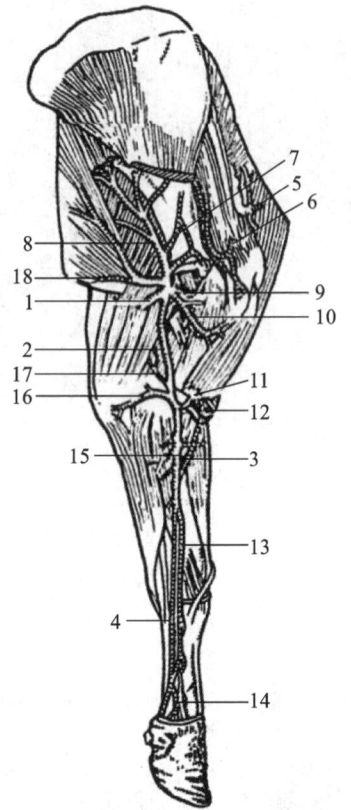

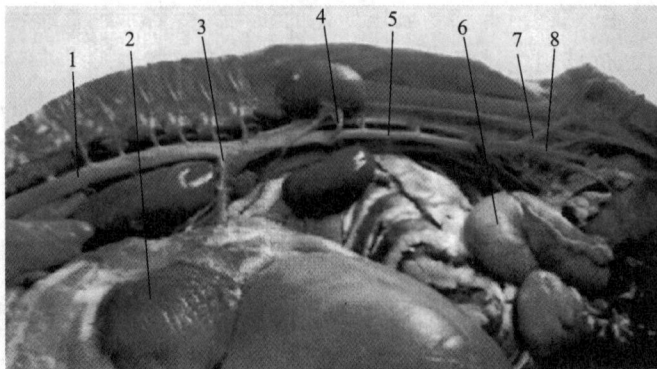

图 9-11　牛前肢动脉

1.腋动脉　2.臂动脉　3.正中动脉　4.指掌侧第 3 总动脉　5.颈浅动脉　6.肩胛上动脉　7.旋肩胛动脉　8.肩胛下动脉　9.旋肱后动脉　10.旋肱前动脉　11.二头肌动脉　12.肘横动脉　13.桡动脉　14.指掌侧第 2 总动脉　15.骨间总动脉　16.尺侧副动脉　17.臂深动脉　18.胸背动脉

（引自曲强、程会昌、李敬双,
动物解剖生理,2012）

图 9-12　羊主动脉及其分支

1.胸主动脉　2.脾脏　3.腹腔动脉　4.肾动脉　5.腹主动脉　6.子宫　7.髂外动脉　8.髂内动脉

3.腹主动脉及分支　腹主动脉及分支为腰腹部的动脉主干,其分支可分为壁支和脏支。壁支主要为腰动脉,有 6 对,分布于腰部肌肉、皮肤及脊髓脊膜等处;脏支主要分布于腹腔、盆腔的器官上,由前向后依次为腹腔动脉、肠系膜前动脉、肾动脉、肠系膜后动脉和睾丸动脉(子宫卵巢动脉)。

①腹腔动脉:在膈的主动脉裂孔稍后处由腹主动脉分出,主要分布于脾、胃、肝、胰及十二指肠。

②肠系膜前动脉:在第1腰椎腹侧处由腹主动脉分出,主要分布于小肠、结肠、盲肠和胰脏。

③肾动脉:在第2腰椎处由腹主动脉分出,成对,分布于肾。

④肠系膜后动脉:在第4、5腰椎处由腹主动脉分出,比较细,主要分布于结肠后段和直肠。

⑤睾丸动脉(子宫卵巢动脉):在肠系膜后动脉附近由腹主动脉分出。公畜称为睾丸动脉,向后下行进入腹股沟管的精索,分支分布于睾丸、输精管、附睾和睾丸鞘膜。母畜称为子宫卵巢动脉,在子宫阔韧带中向后延伸,分支为卵巢动脉和子宫前动脉,分布于卵巢、输卵管和子宫角上。

4.骨盆部及荐尾部动脉

(1)髂内动脉:分布于骨盆部及荐尾部的动脉主干,在第5、6腰椎腹侧由腹主动脉分出,沿荐骨腹侧及荐坐韧带内侧向后延伸。其分支有脐动脉、髂腰动脉、臀前动脉及阴部内动脉等,分布于骨盆腔器官和荐臀部、尾部的肌肉皮肤。脐动脉在胎儿时期发达,出生后管壁增厚,管径变小,末段闭塞而形成膀胱圆韧带,沿膀胱侧韧带的游离缘伸至膀胱顶。脐动脉还分出侧支至输尿管、输精管(公畜)或子宫(母畜)等,其中分支到母畜子宫的子宫中动脉很发达。子宫中动脉在子宫阔韧带内下行,走向子宫角小弯,分为前、后2支。前支分布到子宫角前部,并有分支与卵巢动脉的子宫支吻合;后支分布于子宫角后部和子宫体。妊娠期做直肠检查时可触摸到该动脉的脉搏。

(2)荐中动脉:为腹主动脉分出左、右髂内动脉后的直接延续,沿荐骨盆面正中线向后延伸,在荐部发出3~4对荐外侧动脉;在第1尾椎处发出尾外侧背、腹动脉后,本干延续为尾中动脉。尾中动脉沿尾椎腹侧正中线向后延伸,分布于尾腹侧肌和皮肤。临床上,常在牛尾根部检查尾中动脉脉搏。

5.后肢动脉 分布于后肢的动脉主干(图9-13)为左、右髂外动脉,它们在第5腰椎处由腹主动脉向后左、右侧分出,沿髂骨前缘和后肢内侧面下伸至趾端。在股部为股动脉,在膝关节后为腘动脉,在胫骨背侧面为胫前动脉,在趾骨背侧为趾背侧动脉,向下分为第3、4趾动脉(牛)。主干沿途形成分支,分布于后肢相应部位的骨骼、肌肉和皮肤。在耻骨前缘部,髂外动脉分支出阴部腹壁动脉干,其分支为阴部动脉(在母牛为乳房动脉),分布于乳房上。

(二)静脉

体循环的静脉可归纳为前腔静脉系、后腔静脉系、左奇静脉系和心静脉系。

1.前腔静脉系 由左、右颈内静脉和左、右颈外静脉及左、右腋静脉在胸腔前口汇合而成,于心前纵隔内沿气管和臂头动脉干的腹侧向后伸延,途中接受胸廓内静脉和肋颈静脉,最后开口于右心房(图9-14、图9-15、图9-16)。

胸廓内静脉较大,与同名动脉并行,主要接受腹皮下静脉的血液,末端开口于前腔静脉的起始部。腹皮下静脉在奶牛非常发达,接受乳房的血液,又称乳静脉,于剑状软骨附近第8肋下端穿过躯干皮肌和腹直肌上的孔(乳井)转为胸廓内静脉。

颈静脉(图9-17)较粗,由舌面静脉和上颌静脉在腮腺后角汇合而成,于皮肤与颈静脉沟之间向后延伸,沿途接受一些小静脉,至胸腔前口处接受头静脉,并于颈内静脉汇合,然后开口于前腔静脉。在颈的前半部,颈外静脉与颈总动脉之间以肩胛舌骨肌相隔,此处为临床上静脉注射和采血常用的部位。

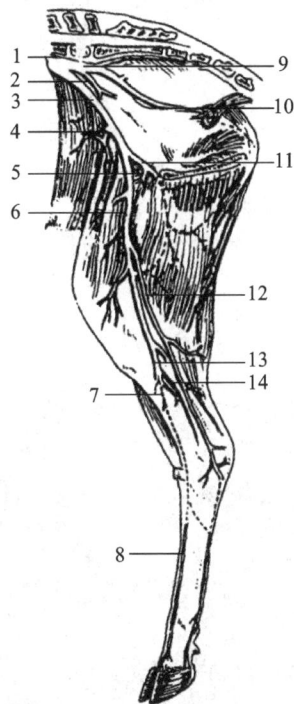

图9-13 牛后肢动脉

1.腹主动脉 2.脐动脉 3.髂外动脉
4.旋髂深动脉 5.腹壁阴动脉干 6.股
动脉 7.胫前动脉 8.跖背侧动脉
9.髂内动脉 10.阴部内动脉 11.股深
动脉 12.隐动脉 13.腘动脉 14.胫后
动脉

(引自曲强、程会昌、李敬双,
动物解剖生理,2012)

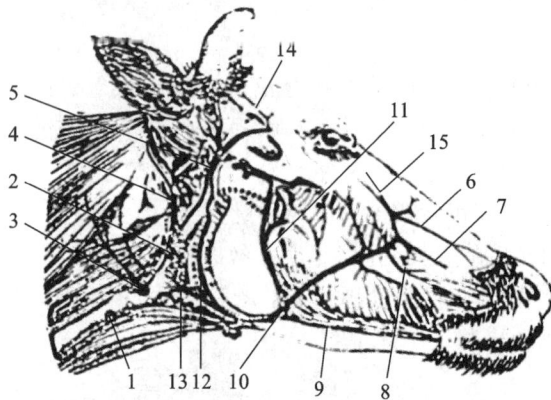

图 9-14　牛头部静脉

1.颈外静脉　2.上颌静脉　3.枕静脉　4.耳后静脉　5.颞浅静脉　6.鼻背
静脉　7.鼻外静脉　8.上唇静脉　9.下唇静脉　10.面静脉　11.颊静脉
12.咬肌静脉　13.舌面静脉　14.角静脉　15.鼻额静脉

（引自曲强、程会昌、李敬双,动物解剖生理,2012）

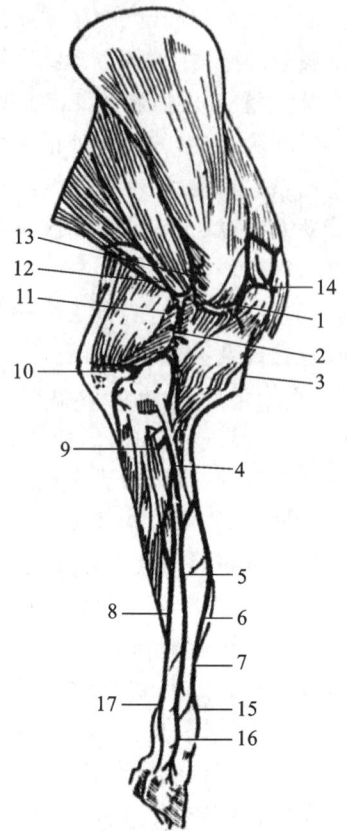

图 9-15　牛前肢静脉

1.腋静脉　2.臂静脉　3.头静脉　4.正中静脉
5.前臂头静脉　6.副头静脉　7.掌心内侧静脉
8.掌心外侧静脉　9.骨间总动脉　10.尺侧副静
脉　11.臂深静脉　12.胸背静脉　13.肩胛下静
脉　14.肩胛上静脉　15.指背侧静脉　16.第 3
指掌远侧静脉　17.指掌侧第 3 总静脉

（引自曲强、程会昌、李敬双,动物解剖生理,2012）

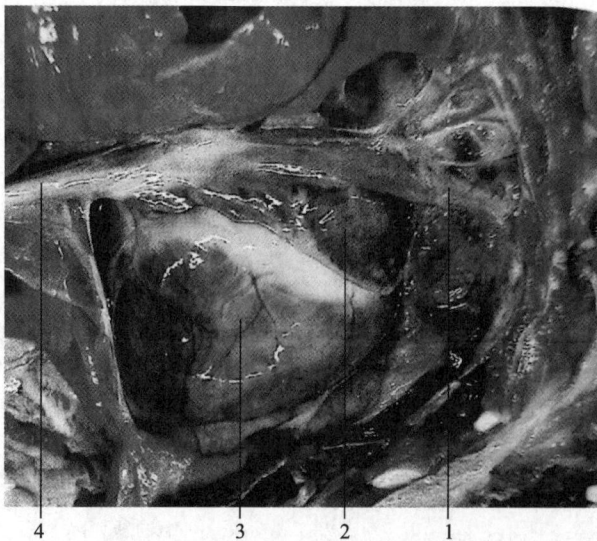

图 9-16　猪胸腔右侧观（前后腔静脉）

1.前腔静脉　2.右心房　3.右心室　4.后腔静脉

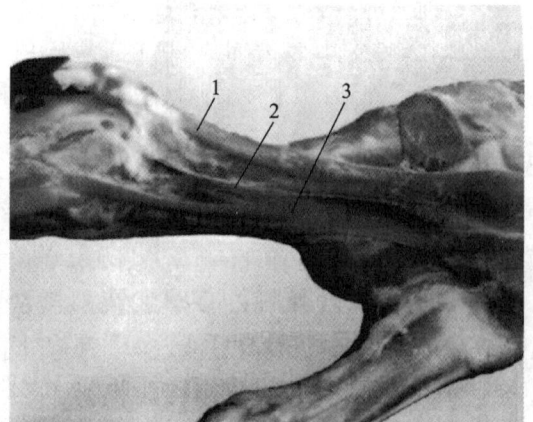

图 9-17　牛颈静脉

1.臂头肌　2.颈浅静脉　3.胸头肌

扫码看彩图

扫码看彩图

Note

2. 后腔静脉系　后腔静脉系由左、右髂总静脉和荐中静脉在第5腰椎或第6腰椎腹侧汇合而成,沿腹主动脉右侧前行,经肝脏壁面的腔静脉沟和膈肌的腔静脉孔进入胸腔,再经右肺副叶与后叶之间向前开口于右心房。

后腔静脉在延伸途中接受肝静脉、门静脉、腰静脉、睾丸(或卵巢)静脉和肾静脉等属支。除肝静脉和门静脉外,其他属支均与同名动脉伴行(图9-16、图9-18)。

肝静脉有3~4支,收集肝动脉和门静脉的回流血,在肝壁面的腔静脉沟中开口于后腔静脉。

门静脉(图9-19)为腹腔中引导胃、小肠、大肠(直肠后部除外)、脾和胰等器官的血液入肝的一条较大的静脉,位于后腔静脉腹侧。它由胃十二指肠静脉、脾静脉、肠系膜前静脉和肠系膜后静脉汇合而成,穿过胰走向肝门,与肝动脉一起经肝门入肝。入肝后反复分支至窦状隙(扩大的毛细血管),最后汇合为数支肝静脉后导入后腔静脉。

直肠后部的血液汇入髂内静脉,再经髂总静脉、后腔静脉返回右心房。因此,对肝有害及通过肝影响药效的药物可进行灌肠给药,以免危害肝或影响药物的疗效。

阴部外静脉与同名动脉伴行,接受阴囊和阴茎(公畜)或乳房(母畜)的血液,并与腹皮下静脉及阴部内静脉吻合。母牛的阴部外静脉以乳房底前静脉与腹皮下静脉相吻合,以乳房底后静脉与阴部内静脉相吻合。乳房的静脉血大部分经阴部外静脉注入髂外静脉,一部分经腹皮下静脉注入胸廓内静脉;阴部内静脉虽与乳房底后静脉相连,但因其静脉瓣开向乳房,故乳房的静脉血不能由此流向髂内静脉。

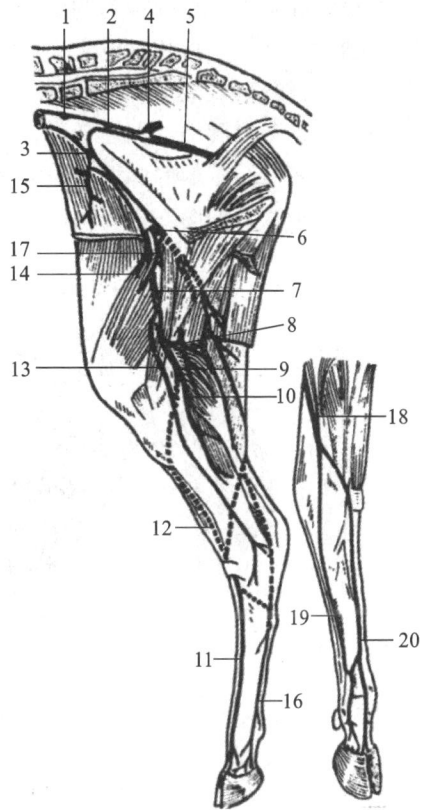

图9-18　牛后肢静脉

1.髂总静脉　2.髂骨静脉　3.髂外静脉　4.臀前静脉　5.阴部内静脉　6.股深静脉　7.股静脉　8.股后静脉　9.腘静脉　10.胫后静脉　11.跖背侧第2静脉　12.胫前静脉　13.内侧隐静脉　14.旋股外侧静脉　15.旋髂深静脉　16.足底内侧静脉　17.阴部腹壁静脉　18.外侧隐静脉　19.足底外侧静脉　20.跖背侧第3、4静脉

(引自曲强、程会昌、李敬双,动物解剖生理,2012)

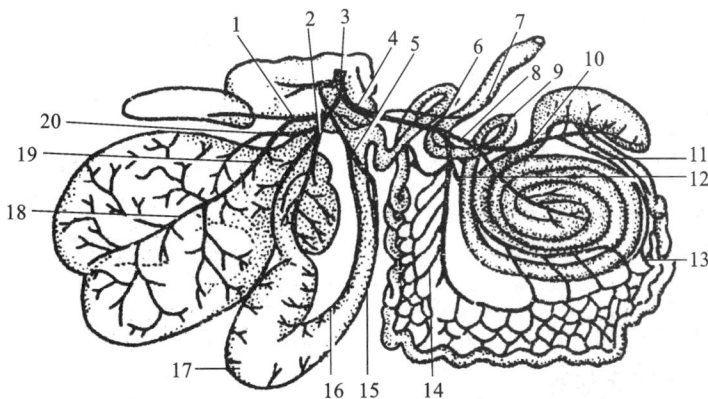

图9-19　牛门静脉

1.脾静脉　2.胃左静脉　3.门静脉　4.肠系膜前静脉　5.胃十二指肠静脉　6.肠系膜后静脉　7.结肠左静脉　8.回盲结肠静脉　9.结肠中静脉　10.盲肠静脉　11.回肠系膜支　12.侧副支　13.回肠静脉　14.空肠静脉　15.胃网膜右静脉　16.胃右静脉　17.胃网膜左静脉　18.瘤胃右静脉　19.瘤胃左静脉　20.网胃静脉

(引自曲强、程会昌、李敬双,动物解剖生理,2012)

3. 左奇静脉系　左奇静脉为胸壁静脉主干,起于第1、2腰椎腹侧,沿胸主动脉左背侧缘向前延伸,至第3胸椎处向下方,越过胸主动脉左侧转而向前向右延伸,最后注入冠状窦。其属支有第1对腰静脉、第2对腰静脉、肋腹背侧静脉、第5～12对肋间背侧静脉、食管静脉、支气管静脉、心包静脉和纵隔静脉。以上静脉均与同名动脉伴行。

4. 心静脉系　心脏的静脉血通过心大静脉、心中静脉和心小静脉注入右心房。

全身血管示意图如图9-20所示。

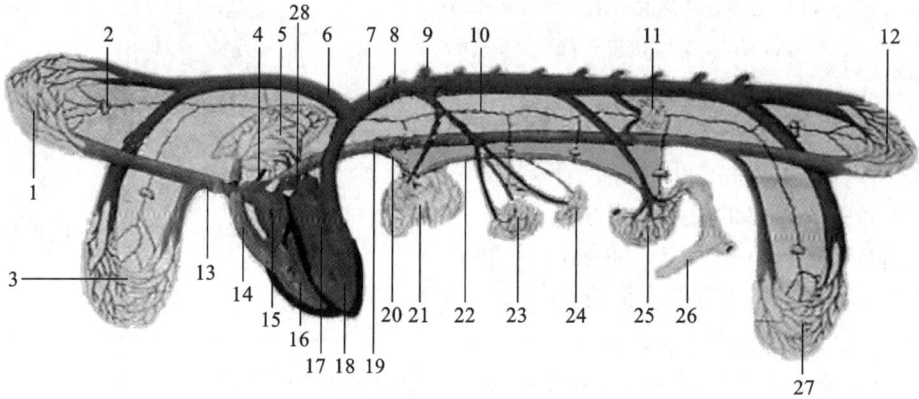

图 9-20　全身血管示意图

1.头颈部的毛细血管　2.淋巴结　3.前肢的毛细血管　4.胸导管　5.肺部毛细血管　6.臂头动脉总干　7.主动脉　8、9.肋间动脉　10.淋巴管　11.肾毛细血管　12.盆腔毛细血管　13.前腔静脉　14.肺动脉　15.右心房　16.右心室　17.左心房　18.左心室　19.后腔静脉　20.肝静脉　21.肝毛细血管　22.门静脉　23.脾胰毛细血管　24.胃毛细血管　25.肠毛细血管　26.盲肠　27.后肢毛细血管　28.肺静脉

知识单元3　血　　液

血液是一种红色、略带腥味和黏性的液体,充满于心血管系统中,在心脏的推动下循环于全身血管系统之中。血液在不断流动过程中,实现其运输物质、维持稳态、保护机体以及参与神经、体液调节等生理功能。

一、体液与机体内环境

（一）体液

动物有机体含有大量的水分,这些水分及溶解于水中的物质总称为体液。体液占体重的60%～70%,根据存在部位不同,体液被划分为细胞内液和细胞外液。细胞内液是指存在于细胞内的液体,是细胞内进行生化反应的场所,占体重的40%～45%;细胞外液是指存在于细胞外的液体,包括血浆、组织液、淋巴液和脑脊液等,占体重的20%～25%,由于它是细胞直接生活的具体环境,故又称为机体的内环境。

各种体液彼此隔开而又相互联系,通过细胞膜和毛细血管壁进行物质交换。

（二）血液对内环境稳定的意义

内环境能为细胞提供营养物质和接受来自细胞代谢的终产物,并能保持其中各种成分和pH、渗透压、各种离子浓度以及温度等理化特性的相对稳定,从而保证了细胞的各种代谢活动(各种酶促反应过程)和生理功能的正常进行。

内环境的稳定性是细胞进行生命活动的必要条件。内环境的成分和各种理化性质之所以能保持相对稳定,有赖于各器官系统在神经-体液调节下的相互协调活动的结果。由于有机体通过内环境与外环境进行物质交换并不断地代谢,因此内环境的成分和理化性质不是固定不变的,而是在一定范围内波动的,保持着动态的平衡。血液在不停地循环流动之中,不仅具有运输各种物质的功能,而且在维持内环境稳定方面起着重要作用。

(1)血液在组织与各内脏器官之间运输各种物质,从而维持内环境稳定。

(2)血液对内环境某些理化因素的变化具有一定的缓冲作用。

(3)血液可以反映内环境理化性质的微小变化,为维持内环境稳定的调节系统提供必要的反馈信息。

二、血液的组成和理化特性

(一)血液的基本组成

正常血液为红色黏稠的液体。它由血浆和悬浮在血浆内的有形成分组成。血液的组成如图9-21所示。

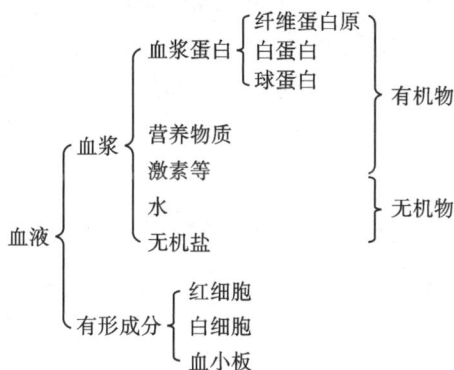

图 9-21　血液的组成
(引自曲强、程会昌、李敬双,动物解剖生理,2012)

血液离开血管后很快凝固,由液态变为胶冻状。能够防止血液凝固的物质称为抗凝血剂,常用的抗凝血剂有草酸盐、柠檬酸盐和肝素等。把加有抗凝血剂(如柠檬酸钠或肝素等)的血液置于离心管中离心沉淀后(3000 r/min,30 min),血液被明显分成 3 层:上层液体部分为血浆;下层的深红色沉淀物为红细胞;在红细胞与血浆之间有一白色薄层是白细胞和血小板。按上述条件离心沉淀后全血中被压紧的红细胞容积占全血容积百分比称红细胞压积或红细胞比容,简称为血液压积或血液比容。当血浆量或红细胞数发生改变时,可使红细胞比容发生改变。所以,测定红细胞比容有助于了解血液浓缩和稀释的情况,可帮助诊断疾病。

若离体血液不进行抗凝处理,所凝固的血块不久后将进一步紧缩,并析出淡黄色的清亮液体,这种液体称为血清。血清与血浆的主要区别在于,血浆是血液中未经凝固的液体部分,含有可溶性的纤维蛋白原;血清中不含有纤维蛋白原,这是因为该种物质在血液凝固过程中,转变成为不溶性的纤维蛋白,并留在血凝块之中。因此,可把血清看作是不含纤维蛋白原的血浆。临床上即根据此原理提取血清。

(二)血量

动物体内的血液总量称为血量,是血浆量和血细胞量的总和。血量占体重的 6%~8%(表9-1),并随动物的种类、性别、年龄、营养状况、妊娠、泌乳和所处的外界环境而发生变动。

表 9-1　几种动物的血液总量　　　　　　　　　　　　(单位:mL)

动物种类	每千克体重血量	动物种类	每千克体重血量
马(赛马)	109.6	鸡	74.0
马(役用)	71.7	犬	92.5
奶牛	57.4	猫	66.7

动 物 种 类	每千克体重血量	动 物 种 类	每千克体重血量
猪	7.0	兔	56.4
绵羊	58.0	小白鼠	54.3
山羊	70.0	豚鼠	72.0

绝大部分血液在心血管系统中循环流动着,这部分称为循环血量;其余部分(主要是红细胞)储存在肝、脾和皮肤中,称为储存血量。当动物剧烈运动或大出血时,储存血量可释放出来,以补充循环血量的不足。

血量的相对恒定对于维持正常血压、保证各器官的血液供应非常重要。如动物一次失血量不超过总血量的 10%,对生命活动没有明显影响,所失血液中的水和无机盐可在 1~2 h 内由组织间液渗入血管得到补充,血浆蛋白由肝脏加速合成,可在几天内恢复,红细胞也能在 1 个月内恢复。如一次失血量达 20%,就会对生命活动产生显著影响。如一次急性失血量达 25%~30%,可引起血压急剧下降,导致脑和心脏等重要器官的血液供应不足而危及生命。

(三)血液的化学成分

血液除有形成分外,其余成分就是血浆。血浆中含 90%~92% 的水分,8%~10% 的溶质。溶质中包括无机盐和有机物。

1.无机盐 血浆中无机盐约占 0.9%,主要以离子形式存在,少数以分子或与蛋白质结合的状态存在。主要的阳离子有 Na^+、K^+、Ca^{2+}、Mg^{2+};主要的阴离子有 Cl^-、HCO_3^-、HPO_4^- 和 SO_4^{2-}。主要的微量元素有铜、锌、铁、锰、碘、钴等,它们主要存在于有机化合物分子中。这些无机离子的主要生理功能:维持血浆晶体渗透压;维持体液的酸碱平衡;维持组织细胞的兴奋性。

2.有机物

(1)血浆蛋白:血浆蛋白占血浆的 6.2%~7.9%,是血浆中多种蛋白质的总称。根据分子量不同,血浆蛋白分为白蛋白(又称清蛋白)、球蛋白和纤维蛋白原。其中白蛋白含量最多,球蛋白次之,纤维蛋白原最少。纤维蛋白原主要在血液凝固过程中起作用,可形成血凝块,当组织受伤出血时,有堵塞血管破口、止血的作用。

(2)血浆中其他有机物。

①非蛋白含氮化合物:通常称这类化合物所含的氮为非蛋白氮(NPN),它们主要是蛋白质代谢的中间产物,包括尿素、尿酸、肌酐、氨基酸、胆红素和氨等。

②血浆中不含氮的有机物:如葡萄糖、甘油三酯、磷酸、胆固醇和游离脂肪酸等,它们与糖代谢和脂类代谢有关。

③血浆中微量的活性物质:酶类、激素和维生素等。

(四)血液的理化特性

1.血色、血味 动物血液呈红色,颜色随红细胞中血红蛋白的含氧量而变化。含氧量高的动脉血呈鲜红色,含氧量低的静脉血则呈暗红色。血液中因含有氯化钠而呈咸味,因含有挥发性脂肪酸而具有特殊的血腥味,肉食动物腥味更甚。

2.血液的密度 红细胞密度最大,白细胞次之,血浆最小,部分动物血液的相对密度见表9-2。

表9-2 部分动物血液的相对密度

	牛	猪	绵 羊	山 羊	马	鸡
血液相对密度	1.046~1.061	1.035~1.055	1.041~1.061	1.035~1.051	1.046~1.051	1.045~1.060

3.血液的黏滞性 血液流动时,由于其内部分子间相互摩擦产生阻力,表现出流动缓慢和黏着

的特性,称为黏滞性。哺乳动物全血的黏滞性是水的 $4\sim6$ 倍,母鸡的血液黏滞性是水的 3.08 倍,公鸡的是水的 3.67 倍。其大小主要取决于红细胞数量和血浆蛋白浓度。红细胞数量越多,血浆蛋白浓度越高,黏滞性也越大。血液的黏滞性对血流阻力和速度影响极大。血液黏滞性降低时,血流阻力减小,速度加快,反之血流阻力增大,速度减弱。

4. 血浆的渗透压 水通过半透膜向溶液中扩散的现象称为渗透。溶液促使水向半透膜另一侧溶液中渗透的力量,称为渗透压。渗透压的高低取决于溶液中溶质颗粒的多少,与溶质的种类和颗粒的大小无关。在单位体积的溶液中,颗粒越多,渗透压越高。

血浆的渗透压由 2 种压力构成:一种是由血浆中的晶体物质,特别是各种电解质构成,叫晶体渗透压,约占总渗透压的 99.5%;另一种是由血浆蛋白构成的胶体渗透压,仅占总渗透压的 0.5%。血浆胶体渗透压虽小,但由于蛋白质不易透过毛细血管壁,而且血浆蛋白浓度又高于组织液,因此有利于血管中保留一定的水分。

有机体细胞的渗透压与血浆的渗透压相等。与有机体细胞和血浆的渗透压相等的溶液,叫等渗溶液,常用的等渗溶液是 0.9% 氯化钠溶液,又称为生理盐水。渗透压比它高的溶液称为高渗溶液,如 10% 的氯化钠溶液;渗透压比它低的溶液称为低渗溶液。

5. 血液的酸碱度 动物的血液呈弱碱性,pH 在 $7.35\sim7.45$ 之间。生命活动能够耐受的血液 pH 最大范围为 $6.9\sim7.8$。在正常情况下,血液 pH 保持稳定,除了通过肺和肾排出过多酸性或碱性物质外,主要依赖于血液中的缓冲对。缓冲对通常是由弱酸和碱性弱酸盐这一对物质所组成。血浆中的缓冲对有 $NaHCO_3/H_2CO_3$、Na_2HPO_4/NaH_2PO_4 等;红细胞中的缓冲对有 KHb/HHb、$KHbO_2/HHbO_2$ 等。这些缓冲对中,以 $NaHCO_3/H_2CO_3$ 最为重要。每当血液中的酸性物质增加时,碱性弱酸盐与之起反应,使其变为弱酸,于是酸性降低;而每当血液中的碱性物质增加时,则弱酸与之起反应,使其变为弱酸盐,缓解了碱性物质的冲击。生理学中常把血浆中的 $NaHCO_3$ 含量称为血液的碱储。在一定范围内,碱储增加表示机体对固定酸的缓冲能力增强。

家畜在过度运动或饲喂大量酸性饲料,或因代谢性疾病(糖尿病、酮血症等)导致血中酸性物质显著增加而超过调节能力时,都会使碱储异常减少,造成代谢性酸中毒。

三、血细胞生理

(一)红细胞

1. 红细胞的形态与数量 大多数哺乳动物的成熟红细胞(RBC)无细胞核和细胞器,呈双面内凹的圆盘状。这种双面内凹的圆盘形态可使红细胞的表面积与体积的比值增大。较大的表面积可使内含物在细胞内有较多的活动余地,因而红细胞具有很强的形变可塑性,当红细胞进出比其直径还小的毛细血管和血窦孔隙时,可避免挤压受损。此外,这种形态可使中央细胞膜到达细胞内部的距离缩短,这对于 O_2 和 CO_2 的扩散、营养物质和代谢产物的运输都非常有利。

红细胞在血细胞中的数量最多。红细胞的细胞质内充满大量的血红蛋白(Hb),约占红细胞成分的 33%。血红蛋白由亚铁血红素和珠蛋白结合而成,具有携带 O_2 和 CO_2 的功能,其含量受品种、性别、年龄、饲养管理等因素的影响,常以每升血液中含有的克数(g/L)表示。

成年健康动物红细胞数量和血红蛋白含量见表 9-3。其正常值随动物种类、品种、性别、年龄、饲养管理和环境条件而有所变化。

表 9-3　成年健康动物红细胞数量和血红蛋白含量

动物种类	红细胞数量/(10^{12}/L)	血红蛋白含量/(g/L)
猪	6.5(5.0~8.0)	130(100~160)
牛	7.0(5.0~10.0)	110(80~150)
绵羊	10.0(8.0~12.0)	120(80~160)

续表

动 物 种 类	红细胞数量/(10^{12}/L)	血红蛋白含量/(g/L)
山羊	13.0(8.0~18.0)	110(80~140)
马	7.5(5.0~10.0)	115(80~140)
犬	6.8(5.5~8.5)	150(120~180)
猫	7.5(5.0~10.0)	120(80~150)
兔	6.9	120
鸡	3.5(3.0~3.8)	100(80~120)

单位容积红细胞数量、血红蛋白含量同时或其中之一显著减少而低于正常值时,称为贫血。

2. 红细胞的生理特性与功能

(1)红细胞的生理特性。

①红细胞膜的通透性:红细胞膜对各种物质具有选择性。H_2O、O_2 和 CO_2 等分子可以自由通过红细胞膜;葡萄糖、氨基酸、尿素较易通过;Cl^-、HCO_3^- 和 H^+ 也较易通过;Ca^{2+} 则很难通过,所以红细胞内几乎没有 Ca^{2+}。至于 Na^+,正常状态下进入红细胞后又被推出于红细胞膜外,并经 Na^+-K^+ 交换而将 K^+ 纳入红细胞内,以维持红细胞膜内、外 K^+ 与 Na^+ 的浓度差,保持红细胞的正常兴奋性。红细胞膜的这种有选择的通透性能维持红细胞内的化学组成和红细胞的各种正常生理功能。

②红细胞的渗透脆性(图 9-22):通常红细胞内、外液体的渗透压相等,使红细胞能保持一定的形态和大小。将红细胞置于等渗溶液中,溶液的渗透压与红细胞的相等,能维持其正常形态而不变形。若将红细胞置于高渗溶液中,则红细胞由于水分逐渐外移而皱缩,严重时即丧失其功能。若将红细胞放入低渗溶液中,红细胞将因吸水而膨胀,红细胞膜终被胀破并释放出血红蛋白,这种现象称为溶血。红细胞对低渗溶液有一定的抵抗力,当周围液体的渗透压降低不大时,细胞虽有胀大但并不破裂溶血,对低渗溶液的这种抵抗力称之为红细胞渗透脆性。对低渗溶液的抵抗力大,则红细胞的渗透脆性小;对低渗溶液的抵抗力小,则红细胞的渗透脆性大。衰老的红细胞渗透脆性大,在某些病理状态下,红细胞渗透脆性会显著增大或减小。

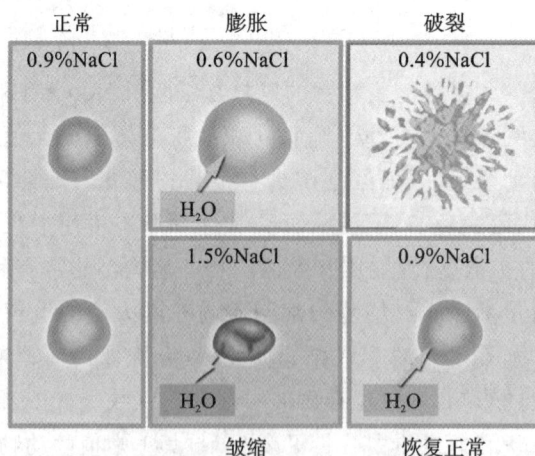

图 9-22 不同晶体渗透压溶液对红细胞形态的影响

③红细胞的悬浮稳定性:红细胞密度虽较血浆大,但它在血浆中的沉降却很缓慢,红细胞这种悬浮于血浆中不易下降的特性称为悬浮稳定性。悬浮稳定性的大小可用红细胞沉降率表示,通常以 1 h 内红细胞下沉的距离表示红细胞的沉降率(简称血沉),动物种别不同血沉也不同。健康动物血沉值如表 9-4 所示。动物患某些疾病时,红细胞的沉降率会发生明显变化。

表 9-4　健康动物的血沉值

动物种类	血沉平均值/mm			
	15 min	30 min	45 min	60 min
猪	3.0	8.0	20.0	30.0
牛	0.1	0.25	0.40	0.58
绵羊	0.2	0.4	0.6	0.8
山羊	0	0.1	0.3	0.5
马	31.0	49.0	53.0	55.0
骡	23.0	47.0	52.0	54.0
犬	0.2	0.9	1.7	2.5
兔	0	0.3	0.9	1.5
母鸡	1.35	5.30	10.5	18.5

红细胞的沉降率在临床诊断上有一定的参考价值,如马传染性贫血时,血液稀薄,血沉加快;如患传染性脑脊髓炎时,血液黏稠,血沉减慢。

(2)红细胞的功能:红细胞的主要功能是运输 O_2 和 CO_2,并对酸、碱性物质具有缓冲作用,而这些功能均与红细胞中的血红蛋白有关。

①气体运输:红细胞的主要成分是血红蛋白,它约占红细胞干重的 90%。血红蛋白既能与 O_2 结合,形成氧合血红蛋白(HbO_2);又能与 O_2 解离,形成脱氧(或"还原")血红蛋白(HHb),释放出的 O_2 供组织细胞代谢需要。此外,CO_2 也可以与血红蛋白结合。

血红蛋白与 O_2 结合形成氧合血红蛋白的过程并非氧化过程,氧合血红蛋白释放氧后形成脱氧血红蛋白的过程也不是还原过程。

一氧化碳(CO)中毒俗称"煤气中毒"。由于 CO 与血红蛋白的亲和力比 O_2 大 200 多倍,因此只要空气中的 CO 浓度达到 0.05%,血液中就有 30%~40% 的血红蛋白与之结合,使血红蛋白运输 O_2 能力大为降低,严重时动物可因组织缺氧而死亡。

亚硝酸盐中毒是因为亚硝酸盐能将血红蛋白中的二价铁氧化为三价铁,形成高铁血红蛋白,而高铁血红蛋白与 O_2 结合后不易解离,因而失去运氧能力。如果高铁血红蛋白浓度超过 70%,会导致组织严重缺氧,动物可因窒息而死亡。蔬菜茎、叶中含大量硝酸盐,如加工或储存不当,硝酸盐可转化为亚硝酸盐,动物采食后易中毒。

②血红蛋白的酸碱缓冲功能:HHb 和 HbO_2 均为弱酸性物质,它们一部分以酸分子形式存在,一部分与红细胞内的 K^+ 构成血红蛋白钾盐,因而组成了 2 个缓冲对,即 KHb/HHb 和 $KHbO_2/HHbO_2$,共同参与血液酸碱平衡的调节。

3.红细胞的生成和破坏

(1)红细胞的生成:哺乳动物出生以后,红骨髓是正常情况下生成红细胞的唯一器官。造血过程中除了需要骨髓造血功能正常以外,还需要供应造血原料和促进红细胞成熟的物质。蛋白质和铁是红细胞生成的主要原料,若供应或摄取不足,造血将发生障碍,出现营养性贫血。促进红细胞发育和成熟的物质主要是维生素 B_{12}、叶酸和铜离子。

(2)红细胞的破坏:红细胞平均寿命约 120 天。红细胞的破坏主要是由于自身衰老所致。衰老的红细胞变形能力减退,脆性增高,容易在血流的冲击下破裂或滞留于脾中被巨噬细胞吞噬。红细胞被破坏后,释放出的血红蛋白很快被分解成为珠蛋白、胆绿素和铁 3 部分。珠蛋白和铁可重新参加体内代谢,胆绿素立即被还原成胆红素,经肝脏随胆汁排入十二指肠。

(二)白细胞

1.白细胞的数量和分类　白细胞(WBC)是血液中无色、有核的细胞,体积比红细胞大,在组织中由于能进行变形运动,因而形态多变。根据白细胞胞质中有无粗大颗粒可分成颗粒白细胞(粒细胞)和无颗粒白细胞两大类。颗粒白细胞按其染色特点,又可分为3类,即中性粒细胞、嗜酸性粒细胞和嗜碱性粒细胞;无颗粒白细胞包括单核细胞和淋巴细胞。各种白细胞的形态见图9-23。

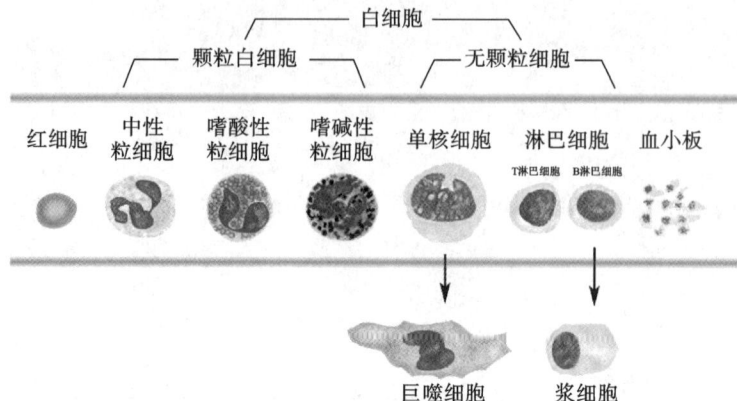

图9-23 各种白细胞的形态

白细胞的数量通常以$10^9/L$表示。其变动范围较大,可因动物生理状态而变化。如下午的数量比早晨多,运动后比安静时多,但是各类白细胞之间的百分比却是相对恒定的,如表9-5所示。

表9-5 成年动物白细胞总数及白细胞分类百分比

动物种类	白细胞总数 /($10^9/L$)	各种白细胞的百分比/(%)				
		中性粒细胞	嗜酸性粒细胞	嗜碱性粒细胞	淋巴细胞	单核细胞
猪	8.5	53.0	4.0	0.6	39.4	3.0
牛	8.0	31.0	7.0	0.7	54.3	7.0
绵羊	8.2	37.2	4.5	0.6	54.7	3.0
山羊	9.6	42.2	3.0	0.8	50.0	4.0
马	14.8	46.1	3.0	1.2	47.6	2.1
犬	9.0	61.0	6.0	1.0	25.0	7.0
猫	18.0	68.25	4.5	0.25	25.8	1.2
兔	7.6	35.0	1.0	2.5	59.0	2.0
鸡	16.6	25.8	1.4	2.4	64.0	6.4
火鸡	29.4	13.3	2.5	2.4	76.1	5.7

2. 白细胞的主要功能 白细胞具有游走、趋化性和吞噬作用等特性,可抵抗外来微生物对机体的损害,实现对机体的保护功能。白细胞的趋化性是指白细胞能够向其周围环境中存在的某些化学物质靠近的特性。各类白细胞的功能如下。

(1)中性粒细胞:粒细胞中数量最多的一种,占粒细胞总数的50%左右,胞体呈球形,具有很强的变形运动和吞噬能力。当机体的局部受到细菌侵害时,中性粒细胞对细菌产物和受损组织所释放的某些化学物质具有趋向性,以变形运动穿出毛细血管,聚集到病变部位吞噬细菌和清除组织碎片。在急性化脓性炎症时,中性粒细胞显著增多。

(2)嗜酸性粒细胞:数量较少,细胞呈圆球形。嗜酸性粒细胞基本上没有杀菌能力,它的主要功能在于缓解过敏反应和限制炎症过程。当机体发生抗原-抗体相互作用而引起过敏反应时,可引起大量嗜酸性粒细胞以变形运动穿出毛细血管进入结缔组织,吞噬抗原-抗体复合物,释放组胺酶,灭活组胺,从而减轻过敏反应。

(3)嗜碱性粒细胞:数量最少,细胞呈球形。胞核常呈"S"形或分叶形。胞质内含有大小不等、分布不均的嗜碱性颗粒,染成深紫蓝色,胞核常被颗粒掩盖。颗粒内有肝素、组胺和白三烯。嗜碱性粒细胞能变形游走,但无吞噬功能。颗粒中的组胺对局部炎症区域的小血管有舒张作用,能加大毛细血管的通透性,有利于其他白细胞的游走和吞噬活动,它所含的肝素对局部炎症部位起抗凝血作用。

(4)单核细胞:白细胞中体积最大的细胞,呈圆形或椭圆形。胞核呈肾形、马蹄形或扭曲折叠的不规则形。其功能与中性粒细胞类似,亦具有运动与吞噬能力,并能激活淋巴细胞的特异性免疫功能,促使淋巴细胞发挥免疫作用。

(5)淋巴细胞:数量较多,细胞呈球形。胞核呈圆形、椭圆形或肾形,淋巴细胞按其直径分为大、中、小3种。中淋巴细胞和大淋巴细胞胞核多为圆形,核染色质较疏松,着色较浅,有时可见核仁;胞质相对较多,胞核周围的淡染晕比较明显。小淋巴细胞核多为圆形或椭圆形,核的一侧有小凹陷,核染色质呈致密的块状,染成深蓝紫色;胞质很少,仅在核周围有一薄层,呈嗜碱性,染成天蓝色。健康动物血液中,大淋巴细胞极少,中淋巴细胞较少,主要是小淋巴细胞。淋巴细胞主要参与体内免疫反应。

3. 白细胞的生成与破坏 各类白细胞来源不同,粒细胞是由红骨髓的原始粒细胞分化而来;单核细胞大部分来源于红骨髓,一部分来源于单核巨噬细胞系统,经短暂的血液中生活之后进入疏松结缔组织,最后分化成巨噬细胞;淋巴细胞生成于脾、淋巴结、胸腺、骨髓、扁桃体及散在于肠黏膜下的集合淋巴结内。

白细胞在血液中停留的时间一般都不长,为若干小时至几天。衰老的白细胞大部分被单核巨噬细胞系统的巨噬细胞所清除,小部分可在执行防御功能中被细菌或毒素破坏,或经由唾液、尿、肺和胃肠黏膜被排出。

(三)血小板

1. 形态与数量 哺乳动物的血小板很小,呈两面凸起的圆盘形或椭圆形。血小板是骨髓中成熟的巨核细胞的胞质裂解脱落下来的具有生物活性的生物质块。在血涂片上,其形状不规则,常成群分布于血细胞之间。在 Wright 染色的标本上,可见血小板周围部分染成浅蓝色,称为透明区。中央部分有蓝紫色颗粒,称为颗粒区。颗粒中储存有吞噬颗粒 5-羟色胺(5-HT)、二磷酸腺苷(ADP)等。几种动物每升血液中血小板的数量见表 9-6。

表 9-6 几种动物血液中血小板的数量

动 物 种 类	数量/(10^9/L)	动 物 种 类	数量/(10^9/L)
马	200～900	驴	400
牛	260～710	骆驼	367～790
绵羊	170～980	犬	199～577
山羊	310～1020	猫	100～760
猪	130～450	兔	125～250

2. 生理特性 血小板的主要功能与其生理特性是密切相关的,现将血小板的生理特性分述如下。

(1)黏附:当血管内皮损伤而暴露胶原组织时,立即引起血小板的黏着,这一过程称为血小板黏附。血小板黏附可促进血小板聚集和血管收缩。

(2)聚集:血小板彼此之间互相黏附、聚合成团的过程,称为血小板聚集,它有利于血小板聚集于破损部位。

(3)释放反应:血小板受刺激后,将颗粒中的二磷酸腺苷、5-羟色胺、儿茶酚胺、Ca^{2+}、血小板因子3(PF_3)等活性物质向外释放的过程。

(4)收缩:血小板内的收缩蛋白发生的收缩过程。它可导致血凝块回缩、血栓硬化,有利于止血过程。

(5)吸附:血小板能吸附血浆中多种凝血因子于表面。血管一旦破损,大量血小板黏附、聚集于破损部位,破损局部凝血因子浓度则因此升高,促进并加速凝血过程。

3.生理功能 血小板的主要功能是维持血管内皮的完整性,参与生理性止血和血液凝固过程。

(1)生理性止血:生理性止血是指当小血管受损,血液自血管内流出数分钟后,出现自行停止的过程。生理性止血主要包括以下3个过程。

①受损伤局部的血管收缩:当小血管受损时,首先由神经调节反射性引起局部血管收缩,继之血管因内皮细胞和黏附于损伤处的血小板释放缩血管物质(5-羟色胺、二磷酸腺苷、血栓素 A2(TXA$_2$)、内皮素等),使血管进一步收缩封闭创口。

②血栓的形成:血管内膜损伤,暴露内膜下组织,激活血小板,使血小板迅速黏附、聚集,形成松软的止血栓堵住伤口,实现初步止血。

③纤维蛋白凝块形成:血小板血栓形成的同时,激活血管内的凝血系统,在局部形成血凝块,加固止血栓,起到有效止血作用。机体对大出血一般不能有效控制,如果是小血管出血,主要依靠血管收缩和形成纤维蛋白凝块而止血;如果是毛细血管出血,主要依靠血小板的修复而止血。

(2)参与凝血:血小板破裂后,对凝血过程有极强的促进作用。血小板中的血小板因子 3 是血小板膜上的磷脂,能将凝血因子Ⅸ、因子Ⅶ、因子Ⅹ、因子Ⅴ、因子Ⅱ、Ca^{2+}吸附于其表面,参与凝血过程;血小板因子 2(PF$_2$)能促进纤维蛋白原转变为纤维蛋白单体;血小板因子 4(PF$_4$)有抗肝素作用,从而有利于凝血酶生成和加速凝血。

(3)保持血管内皮的完整性:同位素电镜资料表明,血小板可以融合并进入血管内皮细胞,因而可能对保持血管内皮的完整或修复内皮细胞有重要作用。如内皮细胞脱落后,血小板能及时填补,促进内皮细胞修复。当血小板减少时,血管脆性增加,可出现出血倾向。

四、血液凝固与纤维蛋白溶解

机体在正常情况下,凝血、抗凝和纤维蛋白溶解过程处于动态平衡状态,相互配合,既有效地防止了出血和渗血,又保证了血管内血流的畅通。

(一)血液凝固

血液凝固是指血液由流动的液体状态转变为不流动的胶冻状凝块的过程。凝血过程是一个多因子参与的一系列酶促反应,最后使血浆中呈溶胶状态的纤维蛋白原转变成为呈凝胶状态的纤维蛋白。最后,纤维蛋白呈丝状交错重叠,将血细胞网罗其中,成为胶冻样血凝块。动物偶尔受伤出血,凝血作用可避免失血过多,因此凝血也是机体的一种保护功能。

1.凝血因子 血浆和组织中直接参与凝血的物质统称凝血因子,已发现的凝血因子有十几种,按照国际统一规定,以发现年代顺序以罗马数字命名,即因子Ⅰ、因子Ⅱ直至因子ⅩⅢ。其中因子Ⅵ并非独立成分,而是活化了的因子Ⅴ,因而删去。习惯上因子Ⅰ至因子Ⅳ不用数码代号,而直接称其某物质名称,详见凝血因子表(表 9-7)。

表 9-7 凝血因子表

凝 血 因 子	同 义 名	合 成 部 位	凝血过程中的作用
因子Ⅰ	纤维蛋白原	肝	变为纤维蛋白
因子Ⅱ	凝血酶原	肝	变为有活性的凝血酶
因子Ⅲ	组织凝血激酶	各种组织	启动外源性凝血
因子Ⅳ	钙离子(Ca^{2+})	来自细胞外液	参与凝血的多步过程
因子Ⅴ	前加速素	肝	参与外源性和内源性凝血
因子Ⅶ	前转变素	肝	参与外源性凝血
因子Ⅷ	抗血友病因子	肝为主	参与内源性凝血
因子Ⅸ	血浆凝血激酶	肝	变为有活性的因子Ⅸ(因子Ⅸ→因子Ⅸa)
因子Ⅹ	Stuart-Prower 因子	肝	变为有活性的因子Ⅹ(因子Ⅹ→因子Ⅹa)

续表

凝血因子	同 义 名	合 成 部 位	凝血过程中的作用
因子 XI	血浆凝血激酶前质	肝	变为有活性的因子 XI（因子 XI→因子 XIa）
因子 XII	接触因子	未明确	启动内源性凝血
因子 XIII	纤维蛋白稳定因子	肝	参与不溶性纤维蛋白形成

在凝血因子中，除因子 IV 和磷脂外，都是蛋白质；因子 II、因子 VII、因子 IX、因子 X、因子 XI、因子 XII 都是蛋白酶，而且因子 II、因子 IX、因子 X、因子 XI、因子 XII 都以酶原形式存在于血液中，通过有限水解后成为有活性的酶，此过程称激活。因子 II、因子 VII、因子 IX、因子 X 在肝脏合成还需维生素 K 的参与，使肽链上某些谷氨酸残基羧化，以构成这些因子的 Ca^{2+} 结合部位。所以，缺乏维生素 K 时会出血。

2.凝血过程 凝血过程主要分为 3 个步骤：第 1 步为凝血酶原激活物的形成；第 2 步为凝血酶原激活物催化凝血酶原转变为凝血酶；第 3 步为凝血酶催化纤维蛋白原转变为纤维蛋白，至此血凝块形成。

在上述 3 个步骤中，各种凝血因子相继参与，往往是前一个因子使后一个因子活化，而活化了的因子又作为下一个因子的激活因素，如此因果相应，构成连锁式复杂的酶促反应过程。

（1）凝血酶原激活物的形成：凝血酶原激活物是由多种凝血因子参与的一系列化学反应而形成的。它的形成有内源性和外源性两种途径，前者指仅依赖血液中存在的各种凝血物质的作用就能形成该种物质；后者是指该物质的形成除了需要血浆中的凝血因子以外，还需要组织损伤时释放的物质参与。

①内源性激活途径：血管内皮受损时暴露出的胶原纤维与血浆中的无活性的接触因子 XII 相接触，将其活化成因子 XIIa（活化型加"a"表示），即因子 XII→因子 XIIa，因子 XIIa 先在 Ca^{2+} 存在下与因子 XI、因子 X、因子 IX、因子 VIII 和因子 V 等发生连锁反应，最后在血小板磷脂（血小板因子 3）上形成凝血酶原激活物。至此，完成凝血过程 3 个主要步骤的第 1 步。据研究，血管受伤所暴露出的胶原纤维，因其带有的负电荷是激活因子 XII 所必需，所以凡具有负电荷的物质，如玻璃、棉纱、金属和黏土等，都能激活因子 XII；细胞色素 C、溶菌酶等带正电荷的物质，因能占据负电荷表面而抑制内源性凝血酶原激活物的形成。

②外源性激活途径：由损伤组织释放的因子 III 触发激活因子 X 的过程，参与的因子有因子 III、因子 VII、因子 X、因子 Xa，又与因子 V、血小板因子 3 和 Ca^{2+} 形成凝血酶原复合物，激活凝血酶原（因子 II）生成凝血酶（因子 IIa）。凝血酶原激活物形成之后的凝血过程完全相同，没有内源性和外源性之分。

（2）凝血酶原转变为凝血酶：正常的血浆中存在无活性的凝血酶原，在 Ca^{2+} 的参与下，凝血酶原激活物可将其催化成具有活性的凝血酶。

（3）纤维蛋白原转变为纤维蛋白：血浆中可溶性的纤维蛋白原，在凝血酶和 Ca^{2+} 的参与下转变为不溶性的纤维蛋白。凝血酶还能激活因子 XIII 生成因子 XIIIa，因子 XIIIa 使胶冻态的纤维蛋白进一步形成牢固的不溶于水的纤维蛋白多聚体。

3.抗凝系统 血液在血管内能保持正常运行和防止血栓形成，除了血管内膜光滑完整、血液流动快对已被激活的凝血因子的稀释作用和纤维蛋白溶解系统的作用外，抗凝系统也起了重要作用。现已证明抗凝系统包括细胞抗凝系统和体液抗凝系统，现主要介绍体液抗凝系统。

（1）丝氨酸酶抑制物：抗凝血酶 III 是由肝细胞合成的一种脂蛋白，为一种抗丝氨酸蛋白酶。抗凝血酶 III 分子可以与因子 VIIa、因子 IXa、因子 Xa、因子 XIa 和凝血酶的活性中心——丝氨酸残基结合，封闭了这些酶的活性中枢而使凝血因子失活，达到抗凝作用。

（2）肝素：肝素也是血浆中重要的抗凝物质，为一种酸性黏多糖，主要由肥大细胞和嗜碱性粒细胞产生，存在于大多数组织中。肝素与抗凝血酶 III 结合，可使抗凝血酶 III 和凝血酶的亲和力增强约

Note

100倍,对因子Ⅺa、因子Ⅸa、因子Ⅹa的抑制作用也大大加强。肝素和肝素辅助因子Ⅱ结合后,肝素辅助因子Ⅱ被激活并与凝血酶结合成复合物,而使凝血酶失活。肝素还可以刺激血管内皮细胞释放大量凝血抑制物,抑制凝血过程;释放纤溶酶原激活物,增强对纤维蛋白的溶解。

(3)蛋白质C:蛋白质C是由肝脏合成的维生素K依赖因子。蛋白质C激活后,在磷脂和Ca^{2+}存在的条件下,能灭活因子Ⅴa、因子Ⅷa;阻碍因子Ⅹa与血小板上磷脂的结合,削弱因子Ⅹa对凝血酶原的激活作用;刺激纤溶酶原激活物的释放,增强纤溶酶的活性,促进纤维蛋白溶解。

(4)组织因子途径抑制物:组织因子途径抑制物是控制凝血启动阶段的一种体内天然抗凝蛋白,它对组织因子途径(即外源性凝血途径)具有特异性抑制作用,曾称为外在途径抑制物。因为血浆中的组织因子途径抑制物大部分存在于脂蛋白部分,故早期称为脂蛋白相关凝血抑制物。

4. 抗凝和促凝措施 在实际工作中,常采取一些措施促进凝血过程(如减少出血、提取血清等)或防止、延缓凝血过程(如避免血栓形成、获取血浆等)。

(1)抗凝或延缓凝血的常用方法。

①移钙法。在凝血的3个阶段中,Ca^{2+}都是必需的。如果设法除去血浆中的Ca^{2+}就能防止凝血。如加草酸钾、草酸铵等,其与血浆中Ca^{2+}结合成不易溶解的草酸钙,化验时常用该方法。柠檬酸钠可与血浆中Ca^{2+}结合成不易电离的可溶性络合物柠檬酸钠钙,也有抗凝作用。

②低温。血液凝固主要是一系列酶促反应,而酶的活性受温度影响较大,把血液置于较低温度下,可降低酶促反应速度而能延缓凝固。另外,低温措施还能增强抗凝剂的效能。例如,在室温条件下,1 mg肝素(约含140 IU)可使300～500 mL血液保持4 h不凝固,而在0 ℃条件下同量肝素的抗凝效果可增大10倍以上。

③将血液置于特别光滑的容器或预先涂有石蜡的器皿内。该法可以减少血小板的破坏,延缓血液凝固。

④使用肝素。肝素在体内和体外都具有抗凝作用。

⑤使用双香豆素。由于双香豆素的主要结构与维生素K很相似,其作用与维生素K相对抗,它可阻止因子Ⅹ、因子Ⅸ、因子Ⅶ和因子Ⅱ在肝内合成,故注射于循环血液后能延缓血液凝固。

⑥搅拌。若迅速用木棒搅拌流入容器内的血液,或摇晃容器内放置的玻璃球,由于血小板迅速破裂等原因,加快了纤维蛋白的形成,并使形成的纤维蛋白附着在木棒或玻璃球上。这种去掉纤维蛋白原的血液称为脱纤血。

(2)加速凝血的方法。

①血液加温能提高酶的活性,加速凝血反应。接触粗糙面可促进凝血因子Ⅻ的活化,促使血小板解体释放凝血因子,最后形成凝血酶原复合物。

②维生素K对出血性疾病具有加速血液凝固和止血的作用,是临诊常用的止血剂。肝脏在合成凝血酶原的过程中,首先合成凝血酶原的前体。在有充足维生素K存在时,凝血酶原的前体在肝脏进一步转化成凝血酶原,并释放入血液。维生素K还可促进凝血因子在肝脏的合成,间接发挥止血作用。

(二)纤维蛋白溶解

凝血过程形成的纤维蛋白及血管创伤愈合后的血栓发生溶解,这一过程称为纤维蛋白溶解,简称纤溶。参与纤溶的物质有纤溶酶原、纤溶酶以及激活物和抑制物等,总称纤维蛋白溶解系统,简称纤溶系统。纤溶的基本过程大致可分为两个阶段。

1. 纤溶酶原的激活阶段 纤溶酶原主要在肝脏、骨髓、肾脏和嗜酸性粒细胞等处合成。其激活物主要有3类。

①血管激活物:在小血管内皮细胞中合成后释放于血液。

②组织激活物:存在于很多组织中,是由血管内皮细胞和各种组织合成的组织型纤维溶酶原激活物,活性很强。

上述两类激活物均属外源性激活途径,它们可以防止血栓形成,在组织修复、伤口愈合中发挥作用。

③凝血因子Ⅺa、激肽释放酶:属于内源性激活途径。

2.纤维蛋白(与纤维蛋白原)的降解 纤维蛋白原除可被凝血酶水解外,还可被纤溶酶降解,二者的机制不同。纤溶酶是通过使纤维蛋白及纤维蛋白原中的赖氨酸-精氨酸键裂解,逐步将整个纤维蛋白或纤维蛋白原分子分割成可溶性小肽,称为纤维蛋白降解产物。这些降解产物通常不再凝固;相反,其中一部分还有抗凝作用。

正常情况下,血管表面经常有低水平的纤溶活动和低水平的凝血过程,凝血与纤溶是对立统一的两个系统,当它们之间的平衡遭到破坏,将会导致纤维蛋白形成过多或不足,引起血栓形成或出血性疾病。

动物体内还存在许多能抑制纤溶系统活性的物质。如补体 C1 抑制物可使激肽释放酶和因子Ⅻa灭活,进而阻止尿激酶原的活化。另外,还有 a2-抗纤溶酶、蛋白酶 C 抑制物等都能抑制纤溶系统。事实上,这些抑制物既能抑制纤溶,又能抑制凝血,这对于将凝血和纤溶局限在创伤局部有重要意义。

知识单元4 心 脏 生 理

一、心肌细胞的生理特性

心肌细胞的生理特性包括自律性、兴奋性、传导性和收缩性。其中自律性、兴奋性和传导性是在心肌细胞生物电活动的基础上形成的,属于心肌的电生理特性,而收缩性则属于心肌细胞的机械特性。

(一)心肌细胞的自律性

心肌细胞在没有神经支配和外来刺激的情况下,能自动发生节律性兴奋的特性,称为自动节律性,简称自律性。单位时间内自动产生兴奋的次数是衡量自律性高低的指标。生理情况下,心肌的自律性来源于心脏特殊传导系统的自律细胞,病理情况下,非自律细胞的心房肌或心室肌也可能表现自律性。

心脏的起搏点、心脏特殊传导系统的自律细胞均具有自律性,但各部分的自律性高低不一,窦房结细胞的自律性最高,房室交界和房室束及其分支次之,心肌传导细胞的自律性最低。在无神经支配的情况下,窦房结的兴奋节律每分钟可达 100 次,通常由于迷走神经的抑制作用,其自律性每分钟约 70 次,房室交界处自律性每分钟约 50 次,而心肌传导细胞的自律性每分钟只有 25 次。由于窦房结自律性最高,它产生的节律性冲动按一定顺序传播,引起其他部位的自律组织和心房、心室肌细胞兴奋,产生与窦房结一致的节律性活动,因此窦房结是心脏的正常起搏点,其他自律组织的自律性较低,通常处于窦房结的控制之下,其本身的自律性并不表现,只起传导兴奋的作用,故称为潜在起搏点。在异常情况下,如窦房结功能降低,或窦房结的兴奋下传受阻(传导阻滞),潜在起搏点则可取代窦房结的功能而表现自律性,以维持心脏的兴奋和搏动,这时的潜在起搏点就称为异位起搏点,其表现的心搏节律称为异位节律。

(二)心肌细胞的兴奋性

心肌对适宜刺激发生反应的能力称为兴奋性,各类心肌细胞均为可兴奋细胞,具有兴奋性。

1.心肌兴奋时其周期性的变化 心肌细胞也和其他可兴奋细胞一样,发生一次兴奋后,兴奋性也要经历各个时期的变化才恢复正常,心肌细胞兴奋性的重要特点之一在于有效不应期特别长。

(1)绝对不应期和有效不应期:心肌细胞兴奋后,首先进入绝对不应期,此期间,细胞兴奋性为零,施以任何强大的刺激均不发生反应,过一段时间,细胞兴奋性有所恢复,但尚未达到备用状态,给予足够强度的刺激可引起局部反应,但不能引起细胞兴奋,此期和绝对不应期合称有效不应期,在此期间,心肌细胞对任何强度的刺激均不能产生兴奋,因此,在有效不应期内,心肌细胞是不可能发生收缩的。与其他可兴奋的细胞相比,心肌细胞的有效不应期要长得多,这对保证心肌细胞完成正常的功能极其重要。

(2)相对不应期:在经历有效不应期后,心肌细胞的兴奋性有所恢复,但仍低于正常水平,此时给予较强的刺激方可引起细胞兴奋,但兴奋的程度低于正常,兴奋的传导速度也比较慢。此期为相对不应期。

(3)超常期:在心肌舒张完毕之前的一段时间内,细胞兴奋性高于正常,此时给予较小强度的刺激即可引起细胞兴奋,故称超常期。超常期过后,细胞的兴奋性也恢复正常。

2.期前收缩和代偿性间歇 引发心脏搏动的兴奋来自窦房结,在两次窦房结兴奋之间,给予心室肌一次额外刺激,是否能引起兴奋,取决于这次刺激的时间是在前一次窦房结传来兴奋的有效不应期之内还是有效不应期之后。如在有效不应期之内,则不能引起兴奋,如在有效不应期之后,就可能引发一次兴奋和收缩。由于兴奋发生在下一个心动周期的窦房结节律性兴奋传来之前,故称之为期前兴奋和期前收缩,亦称早搏。期前兴奋同样有较长的有效不应期,随后一次来自窦房结的节律性兴奋往往会落在期前兴奋的有效不应期内,失去作用,形成一次"脱失",必须到下一次窦房结的节律性兴奋传来时才能引起心室的兴奋和收缩。因此,在一次期前收缩之后往往有一段较长的心舒张期,称为代偿间歇(图9-24)。

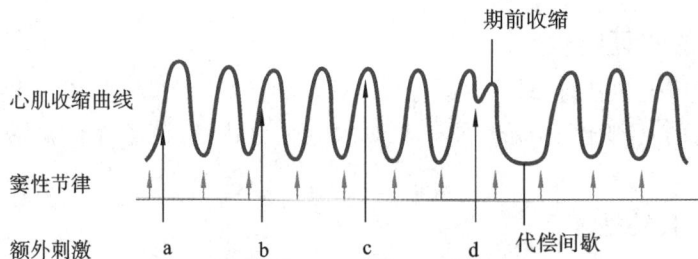

图 9-24　期前收缩与代偿间歇

刺激 a、b、c 落在有效不应期内不引起反应;刺激 d 落在相对不应期内,引起期前收缩与代偿间歇

(三)心肌细胞的传导性

心肌细胞之间兴奋的扩布是通过局部电流实现的。心肌细胞间存在闰盘结构,允许一个心肌细胞的电荷顺利通过闰盘传递到另一个心肌细胞,从而引起整个心肌的兴奋和收缩,使心肌组织成为一个功能合胞体。

1.心脏内兴奋传导的途径 心脏特殊传导系统具有起搏和传导兴奋的功能。窦房结位于上腔静脉和右心房的连接处,含有分化较原始的心肌细胞(P细胞),是心脏起搏点细胞,心脏兴奋起源于此,窦房结的兴奋经此传至两心房,使两心房同步兴奋和收缩。窦房结的兴奋经心房肌下传至房室交界,由房室交界将兴奋继续下传至心室传导组织,包括房室束、左右束支及其分支以及心肌传导细胞构成的末梢纤维网,最后到达心室肌,引起心室肌兴奋。心室肌将兴奋由内膜侧向外膜侧扩布,引起整个心室兴奋。

2.心脏内兴奋传导的特点 心脏各部位的心肌细胞,其传导性能并不相同,故兴奋在各部位的传导速度也不相等,兴奋从窦房结开始传导到心室外表面为止,整个心内传导时间约为 0.22 s,其中心房内传导约需 0.06 s,心室内传导约需 0.06 s,房室交界处传导占时约 0.1 s。

房室交界处兴奋传导速度较慢,兴奋通过房室交界时,需要的时间较长,称为房室延搁,这一传导延搁,使心房和心室不会同时兴奋,心房兴奋而收缩时,心室仍处于舒张状态。因此,房室延搁对保证心房、心室顺序活动和心室有足够充盈血液的时间有重要的生理意义。

心房内和心室内兴奋传导的速度较快,其生理意义是使兴奋几乎同时传到所有的心房肌或心室肌,从而保证全心房肌或全心室肌几乎同时发生收缩(同步收缩),同步收缩效果好、力量大,有利于实现泵血功能。

(四)心肌细胞的收缩性

心肌细胞的收缩性是指心房和心室工作细胞具有接受阈刺激产生收缩反应的能力,正常情况下它们仅接收来自窦房结的节律性兴奋的刺激。心肌细胞收缩的机制与骨骼肌相同,但又有其特点。

1.同步收缩(全或无式收缩) 心房和心室内特殊传导组织的传导速度快,且心肌细胞之间的闰盘电阻低,因此兴奋在心房或心室内传导速度很快,几乎同时到达所有的心房肌或心室肌,从而引起全心房肌或全心室肌同时收缩,称为同步收缩。同步收缩效果好,力量大,有利于心脏射血。由于同步收缩的特性,一旦心脏产生收缩,则全部心房肌或心室肌都参与收缩,称为全或无式收缩。

2.不发生强直收缩 心肌一次兴奋后,其有效不应期长,相当于整个收缩期和舒张早期。即在此时期内,任何刺激都不能使心肌再发生兴奋而收缩。因此,心肌不会发生如骨骼肌那样的强直收缩,能始终保持收缩后必有舒张的节律性活动,从而保证心脏射血和充盈的正常进行。

二、心动周期

心脏每收缩和舒张一次,称为一个心动周期(图9-25)。由于左、右心房和左、右心室都是同步收缩,因此心脏的一个心动周期包括心房收缩期、心房舒张期以及心室收缩期、心室舒张期,其中心房舒张开始与两心室同步收缩在时间上重叠,并有一定的顺序关系,即在一个心动周期中,首先是两心房收缩,继而两心房舒张。当心房开始舒张时两心室同步收缩,然后两心室舒张,接着两心房又开始收缩进入下一个心动周期。心动周期时间的长短与心率有关。如心率每分钟为75次,则每个心动周期历时0.8 s,其中心房收缩期0.1 s,心房舒张期0.7 s;心室收缩期0.3 s,心室舒张期0.5 s。在一个心动周期中,不论是心房还是心室,其舒张期均长于收缩期。从全心分析,心房、心室同处于舒张状态占半个心动周期,称为全心舒张期。舒张期心肌耗能较少,有利于心脏休息,心室舒张期又是充盈的过程,充盈足够量的血液才能保证正常的射血量。心脏泵血(图9-26)推动血液流动主要依靠心室的收缩和舒张,心房的舒缩活动处于辅助地位,故习惯上将心室收缩和舒张的起止作为心动周期的标志,把心室的收缩期和舒张期分别称为心缩期和心舒期。

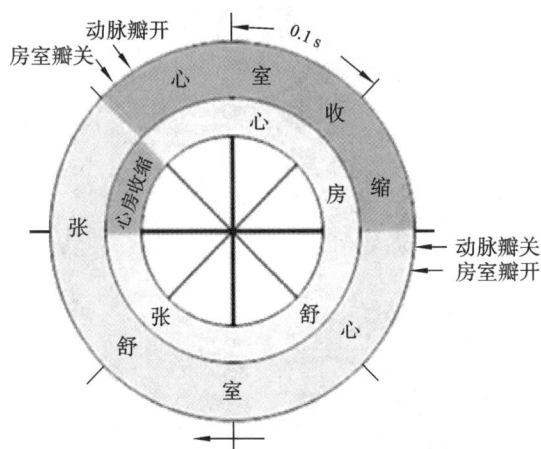

图9-25 心动周期中心房、心室的活动顺序和时间关系

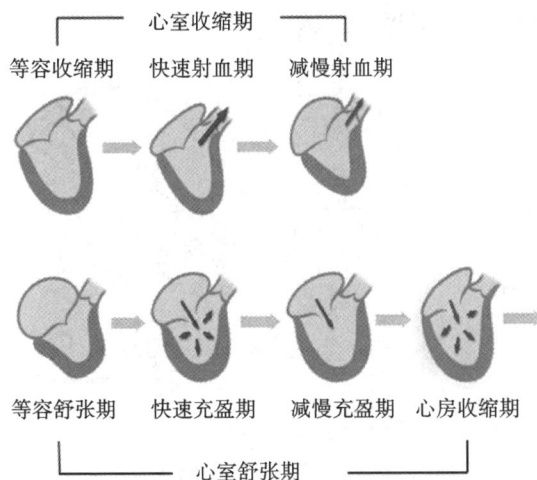

图9-26 心脏泵血过程示意图

三、心率

动物在安静状态下单位时间内心脏搏动的次数称为心跳频率,简称心率。心率可因动物种类、年龄、性别以及其他生理情况而不同。幼龄动物心率快,随年龄的增长而逐渐减慢。雄性动物的心率比雌性动物稍快。同一个体在安静或睡眠时心率慢,而在运动或应激时心率加快。各种畜禽心率的正常变异范围见表9-8。

表 9-8　各种畜禽心率的正常变异范围

动 物 种 类	心率/(次/分)	动 物 种 类	心率/(次/分)
骆驼	25～40	猪	60～80
马	28～42	犬	80～130
奶牛	60～80	猫	110～130
公牛	30～60	兔	120～150
山羊、绵羊	60～80	鸡、火鸡	300～400

　　心率的快慢与心动周期的持续时间关系密切,心率越快,心动周期越短,收缩期和舒张期均相应缩短,但舒张期缩短更显著。因此,当心率过快时,心脏工作时间延长,而休息及充盈的时间缩短,使心脏泵血功能减弱。

四、心音

　　心动周期中,由于心肌收缩和舒张、瓣膜启闭、血流冲击心室壁和大动脉壁及形成湍流等因素引起心脏的振动,振动可通过周围组织传播到胸壁,如将耳紧贴在胸壁的适当部位或用听诊器在胸壁一定部位听诊,所听到"通-塔"的 2 个声音称为心音,分别为第一心音和第二心音,偶尔还能听到较弱的第三心音和第四心音。

　　第一心音发生于心缩期之初,标志着心室收缩的开始。形成原因:心室肌的收缩、房室瓣突然关闭和血液冲击房室瓣引起心室振动及心室射出的血液撞击动脉壁引起的振动。第一心音的特点是音调较低,持续时间较长。

　　第二心音发生于心舒期之初,标志着心舒期的开始。形成原因:主动脉瓣和肺动脉瓣的关闭和动脉内的血流减速及心室内压迅速下降而引起的振动。第二心音的特点是音调较高,持续时间较短。

　　胸廓前壁任一部位均能听到第一心音和第二心音。有时为确诊听诊,可选择最佳听取部位。例如,马主动脉瓣的最佳听诊区在右侧第 3 肋间近胸骨右缘;肺动脉瓣的最佳听诊区在左侧第 3 肋间近胸骨左缘;三尖瓣的最佳听诊区在右侧第 5 肋与胸骨的交接处;二尖瓣的最佳听诊区在左侧第 5 肋间的左腋前线上(图 9-27)。

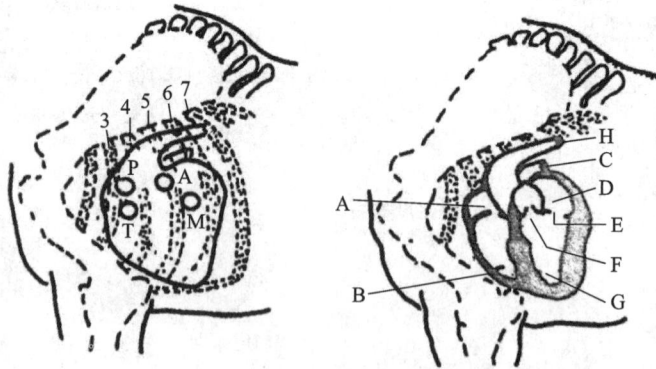

图 9-27　马心音最佳听诊部位,第 3～7 肋骨
左图:P.肺动脉瓣　A.主动脉瓣　T.三尖瓣　M.二尖瓣
右图:A.右心房　B.右心室　C.肺动脉　D.左心房　E.二尖瓣　F.主动脉瓣　G.左心室　H.主动脉
(引自曲强、程会昌、李敬双,动物解剖生理,2012)

　　第三心音出现在第二心音之后,音调低,与血液快速流入心室引起心壁与瓣膜的振动有关。第四心音很弱,仅于心音图上见到,它由心房收缩引起,也称心房音。马、骡的心脏较大,胸壁较薄,听诊时较其他畜种清晰,有时在第二心音后能听到微弱的第三心音。病理状态下可能出现第三心音、第四心音增强,并在第一心音、第二心音之后出现,形成临床上所称的"奔马节律性心音"。听诊马的心音时往往可以听到正常的心杂音,尤其是在纯种马中,在无任何心血管异常情况下,约有 60％的马

有心缩期杂音或心舒期杂音。

五、心输出量及其影响因素

（一）每搏输出量和每分输出量

每一个心动周期中，从左、右心室喷射进动脉的血液量是基本相等的。每搏输出量是一侧心室一次收缩射入动脉的血量，简称搏出量，相当于心室舒张期末容量与收缩期末容量之差。一侧心室 1 min 内射入动脉的血量称为每分输出量，简称心输出量。它等于每搏输出量与心率的乘积。

$$心输出量(L/min)＝心率×每搏输出量$$

正常生理状态下，心输出量是随着机体新陈代谢的强度而改变的，新陈代谢增强时，心输出量也会相应增加，心脏这种能够通过增加心输出量来适应机体需要的能力，称为心脏的储备力。当心脏的储备力发挥到最大限度，仍不能适应机体的需要时，就易发生心力衰竭。

（二）影响心输出量的主要因素

心输出量的大小取决于心率和每搏输出量，而每搏输出量的大小主要受静脉回流量和心室肌收缩力的影响。

1. 静脉回流量 心脏能自动地调节并平衡心搏出量和回心血量之间的关系；回心血量越多，心脏在舒张期充盈就越大，心肌受牵拉就越大，则心室的收缩力量就越强，搏出到动脉的血量就越多，换言之，在生理范围内，心脏能将回流的血液全部泵出，使血液不在静脉内蓄积，心脏的这种自身调节不需要神经和体液的参与。

心脏的这种自身调节机制是维持左、右心室搏出量相等的最重要的机制。如果由于某种原因，右心室突然比左心室输出更多的血液，则流入左心室的血量增加，左心室心舒期容积增加，左心室的输出量增加，使流入肺循环和体循环的血量相等。

心脏自身调节的生理意义在于对搏出量进行精细的调节。某些情况（如体位改变）使静脉回流突然增加或减少，或左、右心室搏出量不平衡等情况下所出现的充盈量的微小变化，都可以通过自身调节来改变搏出量，使之与充盈量达到新的平衡。

2. 心室肌收缩力 在静脉回流量和心舒末期容积不变的情况下，心肌可以在神经系统和各种体液因素的调节下，改变心肌的收缩力量。例如，动物在使役、运动和应激时，搏出量成倍地增加，而此时心脏舒张期容量或动脉血压并不明显增大，即此时心脏收缩强度和速度的变化并不主要依赖于静脉回流量的改变，而是在交感-肾上腺素的调节下，心肌的收缩力量增强，使心舒末期的容积进一步缩小，减少心室的残余量，从而使搏出量明显增加。

3. 心率 心率是决定心输出量的另一基本因素，在一定范围内它与心输出量呈正比，即心输出量随心率的加快而增大。但是心率过快时，心输出量反而减少。这是因为心室的充盈是在心舒期内完成的，心率加快时心动周期的缩短主要是心舒期的缩短，心率过快时会因心舒期太短而影响心室的充盈，使搏出量减少。

知识单元 5　血　管　生　理

一、血压的概念及测定

血压是指血管内的血液对于单位血管壁的侧压力，即压强。以往惯用毫米汞柱（mmHg）为单位，并以大气压作为生理上的零值。根据国际标准计量单位，压强单位为帕（Pa），1 mmHg 相当于 133 Pa 或 0.133 kPa。

血压测量方法有直接测量和间接测量两种。直接测量即将导管一端插入动物动脉管，另一端与带有 U 形管的水银检压计相连，通过观察 U 形管两侧水银柱高度差值，便可直接读出血压数值。但此法仅能测出平均血压的近似值，不能精确反映心动周期中血压的瞬间变动值。

扫码看课件

间接测量通常用听诊法,或采用压力传感器将压力变化转换为可直接读取的数值,这种方法在兽医临床的使用较多(图9-28)。

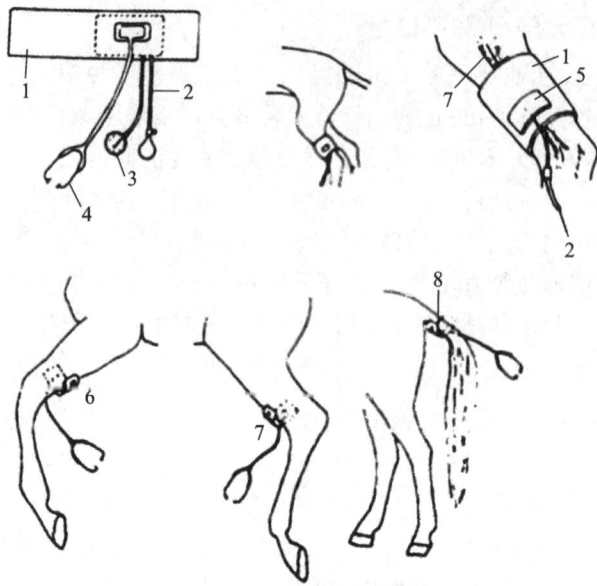

图9-28 血压的间接测量

1.密封气囊 2.充气管 3.压力计 4.监听器 5.压力传感器 6.正中动脉 7.胫前动脉 8.尾中动脉

(引自曲强、程会昌、李敬双,动物解剖生理,2012)

二、血压的形成

血管内血液充盈是形成血压的基础。血液充盈的程度决定于血量与血管容量之间的相互关系:血量增多,血管容量减少,则充盈程度升高;血量减少,血管容量增大,则充盈程度下降。在犬的实验中,在心跳暂停、血液不流动的条件下,循环系统平均的充盈压为0.93 kPa。

心脏射血是形成血压的动力。心室收缩所释放的能量可分解为两部分:一部分以动能形式推动血液流动;另一部分以势能形式作用于动脉管壁,使其扩张。当心动周期进入舒张期,心脏停止射血时,动脉管壁弹性回缩,将储存于管壁的势能释放出来,转变为动能,继续推动血液向外周流动。

外周阻力是形成血压的重要因素。如果仅有心室收缩做功,而不存在外周阻力的话,那心室收缩的能量将全部表现为动能,射出的血液毫无阻碍地流向外周而不能形成侧压力。可见,除了必须有血液充盈的血管之外,血压的形成是心室收缩和外周阻力两者相互作用的结果。

血液从大动脉流向外周,最后回流心房,沿途不断克服阻力而大量消耗能量,从大动脉、小动脉至毛细血管、静脉,血压递降,直至能量耗尽,以致当血液返回接近右心房的大静脉时,血压可降至零,甚至是负值,即低于大气压。

三、动脉血压和动脉脉搏

(一)动脉血压

通常所说的血压,就是指体循环系统中的动脉血压,它是决定其他各类血管血压的主要因素。在每个心动周期中,动脉血压随着心室的舒缩活动而发生明显波动。这种波动在小动脉后段已消失。

1.收缩压、舒张压和平均压 收缩压是指心缩期中动脉血压所达到的最高值,或称为高压。在心舒期中动脉血压下降所达到的最低值,称为舒张压,或称为低压。动脉血压的数值常以分数形式加计量单位来表示:收缩压/舒张压 kPa。例如,马的动脉血压可表达为17.3/12.7 kPa。

收缩压与舒张压的差值,称为脉搏压,简称脉压。在心室收缩力和每搏输出量等不变的情况下,脉搏压大小可在一定程度上反映动脉系统管壁的弹性状况。各种成年动物颈动脉或股动脉的血压见表9-9。

表 9-9　各种成年动物颈动脉或股动脉的血压

动 物 种 类	收缩压/kPa	舒张压/kPa	脉搏压/kPa	平均动脉压/kPa
牛	18.7	12.6	6.0	14.7
猪	18.7	10.6	8.0	13.3
羊	17.3	12.6	4.7	14.3
马	18.7	12.0	6.7	14.3
鸡	23.3	19.3	4.0	20.7
兔	16.0	10.6	5.3	12.4
猫	18.7	12.0	6.7	14.3
犬	16.0	9.3	5.3	11.6

在一个心动周期中,每一瞬间动脉血压都是变动的,其平均值称为平均动脉压,简称平均压。由于在一个心动周期中,心缩期往往短于心舒期,因此,平均压不等于收缩压与舒张压的简单平均值。平均压通常可按下式计算:

$$平均压＝舒张压＋1/3(收缩压－舒张压)$$
$$即平均压＝舒张压＋1/3 脉搏压$$

2.影响动脉血压的因素　影响动脉血压的主要因素有每搏输出量、心率、外周阻力、大动脉管壁弹性及循环血量等。

(1)每搏输出量:在心率和外周阻力恒定的条件下,每搏输出量增加可使动脉内容量加大,收缩压升高。与此同时,弹性管壁的扩张使舒张压也有所增大,但由于收缩压升高时血液流速加快,因此,舒张压升高不如收缩压升高那样明显。

当心率加快时,心舒期缩短,回心血量减少,每搏输出量相应减少,如外周阻力不变,则使收缩压降低。

(2)外周阻力:外周阻力增加时,动脉血流向外周的阻力加大,使心舒末期动脉内血量增加,因此,以舒张压升高更为明显。同样,外周阻力降低时,血压降低以舒张压下降更为明显。血液黏滞度也是构成外周阻力的因素。当血液黏滞度增加(如动物脱水、大量出汗时),血液密度加大,与血管壁之间以及血液成分之间的相互摩擦阻力也加大,这些因素都使血流的外周阻力加大。在其他条件恒定时,外周阻力增大,可使动脉血压升高。

(3)大动脉管壁弹性:大动脉管壁弹性扩张主要起缓冲血压的作用,使收缩压降低,舒张压升高,脉搏压降低;当大动脉硬化,弹性降低,缓冲能力减弱时,则收缩压升高而舒张压降低,脉搏压升高。

(4)循环血量:循环血量增加可使血压升高,但主要是射血量增加,所以当其他因素不变时,也以收缩压升高更为显著。

分析各种因素对血压的影响时,都是假定在其他因素不变的情况下,某单个因素变化时对血压变化可能产生的影响。在整体情况下,只要有一个因素发生变化就会影响其他因素的变化,因此,血压的变化是各个因素相互作用的结果。在各种因素中,循环血量、动脉管壁弹性以及血液黏滞度等,在正常情况下基本无变化,对血压变化没有明显作用;而每搏输出量和外周阻力由于受心缩力和外周血管口径的直接影响,经常处于变化之中。因此,这两个因素是影响血压变化的主要因素。动物机体通过神经和体液途径,调节心缩力和血管的舒缩反应,使血压的变化能适应机体不同状况下的需要。

在阻力性血管中,小动脉分支多,总长度大,口径小,对血流的阻力大,管壁富含平滑肌,在神经和体液的调节下,可进行迅速的收缩和舒张而改变口径。因此,小动脉在决定外周阻力大小变化中起最重要的作用。

（二）动脉脉搏

心室收缩时血液射进主动脉，主动脉内压骤增，使管壁扩张；心室舒张时，主动脉内压下降，血管壁弹性回缩而复位。这种随着心脏节律性泵血活动，使主动脉管壁发生的扩张-回缩的振动，以弹性波形式沿血管壁传向外周，即形成动脉脉搏。脉搏波传导速度很快，要比血液流速快几十倍，因此，在远离心脏的体表动脉所触摸到的脉搏即是此刻心脏活动的瞬间反映。

凡是影响动脉血压的因素都会影响动脉脉搏的特性。因此，检查脉搏的速度、幅度、硬度以及频率等，可以反映心脏的节律性、心缩力和血管壁的功能状态等。

脉搏波传播至小动脉末端时，因沿途遇到阻力，波动逐渐消失。

检查各种动物脉搏波的部位：牛在尾中动脉、颌外动脉、腋动脉或隐动脉；马在颌外、尾中动脉或横面动脉；猪在桡动脉；猫和犬在股动脉或胫前动脉。

四、静脉血压和静脉回流

（一）静脉血压与中心静脉压

血液通过毛细血管时，绝大部分能量都用于克服外周阻力，因而静脉系统的血压已所剩无几，微静脉血压约降至 1.9 kPa，腔静脉的血压更低，右心房的血压已接近于零。

通常将右心房和胸腔内大静脉的血压称为中心静脉压，正常值为 0.5~1.2 kPa，中心静脉压的高低取决于心泵功能与静脉回心血量之间的相互关系。当心泵功能较强，能将回心血液及时射入动脉时，中心静脉压就较低；当心泵功能较弱，不能及时射出回心血液时，中心静脉压就升高。中心静脉压可作为临床输血或输液时输入量和输入速度是否恰当的判定依据。在心功能较好时，如果中心静脉压迅速升高，可能是输入量过大或输入速度过快所致；如果输血或输液之后中心静脉压仍然偏低，可能是血液容量不足所致。如果中心静脉压已高于 1.6 kPa 时，输血或输液应慎重。中心静脉压的测定如图 9-29 所示，测定时先将三通阀门由 A 调至 B（A→B），使检压计充液，然后将阀门由 B 调至 D（B→D），即可从 B 管液面高度读出中心静脉压数值。测定时注意应将三通阀门置于心脏同一水平位置。

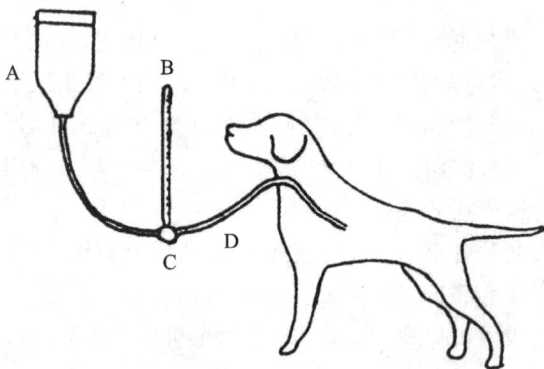

图 9-29　中心静脉压测定示意图

（二）静脉脉搏

心房收缩时，经由大静脉（如腔静脉、颈静脉等接近心脏的大静脉）不断流回心脏的血液回流受阻，静脉内压升高，静脉管壁受到压力而膨胀；当心房舒张时，滞留在静脉内的血液则快速流回心脏，静脉内压下降，管壁内陷。随着心房舒缩活动引起大静脉管壁规律性的膨胀和塌陷，即形成静脉脉搏。此外，心室的舒缩活动也能间接影响静脉脉搏。

牛和马可在颈静脉沟处观察到颈静脉的搏动，尤其是牛更易看到。由于颈静脉脉搏能在一定程度上反映右心内压的变化，所以检查颈静脉脉搏具有临床意义。

（三）静脉回流

单位时间内由静脉回流心脏的血量等于心输出量。静脉对血流阻力很小,血液由微静脉回流至右心房的过程中,血压仅下降约 2.0 kPa。动物躺卧时,全身各大静脉均与心脏处于同一水平,依靠静脉系统中的各段压差就可以推动血液流回心脏。但在站立时,因受重力影响血液将积滞在心脏水平以下的腹腔和四肢的末梢静脉中,这时需借助外在因素的作用促使其回流。主要的外在因素如下。

1. 骨骼肌的挤压作用 骨骼肌收缩时,对附近静脉起挤压作用,可使其中的血液推开静脉管内壁上的静脉瓣,朝心脏方向流动。静脉瓣游离缘只朝心脏方向开放,因此,骨骼肌舒张时静脉血不至于倒流。

2. 胸腔负压的抽吸作用 呼吸运动时,胸腔内的负压变化也是促进静脉回流的另一个重要因素。胸腔内的压力是负压(低于大气压),吸气时更低,所以吸气时产生的负压可牵引胸腔内柔软而薄的大静脉管壁,使其被动扩张,静脉容积增大,内压下降,因而对静脉血回流起抽吸作用。此外,心舒期心房和心室内产生的较小的负压对静脉回流也有一定的抽吸作用。

五、微循环

微循环是指微动脉和微静脉之间的血液循环。血液循环重要的功能之一在于进行血液与组织液之间的物质交换,这一功能就是通过微循环而实现的。

（一）微循环通路

各器官、组织的功能和结构不同,组成微循环的成分与结构也不同。典型的微循环成分包括:微动脉、后微动脉、毛细血管前括约肌、前毛细血管、真毛细血管网、动-静脉吻合支和微静脉(图 9-30)。

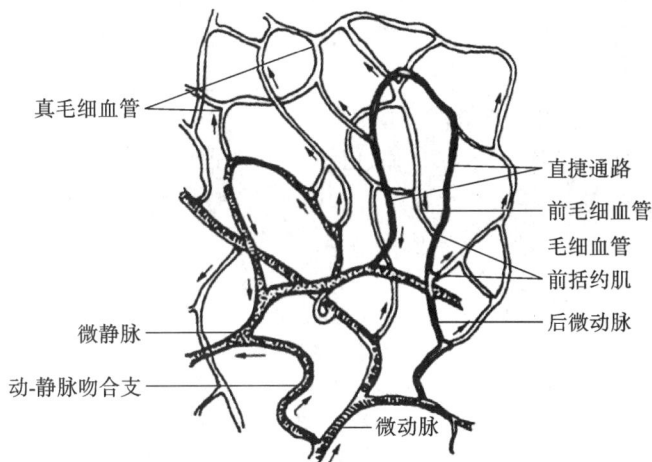

图 9-30 微循环示意图
(引自曲强、程会昌、李敬双,动物解剖生理,2012)

1. 动-静脉短路 血液由微动脉经动-静脉吻合支直接流回微静脉,没有物质交换功能,又称为非营养通路。在一般情况下,动-静脉短路处于关闭状态。它的开闭活动主要与体温调节有关。

2. 直捷通路 血液从后微动脉经过前毛细血管直接进入微静脉。流速快,流程短,物质交换功能不强,是安静状态下大部分血液流经的通路。主要功能是使血液及时通过微循环系统,以免全部滞留于毛细血管网中,影响回心血量。

3. 营养通路 血液从微动脉经后微动脉、毛细血管前括约肌进入真毛细血管网,再汇入微静脉。真毛细血管网管壁薄,迂回曲折,血流缓慢,与组织接触面广,是血液与组织液间物质交换的主要场所。

（二）微循环的调节

微循环系统中仅微动脉分布有少量神经,其余成分并不直接受控于神经系统。尤其是决定营养通路血流量的后微动脉和毛细血管前括约肌的舒缩活动,只受体液中血管活性物质的调节。因此,微循环的调节主要是通过体液的局部自身调节来实现。

体液中的缩血管物质(如去甲肾上腺素、血管升压素等)控制毛细血管前阻力血管(主要指微动脉、后微动脉和毛细血管前括约肌),使其收缩。当收缩导致毛细血管灌注不良时,局部代谢产物堆积,从而产生舒血管物质(如组胺、缓激肽、乳酸等),引起血管平滑肌松弛,微循环恢复灌注,将代谢产物移去。继之,血管平滑肌又处于缩血管物质控制之下。这样,在体液中血管活性物质的影响下,毛细血管舒缩活动交替进行,以适应组织代谢的需要。

六、组织液和淋巴液

组织液分布在细胞的间隙内,又称为组织间隙液,是血液与组织细胞间物质交换的媒介。组织液绝大部分呈胶冻状,不能自由流动;只有很少部分呈液态,可自由流动。胶冻的基质主要是胶原纤维和透明质酸细丝,这些成分并不妨碍水及其溶质的扩散运动。

(一)组织液的生成与回流

组织液是血浆通过毛细血管管壁的滤出而形成的。组织液形成后又被毛细血管管壁重吸收到血液中,保持组织液量的动态平衡。组织液生成和重吸收取决于以下 4 种因素:毛细血管血压、血浆胶体渗透压、组织液静水压和组织液胶体渗透压。其中,毛细血管血压和组织液胶体渗透压可促进滤过,即有利于生成组织液;而血浆胶体渗透压和组织液胶体渗透压可阻止滤过,即有利于组织液重吸收。可见,组织液的生成是这 4 种因素相互作用的结果。滤过与重吸收之间的压力差称为有效滤过压。

生成组织液的有效滤过压＝毛细血管血压＋组织液胶体渗透压－(组织液静水压＋血浆胶体渗透压)

如图 9-31 所示,血浆胶体渗透压约为 10 kPa,毛细血管动脉端血压平均约 32 kPa,毛细血管静脉端血压约为 12 kPa,组织液静水压和血浆胶体渗透压分别约为 5 kPa 和 25 kPa,将这些数值代入上式:

毛细血管动脉端有效滤过压(kPa)＝32＋10－(25＋5)＝12 kPa

毛细血管静脉端有效滤过压(kPa)＝12＋10－(25＋5)＝－8 kPa

由计算结果可以推断,在毛细血管动脉端有液体滤出,形成组织液;在毛细血管静脉端组织液被重吸收,即约有 90% 滤出的组织液又重新流回血液。

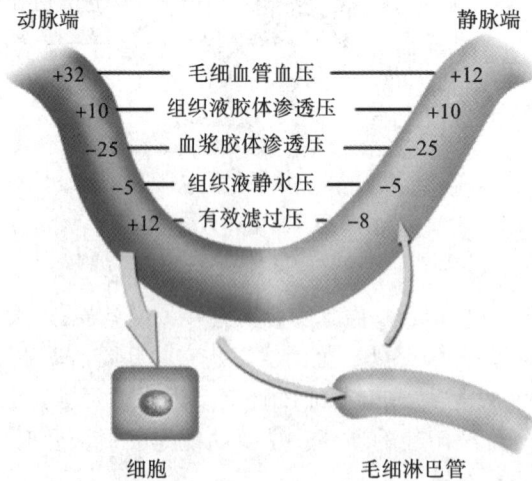

图 9-31　组织液生成与回流示意图

(二)影响组织液生成的因素

正常情况下,组织液的生成和重吸收保持着动态平衡,使血容量和组织液量维持相对稳定。一旦与有效滤过压有关的因素和毛细血管通透性发生变化,将直接影响组织液的生成。

1. 毛细血管血压 毛细血管血压升高,组织液生成增加(如肌肉运动或炎症的局部,都有这类情况);静脉压升高时,也可使组织液生成增加。

2. 血浆胶体渗透压 当血浆蛋白生成减少(如慢性消耗疾病、肝病等)或排出增加(如肾病时),均可导致血浆蛋白减少,因而使血浆胶体渗透压下降,导致组织液生成增加,甚至发生水肿。

3. 淋巴回流 由于一部分组织液经由淋巴系统流回血液,当淋巴回流受阻(丝虫病、肿瘤压迫等)时,可导致局部水肿。

4. 毛细血管通透性 烧伤、过敏反应等,可使毛细血管通透性增大,血浆蛋白可能漏出,使血浆胶体渗透压下降,组织液胶体渗透压上升,有效滤过压加大。

(三)淋巴液及其回流

组织液约 90％ 在毛细血管静脉端回流入血液,其余 10％ 则进入毛细淋巴管,即成为淋巴液。毛细淋巴管逐级汇集成小淋巴管和大淋巴管,在大、小淋巴管中都有瓣膜。瓣膜的作用是控制淋巴液进行单向流动,即只能由外周向心脏方向流动。淋巴管管壁平滑肌收缩活动(在淋巴管瓣膜配合下),起淋巴管泵的作用,可使淋巴液沿着淋巴系统,向心脏回流。此外,骨骼肌收缩活动、邻近动脉的搏动等,均可推动淋巴液回流。

淋巴液回流具有重要的生理意义。首先,可以回收蛋白质,因为血浆蛋白经毛细血管内皮细胞的"胞吐"作用转运到组织液后,不能由毛细血管壁重吸收,但能较容易地进入淋巴系统,然后回流至血液。其次,淋巴液回流可以协助消化管吸收营养物,如大部分脂类就是经过淋巴途径吸收的。此外,淋巴回流对调节体液平衡、清除组织中的异物等方面也有重要的作用。

知识单元 6　心血管活动的调节

循环系统适应性活动在于及时而适当地供给血液,以满足各组织和器官的代谢需要。有机体的神经和体液对心脏和各部分血管的活动进行调节,以适应各组织、器官在不同状态下对血液的需要,协调各器官之间的血量分配。

一、神经调节

(一)调节心血管活动的神经中枢

心血管系统的活动受到中枢神经系统的调节控制。这些调节控制是通过反射活动来实现的,中枢神经内与心血管反射有关的神经元集中的区域称为心血管反射中枢。控制心血管活动的神经元并不是只集中在中枢神经系统的一个部位,而是分布于从脊髓到大脑皮层的各个部位,它们各具不同的功能,又互相密切联系,使整个心血管系统的活动协调一致,并与整个机体的活动相适应。

1. 基本中枢 调节心血管活动的基本中枢在延髓。延髓中有 3 个中枢,即缩血管中枢、心加速中枢、心抑制中枢。当缩血管中枢、心加速中枢兴奋时,心搏动加速,血管收缩,血压升高。当心抑制中枢兴奋后,心搏动减慢,血管收缩活动降低,血压下降。延髓内的心血管中枢是维持正常血压和心血管反射的基本中枢。

基本中枢的重要生理特点是存在紧张性活动。心血管系统运动功能的动力性变化是依靠延髓基本中枢正常紧张性活动而实现的。正常情况下,缩血管中枢和心抑制中枢有很明显的紧张性活动,使机体全身血管保持一定程度的收缩状态,使心脏的活动速度及强度保持相对低的水平。心加速中枢很少出现紧张性活动,只是在特殊条件下才表现出明显的效应。

2. 高级中枢 调节心血管活动的高级中枢分布在延髓以上的脑干部分以及大脑和小脑中,它们在心血管活动调节中所起的作用较延髓基本中枢更加高级,特别是对心血管活动和机体其他功能之间的复杂的整合。

（二）心脏和血管的神经支配

1. 心脏的神经支配　心脏受交感神经和副交感神经的双重支配。

（1）心交感神经及其作用：心交感神经的节前神经元位于脊髓第1~5胸段的中间外侧柱；节后神经元位于星状神经节或颈交感神经节内。节后神经元的轴突组织组成心脏神经丛，支配心脏各个部分。右侧的纤维大部分终止于窦房结；左侧的纤维大部分终止于房室结和房室束。两侧均有纤维分布到心房肌和心室肌。

心交感神经节后神经元末梢释放的递质为去甲肾上腺素，与心肌细胞膜上的 β 受体结合，可导致心率加快，房室交界的传导加快，心房肌和心室肌的收缩能力加强。

（2）心迷走神经及其作用：支配心脏的副交感神经是迷走神经的心脏支。右侧迷走神经心脏支的大部分神经纤维终止于窦房结；左侧迷走神经心脏支的大部分神经纤维终止于房室结和房室束。两侧均有神经纤维分布到心房肌，心室肌也有迷走神经支配，但神经纤维末梢的数量远较心房肌中的少。

心迷走神经节后神经元末梢释放的递质乙酰胆碱，作用于心肌细胞的 M 受体，可导致心率减慢，心房肌收缩能力减弱，心房肌不应期缩短，房室传导速度减慢。刺激迷走神经时，也能使心室肌的收缩减弱，但其效应不如心房肌明显。

2. 血管的神经支配　除真毛细血管外，血管壁都有平滑肌分布。毛细血管前括约肌上神经分布很少，其舒缩活动主要受局部组织代谢产物影响，其余绝大多数血管平滑肌都受神经支配，它们的活动受神经调节。支配血管的神经主要调节血管平滑肌的收缩和舒张活动，称血管运动神经。它们可分为两类：一类神经能够引起血管平滑肌的收缩，使血管口径缩小，称缩血管神经；另一类神经能够引起血管平滑肌的舒张，使血管口径扩大，称舒血管神经。

（三）心血管反射

正常状态下，机体的心血管活动具有自动的负反馈性的调节作用。心血管系统本身存在着压力和化学感受器，当机体处于不同的生理状态如运动、休息、变换姿势、应激或机体内、外环境发生变化时，可引起各种心血管反射，使心输出量和各器官的血管收缩状况发生相应的改变，动脉血压也可发生变动，心血管反射一般都能很快完成，其生理意义在于使循环功能适应于当时机体所处的状态或环境的变化。

心血管反射很多，一般可分为两大类：加压反射和减压反射，其中最重要的是颈动脉窦和主动脉弓压力感受性反射。

1. 颈动脉窦和主动脉弓压力感受性反射

（1）压力感受器：组织学的研究表明，在颈动脉窦和主动脉弓处管壁内有许多感受器。这些感受器是未分化的枝状神经末梢。生理学研究发现，这些感受器并不是直接感受血压的变化，而是感受血管壁的机械牵张程度，因此称为压力感受器或牵张感受器。

（2）传入神经和中枢联系：颈动脉窦和主动脉弓压力感受器受到刺激后，发出冲动经窦神经和迷走神经传到延髓的心血管活动中枢。

（3）反射效应：动脉血压升高时，动脉管壁被牵张的程度就升高，压力感受器传入的冲动增多，通过中枢机制，使迷走紧张加强，心交感紧张和交感缩血管紧张减弱，其效应为心率减慢，心输出量减少，外周血管阻力降低，故动脉血压下降；当动脉血压降低时，压力感受器传入冲动减少，使迷走紧张减弱，交感紧张加强，其效应为心率加快，心输出量增多，外周血管阻力增高，血压升高。

（4）颈动脉窦和主动脉弓压力感受性反射的意义：颈动脉窦和主动脉弓压力感受性反射在心输出量、外周血管阻力、血量等发生突然变化的情况下，对动脉血压的快速调节有重要作用，使动脉血压不致发生过大的波动。

2. 颈动脉体和主动脉体化学感受性反射

（1）外周化学感受器：外周化学感受器位于颈动脉体（颈动脉窦旁）和主动脉体（在主动脉弓旁）中，对血液中氢离子浓度的增加和氧分压降低敏感。

（2）传入神经和中枢联系：化学感受器受到刺激后，发出冲动分别经窦神经和迷走神经传到延髓的呼吸中枢、缩血管中枢和心抑制中枢。

（3）反射效应：当血液中氢离子的浓度过高、二氧化碳分压过高、氧分压过低时，化学感受器受刺激，发出冲动经传入神经传至延髓呼吸中枢，引起呼吸加深加快，可间接地引起心率加快，心输出量增多，外周血管阻力增大，血压升高。

值得注意的是，血液中化学成分的变化直接作用于延髓心血管中枢的效果比作用于外周化学感受器的效果大得多。因此，在一般情况下，从颈动脉体和主动脉体化学感受器传来的冲动对心血管控制没有重要意义。但在缺氧或窒息时，外周传入变成重要因素，与中枢效应结合，产生强有力的交感传出冲动作用于循环系统。

二、体液调节

心血管活动的体液调节是指血液和组织液中一些化学物质对心肌和血管平滑肌的活动发生影响，并起调节作用。有些化学物质产生后迅速被破坏，只能对器官或组织产生局部性调节作用；有些化学物质产生后能够通过血液循环运送到全身各部，或者运送到心血管活动中枢，产生全身性的调节作用。

（一）肾素-血管紧张素

在肾血流量减少时，不论是由于血压下降，还是局部血管收缩，或肾血管病变所引起的肾血流量减少，都会引起肾小球旁器分泌一种酸性蛋白酶进入血液，这种酶就是肾素。它能使在肝中生成的血管紧张素原水解成血管紧张素Ⅰ。血管紧张素Ⅰ在肺循环中被血管紧张素转化酶水解成血管紧张素Ⅱ。血管紧张素Ⅱ受到血浆或组织中血管紧张素酶A的作用转变成血管紧张素Ⅲ，血管紧张素Ⅲ有极强的缩血管作用，约为去甲肾上腺素的40倍，它能加强心肌的收缩力，增强外周阻力，使血压升高；它还能作用于肾上腺皮质细胞，促进醛固酮的生成与释放。血管紧张素Ⅰ的缩血管作用较弱，但促进肾上腺皮质分泌醛固酮的作用较强。醛固酮可刺激肾小管对钠的重吸收，增加体液总量，也会使血压上升。

在正常生理情况下，血管紧张素对血压的调节没有明显的作用。在某些情况下，如失血、失水时，肾素-血管紧张素的活动加强，并对在这些状态下的循环功能的调节起重要作用。肾素-血管紧张素的升压作用大约需20 min才能生效。这种作用比肾上腺素、去甲肾上腺素的作用慢得多，但作用的持续时间长。

（二）肾上腺素和去甲肾上腺素

肾上腺髓质分泌的激素是心血管系统最重要的全身性体液调节因素。其中肾上腺素约占80%，去甲肾上腺素约占20%。

肾上腺素作用于心肌的β受体，引起心肌活动增强和心输出量增加。肾上腺素还能分别作用于血管平滑肌的α受体和β受体，使皮肤、内脏等的血管收缩，心脏和骨骼肌中的血管舒张，结果使平均动脉血压升高，同时全身各部的血液分配发生变化，骨骼肌的血流量大大增加，而皮肤、腹腔器官的血流量大大减少。

去甲肾上腺素主要作用于血管平滑肌的α受体，可引起血管平滑肌收缩，外周阻力增大和血压上升。

三、自身调节

在没有外来神经和体液因素的调节作用时，各器官组织的血流量仍能通过局部血管的舒缩活动而得到相应的调节。这种调节机制存在于器官组织或血管自身之中，所以称为自身调节。关于自身调节，有两种不同的学说。

1.肌源学说　该学说认为，血管平滑肌经常保持一定程度的紧张性收缩活动，这是一种肌源性活动。当器官血管的灌注压突然升高时，血管平滑肌受到牵张刺激，肌源性活动加强，器官血流阻力加大，器官血流量不因灌注压升高而增加；当器官血管的灌注压突然降低时，肌源性活动减弱，血管

Note

平滑肌舒张,器官血流阻力减小,器官血流量不因灌注压下降而减少。

2.局部代谢产物学说 该学说认为,器官血流量的自身调节主要是取决于局部代谢产物的浓度。当代谢产物腺苷、CO_2、H^+、乳酸和 K^+ 等在组织中的浓度升高时,使局部血管舒张,器官血流量增多,代谢产物可充分被血流带走。于是,局部代谢产物浓度下降,导致血管收缩,血流量与代谢活动水平保持相互适应。

知识单元7 哺乳动物胎儿血液循环的特点

哺乳动物的胎儿在母体子宫内发育,所需要的全部营养物质和氧气都是通过胎盘由母体供应的,所产生的代谢产物亦通过胎盘由母体排出。因此,胎儿的血液循环具有与此相适应的一些特点(图9-32)。

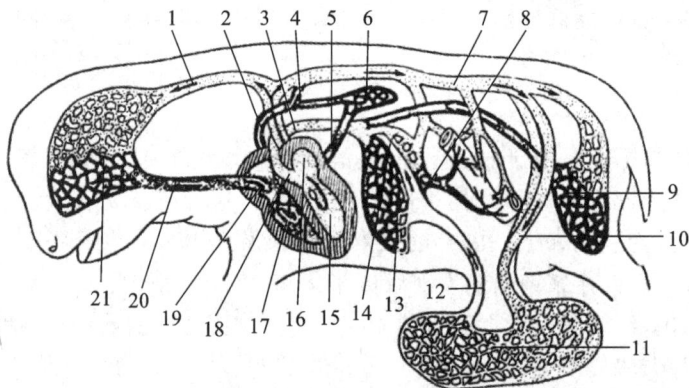

图 9-32　胎儿血液循环模式图

1.臂头动脉干　2.肺动脉干　3.后腔静脉　4.动脉导管　5.肺静脉　6.肺毛细血管　7.腹主动脉　8.门静脉　9.骨盆部和后肢毛细血管　10.脐动脉　11.胎盘毛细血管　12.脐静脉　13.肝毛细血管　14.静脉导管　15.左心室　16.左心房　17.右心室　18.卵圆孔　19.右心房　20.前腔静脉　21.头、颈部毛细血管

(引自曲强、程会昌、李敬双,动物解剖生理,2012)

一、心脏和血管的结构特点

(1)胎儿心脏房间隔上有一卵圆孔,使左、右心房相互沟通。因孔的左侧有卵圆瓣,血液只能由右心房流向左心房。

(2)胎儿的主动脉与肺动脉间有动脉导管相通。因此,来自右心房的大部分血液由肺动脉通过动脉导管流入主动脉,仅有少量血液经肺动脉进入肺内。

(3)胎盘是胎儿与母体进行气体及物质交换的器官,借助脐带与胎儿相连。脐带内有2条脐动脉和1条(马、猪)或2条(牛)脐静脉。

脐动脉为髂内动脉(牛)或阴部内动脉(马)的分支,沿膀胱侧韧带到膀胱顶,再沿腹腔底壁前行至脐孔,进入脐带到胎盘,分支形成毛细血管网,靠渗透和扩散作用与母体子宫的毛细血管网进行物质交换。脐静脉起于胎盘毛细血管网,经脐带由脐孔进入胎儿腹腔(牛的2条脐静脉入腹腔后则合成1条),沿肝的镰状韧带延伸,经肝门入肝。此外,牛的脐静脉在肝外有一小分支,直接与后腔静脉相通,称静脉导管。

二、血液循环的途径

胎盘毛细血管吸收母体的营养物质和氧气后,经脐静脉进入胎儿肝内,反复分支后汇入窦状隙,最后汇合成数支肝静脉,注入后腔静脉(牛有一部分脐静脉的血液经静脉导管直接入后腔静脉),与来自身体后半部的静脉血混合后进入右心房。进入右心房的大部分血液经卵圆孔到左心房,再经左心室到主动脉及其分支。其中大部分血液到头颈部及前肢。

来自胎儿身体前半部的静脉血,经前腔静脉入右心房到右心室,再入肺动脉。

由于胎儿期间肺脏基本不活动,因此肺动脉中的血液只有少量进入肺内,大部分血液经由动脉导管到主动脉,然后主要分布到身体的后半部,并经脐动脉到达胎盘。

由此可见,胎儿体内的大部分血液是混合血,但混合的程度不同。到达肝、头、颈和前肢的血液,含氧和营养物质较多,以适应肝功能活动和胎儿头部发育较快的需要;而到达肺、躯干和后肢的血液,含氧和营养物质较少,所以胎儿后躯发育较缓慢。

三、胎儿出生后的变化

胎儿出生后,肺和胃肠开始功能活动,同时脐带中断,胎盘循环停止,血液循环随之发生改变。脐动脉与脐静脉退化闭锁,分别形成膀胱圆韧带和肝圆韧带,牛的静脉导管成为静脉导管索;动脉导管收缩闭合,形成动脉导管索或动脉韧带,卵圆孔闭锁(卵圆瓣闭锁)形成卵圆窝,使左、右心房完全分隔开,互不相通。但有的动物由于种类、品种及生长发育等因素,出生后卵圆孔并不能完全闭合,例如猪,约有 20% 的猪卵圆孔闭合不全。

技能操作 13　心血管的观察

一、技能目标
能够识别心脏和心包的形态和结构及主要血管及其分支。

二、材料及设备
心脏各种切面的浸制标本,犊牛或羊全身血管标本。解剖刀、手术剪。

三、方法步骤

(一)心包
心包包裹心脏和大血管的基部,由内、外两层构成。外层由心包胸膜和纤维层构成;内层为浆膜层,分为脏层和壁层。脏层覆盖心脏,称心外膜;壁层紧贴纤维膜,两层间形成心包腔,内含少量心包液。

(二)心脏

1. 心脏外形　注意观察心基、心尖、冠状沟、左纵沟、右纵沟、左心房、左心室、右心房和右心室。

2. 心脏内腔

(1)右心房。识别右心耳、静脉窦、前腔静脉口、后腔静脉口、右房室口。

(2)右心室。识别右房室口、三尖瓣、肺动脉口、半月瓣。

(3)左心房。识别肺静脉口、左房室口。

(4)左心室。识别左房室口、二尖瓣、主动脉口、半月瓣。

(三)血管

1. 小循环的血管　肺动脉、肺静脉。

2. 大循环的动脉

(1)识别主动脉、主动脉弓、胸主动脉、腹主动脉。

(2)识别臂头动脉总干、左锁骨下动脉、臂头动脉、右锁骨下动脉、左右颈总动脉。

(3)识别腋动脉、臂动脉、正中动脉、指总动脉。

(4)识别胸主动脉和腹主动脉的分支。包括肋间背侧动脉、腹腔动脉、肠系膜前动脉、肾动脉、肠系膜后动脉、睾丸动脉(或卵巢动脉)、腰动脉、左右髂外动脉和左右髂内动脉。

(5)识别股动脉、腘动脉、胫前动脉、胫后动脉、跖背第 3 动脉、趾总动脉。

3. 大循环的静脉　识别前腔静脉、后腔静脉、奇静脉、门静脉。

四、注意事项

(1)注意安全。

(2)严格按照指导步骤操作。

(3)认真观察和记录。

五、作业

完成实验报告。

技能操作 14 　离体蛙心灌流

一、技能目标

能够观察到蛙心的正常活动,记录各种因素对离体蛙心活动的影响结果。

二、材料与设备

蛙或蟾蜍。蛙板、蛙心套管、蛙心夹、眼科剪、眼科镊、探针、棉花、缝针、缝线、记纹鼓、杠杆、滴管。任氏液、1％ NaCl、1％KCl、1％CaCl$_2$、0.01％肾上腺素、1％ NaOH、1％ NaH$_2$PO$_4$。

三、方法步骤

1. 破坏脑髓 用纱布包裹蛙身,左手执蛙身,右手持剪刀从口角插入口中,贴近蛙鼓膜的后方剪去蛙头。

2. 破坏脊髓 取一钝探针刺入脊髓内,上、下抽动以毁脊髓全部,抽出探针,用棉花止血。

3. 暴露心脏 将蛙仰卧于蛙板,从胸骨剑突下开始沿正中线将皮肤剪开,并将剪开的皮肤向两侧拉开,再用剪刀剪开腹壁,沿胸骨两侧向头剪至颈部,再用镊子将胸骨向上拉起,剪除胸骨和胸肌,不要损坏心脏和大血管,此时,见一银白色心包跳动,即蛙心结构。

4. 穿线结扎 在左、右主动脉下各穿一条浸过任氏液的缝线并结扎,将心脏向前翻转,在静脉窦以外结扎一线(勿结扎在静脉窦上),这样就阻断了血液的回流。

5. 插入蛙心套管 用眼科剪在主动脉球上朝心室方向剪一小口,将装有任氏液的蛙心套管的尖端由破口处插入,通过房室瓣直入心室。插管时要小心试探,不要损伤心肌,如果插入的深度适当,则套管内液面随心跳而上升和下降。套管斜口朝向心室腔。

6. 固定蛙心 结扎主动脉球与套管尖端并系牢于小钩上。在主动脉和静脉窦上的结扎处以外剪断,掏出心脏。将蛙心固定于支架上。在蛙心夹上系上一线,用蛙心夹夹住心尖,并把线的另一端系上描笔,调整好描笔使笔尖与记纹鼓面相切。

7. 滴加药物 向蛙心套管中注入1～3 mL 任氏液(以后溶液量均与此相同),使记纹鼓缓慢转动,显示记纹。注入1％NaCl 数滴,观察心脏活动有何变化。用任氏液洗涤,待心跳恢复正常后,加入1％CaCl$_2$ 数滴,观察心跳的变化。同样处理后,先后加入 1％ KCl、1％ NaOH、1％ NaH$_2$PO$_4$、0.01％肾上腺素 2～3 滴,分别观察心跳的变化。

[附]任氏液的配制:用分析天平称取 NaCl 6.5 g,KCl 0.14 g、CaCl$_2$ 0.12 g、NaHCO$_3$ 0.2 g。先用 900 mL 的蒸馏水溶解 CaCl$_2$ 于量杯中,再将上述各物质加入量杯中,用蒸馏水加至 1000 mL即可。

四、注意事项

(1)注意安全。

(2)严格按照指导步骤操作。

(3)认真观察和记录。

五、作业

完成实验报告。

技能操作 15　血液在血管中运行的观察

一、技能目标

能够观察到血液在动脉、静脉和毛细血管中流动的特点。

二、材料与设备

显微镜、蛙、有孔蛙板、探针、大头针、纱布、任氏液、0.01％肾上腺素。

三、方法步骤

（1）将破坏脑与脊髓的蛙置于有孔蛙板上，剖开腹腔，拉出小肠，展开肠系膜，以大头针固定，用任氏液湿润，将蛙板置于显微镜的低倍镜下，观看肠系膜血管。

（2）动脉血流的特点为逐步分流，而静脉血流的特点则是逐步汇合，据此找出一条动脉及与其并行的静脉，比较两者口径的大小、管壁的厚薄、血流方向、血流速度及颜色。

（3）观察毛细血管的特点、血流速度，以及血液流经毛细血管的特点。

（4）选择一个观察区，用小滤纸吸干任氏液，再滴上一滴 0.01％肾上腺素，观察有何变化。注意血管舒缩情况、血流速度、血浆和白细胞渗出现象。

四、注意事项

（1）注意安全。

（2）严格按照指导步骤操作。

（3）认真观察和记录。

五、作业

完成实验报告。

📖 知识链接与拓展

双香豆素中毒　　一氧化碳（CO）中毒　　红细胞的沉降率　　代谢性酸中毒

🧭 案例分析

正常心电图波形　　白血病
及临床意义

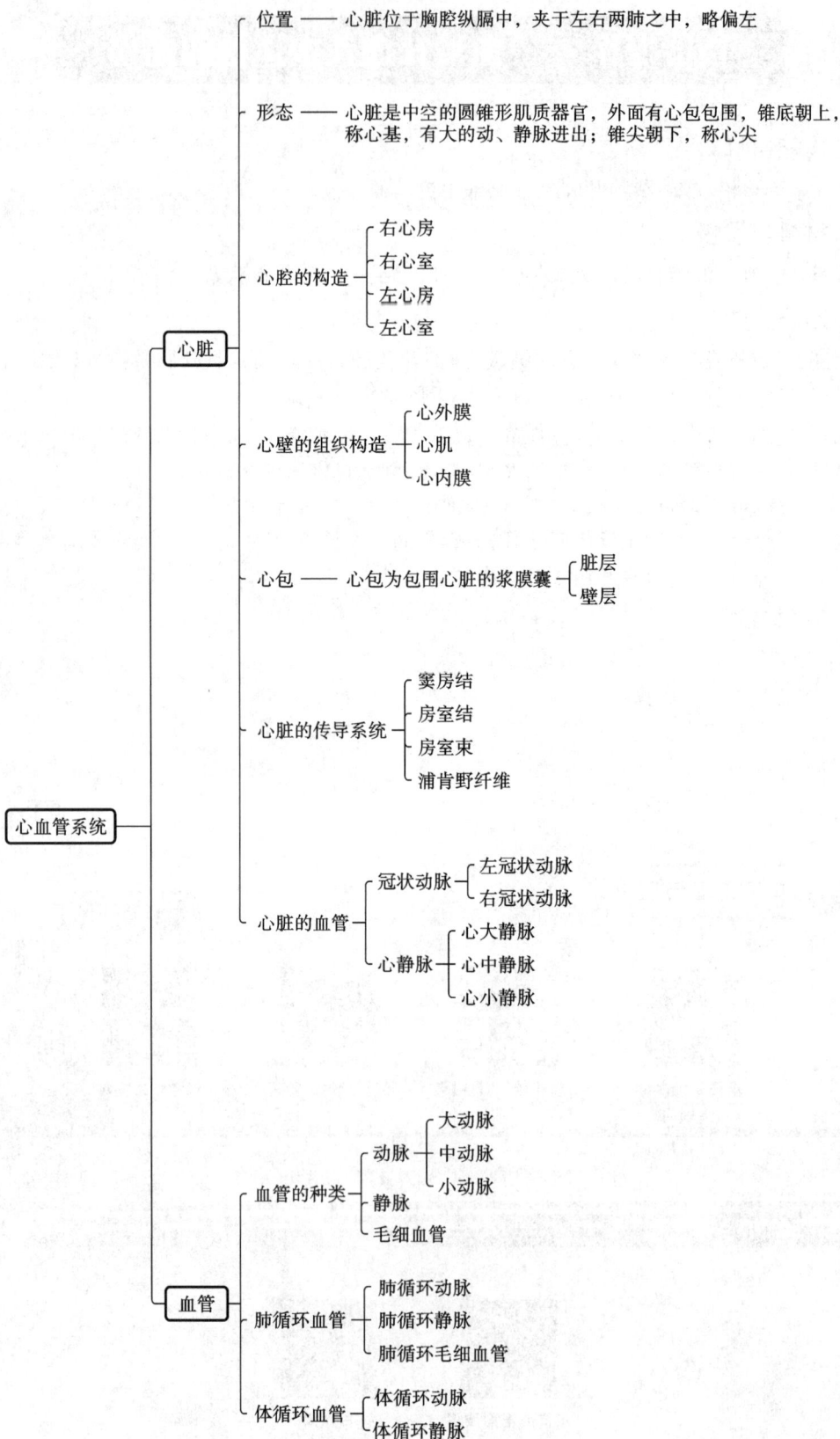

→ 模块小结

位置 —— 心脏位于胸腔纵膈中，夹于左右两肺之中，略偏左

形态 —— 心脏是中空的圆锥形肌质器官，外面有心包包围，锥底朝上，
称心基，有大的动、静脉进出；锥尖朝下，称心尖

心腔的构造 — 右心房 / 右心室 / 左心房 / 左心室

心壁的组织构造 — 心外膜 / 心肌 / 心内膜

心包 —— 心包为包围心脏的浆膜囊 — 脏层 / 壁层

心脏的传导系统 — 窦房结 / 房室结 / 房室束 / 浦肯野纤维

心脏的血管 — 冠状动脉 — 左冠状动脉 / 右冠状动脉
心静脉 — 心大静脉 / 心中静脉 / 心小静脉

心脏

心血管系统

血管的种类 — 动脉 — 大动脉 / 中动脉 / 小动脉
静脉
毛细血管

肺循环血管 — 肺循环动脉 / 肺循环静脉 / 肺循环毛细血管

体循环血管 — 体循环动脉 / 体循环静脉

血管

Note

心血管系统
├─ 心脏的生理功能
│ ├─ 心肌的生理特性 —— 心肌细胞具有兴奋性、收缩性和传导性、自律性
│ ├─ 心动周期 —— 心脏一次收缩和舒张构成一个机械活动周期，称为一个心动周期
│ ├─ 心音
│ │ ├─ 概念 —— 在每个心动周期中，心肌收缩，瓣膜启闭，血液加速或减速对心血管壁的作用所引起的机械振动，使心脏跳动产生的声音，称为心音
│ │ ├─ 第一心音 —— 第一心音发生在心室收缩期，音调低，持续时间长
│ │ └─ 第二心音 —— 第二心音是在心室肌舒张时，半月瓣关闭和动脉内涡流撞击动脉壁产生振动而形成的。第二心音音调高，持续时间较短
│ ├─ 心率 —— 心率是指正常动物在安静状态下每分钟心跳的次数
│ └─ 心脏活动的调节 —— 神经调节、体液调节、自身调节
│
├─ 血管生理
│ ├─ 血压 —— 血管内的血液对血管壁的侧压力称为血压，血压是指动脉血压
│ ├─ 脉搏 —— 心脏的收缩和舒张使血管产生规律性波动称为脉搏。脉搏是由心室肌的收缩、舒张和血管壁的弹性产生的
│ └─ 微循环 —— 微循环是指微动脉和微静脉之间的血液循环。这些微细血管包括微动脉、后微动脉、前毛细血管、真毛细血管网、动-静脉吻合支和微静脉
│
└─ 血液
   ├─ 血量
   │ ├─ 概念 —— 血量是指动物体内的血液总量，是血浆量和血细胞量的总和
   │ ├─ 循环血量
   │ └─ 储备血量
   ├─ 血液组成及功能
   │ ├─ 血浆 —— 血浆包括水分和溶质，溶质包括血浆蛋白、电解质和其他有机物等
   │ └─ 血细胞
   │   ├─ 红细胞 —— 运输氧气和二氧化碳，酸碱缓冲
   │   ├─ 白细胞 —— 白细胞依靠其具有游走、趋化性和吞噬作用等特性实现对机体的保护功能
   │   └─ 血小板 —— 血小板参与凝血、止血过程
   └─ 血液凝固
      ├─ 概念 —— 血液凝固是指血液由流动的溶胶状态转变为不能流动的凝胶状态的过程
      └─ 影响血液凝固的因素：①机械因素；②温度；③化学因素

Note

执考真题

1.(2021年)可引起组织性缺氧的原因是(　　)。

A.一氧化碳中毒　　　　　　　　B.贫血　　　　　　　　　　　C.氰化物中毒

D.胃炎　　　　　　　　　　　　E.淤血

答案:A

2.(2021年)促进止血和加速血液凝固的血细胞是(　　)。

A.红细胞　　　　　　　　　　　B.中性粒细胞　　　　　　　　C.单核细胞

D.嗜碱性粒细胞　　　　　　　　E.血小板

答案:E

3.(2021年)给牛输液常用的血管是(　　)。

A.颈静脉　　　　　B.后腔静脉　　　C.前腔静脉　　　D.肝静脉　　　E.奇静脉

答案:A

4.(2021年)运输氧气和二氧化碳的细胞是(　　)。

A.红细胞　　　　　　　　　　　B.中性粒细胞　　　　　　　　C.单核细胞

D.嗜碱性粒细胞　　　　　　　　E.血红蛋白

答案:A

能力巩固

一、名词解释

动脉、心率、微循环、心动周期、血清、血浆、毛细血管、静脉、小循环(肺循环)、大循环(体循环)、自动节律性、正常起搏点

二、填空题

1.心血管系统由_____和_____构成。

2.心脏分为_____、_____、_____和_____四部分。

3.右心房经_____通右心室,左心房经_____通左心室。

4.心壁分为_____和_____。

5.心传导系统由_____、_____、_____和_____组成。

6.根据血管的结构和功能不同,可分为_____和_____。

7.心肌细胞有_____和_____两种。

8.根据白细胞胞质中有无特殊染色颗粒,可将白细胞分为_____和_____两类。

9.颗粒白细胞按其染色特点,又可分为_____和_____;无颗粒白细胞包括_____和_____两种。

10.红细胞的主要功能是运输_____和_____,并对进入血液的酸、碱物质起缓冲作用。

三、选择题

1.属于腹主动脉壁支的动脉有(　　)。

A.肾动脉　　　　　　　　　　　B.腹腔动脉

C.腰动脉　　　　　　　　　　　D.肠系膜前动脉

2.从腹主动脉分出成对的脏支是(　　)。

A.肠系膜前动脉　　　　　　　　B.腹腔动脉

C.肾动脉　　　　　　　　　　　D.肠系膜后动脉

3.从腹主动脉分出的单一脏支是(　　)。

A.肾动脉　　　　　B.腹腔动脉　　　　C.睾丸动脉　　　　D.子宫卵巢动脉

4.臂头动脉干直接延续为( )。

A.左锁骨下动脉　　　　　　　　B.右锁骨动脉

C.臂头动脉　　　　　　　　　　D.双颈动脉干

5.分布到子宫上的动脉有( )。

A.卵巢动脉　　　　B.脐动脉　　　　C.阴道动脉　　　　D.阴部内动脉

6.直接汇入后腔静脉的静脉有( )。

A.奇静脉　　　　　B.门静脉　　　　C.髂总静脉　　　　D.肝静脉

7.不注入右心房的血管有( )。

A.后腔静脉　　　　B.前腔静脉　　　C.奇静脉　　　　　D.肺静脉

8.位于胸腔纵隔内的器官有( )。

A.肺　　　　　　　B.心　　　　　　C.胃　　　　　　　D.气管

9.腋动脉的侧支有( )。

A.臂动脉　　　　　B.肩胛上动脉　　C.胸廓内动脉　　　D.胸廓外动脉

10.右房室口纤维环上附着有( )。

A.三尖瓣　　　　　B.二尖瓣　　　　C.半月瓣　　　　　D.房室瓣

11.左房室口纤维环上附着有( )。

A.三尖瓣　　　　　B.二尖瓣　　　　C.肺动脉干瓣　　　D.主动脉瓣

12.分出颈总动脉的血管是( )。

A.臂头动脉　　　　B.臂头动脉总干　C.双颈动脉干　　　D.锁骨下动脉

13.分出肋间背侧动脉的血管是( )。

A.胸主动脉　　　　B.腹主动脉　　　C.升主动脉　　　　D.主动脉弓

14.心外膜就是( )。

A.纤维性心包　　　　　　　　　B.浆膜性心包壁层

C.浆膜性心包脏层　　　　　　　D.脂肪性心包

四、判断题

1.动脉管壁厚,管腔小,弹力大。( )

2.微循环是指微动脉和微静脉之间的微血管内的血液循环。( )

3.肺动脉口和主动脉口纤维环上分别附着有 3 个半月形的瓣膜。( )

4.右心室入口为右房室口,出口为主动脉口。( )

5.右心房包括静脉窦和右心耳两部分。( )

6.左心室入口为左房室口,出口为肺动脉口。( )

7.动脉起自心房,沿途反复分支,最后分支为毛细血管。( )

8.静脉起自毛细血管,沿途逐渐汇合成小、中、大静脉,最后开口于右心房。( )

9.第一心音是由房室瓣关闭、瓣膜和腱索振动及心室肌收缩时血流振动心室壁所产生的。( )

10.直肠后部的血液汇入部内静脉,再经髂总静脉、后腔静脉返回右心房。( )

11.第二心者是在心室肌舒张时,半月瓣振动和动脉内血流撞击动脉壁所产生的。( )

12.动脉血液运输营养物质、激素、气体和代谢产物。( )

13.血清与血浆的主要区别是血清中不含有纤维蛋白原。( )

14.心外膜是一层浆膜,是心包的脏层。( )

五、问答题

1.口服药物经什么途径到达牛前肢蹄部?

2.简述牛心脏的形态和位置。

模块十　免疫系统

　　免疫是机体的一种保护性反应，作用是识别"自己"和"非己"，并排除抗原性"异物"，以维持机体内环境的平衡和稳定。研究表明，淋巴系统是体内主要的免疫系统，因此淋巴系统也称免疫系统。此外，淋巴系统的免疫活动还协同神经及内分泌系统，参与机体其他神经体液调节，共同维持代谢平衡、生长发育和繁殖等。

　　免疫系统与心血管系统有着密切的联系，当血液流经毛细血管动脉端时，一些成分经毛细血管管壁进入组织间隙，形成组织液。组织液与细胞进行物质交换后，大部分经毛细血管静脉端吸收入静脉，小部分水分和大分子物质进入毛细淋巴管，形成淋巴，沿淋巴管道和淋巴结的淋巴窦向心流动，最后流入前腔静脉。因此淋巴系统是心血管系统的辅助系统，协助静脉引流组织液。

　　淋巴循环模式图见图 10-1。

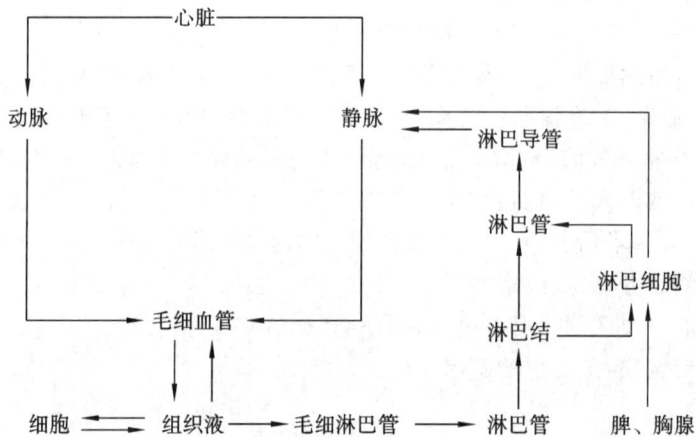

图 10-1　淋巴循环模式图

(引自张平、白彩霞、杨惠超，动物解剖生理，2017)

Note

知识单元 1　免疫系统的组成

免疫系统由具有免疫功能的免疫器官、免疫组织和免疫细胞组成。

一、免疫器官

免疫器官由免疫组织即淋巴组织构成,机体中的免疫组织分布范围十分广泛,存在形式也多种多样。免疫组织外覆被膜,即免疫器官也称淋巴器官,根据其发生和功能特点可分为初级淋巴器官和次级淋巴器官。中枢免疫器官有骨髓、胸腺和禽的腔上腺(法氏囊);周围免疫器官有淋巴结、脾脏、扁桃体和血淋巴结。

中枢免疫器官发育较早,其原始淋巴细胞来源于骨髓的干细胞,在此类器官的影响下,分化成 T 细胞和 B 细胞。周围免疫器官发育较迟,其淋巴细胞由中枢免疫器官迁移而来,定居在特定区域内,就地繁殖,再进入淋巴和血液循环,参与机体免疫。

免疫组织和免疫器官都能产生淋巴细胞,通过淋巴管或血管进入血液循环,参与免疫活动,因而是身体的防卫系统。

二、免疫组织

免疫组织也称淋巴组织,以网状细胞和网状纤维为支架,网眼中充满淋巴细胞及一些浆细胞、巨噬细胞和肥大细胞等。这种含有大量淋巴细胞的组织称为淋巴组织。淋巴组织根据淋巴细胞的聚集程度和方式不同,分为弥散淋巴组织和密集淋巴组织。

(一)弥散淋巴组织

弥散淋巴组织的淋巴细胞分布稀疏,没有特定的外形结构,与周围的结缔组织无明显的分界。常分布在消化管、呼吸道和泌尿生殖道的黏膜内,称为上皮下淋巴组织,形成抵御有害因子入侵的屏障,以抵御外来细菌或异物的入侵。此外,还分布于淋巴结的副皮质区、扁桃体淋巴小结间、脾白髓动脉周围淋巴鞘等处。淋巴组织内及其周围有许多毛细淋巴管,淋巴细胞可经此进入淋巴循环,并经毛细血管后微静脉进入淋巴器官或淋巴组织。抗原刺激可使弥散淋巴组织扩大,并出现淋巴小结。

(二)密集淋巴组织

密集淋巴组织又称淋巴滤泡,是由淋巴细胞密集而成的淋巴组织。如胸腺小叶皮质中密集的 T 细胞。有的脏器内,密集淋巴组织形成球状或长索状,前者称为淋巴小结,后者称为淋巴索。淋巴小结主要分布于淋巴结的皮质部、脾白髓、扁桃体及法氏囊等器官,此外还分布于消化管和呼吸道等处的黏膜中。若淋巴小结单独或分散存在,称为孤立淋巴小结或淋巴孤结,如空肠的淋巴孤结;如淋巴小结多个聚集在一个区域,称为集合淋巴小结或淋巴集结,如回肠的淋巴集结。淋巴索主要分布在淋巴结和脾内,形成淋巴索和脾索等。淋巴小结中央染色浅,细胞分裂相多,称为生发中心。在抗原刺激下,淋巴小结增大增多,是体液免疫应答的重要标志,抗原被清除后淋巴小结又逐渐消失。

三、免疫细胞

凡是参与机体免疫反应的细胞统称为免疫细胞,包括淋巴细胞、单核巨噬细胞系统的细胞、抗原提呈细胞及各种粒细胞等。

知识单元 2　中枢免疫器官

中枢免疫器官也称为中枢淋巴器官,是免疫细胞发生、分化和成熟的基地。

一、骨髓

骨髓是形成各类淋巴细胞、巨噬细胞和各种血细胞的场所,既是造血器官又是中枢免疫器官。

骨髓中的红骨髓可以生成血液中的血细胞。骨髓中的多能造血干细胞具有很强的分化能力,经过增殖、分化,演化为髓系干细胞和淋巴系干细胞。髓系干细胞是颗粒白细胞和单核巨噬细胞的前身;淋巴干细胞则演变为淋巴细胞。

二、胸腺

胸腺位于胸腔的心前纵隔中,分颈、胸两部,幼畜的胸腺发达,呈粉红色或红色,可沿气管两侧向前延伸至喉和气管两端。胸腺在性成熟后逐渐退化,到老年几乎完全被脂肪组织所代替。

胸腺既是淋巴器官,又是内分泌器官。胸腺的主要功能是产生淋巴细胞和分泌胸腺素。来自骨髓的淋巴干细胞在胸腺中受胸腺素和胸腺生成素等的诱导作用,增殖分化成具有免疫活性的淋巴细胞,这种依赖胸腺才能发育分化成为具有免疫活性的淋巴细胞称 T 细胞。需要说明的是,来自骨髓的大部分淋巴干细胞 2~3 天内便死于胸腺内,只有小部分成熟的具有免疫功能的 T 细胞才能进入周围免疫器官,参与细胞免疫和免疫调节。

(一)胸腺的形态位置

牛、猪的胸腺分为胸叶和颈叶,胸叶大,位于心前纵隔内,向前分为左、右颈叶,沿气管两侧分布,前端可达喉部(图 10-2)。羊胸腺与牛类似,呈淡黄色。单蹄类和肉食类动物的胸腺主要在胸腔内。

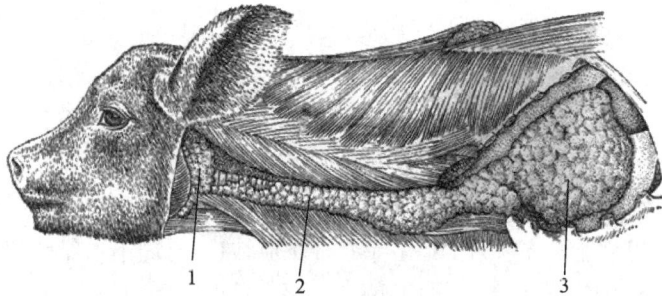

图 10-2　犊牛的胸腺
1.腮腺　2.颈部胸腺　3.胸部胸腺
(引自张平、白彩霞、杨惠超,动物解剖生理,2017)

胸腺大小因动物年龄的不同而有很大的变化,出生后胸腺仍继续生长,到性成熟时,胸腺体积达到最大,以后逐渐退化萎缩,不同动物胸腺开始退化的年龄不同:牛 4~5 岁,马 2~3 岁,羊 1~2 岁,猪、犬 1 岁开始退化,退化后被结缔组织所代替,但并不完全消失。

(二)胸腺的组织构造

胸腺表面有结缔组织被膜,并向实质延伸,将腺体分成许多不完全分隔的胸腺小叶,每个小叶呈椎体形或多边形。胸腺的实质可分为皮质和髓质。胸腺内的淋巴组织不形成淋巴小结,这与其他淋巴器官不同。

1.皮质　皮质位于小叶的边缘,包括数量众多的大、中、小淋巴细胞和巨噬细胞。上皮网状细胞的突起构成胸腺的支架,能分泌胸腺素并诱导淋巴细胞的分化,还参与构成胸腺屏障。皮质形成了一个淋巴细胞发育的微环境,淋巴干细胞在胸腺素的诱导下繁殖、分化,带上特异的膜标记,形成大量的 T 细胞。在 T 细胞形成的过程中,巨噬细胞能把那些发育不健全、功能不旺盛的淋巴细胞大量吞噬掉,只有少量发育成熟的淋巴细胞通过毛细血管后微静脉进入血液循环,迁移到全身各处的淋巴组织或淋巴器官内,并且不断地进行再循环,一旦与抗原相遇,就分裂繁殖成大量的 T 细胞,执行细胞免疫的功能。

上皮网状细胞有两种:被膜下和小叶间隔表面的为单层扁平形,构成了胸腺与外环境之间的屏障;其余上皮网状细胞为星形,构成支架。

2.髓质　髓质位于小叶中央,颜色浅淡,因其内含有的淋巴细胞较少而显得上皮网状细胞较多。在髓质内常可见到大小不等的小体,它是由退化的上皮网状细胞呈同心圆排列而成,外层细胞形态不完整,中央细胞已变性解体,成为均质的嗜酸性物质,有时还可见到钙质沉淀,这种小体称为胸腺小体。胸腺小体的功能尚不明确,但缺乏胸腺小体则不能培育出 T 细胞。

3.血胸屏障 胸腺皮质的毛细血管及其周围的结构具有屏障作用,可以保障淋巴细胞在胸腺微环境内的发育不受干扰,在没有抗原物质存在的条件下增殖分化,使血液内的大分子物质不易进入胸腺内,称为血胸屏障。它由下列结构组成:①具有紧密连接的毛细血管内皮;②内皮下完整的基膜;③血管周围组织间隙及其内的巨噬细胞;④上皮网状细胞下完整的基膜;⑤一层连续的上皮网状细胞(图 10-3)。

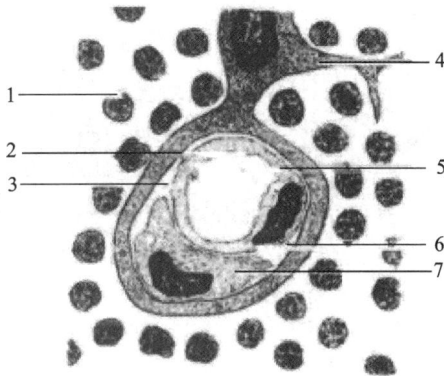

图 10-3 血胸屏障
1.淋巴细胞 2.上皮网状细胞基膜 3.血管周围组织间隙 4.上皮网状细胞 5.内皮细胞 6.内皮细胞基膜 7.巨噬细胞
(引自彭克美,畜禽解剖学,2005)

(三)胸腺的功能

1.T 细胞的成熟 胸腺能把来自骨髓的干细胞分化为具有细胞免疫功能的 T 细胞。若切除新生动物的胸腺,该动物则缺少 T 细胞,细胞免疫能力大大下降,也不能排斥异体移植物,同时机体产生抗体的能力也明显下降而导致死亡。若动物出生数月后再切除胸腺,此时大量 T 细胞已移至周围淋巴器官和淋巴组织,已能行使免疫功能,故影响不大。

2.分泌多种激素 上皮网状细胞分泌胸腺素,可诱导 T 细胞的分化和成熟;巨噬细胞分泌白细胞介素-1,可促进胸腺细胞的增殖与分化。

3.肥大细胞发育和分化 胸腺能够促进肥大细胞的发育和分化。

知识单元 3 周围免疫器官

扫码看课件

周围免疫器官也称周围淋巴器官或次级淋巴器官,包括淋巴结、脾、血结、血淋巴结及弥散的淋巴组织。周围免疫器官内的淋巴细胞来自中枢免疫器官。淋巴细胞在抗原的刺激下进一步分裂分化,以执行免疫功能。周围免疫器官是进行免疫反应的重要场所。

一、淋巴结

(一)形态结构

淋巴结位于淋巴管通路上,形态有球形、卵圆形、扁圆形等。其形状差异较大,大小不一,大的达几厘米,小的只有一毫米,常单个或成群分布在身体的一定部位(多位于凹窝或隐蔽之处及大血管附近)。淋巴结一侧常有凹陷,称淋巴门,是输出淋巴管和血管出入处;另一侧有输入淋巴管进入淋巴结。猪淋巴结的输入淋巴管和输出淋巴管位置相反。

淋巴结在活体上呈微红色或微红褐色,在尸体上略呈黄灰白色,但可因所处环境不同而不同,如城市或矿区的家畜,气管、支气管淋巴结多呈黑色。马的淋巴结小,数目多,多集合成群或成链;牛的淋巴结大,数目较马的少。

(二)位置

淋巴结数目很多,多位于畜体表面凹陷处的皮下,如下颌、肩前,沿血管周围分布。各种哺乳动物都有相似的淋巴结分布,有固定的局部位置,以输入淋巴管接收或引流附近器官或部位的淋巴。牛的主要浅表淋巴结见图 10-4。

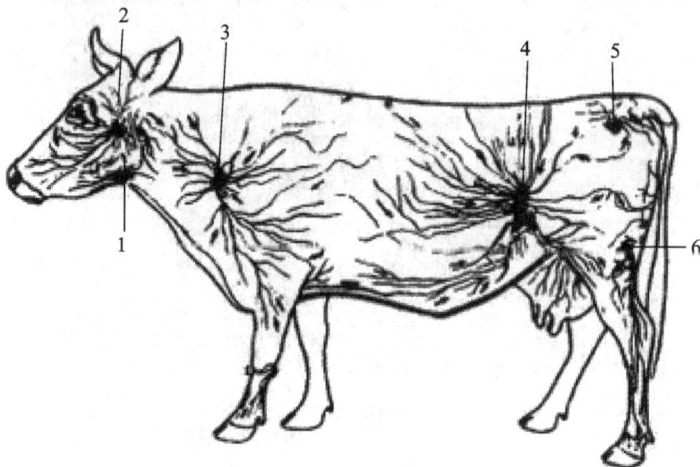

图 10-4　牛的主要浅表淋巴结

1.下颌淋巴结　2.腮腺淋巴结　3.颈浅淋巴结　4.髂下淋巴结　5.坐骨淋巴结　6.胸淋巴结

(引自张平、白彩霞、杨惠超,动物解剖生理,2017)

淋巴结的数目和位置常因个体的免疫状态和生理状态而有差异,因此人们提出了淋巴中心的概念。淋巴中心:一个或一群淋巴结常位于身体的同一部位,并接受几乎相同区域的淋巴,这个淋巴结或淋巴结群就是该区域的淋巴中心。一个淋巴中心常有一个或一群或多群淋巴结。牛、羊、猪有 18 个淋巴中心。马有 19 个淋巴中心。身体每一个较大器官或局部均有一个主要的淋巴结群。局部淋巴结肿大,常反映其收集区域有病变,对临床诊断如兽医卫生检疫有重要实践意义。

1.头部淋巴中心　头部有 3 个淋巴中心,即腮腺淋巴中心、下颌淋巴中心和咽后淋巴中心。

(1)腮腺淋巴中心:仅有腮腺淋巴结,牛通常有 1 个或 2~4 个淋巴结,猪有 2~8 个,马有 6~10 个。位于颞下颌关节后下方,部分或全部被腮腺覆盖。

(2)下颌淋巴中心:有下颌淋巴结,牛还有翼肌淋巴结,猪尚有下颌副淋巴结。下颌淋巴结位于下颌间隙内,牛一般有 1~3 个,猪有 1~2 个,马有一个淋巴结群,牛的下颌淋巴结位于面血管切迹后方;猪的位于下颌骨后腹侧缘,颌下腺的前方;马的与血管切迹相对,两侧淋巴结前端相连呈"V"形;犬的位于下颌角附近的面静脉周围皮下。

(3)咽后淋巴中心:包括咽后内侧淋巴结和咽后外侧淋巴结,牛还有舌骨前淋巴结和舌骨后淋巴结。咽后内侧淋巴结位于咽的背外侧。咽后外侧淋巴结位于寰椎翼的腹侧、腮腺和颌下腺的深层。

2.颈部淋巴中心　颈部有 2 个淋巴中心,即颈浅淋巴中心和颈深淋巴中心。

(1)颈浅淋巴中心:牛有颈浅淋巴结和颈浅副淋巴结,猪有颈浅背侧、中侧和腹侧淋巴结,马只有颈浅淋巴结。颈浅淋巴结又称肩前淋巴结,位于肩关节前上方,牛的在臂头肌和肩胛横突肌的深面;猪的颈浅背侧淋巴结相当于牛、马的颈浅淋巴结,被颈斜方肌和肩胛横突肌所覆盖;马的颈浅淋巴结位于臂头肌的深层。

(2)颈深淋巴中心:包括颈深前、中、后 3 群淋巴结,牛还有肋颈淋巴结和菱形肌下淋巴结,猪无颈深中淋巴结。颈深前淋巴结位于甲状腺附近的气管侧面。颈深中淋巴结位于颈中部气管的两侧。颈深后淋巴结位于第 1 肋骨前方,气管的腹侧。

3.前肢淋巴中心　前肢只有一个腋淋巴中心。马有 3 个淋巴中心,即肘淋巴结、固有腋淋巴结和第 1 肋腋淋巴结。牛无肘淋巴结。猪仅有第 1 肋腋淋巴结。肘淋巴结位于肘关节的内侧,在臂二头肌和臂三头肌内侧头之间。固有腋淋巴结位于肩关节后方,大圆肌远端内侧面。第1肋腋淋巴结位于胸深肌和第1肋之间。

4.胸腔淋巴中心 胸腔有4个淋巴中心,即胸背侧淋巴中心、胸腹侧淋巴中心、纵隔淋巴中心和支气管淋巴中心。

(1)胸背侧淋巴中心:包括肋间淋巴结和胸主动脉淋巴结。肋间淋巴结位于肋间隙近端的胸膜下、交感神经干背侧的脂肪中。猪无肋间淋巴结。胸主动脉淋巴结位于胸主动脉与胸椎椎体之间的脂肪内。

(2)胸腹侧淋巴中心:包括胸骨淋巴结和膈淋巴结。胸骨淋巴结又分胸骨前、后淋巴结,位于胸骨前部和后部背侧的脂肪内,沿胸内血管分布。猪无胸骨后淋巴结。牛、马的膈淋巴结常见于膈的胸腔面、后腔静脉孔附近。

(3)纵隔淋巴中心:牛、马有3群淋巴结,即纵隔前、中、后淋巴结。羊无纵隔中淋巴结。猪仅有纵隔前淋巴结,有时可见纵隔后淋巴结。纵隔前淋巴结位于心前纵隔内,沿大血管、气管和食管分布。纵隔中淋巴结在心基背侧。纵隔后淋巴结位于心后纵隔中,沿胸主动脉和食管分布,牛、羊常有一个很大的淋巴结。

(4)支气管淋巴中心:包括气管支气管淋巴结和肺淋巴结。

气管支气管淋巴结位于气管叉的周围,分为气管支气管前淋巴结和气管支气管左、右、中淋巴结。气管支气管前淋巴结位于气管支气管前方的气管右侧,马无气管支气管前淋巴结。气管支气管左淋巴结位于气管叉的左侧,气管支气管右淋巴结位于气管叉的右侧,气管支气管中淋巴结位于气管叉的夹角内。

肺淋巴结沿肺内主支气管分布,50%左右的牛、马均有。

5.腹腔内脏淋巴中心 腹腔内脏有3个淋巴中心,即腹腔淋巴中心、肠系膜前淋巴中心和肠系膜后淋巴中心。

(1)腹腔淋巴中心:牛、羊有4群淋巴结,即腹腔淋巴结、胃淋巴结、肝淋巴结和胰十二指肠淋巴结;猪和马还有1群脾淋巴结。腹腔淋巴结位于腹腔动脉起始部附近。胃淋巴结,牛、羊的数目多,沿胃各室血管分布。猪和马的胃淋巴结位于胃小弯贲门附近。肝淋巴结,位于肝门附近,沿门静脉分布。胰十二指肠淋巴结,位于胰和十二指肠之间。脾淋巴结,位于脾门附近沿脾血管分布。

(2)肠系膜前淋巴中心:有4群淋巴结,即肠系膜前淋巴结、空肠淋巴结、盲肠淋巴结和结肠淋巴结。肠系膜前淋巴结位于肠系膜起始部附近。空肠淋巴结位于空肠系膜中,马的空肠淋巴结位于空肠系膜根部附近。盲肠淋巴结在牛位于回盲韧带内;猪的位于回肠入盲肠处;马的沿盲肠纵肌带分布。结肠淋巴结在牛、羊和猪位于结肠旋袢内,马的位于上、下大结肠之间的系膜中。

(3)肠系膜后淋巴中心:只有肠系膜后淋巴结,沿肠系膜后动脉及其分支分布于降结肠和直肠前部的系膜内。

6.腹壁和骨盆壁淋巴中心 腹壁和骨盆壁有4个淋巴中心,即腰淋巴中心、荐髂淋巴中心、腹股沟浅淋巴中心和坐骨淋巴中心。

(1)腰淋巴中心:有2群淋巴结,即主动脉腰淋巴结和肾淋巴结。主动脉腰淋巴结沿腹主动脉和后腔静脉分布。肾淋巴结位于肾门附近,在肾动、静脉周围。牛还有固有腰淋巴结,位于腰椎横突之间、椎间孔附近。

(2)荐髂淋巴中心:有4群淋巴结,即髂内侧淋巴结、髂外侧淋巴结、荐淋巴结和肛门直肠淋巴结。髂内侧淋巴结位于髂外动脉起始处附近。髂外侧淋巴结位于旋髂深动脉前后支分叉处。荐淋巴结位于两侧髂内动脉的夹角内。肛门直肠淋巴结位于直肠腹膜后部的背侧面。

(3)腹股沟浅淋巴中心:包括2群淋巴结,即腹股沟浅淋巴结和髂下淋巴结。腹股沟浅淋巴结位于腹股沟管皮下环附近,公畜的称阴囊淋巴结,在阴茎两侧;母畜的称乳房淋巴结,母牛和母马的位于乳房基部后上方两侧皮下,母猪的位于倒数第2对乳房的外侧。髂下淋巴结又称股前淋巴结,位于髋关节和膝关节之间,阔筋膜张肌前缘皮下。

(4)坐骨淋巴中心:牛有坐骨淋巴结、臀淋巴结和结节淋巴结。猪无结节淋巴结,马只有坐骨淋巴结。坐骨淋巴结位于荐结节阔韧带的外侧面。臀淋巴结位于荐结节阔韧带后缘的外侧面,坐骨小切迹背侧,臀股二头肌的深面。结节淋巴结位于荐结节阔韧带后缘,坐骨结节内侧皮下。

7. 后肢淋巴中心　牛、马的后肢淋巴中心有 2 个,即腘淋巴中心和髂股(腹股沟深)淋巴中心。羊和猪只有腘淋巴中心。

(1)腘淋巴中心:仅有 1 群腘淋巴结,位于膝关节后方,臀股二头肌和半腱肌之间,腓肠肌外侧头近端的表面脂肪中。

(2)髂股(腹股沟深)淋巴中心:有 2 群淋巴结即髂股(腹股沟深)淋巴结和腹壁淋巴结。髂股(腹股沟深)淋巴结位于髂骨体前方,分出旋髂深动脉处之后的髂外动脉沿途。腹壁淋巴结位于近耻骨处的腹直肌内面。

(三)淋巴结的组织构造

淋巴结由被膜和实质构成。

淋巴结的表面有由结缔组织构成的被膜,并深入实质形成许多小梁。小梁互相连接成网构成淋巴结的粗支架。淋巴结的实质分为周围的皮质和中央的髓质。猪的淋巴结皮质和髓质的位置相反。

1. 皮质　皮质位于被膜下,由浅层皮质、深层皮质和皮质淋巴窦构成。

(1)浅层皮质:由淋巴小结和薄层弥散淋巴组织组成,淋巴小结为主要结构,内含大量的 B 细胞和少量巨噬细胞、T 细胞。淋巴小结生发中心的 B 细胞能分裂分化产生新的 B 细胞。

(2)深层皮质:又称副皮质区,为浅层皮质与髓质之间的厚层弥散淋巴组织,主要由 T 细胞组成。

(3)皮质淋巴窦:包括被膜下窦和小梁周窦。被膜下窦位于被膜下,包绕整个淋巴结实质,小梁周窦位于小梁周围,窦壁由内皮细胞组成,腔内有许多网状细胞和巨噬细胞。

2. 髓质　髓质由髓索及其间的髓窦组成。

(1)髓索:由密集排列成索状的淋巴组织构成。髓索内主要含 B 细胞、浆细胞和巨噬细胞,其数量可因免疫状态的不同而变化。

(2)髓窦:髓质淋巴窦,其结构与皮质淋巴窦相似,但窦腔较宽大,含有较多的巨噬细胞。

(四)淋巴结的功能

1. 滤过　当淋巴液流经淋巴结时,淋巴窦内的巨噬细胞可以将细菌和异物吞噬,使淋巴液得以净化。

2. 参与免疫应答　当抗原物质进入淋巴结后,即引起免疫应答,淋巴结内的 T 细胞和 B 细胞大量分裂增殖,产生效应 T 细胞和效应 B 细胞,分别参与细胞免疫和体液免疫。

二、脾

(一)脾的形态位置

各种家畜的脾均位于腹前部、胃或瘤胃的左侧(图 10-5)。

牛脾呈长而扁的椭圆形,灰蓝色,质度稍硬。位于左季肋部,贴附于瘤胃背囊左前面,从最后 2 肋骨椎骨端斜向前下方达第 8～9 肋骨下 1/3。壁面略凸接膈,脏面略凹贴瘤胃左面;上部以腹膜及结缔组织附着于膈左脚及瘤胃,下部游离;脏面上 1/3 近前缘处稍凹为脾门,有血管神经出入。

羊脾呈扁的钝角三角形,红紫色,质稍软,位于瘤胃的左侧,长轴斜向前下方,由最后肋骨的椎骨端伸至第 10 肋间隙的中部。脾门靠近脏面前上角。

马脾呈扁平镰刀形,蓝紫色,质柔软,位于胃大弯左侧。上端宽,以短的脾悬韧带附着于胃盲囊、左肾和膈左脚,与后 2、3 肋骨椎骨端和第 1 腰椎相对;下端窄,游离,与第 10、11 肋骨下 1/3 相对。壁面稍凸,接膈及左腹壁;脏面稍凹,有一纵嵴,嵴上有沟,为脾门。嵴的前、后面分别称胃面和肠面,与胃、肠相接触。

猪脾呈狭而长的条状,红紫色或暗红色,质稍硬。脾长轴几乎呈背腹向,位于胃大弯左侧;上端较宽,位于后 3 肋骨椎骨端下方,前方为胃,后方为左肾,内侧为胰左叶;下端稍窄,位于脐部,靠近腹腔底壁。脏面有一纵嵴,将脏面分为几乎相等的胃区和肠区,分别与胃和结肠接触。脾门位于纵嵴上。壁面凸,与腹腔左侧壁接触。脾借胃脾韧带与胃疏松相连。

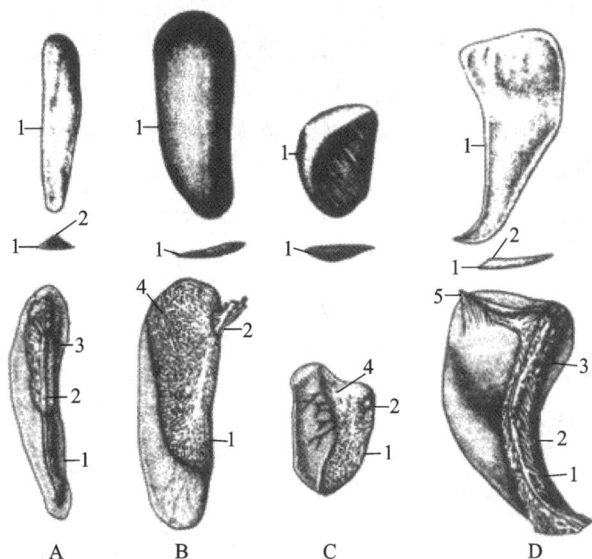

图 10-5　脾的形态比较(上图为壁面,中图为中段横断面,下图为脏面)
A.猪脾　B.牛脾　C.羊脾　D.马脾
1.前缘　2.脾门　3.胃脾韧带　4.脾和瘤胃粘连处　5.脾悬韧带
(引自张平、白彩霞、杨惠超,动物解剖生理,2017)

(二)脾的组织构造

脾是体内最大的淋巴器官,分布在血液循环的经路上,它有输出淋巴管,没有输入淋巴管;没有淋巴窦,而有血窦。脾也包括被膜和实质两部分。

1.被膜与小梁　脾表层覆有光滑的浆膜,由较厚的致密结缔组织构成,结缔组织内伸构成小梁,小梁互连形成脾的粗支架。被膜及小梁上有发达的平滑肌。

2.实质　淋巴组织构成脾的实质,无皮质和髓质之分,分为白髓、红髓和边缘区,脾区无淋巴窦,但有大量的血窦。

(1)白髓:在新鲜脾的切面上,呈分散的灰白色小点状,故称为白髓,主要由致密的淋巴组织构成,分为动脉周围淋巴鞘和淋巴小结两部分。

①动脉周围淋巴鞘:环绕中央动脉的一层弥散淋巴组织,呈圆筒状,主要由 T 细胞及少量巨噬细胞组成,属胸腺依赖区。当发生细胞免疫时,T 细胞大量分裂增殖,动脉周围淋巴鞘变厚。中央动脉是小梁动脉进入实质后的分支,有 1～2 条(其位置不一定在中央,习惯上称为中央动脉)。

②淋巴小结:又称为脾小体,常位于白髓的一侧,结构与形态和淋巴结内的淋巴小结相似,也由大量 B 细胞构成,当发生体液免疫时可增多、变大,并可出现生发中心。

(2)红髓:占脾实质的大部分,位于被膜下方,小梁周围。因含大量的血细胞,新鲜脾的切面呈现红色。红髓由脾索和脾窦组成。

①脾索:由含有血细胞的淋巴细胞索构成,互相连接成网,脾索中的淋巴细胞主要是 B 细胞,还有血细胞和巨噬细胞。

②脾窦:位于脾索之间,脾窦壁内皮细胞为长杆状,连接不紧密,细胞沿脾窦长轴平行排列。外面的基膜不完整,有网状纤维环绕,有利于血细胞的出入。

(3)边缘区:位于白髓和红髓的交界处,几层扁平的网状细胞呈同心圆排列,此处淋巴细胞较白髓稀疏,混有少量红细胞,边缘区含 T 细胞和 B 细胞,并有一定数量巨噬细胞,此区有许多中央动脉的分支开口,是血液进入白髓和红髓的重要通道。边缘区是引起免疫应答的重要部位。

(三)脾的功能

脾有造血、滤血、储血及免疫等功能。

1.造血　胚胎时期脾能产生各种血细胞,成年后仅能产生淋巴细胞和单核细胞,但当机体大失血或某种疾病时则能恢复其产生各种血细胞的功能。

2.滤血 脾含有大量巨噬细胞,边缘区、脾窦等处都是滤血的场所,除了能清除侵入血液内的细菌和抗原物质外,还能吞噬分解衰老的红细胞及白细胞等。

3.储血 脾窦和脾索内都可以储存血液。在机体大失血、剧烈运动等情况下,脾收缩,排出血液进入血液循环,以满足机体的需要。

4.免疫 脾内的 B 细胞较多,可产生抗体,参与机体的免疫过程。

三、扁桃体

扁桃体由淋巴组织构成,为机体重要的防御器官,分布于舌、咽等处。在家畜中,扁桃体主要有下列几群:舌扁桃体,位于舌根部背侧;腭扁桃体,位于咽部侧壁,反刍动物腭扁桃体较发达,牛的长达 3 cm,并形成腭扁桃体窦,开口于口咽部侧壁上,猪无腭扁桃体;腭帆扁桃体,位于软腭口腔面黏膜下,猪的特别发达;咽扁桃体,位于鼻咽部顶壁;咽鼓管扁桃体,位于咽鼓管咽口的侧壁内;会厌旁扁桃体,位于会厌基部两侧,牛和马尤。

四、血结和血淋巴结

血结和血淋巴结是两种比较特殊的免疫器官,不普遍存在于所有动物。

(一)血结

血结主要存在于反刍动物,但也见于马、人和其他灵长类。血结沿内脏血管分布,往往成串存在,为暗红色小体。

血结表面被膜的结缔组织伸入内部形成小梁,小梁互相连接,构成不发达的网状支架。被膜和小梁中分布较多的血管和一些平滑肌。血结实质内的淋巴组织或排列成索状,或构成淋巴小结。

血结没有输入淋巴管和输出淋巴管,含有大量血窦,而无淋巴窦。血结血窦包括边缘窦和中间窦。边缘窦位于被膜下方;中间窦穿行于淋巴索和淋巴小结之间,吻合成网。被膜的血管,有的先通入边缘窦,再通入中间窦;有的先穿行于小梁,然后离开小梁直接通入中间窦。血结具有过滤血液和进行免疫应答的作用。

(二)血淋巴结

血淋巴结见于鼠、牛、羊、猪和人类,位于脾血管附近,或包埋于胸腺后面的结缔组织内。血淋巴结的构造介于血结和淋巴结之间。

血淋巴结的被膜较薄,小梁不发达。实质虽分为皮质和髓质,但分界不明显。皮质淋巴细胞排列较密,可见淋巴小结,但轮廓不清楚;髓质淋巴细胞排列较稀疏。

血淋巴结具有输入淋巴管和输出淋巴管。由于毛细血管与淋巴窦相通,故窦腔内同时存在血液和淋巴。窦分布于被膜下、小梁旁和淋巴组织之间,彼此沟通成网。被膜下窦接受输入淋巴管的淋巴,将其注入小梁旁窦,然后经髓窦汇集于输出淋巴管。

知识单元 4 免 疫 细 胞

扫码看课件

一、淋巴细胞

淋巴细胞大小不一,一般为 5～18 μm,胞核大,嗜碱性;胞质少,呈浅蓝色,随血液周流全身,因而在机体的每个组织中都能找到。它能识别和消灭侵入机体的有害成分。现已发现的淋巴细胞有 4 种:T 细胞、B 细胞、K 细胞、NK 细胞。

T 细胞(T 淋巴细胞)是骨髓内形成的淋巴干细胞在体内分化、成熟的淋巴细胞,也称胸腺依赖淋巴细胞,成熟后进入血液和淋巴,参与细胞免疫。

B 细胞(B 淋巴细胞)是淋巴干细胞在骨髓或禽的法氏囊中分化成熟的,为骨髓依赖淋巴细胞。B 细胞进入血液和淋巴后在抗原刺激下转为浆细胞,产生抗体,参与体液免疫。

K 细胞是发现较晚的淋巴样细胞,分化途径尚不明确,具有非特异性杀伤功能。它能杀伤与抗体结合的靶细胞,且杀伤力较强。

NK 细胞也称自然杀伤细胞,它不依赖抗体,不需抗原作用即可杀伤靶细胞,尤其是对肿瘤细胞及病毒感染细胞具有明显的杀伤作用,能使靶细胞溶解。

二、单核巨噬细胞系统

单核巨噬细胞系统是指分散在许多器官和组织中的一些形态不同、名称各异,但都来源于血液的单核细胞,具有吞噬能力和活体染色反应,主要包括结缔组织内的组织细胞、肺内的尘细胞、肝内的枯否细胞、脾和淋巴结内的巨噬细胞、血液内的单核细胞、脑和脊髓中的小胶质细胞等。需要指出的是,血液中的中性粒细胞虽具有吞噬能力,但其并不是由单核细胞转变而来,也无活体染色反应,故不属于单核巨噬细胞系统。

单核巨噬细胞系统是一个生理性的防御系统,在正常情况下,能不断清除体内衰老死亡的细胞及碎片。当外界的细菌或异物侵入机体时,它们表现出活跃的吞噬能力,将这些细菌和异物吞噬和处理,并能清除病灶中坏死的组织和细胞,因此有体内"清扫细胞"的称号。单核巨噬细胞系统可以吞噬较大的异物,如染料颗粒、抗原抗体复合物、病原虫、肿瘤细胞等,因此在防止细胞癌变上有一定作用。

单核巨噬细胞系统吞噬和处理抗原并将抗原特异性传递给 T 细胞、B 细胞,激活淋巴细胞的免疫功能,并能保留抗原特性,持续地进行免疫诱导。

单核巨噬细胞系统还可以分泌生物活性物质,如抗体、干扰素、溶菌酶、活化因子、凝血因子等,这些活性物质与淋巴细胞、粒细胞、肥大细胞、血小板等在功能上可以互相促进和制约。

三、抗原呈递细胞

抗原呈递细胞是指在特异性免疫应答中,能够参与免疫应答,摄取、加工、处理抗原,并将抗原呈递给 T 细胞和 B 细胞的细胞,其作用过程称抗原呈提。它是免疫系统的前哨细胞,在诱发机体特异性免疫应答中起关键作用。如果没有抗原呈递细胞的存在和正常功能的发挥,免疫系统就不可能识别"异己",打击"敌人",维持机体的正常结构和生理功能。有此作用的细胞主要有巨噬细胞、树突状细胞等,它们多属单核巨噬细胞系统。

知识单元 5　淋巴和淋巴管

扫码看课件

一、淋巴

淋巴是免疫系统的组成成分,也是机体的体液成分之一。淋巴来自组织液,组织液来自血液,淋巴又回到血液中去,三者密切相关。淋巴是无色或微黄的液体,由淋巴浆和淋巴细胞组成,但未通过淋巴结的淋巴内没有淋巴细胞。

淋巴是组织液透过毛细淋巴管管壁进入毛细淋巴管而形成的。当血液从动脉流到毛细血管动脉端,组织液与组织细胞进行物质交换后,一部分组织液返回毛细血管静脉端,另一部分组织液经毛细血管管壁滤出,进入组织间隙,形成组织液,其中一小部分被吸收入毛细淋巴管,形成淋巴。

毛细淋巴管通透性极大。毛细淋巴管以盲端起始于组织间隙,组织液压力大于毛细淋巴管内的压力,所以组织液可顺利进入毛细淋巴管盲端而生成淋巴。淋巴沿淋巴管道向心流动,最后归入静脉进入右心房。

淋巴管是血液回流的一个辅助系统,单程向心流动。淋巴在淋巴管内流动,淋巴器官位于淋巴管的径路上。淋巴管以毛细淋巴管起于组织间隙,并像静脉一样逐级汇集成大的淋巴管,最后回到前腔静脉,因此,它属于血液循环中静脉循环的一个分支。

淋巴经毛细淋巴管、淋巴管、淋巴干、淋巴导管注入前腔静脉,此过程称为淋巴循环。淋巴管内有游离缘向心方向的瓣膜,可阻止淋巴逆流。

二、淋巴管

淋巴管是运送淋巴的管道,可根据汇集顺序、口径大小以及管壁厚薄分为毛细淋巴管、淋巴管、淋巴干和淋巴导管。

(一)毛细淋巴管

毛细淋巴管是以盲端起始的小管,并彼此吻合成网。毛细淋巴管与毛细血管彼此相邻,但互不相通。毛细淋巴管的分布和结构与毛细血管相似,但通透性大于毛细血管,一些不易进入毛细血管的大分子物质,如细菌、异物等,可进到毛细淋巴管内。小肠绒毛内的毛细淋巴管还能吸收脂肪,淋巴呈乳白色,此处又称乳糜管。

(二)淋巴管

淋巴管由毛细淋巴管汇合而成,其形态构造与静脉相似,但管径较细,数量较多,彼此吻合比静脉更广泛。管壁较薄,管内瓣膜较多,游离缘向心排列,有防止淋巴倒流的作用。淋巴管行进过程中要经过许多淋巴结,进入淋巴结的为输入淋巴管,离开淋巴结的为输出淋巴管。

(三)淋巴干

全身浅、深淋巴管经过淋巴结后逐渐汇集成粗的淋巴干。淋巴干常与血管伴行,包括气管淋巴干、腰淋巴干、腹腔淋巴干、肠淋巴干。

1.气管淋巴干　分为左、右对称的两条,分别伴随左、右颈总动脉,沿气管的腹内侧后行,分别收集左、右侧头颈,肩胛部和前肢的淋巴。左气管淋巴干注入胸导管,右气管淋巴干注入右淋巴导管、前腔静脉或颈静脉。

2.腰淋巴干　腰淋巴干由腰荐部腹侧的髂内淋巴结的输出淋巴管汇合而成,沿腹主动脉和后腔静脉前行,注入乳糜池。收集腹壁、骨盆壁、盆腔器官、后肢及结肠后段的淋巴。

3.腹腔淋巴干　腹腔淋巴干由胃、肝、脾、胰、十二指肠等处的淋巴结的输出淋巴管汇合而成,并收集相应器官组织的淋巴,它有时可与肠淋巴干汇合成内脏淋巴干,注入乳糜池。

4.肠淋巴干　肠淋巴干由空肠和结肠淋巴结的输出淋巴管汇合而成,参与形成内脏淋巴干或单独注入乳糜池。肠淋巴干汇集空肠、回肠、盲肠和部分结肠的淋巴。

(四)淋巴导管

全身的淋巴管最后汇集成两条较大的淋巴导管和静脉血管相连接,包括右淋巴导管(右气管淋巴干的延续)和胸导管。

1.胸导管　胸导管是全身最大的淋巴导管,汇集除右淋巴导管以外的全身的淋巴,起始于最后胸椎到第2、3腰椎腹侧面,腹主动脉右背侧的乳糜池,穿过膈的主动脉裂孔入胸腔,向前行于胸腔入口处,注入于前腔静脉或左颈外静脉。

胸导管沿途主要收集两后肢、腹壁、腹腔、骨盆壁及骨盆腔内器官、左侧胸壁、左肺、左心、左头颈部、左前肢的淋巴。猪的胸导管一般有两条。

乳糜池为胸导管起始部的梭形膨大,位于最后胸椎和前1～3腰椎的腹侧,在腹主动脉和右膈脚之间,马、牛长数厘米至10 cm,宽1.5～2 cm,左、右腰淋巴干和内脏淋巴干汇合于此。肠淋巴干汇入了肠绒毛内的毛细淋巴管(中央乳糜管),吸收了肠腔内的脂类物质,因而呈乳白色粥状,故此处称为乳糜池。

2.右淋巴导管　右淋巴导管位于胸腔入口附近,由右侧头颈部、右前肢、右侧胸壁的淋巴导管汇合而成,较胸导管短小,位于斜角肌深层,最后注入右颈静脉或前腔静脉右侧。

三、淋巴的生理意义

(一)调节血浆和组织细胞之间的体液平衡

淋巴回流对组织液的生成与回流平衡起着重要的作用。如果淋巴回流受阻,可引起淋巴淤积而出现组织液增多、局部肿胀等症状。

(二)免疫、防御、屏障作用

淋巴在循环、回流入血过程中,要经过许多淋巴器官,而且液体中含有大量免疫细胞,能有效地参与机体的免疫反应。所以,淋巴系统具有重要的免疫、防御、屏障作用。

(三)回收组织液中的蛋白质

由毛细血管动脉端滤出的血浆蛋白,只有经过淋巴回流,才不至于在组织液中堆积。

(四)运输脂肪

由小肠黏膜上皮细胞吸收的脂肪微粒,主要被肠绒毛内毛细淋巴管吸收,然后经过乳糜池、胸导管回流入血,因而胸导管内的淋巴呈现白色乳糜状。

📖 知识链接与拓展

保持马匹健康的
三个妙招

🧭 案例分析

马匹诊疗的要点

➡️ 模块小结

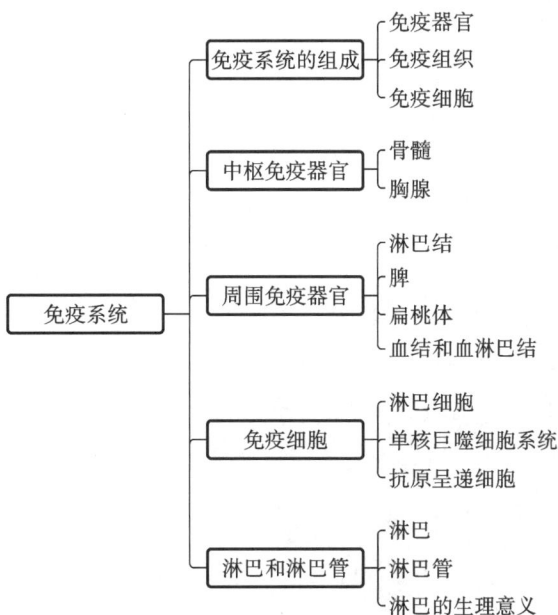

→ **执考真题**

1.(2009 年)牛脾呈(　　)。

A.镰刀形　　　　　　　　　B.钝三角形　　　　　　　　C.舌形或靴形

D.细而长的带状　　　　　　E.长而扁的椭圆形

答案:E

2.(2012 年)大多数家畜淋巴结的实质分为外周的皮质和中央的髓质,但皮质和髓质位置颠倒的是(　　)。

A.猪　　　　　　B.马　　　　　　C.羊　　　　　　D.牛　　　　　　E.犬

答案:A

3.(2020 年)既无输入淋巴管,又无输出淋巴管的周围免疫器官是(　　)。

A.扁桃体　　　B.法氏囊　　　C.血淋巴结　　　D.胸腺　　　E.淋巴结

答案:C

→ **能力巩固**

一、填空题

1.免疫系统由具有免疫功能的_____、_____和_____组成。

2.淋巴组织可因淋巴细胞的聚集程度和方式不同,分为_____和_____。

3.淋巴是组织液透过_____进入_____而形成的。

4.胸腔有 4 个淋巴中心,即_____、_____、_____和_____。

5.淋巴管是运送淋巴的管道,可根据汇集顺序、口径大小以及管壁厚薄分为_____、_____、_____和_____。

二、判断题

1.骨髓是形成各类淋巴细胞、巨噬细胞和各种血细胞的场所,既是造血器官又是中枢免疫器官。(　　)

2.中性粒细胞属于单核巨噬细胞系统。(　　)

3.右气管淋巴干注入胸导管。(　　)

4.NK 细胞也称自然杀伤细胞,它不依赖抗体,不需抗原作用即可杀伤靶细胞。(　　)

5.马脾呈扁平镰刀形,蓝紫色。(　　)

三、名词解释

1.密集淋巴组织　2.血胸屏障　3.淋巴中心　4.淋巴

四、简答题

1.试述胸腺的功能。

2.试述脾的功能。

3.已发现的淋巴细胞有几种?其来源和功能是什么?

4.试述淋巴的生理意义。

模块十一　神经系统

知识单元 1　神经系统概述

扫码看课件

一、神经系统的基本结构

神经系统在形态和功能上是一个不可分割的整体,按所在位置和功能的不同,通常将神经系统分为中枢神经系统和周围神经系统(又称外周神经系统)两部分。

中枢神经系统包括脑和脊髓,它就像一个"中央处理器",在这里可以进行大量的交叉连接。

周围神经系统根据与脑和脊髓的连接关系,分为连接到脑的神经(脑神经)和连接到脊髓的神经(脊神经)。

周围神经系统根据分布的部位不同,又可分为躯体神经和内脏神经(又称自主神经)。二者均有运动神经纤维和感觉神经纤维。躯体运动神经纤维分布于骨骼肌,躯体感觉神经纤维分布于体表、骨、关节和骨骼肌等处;内脏运动神经纤维分布于平滑肌、心肌和腺体,按其功能还可分为交感神经和副交感神经,内脏感觉神经纤维数量较少,分布于内脏、心血管和腺体,均混在交感神经和副交感神经中。神经系统组成图见图 11-1。

二、神经系统的活动方式

神经系统对动物生理功能的调控和整合是复杂的,但其基本的活动方式仍是反射,它是指机体在中枢神经系统参与下,对内、外环境变化所做出的规律性应答。神经系统就是通过各种反射活动,主导着动物的全部生命活动。

Note

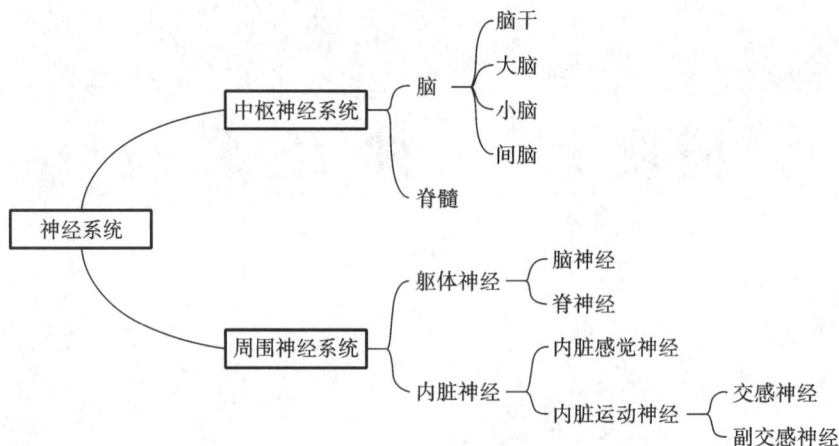

图 11-1　神经系统组成图

反射的结构基础和基本单位是反射弧,一般包括五部分:感受器、传入(感觉)神经、神经中枢、传出(运动)神经和效应器。反射弧示意图见图 11-2。

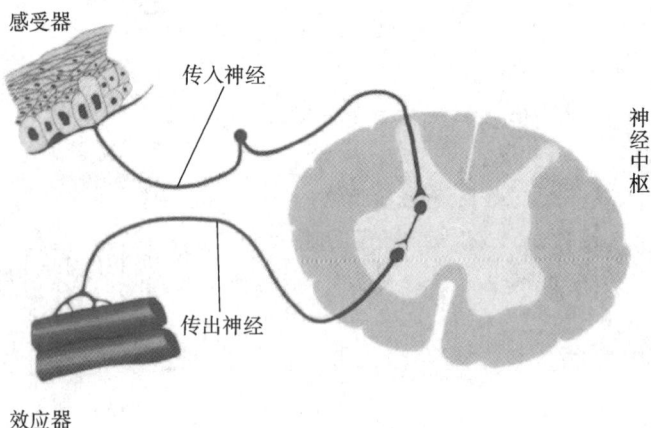

图 11-2　反射弧示意图

1. 感受器　感受器是指分布在体表或组织内部的,专门感受机体内、外环境变化的结构或装置。一般是神经组织末梢的特殊结构,它能把内外环境刺激的信息转变为神经的兴奋活动变化,所以感受器是一种信号转换装置。某一特定反射往往是在刺激其特定的感受器后发生的。

2. 传入神经　具有从神经末梢向中枢传导冲动功能的神经称为传入神经,相当于所有的感觉神经。实际上把传入神经称为传入(神经)纤维或传入神经元则更为确切。从任何一个感觉部位出发向中枢传导冲动的全部途径称为传入神经径路。内脏神经大部分属于传出神经,但大动脉神经、颈动脉窦神经、迷走神经的肺部分支等若干神经是传入神经。同时,传入神经由感觉神经纤维组成,其直接接触到灰质的背角。传入神经与传出神经的最大区别是传入神经有一个"α"形的神经节。

3. 中枢神经系统　中枢神经系统是由大量神经元组成的,这些神经元组合成许多不同的神经中枢。神经中枢是指调节某一特定生理功能的神经元群。一般来说,作为某一简单反射的中枢,其范围较窄,例如,膝跳反射的中枢在腰脊髓,角膜反射的中枢在脑桥。但作为调节某一复杂生命活动的中枢,其范围却很广,例如,调节呼吸运动的中枢分散在延髓、脑桥、下丘脑以至大脑皮层等部位。延髓是发生呼吸活动的基本神经结构,而延髓以上部分的有关呼吸功能的神经元群通过调节呼吸活动使其更富有适应性。

4. 传出神经　传出神经是指把中枢神经系统的兴奋传到各个器官或周围部分的神经,包括自主神经及运动神经。自主神经分为交感神经及副交感神经,主要支配心脏、平滑肌、腺体及眼等效应器官,它们从中枢发出后,经神经节更换神经元,然后才到达效应器,因此有节前纤维和节后纤维之分。

运动神经是指支配肌肉的周围神经,其功能是产生和控制身体的运动和紧张。

5.效应器 传出神经纤维末梢及其所支配的肌肉或腺体一起称为效应器。这种从中枢向周围发出的传出神经纤维,终止于骨骼肌或内脏的平滑肌或腺体,支配肌肉或腺体的活动。

中间神经元越多,引起的反射活动就越复杂。反射弧的任何部分及高一级中枢的病变,均可导致反射异常,表现为反射亢进、减弱或消失。因此,临床上常用检查反射的方法来诊断神经系统的某些疾病。

三、神经系统的组成

神经系统主要由神经组织构成,神经组织由神经元和神经胶质组成。

(一)神经元

神经元也称神经细胞,是神经系统结构和功能的基本单位,具有感受刺激和传导神经冲动的功能。

1.神经元的形态和结构 不同神经元的形状和大小差异很大,但都由胞体和突起两部分构成。其胞体包括细胞核(核仁通常较明显)、细胞质和细胞膜。细胞质内除含一般细胞都有的细胞器外,还含有神经元所特有的尼氏体和神经原纤维。突起可根据其形态和功能分为树突和轴突两种。树突是接受其他神经元传来冲动的主要部位,而神经元发出的冲动沿轴突传递。神经元结构模式图见图11-3。

2.神经元的分类 可根据神经元的突起数目、功能和神经兴奋传导的方向和合成、释放神经递质的种类等进行分类。

(1)按其突起数量多少分:①位于脑神经节和脊神经节内的假单极神经元,其胞体发出的一个突起在离胞体不远处呈"T"形分为周围支和中枢支。②位于嗅黏膜、视网膜和内耳螺旋器内的双极神经元,其胞体两端直接发出周围支和中枢支两个突起。③位于脑和脊髓内的多极神经元,胞体有多个树突和一个轴突。

(2)按其功能和神经兴奋的传导方向分:①感觉神经元,即传入神经元,接受来自神经末梢动物体内、外环境的刺激,将冲动传至脑和脊髓。假单极神经元和双极神经元均属此类型。②运动神经元,即传出神经元,将冲动由脑和脊髓传至效应器。③中间神经元,即联络神经元,是脑和脊髓内位于感觉神经元和运动神经元之间的多极神经元,起联络作用。

(3)按其所合成、释放神经递质的种类分类:①释放乙酰胆碱的胆碱能神经元。②释放去甲肾上腺素的肾上腺素能神经元。③释放多巴胺、5-羟色胺等物质的胺能神经元。④释放甘氨酸、谷氨酸等物质的氨基酸能神经元。⑤释放脑啡肽、P物质、神经降压素等神经肽的肽能神经元。

3.神经纤维 神经元较长的突起常被起绝缘作用的髓鞘和神经膜包裹,形成有髓神经纤维,其神经冲动以跳跃式传导,传导速度与髓鞘的厚度、纤维直径大小成正比。若神经元突起仅被神经膜所包被而无髓鞘者,则称无髓神经纤维,其传导速度较有髓神经纤维慢。神经纤维的传导速度也随温度的降低而减慢,当温度降至 0 ℃以下时,神经传导将发生阻滞。因此,临床上可进行局部低温麻醉。

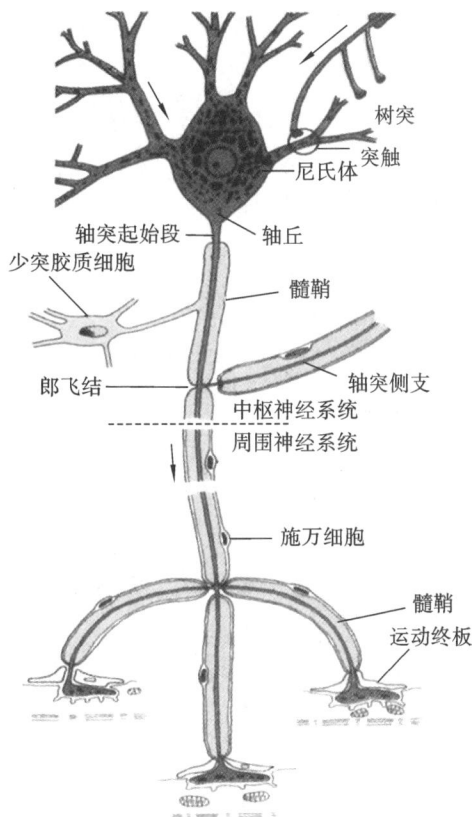

图 11-3 神经元结构模式图

(图中标注:树突、突触、尼氏体、轴突起始段、轴丘、少突胶质细胞、髓鞘、郎飞结、轴突侧支、中枢神经系统、周围神经系统、施万细胞、髓鞘、运动终板)

(二)神经胶质

神经胶质即神经胶质细胞,数量是神经元的 10～50 倍,它不传导神经冲动,而具有支持、营养、保护和修复神经元的作用。中枢神经系统的神经胶质细胞根据其形态可分为星形胶质细胞、少突胶质细胞、小胶质细胞和室管膜细胞。周围神经系统的神经胶质细胞分为施万细胞(又名雪旺细胞)和卫星细胞。神经胶质细胞模式图见图 11-4。

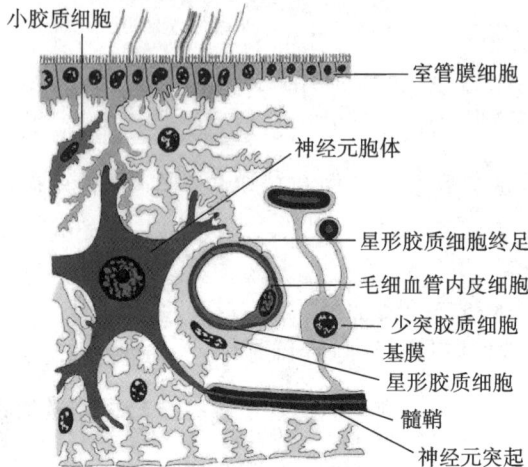

图 11-4　神经胶质细胞模式图

四、神经系统的常用术语

常用不同的术语对神经系统结构特征进行描述。

(一)神经元

(1)灰质:位于中枢神经系统内,由神经元胞体和树突构成。因富含血管,新鲜标本呈暗灰色,故称灰质。位于脊髓内部的灰质称为脊髓灰质,在脑表面成层分布的灰质,称为皮质,如大脑皮质、小脑皮质。

(2)神经核:位于中枢神经系统内部,由形态和功能相似的神经元胞体聚集而成的灰质团块,如脑干内的脑神经核。

(3)神经节:位于周围神经系统中,由形态和功能相似的神经元胞体聚集成团,如脊神经后根上的脊神经节。

(二)神经纤维

(1)白质和髓质:位于中枢神经系统内,由各种神经纤维聚集而成。由于髓鞘表面有类脂质,色泽亮白,故称白质。位于大、小脑深部的白质称髓质。

(2)神经束:位于在中枢神经系统内,由起止点和功能相同的神经纤维集合成束,又称纤维束或传导束。

(3)神经:位于周围神经系统内,由神经纤维聚集而成的条索状结构。

(三)网状结构

位于中枢神经系统内,神经纤维交织成网,神经细胞核团散布其间的区域。

知识单元 2　中枢神经系统

中枢神经是神经系统的主要部分,其位置常在动物体的中轴。其主要功能是传递、储存和加工信息,支配与控制动物的全部行为。

一、脊髓的构造和功能

（一）脊髓的位置和形态

脊髓位于椎管内，呈上下略扁的圆柱形，是低级的反射中枢，同时又是传导神经冲动的重要传导径路。其前端在枕骨大孔处与延髓相连，后端到达荐骨中部，逐渐变细呈圆锥形，称脊髓圆锥。脊髓末端有一根细长的终丝。牛脊髓外观见图 11-5。

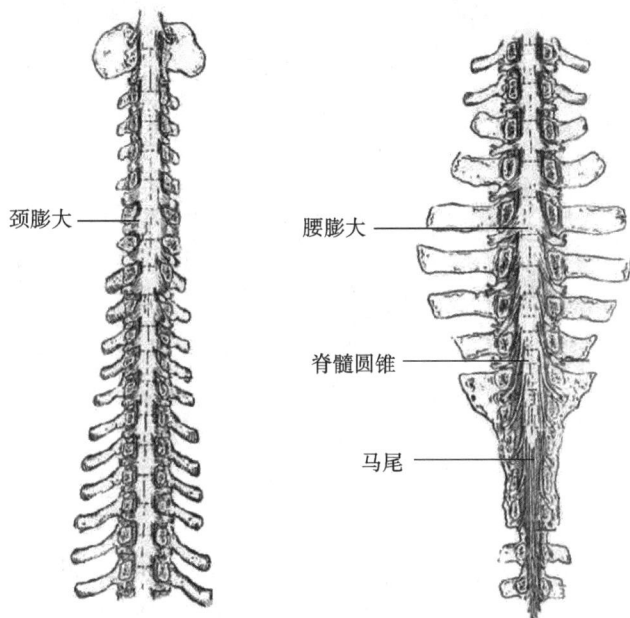

颈膨大

腰膨大

脊髓圆锥

马尾

图 11-5　牛脊髓外观

脊髓各段粗细不一，在颈后部和胸前部较粗，称颈膨大；在腰荐部也较粗，称腰膨大；此两处膨大的形成是因为其内部有较多数量的、分别支配四肢的神经元和纤维，为四肢神经发出的部位。由于脊柱比脊髓长，荐神经和尾神经要在椎管内向后伸延一段，才能到达相应的椎间孔，它们包围脊髓圆锥和终丝，呈马尾状，称为马尾，有固定脊髓的作用。

剥除脊膜后，可见到脊髓的表面有 6 条纵沟。脊髓背侧中线有一浅沟称背正中沟，在此沟两侧各有一条背外侧沟，脊神经的背侧根丝由此沟进入脊髓。脊髓腹侧有较深的腹正中裂，裂中有脊软膜皱襞，在此裂两侧各有一条腹外侧沟，脊神经的腹侧根丝由此沟离开脊髓。上述沟纵贯脊髓全长。

（二）脊髓的结构

脊髓由外周的白质和里面的"H"形或蝴蝶状的灰质组成。脊髓的中央是较细的中央管，前通第四脑室，后达终丝的起始部，在脊髓圆锥内扩张形成终室，内含脑脊液。脊髓横断面模式图见图11-6。

1. 灰质　灰质位于中央管周围，主要由神经元的胞体构成，在横切面上，可见每侧灰质都有背、腹侧两个突起，分别称为背侧角和腹侧角。在脊髓胸段和前部腰段的灰质外侧，腹侧角的基部有一不太明显的小突起称为外侧角。背侧角、腹侧角、外侧角前后连贯形成柱状，分别称为背侧柱、腹侧柱、外侧柱。各段的灰质大小形态均不同，胸段的灰质较小，两个膨大部的腹侧柱特别大。背侧柱主要含中间神经元的胞体，腹侧柱主要含运动神经元的胞体，外侧柱主要含交感神经节前神经元的胞体。此外，灰质内还含有神经纤维和神经胶质细胞。

2. 白质　白质位于灰质的周围，主要由纵向的纤维束组成，是神经冲动上、下传导的径路。根据位置不同，白质可分为 3 对索：位于背正中沟与背外侧沟的背侧索；位于腹正中裂与腹外侧沟之间的腹侧索；位于背外侧沟与腹外侧沟的外侧索。背侧索由感觉传导束（上行纤维）组成，腹侧索由运动传导束（下行纤维）组成，外侧索由位于深层的运动传导束和浅层的感觉传导束组成。靠近灰质柱的

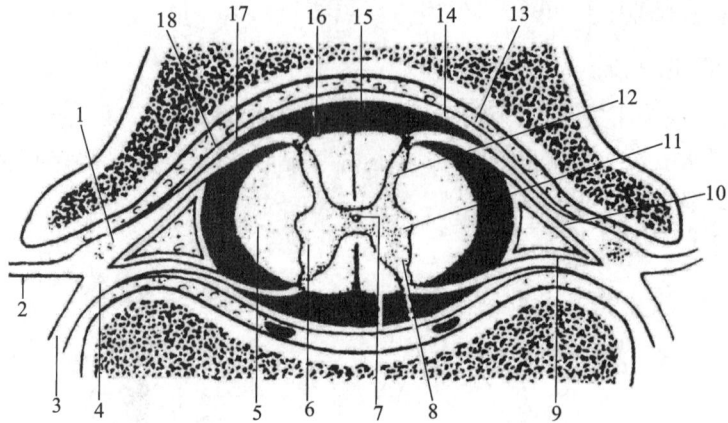

图 11-6　脊髓横断面模式图

1.脊神经节　2.背侧支　3.腹侧支　4.脊神经　5.白质　6.灰质　7.中央管　8.腹侧柱　9.腹根　10.背根　11.外侧柱　12.背侧柱　13.硬膜外腔　14.硬膜下腔　15.蛛网膜下腔　16.脊软膜　17.蛛网膜　18.脊硬膜

白质都是一些短程的纤维,联络各节段的脊髓,称固有束。其他都是一些远程的、连于脑和脊髓之间的纤维。这些远程纤维聚集成束,形成脑脊髓的传导径路。背侧索内的纤维是由脊神经节内的感觉神经元中枢突构成的,外侧索和腹侧索均由来自背侧柱的中间神经元的轴突(上行纤维束)以及来自大脑和脑干的中间神经元的轴突(下行纤维束)所组成。

(三)脊髓的功能

1.传导功能　脊髓白质中的上、下行纤维束具有传导功能。全身(除头部外)深、浅部的感觉以及大部分内脏器官的感觉都要通过脊髓上行纤维束才能传导到脑,产生感觉。而脑对躯干、四肢横纹肌的运动以及部分内脏器官的支配管理,也要通过脊髓下行纤维束的传导,才能实现。若脊髓受损伤,其上传下达的功能便发生阻滞,引起一定的感觉障碍和运动失调。

2.反射功能　脊髓除有传导功能外,还能完成许多反射活动,包括躯体反射和内脏反射。前者是指骨骼肌的反射活动,如牵张反射、屈曲反射、浅反射等;后者是指一些躯体-内脏反射、内脏-内脏反射和内脏-躯体反射,如膀胱排尿反射、直肠排便反射、竖毛反射等。在正常情况下,脊髓反射活动都是在脑的控制下进行的。感觉(传入)纤维进入脊髓后,分为上行支和下行支,有的沿途分出侧支进入背侧柱,与中间神经元相联系。中间神经元再与同侧或对侧腹侧柱的运动神经元相联系。因此,刺激一段脊髓的感觉神经纤维,能引起本段或邻近各段的反应。

二、脑的构造和功能

脑是神经系统中的高级中枢,位于颅腔内,在枕骨大孔处与脊髓相接。脑可分为大脑、小脑、脑干和间脑,大脑又称端脑,位于脑的最前端;脑干位于大脑的腹后侧,连接大脑与脊髓;小脑位于脑干的背侧,大脑的后侧;间脑位于中脑和大脑之间,其两侧和背面被大脑所掩盖。马脑背面见图 11-7。马脑腹面见图 11-8。马脑正中矢状面见图 11-9。

(一)脑干

脑干可视为脊髓向前的延伸,自后向前依次为延髓、脑桥、中脑,其结构与脊髓相似,均由灰质和白质组成。灰质不形成脊髓的灰质柱,而是由功能相似的神经元胞体集合成神经核。脑干内的神经核可以分成三大类:第一类是直接与脑神经相关的脑神经核(第Ⅲ～Ⅻ对脑神经);第二类为经过脑干的上、下行纤维在此进行中继换元的中继核,如薄束核、楔束核、红核、蓝斑核等核团;第三类是位于脑干结构中的网状。后两类合称非脑神经核。脑干在结构上联系着视、听、平衡等感觉器官,是内脏活动的反射中枢,既是联系大脑高级中枢与各级反射中枢的重要径路,也是联系大脑、小脑和脊髓之间的桥梁。马脑干的外形见图 11-10。

1.延髓　延髓为脑干的末段,后端在枕骨大孔处与脊髓相接,但两者之间无明显界限,前端连脑

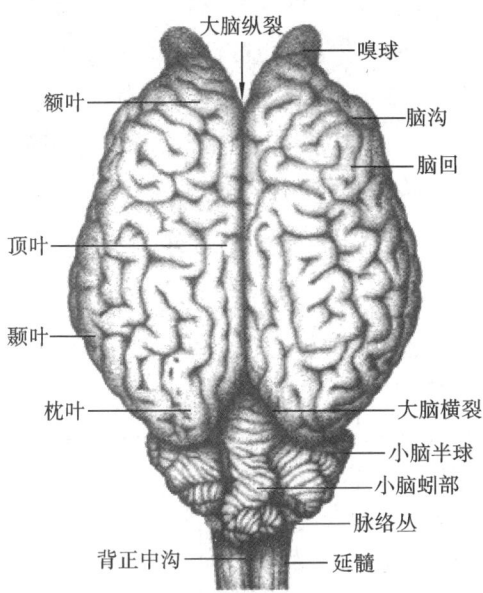

图 11-7 马脑背面

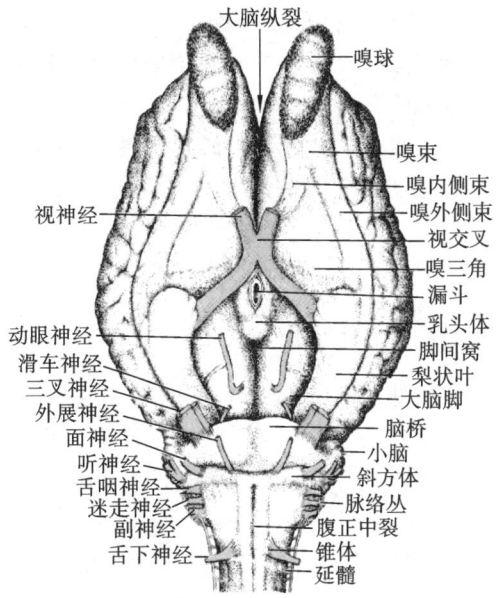

图 11-8 马脑腹面

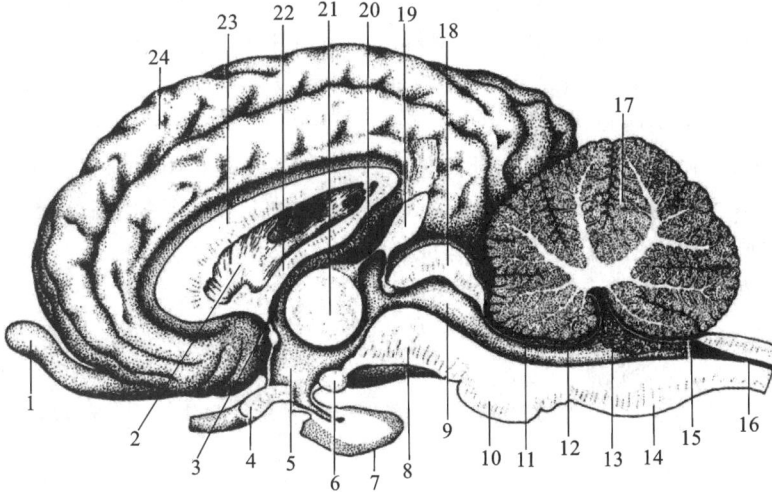

图 11-9 马脑正中矢状面

1.嗅球　2.透明隔　3.室间孔　4.视交叉　5.第三脑室　6.乳头体　7.垂体　8.大脑脚　9.中脑导水管
10.脑桥　11.前髓帆　12.第四脑室　13.脉络丛　14.延髓　15.后髓帆　16.中央管　17.小脑　18.四叠体
19.松果体　20.脉络丛　21.丘脑中间块　22.穹窿　23.胼胝体　24.大脑半球

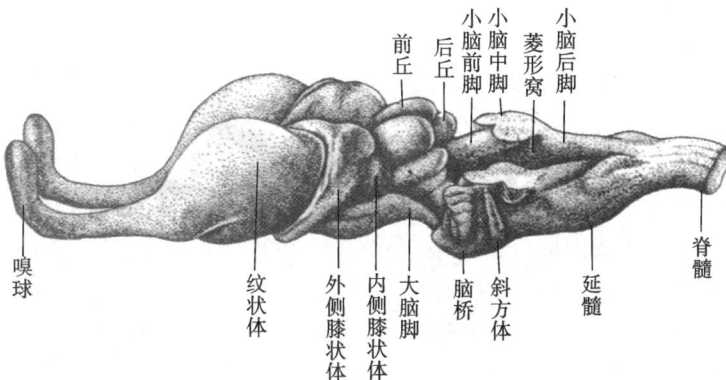

图 11-10 马脑干的外形

桥,背侧大部分被小脑遮盖。延髓呈前宽后窄、背腹侧稍扁的锥形体。

延髓腹侧面的正中有腹正中裂,为脊髓腹正中裂的延续。腹正中裂的两侧各有一条纵行隆起,称为延髓锥体,内有皮质脊髓束(下行传导束)。在延髓后端,锥体内的神经纤维左右交叉,形成锥体交叉。在椎体的外侧有卵圆形的隆起,称橄榄体,内含后橄榄核。橄榄体的外侧缘有第Ⅻ对脑神经根。在延髓腹侧前端、脑桥后方有窄的横向隆起,称为斜方体,由耳蜗神经核发出的纤维到对侧所构成。延髓腹侧有第Ⅵ～Ⅻ对脑神经根。

延髓背侧面的后部形态与脊髓相似,有中央管,称延髓的闭合部;前部的中央管开放,形成第四脑室底壁(菱形窝)的后部,称延髓的开放部。第四脑室后部两侧由后橄榄核发出的纤维越过中线行至对侧(左右交叉)后,在延髓背外侧聚集上行,与脊髓小脑后束等共同组成小脑后脚(绳状体),经第四脑室外侧折向背侧进入小脑,两脚之间所连的薄层白质为后髓帆,构成第四脑室顶壁的后部。

延髓在功能上是许多生命活动的中枢,内含第Ⅴ对脑神经核的一部分、第Ⅵ～Ⅻ对脑神经核、运动核及植物性神经核,不仅能控制基本的呼吸节律、心律和肠道活动,还是唾液分泌、吞咽、呕吐等反射中枢。

2. 脑桥　脑桥位于小脑的腹侧,后端与延髓相接,前端连中脑,可分为背侧部和腹侧部。

脑桥腹侧可见连接小脑左右两侧的桥样结构,由横行纤维和散在其中的细胞团构成,两侧纤维向背侧伸入小脑形成小脑中脚(脑桥臂)。

脑桥背侧面凹陷,为第四脑室底壁(菱形窝)的前部,两侧壁隆起,由小脑向中脑发出的纤维构成,称为小脑前脚(结合臂),两脚之间所连的薄层白质为前髓帆,构成第四脑室顶壁的前部。

3. 中脑　中脑位于脑桥和间脑之间,其脑室称为中脑导水管,前方通第三脑室,后方通第四脑室。中脑导水管将中脑分为腹侧的大脑脚和背侧的四叠体。

(1)大脑脚:一对长圆柱状隆起,向前外侧伸入大脑半球。左右两脚前端分支处有三角形凹陷,称脚间窝。大脑脚又可分为背侧的被盖和腹侧的大脑脚底,被盖主要为网状结构,大脑脚底主要由大脑皮质到脑桥、延髓和脊髓的下行传导束构成。

(2)四叠体:又称顶盖,由前、后两对圆丘构成。前丘较大,位于前背侧,为光反射联络站,主要接受视神经的纤维,发出纤维到外侧膝状体;后丘较小,位于后腹侧,为声反射联络站,主要接受耳蜗神经的纤维,发出纤维到内侧膝状体。

4. 第四脑室　第四脑室位于小脑、延髓和脑桥之间,形成一个四棱锥体的腔隙,前接中脑导水管,后通脊髓中央管。

第四脑室的顶壁由前髓帆、小脑、后髓帆和第四脑室脉络丛(室管膜上皮、软脑膜及血管共同组成)构成,底部为菱形窝。第四脑室脉络丛产生的脑脊液与经中脑导水管流入的脑脊液汇合,再借"3个孔"(菱形窝两侧角及后角有孔,称第四脑室侧孔及中间孔)流入蛛网膜下腔。

(二)间脑

间脑位于中脑与大脑之间,前外侧被大脑所遮盖,内有第三脑室,包括上丘脑、丘脑、后丘脑、下丘脑。

1. 上丘脑　上丘脑由丘脑髓纹、缰三角、缰连合、松果体构成,位于第三脑室顶部周围。丘脑髓纹起自下丘脑,传递嗅觉及内脏的冲动至缰三角内的缰核,丘脑髓纹后端的膨大突起称缰三角,两侧缰三角之间的连合称为缰连合。松果体位于间脑前丘和丘脑之间,为一红褐色的豆状小体,其一端借细柄与第三脑室顶相连,属内分泌腺,是X线诊断颅内占位病变的定位标志。

2. 丘脑　丘脑为一对卵圆形的灰质团块,由许多灰质核团组成,是上行传导(除嗅觉外)的总中转站,是大脑皮质下重要的感觉中枢,接受来自脊髓、脑干和小脑的纤维,由此发出纤维至大脑皮质。丘脑还有一些与运动、记忆等功能有关的核群。左、右两丘脑的内侧部相连,断面呈圆形,称丘脑间黏合,其周围的环状裂隙为第三脑室。

3. 后丘脑　在丘脑后部的背外侧,由外侧膝状体和内侧膝状体组成。外侧膝状体较大,位于前丘的前外侧,接受四叠体前丘传来的视觉纤维(视束),发出纤维至大脑皮质,是视觉冲动传向大脑皮质的联络站。内侧膝状体较小,位于外侧膝状体的后下方,接受四叠体后丘传来的听觉纤维,发出纤维至大脑皮质,是听觉冲动传向大脑皮质的联络站。

4.下丘脑 下丘脑位于间脑的腹侧,构成第三脑室的底壁和侧壁腹侧部,是植物性神经的重要中枢。从脑底面观察,自前向后可将下丘脑分为视前部、视上部、灰结节部和乳头体部。视前部在视束的前方,视上部在视束的背侧,灰结节部位于视束与乳头体之间,其正中腹侧有垂体柄与垂体(内分泌腺)连接,乳头体呈小球状,位于脚间窝中,在灰结节的后方。下丘脑的核团中,有一对扁平的核在视束的背侧,称视上核,另一对在第三脑室的两侧,称为室旁核,它们都由细的神经纤维组成垂体束,伸向垂体的神经部,是下丘脑向垂体内进行神经分泌的重要途径。此外,下丘脑还含有许多其他重要的核团,它们共同参与调节复杂的代谢和内分泌活动。

下丘脑为植物性神经的皮质下中枢,一般认为下丘脑的前部为副交感神经的皮质下中枢,后部为交感神经的皮质下中枢。

5.第三脑室 第三脑室呈环形,围绕着丘脑间黏合部。第三脑室后通中脑导水管,前方以一对室间孔通两个大脑半球的侧脑室,腹侧形成一漏斗形凹陷,顶壁为第三脑室脉络丛。

(三)小脑

小脑近似球形,位于大脑后方,在延髓和脑桥的背侧,其表面有许多沟和回。小脑被两条纵沟分为中间的蚓部和两侧的小脑半球,小脑半球上面的前 1/3 与后 2/3 交界处有一略成"V"字形的深沟,称为原裂。

1.小脑的分叶及功能 根据小脑的发生、功能和纤维联系,可将小脑分为 3 个叶。

(1)绒球小结叶:蚓部最后有一小结,向两侧伸入小脑半球腹侧,是小脑古老的部分,又称原小脑。绒球小结叶与延髓的前庭核相联系。绒球小结叶接受内耳前庭的信息,与维持身体平衡、协调眼球运动有关。

(2)前叶:位于小脑半球上原裂以前的皮质结构。前叶与蚓部的其他部分属旧小脑,主要与脊髓相联系,与调节肌张力有关。

(3)后叶:位于小脑半球上原裂以后的皮质结构,占小脑的大部分。后叶是随大脑半球发展起来的,属新小脑,与大脑半球联系密切,参与调节随意运动。

2.小脑的结构 小脑的表面为灰质,称小脑皮质;深部为白质,称小脑髓质。髓质呈树枝状伸入小脑各叶,形成髓树。髓质内有 3 对灰质核团,外侧的一对最大,称小脑外侧核或齿状核,它接受小脑皮质传来的纤维;发出纤维经小脑前脚至红核和丘脑。

小脑借 3 对小脑脚(小脑后脚、小脑中脚及小脑前脚)分别与延髓、脑桥和中脑相连。小脑后脚位于第四脑室后部两侧缘,为粗大的纤维束,主要由来自脊髓(脊髓小脑背侧束)和延髓橄榄核(橄榄小脑束)的纤维组成。小脑中脚由自桥核发出的脑桥小脑纤维组成。小脑前脚位于第四脑室前部两侧,由脊髓小脑腹侧束和齿状核至红核、大脑基底核以及丘脑的纤维组成。

(四)大脑

大脑又称端脑,位于脑干的前背侧,后端接小脑,以大脑横裂为分隔。大脑背侧正中的大脑纵裂将大脑分为左右大脑半球,纵裂的底是连接两半球的横行纤维板,称胼胝体。每侧大脑半球包括大脑皮质、白质、基底核、嗅脑和侧脑室。

1.大脑皮质 大脑皮质为覆盖于大脑半球表面的一层灰质,外侧面以前后向的外侧嗅沟与嗅脑为界。大脑皮质表面凹凸不平,折叠成沟和回,以增加大脑皮质的面积,它们使大脑的这部分看起来更像一个很大的核桃仁。每个大脑半球皮质背外侧面可分为 4 叶:前部为额叶,是运动区;后部为枕叶,是视觉区;外侧部为颞叶,是听觉区;背侧部为顶叶,是一般感觉区。各区的面积和位置因动物种类不同而异。大脑皮质内侧面位于大脑纵裂内,与对侧大脑半球的内侧面相对应。内侧面上有位于胼胝体背侧并环绕胼胝体的扣带回。

2.白质 白质位于皮质深面,主要由连接左、右大脑半球的连合纤维,连接同侧大脑半球各脑回、各叶之间的联络纤维及连接大脑皮质与脑其他各部分及脊髓之间的上、下行投射纤维构成。

3. 基底核 基底核为大脑半球基底部的灰质核团,位于半球基底部,是皮质下运动中枢。基底核主要为纹状体,纹状体由尾状核内囊和豆状核组成。尾状核较大,呈梨状弯曲,其背内侧面构成侧脑室底壁的前半部;腹外侧面与内囊相接。豆状核较小,呈扁卵圆形,位于尾状核的腹外侧,豆状核和尾状核之间为内囊。豆状核又可分为两部分,外侧部较大,为壳,内侧部较小,色较浅,称苍白球。纹状体在横切面上呈灰白质交错花纹状,纹状体与随意运动的稳定、肌张力的维持以及肢体姿势的调节活动有关。

4. 嗅脑 嗅脑为大脑皮质中的古老部分,位于大脑腹侧,包括嗅球、嗅回、嗅三角、梨状叶、海马体等结构,与嗅觉有关。

(1)嗅球:位在大脑最前端,中空为嗅球室,由筛骨的筛板固定,嗅神经穿过筛板中的筛孔连接嗅球。

(2)嗅回:自嗅球向后延伸,分为内侧嗅回和外侧嗅回,内侧嗅回较短,延伸到大脑半球内侧到达隔区,外侧嗅回较长,延伸至梨状叶。

(3)嗅三角:为内外嗅回之间的三角形灰质隆起,其表面有血管穿过,称前穿质。其深部为基底核。

(4)梨状叶:梨状叶的表层是灰质,称为梨状叶皮质。梨状叶内有腔,是侧脑室的后角。在梨状叶的前端深部有杏仁核,位于侧脑室的底面。梨状叶向背侧折转,为海马回。

(5)海马体:形似海马,起自梨状叶深缘,沿丘脑后端和背侧向前背内侧延伸,形成侧脑室的底壁后部。

5. 侧脑室 侧脑室为左、右大脑半球内的不规则腔隙,其内侧壁为透明隔。胼胝体的下方和膝部形成了侧脑室前角的顶部和侧壁,底壁前部是尾状核,后部为海马体。侧脑室经室间孔与第三脑室相通,前部经一细管与嗅球相通,后部向腹侧伸达梨状叶。

三、脑脊膜和脑脊液

(一)脑脊膜

在脑和脊髓的表面有3层结缔组织膜。外层为硬膜,厚而坚韧,有保护和支持作用;中层为蛛网膜,是一层无血管的透明薄膜;内层为软膜,紧贴于脑和脊髓表面,内有丰富的血管。

1. 脊膜

(1)硬脊膜:白色致密的结缔组织膜。前端与硬脑膜相延续,末端包裹马尾,附于尾骨,两侧在椎间孔处与脊神经外膜相延续。硬脊膜与脊蛛网膜之间形成狭窄的硬膜下腔,内含淋巴,向前与硬脑膜下腔相通。在脊硬膜和椎管内面的骨膜及黄韧带之间有一较宽的腔隙,称为硬膜外腔,内含静脉、淋巴管和脂肪组织等,此腔隙与颅内不同,略成负压,有脊神经通过。临床上进行硬膜外麻醉时,即将麻醉药注入此腔,阻滞脊神经的传导作用。

(2)脊蛛网膜:薄且透明,发出许多小梁与脊软膜相接,其与脊软膜之间形成相当大的腔室,称为蛛网膜下腔,该腔向前与脑蛛网膜下腔相通,内含脑脊液,以营养脊髓,并起缓冲作用。腰部的蛛网膜下腔是进行腰椎穿刺和腰椎麻醉的地方。

(3)软脊膜:薄而富含血管,紧贴于脊髓的表面,并深入其沟裂中,起滋养脊髓的作用。在脊髓两侧,脊神经前、后根之间,软脊膜形成齿状韧带,附着于硬脊膜。

脊髓借齿状韧带和脊神经根固定于椎管内,并浸泡于脑脊液中,加上硬膜外腔内的脂肪组织和静脉丛的弹性垫作用,使脊髓不易因外界振荡而发生损伤。

2. 脑膜

(1)硬脑膜:较厚,紧贴于颅腔壁,因此无硬膜外腔,其与脑蛛网膜之间的腔为硬膜下腔,含少量水分。硬脑膜由两层构成,外层兼有颅骨内膜的作用,内层较外层厚,两层之间有丰富的血管和神经。当颅盖外伤硬脑膜血管破裂时,易形成硬膜外血肿。在有些部位两层硬脑膜间还留有管道空腔,称为硬脑膜静脉窦,窦内含有静脉血,窦壁无平滑肌,不能收缩,是颅内静脉血汇聚的地方。

硬脑膜不仅包被于整个脑的表面,而且其内层折叠伸入左、右大脑半球之间,形成大脑镰,在大脑两半球和小脑之间,又形成小脑幕,将大脑的枕叶和小脑半球分开,自小脑幕下面正中伸入两小脑半球之间形成小脑镰。

(2)脑蛛网膜:很薄,以纤维与软膜相连。其与软膜之间的腔称为蛛网膜下腔,内含脑脊液,通过第四脑室侧孔及中间孔与脑室相通。

脑蛛网膜靠近硬脑膜处,形成许多绒毛状突起,突入硬脑膜静脉窦中,称为蛛网膜粒。脑脊液通过这些蛛网膜粒渗入硬脑膜静脉窦内,回流静脉。

(3)软脑膜:较薄而富含血管,并随血管伸入脑中形成鞘。与室管膜上皮一起进入到脑室的软脑膜含有丰富的毛细血管,能产生脑脊液,称为脉络丛。

(二)脑脊液

脑脊液充满于脑室、脊髓中央管和蛛网膜下腔,是由各脑室脉络丛产生的无色透明液体,对中枢神经系统起到缓冲、保护、营养和运输代谢产物的作用,还起缓冲和维持恒定的颅内压的作用,处于不断产生、循环和回流的相对稳定状态。

脑脊液的流动具有一定的方向性。两个侧脑室脉络丛最丰富,产生的脑脊液最多,这些脑脊液经室间孔流入第三脑室;汇集第三脑室脉络丛产生的脑脊液,经中脑导水管流入第四脑室;再汇集第四脑室脉络丛产生的脑脊液经第四脑室的正中孔和外侧孔流入脑和脊髓的蛛网膜下腔后,流向大脑背侧;最后经蛛网膜粒透入硬脑膜中的静脉窦,回到血液循环中,这个过程称为脑脊液循环。

当机体发生病变时,脑脊液的成分、细胞数和压力会发生变化,故临床上进行"腰穿",抽取脑脊液进行检查,协助对某些疾病做出诊断。

知识单元 3　周围神经系统

周围神经系统将中枢神经系统与身体各部分联系起来,又称外周神经系统。根据与中枢神经相连的部位,可分为脑神经和脊神经,根据分布不同可将其分为躯体神经和内脏神经。周围神经的胞体一般都在中枢神经系统中,或位于脊神经节中。根据传导冲动的性质,可将周围神经分为 3 类,即感觉神经(传入神经)、运动神经(传出神经)和混合神经。

一、脑神经

脑神经是与脑相连主要分布于头面部的周围神经,共有 12 对,按其与脑相连的部位先后次序以罗马数字 Ⅰ～Ⅻ表示。脑神经通过颅骨的一些孔出入颅腔,根据所含神经纤维的种类,可分为感觉神经(Ⅰ、Ⅱ、Ⅷ)、运动神经(Ⅲ、Ⅳ、Ⅵ、Ⅺ、Ⅻ)以及混合神经(Ⅴ、Ⅶ、Ⅸ、Ⅹ)。脑神经分布简表见表11-1。脑神经分布模式图见图 11-11。

表 11-1　脑神经分布简表

顺序	名　称	与脑联系部位	分　布	功　能
Ⅰ	嗅神经	大脑嗅球	嗅黏膜	感觉
Ⅱ	视神经	间脑视交叉	视网膜	感觉
Ⅲ	动眼神经	中脑的大脑脚	眼肌(上直肌、下直肌、内直肌、下斜肌) 瞳孔括约肌、睫状肌	运动
Ⅳ	滑车神经	中脑后丘下方	眼肌(上斜肌)	运动
Ⅴ	三叉神经	脑桥侧方	头面部皮肤,口腔、鼻腔黏膜 咀嚼肌,鼓膜张肌,二腹肌前腹	混合

续表

顺序	名　称	与脑联系部位	分　布	功　能
Ⅵ	外展神经	延髓脑桥沟	眼肌(外直肌)	运动
Ⅶ	面神经	延髓脑桥沟	耳部皮肤、舌前 2/3 部味蕾 面部表情肌、颈阔肌、茎突舌骨肌、二腹肌后腹 泪腺、下颌下腺、舌下腺及鼻腔和腭的腺体	混合
Ⅷ	听神经	延髓脑桥沟	平衡器的半规管、壶腹脊、球囊斑和椭圆囊斑、内耳螺旋器	感觉
Ⅸ	舌咽神经	延髓橄榄后沟	耳后皮肤、咽部、鼓室、咽鼓管黏膜、 舌后 1/3 部味蕾、腮腺、咽部肌肉	混合
Ⅹ	迷走神经	延髓橄榄后沟	外耳、咽、喉、气管、食管、胸腹部各脏器	混合
Ⅺ	副神经	延髓橄榄后沟	咽喉肌、胸锁乳突肌、斜方肌	运动
Ⅻ	舌下神经	延髓外侧沟	舌肌	运动

【附】脑神经名称记忆口诀：一嗅二视三动眼，四滑五叉六外展，七面八听九舌咽，十迷一副舌下全。

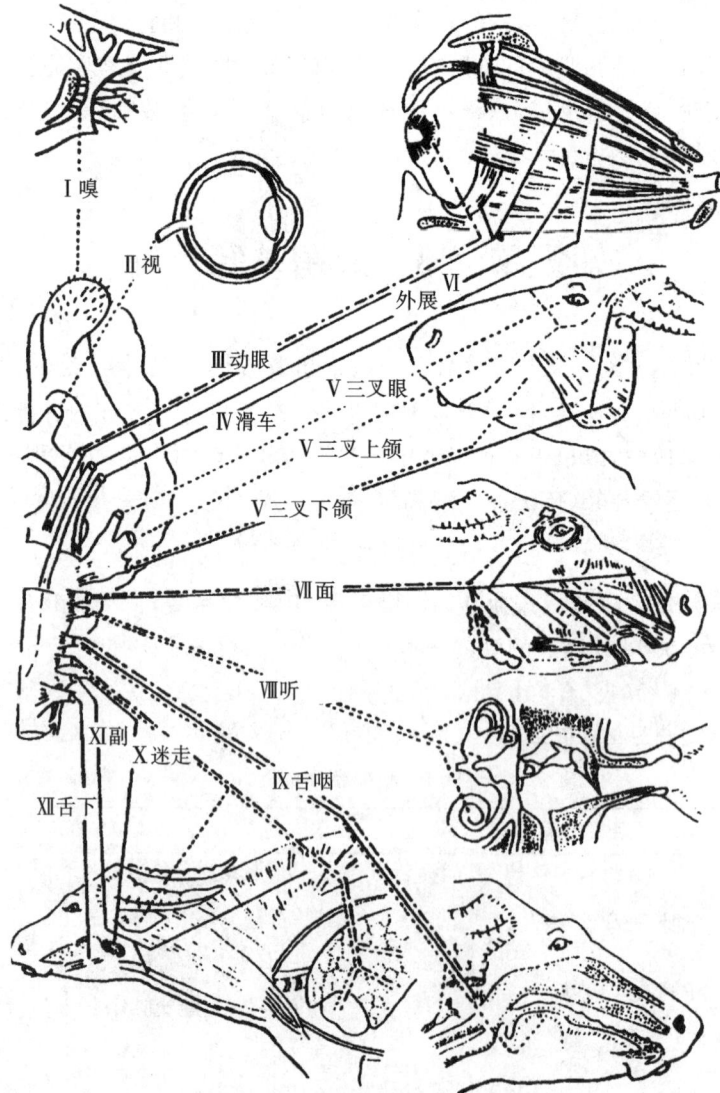

图 11-11　脑神经分布模式图

二、脊神经

脊神经为混合神经，含有感觉神经纤维和运动神经纤维，由椎管中的背侧根（感觉根）和腹侧根（运动根）自椎间孔或椎外侧孔穿出形成。脊神经后根在椎间孔附近有椭圆形的膨大称脊神经节，含有假单极的感觉神经元。

脊神经按照从脊髓所发出的部位，分为颈神经、胸神经、腰神经、荐神经和尾神经，与脊柱呈对应关系，脊神经分类数目表见表11-2。马的脊神经见图11-12。

表 11-2　脊神经分类数目表　　　　　　　　　　　　单位:对

名　　　　称	牛、羊	猪	马	犬	猫
颈神经	8	8	8	8	8
胸神经	13	14～15	18	13	13
腰神经	6	7	6	7	7
荐神经	5	4	5	3	3
尾神经	5～6	5	5～6	4～7	7～9
合计	37～38	38～39	42～43	35～38	38～40

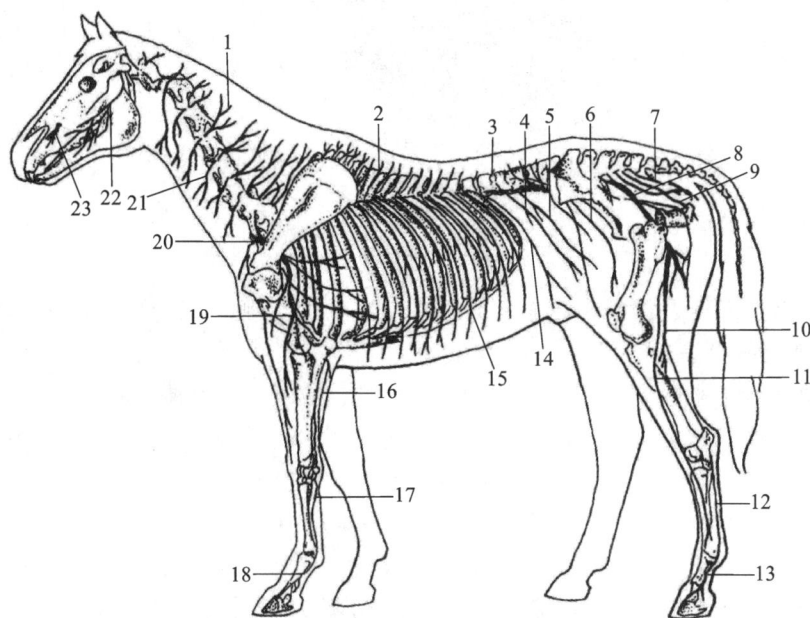

图 11-12　马的脊神经

1.颈神经的背侧支　2.胸神经的背侧支　3.腹神经的背侧支　4.髂腹下神经　5.髂腹股沟神经　6.股神经　7.直肠后神经　8.坐骨神经　9.阴部神经　10.胫神经　11.腓神经　12.足底外侧神经　13.趾外侧神经　14.最后肋间神经　15.肋间神经　16.尺神经　17.掌外侧神经　18.指外侧神经　19.桡神经　20.臂神经丛　21.颈神经的腹侧支　22.面神经　23.眶下神经

脊神经干很短，出椎间孔后立即分为背支、腹支、脊膜支和交通支。

(1)背支:较细,分布于身体背部皮肤和肌肉。

(2)腹支:粗大,分布于身体腹部及四肢的皮肤和肌肉。

(3)脊膜支:细小,经椎间孔返回椎管内,分布于脊髓的被膜和脊柱的韧带。

(4)交通支:细小,连接于脊神经与交感干之间,分为白交通支和灰交通支。

(一)颈神经

颈神经分为背侧支和腹侧支。背侧支分布于颈部的背、外侧的肌肉和皮肤。腹侧支自前向后逐渐变粗,第1颈神经的腹侧支分布到肩胛舌骨肌和胸骨甲状舌骨肌,第2～6颈神经的腹侧支分布到脊柱腹侧的肌肉及胸前部的皮肤。第7、8颈神经的腹侧支较粗,几乎全部参与构成臂神经丛。颈神经腹侧支主要有以下分支。

(1)耳大神经:第2颈神经的腹侧支分布到外耳、腮腺区和下颌间隙的皮肤。

(2)颈横神经:第2颈神经的腹侧支分布到腮腺区、咽部和下颌间隙的皮肤。

(3)膈神经:由第5~7对颈神经的腹侧支构成,为膈的运动神经。膈神经沿斜角肌的腹外侧面向下向后伸延,入胸腔后,在心包和纵隔胸膜间继续向后(右侧的膈神经沿后腔静脉,左侧的沿纵隔)伸延到膈的腱质部,分支到膈的肉质部。

(二)臂神经丛

臂神经丛为第6、7、8颈神经的腹侧支和第1(马为第1、2)胸神经的腹侧支构成,位于肩关节的内侧,主要分布前肢。由此丛发出的神经有胸肌前神经、胸肌后神经、肩胛上神经、肩胛下神经、腋神经、桡神经、尺神经、肌皮神经和正中神经。牛的臂神经丛见图11-13。

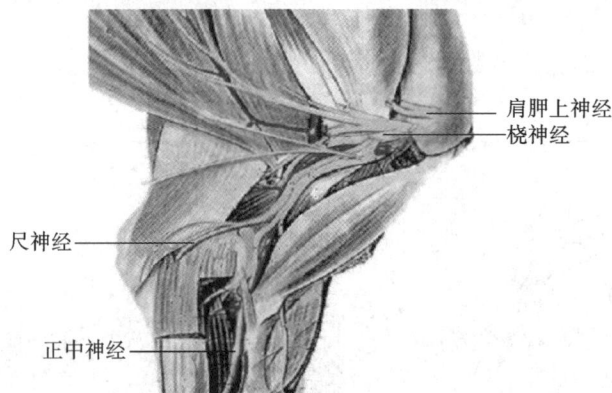

图11-13 牛的臂神经丛

1.肩胛上神经 纤维来自第6、7、8颈神经的腹侧支,经肩胛下肌与冈上肌之间,绕过肩胛骨前缘,分布于冈上肌、冈下肌和肩关节。

2.肩胛下神经 纤维来自第6、7、8颈神经的腹侧支,位于肩胛上神经后方,分布于肩胛下肌。

3.腋神经 纤维来自第7、8颈神经的腹侧支,经肩胛下肌与大圆肌之间,在肩关节后方分出数支,分布于肩胛下肌、大圆肌、小圆肌、三角肌、壁头肌及前臂外侧面皮肤。

4.胸肌神经 分为胸肌前神经和胸肌后神经。胸肌前神经分布于胸浅肌、胸深肌及肩关节囊。胸肌后神经包括胸长神经、胸背神经、胸外侧神经,分别分布于胸腹侧锯肌、背阔肌和躯干皮肌。

5.肌皮神经 在腋动脉下方与正中神经结合,形成腋袢,在近臂端分出近肌支,支配喙臂肌和臂二头肌;主干下行至臂中部分出远肌支,分布于臂肌;继续延伸为终支称臂内侧皮神经,分布于前臂及腕背内侧皮肤。

6.桡神经 纤维来自第8颈神经和第1胸神经的腹侧支,是臂神经丛最粗的分支,与尺神经一起沿臂动脉后缘向下延伸,在臂内侧中部,经臂三头肌长头与内侧头之间进入臂肌沟,继续向下延伸,分出肌支,分布于臂三头肌。主干在臂三头肌外侧头深面分为深、浅两支,深支分布于腕、指的伸肌,浅支分布于第2、3、4指及前臂外侧面的皮肤。

7.尺神经 纤维来自第1、2胸神经的腹侧支,与桡神经一起沿臂动脉后缘向下延伸,在臂中部分出臂后皮神经,分布于臂后内侧皮肤。主干在臂远端分出肌支,分布于腕尺侧屈肌、指深屈肌和指浅屈肌,并继续沿前臂的尺沟向下延伸,至腕关节上方分为浅支(背侧支)和深支(腹侧支),直达指端。

8.正中神经 纤维来自第8颈神经和第1、2胸神经的腹侧支,为前肢最长的神经,与臂动脉、正中动脉伴行,在腋动脉下方与肌皮神经结合,至臂中部与肌皮神经分离,分支分布于桡侧屈肌、指深屈肌、前臂骨骨膜等处。主干延伸至前臂远端(马)或掌部上1/3处(牛)分为掌内侧神经和掌外侧神经,直达指端。

(三)躯干部神经

牛躯干部神经见图 11-14。

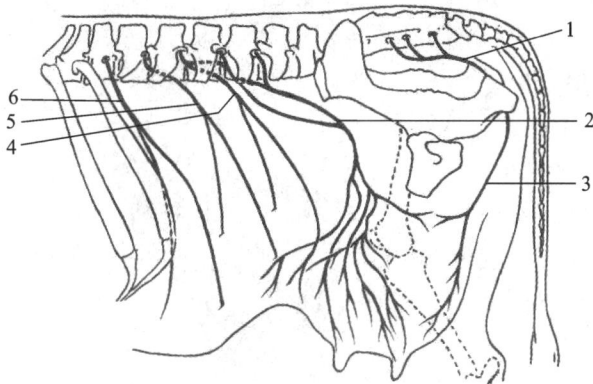

图 11-14 牛躯干部神经

1.阴部神经 2.精索外神经 3.会阴神经的乳房支 4.髂腹股沟神经 5.髂腹下神经 6.最后肋间神经

1.肋间神经 为胸神经腹侧支,第 1 胸神经腹侧支部分参与臂丛,最后胸神经腹侧支参与形成肋腹神经。其余腹侧支均沿肋骨后缘向下延伸,与同名血管并行,主要分布于肋间肌肉,主干穿过肋间肌,分布于腹壁肌、躯干皮肌和皮肤。

2.髂腹下神经 为第 1 腰神经的腹侧支,在腰大肌和腰方肌之间穿出,分为浅、深两支。浅支沿腹横肌外侧向后延伸,穿过腹内斜肌、腹外斜肌和胸腹皮肌,分布于上述肌肉及腹侧壁和膝关节外侧皮肤;深支在腹横肌和腹膜之间向后下方延伸,进入腹直肌,分布于腹横肌、腹内斜肌、腹直肌和腹底壁的皮肤。

3.髂腹股沟神经 为第 2 腰神经的腹侧支,在腰大肌和腰小肌之间向后下方延伸,分为浅、深两支,浅支分布于膝外侧及其以下皮肤,深支分布与髂腹下神经相似,略靠后方。

4.生殖股神经 由第 2、3、4 腰神经腹侧支的分支组成,沿腰小肌腹侧向后延伸,分为肌支和腹股沟支,肌支分布于腹内斜肌和提睾肌,腹股沟支进入腹股沟管分布于阴囊、包皮(雄)或乳房(雌)。

5.阴部神经 由荐神经腹侧支构成,沿荐结节向下延伸,分布于尿道、肛门、会阴及股内侧皮肤,主干绕过坐骨弓向前成为阴茎背神经,分布于阴茎和包皮,母畜则为阴蒂背神经,分布于阴唇和阴蒂。

6.直肠后神经 由荐神经腹侧支构成,有 1~2 支,位于阴部神经背侧,沿荐结节阔韧带内侧向后下延伸,分布于直肠和肛门,母畜还分布于阴唇。

(四)腰荐神经丛

腰荐神经丛由第 4、5、6 腰神经的腹侧支和第 1、2 荐神经的腹侧支构成,位于腰腹部腹侧,主要分布于后肢。牛后肢神经见图 11-15。

1.股神经 纤维来自第 4、5 腰神经腹侧支,经腰大肌与腰小肌后向下延伸,在缝匠肌深面分出肌支和隐神经,分别分布于髂腰肌和缝匠肌及股部、小腿等处内侧面皮肤,隐神经继续延伸通过股管,沿后肢内侧面下行,分布于膝关节、小腿及股部内侧面皮肤。主干进入股直肌与股内肌之间,分支分布于股四头肌。

2.坐骨神经 为第 6 腰神经和第 1 荐神经腹侧支的分支,为全身最粗大的神经。从坐骨大孔出盆腔,沿荐结节阔韧带外侧向后下方延伸,经股骨大转子与坐骨结节之间绕过髋关节,下行至股后部,在股二头肌、半膜肌和半腱肌之间继续向下延伸,沿途分支分布于股二头肌、半膜肌和半腱肌。在股骨中部分为胫神经和腓总神经直达趾部。

3.闭孔神经 由第 4、5、6 腰神经腹侧支的分支组成,沿髂骨内侧面向后下方延伸出闭孔,分布于闭孔外肌、耻骨肌、内收肌和股薄肌。

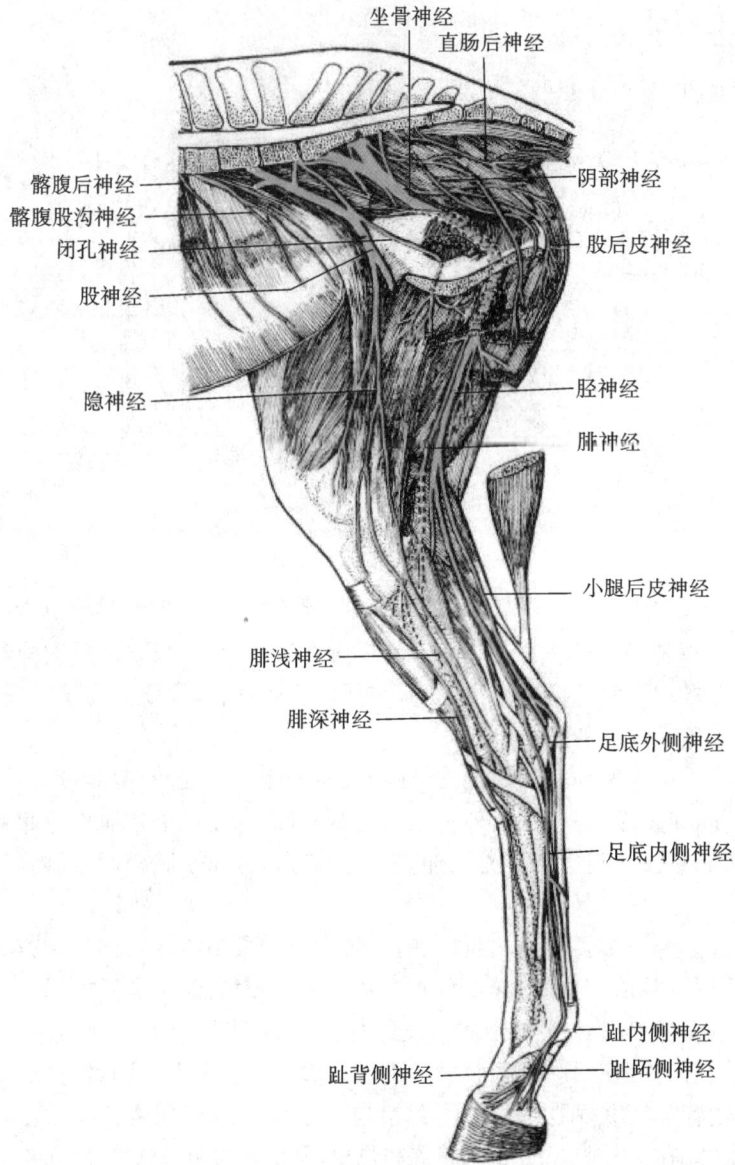

图 11-15　牛后肢神经

4. 臀前神经　由第 6 腰神经和第 1 荐神经腹侧支的分支组成,出坐骨大孔后分成数支分布于臀中肌、臀深肌和股阔筋膜张肌。马的臀前神经还分出一细长肌支进入臀浅肌前头。

5. 臀后神经　由第 1、2 荐神经的腹侧支的分支组成,出坐骨大孔后分背、腹两支,背支紧贴荐结节阔韧带外侧面向后延伸,分支进入股二头肌和臀中肌,马还分出一支进入臀浅肌后头;腹侧支继续向后延伸称股后皮神经,分布于股后部皮肤。

(五)尾神经

尾神经也包括背侧支和腹侧支,分别分布于尾背侧和尾腹侧的肌肉和皮肤。

三、内脏神经

内脏神经是神经系统的重要组成部分。主要分布在内脏、心血管和腺体,包括内脏运动神经和内脏感觉神经。内脏运动神经由于其不受意志的控制,亦称为自主神经或植物神经。

(一)内脏运动神经

内脏运动神经根据形态和功能的不同,分为交感神经和副交感神经两部分,它们都有中枢部和外周部。内脏运动神经系统在皮质和皮质下中枢的管理调节下,相互对抗又协调统一,调整动物的重要生命活动(呼吸、循环、消化、体温调节、代谢等)。

1.内脏运动神经的一般特征 内脏运动神经与躯体运动神经相比较,具有下列一些结构和功能上的特点。

(1)躯体运动神经支配骨骼肌,而内脏运动神经支配平滑肌、心肌和腺体。

(2)躯体运动神经的神经元胞体存在于脑和脊髓,神经冲动由中枢传至效应器只需一个神经元,而对于躯体运动神经,神经冲动由中枢传至效应器需通过两个神经元。位于脑干和脊髓灰质外侧柱的神经元称为节前神经元,由它发出的轴突称节前纤维;位于周围神经系统内脏神经节的神经元称为节后神经元,由它发出的轴突称节后纤维。节后神经元的数目较多,一个节前神经元可与多个节后神经元在内脏神经节内形成突触,这有利于许多效应器同时活动。

(3)躯体运动神经由脑干和脊髓全长的每个节段向两侧对称发出;而内脏运动神经由脑干及第1胸椎至第3、4腰椎段脊髓的外侧柱和荐部脊髓发出。

(4)躯体运动神经纤维一般为粗的有髓纤维,且通常以神经干的形式分布,而内脏运动神经的节前纤维为细的有髓纤维,节后纤维为细的无髓纤维,常攀附于脏器或血管表面,形成神经丛,再由神经丛发出分支分布于效应器。

(5)躯体运动神经一般都受意识支配,而内脏运动神经在一定程度上不受意识的直接控制,具有相对的自主性。躯体运动神经与内脏运动神经的区别见表11-3。

表11-3 躯体运动神经与内脏运动神经的区别

名 称	支配器官	中枢到效应器	发出位置	纤维组成	意识支配
躯体运动神经	骨骼肌	一个神经元	脑干和脊髓全长	粗的有髓纤维	受意识支配
内脏运动神经	心肌、平滑肌、腺体	两个神经元(节前神经元、节后神经元)	部分脑干和脊髓	节前为细的有髓纤维 节后为细的无髓纤维	不受意识支配

2.交感神经 马交感神经分布模式图见图11-16。

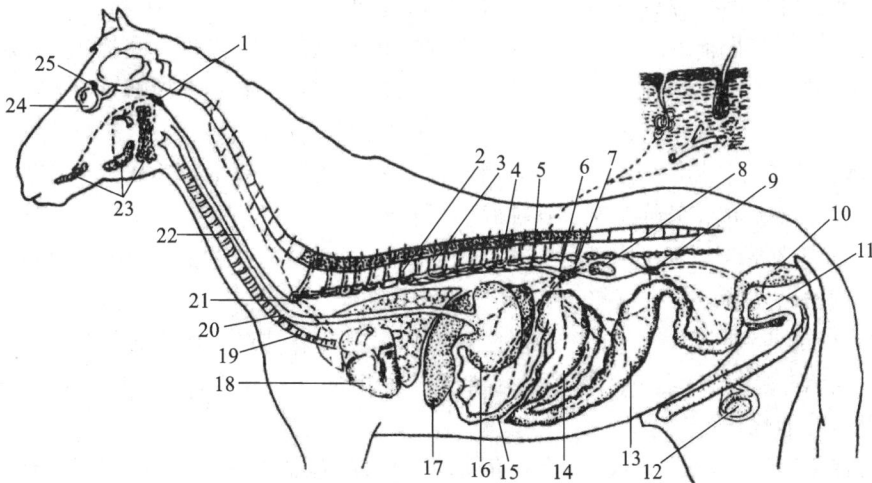

图11-16 马交感神经分布模式图(实线示节前纤维,虚线示节后纤维)
1.颈前神经节 2.白交通支 3.灰交通支 4.交感神经干 5.内脏大神经 6.内脏小神经 7.腹腔系膜前神经节 8.肾 9.肠系膜后神经节 10.直肠 11.膀胱 12.睾丸 13.大结肠 14.盲肠 15.小肠 16.胃 17.肝 18.心 19.气管 20.食管 21.星状神经节 22.颈部交感神经干 23.唾液腺 24.眼球 25.泪腺

内脏神经节根据位置可分为:①位于脊柱两侧的椎旁神经节(椎旁节),如交感神经干上的神经节;②位于脊柱腹侧的椎下神经节(椎下节),如腹腔神经节、主动脉神经节、肠系膜前神经节和肠系膜后神经节等;③位于器官附近或器官壁内的终末神经节(终末节),如盆神经节。

交感神经干是位于脊柱两侧,自颈前端延伸到尾根的一对神经干,神经干上有一系列的椎神经节。交感神经干有交通支与脑、脊神经相连。自脊髓发出的节前纤维经白交通支到达交感神经干。

自交感神经干发出的节后纤维经灰交通支进入脑、脊神经,并随之分布于躯体的血管和腺体。交感神经干的内脏支分布于内脏。内脏支在动脉周围和器官内外构成神经丛,丛内有神经节。内脏支有的含有节后纤维(神经元的胞体在交感干),有的主要含有节前纤维。

交感神经干左右对称,按部位分为颈部、胸部、腰部和荐尾部交感神经干。

(1)颈部交感神经干:包含3个神经节,即颈前神经节、颈中神经节和颈后神经节。位于颈前神经节与颈中神经节之间的神经干是由来自前部胸段脊髓的节前纤维组成的,向前到颈前神经节,它位于气管的背外侧,常与迷走神经合并成迷走交感干。

①颈前神经节:位于颅底腹侧,呈长梭状。由颈前神经节发出灰交通支连于附近的脑神经和第1颈神经,形成颈内动脉神经丛和颈外动脉神经丛(内脏支),随动脉分布于唾液腺、泪腺和虹膜的瞳孔开大肌。

②颈后神经节和颈中神经节:在左侧的两神经节常与第1胸椎神经节或第1、2胸椎神经节合并成星状神经节,在右侧的颈中神经节保持独立,仅颈后神经节与胸椎神经节合并成星状神经节。左、右侧的星状神经节均位于胸前口、第1肋骨椎骨端的内侧,紧贴于颈长肌的外侧面。神经节呈星芒状,向四周发出神经,向前上方发出椎神经(灰交通支)与各颈神经相连,向背侧发出交通支与第1胸椎神经或第1、2胸椎神经相连,向后下方发出心支(内脏支)参与构成心神经丛,分布至心脏和肺。

(2)胸部交感神经干:紧贴于椎体的腹外侧面。在每一个椎间孔附近都有一椎神经节。每一椎神经节均有白交通支和灰交通支与脊神经相连。胸部交感神经干发出内脏大神经、内脏小神经及一些分布于心、肺和食管的内脏支。

内脏大神经自胸部交感神经干发出,由节前纤维构成,在胸腔内与交感神经干并行,分开后经膈脚的背侧入腹腔,在腹腔动脉的根部连于腹腔神经节和主动脉神经节。

内脏小神经由最后胸段脊髓和第1、2腰段脊髓的节前纤维构成,在内脏大神经后方连于肠系膜前神经节,且有分支参与构成肾神经丛。

(3)腰部交感神经干:位于腰椎椎体的外侧面,在腰肌与主动脉之间向后延伸,主要由第1～3腰段脊髓发出的节前纤维和腰神经节组成。前接胸部交感神经干,向后延续为荐部交感神经干。每节均有一椎神经节。每个椎神经节都有交通支与脊神经相连,前3节有灰、白交通支,后数节只有灰交通支。腰部交感神经干发出的内脏支称腰内脏支。腰内脏支自腰部交感神经干连于肠系膜后神经节。

(4)荐尾部交感神经干:沿荐骨骨盆面向后延伸且逐渐变细。前1对荐尾部交感神经节较大,后部的较小。节后纤维组成灰交通支连于荐神经和尾神经。

内脏支中的节前纤维大多在椎下神经节内更换神经元,即与该神经节内的节后神经元形成突触。由该神经节发出的节后纤维直接分布于平滑肌或腺体。但也有少数节前纤维在椎下神经节内不换神经元,直接延伸到器官附近的终末神经节,与那里的节后神经元形成突触。

由腹腔神经节、主动脉神经节和肠系膜前神经节发出的节后纤维,分布于腹腔肝、胰、肾等器官和结肠左曲以前的消化管。

肠系膜前神经节:位于腹腔动脉和肠系膜前动脉根部,包括左右2个腹腔神经节和1个肠系膜前神经节。它们接受内脏大神经和内脏小神经的纤维,迷走神经食管背侧干的纤维也由此通过。从此神经节上发出的纤维形成腹腔神经丛,沿动脉的分支分布到肝、胃、脾、胰、小肠、大肠和肾等器官。肠系膜前神经节与肠系膜后神经节之间有节间支沿主动脉腹侧延伸。

肠系膜后神经节:在肠系膜后动脉根部两侧,位于肠系膜后神经丛内,接受来自腰部交感神经干的腰内脏支和来自肠系膜前神经节的节间支。从肠系膜后神经节发出分支沿动脉分布到结肠后段、精索、睾丸、附睾或通向卵巢、输卵管和子宫角,还分出1对腹下神经,向后延伸到盆腔内,参与构成盆神经丛。腹下神经内含有节后纤维和节前纤维。

3.副交感神经 副交感神经节前神经元的胞体位于中脑、延髓和荐段脊髓。节后神经元的胞体多数位于器官壁内的终末神经节,少数位于器官附近的终末神经节。自脑发出的节前纤维加入动眼神经、面神经、舌咽神经和迷走神经,自荐段脊髓发出的节前纤维形成盆神经。

(1)颅部副交感神经:节前纤维位于动眼神经、面神经、舌咽神经和迷走神经内。

①动眼神经内的副交感神经节前纤维在眼眶中的睫状神经节更换神经元,由此发出的节后纤维分布于虹膜的瞳孔括约肌。

②面神经内的副交感神经节前纤维,部分在蝶腭神经上方的蝶腭神经节更换神经元,由此发出节后纤维分布于泪腺、腭腺、颊腺和唇腺;部分则行经鼓索神经和舌神经而到舌根外侧的下颌神经节更换神经元,其节后纤维分布于颌下腺和舌下腺。

③舌咽神经内的副交感神经节前纤维在颅底附近的耳神经节更换神经元,其节后纤维分布于腮腺。

④迷走神经为混合神经。含有来自消化管和呼吸道以及外耳的感觉神经纤维,分布于咽喉横纹肌的运动神经纤维;分布于食管、胃、肠、支气管、心和肾的副交感神经纤维;运动神经核和副交感神经核位于延髓内,感觉神经节位于破裂孔附近。迷走神经经破裂孔出颅腔,与交感神经干合并而行,形成迷走交感神经干,沿气管的背外侧和颈总动脉的背侧向后伸延,至颈后端与交感神经干分离,经锁骨下动脉腹侧入胸腔,在纵隔中继续向后延伸,约于支气管背侧分为一食管背侧支和一食管腹侧支。左右迷走神经的食管背侧支合成较粗的食管背侧干,腹侧支合成较细的食管腹侧干,分别沿食管的背侧和腹侧向后延伸,穿过食管裂孔入腹腔。食管腹侧干分布于胃、幽门、十二指肠、肝和胰;食管背侧干除分布于胃外,还分出一大支通过腹腔神经节参与构成腹腔神经丛,分布于胃、肠、肝、胰、脾、肾等。迷走神经分出的侧支有咽支、喉前神经、喉返神经、心支、支气管支及一些分布于食管、气管和外耳的小支,在咽外侧发出,分布于咽和食管前端。喉前神经在咽外侧发出,分布于咽、喉和食管前端。喉返神经由胸腔发出,绕过主动脉弓(左侧)或右锁骨下动脉(右侧),沿气管向前延伸,分布于喉肌。心支常有2~3支,由胸腔发出,参与构成心神经丛,分布于心和肺。支气管支由胸腔发出,参与构成肺神经丛,分布于肺。迷走神经的副交感节前纤维在心神经丛、肺神经丛及其他内脏器官的神经丛进入终末神经节,并在这些神经节内更换神经元,其节后纤维分布在这些神经节所在的器官。

(2)盆神经:来自第3、4荐神经的腹侧支,有1~2支,沿骨盆壁向腹侧延伸,参与构成盆神经丛。盆神经的副交感节前纤维在盆神经丛中的终末神经节内更换神经元,由终末神经节发出的节后纤维分布于直肠、膀胱、输尿管、尿道、副性腺、输精管、睾丸和阴茎(公畜)或卵巢、子宫和阴道等器官(母畜)。

4. 交感神经和副交感神经的主要区别　交感神经和副交感神经是自主神经系统中的两个组成部分,它们常形成双重神经支配,共同支配一个器官。二者在起始分布、结构和功能上存在很大的差别。

(1)节前神经元位置不同:交感神经的节前神经元存在于胸腰段脊髓的灰质外侧柱内,而副交感神经的节前神经元主要存在于脑干(中脑、脑桥、延髓)和荐段脊髓的灰质柱外侧。

(2)神经节的位置不同:交感神经节位于脊柱的两旁(椎旁节)或脊柱的腹侧(椎下节);副交感神经节位于所支配的器官附近或器官壁内。因此,与交感神经相比,副交感神经节前纤维长,而节后纤维很短。

(3)节前神经元和节后神经元的比例不同:一个交感神经的节前纤维分支多,通常与20~30个节后神经元组成突触;而副交感神经的节前纤维分支少,通常只与1~2个节后神经元组成突触。

(4)分布范围不同:交感神经除分布于胸、腹腔的内脏器官外,还遍及头颈各器官及全身的血管和皮肤;副交感神经的分布不如交感神经广泛,大部分的血管、竖毛肌、汗腺、肾上腺髓质均无副交感神经支配。

(5)对同一器官的作用不同:二者对同一器官的作用既相互对抗,又相互统一。例如,当机体活动增强时,为适应机体代谢的需要,交感神经活动加强,表现为心跳加快、血压升高、支气管舒张和消化活动减弱。当机体处于安静或休息时,副交感神经活动反而增强,表现为心跳减慢、血压下降、支气管收缩和消化活动增强,以恢复体力和储备能量。

最后需要说明的是,自主神经虽然不受意志支配,但却是在神经中枢的密切调控下活动的,如心跳虽然不受意志控制,但是感情变化、激动等因素依然能够影响心跳的频率。

(二)内脏感觉神经

内脏感觉神经是感觉神经的一部分。内脏感觉神经元的胞体位于脑神经节或脊神经节中,内脏感觉神经纤维混在交感神经和副交感神经中,分布于相应的脏器。内脏感觉神经纤维经脊神经后根及迷走神经等传入中枢,一部分参与完成内脏反射,如排尿反射和排便反射等;一部分则传至大脑皮质,产生内脏感觉。

内脏感觉神经纤维数量较少,每根感觉神经纤维的分布范围又较广,因此内脏感觉比躯体感觉迟钝,呈弥散性,定位性较差。

临床上常见某些内脏疾病可导致不同皮肤区域出现疼痛或过敏带,称为牵扯痛,如心肌缺血时,可发生心前区、左上臂或左肩的疼痛,此情况是患病器官的内脏感觉神经与皮肤部过敏区的躯体感觉神经共同进入同一脊髓节段的缘故。

知 识 单 元 4 神 经 生 理

神经系统是动物体内起主导作用的功能调节系统,其活动的主要特点是具有高度的整合性,即把无数神经元的活动联系、协调起来,在其直接或间接控制之下,调节机体各种功能活动。

神经系统不仅能全面调节各组织、器官的活动,调节各种复杂的生理过程,保证机体内环境的动态平衡,使之形成一个有机整体,还能根据体内、外各种变化,对体内各种功能活动做出迅速而完善的调控,使动物适应多变的环境条件,并保持相对的稳定。

一、神经纤维生理

神经纤维具有高度的兴奋性和传导性,可实现感受器与中枢、中枢与效应器之间的兴奋传导。当神经纤维的某一点受到适宜的刺激而发生兴奋时,兴奋就自动地沿神经纤维传到其他部位。生理学上,把沿神经纤维传播的兴奋称为神经冲动。

(一)神经纤维传导

神经纤维由神经元的轴突构成,具有高度的兴奋性和传导性。

1.神经纤维传导兴奋的特征

(1)生理完整性:兴奋能够在神经纤维上传导,神经纤维在结构上及生理功能上应该是完整的。局部环境发生变化,如麻醉、压迫、低温等因素,也可阻滞神经冲动的传导。

(2)绝缘性:每条神经干包含的任何一条神经纤维都沿本身传导冲动,与相邻纤维相互隔绝,不相干扰,这种绝缘性使神经调节更为精确。

(3)双向传导性:神经纤维任何一点受到的刺激所产生的冲动可沿神经纤维向两端传导,即双向传导。

(4)相对不疲劳性:神经纤维长时间连续刺激、传导冲动并不易发生疲劳,始终保持传导能力。

(5)不衰减性:冲动在一条神经纤维内传导时,不论传导的距离有多长,冲动的强度、频率和传导速度都始终保持不变。

2.神经元间的功能联系

神经系统内有数以亿计的神经元。神经系统的功能不可能通过一个神经元的活动来完成,必须由多个神经元共同作用才能完成各种反射活动。

一个神经元的轴突末梢与其他神经元的胞体或突起相接触,它们接触的部位存在一定间隙,所形成的特殊结构称为突触。神经元之间的兴奋传递就是依靠突触传递而完成的。此外,兴奋还能从一个神经元传递给产生效应的细胞,如肌细胞或腺细胞,神经元与效应细胞相接触而形成的特殊结构称为接头,如神经-肌肉接头。在突触前面的神经元称突触前神经元,在突触后面的神经元称突触后神经元。神经冲动由一个神经元通过突触传递到另一个神经元的过程称为突触传递。

(1)突触的类型。

①根据突触接触部位分类:可分为轴-树突触(最多见),前一个神经元的轴突与后一个神经元的树突相接触而形成的突触;轴-体突触(较常见),前一个神经元的轴突与后一个神经元的胞体相接触而形成的突触;轴-轴突触(较少见),前一个神经元的轴突与后一个神经元的轴突相接触而形成的突触。

②根据突触传递信息的方式分类:可分为化学突触和电突触。机体内大多数突触是化学突触,突触前神经元的末梢分泌传递物质,使突触后膜的离子通透性发生变化,产生突触后电位。一般来说,化学传递比电传递有更强的可塑性,而且可以把较小的突触前电流放大成比较大的突触后电流。电突触的突触前膜和突触后膜紧紧贴在一起形成缝隙连接,电流经过缝隙从一个细胞流到另一个细胞。

③根据突触的功能分类:可分为兴奋性突触和抑制性突触。神经冲动经过兴奋性突触的传递,引起突触后膜去极化,产生兴奋性突触后电位;经过抑制性突触的传递,引起突触后膜超极化,产生抑制性突触后电位。电突触大多属兴奋性突触,化学突触有兴奋性的,也有抑制性的。大多数轴-体突触是抑制性突触。

(2)突触的结构:用电子显微镜观察,一个典型的突触由突触前膜、突触间隙和突触后膜三部分构成(图 11-17)。

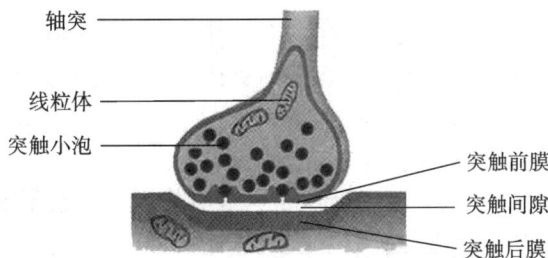

图 11-17 突触的亚显微结构模式图

①突触前膜:突触前神经元轴突终末呈球状膨大,轴突膜增厚形成突触前膜,厚 6~7 nm。在突触前膜部位的细胞质内,含有许多突触小泡以及一些微丝、微管、线粒体和滑面内质网等。突触小泡是突触前部的特征性结构,小泡内含有化学物质,称为神经递质。各种突触内的突触小泡形状和大小颇不一致,是因其所含神经突触各个部分结构递质不同。常见突触小泡类型:a.球形小泡,直径 20~60 nm,小泡清亮,其中含有兴奋性神经递质,如乙酰胆碱。b.颗粒小泡,小泡内含有电子密度高的致密颗粒,按其颗粒大小又可分为小颗粒小泡和大颗粒小泡两种。小颗粒小泡直径 30~60 nm,通常含胺类神经递质,如肾上腺素、去甲肾上腺素等;大颗粒小泡直径 80~200 nm,所含的神经递质为5-羟色胺或脑啡肽等。c.扁平小泡,小泡直径约 50 nm,呈扁平圆形,其中含有抑制性神经递质,如γ-氨基丁酸等。

②突触间隙:位于突触前、后膜之间的细胞外间隙,宽 20~30 nm,其中含黏多糖和糖蛋白等,这些化学成分能和神经递质结合,促进神经递质由突触前膜移向突触后膜,使其不向外扩散或消除多余的递质。

③突触后膜:突触后神经元的胞体膜或树突膜,与突触前膜相对应部分增厚,形成突触后膜,厚 20~50 nm,突触后膜上有特异性受体。

(3)化学突触的传递过程:化学突触的传递过程见图 11-18。

神经冲动沿轴突膜传至突触前膜时,触发突触前膜上的电压门控 Ca^{2+} 通道开放,细胞外的 Ca^{2+} 进入轴突末梢,在 ATP 和微丝、微管的参与下,使突触小泡移向突触前膜,以胞吐方式将小泡内的神

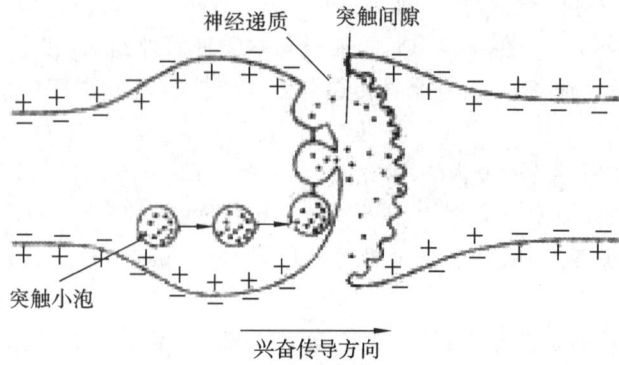

图 11-18　化学突触传递模式图

经递质释放到突触间隙。

其中部分神经递质与突触后膜上的相应受体结合，引起与受体偶联的化学门控通道开放，使相应的离子经通道进入突触后膜，使突触后膜内外两侧的离子分布状况发生改变，呈现兴奋性（膜的去极化）或抑制性（膜的极化增强）变化，从而影响突触后神经元（或效应细胞）的活动。使突触后膜发生兴奋的突触称兴奋性突触，而使突触后膜发生抑制的突触称抑制性突触。

突触的兴奋或抑制取决于神经递质及其受体的种类。一个神经元通常有许多突触，其中有些是兴奋性的，有些是抑制性的。如果兴奋性突触活动总和超过抑制性突触活动总和，并达到能使该神经元的轴突起始段发生动作电位，出现神经冲动，则该神经元呈现兴奋状态，反之，则表现为抑制状态。

（4）化学突触传递的特征：一侧神经元通过胞吐作用释放小泡内的神经递质到突触间隙，相对应一侧的神经元（或效应细胞）的突触后膜上有相应的受体。具有这种受体的细胞称为神经递质的效应细胞或靶细胞，这就决定了化学突触传导的单向性。突触前、后膜是两个神经膜特化部分，维持两个神经元的结构和功能，实现机体的统一和平衡。

（5）电突触的传递：电突触的突触间隙很窄，在突触小体内无突触小泡，突触间隙两侧的膜是对称的，形成通道，带电离子可通过通道传递电信号。

（二）神经递质与受体

神经递质是指在突触传递中起信息传递作用的特定化学物质，简称递质。神经递质由突触前膜释放后立即与相应的突触后膜受体结合，产生突触去极化电位或超极化电位，导致突触后神经兴奋性升高或降低。

神经递质必须符合以下要求：①在神经元内合成；②储存在突触前神经元并在去极化时释放一定浓度（具有显著生理效应）的量；③当作为药物应用时，人为施加外源分子至突触后神经元或效应细胞旁，应产生类似内源性神经递质的生理效应；④神经元或突触间隙能完成对神经递质的清除或失活；⑤有特异性受体激动剂或拮抗剂。

1. 外周神经递质　由外周神经系统（即周围神经系统）的神经元合成的神经递质称为外周神经递质。植物性神经的节前纤维、副交感神经的节后纤维、全体躯体运动神经以及支配汗腺和舒张血管平滑肌的交感神经节后纤维所释放的递质都是乙酰胆碱，上述纤维称为胆碱能神经纤维。

绝大多数交感神经节后纤维释放的递质为去甲肾上腺素，这种纤维称为肾上腺素能神经纤维。

植物性神经的节后纤维除胆碱能神经纤维和肾上腺素能神经纤维外，还有第三类纤维，其释放的递质为嘌呤类和肽类化学物质。

2. 中枢神经递质

（1）乙酰胆碱：脊髓腹角运动神经元、脑干网状上行激活系统及边缘系统的梨状区、杏仁核、海马内某些神经元均以乙酰胆碱作为神经递质，多数呈兴奋作用。这种递质对中枢神经系统的感觉、运动、学习、记忆等功能有重要作用。

（2）生物胺类：生物胺类递质是指肾上腺素、去甲肾上腺素、多巴胺和 5-羟色胺。

肾上腺素主要位于延髓和下丘脑，主要参与血压和呼吸的调控。

去甲肾上腺素系统比较集中，绝大多数的去甲肾上腺素能神经元位于低位脑干，尤其是中脑网状结构、脑桥的蓝斑以及延髓网状结构的腹外侧部分，主要参与心血管活动、情绪、体温、摄食等功能的调控。

多巴胺递质系统主要包括黑质-纹状体部分、中脑边缘系统部分和结节、漏斗部分，主要参与肌紧张、躯体运动、情绪、内分泌等功能的调控。

5-羟色胺递质系统也比较集中，其神经元主要位于低位脑干近中线区的中缝核内，主要调节痛觉，还参与情绪、睡眠、体温、性行为、垂体内分泌等功能的调控。

（3）氨基酸类：包括谷氨酸、天冬氨酸、甘氨酸和 γ-氨基丁酸等。谷氨酸在脑、脊髓内含量很高，分布很广，但相对来看，大脑半球和脊髓背侧部分含量较高。谷氨酸为感觉传入神经纤维（粗纤维类）和大脑皮层内的兴奋性递质。

甘氨酸和 γ-氨基丁酸均是突触后抑制的递质。γ-氨基丁酸也是突触前抑制的递质。

（4）肽类：神经元能分泌肽类化学物质，例如，视上核和室旁核神经元分泌升压素（九肽）和催产素（九肽）；下丘脑内其他肽能神经元能分泌多种调节腺垂体活动的多肽，如促甲状腺素释放激素（三肽）、促性腺激素释放激素（十肽）、生长抑素（十四肽）等。由于这些肽类物质在分泌后，要通过血液循环才能作用于效应细胞，因此称为神经激素。但这些肽类物质也可能是神经递质。例如，室旁核有向脑干和脊髓投射的纤维，具有调节交感和副交感神经活动的作用（其递质为催产素），并能抑制痛觉（其递质为升压素）。其中较为重要的是 P 物质（十一肽）和脑啡肽。P 物质可能是第一级感觉神经元（属于细纤维类）释放的兴奋性递质，与痛觉传入活动有关，具有明显的镇痛作用。脑啡肽在脊髓背角胶质区浓度很高，它可能是调节痛觉纤维传入活动的神经递质。

3. 受体　　受体是一类存在于细胞膜或细胞内的，能与细胞外专一信号分子（如递质、激素等）结合进而激活细胞内一系列生物化学反应，使细胞对外界刺激产生相应效应的特殊蛋白质。与受体结合的生物活性物质统称为配体，能与受体发生特异性结合并产生生物效应的配体称为激动剂，只发生特异结合但不产生生物效应的配体称为拮抗剂（阻断剂）。

（1）胆碱能受体：胆碱能受体为能与乙酰胆碱结合的受体，是毒蕈碱型受体和烟碱型受体的总称。

毒蕈碱型受体，简称 M 受体，广泛存在于副交感神经节后纤维支配的效应细胞上。当乙酰胆碱与这类受体结合后，可产生一系列副交感神经末梢兴奋的效应，包括心脏活动的抑制，支气管平滑肌、胃肠道平滑肌、膀胱逼尿肌和瞳孔括约肌的收缩，以及消化腺分泌增加等。这类受体也能与毒蕈碱结合，产生类似的效应。阿托品为此类受体的阻断剂。

烟碱型受体，简称 N 受体，存在于交感和副交感神经节神经元的突触后膜和神经-肌肉接头处的终板膜上。当乙酰胆碱与这类受体结合后，就产生兴奋性突触后电位和终板电位，导致节后神经元和骨骼肌的兴奋，但大剂量乙酰胆碱则阻断植物性神经节的突触传递。这些效应不受阿托品的影响，但这类受体也能与烟碱结合，产生类似效应。

（2）肾上腺素能受体：凡是能与去甲肾上腺素或肾上腺素结合的受体称为肾上腺素能受体。肾上腺素能受体可分为 α 和 β 两类。α 受体所引起的反应为血管收缩、瞳孔扩散等，β 受体所引起的反应为支气管扩张、血管扩张等。肾上腺素能受体不仅对递质起反应，对肾上腺髓质分泌的肾上腺素和去甲肾上腺素以及儿茶酚胺类药物也起反应。α 受体的阻断剂是酚妥拉明，β 受体的阻断剂为普萘洛尔。

（3）突触前受体：受体一般存在于突触后膜，但在突触前膜也有分布，称为突触前受体。其作用在于调节神经末梢的递质释放，如肾上腺素能神经纤维末梢的突触前膜存在 α 受体，能与超量的去甲肾上腺素结合，从而反馈抑制末梢合成和释放去甲肾上腺素。

（4）中枢神经递质的受体：中枢神经递质的种类复杂，相应的受体也多，如多巴胺受体、5-羟色胺受体、氨基酸受体、肽类受体等。它们也有相应的受体阻断剂。

二、反射中枢生理

反射是实现神经系统功能的最基本方式。在中枢兴奋和中枢抑制过程的相互配合下,反射活动相互协调,是神经活动遵循一定的规律而进行的前提。

按反射形成的特点可分为非条件反射和条件反射两大类。前者是动物生来就有的,无须后天训练的反射,它是动物在种系进化过程中建立和巩固起来的,可再遗传给后代。非条件反射的反射弧是固定的,其数目有限,如牵张反射、瞳孔对光反射等。后者是动物在后天的个体生活中经过学习和训练而获得的,是反射的高级形式。如果动物的生活条件发生改变,则已形成的条件反射会消退,并可重新形成新的条件反射。因此,条件反射的反射弧不是固定不变的,其形式是多样的,数目是无限的。它使动物对于千变万化的外界环境具有更强的适应性。

(一)反射过程

一定的刺激被一定的感受器所感受,感受器即发生兴奋;兴奋以神经冲动的形式经传入神经传向中枢;通过中枢的分析和综合处理,中枢产生兴奋,兴奋又经一定的传出神经到达效应器;最终效应器发生某种活动的改变。反射弧的五个组成部分中任何部分的中断,都会使反射消失。

在整体情况下,传入冲动进入脊髓或脑干后,除在同一水平与传出部分发生联系并发出传出冲动外,还有上行冲动传导到更高级的中枢部位,进行进一步的整合;高级中枢再发出下行冲动来调整反射的传出冲动。因此,反射活动具有复杂性和适应性。

在某些反射活动中,传出神经首先作用于某些内分泌腺,使该腺体释放激素经血液转运,最后作用于效应器。这种有内分泌腺参与的反射活动,其效应的出现往往比较缓慢,但影响比较广泛而持久。

(二)中枢兴奋

每一个反射活动都必须经过反射弧的中枢神经系统。中枢神经系统的兴奋过程必须以神经冲动的形式从一个神经元通过突触传递给另一个神经元。因此,兴奋过程通过突触时的传递特征很大程度度上成了反射活动的基本特征。

1.兴奋的单向传导 神经冲动在神经中枢内传导时,只能由传入神经元向传出神经元的方向进行,不能逆传。这种单向传导的特征由中枢内突触传递的特性决定。因此,在反射弧中兴奋只能从脊髓背根传入,由腹根传出,而不能颠倒,即背根是感觉性的,腹根是运动性的,这个规律称作贝尔-马让迪定律。

2.传导的延搁 在反射活动中,从刺激开始到效应器产生反应之间的时间称作反射时。它除了包括刺激引起感受器兴奋,产生神经冲动的时间;神经冲动在传入神经和传出神经上传导的时间以及神经冲动引起效应器发生反应所消耗的时间外,还包括冲动在中枢的突触处传递所消耗的时间。后者比冲动在相应长度的神经纤维上传导所需的时间要长得多,因此,称作中枢性延迟或突触性延迟。据测定,兴奋通过一个突触所需要的时间为 $0.3\sim0.5$ ms,由此可知,在反射中枢内通过的突触数越多,中枢性延迟的时间越长。兴奋通过电突触时则无时间延搁,因而可在多个神经元的同步活动中起重要作用。

3.兴奋的总和 在反射活动中,由单根纤维传入的一次冲动,不能使突触后神经元产生神经冲动,即不能引起反射效应。这是因为单根纤维传入的一次冲动所引起的兴奋性突触后电位很小,只能使神经元的兴奋性提高。但如果同一突触前膜连续传来多个冲动,或有许多传入纤维同时传来一排冲动到同一神经元,则在突触后膜上所产生的突触后电位可以叠加起来,待达到阈电位时,就使突触后神经元兴奋,这个现象前者称时间总和,后者称空间总和。所以反射活动中,传出冲动的频率与传入冲动的频率往往不同。

4.中枢兴奋的集中与扩散 在反射活动中,从机体不同部位传入中枢的神经冲动,常常在最后集中传递到中枢比较局限的部位,这种现象称为中枢兴奋的集中。这是由于同一种神经元的胞体和树突可以接受来自许多神经元的突触联系,称为聚合原则。这种联系可能使许多神经元的作用都引起同一个神经元的兴奋而发生总和，也可能使许多来源不同神经元的兴奋和抑制在同一个神经元上发生整合。

从机体某一部位传入中枢的神经冲动，常常并不局限于在中枢的某一局部发生兴奋，而是使兴奋在中枢内由近及远地广泛传播，这种现象称为中枢兴奋的扩散。这是由于一个神经元的轴突可以通过分支与其他许多神经元建立突触联系，称为辐射原则。这种联系有可能使一个神经元的兴奋引起许多神经元的同时兴奋或抑制。

例如，食物对视觉、听觉、味觉、口腔触觉等各感受器所引起的刺激传进中枢后，集中传递到延髓的唾液分泌中枢，引起唾液的分泌反应，这是中枢兴奋集中的表现。局部皮肤受到强烈刺激后所产生的兴奋传到中枢后，在中枢内广泛地传播到各处，引起机体的许多骨骼肌发生防御性收缩反应，甚至心血管系统、消化系统、呼吸系统、排泄系统等的活动都发生改变，这是中枢兴奋扩散的表现。

5. 中枢兴奋的后作用 反射活动都由刺激引起，但当刺激停止以后，中枢兴奋并不立即消失，传出神经仍断续发放神经冲动，使反射活动延续一段时间，这一现象称作反射的后作用或中枢兴奋的后作用。在一定范围内，刺激越强，或刺激作用时间越久，则后作用的延续时间也越长。中枢内神经元之间环路式的兴奋性突触联系是产生后作用的形态学基础。神经冲动经过网状联系中含有不同突触数目的许多侧支，先后到达同一个传出神经元上，使传出神经元连续不断受到刺激而持续放电，是产生后作用的主要机制。

6. 对内环境变化的敏感性和易疲劳性 因为突触间隙与细胞外液相通，所以内环境理化因素的变化，如缺氧、CO_2 过多、应用麻醉剂以及某些药物等均可影响突触传递。另外，用高频电脉冲连续刺激突触前神经元，突触后神经元的放电频率会逐渐降低；而将同样的刺激施加于神经纤维，神经纤维的放电频率在较长时间内不会降低，说明突触传递相对容易发生疲劳，其原因可能与递质的耗竭有关。

（三）中枢抑制

在中枢神经系统内，经过突触传递，突触后神经元兴奋，但也可能抑制。抑制过程是中枢神经系统的另一种基本活动。其表现为体内某些反射活动减弱或抑制，抑制过程并不是简单的静止或休息，而是与兴奋过程相对立的主动的神经活动。

中枢抑制有许多与中枢兴奋类似的特征，如抑制的发生也需要由刺激引起，也有扩散、易化和后作用等。

中枢抑制根据发生机制的不同，可分为突触前抑制和突触后抑制。

1. 突触前抑制 突触前抑制指通过改变突触前膜的活动，最终使突触后神经元兴奋性降低，从而引起抑制的现象。其结构基础为轴-轴突触，抑制发生的部位是突触前膜，突触前膜被兴奋性递质去极化，使膜电位绝对值降低，当其发生兴奋时，动作电位的幅度减小，释放的递质减少，导致突触后膜兴奋性突触后电位降低，表现为抑制。

2. 突触后抑制 神经元兴奋导致抑制性中间神经元释放抑制性递质，作用于突触后膜上特异性受体，产生抑制性突触后电位，从而使突触后神经元出现抑制。突触后抑制包括传入侧支性抑制和回返性抑制。

（1）传入侧支性抑制：又称交互抑制。一个感觉传入纤维进入脊髓后，一方面直接兴奋某一中枢的神经元，另一方面发出其侧支兴奋另一抑制性中间神经元，然后通过抑制性中间神经元的活动转而抑制另一中枢的神经元。其意义在于使不同中枢之间的活动协调起来，如屈肌反射（同时伸肌舒张）。

（2）回返性抑制：多见于信息下传路径。传出信息兴奋抑制性中间神经元后，抑制性中间神经元转而抑制原先发放信息的中枢。其意义在于使神经元的活动及时终止，使同一中枢内许多神经元的活动协调一致。如脊髓前角运动神经元与闰绍细胞之间的联系。

三、神经系统的感觉功能

动物接受外界环境和机体内环境的各种各样的刺激，首先是由感受器或感觉器官感受，然后将各种刺激形式的能量转换为神经冲动沿传入神经传向中枢,最后经中枢神经系统的分析和综合后,到达大脑皮层的特定区域形成感觉。因此,感觉是由感受器、传入神经和大脑皮层感觉中枢三部分共同活动而产生的。

(一)感受器

感受器按其身体上的分布部位和接受刺激的来源可分为内感受器、外感受器和本体感受器三大类。外感受器包括光感受器、听感受器、化学感受器(味觉、嗅觉)、皮肤感受器等。内感受器包括心血管壁的机械和化学感受器,胃肠道、输尿管、膀胱、体腔壁内的和肠系膜根部的各类感受器。本体感受器分布于骨骼肌肌腹、肌腱、关节囊、韧带和内耳等处,接受机体运动和平衡时产生的刺激。

动物机体的各类感受器在功能上都具有以下共同特点。

1. 各类感受器都具有各自的适宜刺激 适宜刺激是指只需要极小强度的某种刺激即能引起感受器兴奋,这种刺激形式称为该感受器的适宜刺激。引起感受器兴奋的最小适宜刺激强度称为该感受器的感觉阈值。

2. 各类感受器都具有换能作用 即能把作用于它们的各种形式的刺激能量转换为相应传入神经纤维上动作电位,传入中枢神经系统相应部位。中枢神经系统通过众多传入神经纤维获得来自各感受器的传入信号。

3. 感受器的编码作用 感受器把外界刺激转换成神经动作电位,不仅仅是发生能量形式的转换,更重要的是把刺激所包含的环境变化的信息也转移到新的电信号系统中,这就是编码作用。不同感觉的引起,不仅取决于刺激的性质和接受刺激的感受器,也取决于传入冲动到达大脑皮层的终点部位。例如,用电流刺激动物的视神经,冲动传至枕叶皮层即产生光亮的感觉;又如,在发生肿瘤等病变压迫听神经时,会产生耳鸣的症状。这是由病变刺激引起听神经冲动传到皮层听觉中枢所致。由此可见,感觉的性质取决于传入冲动到达高级中枢的部位。至于在同一感觉类型的范围内,对刺激强度(或量)如何编码问题,普遍认为感受器可通过改变相应传入神经纤维上的动作电位频率来反映刺激的强度。刺激加强时,还可使一个以上的感受器和传入神经向中枢发放冲动。

4. 各类感受器都具有适应现象 适应现象是指在刺激感受器的刺激仍存在时,感觉逐渐消失。这种现象也常表现于生活中,如"入芝兰之室,久而不闻其香",即反映嗅觉对刺激的适应现象。实验也证明,当刺激持续作用于感受器时,其传入神经纤维的动作电位频率会逐渐下降,这些都证明感受器具有适应现象。

5. 对比现象和后作用 在接受某种刺激之前或同时又受到另一种性质相反的刺激时,感受器的敏感性提高的现象,称为对比现象。例如,在黑暗的背景上看到白色物体或在白色背景上看到黑色物体,都会产生黑白分明的感觉。

当引起感觉的刺激消失后,感觉一般会持续存在一段时间,然后才会逐渐消失,这种现象称为感觉的后作用。刺激越强,感觉的后作用也越长。例如,当光源发出的闪光频率达到一定值时,在视觉中产生的是不间断的光觉,电影就是根据这一原理发明的。

(二)感觉投射系统

丘脑在大脑皮层不发达的动物中,是感觉的最高级中枢;在大脑皮层发达的动物中,是最重要的感觉传导接替站。来自全身各种感觉的传导通路(嗅觉除外),均在丘脑内更换神经元,然后投射到大脑皮质。在丘脑内只对感觉进行粗略的分析与综合,丘脑与下丘脑、纹状体之间有纤维互相联系,三者成为许多复杂的非条件反射的皮层下中枢。

根据丘脑各核团向大脑皮质投射纤维特征的不同,丘脑的感觉投射系统可分为特异性投射系统和非特异性投射系统。

1. 特异性投射系统 从机体各种感受器发出的神经冲动,进入中枢神经系统后,由固定的感觉传导通路,集中到达丘脑的一定神经核(嗅觉除外),由此发出纤维投射到大脑皮质的各感觉区,产生特定感觉,这种传导系统称作特异性投射系统。

典型的感觉传导通路,一般是由三级神经元接替完成的。第一级神经元位于脊神经节或有关的脑神经感觉神经节内;第二级神经元位于脊髓背角或脑干的有关神经核内;第三级神经元在丘脑的腹后核内。因此,丘脑是特异性传导系统的一个重要接替站,它对各种传入冲动(嗅觉除外)进行汇集,并做初步的分析和综合,产生粗略的感觉,但对刺激的性质和强度,则不能进行精确的分析。

2. 非特异性投射系统 感觉传导向大脑皮质投射时,即特异性投射系统的第二级神经元的纤维通过脑干时,发出侧支与脑干网状结构的神经元发生突触联系,然后在网状结构内通过短轴突多次更换神经元而投射到大脑皮质的广泛区域,这一投射系统是不同感觉的共同前行途径。由于各种感觉冲动进入脑干网状结构后,经过许多错综复杂交织在一起的神经元的彼此相互作用,就失去了各种感觉的特异性,因而投射到大脑皮质就不再产生特定的感觉,所以,这种传导系统称作非特异性投射系统。

此系统的作用:一是激动大脑皮质的兴奋活动,使机体处于醒觉状态,所以非特异性投射系统又称脑干网状结构上行激动系统。当这一系统的传入冲动增多时,皮质兴奋活动增强,使动物保持醒觉状态,甚至引起激动状态;当这一系统的传入冲动减少时,皮质兴奋活动减弱,使动物处于相对安静状态,甚至皮质的广大区域转入抑制状态而引起睡眠。二是调节皮质各感觉区的兴奋性,使各种特异性感觉的敏感度提高或降低。如果这一系统受到损伤,使皮质的兴奋活动减弱,动物将陷入昏睡。

由于这一系统是一个多突触接替的前行系统,所以它易受麻醉药的作用而发生传导障碍。有些麻醉药如氯丙嗪等,就是作用于脑干网状结构,阻断了非特异性投射系统,降低了皮质的兴奋性,从而引起安静和睡眠。

要在大脑皮质产生感觉,有赖于特异性和非特异性投射系统的相互配合。只有通过非特异性投射系统的冲动,才能使大脑皮质的感觉区保持一定的兴奋性。同时只有通过特异性投射系统的各种感觉冲动,才能在大脑皮质中产生特定的感觉。

(三)大脑皮层的感觉功能

大脑皮层是畜禽感觉的最高中枢,它接受机体各部分传来的冲动,进行精细分析和综合后产生感觉,并发生相应的反应。

不同的感觉在大脑皮层有不同的代表区,如产生触觉、压觉、温度觉和痛觉的皮肤感觉和肌肉、关节等本体感觉的躯体感觉区在顶叶的中央后部;视觉感觉区在枕叶皮质;听觉感觉区在颞叶外侧;嗅觉感觉区在边缘叶的前梨状区和大脑基底的杏仁核;味觉感觉区在颞叶外侧裂附近;内脏感觉区在边缘叶的内侧和皮质下杏仁核等部。

需要说明的是,大脑皮层的这些感觉区的功能性区别是相对的,它只能表明在一定区域内对一定功能有比较密切的联系,并不意味着各感觉区之间是相互孤立、各不相干的。

四、神经系统对躯体运动的调节

躯体运动是动物对外界反应的主要活动。任何形式的躯体运动,都是以骨骼肌的活动为基础的。不同肌群在神经系统的调节下,相互协调和配合,形成各种有意义的躯体运动。神经系统的不同部位对躯体运动的整合作用有明显的程度差别,越是复杂的躯体运动越需要更高级的神经系统的参与。

(一)脊髓对躯体运动的调节

躯体运动最基本的反射中枢位于脊髓,通过脊髓可以完成一些较简单的反射活动。在生理学上,为了研究脊髓功能的特征,常用去大脑动物,这样避免了脑的各级部位对脊髓功能的影响。最基本的脊髓反射包括两类:牵张反射(也称位相性牵张反射)和屈肌反射(也称紧张性牵张反射)。

1. 牵张反射 无论是屈肌还是伸肌,当其被牵张时,肌腱内感受器受到刺激,感觉冲动传入脊髓后,引起被牵拉的肌肉发生反射性收缩,从而解除被牵拉状态,这种反射称为牵张反射。牵张反射的感受器和效应器存在于同一骨骼肌内,是维持动物姿势最基本的反射。一般分为腱反射和肌紧张。

腱反射又称深反射,是指快速牵拉肌腱时发生的不自主的肌肉收缩,主要发生于快肌纤维;是一种单突触反射,反射的潜伏期很短。如膝反射,叩击膝关节下的股四头肌肌腱,股四头肌即发生一次收缩。

肌紧张是缓慢持续牵拉肌肉(肌腱)时,所引起的牵张反射,表现为受牵拉的肌肉处于持续的轻度收缩状态,但不表现明显的动作。如动物站立时,支持体重的关节由于重力影响而趋向于弯曲,从而使伸肌的肌梭受到持续的牵拉,引起被牵拉的肌肉收缩,以对抗关节的屈曲,保持站立姿势。因此,肌紧张是维持身体姿势最基本的反射活动。

2. 屈肌反射和对侧伸肌反射　当肢体皮肤受到伤害性刺激(如针刺、热烫等)时,该肢体的屈肌强烈收缩,伸肌舒张,使肢体出现屈曲反应,从而脱离伤害性刺激,此种反应称为屈肌反射。屈肌反射是一种多突触反射,其反射弧的传出部分可支配多个关节的肌肉活动。屈肌反射的强弱与刺激强度有关,其反射的范围可随刺激强度的增加而扩大,如足部的较弱刺激仅引起踝关节屈曲,若刺激强度加强,则膝关节及髋关节也将发生屈曲。若刺激强度更强,则可在同侧肢体发生屈肌反射的同时,对侧肢体出现伸直的反射活动,这称为对侧伸肌反射。对侧伸肌反射属于姿势反射,具有保持身体平衡,维持姿势的作用。

3. 节间反射　节间反射是指通过脊髓上下节段之间的神经元的协同活动所实现的反射活动。如搔扒反射:把一只青蛙的脑部剪去,只损坏青蛙的大脑,保留完整的脊髓,用蘸有低浓度硫酸的纸片涂抹青蛙腹部的皮肤,青蛙受到刺激后会用后肢去挠被涂抹硫酸的部位。

(二)脑干对躯体运动的调节

1. 脑干网状结构对肌紧张的调节　脑干网状结构是由散在分布的神经元和纵横交错的神经网络构成的神经结构,是中枢神经系统中最重要的皮层下整合调节机构。其主体在脑干的中央部,起于延髓后缘,穿过延髓、脑桥、中脑、下丘脑,直到丘脑的腹部。网状结构中的神经纤维向后方与脊髓的神经元相连接,向前方与大脑皮层神经元相连接。

脑干网状结构包括易化区和抑制区。通过调节肌紧张以保持一定姿势,并参与躯体运动的协调。

(1)易化区:脑干网状结构中加强肌紧张和肌肉运动的区域称为易化区。电刺激易化区可增强牵张反射,也可增强运动皮层诱发的运动反应。易化区的主要作用是通过网状脊髓束的后行通路与脊髓运动神经元建立兴奋性突触联系而实现的。

易化肌紧张的中枢部位除网状结构易化区外,还有脑干外神经结构,如前庭核、小脑前叶两侧部等部位,它们共同组成易化系统。脑干外神经结构的易化功能是通过网状结构易化区的活动而实现的。

(2)抑制区:脑干网状结构中抑制肌紧张的区域称为抑制区。其作用是通过网状脊髓束的后行抑制性纤维与 γ 运动神经元形成抑制性突触而实现的。抑制肌紧张的中枢部位除网状结构抑制区外,大脑皮层运动区、纹状体与小脑前叶蚓部等脑干外神经结构也参与抑制系统的组成。这些脑干外神经结构不仅可通过网状结构抑制区的活动抑制肌紧张,而且能控制网状结构易化区的活动,使其受到抑制。

正常情况下,网状结构易化区一般具有持续的自发放电活动,而网状结构抑制区本身无自发活动,它在接受上述各高位中枢传入的始动作用时,才能发挥后行抑制作用。如果在中脑上、下丘之间横断脑干的去大脑动物,会立即出现全身肌紧张,特别是伸肌紧张过度亢进,表现为四肢伸直、头尾昂起、脊柱挺硬的角弓反张现象,称为去大脑僵直。这是由于切断了大脑皮层运动区和纹状体等神经结构与脑干网状结构的功能联系,使抑制区失去了高位中枢的始动作用,削弱了抑制区的活动;而与网状结构易化区有功能联系的神经结构虽也有部分被切除,但因易化区本身存在自发活动,而且前庭核的易化作用依然保留,所以易化区的活动仍继续存在。因此,易化系统与抑制系统的活动失去平衡,使易化系统的活动占有显著优势。由于这些易化作用主要影响抗重力肌的作用,故主要导致伸肌紧张加强,而出现去大脑僵直现象。

2. 脑干对姿势反射的调节　中枢神经系统调节骨骼肌的肌紧张或产生相应运动,以保持或改正动物躯体在空间的姿势,称为姿势反射。由脊髓整合的牵张反射和对侧伸肌反射是最简单的姿势反射。由脑干整合而完成的姿势反射有状态反射、翻正反射等。

（1）状态反射：因头部与躯干的相对位置或头部在空间的位置改变，引起的躯体肌肉紧张性改变的反射活动。前者称为紧张性颈反射，后者称为紧张性迷路反射。状态反射不易表现出来，一般只在去大脑动物才明显可见。

（2）翻正反射：当动物被推倒或使它从空中仰面下落时，它能迅速翻身、起立或改变为四肢朝下的姿势着地，这种复杂的姿势反射称为翻正反射。

翻正动作并非单一的反射动作，而是包括一系列的反射活动，它是由迷路感受器以及体轴（主要是颈项）深浅感受器传入，在中脑水平整合作用下完成的。最初是由于头在空间的位置不正常，使迷路耳石膜受刺激，从而引起头部翻正；头部翻正后引起头和躯干的相对位置不正常，刺激颈部的本体感受器，导致躯干的位置也翻正。由于视觉可以感知身体位置的不正常，因此完整动物翻正反射主要是由视觉传入信息引起的。如果毁坏动物双侧迷路器官并蒙住双眼，则其下落时不再出现翻正反射。

（三）小脑对躯体运动的调节

小脑是躯体运动调节的重要中枢。它与脑的其他部位通过三条途径发挥对躯体运动的调节作用：一是通过与前庭系统的联系，维持身体平衡；二是通过与中脑红核等部位的联系，调节全身的肌紧张；三是通过与丘脑和大脑皮层的联系，控制躯体的随意运动。

当动物的小脑被破坏后，其表现为肌肉软弱无力，肌张力降低，平衡失调，站立不稳，四肢分开，步态蹒跚，体躯摇摆，容易跌倒。切除禽类全部小脑后，禽类将不能行走或飞翔；切除其一侧小脑后，则表现为同侧腿部僵直。

机体进行的各种精巧的运动，都是通过大脑皮质和小脑不断进行联合活动、反复协调而逐步熟练起来的。骨骼肌完成一个新的动作时，最初往往是粗糙而不协调的，这是由于小脑尚未发挥其协调功能。经过反复练习后，通过大脑皮质和小脑不断进行环路联系过程，小脑针对传入的运动信息，及时纠正运动过程中出现的偏差，从而储存了一套运动程序。当大脑皮层要发动某项精巧运动时，可通过环路联系，从小脑中提取储存的程序，再通过皮质脊髓束和皮质核束发动这项精巧运动，使骨骼肌活动协调，动作平稳、准确、熟练，几乎不经过思考。

（四）大脑皮层对躯体运动的调节

大脑皮层是中枢神经系统控制和调节骨骼肌活动的最高级中枢，它通过锥体系统和锥体外系统来实现对躯体运动的调节。

大脑皮层的某些区域与骨骼肌运动有着密切关系。例如，刺激哺乳动物大脑皮层十字沟周围的皮质部分，可引起躯体广泛部位的肌肉收缩，这个部位称为运动区。运动区对骨骼肌运动的支配有以下特点：①一侧皮层支配对侧躯体的骨骼肌，两侧呈交叉支配的关系，但对头面部肌肉的支配大部分是双侧性的。②具有精细的功能定位，即对一定部位皮层的刺激，引起一定肌肉的收缩。而这种功能定位的安排，总体呈倒置的支配关系，即支配后肢肌肉的定位区靠近中央，支配前肢和头部肌肉的定位区在外侧。③支配不同部位肌肉的运动区，可占有大小不同的定位区。

1. 锥体系统　锥体系统是指大脑皮层发出的纤维神经延脑锥体后行到脊髓的神经联系路径（即锥体束或皮层脊髓束）。传出纤维（锥体束）通过内囊、大脑脚、脑桥至延髓末端交叉（锥体交叉）后成为皮质脊髓侧束，最后终止于脊髓前角的下运动神经元。由前角细胞发出纤维（脊神经）将冲动传至随意肌，支配肌肉运动，维持肌肉张力和反射活动，调节各小组骨骼肌参与的精细动作。若锥体系统受损坏，随意运动即消失。

2. 锥体外系统　锥体外系统包括锥体系统以外的运动神经核和运动传导束，由基底神经节和丘脑底核、红核、网状结构等组成。该系统调节肌肉群活动，主要是调节肌紧张，使躯体各部分协调一致。如家畜前进时，四肢运动能协调配合。锥体外系统损害时，可出现肌张力的改变，不自主多动，如帕金森综合征、舞蹈症、舞蹈样手足徐动症和扭转性痉挛等。

锥体系统和锥体外系统都是大脑皮层调节骨骼肌活动的后行途径。前者是调节单个肌肉的精细动作，后者是协调肌群的动作。在正常生理状态下，大脑皮层发出的运动信息，通过这两个系统分别下传，使躯体运动协调而准确。家畜的锥体系统不发达，锥体外系统较发达。锥体外系统受损害后，机体虽能产生运动，但动作不协调、不准确。因此，在协调运动中锥体外系统更为重要。

五、神经系统对内脏活动的调节

调节内脏活动的神经主要为自主神经系统。

(一)自主神经的功能特点

1. 同一效应器的双重支配 大多数器官接受交感神经和副交感神经的双重支配,只有少数器官只接受一种神经支配。在具有双重支配的器官中,交感神经和副交感神经的作用往往是拮抗的,它们从正、反两个方面调节器官的活动,使器官活动水平适应机体的需要,如对于心脏,迷走神经具有抑制作用,而交感神经具有兴奋作用。但也有的表现为协同作用,如交感神经和副交感神经都能引起唾液分泌。

2. 紧张性支配 在静息状态下,内脏神经经常发出紧张性的神经冲动到效应器,称为紧张性支配。如切断支配心脏的迷走神经时,心率加快,这表明迷走神经经常有紧张性冲动传出来,对心脏产生持续的抑制作用;又如切断心交感神经时,心率减慢,这表明心交感神经的活动也具有紧张性。

3. 内脏神经的作用与效应器所处功能状态有关 内脏神经的外周性作用与效应器本身的功能状态有关。例如,胃肠如果原来处于收缩状态,刺激迷走神经则引起舒张;如果原来处于舒张状态,刺激迷走神经则引起收缩。这说明自主神经的作用随着支配器官本身的功能状态,可以相互转化。

4. 对整体生理功能调节的意义 交感神经系统的活动,在环境急剧变化的情况下,有动员机体许多器官的潜在力量,以应对环境的剧变,使机体处于紧急动员状态。例如,动物在剧烈运动、窒息、失血或寒冷等情况下,由于反射性地兴奋交感神经系统,机体出现心率加快,皮肤和腹腔内脏血管收缩,心输出量增加,血压升高,血液循环加快;支气管舒张,通气量增加;肾上腺素分泌增加,肝糖原加速分解,血糖升高等。

副交感神经系统的活动不如交感神经系统的活动那样广泛,其主要功能在于促进消化、保存能量以及加强排泄和生殖功能等。例如,动物安静时,副交感神经系统的活动增强,表现为心脏活动抑制,瞳孔缩小,消化管功能增强以促进营养物质的吸收和能量补充。

(二)内脏活动的中枢调节

在中枢神经系统不同部位,如脊髓、低位脑干、下丘脑和大脑皮层都存在着调节内脏活动的中枢,但是,它们对内脏活动的调节能力却大不相同。

1. 脊髓 交感神经和部分副交感神经发源于脊髓灰质侧角,因此,脊髓是调节内脏活动的初级中枢。通过脊髓可以完成简单的内脏反射,如排便反射、排尿反射、出汗和竖毛反射等。

2. 低位脑干 部分副交感神经由脑干发出,支配头部的腺体、心脏、支气管、食管、胃肠道等。同时在延髓中还有许多重要的调节内脏活动的基本中枢,如呼吸中枢、心血管中枢、咳嗽中枢、呕吐中枢、吞咽中枢等,可完成比较复杂的内脏反射活动。延髓受损伤可导致各种生理活动失调,严重时可引起呼吸或心搏停止,因此延髓被称为"生命中枢"。

3. 下丘脑 下丘脑是大脑皮层下调节内脏活动的较高级中枢,可分为前区、内侧区、外侧区和后侧区,它与边缘前脑及脑干网状结构等有关结构联系,共同调节内脏活动,能够进行细微和复杂的整合作用,使内脏活动和其他生理活动相联系,以调节体温、水平衡、摄食等主要生理过程。

4. 大脑皮层 边缘叶在结构上和大脑皮层的岛叶、颞极、眶回等,以及杏仁核、隔区、下丘脑、丘脑前核等密切相关。于是常把边缘叶连同这些结构统称为边缘系统。

大脑边缘系统是内脏活动的重要调节中枢,还与情绪反应、性行为、摄食行为、内脏活动及嗅觉调节和记忆功能有关。用电刺激大脑边缘系统不同部位可引起复杂的内脏活动反应,可表现为血压升高或降低,呼吸加快或抑制,胃肠运动加强或减弱,瞳孔扩大或缩小等。这说明边缘系统是许多初级中枢活动的高级调节者,它对各低级中枢的活动起着调节作用(促进或抑制)。

六、脑的高级功能

(一)条件反射

条件反射是一个复杂的过程,是建立在非条件反射基础上的。

1. 条件反射的形成 最常见的条件反射是食物唾液分泌条件反射。给狗喂食会引起唾液分泌,这是非条件反射,食物是非条件刺激。给狗听铃声不会引起唾液分泌,铃声与唾液分泌无关,称为无关刺激。但是,若在每次给狗喂食之前,先让其听铃声,这样反复多次后,当铃声一响,狗就会分泌唾液。这时,铃声已成为进食(非条件刺激)的信号,称为信号刺激或条件刺激。由条件刺激(铃声)的单独出现所引起的唾液分泌,称为食物唾液分泌条件反射。可见,条件反射是后天获得的。形成条件反射的基本条件是非条件刺激与无关刺激在时间上的结合,这个过程称为强化。任何无关刺激与非条件刺激多次结合后,当无关刺激转化为条件刺激时,条件反射也就形成了。

在条件反射形成之后,条件刺激神经通路与非条件反射的反射弧之间产生了一种新的暂时联系。以上述铃声形成条件反射(唾液分泌)来分析,条件刺激(铃声)作用时,内耳感受器产生兴奋,沿传入神经(听神经)经多次换元传到大脑皮层,使皮层听觉中枢形成一个兴奋灶。与此同时,非条件刺激也在皮层的唾液分泌中枢形成另一个兴奋灶。这两个兴奋灶之间虽有结构上的神经联系,但在条件反射形成之前没有功能上的联系,只有在条件刺激与非条件刺激多次结合强化之后,由于兴奋的扩散,这两个兴奋灶之间在功能上才逐渐接通,建立暂时联系。

2. 影响条件反射形成的因素 条件反射的形成受许多因素的限制,归纳起来有以下两个方面。

(1)刺激:条件刺激必须与非条件刺激多次紧密结合;条件刺激必须在非条件刺激之前或与其同时出现;刺激强度要适宜;建立起来的条件反射要经常用非条件刺激来强化和巩固,否则条件反射会逐渐消失。

(2)动物机体:动物必须是健康的,大脑皮层必须处于清醒状态。昏睡或病态的动物是不易形成条件反射的。此外,还应避免其他刺激对动物的干扰。

3. 条件反射的消退 条件反射建立以后,如果接连单独应用条件刺激而不用非条件刺激强化,那么条件反射会逐渐减弱,最后完全不出现,这称为条件反射的消退。例如,铃声与食物多次结合,狗建立了条件反射,再反复单独应用铃声而不给予食物,则铃声引起的唾液分泌量会逐渐减少,最后完全不引起唾液分泌。条件反射的消退并不是这种条件反射已经丧失,而是原来会引起中枢兴奋的条件刺激转化成引起中枢抑制的刺激,因此条件反射的消退又称作阴性条件反射。

4. 条件反射的泛化和分化 当一种条件反射建立后,若给予和条件刺激近似的刺激,也可获得条件刺激效果,引起相同的条件反射,这种现象称为条件反射的泛化。如果这种近似刺激得不到条件刺激的强化,该近似刺激就不再引起条件反射,这种现象称为条件反射的分化或分化抑制。分化抑制是大脑皮层对各种传入冲动具有高度精确分辨能力的生理基础。分化抑制的建立对动物的正常活动具有重要意义。动物可借助它把内外环境中无数的刺激区别开来,对某些有信号意义的刺激发生兴奋性反应,而对其余类似刺激发生抑制性反应。

5. 条件反射的生物学意义 动物在后天生活过程中建立了大量的条件反射,可大大扩充机体的反射活动范围,增强机体活动的预见性和灵活性,从而提高机体对环境的适应能力。例如,依靠食物条件反射,家畜不再是消极地等待食物入口,而可根据食物的形状、气味等主动寻找食物,并在食物入口前,消化腺的分泌活动就已经开始了。

总之,机体对内外环境的反射性适应都是通过非条件反射和条件反射的复杂反射活动来实现的。非条件反射适应恒定的环境,而条件反射则随环境的变化,不断地消退不适于生存的旧条件反射,而建立新的条件反射。从进化的观点出发,动物越是高等,形成条件反射的能力越强,对环境的适应能力也越强。

(二)动力定型

在调教动物过程中,如果将一系列的不同信号以固定不变的顺序、时间和时间间隔,或与非条件刺激结合(或不结合),经过长期、耐心、细致的训练,就能形成一系列的条件反射。只要出现该系列刺激中的第一个刺激,这一系列的条件反射就能相继发生。这种由一系列刺激,使大脑皮层的活动定型化的反应,称动力定型。生活中的"习惯成自然""熟能生巧"等就是动力定型的表现。

动力定型的原理对畜牧业实践有重要指导意义。条件反射数量无限,又有一定可塑性;既可强化,又可消退。人们可以利用这种可塑性,进行有规律的饲养管理,建立所需的各种动物的动力定型,提高动物的生产性能。如使乳牛养成良好的挤乳习惯,可增加产乳量;使猪养成定时定位的排便、排尿习惯,以利于猪舍清洁等。

(三)神经活动的类型

畜牧兽医实践中常可观察到,相同种类的不同动物在形成条件反射的速度、强度、精细度和稳定性等方面,以及对疾病的抵抗力、对药物的敏感性和耐受性、生产性能等方面,都存在着明显的个体差异。这种因大脑皮层的调节和整合活动存在的个体差异,称作神经活动的类型,简称神经型。

1.家畜的基本神经型 根据大脑皮层活动的特点,可将家畜的神经型分为兴奋型、活泼型、安静型和抑制型四种基本类型。另外还有几种介于两者之间的过渡类型。

(1)兴奋型:该神经型的特点是兴奋和抑制过程都很强,但比较起来,兴奋过程更占优势。行为上表现为急躁、不受约束和带有攻击性,它们能迅速地建立比较稳固的条射反射,但条件反射的精细度很差,即对类似刺激的辨别能力很弱。

(2)活泼型:该神经型的特点是兴奋和抑制过程都强,且均衡发展,也较容易和迅速地相互转化。表现为活泼好动,对周围发生的微小变化能迅速发生反应,能辨别极相似的刺激,适应环境的复杂变化,形成条件反射很快,是动物生产中最好的神经型。

(3)安静型:该神经型的特点是兴奋和抑制过程都强,发展也比较平衡,但相互转化比较困难而缓慢。表现为安静、温驯和有节制,对周围变化反应冷淡,能很好地建立精细的条件反射,但形成的速度较慢。

(4)抑制型:该神经型的特点是兴奋和抑制过程都很弱,一般更容易表现出抑制过程。表现为胆怯、不好动、易疲劳,常常畏缩不前和带有防御性。一般不易形成条件反射,形成后也不稳固。它们不能适应复杂环境的变化,也难以胜任比较强和持久的活动。

2.神经型的形成 家畜神经型的形成不但取决于该个体神经系统的遗传特性,还与其后天的环境因素有关。所以,动物的神经型是皮层功能的遗传特性与周围环境影响结合的产物。实验证明,家畜神经型的初步形成,一般都在幼年阶段。例如:6～8月龄的犊牛,已基本形成神经型,周岁时已相当稳定。在家畜的幼年期,神经系统的遗传性还保持着较大的可塑性,易受环境因素的影响而改变。因此,在动物幼年期,环境因素的影响对神经型的形成常能起重要的作用。在生产实践中,应从动物幼年期开始进行定向培育,以期形成具有良好生产性能的神经型。

动物的神经型与生产性能之间也有密切关系。结合神经型的遗传特性进行定向培育,可提高动物的生产性能。例如,安静型的猪容易肥育,而兴奋型的个体则难以肥育。畜牧兽医临床实践的观察发现,抑制型个体对致病因素的抵抗力差,发病率高,病程长且临床症状较重,对药物的耐受剂量较低,疗效不显著,痊愈或康复缓慢;活泼型和安静型的个体与抑制型个体恰好相反;兴奋型个体对疾病的抵抗力和恢复能力均比抑制型个体高,但不如活泼型和安静型个体。

技能操作 16   神经系统的观察

一、技能目标

掌握脑和脊髓的形态、结构及脑神经、脊神经、植物性神经的发出部位、分支和分布。

二、材料及设备

脊髓标本,脑标本和模型,显示各脑神经的脑标本,显示一侧脊神经的整体标本、前肢神经标本、后肢神经标本,显示交感神经和副交感神经的解剖标本,镊子,瓷盘等。

三、技能操作

(一)脊髓

1.在脊髓外形标本上观察脊髓的形状 颈膨大、腰膨大、脊髓圆锥、终丝、马尾。

2.在脊髓横断面标本上观察脊髓内部结构 灰质、白质、脊髓中央管,背侧柱、腹侧柱、外侧柱、背侧索、腹侧索和外侧索,并观察三层脊膜及脊膜间形成的腔隙。

(二)脑

1. 脑的外形

(1)背侧面:在脑标本上观察两大脑半球表面的沟和回,额叶、顶叶、枕叶和颞叶。小脑表面的沟和回,小脑半球、蚓部。

(2)内侧面:观察大脑半球的扣带回。

(3)腹侧面:观察嗅球、嗅回、梨状叶,视交叉、灰结节、漏斗、脑垂体和乳头体,大脑脚、脑桥和延髓等。

2. 脑的内部结构

(1)大脑半球:观察胼胝体、侧脑室、灰质、白质,基底神经节内的尾状核、豆状核和夹于其间的内囊。

(2)小脑:小脑的表层为灰质,内部白质呈树枝状称髓树。观察小脑三对脚与中脑、脑桥和延髓的联系。

(3)间脑:区分丘脑(外侧膝状体、内侧膝状体、丘脑中间块、第三脑室)松果体和丘脑下部(视交叉、灰结节、漏斗、垂体和乳头体)。

(4)脑干:取脑干标本观察各部外形结构,脑干由后向前分为延髓、脑桥、中脑。

延髓:观察延髓腹侧的腹正中裂、锥体、锥体交叉、橄榄体,延髓前端的斜方体,第Ⅵ~Ⅻ对脑神经根,延髓背侧的绳状体、菱形窝。

脑桥:观察腹侧面的第Ⅴ对脑神经根,背侧面的菱形窝、脑桥臂。

中脑:识别四叠体、中脑导水管、大脑脚和第Ⅲ、Ⅳ对脑神经根。

(5)脑室:在脑正中矢状面标本上观察侧脑室、第三脑室、中脑导水管、第四脑室结构和脑室内的脉络丛。

(三)脑神经

在显示各脑神经的脑标本和头部标本上观察进入脑或从脑发出的12对脑神经的分支和分布。重点观察三叉神经和面神经。三叉神经出颅腔分眼神经、上颌神经和下颌神经三支。

(四)脊神经

1. 颈神经 分布于颈部的肌肉和皮肤,第Ⅴ、Ⅵ、Ⅶ颈神经腹侧支形成膈神经,分布于膈。

2. 胸神经 背侧支分布于胸背部的肌肉和皮肤,腹侧支主要形成肋间神经。

3. 腰神经 重点观察髂腹下神经、髂腹股沟神经的分布。

4. 臂神经丛 取前肢神经标本,观察肩胛上神经、肩胛下神经、胸肌神经、腋神经、桡神经、尺神经、肌皮神经、正中神经的分支和分布。

5. 腰荐神经丛 取后肢神经标本,观察臀前神经、臀后神经、股神经、闭孔神经、坐骨神经的分支和分布。

(五)植物性神经

1. 交感神经

(1)交感神经干:交感神经从胸、腰段脊髓发出,在脊柱的两侧形成两条交感神经干,按所在部位分为颈部交感神经干、胸部交感神经干、腰部交感神经干和荐尾部交感神经干。

(2)交感神经节:观察颈前神经节、星状神经节,腹腔肠系膜前神经节、肠系膜后神经节。

2. 副交感神经

(1)观察迷走神经的走行、分支和分布。

(2)观察荐部副交感神经形成的盆神经及盆神经丛节后纤维分布。

(六)作业

写出实验报告。

技能操作 17   反射与反射弧的分析

一、技能目标

有机体的任何一个反射活动必须通过完整的反射弧才能实现。反射弧的任何一部分受到破坏，反射活动便不能出现。通过分析和观察反射过程的某些特征，对反射弧的组成有更深刻的认识。将动物的高位中枢切除，仅保留脊髓的动物称脊动物。脊动物产生的各种反射活动为单纯的脊髓反射。由于脊动物失去了高级中枢的正常调控，反射活动比较简单，便于观察和分析反射过程的一些独特生理现象。

二、材料及设备

蛙(或蟾蜍)、手术器械、铁支柱、大/小烧杯、棉线、任氏液、0.5%硫酸溶液、1%普鲁卡因溶液等。

三、技能操作

(一)脊蛙(或脊蟾蜍)的制备

一手握住蛙或蟾蜍(可用纱布包裹蟾蜍躯干部)，背部向上。用拇指压住蛙或蟾蜍的背部，示指按压其头部前端，使头端向下低垂；另一手持毁髓针，由两眼之间沿中线向后触划，当触及两耳中间的凹陷处(此处与两眼的连线成等边三角形)时，持针手即感觉针尖下陷，此处即为枕骨大孔的位置。将毁髓针由凹陷处垂直刺入，即可进入枕骨大孔。然后将针尖向前刺入颅腔，在颅腔内搅动，以捣毁脑组织。

(二)分离坐骨神经

将一侧后肢的脊柱端腹面向上，趾端向外侧翻转，使其足底向上，用固定针将标本固定在玻璃板下方的蛙板(木板或硬泡沫塑料板)上。沿坐骨神经的方向将皮肤作一切口，用玻璃分针沿脊神经向后分离坐骨神经。股部沿腓肠肌正前方的股二头肌和半膜肌之间的肌缝，找出坐骨神经。坐骨神经基部(即与脊神经相接的部位)，背部有一梨状肌盖住神经，用玻璃分针轻轻挑起肌肉，便可看清下面穿行的坐骨神经。分离出坐骨神经，穿线备用。

(三)反射弧分析

由下颌穿一棉线，将蛙悬挂在铁支柱上，然后进行以下实验。

(1)正常反射活动的观察，在小烧杯中放入0.5%硫酸溶液，在大烧杯中放入清水。将蛙的一侧后足趾浸入0.5%硫酸溶液中，可观察到蛙出现屈腿反射。反射一出现，立即停止刺激，并用清水将该后足趾皮肤上的硫酸溶液洗净。

(2)用剪刀在该侧后肢膝关节处的皮肤上作一环形切口，由此向下将小腿的皮肤全部剥除。用步骤(1)的方法刺激后足趾，观察有无屈腿反射出现。

(3)将另一侧后肢的坐骨神经提起，将沾有1%普鲁卡因溶液的小棉球放在坐骨神经干下，约半分钟后重复步骤(1)，观察有无屈腿反射。如果仍有屈腿反射，则以后每隔1 min刺激一次，至不引起反射为止。当反射消失后，去掉浸有1%普鲁卡因溶液的小棉球，用任氏液反复冲洗神经干，至重复步骤(1)出现屈腿反射为止。

(4)屈腿反射恢复后，参照脊蛙(或脊蟾蜍)的制备方法，针尖转向后方，与脊柱平行刺入椎管，以捣毁脊髓。彻底捣毁脊髓时，可看到动物的后肢突然蹬直，而后瘫软如棉，此后再刺激蛙体的任何部位，观察有无反射出现。

(四)作业

(1)以实验结果为依据，以严密的逻辑推理方式说明反射弧的组成部分。

(2)尝试自行设计实验，证明反射弧有五个组成部分。

知识链接与拓展

疯牛病

案例分析

条件反射

模块小结

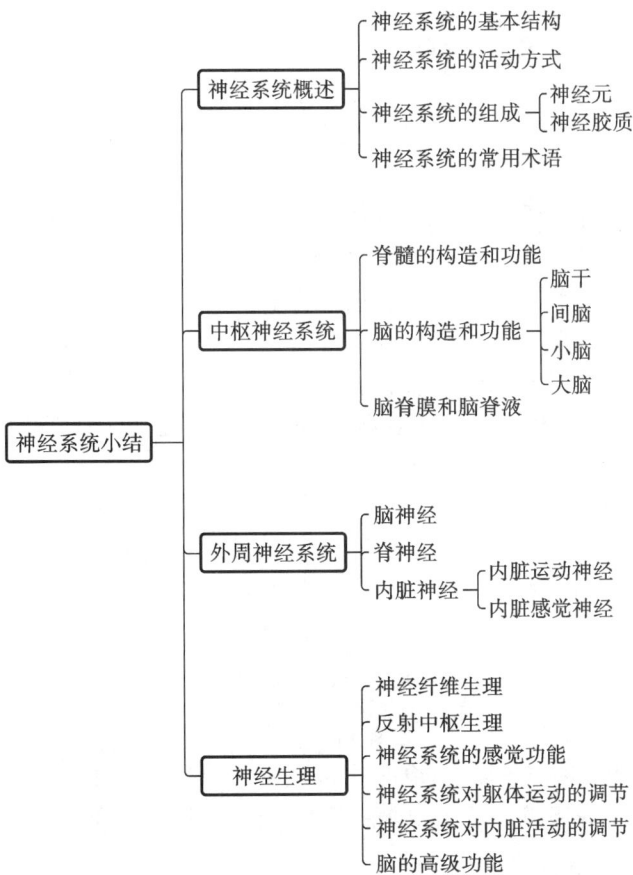

神经系统小结
- 神经系统概述
  - 神经系统的基本结构
  - 神经系统的活动方式
  - 神经系统的组成
    - 神经元
    - 神经胶质
  - 神经系统的常用术语
- 中枢神经系统
  - 脊髓的构造和功能
  - 脑的构造和功能
    - 脑干
    - 间脑
    - 小脑
    - 大脑
  - 脑脊膜和脑脊液
- 外周神经系统
  - 脑神经
  - 脊神经
  - 内脏神经
    - 内脏运动神经
    - 内脏感觉神经
- 神经生理
  - 神经纤维生理
  - 反射中枢生理
  - 神经系统的感觉功能
  - 神经系统对躯体运动的调节
  - 神经系统对内脏活动的调节
  - 脑的高级功能

Note

执考真题

1.(2020年)在中枢神经系统内,具抑制性作用的氨基酸是( )。
A.亮氨酸　　　　B.谷氨酸　　　　C.天冬氨酸　　　　D.丙氨酸　　　　E.甘氨酸
参考答案:D

2.(2020年)副交感神经节前神经元的胞体位于( )。
A.脑干和颈段脊髓　　　　　　　B.脑干和胸段脊髓　　　　　　　C.颈段和腰段脊髓
D.脑干和胸段脊髓　　　　　　　E.颈段和荐段脊髓
参考答案:B

3.(2020年)动物因脊髓损伤而瘫痪,反射弧中受损的是( )。
A.传入神经　　　B.传出神经　　　C.感受器　　　D.效应器　　　E.神经中枢
参考答案:E

4.(2020年)下列关于缩血管神经纤维的描述,正确的是( )。
A.均来自副交感神经　　　　　　B.平时无紧张性活动
C.都属于交感神经纤维　　　　　D.兴奋时使被支配的器官血流量增加
E.节后纤维释放的递质为乙酰胆碱
参考答案:C

5.(2020年)犬患有脊髓损伤,其临床症状为轻瘫,膀胱膨胀,肛门括约肌松弛,前肢反射功能正常,后肢反射和肌紧张丧失。脊髓损伤的部位在( )。
A.尾髓　　　　B.腰荐髓　　　　C.胸髓　　　　D.颈髓　　　　E.延髓
参考答案:B

能力巩固

一、单选题

1.使用普鲁卡因麻醉神经纤维,影响了神经纤维传导兴奋的哪一项特征?( )
A.生理完整性　　　　　　　　B.绝缘性　　　　　　　　C.双向传导性
D.相对不疲劳性　　　　　　　E.对内环境变化敏感

2.下列关于神经兴奋传导的叙述,哪一项是错误的?( )
A.动作电位可沿细胞膜传导到整个细胞
B.传导的方式是通过产生局部电流来刺激未兴奋部位,使之也出现动作电位
C.动作电位的幅度随传导距离增加而衰减
D.传导速度与神经纤维的直径有关
E.传导速度与温度有关

3.下列哪一项不是突触传递的特征?( )
A.单向传递　　　　　　　　B.有时间延搁　　　　　　　　C.可以加和
D.对内环境变化不敏感　　　E.对某些药物敏感

二、多选题

1.在脑和脊髓表面都包有三层膜,由内向外依次为( )。
A.软膜　　　B.蛛网膜　　　C.硬膜　　　D.以上都不对

2.脊髓的功能为( )。
A.传导功能　　　B.无功能　　　C.反射功能　　　D.以上都不对

三、判断题

1.神经纤维是由神经元构成的。（　　　）

2.神经胶质细胞具有感受刺激与传导冲动的功能。（　　　）

四、简答题

1.试述脑神经的组成。

2.何为神经递质？中枢神经和外周神经各有哪些递质？

3.什么是肌紧张？有何生理意义？

4.试述迷走神经的走行、分支和分布。

5.简述脑脊髓外面的膜和腔。

模块十二　内分泌系统

学习目标

【知识目标】

1. 能够说出动物内分泌系统的构成。

2. 能够说出激素的分类和功能。

3. 能够用自己的语言解释垂体、松果体、肾上腺、甲状腺的构造和功能。

【能力目标】

1. 掌握动物内分泌系统的构造及功能。

2. 熟练掌握各个内分泌腺的特点和功能。

【思政与素质目标】

1. 积极参与师生互动,踊跃回答问题,勤学好问,养成良好的学习习惯。

2. 具有较强的自我管控能力和团队协作能力,有较强的责任感和科学认真的工作态度。

3. 实验室技能操作过程中,严格遵守实验室操作规范,课后整理自习的操作台面,养成良好的职业操守。

知识单元 1　内分泌系统概述

一、内分泌系统的组成

内分泌系统以体液调节的形式对畜体的新陈代谢、生长发育和繁殖等起着重要调节作用,是机体内一个重要的功能调节系统。各种内分泌腺的功能活动相互联系、相互制约,它们在中枢神经系统的控制下分泌各种激素,激素又反过来影响神经系统的功能,从而实现神经体液调节,维持机体的正常生理活动,保持内环境的动态平衡,以适应外界环境的变化。内分泌腺发生病变,常导致激素分泌过多或不足,造成内分泌功能亢进或低下,从而出现机体发育异常或行为障碍等。

动物的分泌腺分为外分泌腺和内分泌腺两大类。外分泌腺一般通过导管排出分泌物,故称为有管腺,如消化系统中的胰腺、唾液腺、肝、胰等。内分泌腺的分泌物不经导管排出,而直接进入血液或淋巴,故内分泌腺又称为无管腺。

内分泌系统包括内分泌腺和内分泌组织。内分泌腺指结构上独立存在,肉眼可见的内分泌器官,如肾上腺、甲状腺、垂体、松果体和甲状旁腺等。内分泌组织指散在于其他器官之内的内分泌细胞团块,如胰腺内的胰岛,睾丸内的间质细胞,卵巢内的卵泡细胞及黄体等。此外,体内许多器官兼有内分泌功能,包括神经内分泌、胃肠内分泌、肾内分泌、胎盘内分泌等。

二、激素

内分泌腺分泌的物质称为激素,通过毛细血管和毛细淋巴管直接进入血液循环,然后被转运到全身各处,作用于靶器官或靶细胞。某种激素只对特异的器官或细胞起作用,这些器官或细胞称为靶器官或靶细胞。内分泌腺分泌的激素种类一般与该腺的内分泌细胞种类有关。有的内分泌腺只分泌一种激素,有的可分泌几种激素,内分泌腺在结构上的共同特点:腺细胞排列成索状、块状或泡状,血管丰富。

1. 激素的分类

(1)酪氨酸衍生物,包括多巴胺、肾上腺素、去甲肾上腺素、甲状腺激素等。

(2)甾体激素,包括皮质醇、睾酮、雌二醇、孕酮、醛固酮、维生素 D 等。

(3)肽类激素,包括催产素、血管升压素、血管紧张素、生长抑素、促甲状腺激素释放激素、胃泌素等。

(4)蛋白质类激素,包括胰岛素、胰高血糖素、促肾上腺皮质激素、促甲状腺激素、促卵泡激素、促黄体素、泌乳素,还有降钙素、甲状旁腺激素等。

2. 激素的特征

(1)激素作用的特异性:激素的作用具有较高的组织特异性和效应特异性,即某些激素能与某些器官和细胞(靶器官和靶细胞)的细胞膜表面或胞浆内存在的激素受体特异性结合,经过细胞内复杂的反应而激发一定的生理效应。

(2)激素作用的高效性:激素在血液中的浓度很低,但其作用效能却很高,一般情况下,激素在血液中的含量仅为 pmol/L 至 nmol/L 的水平即可产生明显的生物学作用。

(3)激素的信息传递作用:激素是一种化学信使,它以化学的方式将某种信息传递给靶细胞,从而加强或减弱其代谢过程和功能活动。在此过程中,它既不引起新的反应,也不为功能活动提供能量,只是作为细胞间的信息传递者起信使作用,在完成信息传递之后即分解失活。

知识单元 2 垂 体

一、形态位置

垂体又称脑垂体,为一扁圆形小体,位于脑的底部,蝶骨构成的垂体窝内,借漏斗连于下丘脑。垂体分为腺垂体和神经垂体两大部分。腺垂体可分为垂体前叶和垂体后叶,前者又称远侧部,后者包括中间部和神经部。不同动物垂体的正中切面模式图见图 12-1。

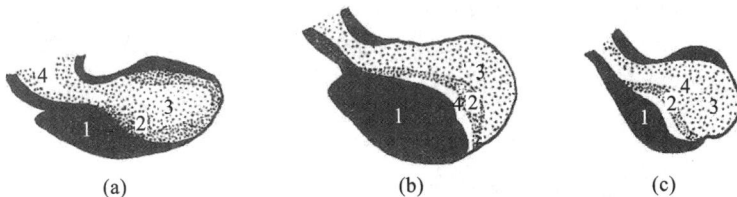

图 12-1 不同动物垂体的正中切面模式图
(a)马 (b)牛 (c)猪
1.黑色示远侧部与结节部 2.细点示中间部 3.粗点示神经部 4.白色为垂体腔

二、组织构造

垂体的构造和功能都比较复杂,许多动物的垂体并未被人类从解剖学和生理学上充分认识。根据其发育和结构上的特点,一般将垂体分为由远侧部和结节部构成的前叶,和由中间部和神经部组成的后叶。

(一)远侧部

远侧部的细胞根据染色不同可分为嗜酸性细胞、嗜碱性细胞和嫌色细胞,细胞排列成团状或索状,有丰富的血窦。嗜酸性细胞可分泌生长激素和催乳素,嗜碱性细胞可分泌促甲状腺激素、促卵泡激素、促黄体素,嫌色细胞可分泌促肾上腺皮质激素。

(二)中间部

中间部是位于远侧部和神经部之间的少量腺体组织,主要由嗜碱性细胞构成。

(三)结节部

结节部是围绕着神经垂体的漏斗,细胞排列成索状。

(四)神经部

由下丘脑的视上核和室旁核神经细胞的轴突和神经胶质细胞构成,其轴突构成下丘脑-神经垂体束。

三、功能

垂体前叶目前已确定能分泌生长激素、催乳素、黑色细胞刺激素、促肾上腺皮质激素、促甲状腺激素、促卵泡激素、促黄体素七种激素。这些激素除与机体骨骼和软组织的生长发育有关外,还能影响其他内分泌腺(如卵巢、肾上腺、甲状腺等)的功能。牛的垂体窄而厚,漏斗长而斜向后下方,后叶位于垂体的背侧,前叶位于腹侧。前叶与后叶之间为垂体腔。

垂体后叶的神经部可储存激素,主要储存由下丘脑视上核和室旁核所分泌的加压素(抗利尿激素)和催产素。

知识单元3 松 果 体

一、形态位置

松果体又称脑上腺、大脑腺体,是红褐色卵圆形小体,位于四叠体与丘脑之间,以柄连于丘脑上部。

二、组织构造

松果体的血管丰富,其血流量仅次于肾脏,许多微动脉穿入松果体被膜,走行于结缔组织之间,然后形成毛细血管网,经静脉汇集起来穿出被膜构成松果体奇静脉,最终注入大脑大静脉。

松果体的神经来自外周神经纤维,包括交感神经、副交感神经、连合神经和肽类神经。

松果体主要由松果体细胞和神经胶质形成,外面包有软脑膜,随年龄的增长,松果体内的结缔组织增多,成年后不断有钙盐沉着,形成大小不等的颗粒,称为脑砂。

三、功能

松果体分泌褪黑素,有抑制促性腺激素释放、防止性早熟等作用。此外,松果体内还含有大量5-羟色胺和去甲肾上腺素等物质。光照能抑制松果体合成褪黑素,促进性腺活动。此外,松果体还可分泌低血糖因子,其分泌量较少,但作用时间比胰岛素更长。

知识单元4 肾 上 腺

一、形态位置

肾上腺是动物重要的内分泌器官,位于肾脏的前内侧,成对存在,常被肾筋膜和脂肪组织所包裹。肾上腺形态不规则,不同动物差异较大。

二、组织构造

肾上腺外包被膜,其实质可分为外层的皮质和内层的髓质,皮质呈黄色。两者在结构与功能上均不相同,实际上是两种内分泌腺。

三、功能

肾上腺可分泌多种激素,参与调节机体的水盐代谢和糖代谢。髓质呈灰色或肉色,分泌肾上腺素和去甲肾上腺素。肾上腺素的一般作用是使心脏收缩力上升;心脏、肝和筋骨的血管扩张,皮肤、黏膜的血管缩小。作为药物使用时,肾上腺素可在心搏骤停时用来刺激心脏,或在哮喘发作时用于扩张支气管。去甲肾上腺素是一种血管收缩药和正性肌力药。药物作用后心输出量可以增高,也可以降低,其结果取决于血管阻力大小、左心功能的好坏和各种反射的强弱,例如颈动脉压力感受器的反射。

肾上腺皮质分泌的皮质激素分为三类,即盐皮质激素、糖皮质激素和性激素。各类皮质激素是由肾上腺皮质不同层上皮细胞所分泌的,球状带细胞分泌盐皮质激素,主要为醛固酮;束状带细胞分泌糖皮质激素,主要为皮质醇;网状带细胞主要分泌性激素,如脱氢表雄酮和雌二醇,也能分泌少量糖皮质激素。

知识单元 5　甲状腺和甲状旁腺

一、甲状腺

(一)形态位置

甲状腺位于喉的后方,前 3～4 个气管环的两侧和腹侧,可分为左、右两个侧叶和连接两个侧叶的腺峡。各种动物的甲状腺形态各不相同,如图 12-2 所示。

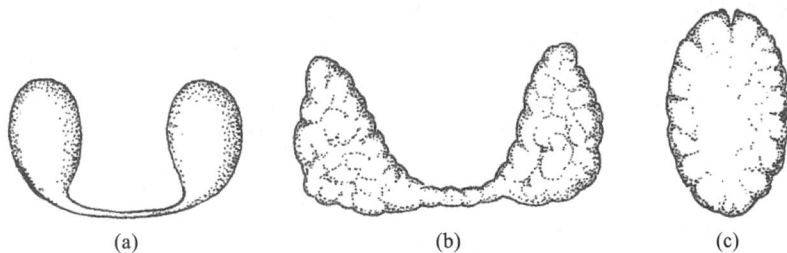

图 12-2　马、牛、猪甲状腺的形态
(a)马　(b)牛　(c)猪

(二)组织构造

甲状腺是一个富含血管的实质器官,呈红褐色或红黄色,由结缔组织被膜和实质构成。牛的甲状腺较其他家畜发育好,颜色较浅,腺小叶明显,腺峡由腺组织构成,较发达,宽约 1.5 cm。

1. 被膜　甲状腺表面被覆有结缔组织的被膜。被膜分出许多小梁伸入腺体实质内,将腺组织分隔成许多腺小叶。

2. 小叶和腺泡　甲状腺小叶中含有大小不一的腺泡,腺泡周围由基膜和少量结缔组织围成,并有丰富的毛细血管和淋巴管,腺泡内可储存胶体。腺泡由单层上皮构成。上皮的形态在静止期,细胞呈立方形或扁平形,腺泡内的胶体浓稠;在促甲状腺激素的刺激下,细胞变为立方状或柱状,胶体溶解。在腺泡上皮与基膜之间的一种细胞质染色较淡的细胞称滤泡旁细胞(图 12-3)。

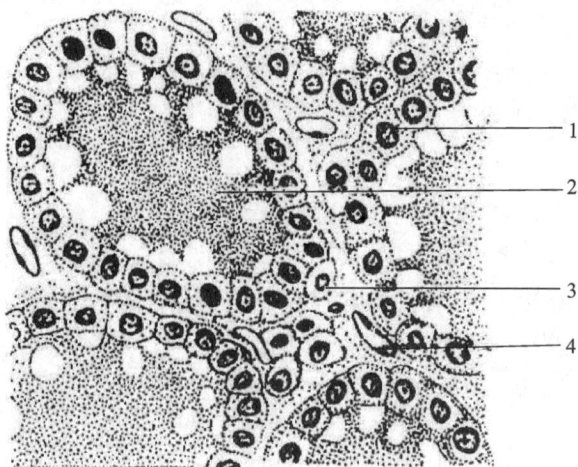

图 12-3 甲状腺的组织构造
1.滤泡上皮细胞 2.胶质 3.滤泡旁细胞 4.毛细血管

（三）功能

甲状腺能合成和释放甲状腺激素,其主要作用是促进机体的新陈代谢,维持机体的正常生长发育,尤其是对骨骼和神经系统的发育影响更大。动物机体摄入的碘经胃肠道吸收进入血液循环,迅速为甲状腺摄取、浓缩,腺体中储碘量约为全身的1/5。碘化物进入细胞后,经过氧化酶的作用,产生活性碘参与机体代谢。

二、甲状旁腺

甲状旁腺是圆形或椭圆形小腺体,位于甲状腺附近或埋于甲状腺组织中。一般家畜具有两对甲状旁腺。

牛有内、外两对甲状旁腺。外甲状旁腺位于甲状腺前方,靠近颈总动脉,长 5~12 mm;内甲状旁腺较小,常位于甲状腺的内侧,靠近甲状腺的背缘或后缘。

甲状旁腺由被膜和实质构成,被膜为一层致密的结缔组织膜,深入实质。甲状旁腺的实质细胞排列成团块状、条状或索状。主要细胞是主细胞,数量最多,呈圆形或多边形,细胞核呈圆形,位于细胞中央,细胞质着色浅,含糖原颗粒、脂滴和一些分泌颗粒,如图 12-4 所示。

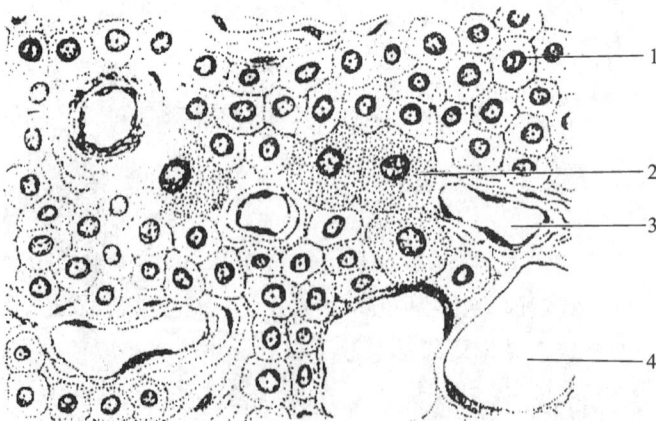

图 12-4 甲状旁腺的组织构造
1.主细胞 2.嗜酸性细胞 3.毛细血管 4.脂肪细胞

主细胞分泌甲状旁腺激素,可调节钙、磷代谢,维持血钙平衡。

知识单元 6　其他器官的内分泌组织

一、胰岛

胰岛是胰腺的内分泌部,由几十万到上百万个细胞团块组成。主要分泌胰岛素和胰高血糖素,对调节糖、脂肪、蛋白质代谢以及维持正常血糖水平起着十分重要的作用。胰岛素分泌减少就会引起动物血糖、尿糖持续升高,并产生一系列并发症,即糖尿病。

二、睾丸内的内分泌组织

睾丸具有生成精子和分泌雄激素的双重作用。睾丸精曲小管之间的间质细胞是内分泌组织,分泌雄激素(主要为睾酮),其作用是促进雄性生殖器官的发育和功能活动,促进第二性征的出现并维持正常状态。此外,睾丸内的支持细胞还可能分泌雌激素和抑制素。

三、卵泡内的内分泌组织

1.卵泡膜　当卵泡生长时,卵泡外的间质细胞围绕卵泡排列并逐渐增厚形成内、外两层卵泡膜。卵泡内膜细胞分泌雌激素,其作用是维持和促进雌性生殖器官和乳腺的发育及第二性征的出现。

2.黄体　卵巢排卵后,残留在卵泡壁的卵泡细胞和内膜细胞分别演化成颗粒黄体细胞和内膜黄体细胞,形成黄体。颗粒黄体细胞分泌孕酮,内膜黄体细胞分泌雌激素。黄体的作用是刺激子宫腺分泌和乳腺发育,并保证胚胎附植和发育。

马、牛和肉食动物的黄体细胞内含黄色的脂色素,黄体呈黄色。羊和猪的黄体呈肉色。

牛、羊、猪的黄体有一部分突出于卵巢表面,马的黄体完全埋藏在基质内。

知识链接与拓展

肾上腺素的
生理作用

案例分析

糖皮质激素是
一把双刃剑

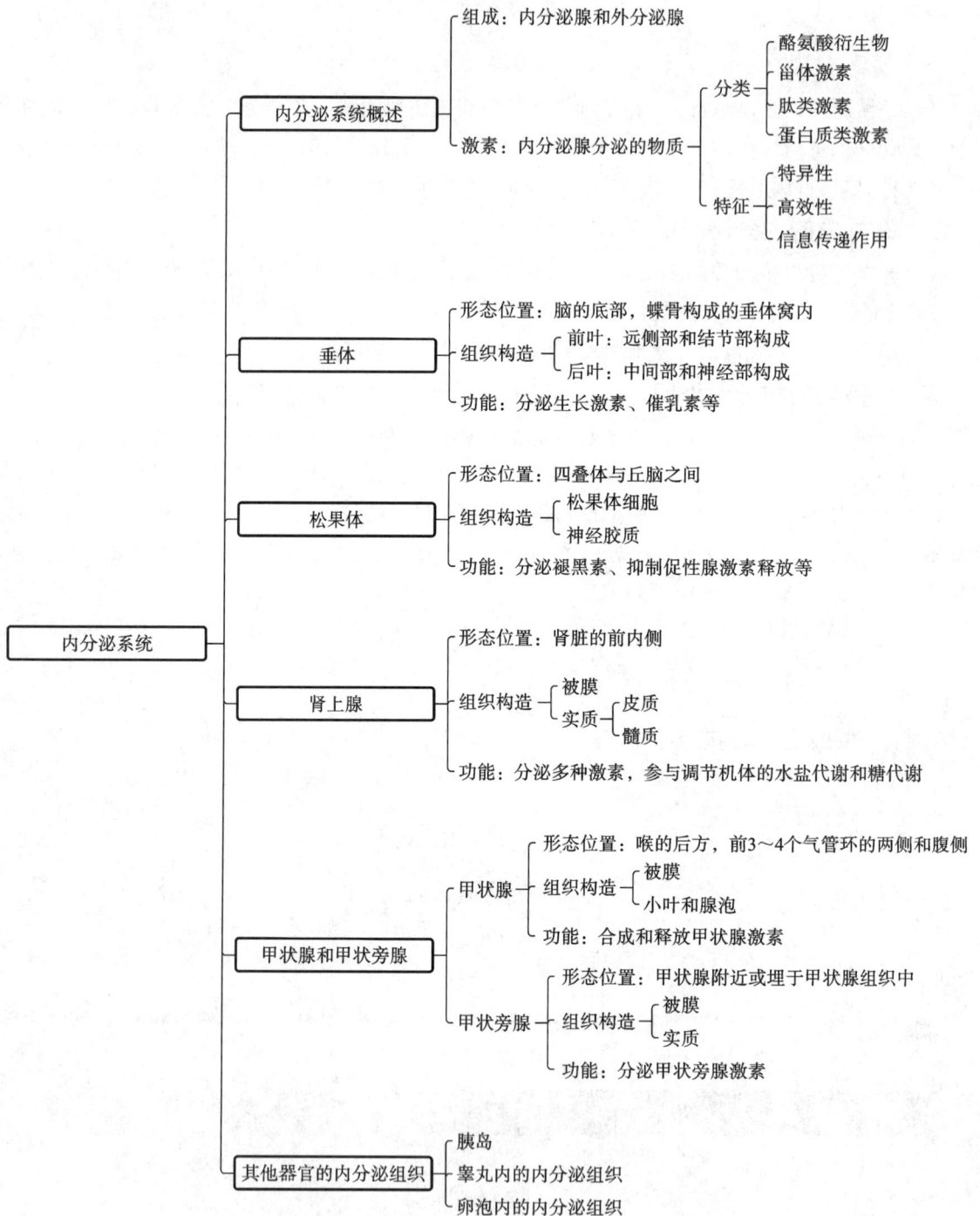

→ 模块小结

```
                                                         ┌ 组成：内分泌腺和外分泌腺
                                     ┌ 内分泌系统概述 ─┤                                      ┌ 酪氨酸衍生物
                                     │                   │                          ┌ 分类 ─┤ 甾体激素
                                     │                   └ 激素：内分泌腺分泌的物质 ─┤        │ 肽类激素
                                     │                                                │        └ 蛋白质类激素
                                     │                                                │        ┌ 特异性
                                     │                                                └ 特征 ─┤ 高效性
                                     │                                                         └ 信息传递作用
                                     │
                                     │                   ┌ 形态位置：脑的底部，蝶骨构成的垂体窝内
                                     │         ┌ 垂体 ──┤          ┌ 前叶：远侧部和结节部构成
                                     │         │         │ 组织构造 ─┤
                                     │         │         │          └ 后叶：中间部和神经部构成
                                     │         │         └ 功能：分泌生长激素、催乳素等
                                     │         │
                                     │         │         ┌ 形态位置：四叠体与丘脑之间
                                     │         │ 松果体 ─┤          ┌ 松果体细胞
                                     │         │         │ 组织构造 ─┤
                                     │         │         │          └ 神经胶质
内分泌系统 ──────────────────────────┤         │         └ 功能：分泌褪黑素、抑制促性腺激素释放等
                                     │         │
                                     │         │         ┌ 形态位置：肾脏的前内侧
                                     │         │ 肾上腺 ─┤          ┌ 被膜
                                     │         │         │ 组织构造 ─┤          ┌ 皮质
                                     │         │         │          └ 实质 ────┤
                                     │         │         │                      └ 髓质
                                     │         │         └ 功能：分泌多种激素，参与调节机体的水盐代谢和糖代谢
                                     │         │
                                     │         │                    ┌ 形态位置：喉的后方，前3～4个气管环的两侧和腹侧
                                     │         │           ┌ 甲状腺 ┤          ┌ 被膜
                                     │         │           │        │ 组织构造 ─┤
                                     │         │ 甲状腺和  │        │          └ 小叶和腺泡
                                     │         │ 甲状旁腺 ─┤        └ 功能：合成和释放甲状腺激素
                                     │         │           │          ┌ 形态位置：甲状腺附近或埋于甲状腺组织中
                                     │         │           │ 甲状旁腺 ┤          ┌ 被膜
                                     │         │           │          │ 组织构造 ─┤
                                     │         │           │          │          └ 实质
                                     │         │           │          └ 功能：分泌甲状旁腺激素
                                     │
                                     │                          ┌ 胰岛
                                     └ 其他器官的内分泌组织 ────┤ 睾丸内的内分泌组织
                                                                └ 卵泡内的内分泌组织
```

→ 执考真题

(2016年)下列不是脑垂体分泌的激素是（　　　）。

A.生长激素　　　　　　　　　　　　B.肾上腺皮质激素

C.促肾上腺皮质激素　　　　　　　　D.促甲状腺激素　　　　　　　　E.催乳素

答案：B

Note

能力巩固

一、填空题

1.垂体可分为_____和_____两大部分。其中可分泌激素的部分是_____。

2.下丘脑的视上核分泌_____,室旁核分泌_____。

3.肾上腺皮质部根据细胞排列形态不同,从外向内可分为_____、_____和_____三个区。

4.肾上腺髓质分泌_____和_____激素。

5.甲状旁腺分泌_____激素。

6.内分泌腺没有输出导管,因此又称为_____,其分泌物称_____。

7.肾上腺皮质_____区分泌盐皮质激素,_____区分泌性激素。

二、配对连线题

垂体　　　　　　　肾上腺素

神经垂体　　　　　孕激素

甲状腺　　　　　　盐皮质激素

卵巢　　　　　　　生长激素

肾上腺皮质　　　　降钙素

肾上腺髓质　　　　催产素

三、选择题

1.下列腺体中,(　　)是内分泌腺。

A.腮腺　　　　　　B.十二指肠腺　　　C.垂体　　　　　　D.肝

2.下列哪一种激素为腺垂体所分泌?(　　)

A.促甲状腺激素　　　　　　　　B.抗利尿激素

C.肾上腺皮质激素　　　　　　　D.催乳素

3.肾上腺皮质球状区主要分泌(　　)。

A.可的松　　　　　B.雄激素　　　　　C.醛固酮　　　　　D.肾上腺素

4.分泌降钙素的腺体是(　　)。

A.甲状旁腺　　　　B.甲状腺　　　　　C.肾上腺　　　　　D.松果体

5.牛甲状旁腺有(　　)对。

A.1　　　　　　　　B.2　　　　　　　　C.3　　　　　　　　D.4

四、问答题

1.简述肾上腺皮质部的组织构造及分泌的激素。

2.简述垂体的结构及分泌的激素。

3.简述肾上腺髓质的组织构造及分泌的激素。

4.简述甲状腺的形态位置及组织构造。

模块十三　感 觉 器 官

学习目标

【知识目标】

1. 能够说出眼、耳的基本结构。

2. 能够用自己的语言解释获取感觉信息的机制。

【能力目标】

能在活体或标本上识别眼的各部分结构。

【思政与素质目标】

培养学生团队协作意识。

知识单元1　视 觉 器 官

一、眼球结构

眼球位于眼眶内(图 13-1),后端有视神经与脑相连。眼球的构造分眼球壁和内容物两部分。

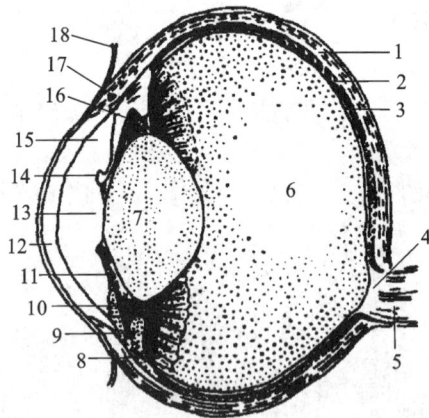

图 13-1　眼球纵切面模式图

1.巩膜　2.脉络膜　3.视网膜　4.视盘　5.视神经　6.玻璃体　7.晶状体　8.睫状突　9.睫状肌　10.晶状体悬韧带　11.虹膜　12.角膜　13.瞳孔　14.虹膜粒　15.眼前房　16.眼后房　17.巩膜静脉窦　18.球结膜

(引自曲强、程会昌、李敬双,动物解剖生理,2012)

(一)眼球壁

眼球壁分三层,由外向内依次为纤维膜、血管膜和视网膜。

1.纤维膜　厚而坚韧,由致密结缔组织构成,为眼球的外壳。可分为前方的角膜和后方的巩膜。

(1)角膜:占眼球前部约 1/5,为透明的折光结构,呈前凸后凹的球面。周缘较厚,中部薄,嵌入巩膜中。角膜内无血管和淋巴管,但有丰富的神经末梢,感觉灵敏。角膜上皮再生能力很强,损伤后易修复。角膜表面被有球结膜。角膜内面与虹膜之间构成眼前房,内有眼房水。

(2)巩膜:占眼球后部约 4/5,乳白色,不透明。巩膜前方接角膜,交界处有环状的巩膜静脉窦,是眼房水流出的通道,起着调节眼压的作用。巩膜的后腹侧是视神经纤维穿出的部位,有巩膜筛板。

2. 血管膜 眼球壁的中层,位于纤维膜与视网膜之间,富含血管和色素细胞,有营养眼内组织的作用,并形成暗的环境,有利于视网膜对光色的感应。血管膜由后向前分为脉络膜、睫状体和虹膜三部分(图 13-2)。

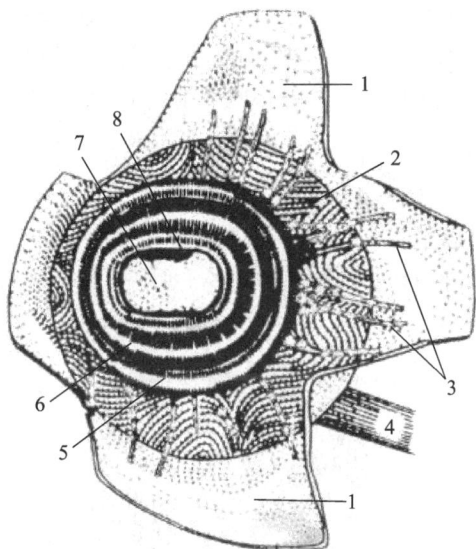

图 13-2 马眼球的血管膜前部(角膜切除,巩膜翻开)
1.巩膜 2.脉络膜 3.睫状静脉 4.视神经 5.睫状肌 6.虹膜 7.瞳孔及在其后方的晶状体 8.虹膜粒
(引自彭克美,畜禽解剖学,第二版,2009)

(1)脉络膜:呈棕色,占血管膜后方大部分,富含血管和色素细胞。巩膜的内面,除猪外,其后壁都有呈青绿色带金属光泽的三角区,称为照膜。此区域的视网膜没有色素,反光很强,有助于动物在暗光环境中对光的感应。

(2)睫状体:血管膜中部的增厚部分,呈环状,位于晶状体周围,形成睫状环,其表面有许多向内面突出并呈放射状排列的皱褶,称睫状突。睫状突与晶状体之间由纤细的晶状体韧带连接。在睫状体的外部有平滑肌构成的睫状肌,肌纤维起于角膜与巩膜连接处,向后止于睫状环。睫状肌受副交感神经支配,收缩时可向前拉睫状体,使晶状体韧带松弛,有调节视力的作用。

(3)虹膜:血管膜的最前部,呈环状。位于晶状体的前方,将眼房分为前房和后房。虹膜的周缘连于睫状体,其中央有一孔以透过光线,称瞳孔。虹膜内分布有色素细胞、血管和肌肉。虹膜肌有两种:一种为瞳孔括约肌,位于瞳孔缘,其收缩可缩小瞳孔,受副交感神经支配;另一种为放射状肌纤维,称为瞳孔开大肌,其收缩可开大瞳孔。猪的瞳孔为圆形,其他家畜的为椭圆形,马瞳孔的游离缘上有颗粒状突出物,称虹膜粒。

3. 视网膜 紧贴血管膜的内面,是眼球壁的最内层,可分为视部和盲部。

(1)视部:衬于脉络膜的内面,且与其紧密相连,薄而柔软。活体时略呈淡红色,死后混浊,变为灰白色,易于从脉络膜上脱落。在视网膜后部有一视乳头,为卵圆形白斑,表面略凹,是视神经纤维穿出视网膜的部位,没有感光能力,又称盲点。视网膜中央动脉由此分支成放射状分布于视网膜。眼球后端的视网膜中央区是感光最敏锐部分,呈圆形小区,称视网膜中心,相当于人眼的黄斑。

视网膜视部的外层是色素上皮层,内层是神经层。神经层由浅及深由 3 级神经元构成。最浅层为感光细胞,有两种细胞,即视锥细胞和视杆细胞,前者有感强光和辨别颜色的能力,后者有感弱光的能力。第 2 级神经元为双极神经元,是中间神经元。第 3 级为多极神经元,称为神经节细胞,其轴突向视网膜乳头集中,成为视神经。

(2)盲部:视网膜盲部无感光能力,外层为色素上皮,内层无神经元。被盖在睫状体及虹膜的内面。

(二)眼球内容物

眼球内容物是眼球内一些无色透明的折光结构,包括晶状体、眼房水和玻璃体,它们与角膜一起组成眼的折光系统。

1. 晶状体　晶状体呈双凸透镜状,透明而富有弹性,位于虹膜和玻璃体之间。周缘由晶状体韧带连于睫状突上。晶状体外包有由多层纤维构成的透明的晶状体囊。

2. 眼房和眼房水　眼房是位于角膜和晶状体之间的腔隙,被虹膜分为前房和后房。眼房水为无色透明液体,充满眼房,主要由睫状体和虹膜分泌产生,然后在眼前房的周缘渗入巩膜静脉窦而至眼静脉。眼房水有运输营养物质、代谢产物、折光和调节眼压的作用。

3. 玻璃体　玻璃体为无色透明的胶冻状物质,充满晶状体与视网膜之间,外包一层透明的玻璃体膜。玻璃体除有折光作用外,还有支持视网膜的作用。

二、眼的辅助器官

眼的辅助器官包括眼睑、泪器、眼球肌和眶骨膜等,对眼球有保护、运动和支持作用(图13-3)。

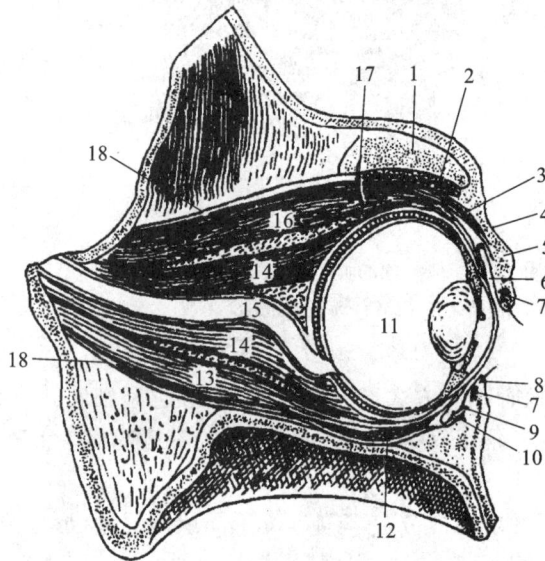

图 13-3　眼的辅助器官

1.额骨眶上突　2.泪腺　3.眼睑提肌　4.上眼睑　5.眼轮匝肌　6.结膜囊　7.睑板腺　8.下眼睑　9.睑结膜　10.球结膜　11.眼球　12.眼球下斜肌　13.眼球下直肌　14.眼球退缩肌　15.视神经　16.眼球上直肌　17.眼球上斜肌　18.眶骨膜

(引自陈功义,动物解剖,2010)

(一)眼睑

眼睑为覆盖在眼球前方的皮肤褶,分为上眼睑和下眼睑。上眼睑和下眼睑间形成眼裂。眼睑的外面为皮肤,中间主要为眼轮匝肌,内面衬着一薄层湿润而富有血管的膜,称为睑结膜。结膜还折转覆盖在眼球巩膜的前部,这部分结膜称为球结膜。当眼睑合闭时,结膜合成一个完整的结膜囊。第三眼睑又称瞬膜,为位于眼内侧角的半月状结膜褶,常见色素,内有一块软骨。

(二)泪器

泪器包括泪腺和泪道两部分。

1. 泪腺　泪腺位于眼球的背外侧,在眼球与眶上突之间,呈扁平卵圆形。有10余条导管开口于上眼睑结膜。其分泌的泪液有湿润和清洗眼球的作用。

2. 泪道　泪道为排泄管道,由泪小管、泪囊和鼻泪管组成。泪小管为2条短管,起始于眼内侧角处的两个小裂隙,即泪点,汇注于泪囊。泪囊为膜性囊,位于泪骨的泪囊窝内,呈漏斗状,为鼻泪管的起端膨大部。鼻泪管位于骨性鼻泪管中,沿鼻腔侧壁向前向下延伸,开口于鼻腔前庭。

(三)眼球肌

眼球肌是一些能使眼球灵活运动的横纹肌,一端附着在视神经周围的眼眶壁上,另一端附着在眼球巩膜上,全部由眶骨膜所包被。

1.眼球退缩肌 有 1 条,位于最深部,围绕着视神经,收缩时使眼球向后移位。

2.眼球直肌 有 4 条,即眼球上直肌、眼球下直肌、眼球内直肌、眼球外直肌。收缩时使眼球做上、下、内、外转动。

3.眼球斜肌 有 2 条,即眼球上斜肌和眼球下斜肌。收缩时可旋转眼球。

(四)眶骨膜

眶骨膜又称眼鞘,为致密坚韧的纤维膜,呈锥状,包围着眼球、眼肌、眼的血管和神经、泪腺,其内、外间隙中充填着大量脂肪。

三、视觉传导路径

光刺激到视网膜的视锥细胞和视杆细胞(感光细胞)→双极细胞→神经节细胞→节细胞的轴突在神经盘处集合形成视神经→经视神经管入颅腔→视交叉→视束→外侧膝状体细胞→视辐射(经内囊后脚)→枕叶距状沟上、下的皮质(视觉中枢)产生视觉。在视交叉处视神经纤维作不全交叉,来自两眼视网膜鼻侧半的纤维交叉,来自颞侧半的纤维不交叉。视束纤维绕过大脑脚,多数纤维止于外侧膝状体。

知识单元 2 听 觉 器 官

扫码看课件

一、耳的结构

耳包括外耳、中耳和内耳三部分(图 13-4)。外耳收集声波,中耳传导声波,内耳为听觉感受器和位置感受器。

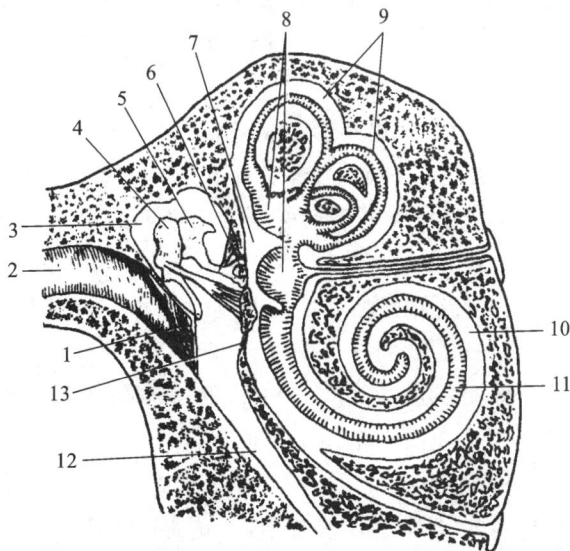

图 13-4 耳构造模式图

1.鼓膜 2.外耳道 3.鼓室 4.锤骨 5.砧骨 6.镫骨及前庭窗 7.前庭 8.椭圆囊和球囊 9.半规管 10.耳蜗 11.耳蜗管 12.咽鼓管 13.耳蜗窗

(引自马仲华,家畜解剖学及组织胚胎学,第三版,2002)

（一）外耳

外耳包括耳廓、外耳道和鼓膜三部分。

1. 耳廓 耳廓的形状大小因动物种类不同而异。一般呈圆筒状，耳廓背面隆凸称为耳背，与耳背相对应的凹面称为耳舟。耳廓的两缘上行汇合形成耳尖，耳基部附着于颞骨岩部的外耳道突。耳廓由耳廓软骨、皮肤和肌肉等构成。

2. 外耳道 外耳道是从耳廓基部到鼓膜的一条管道，外侧部是软骨管，内侧部是骨管，内面衬有皮肤。软骨管的皮肤含有皮脂腺和耵聍腺，后者为变态的汗腺，分泌耳蜡，又称耵聍。

3. 鼓膜 鼓膜是构成外耳道底的一片圆形纤维膜，坚韧而有弹性。鼓膜外层为皮肤，中层为纤维层，由致密胶质纤维构成，内层衬有黏膜。鼓膜厚度约为 0.2 cm。

（二）中耳

中耳包括鼓室、听小骨和咽鼓管。

1. 鼓室 鼓室是颞骨岩部内部的一个含气小腔，内面衬有黏膜。外侧壁以鼓膜与外耳道隔开。内侧壁为骨质壁，内侧壁上有前庭窗和耳蜗窗。前庭窗被镫骨底所封闭，耳蜗窗被第二鼓膜封闭。鼓室的前下方有孔与咽鼓管相通。

2. 听小骨 听小骨位于鼓室内，有 3 块，由外向内依次为锤骨、砧骨和镫骨。3 块听小骨以关节连成一个骨链，一端以锤骨柄附着于鼓膜，另一端以镫骨底的环状韧带附着于前庭窗，可将声波传递至内耳。

3. 咽鼓管 咽鼓管为连接咽与鼓室之间的管道。外壁由软骨和骨质构成，内面衬有黏膜。鼓室口在鼓室的前部，咽口位于咽的侧壁。马属动物的咽鼓管膨大形成一对咽鼓管囊。

（三）内耳

内耳又称迷路，位于颞骨岩部内。由骨迷路和膜迷路组成。膜迷路内有内淋巴，在膜迷路和骨迷路的间隙内有外淋巴，它们起着传递声波刺激和动物体位置变动刺激的作用。

1. 骨迷路 骨迷路包括前庭、耳蜗和骨半规管三部分。

（1）前庭：骨迷路的扩大部，呈球形。外侧壁即鼓室的内壁，有前庭窗和耳蜗窗。内侧壁是构成内耳道底的部分，壁上有前庭嵴，嵴的前方有一个球囊的隐窝，后方有一个椭圆囊隐窝，后下方有一个前庭小管内口。

（2）耳蜗：位于前庭的前下方，由耳蜗螺旋管围绕蜗轴盘旋数圈形成，管的起端与前庭相通，盲端位于蜗顶。沿蜗轴向螺旋管内发出骨螺旋板，将螺旋管不完全地分隔为前庭阶和鼓室阶两部分。

（3）骨半规管：位于前庭的后上方，由 3 个互相垂直的半环形骨管组成。按其位置分为前半规管、后半规管和外半规管。每个半规管的一端膨大，称为骨壶腹，另一端称为骨脚。

2. 膜迷路 膜迷路是套于骨迷路并互相通连的膜性管和囊。由椭圆囊、球囊、膜半规管和耳蜗管组成。

（1）椭圆囊：位于前庭的椭圆囊隐窝内，有 5 个孔与膜半规管相通。向前以椭圆囊管与球囊相通，椭圆球囊管再发出内淋巴管，穿经前庭至硬脑膜间的内淋巴囊，内淋巴由此渗出至周围的血管丛。椭圆囊内有椭圆囊斑，是平衡觉感受器。

（2）球囊：在前庭球囊隐窝内，一端与椭圆囊相通，一端通耳蜗管。

（3）膜半规管：骨半规管内衬为膜半规管。在壶腹壁上有半月形的隆起称为壶腹嵴，也是平衡觉感受器。

（4）耳蜗管：位于骨质耳蜗管内。一端连于球囊，另一端至蜗顶，为盲端。与前庭阶相接的是前庭膜，与鼓室阶相接的是基膜。基膜上有感觉上皮的隆起称为螺旋器，是重要的听觉感受器。平衡觉感受器由前庭神经分布，听觉感受器由耳蜗神经分布。

二、听觉和平衡觉传导路径

（一）听觉传导路径

第一级神经元为耳蜗螺旋神经节的双极细胞,其周围突至内耳的螺旋器,中枢突组成蜗神经,止于蜗前核和蜗后核。第二级神经元为蜗前核和蜗后核,该核发出的纤维一部分交叉形成斜方体,至对侧上升,一部分不交叉,在同侧上升,两部分纤维合成外侧丘系。第三级神经元为内侧膝状体,其轴突组成听辐射,经内囊后脚至颞横回。外侧丘系小部分纤维止于下丘,由下丘发出纤维参与组成顶盖延髓束和顶盖脊髓束,止于脑干运动神经核和脊髓前角运动神经元,完成听觉反射。

（二）平衡觉传导路径

第一级神经元是前庭神经节(位于内耳道底)的双极细胞。其树状突分布于各半规管的壶腹嵴、球囊斑和椭圆囊斑。其轴突组成前庭神经,与耳蜗神经一起进入脑干,经小脑下脚和三叉神经脊束之间行向背侧。一部分纤维经小脑下脚终于小脑的绒球小结叶;大部分纤维终于前庭神经核群。由核起始为第二级神经元,但由前庭神经核至大脑皮质的道路,尚未确定。前庭神经核与脑干内核团、脊髓前角和小脑的关系如下。

(1)由前庭外侧核所发出的纤维构成前庭脊髓束下行入脊髓前索内,终于脊髓前角,形成姿势反射弧。

(2)其余的前庭核纤维参与内侧纵束,终于眼外肌的运动核和颈肌的运动核,将眼的同向运动和头的转动置于前庭反射控制之下。

(3)一部分前庭核发出的纤维终于脑干网状结构和脑神经的内脏运动核,构成前庭兴奋引起的内脏反射(如呕吐等反射)。

(4)一部分前庭核发出的纤维,经小脑下脚入小脑,再通过传出纤维控制前庭神经核和脑桥、延髓网状结构,以维持身体的平衡。

技能操作 18 感觉器官的观察

一、技能目标

(1)通过观察,认识眼球及其辅助器官结构。
(2)通过观察认识耳的结构。

二、材料及设备

眼耳标本、眼耳的模型、眼球、耳的教学挂图、活体动物或虚拟仿真设备、眼科解剖器械(刀、剪)。

三、实验步骤

（一）眼的观察

1.眼球壁构造的观察 按照眼球壁的结构,由外向内依次观察纤维膜、血管膜和视网膜。
(1)纤维膜:观察角膜、巩膜。
(2)血管膜:由后向前观察脉络膜、睫状体、睫状肌、虹膜、瞳孔。
(3)视网膜:在血管膜的内面观察视网膜、视神经乳头。
2.眼球内容物的观察
(1)晶状体:观察晶状体及其周围的睫状体。
(2)玻璃体:在晶状体的后边观察玻璃体。
(3)眼房水:观察角膜、眼前房、眼房水、虹膜。
3.眼辅助器官的观察 观察上、下眼睑和第三眼睑、泪腺、泪小管、鼻泪管,以及在眼球外围的横纹肌。

（二）耳的观察

利用实验材料观察外耳、中耳、内耳的主要结构。

（三）作业

绘制眼球结构图。

知识链接与拓展

哺乳动物的色觉

案例分析

眼结膜临床诊疗要点

模块小结

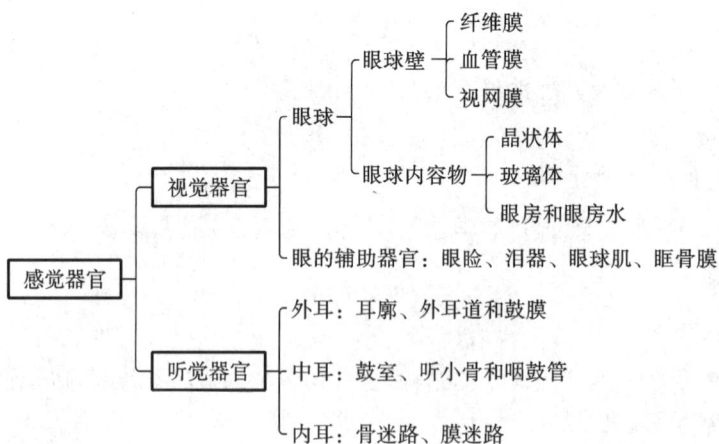

执考真题

（2019年）眼球内容物有（　　）。

A. 眼房水、晶状体、玻璃体　　B. 晶状体、玻璃体、视网膜

C. 晶状体、玻璃体、虹膜　　D. 眼房水、虹膜、晶状体

E. 眼房水、虹膜、视网膜

答案：A

→ 能力巩固

一、填空题

1.眼球壁有三层,由外向内依次为_____、_____和_____。

2.血管膜自前向后分为_____、_____和_____三部分。

3.眼结膜可分为_____和_____两部分。

4.眼房被虹膜分为_____和_____。

5.外耳包括_____、_____和_____三部分。

二、判断题

1.角膜富含神经末梢和血管,再生能力强。(　　　)

2.整个视网膜均具有感光能力。(　　　)

3.视杆细胞对强光和有色光敏感。(　　　)

4.耵聍腺由皮脂腺演变而来,分泌耵聍。(　　　)

5.瞳孔括约肌受副交感神经支配,强光照射时收缩,能缩小瞳孔。(　　　)

三、简答题

1.简述眼球壁的分层及结构。

2.简述房水循环。

3.简述外耳的形态结构。

4.眼的辅助器官有哪些?

模块十四 体温调节

扫码看课件

学习目标

【知识目标】

1. 能够说出动物正常体温变动的影响因素。
2. 能够说出动物体温相对恒定的原理与意义。
3. 能够分别说出动物产热和散热的途径。
4. 能够说出动物体温的调节方式。

【能力目标】

1. 能够运用正确的方法测定动物体温。
2. 能够将动物等热范围原理运用于畜牧生产。
3. 具备将前后知识点连贯的能力。

【思政与素质目标】

1. 养成求真务实的科学态度。
2. 具备生态养殖的理念。
3. 具备爱护生命的理念。
4. 培养和谐的人际沟通能力和团结协作的理念。

知识单元 1 体温及其正常变动

一、正常体温

正常的体温是机体进行新陈代谢和生命活动的必要条件。动物体各部的温度并不完全相同,可分为体表温度与体核温度。体表及体表下结构(如皮肤、皮下组织)的温度,称为体表温度。体表温度极易受外界温度和机体散热的影响,波动幅度大。机体深部结构(如内脏、脑)的温度,称为体核温度。体核温度比体表温度高,且相对恒定,各部位之间差异小。

生理学通常所说的体温是指动物机体的体核温度,即机体深部的平均温度。临床中常测体温的部位有 3 处:直肠、口腔、腋窝。在生产实践中,常用体温计测量动物直肠温度来代表动物体温,因为此处接近有机体深部的温度,且便于测定。各种健康成年动物安静状态下的直肠温度见表 14-1。

表 14-1 健康成年动物安静状态下的直肠温度

动 物 种 类	平均温度/℃	变动范围/℃
黄牛、牦牛、肉牛	38.3	36.7～39.7
水牛	37.8	36.1～38.5
乳牛	38.6	38.0～39.3
骆驼	37.5	34.2～40.7

Note

续表

动 物 种 类	平均温度/℃	变动范围/℃
猪	39.2	38.7～39.8
马	37.6	37.2～38.1
驴	37.4	36.4～38.4
绵羊	39.1	38.3～39.9
山羊	39.1	38.5～39.7
犬	38.9	37.9～39.9
猫	38.6	38.1～39.2
兔	39.5	38.6～40.1

二、体温的正常变动

在生理情况下,机体的体温可在一定范围内变动。体温的变动受到昼夜变化、年龄、性别、肌肉活动等因素的影响。

1.昼夜变化 对同一个体来说,昼夜体温呈现有规律的变化。在正常的饲养管理条件下,动物体温一般白天较夜间为高,并以午后最高,清晨最低。牛的昼夜体温变化相差约 0.5 ℃,放牧绵羊达 1 ℃。

2.年龄 体温与年龄有关。幼龄动物的体温较成年动物的体温略高;幼龄动物随着年龄的增长体温逐渐降低。因幼龄动物体温调节机制尚不健全,体温调节能力差,所以它们的体温波动大,易受环境温度的影响。老龄动物基础代谢率低,体温略低于正常成年动物。

3.性别 雄性动物较雌性动物体温高;雌性动物在发情和妊娠时,体温有所升高,排卵时则出现降低现象,排卵后体温升高。有实验表明:兔注射孕酮后,体温将上升。雌性动物的体温随周期变动的现象可能与性激素的周期性分泌有关,其中孕激素或其代谢产物可能是导致体温上升的因素。

4.肌肉活动 肌肉活动时代谢增强,产热明显增加,导致体温上升。例如,马在奔跑时体温可升至 40～41 ℃,肌肉活动停止后体温逐步恢复至正常水平。

此外,地理气候、精神紧张、采食、环境温度变化、麻醉等因素也可对体温产生影响。

三、体温相对恒定的意义

动物体温的相对恒定是保证机体新陈代谢正常顺利进行和维持机体生命活动的重要条件。机体进行各种生理活动所需要的能量都来自体内的各种生物化学反应,而这些反应都需要有各种酶催化,这些酶都要求有适宜的温度,动物正常体温符合各种酶对温度的需求。如果体温过低,酶的活性将丧失或降低,使代谢减弱或停止;体温过高,酶的活性也会因蛋白质变性而降低,使代谢出现障碍。新陈代谢出现障碍将直接影响各器官正常生理活动的进行。哺乳动物体温超过 41 ℃或低于 25 ℃时,都将因酶系统功能紊乱而影响各系统,特别是神经系统的活动,甚至危及生命。

知识单元 2 机体的产热和散热过程

动物正常体温的维持有赖于体内产热和散热两个生理过程之间的动态平衡。机体新陈代谢过程中,不断地产生热量,用于维持体温。同时,体内所产生的热量又通过血液循环带到体表,通过辐射、传导、对流以及蒸发等方式不断向外界散发,产热和散热过程达到动态平衡,体温就可维持在一定水平,从而保持恒定。如果产热多于散热,则体温升高,散热多于产热则体温下降。

一、产热过程

1.产热器官 体内的热量是由三大营养物质(糖类、蛋白质、脂肪)在各组织器官中进行分解代谢时产生的。体内一切组织细胞活动时都能产生热量,但由于各种组织代谢强度不同,热量的产生也有差别。肌肉、肝脏和腺体产热量最多,在安静状态下,主要的产热器官是肝脏,因为肝脏是物质代谢的主要场所。而运动和使役时骨骼肌代谢明显增强,产生的热量可为身体总热量的 2/3 以上,所以骨骼肌是动物活动时主要的产热部位。草食动物的饲料在消化管内发酵,产生大量热量,是体热产生的重要来源。

2. 产热形式　在寒冷环境中,散热增加,为维持体温相对恒定,机体通过战栗产热和非战栗产热两种形式来增加产热量。

(1)战栗产热:寒冷刺激可引起骨骼肌发生不随意节律性收缩,使代谢增强从而使产热量增加4～5 倍,称战栗产热。特点是屈肌伸肌同时收缩,所以不做外功,但产热量很高。战栗是机体产热率最高的产热方式,温度越低越强烈。战栗是骨骼肌的反射活动,由寒冷刺激作用于皮肤冷感受器所引起。

(2)非战栗产热:又称代谢性产热,是指机体处于寒冷环境中时,除战栗产热外,体内还会发生广泛代谢增强的现象。这部分产热与肌肉收缩无关,寒冷刺激通过机体的交感神经系统,使肾上腺髓质活动增强,从而引起肾上腺素和去甲肾上腺素分泌增加,引起机体(特别是肝脏)产热增多;体内的褐色脂肪细胞由丰富的交感神经支配,寒冷刺激引起交感神经兴奋时,也促进褐色脂肪分解产热。

二、等热范围

产热水平随环境温度而改变(图 14-1),在适当的环境温度范围内,动物的代谢强度和产热量可保持在生理的最低水平而体温仍能维持恒定。这种环境温度称动物的等热范围或代谢稳定区。从畜牧生产来看,外界温度在等热范围内饲养动物最为适宜,在经济上也最为有利,因为过低的气温,将提高代谢强度,增加饲料的消耗;过高的气温则会降低动物的生产性能。各种动物的等热范围见表 14-2。

等热范围的温度比体温要低,等热范围的低限温度称为临界温度。耐寒的动物如牛、羊的临界温度较低。动物密集的被毛和厚实的皮下脂肪都能降低临界温度。从年龄来看,幼龄动物的临界温度高于成年动物。等热范围的高限温度以上称为过高温度。

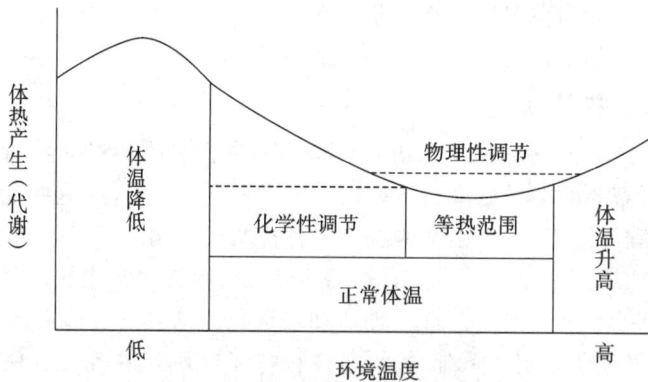

图 14-1　环境温度与体热产生的关系

表 14-2　各种动物的等热范围

动 物 种 类	等热范围/℃
牛	16～24
猪	20～23
绵羊	10～20
犬	15～25
豚鼠	24～26
大鼠	29～31

续表

动 物 种 类	等热范围/℃
兔	15～25
鸡	16～26

三、散热过程

1. 散热途径 机体的新陈代谢在不断进行,因而不断产热,如不能将产生的热量散发出去,热量蓄积于体内,势必导致体温的不断升高。机体在体温调节中枢的有效控制下,可随时向外界散热,以保持与产热之间的平衡。散热的途径主要有以下四种:①通过体表皮肤散热;②经呼吸器官散热;③使吸入气、饮入水和食物升温而散热;④通过粪便排泄散热。

2. 散热方式 皮肤散热的方式有辐射散热、传导散热、对流散热和蒸发散热四种。

(1)辐射散热:机体以红外线方式向周围环境散热的过程称为辐射散热。在常温和安静情况下,以辐射方式散发的热量约占总散热量的60%。因此,辐射散热是机体最主要的散热方式。辐射散热的多少主要取决于皮肤与周围环境的温差,其次取决于有效辐射面积。若周围环境温度高于机体体表温度,则周围环境反而向机体辐射散热。动物舒展肢体可增大有效辐射面积,增加散热量,而身体蜷曲时有效辐射面积减小,则散热量减少。

(2)传导散热:机体体表的热量直接传给与之接触的温度较低的物体的过程称为传导散热。传导散热量的多少除取决于接触面积外,主要取决于两物体的温差及所接触物体的导热性。温差越大,导热性越好,传导散热量就越多;反之,散热量就越少。水的导热性比空气好,因此相同的气温,空气湿度大时,其传导散热也多。在生产中,冬季要力求保持地面干燥以防止散热,夏季要经常给动物以冷水淋浴或水浴,促进散热,防止中暑。

(3)对流散热:空气的流动使距体表较远的冷空气得以取代紧裹体表已被传导散热加温的空气,以利散热的过程,称为对流散热。对流散热是一种特殊的传导散热。空气对流有利于传导散热。空气对流速度越快,对流散热越多。在畜牧生产中,夏季注意畜舍通风增加散热,冬季注意防风减少散热。另外动物长毛、竖毛,使紧裹体表的空气层加厚,均能减少对流散热,起到保暖作用。

(4)蒸发散热:机体的热量靠体表和呼吸道水分汽化吸热而散发,称为蒸发散热。当环境温度等于或高于皮肤温度时,机体已不能用辐射散热、传导散热和对流散热等方式进行散热,蒸发散热便成为唯一有效的散热方式。据测定,在常温下,蒸发1 g水可使机体散发2.43 kJ的热量。

蒸发散热有不显汗蒸发和显汗蒸发两种形式。不显汗蒸发是指体内水分直接透出皮肤和黏膜(主要是呼吸道黏膜),在并未聚成水滴前就向外界蒸发。这种蒸发不断地进行,即使在低温环境中也同样存在,与汗腺的活动无关。不显汗蒸发是一种很有效的散热途径,有些动物如犬、牛、猪等,虽有汗腺结构,但在高温下也不分泌汗液,而必须通过呼吸道加强蒸发散热。显汗蒸发是指通过汗腺主动分泌汗液,由汗液蒸发有效带走热量的方式。当环境温度超过30 ℃或动物在使役、运动时,汗腺便分泌汗液。值得注意的是,汗液必须在皮肤表面蒸发,才能吸收体表的热量,达到散热的效果。如果汗液被擦掉,就不能起到散热的作用。汗液的蒸发受环境温度、空气对流速度、空气湿度等因素的影响。环境温度越高,空气对流速度越快,汗液的蒸发速度越快;环境湿度大时,汗液不易蒸发,体热因而不易散失,进而会反射性地引起动物大量出汗。

知识单元 3　体温的调节

动物体处在一个温度多变的外部环境中,但自身的体温不会随环境温度的改变发生明显波动。动物体通过自主性体温调节和行为性体温调节使体温得以维持相对恒定。行为性体温调节起辅助作用,如寒冷时,动物寻找较温暖处以减少散热,防止体温下降。自主性体温调节由机体内部的体温

Note

调节机制完成。体温调节由温度感受器、体温调节中枢和效应器共同完成。

一、温度感受器

温度感受器是感受机体各个部位温度变化的特殊结构,按其感受的刺激可分为冷感受器和热感受器,按其分布的部位又可分为外周温度感受器和中枢温度感受器。

(1)外周温度感受器:广泛存在于皮肤、黏膜、内脏和大静脉周围,分冷感受器和热感受器,它们都是游离神经末梢。这两种感受器各自对一定范围的温度敏感。当局部温度升高时,热感受器兴奋,反之,冷感受器兴奋。其传入冲动既到达大脑皮层引起温度感觉,也到达下丘脑的调定点调节体温。其中冷感受器数量较多,为热感受器的 4~10 倍,这提示皮肤温度感受器在体温调节中主要感受外界环境的冷刺激,防止体温下降。

(2)中枢温度感受器:中枢温度感受器指分布于脊髓、延髓、脑干网状结构以及下丘脑等处对温度变化敏感的神经元。根据它们对温度的不同反应,可分为两类神经元。在局部组织温度升高时冲动发放频率增高的神经元,称为热敏神经元,主要分布在视前区-下丘脑前部(PO/AH)。在局部组织温度降低时冲动的发放频率增高的神经元,称为冷敏神经元,主要分布在脑干网状结和下丘脑的弓状核中。动物实验证明,局部脑组织温度变动 0.1 ℃,这两种神经元的放电频率就会发生改变,而且不出现适应现象。

二、体温调节中枢

参与调节体温的中枢结构存在于从脊髓到大脑皮层的整个中枢神经系统。对多种恒温动物进行脑分段切除实验证明,只要保持下丘脑及其以下神经结构的完整性,动物就仍然具有维持体温相对恒定的能力,即体温调节的基本中枢位于下丘脑。进一步的实验证明:PO/AH 是体温调节中枢的中心部位。PO/AH 中的热敏神经元起着调定点的作用,它的高低决定着体温的水平。

三、机体对冷热的体温调节过程

下丘脑体温调节中枢对体内的各种温度信息进行整合,由 PO/AH 发出的传出信号可通过植物性神经系统、躯体运动神经系统和内分泌系统三种途径对机体的产热和散热过程进行调节。

1. 植物性神经系统 主要通过对心血管系统、呼吸系统、皮肤和代谢的影响,改变机体的产热和散热过程。如寒冷刺激可使交感神经兴奋,引起代谢增强,产热增加,同时皮肤血管和竖毛肌收缩,引起体表温度降低,被毛耸立,可减少散热。而在热应激时,交感神经兴奋性降低,皮肤血管扩张,皮肤血流量增加,皮肤温度上升。体表温度升高有利于传导散热、辐射散热和对流散热。交感神经还控制汗腺引起大量泌汗,使蒸发散热增加,副交感神经支配唾液腺,增加唾液分泌也有利于蒸发散热。

2. 躯体运动神经系统 主要控制骨骼肌的紧张性和运动,引起机体的非战栗产热和战栗产热。此外还控制动物的行为变化,如炎热时动物寻找阴凉处并舒展肢体以增加散热;寒冷时身体蜷缩,拥挤在一处,或寻找温暖的环境以减少散热。

3. 内分泌系统 下丘脑还通过垂体分泌促甲状腺激素和促肾上腺皮质激素分别控制甲状腺激素和肾上腺激素的分泌,从而调节机体的产热和散热过程。甲状腺激素、肾上腺素和去甲肾上腺素分泌增加时,均可促进体内不同营养物质的氧化、分解和代谢,从而增加产热。

四、调定点学说

动物体温自主性调节的机制大致可用调定点学说解释。调定点学说认为,在 PO/AH 中有一个控制体温的调定点,而 PO/AH 的温度敏感神经元可能起着调定点的结构基础。影响机体产热和散热的体核温度有一个精确的临界值,这就是在 PO/AH 设定的一个调定点。当中枢温度升高,并超过某界限时,热敏神经元冲动发放频率增高;当中枢温度降低,并低于某一界限时,冲动发放减少,这些神经元对温热的感受界限即阈值(如猪为 38 ℃左右),就是体温稳定的调定点。当猪体温处于此温度时,产热和散热过程处于平衡状态,体温维持在调定点设定的水平。当猪体温超过此温度时,散热过程兴奋而产热过程受到抑制;当猪体温低于此温度时,产热增加,散热过程则受到抑制;其结果均使体温返回到此调定点。

正常时,调定点虽可上下移动,但范围窄,一些中枢递质,如 5-羟色胺、乙酰胆碱、去甲肾上腺素等,对体温调定点产生影响。当细菌感染后,PO/AH 热敏神经元的反应阈值升高,而冷敏神经元的反应阈值降低,体温调定点上移,因此出现恶寒、寒战等产热反应,直到体温升高到新的调定点水平以上时,才出现散热反应,建立并保持新的产热、散热平衡。致热原所致的发热,体温调节功能并无障碍,而是由于调定点上移而引起调节性体温升高,中暑时体温升高则是由于体温调节功能失调。

知识链接与拓展

动物的热应激和中暑　　动物的生物节律现象　　体温测量

案例分析

发热

模块小结

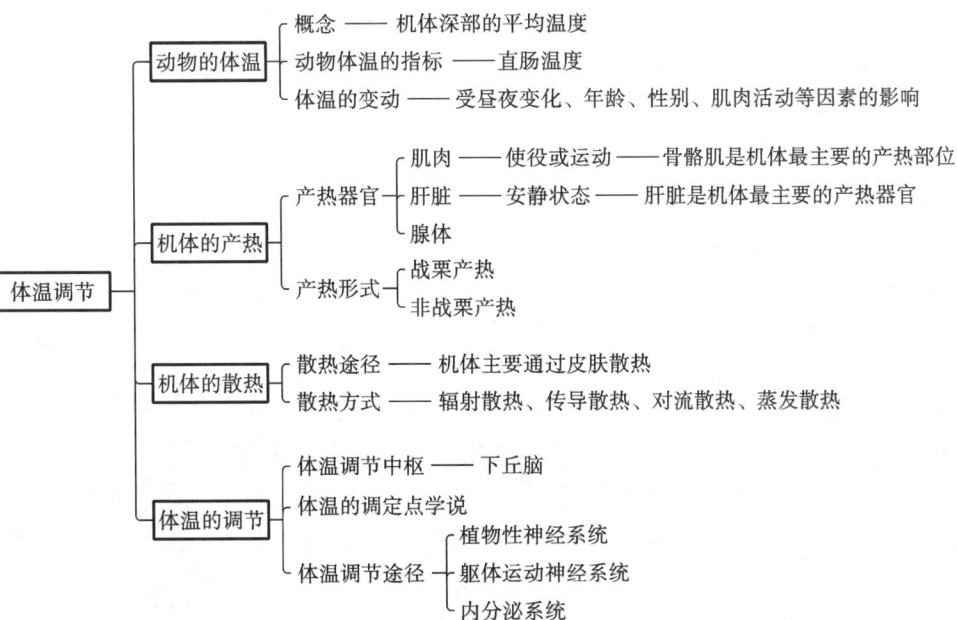

- 体温调节
  - 动物的体温
    - 概念 —— 机体深部的平均温度
    - 动物体温的指标 —— 直肠温度
    - 体温的变动 —— 受昼夜变化、年龄、性别、肌肉活动等因素的影响
  - 机体的产热
    - 产热器官
      - 肌肉 —— 使役或运动 —— 骨骼肌是机体最主要的产热部位
      - 肝脏 —— 安静状态 —— 肝脏是机体最主要的产热器官
      - 腺体
    - 产热形式
      - 战栗产热
      - 非战栗产热
  - 机体的散热
    - 散热途径 —— 机体主要通过皮肤散热
    - 散热方式 —— 辐射散热、传导散热、对流散热、蒸发散热
  - 体温的调节
    - 体温调节中枢 —— 下丘脑
    - 体温的调定点学说
    - 体温调节途径
      - 植物性神经系统
      - 躯体运动神经系统
      - 内分泌系统

Note

→ 执考真题

1.(2017年)外周温度感受器是分布于皮肤、黏膜和内脏的(   )。

A.腺细胞　　　　　　　　B.环层小体　　　　　　　　C.血管内皮细胞

D.游离神经末梢　　　　　E.神经元细胞体

答案:D

2.(2009年)动物维持体温相对恒定的基本调节方式是(   )。

A.体液调节　　　　　　　B.自身调节　　　　　　　　C.自分泌调节

D.旁分泌调节　　　　　　E.神经、体液调节

答案:E

3.(2014年)恒温动物体温调节的基本中枢位于(   )。

A.小脑　　　　B.大脑　　　　C.脊髓　　　　D.延髓　　　　E.下丘脑

答案:E

4.(2015年)寒冷环境下,参与维持动物机体体温恒定的是(   )。

A.冷敏神经元发放冲动频率减低　　B.深部血管舒张

C.体表血管舒张　　　　　　　　　　D.甲状腺激素分泌减少

E.骨骼肌战栗产热

答案:E

5.(2017年)感染引起发热的机制是(   )。

A.非战栗产热增加　　　　　　　　　　　　B.战栗产热增加

C.下丘脑体温调节中枢体温调定点上移　　　D.外周热感受器发放冲动增加

E.中枢热敏神经元发放冲动频率增高

答案:C

→ 能力巩固

一、填空题

1.动物在安静时主要的产热器官是_____,劳动或运动时主要的产热器官是_____。

2.正常生理情况下,每天的体温在_____最低,在_____最高。

3.皮肤散热的方式有_____、_____、_____、_____四种。

4.调节体温的基本中枢在_____。

二、选择题

1.生理学上所指的体温是机体的(   )。

A.体表温度　　　B.口腔温度　　　C.腋窝温度　　　D.直肠温度

2.生产上,动物在什么环境温度下生产性能最高?(   )

A.过高温度　　　B.临界温度　　　C.等热范围　　　D.其他

3.皮肤散热方式包括(   )。

A.辐射散热　　　B.传导散热　　　C.对流散热　　　D.以上全对

4.常温安静时,机体散热的主要方式是(   )。

A.辐射散热　　　B.传导散热　　　C.对流散热　　　D.蒸发散热

5.环境温度高于皮肤温度时,机体散热的主要方式是(   )。

A.辐射散热　　　B.传导散热　　　C.对流散热　　　D.蒸发散热

6.受寒冷刺激时,机体主要依靠释放哪种激素来提高基础代谢?(   )

A.促肾上腺皮质激素 　　　　　B.甲状腺激素

C.生长激素 　　　　　　　　　D.肾上腺素

7.牛的等热范围是（　　）。

A.10～20 ℃ 　　　B.15～25 ℃ 　　　C.16～24 ℃ 　　　D.20～23 ℃

8.猪的正常直肠平均温度是（　　）。

A.39.2 ℃ 　　　　B.37.8 ℃ 　　　　C.37.6 ℃ 　　　　D.41.7 ℃

三、名词解释

1.体温

2.等热范围

3.蒸发散热

4.辐射散热

四、简答题

1.简述动物体的散热器官和散热方式。

2.试述畜禽（恒温动物）体温相对恒定的原理。

3.为什么发热病畜常伴有战栗反应？

模块十五　禽类的解剖生理

学习目标

【知识目标】

能说出禽类各主要器官的形态结构特点及生理特点。

【能力目标】

1. 能认识禽类的喙、尾脂腺、嗉囊、肌胃、大肠、肝、胰、心、肺、气囊、肾、脾、睾丸、卵巢、输卵管、腔上囊等器官的位置、形态和构造特点。

2. 能熟练进行家禽内脏的解剖,并能识别出各内脏器官的位置、形态、构造。

【思政与素质目标】

1. 实事求是,勤学好问,养成良好的学习习惯。

2. 积极探索,拓展思维,举一反三,识别禽类之间以及禽类和兽类之间的器官差异。

3. 注重理论联系实际,能用所学知识解决生产中遇到的实际问题,提高服务"三农"的本领。

知识单元 1　被 皮 系 统

一、皮肤

禽类皮肤的特点是薄、松且缺乏腺体。禽类的皮肤由来源于外胚层的表皮与来源于中胚层的真皮构成,在真皮之下为疏松结缔组织与脂肪细胞组成的皮下层。表皮构成皮肤的浅表层,为一层复层扁平上皮;真皮主要由弹性纤维和胶原纤维构成,并有丰富的血管、感觉小体和神经末梢,以及平滑肌纤维;皮下层由疏松的结缔组织构成,在纤维之间的网孔空隙处充满脂肪。

二、羽毛

禽类羽毛是表皮的角质化衍生物,为其特有,主要功能如下:①保护皮肤不受损伤;②保持体温,形成隔热层;③飞羽和尾羽为飞行器官的一部分,羽毛使外廓更呈流线型,减少飞行时的阻力;④具有触觉功能;⑤能够进行求偶炫耀和个体识别;⑥还可作为保护色。羽毛着生在体表的一定区域内,这些区域称为羽区,不着生羽毛的区域称为裸区。羽毛的这种着生方式,不限制皮肤下的肌肉收缩,有利于剧烈的飞翔运动。羽毛是细菌和体外寄生虫的载体,必须经常保持清洁、松软。羽毛的定期更换称为换羽,通常一年换羽两次:在繁殖结束后所换的新羽称冬羽,或称基本羽;冬季及早春所换的新羽称夏羽或婚羽,或称替换羽。

三、其他衍生物

除羽毛外,禽类的其他皮肤衍生物还有尾脂腺、鳞片、角质喙、爪、冠、肉垂和耳叶等。

尾脂腺为一种分支的大型泡状腺,位于尾基背部的皮下,一般分为左、右两叶,其间有纵隔,有小簇绒羽围绕在尾脂腺四周。尾脂腺是一种全质分泌腺,其分泌物主要是油脂以及一种能被苏木精染色的颗粒。禽类一般用喙啄取其分泌物,涂抹在羽片、角质喙及鳞片外面,以保护羽片、角质喙及鳞片。有些禽类的尾脂腺分泌物中含有维生素 D 的前体麦角甾醇,当被涂抹到羽片上时,经日照后转变为维生素 D,禽类再次梳理时可将其吞下,得以吸收。有些禽类的尾脂腺分泌物还具备化学通信功能,如分泌性信息素刺激交配、分泌有刺激性气味的分泌物帮助定位归巢等。水禽(如鸭、雁、鹅等)尾脂腺特别发达,鸡的尾脂腺较小,呈豌豆状。

禽类的鳞片覆盖于腿的下部、脚以及喙的基部。禽类的喙、爪和距都是表皮角质层增厚同时钙化形成的,比较坚硬。禽类喙的形态因种类不同有所差异,具有啄食和自卫的功能。

冠、肉垂和耳叶主要由头颈部的皮肤特化而成。生产中鸡冠的形态和结构是辨别鸡品种、年龄和健康状况的重要依据。

知识单元 2　运 动 系 统

一、骨骼

禽类适应飞翔生活,在骨骼系统方面有显著的特化,主要表现在:骨骼轻而坚固,骨骼内具有充满气体的腔隙;头骨、躯干部椎骨等广泛愈合;颈椎为异凹型椎骨;肢骨与带骨有较大的变形,前肢特化为翼;具有牢固的胸廓;胸骨有发达的龙骨突。

鸡的骨骼如图 15-1 所示。

(一)头骨

禽类头骨有一些与爬行动物类似的结构,如具有单一的枕髁,其软骨脑颅为脊底型。为了适应飞翔生活,禽类头骨高度特化,主要表现在:①头骨薄而轻,成体头骨有广泛的愈合现象,骨间的一些骨缝消失,骨内有蜂窝状充气的小腔;②前颌骨、颌骨及鼻骨显著前伸,构成鸟喙,是鸟类的取食器官,现代鸟类均无牙齿;③眼眶巨大,将脑颅前部的侧墙挤向中央,构成眶间隔。

(二)躯干骨

躯干骨由脊柱、肋骨和胸骨构成。脊柱由颈椎、胸椎、愈合荐骨、分离尾椎和尾综骨五部分组成。禽类的颈椎数目多,连成“乙”状弯曲。颈椎椎骨之间的关节面呈马鞍形,称异凹型椎骨。此外,禽类第一枚颈椎呈环状,为寰椎,第二枚颈椎为枢椎,因此禽类头部运动灵活,利于飞翔、啄食、警戒和梳理羽毛。胸椎 5～10 枚,借肋骨与胸骨联结,构成牢固的胸廓。禽类的肋骨全部为硬骨且具钩状突。禽类胸骨中线处有高耸的龙骨突。愈合荐骨(综荐骨)由一部分胸椎、腰椎、荐椎和一些尾椎愈合而成。禽类尾骨退化,最后几枚尾骨愈合成一块尾综骨。

(三)带骨及肢骨

肩带由肩胛骨、乌喙骨和锁骨构成。三骨联结处形成肩臼,为前肢肱骨的关节处。肩胛骨呈长刀状,位于胸廓的背侧壁,几乎与脊柱平行。乌喙骨粗壮,呈长柱状,斜位于胸廓之前,下端与胸骨形成牢固的关节,构成对前肢的有力支持。锁骨较细,左、右两个锁骨以及退化的间锁骨在腹中线处愈合成“V”形,称为叉骨,是禽类特有的结构。

前肢特化为翼,手部骨骼(腕骨、掌骨和指骨)愈合、退化。禽类前肢骨由臂骨、前臂骨和前脚骨组成,平时折曲成“Z”形,紧贴胸部。

腰带宽大而显著变形,一是为适应后肢负重,盆带骨与综荐骨形成牢固的连接;二是为适应产大型硬壳卵,两髋骨在骨盆腹侧相距较远,没有骨盆连合,从而使禽类具有开放性的骨盆,便于产蛋。禽类腿骨包括股骨、小腿骨和后脚骨。股骨短而粗壮,为管状长骨。小腿骨包括胫骨和腓骨,胫骨发达,腓骨位于胫骨外侧缘,近端为略大的腓骨头,向下逐渐退化变细。后脚骨包括跗骨、跖骨和趾骨,远端腓跗骨与跖骨愈合成单一的骨,称跗跖骨。

二、肌肉

禽类骨骼肌的肌纤维较细,肌肉内没有脂肪沉积。禽类全身肌肉的分布和发达程度因部位而有

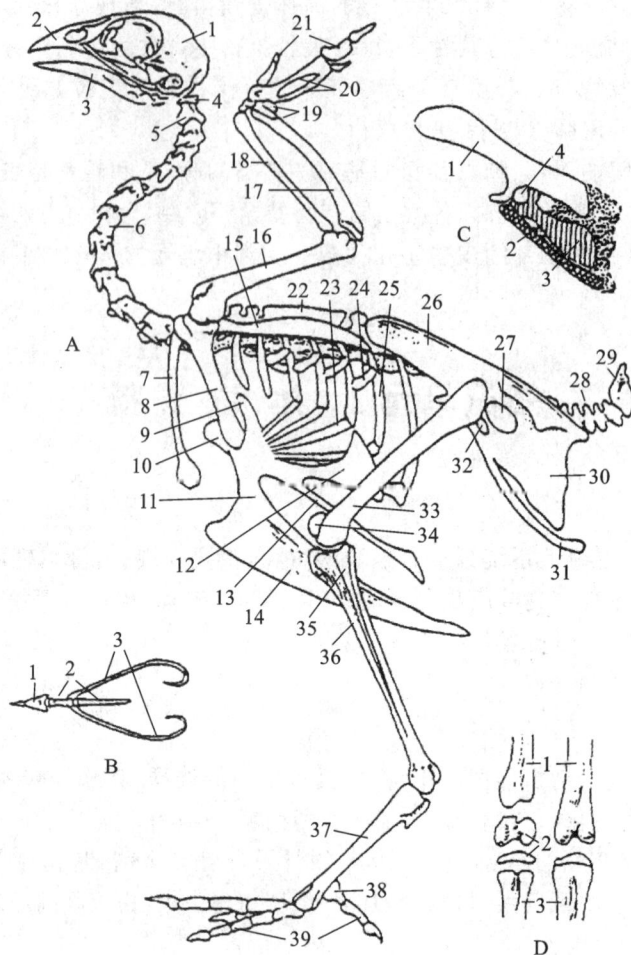

图 15-1 鸡的骨骼

A.全身骨骼:1.颅骨　2.颌前骨　3.下颌骨　4.寰椎　5.枢椎　6.颈椎　7.锁骨　8.乌喙骨　9.胸骨的前外侧突
10.正中突　11.胸骨(体)　12.胸突　13.后外侧突　14.胸骨嵴　15.肩胛骨　16.臂骨　17.尺骨　18.桡骨　19.腕骨
20.掌骨　21.指骨　22.胸椎(背骨)　23.胸肋骨　24.钩突　25.椎肋骨　26.髂骨　27.髂坐孔　28.尾椎　29.尾综骨
30.坐骨　31.耻骨　32.闭孔　33.股骨　34.髌骨　35.腓骨　36.胫骨　37.大跖骨　38.小跖骨　39.趾骨

B.舌骨:1.舌内骨　2.前、后基舌骨　3.舌骨支

C.幼禽髋骨:1.髂骨　2.耻骨　3.坐骨　4.髋臼

D.幼禽(左)和成禽(右)的跖骨:1.胫骨　2.跗骨　3.距骨

(引自朱金凤、陈功义,动物解剖,2007)

不同,与各部位活动的复杂性及运动力量大小有关。鸡的体表肌肉见图 15-2。

（一）皮肌

薄而分布广泛。一类为平滑肌,终止于羽毛的羽囊,控制羽毛活动。另一类为翼膜肌,有 4 块作用于前翼膜(翼部皮肤形成的皮肤褶称翼膜)。当翼伸展时,翼膜肌使前翼膜张开;当翼收拢时,前翼膜因所含弹性组织而自行回缩。此外,颈部皮肌向腹侧分出一束,形成嗉囊的肌性悬带,收缩时协助嗉囊周期性排空。

（二）头部肌

禽面部肌不发达,而开闭上下颌的肌肉比较发达。此外,还有作用于方骨的方骨前引肌。

（三）颈肌

为使头颈运动灵活,颈肌大多分化为多节肌及其复合体。

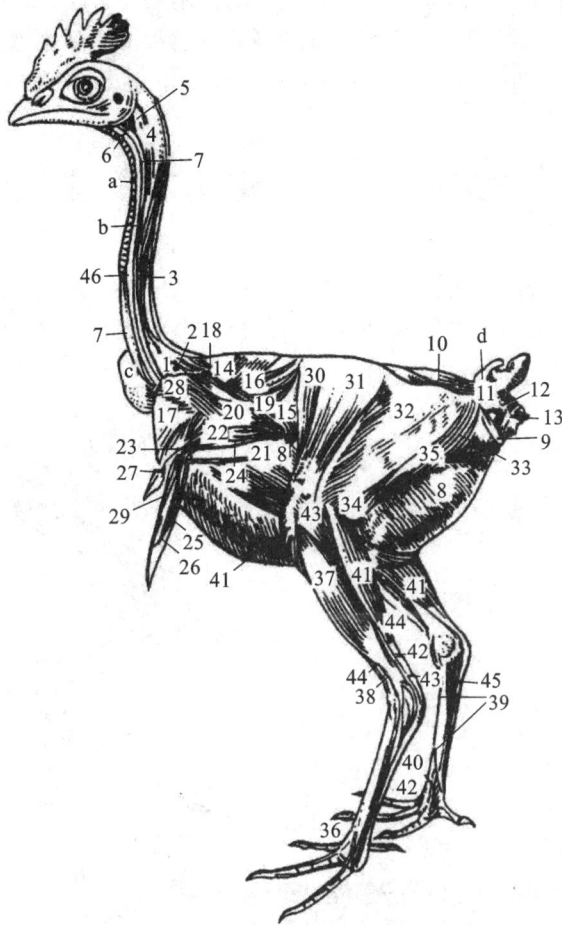

图 15-2　鸡的体表肌肉

1. 颈最长肌　2. 颈半棘肌　3. 颈二腹肌　4. 复肌　5. 头外侧直肌　6. 头内侧直肌　7. 颈长肌　8. 腹外斜肌　9. 泄殖腔提肌　10. 尾提肌　11. 尾外侧肌　12. 尾肌　13. 泄殖腔括约肌　14. 斜方肌　15. 后浅锯肌　16. 背阔肌　17. 胸浅肌　18. 三角肌　19. 后肩胛臂骨肌　20. 臂三头肌　21,22. 腕桡侧伸肌　23. 腕尺侧伸肌　24. 指总伸肌　25. 骨间背侧肌　26. 掌骨间肌　27. 翼膜张肌　28. 长翼膜张肌　29. 第三指外展肌　30. 髂胫前肌和臀浅肌　31. 阔筋膜张肌和臀浅肌（尾侧部）　32. 股二头肌　33. 尾股肌　34. 半腱肌　35. 半膜肌　36. 趾长伸肌　37. 腓骨长肌　38. 腓骨短肌　39. 拇短伸肌　40. 趾短伸肌　41. 腓肠肌　42. 趾深屈肌　43. 趾浅及趾深屈肌　44. 胫骨前肌　45. 拇短屈肌　46. 胸骨甲状肌

（引自彭克美，畜禽解剖学，2005）

（四）躯干肌

背部和综荐部因椎骨大多愈合，肌肉较退化。尾部肌肉较发达，有尾提肌、尾降肌等，借以运动尾羽。胸壁肌有肋间肌、肋提肌、斜角肌和肋胸骨肌等，但无膈肌。腹壁肌虽分为四层，但肌肉很薄弱。

（五）肩带肌和翼肌

肩带肌中最发达的是胸肌（又称胸浅肌、胸大肌）和乌喙上肌（又称胸深肌、胸小肌）两块胸部肌。在善飞的禽类，这两块胸部肌可占全身肌肉总重的一半以上。它们起始于胸骨、锁骨、乌喙骨等部位，以腱终止于肱骨近端，其中乌喙上肌腱通过三骨孔。胸肌的作用是将翼向下扑动，乌喙上肌则是将翼向上举。位于臂部和前臂部的翼部肌肉，主要起着展翼和收翼的作用。

（六）盆带肌和腱肌

盆带肌不发达。腿部肌肉则很发达，是禽体内第二群最发达的肌肉。它们大部分位于股部，作用于髋关节和膝关节。小腿部肌肉作用于跗关节和趾关节，趾屈肌腱在跖部常骨化。由于趾屈肌及其腱的经路，屈曲膝关节时跗关节和趾关节同时被屈曲。当禽下蹲栖息时，由于体重将髋关节、膝关节屈曲,趾关节也同时屈曲而牢固地攀持栖木。参与此作用的还有小的耻骨肌,起始于耻骨突,沿股部内侧向下行,细长的腱由膝关节内侧面经前面绕至外侧面,再转到小腿后方,加入趾浅屈肌腱,称迂回肌或栖肌。这是禽类和两栖类动物特有的肌肉。

知识单元 3 消化系统

家禽的消化器官包括口咽、食管、嗉囊、腺胃、肌胃、小肠、大肠、泄殖腔以及胰腺和肝脏。与家畜相比,家禽消化系统的最主要特点是家禽没有牙齿,但具有喙;具有嗉囊;胃包括腺胃和肌胃;没有结肠,但具有一对盲肠。鸡消化器官模式图见图 15-3。

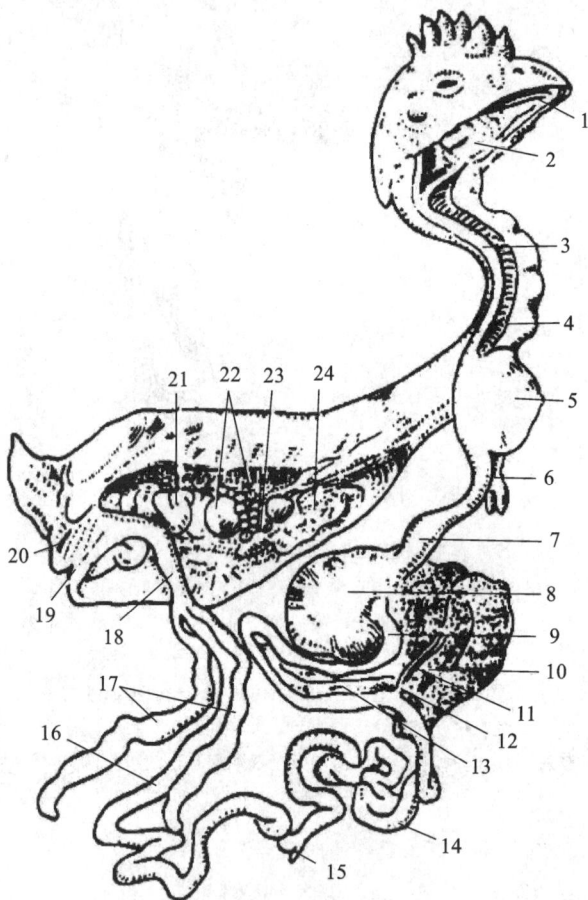

图 15-3 鸡消化器官模式图

1.口腔 2.咽 3.食管 4.气管 5.嗉囊 6.鸣管 7.腺胃 8.肌胃 9.十二指肠 10.胆囊 11.肝管及胆管 12.胰管 13.胰 14.空肠 15.卵黄囊憩室 16.回肠 17.盲肠 18.直肠 19.泄殖腔 20.肛门 21.输卵管 22.卵巢 23.心 24.肺

(引自朱金凤、陈功义,动物解剖,2007)

一、喙和口咽

喙,禽类的取食器官。禽类的上、下颌骨以及鼻骨显著前伸,其外套有致密角质上皮,共同构成喙。禽类由于缺少软腭,口腔后部与咽之间没有明显的分界,通常合称为口咽。

唾液腺很发达,虽不大,但分布很广,在口腔和咽的黏膜下几乎连续成一片,其导管直接开口于黏膜表面,主要分泌黏液,润滑食物。家禽主要靠视觉和触觉寻找食物,用角质喙采食。采食后不经咀嚼,借助舌很快咽下。吞食食物主要靠头部上举,在食物的重力和反射活动作用下,食管扩大,经食管的蠕动推动食物下移并进入嗉囊或食管的扩大部。

二、食管与嗉囊

食管分颈段和胸段。颈段与气管一同偏于颈的右侧,位于皮下。鸡、鸽的食管在胸廓前口处形成嗉囊;鸭、鹅没有真正的嗉囊,在食管颈段扩大成纺锤形,以储存食物,有括约肌与胸段为界。食管末端略变狭而与腺胃相接。食管黏膜分布有食管腺,为黏液腺。鸭食管后端的淋巴滤泡较明显,称食管扁桃体。

嗉囊位于皮下,叉骨之前,为食管的膨大部分。嗉囊的前、后两开口相距较近,有时食料可经此直接进入胃内。嗉囊的主要功能是储存食物。

嗉囊壁的构造与食管相似,黏膜内有丰富的黏液腺分泌黏液,使饲料润湿和软化,且黏液不含消化酶,但鸽的嗉囊能分泌一种含有大量蛋白质、脂肪、无机盐和淀粉酶的乳状物,称嗉囊乳,用以哺育幼鸽。

嗉囊为唾液淀粉酶和植物性饲料本身所含酶的作用提供了适宜的环境。嗉囊内的环境还适合乳酸菌等微生物的生长繁殖。它们对饲料中的糖类进行分解发酵,产生有机酸,这些有机酸在嗉囊内可被部分吸收。

三、胃

禽胃分为两部分,位置在前的为腺胃,位置在后的为肌胃,中间称为峡。

(一)腺胃

腺胃呈短纺锤形,位于腹腔左侧,在肝两叶之间的背侧。前以贲门与食管直接相通,仅黏膜具有较明显的分界;向后以峡与肌胃相接,两者间的黏膜形成胃中间区。腺胃壁较厚,内腔不大,食料通过的时间很短。黏膜表面分布有乳头。前胃浅腺为黏膜浅层形成的隐窝,分泌黏液。前胃深腺肉眼可见,以集合管开口于黏膜乳头上。前胃深腺分泌盐酸和胃蛋白酶原,但胃液的消化作用并不在腺胃进行,而主要在肌胃进行。

(二)肌胃

肌胃俗称肫,为双面凸的圆盘形,壁很厚且较坚实,位于腹腔左侧,在肝后方两叶之间。肌胃壁为平滑肌。黏膜表面被覆有一层厚而坚韧的类角质膜,能保护黏膜,称胃角质层,俗称肫皮、内金,由肌胃腺分泌物与脱落的上皮细胞在酸性环境下硬化而成。肌胃内常有吞食的砂粒,故又称砂囊。

家禽的肌胃不分泌消化液。它主要依靠发达的胃壁肌肉强而有力的收缩磨碎来自嗉囊的粗硬食物。另外,其采食时所吞食的砂粒有助于磨碎较坚硬的食物。

肌胃内容物比较干燥,但呈酸性,适合胃蛋白酶发挥消化作用。

四、肠

(一)小肠

小肠也分为十二指肠、空肠和回肠。十二指肠位于腹腔右侧,形成"U"形的长袢。空回肠形成肠袢,以肠系膜悬挂于腹腔右侧。空回肠中部的小突起,称卵黄囊憩室,是卵黄囊柄的遗迹。空回肠壁内含有淋巴组织。小肠黏膜表面形成绒毛,黏膜内有小肠腺,但无十二指肠腺。

禽类小肠内的消化和吸收与家畜相似。

(二)大肠

大肠分为盲肠和直肠。盲肠有两条,分为盲肠基、盲肠体和盲肠尖三部分。盲肠基较狭,以盲肠口通直肠;盲肠体较粗;盲肠尖为细的盲端。在盲肠基的壁内分布有丰富的淋巴组织,称盲肠扁桃体,以鸡最明显。鸽的盲肠小如芽状。禽无明显的结肠,仅有一短的直肠。大肠肠壁具有较短的绒毛和较少的肠腺。

家禽大肠起消化作用的主要是盲肠。饲料中的粗纤维在盲肠内进行微生物的发酵分解,尤其是草食禽类。盲肠内有严格的厌氧条件,适合微生物的生长繁殖。肠内微生物将饲料中纤维分解为挥发性脂肪酸,蛋白质和氨基酸分解为氨,并且利用非蛋白含氮物合成菌体蛋白质;还能合成 B 族维生素和维生素 K 等,供禽体利用。

禽类的直肠很短,食糜在其中停留时间也不长,因此消化作用不重要,主要是吸收一部分水和盐。

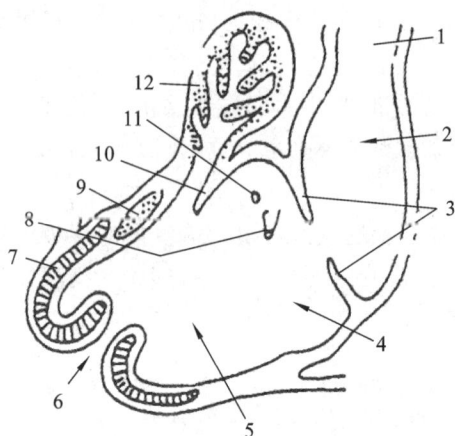

图 15-4　禽类泄殖腔模式图

1.直肠　2.粪道　3.粪道泄殖道襞　4.泄殖道　5.肛道
6.肛门　7.括约肌　8.输精管乳头　9.肛道背侧腺　10.泄
殖道肛道襞　11.输尿管口　12.泄殖腔囊

(引自朱金凤、陈功义,动物解剖,2007)

五、泄殖腔

泄殖腔是消化、泌尿和生殖的共同通道,位于盆腔后端,略呈球形。以黏膜褶分为粪道、泄殖道和肛道三部分。粪道较膨大,前接直肠,黏膜上有较短的绒毛,以环形襞与泄殖道为界。泄殖道短,背侧面有 1 对输尿管开口。在输尿管开口的外侧略后方,雄禽有 1 对输精管乳头,雌禽则只在左侧有 1 输卵管开口。泄殖道以半月形或环形的黏膜襞与肛道为界。肛道背侧在幼禽有腔上囊的开口,向后以肛门开口于体外。肛道的背侧壁内有肛道背侧腺,侧壁内有分散的肛道侧腺(图 15-4)。

禽类的粪便在大肠形成后,进入泄殖腔,与尿混合后排出体外。

六、肝脏、胰腺

禽类肝脏较大,分为左、右两叶,位于腹腔前下部。成年禽的肝脏为暗褐色,肥育的禽,因肝脏内含有脂肪而呈黄褐色或土黄色。两叶的脏面各有横沟,为肝门。除鸽外,家禽肝左叶都有胆囊,肝右叶肝管先到胆囊,由胆囊发出胆囊管。肝左叶的肝管不经胆囊,与胆囊管共同开口于十二指肠终部,但鸽左叶的肝管较粗,开口于十二指肠袢的降支。

禽类胰腺位于十二指肠袢内,呈淡黄色或淡红色,长条形,分为背叶、腹叶和很小的脾叶。鸡有 3 条胰管;鸭、鹅有 2 条胰管,与胆管一起开口于十二指肠终部。

知识单元 4　呼 吸 系 统

一、鼻腔

禽类鼻腔较狭。鼻孔位于上喙基部,鸡鼻孔上缘有膜性鼻盖,周围有小羽毛可防小虫、灰尘进入。鸭、鹅鼻孔四周为柔软的蜡膜。鸽的上喙基部在两鼻孔之间形成发达的蜡膜,此处的表皮层形成许多大的褶,深入真皮内。

鼻中隔大部分由软骨构成。每侧鼻腔有 3 个软骨性鼻甲。鼻甲之间为鼻道。

在眼眶顶壁和鼻腔侧壁有一特殊的鼻腺,有分泌氯化钠调节渗透压的作用,又称盐腺。鸡的鼻腺狭长,不发达;鸭、鹅的鼻腺呈半月形,较发达。

二、喉、气管、鸣管、支气管

(一)喉

喉位于咽底壁舌根后方。喉口与鼻后孔相对,喉腔内无声带。喉软骨有 4 片环状软骨和 2 块杓状软骨,无甲状软骨和会厌软骨。喉软骨上分布有扩张和闭合喉口的肌肉。

(二)气管

家禽的气管较长、较粗,与食管同行,到颈的下半偏至右侧,入胸腔前又转至颈的腹侧(图15-5)。入胸腔后,在心基的背侧分为2条支气管,分叉处形成鸣管。气管的支架是一串"O"字形的气管环,相邻气管环互相套叠,便于伸缩。

(三)鸣管

鸣管是禽类的发音器官,其支架是气管、支气管的几个环和一块楔形的鸣骨。鸣骨位于气管杈的顶部,在鸣管腔分叉处。鸣管有2对弹性薄膜,分别称外侧鸣膜和内侧鸣膜,夹成1对狭缝,呼气时振动鸣膜而发声。鸭的鸣管主要由支气管构成;公鸭鸣管在左侧形成一个膨大的骨质鸣管泡,无鸣膜,声音嘶哑。

(四)支气管

支气管经心基背侧进入两肺,其支架为"C"形软骨环,缺口向内侧,缺口处形成膜壁。

三、肺

禽类肺呈鲜红色,位于第1~6肋之间;背侧面嵌入肋间,形成肋沟;腹侧面前部有肺的实质,由三级支气管和肺房、漏斗、肺毛细管组成。初级支气管为支气管的延续,纵贯全肺,后端出肺通腹气囊。初级支气管发出4群次级支气管,次级支气管分出的许多第三级支气管呈袢状,连接于两群次级支气管之间。

肺房从第三级支气管呈辐射状分出,肺房底部又分出若干漏斗,其后形成丰富的肺毛细管,相当于家畜的肺泡,是进行气体交换的地方。第三级支气管及其肺房、漏斗、肺毛细管构成一个呈六棱柱体的肺小叶。

气体在肺内沿一定方向流动,即从背支气管→平行支气管→腹支气管,也就是呼气与吸气时,气体在肺内均为单向流动。

禽类肺虽然不大,但肺毛细管所形成的气体交换面积,若以每克体重计,要比兽类大10倍,血液供应也很丰富。

四、气囊

气囊是禽类的辅助呼吸系统,体积比肺大5~7倍,是支气管的分支出肺后形成的黏膜囊。多数禽类有9个气囊:颈气囊1对(鸡只有1个),位于胸腔前部背侧;锁骨间气囊1个,位于胸腔前部腹侧;前胸气囊1对,位于两肺腹侧;后胸气囊1对,位于肺腹侧后部;腹气囊1对,最大,位于腹腔内脏两旁。气囊所形成的憩室可伸入许多骨的内部和脏器之间。

气囊在禽类体内可能有多种功能,如减轻体重、调整重心位置、调节体温、共鸣等,主要是作为空气的储存器官参与肺的呼吸作用。气囊的存在,使禽类产生独特的呼吸方式——双重呼吸,这是与飞翔生活所需的高氧消耗相适应的。当吸气时,新鲜空气一部分进入肺毛细管,大部分进入后气囊,而已通过气体交换的空气则由肺毛细管进入前气囊。当呼气时,前气囊的气体由气管排出,后气囊里的新鲜空气又送入肺毛细管。因此,不论吸气时或呼气时,肺内均可进行气体交换。家禽每呼吸一次,在肺内进行两次气体交换,使肺换气效率提高,以适应禽类较高的新陈代谢需要。

禽类的某些呼吸系统疾病或传染病常在气囊发生病变;雄禽去势时易损伤气囊,而导致皮下气肿。腹腔注射时如注入气囊,则会导致异物性肺炎。

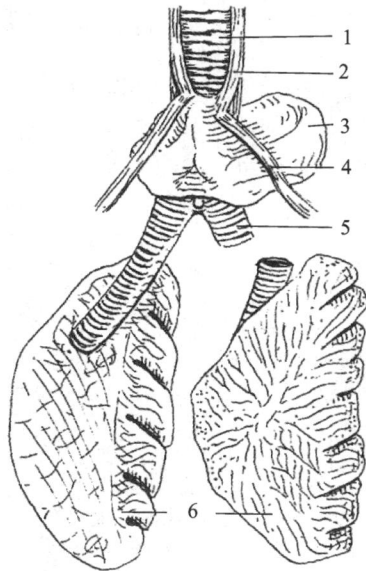

图15-5 公鸭的气管和肺(腹面观)

1.气管 2.气管喉肌 3.鸣管泡 4.胸骨喉肌 5.支气管 6.肺(左肺为背侧面)

(引自朱金凤、陈功义,动物解剖,2007)

知识单元5　泌尿系统

禽类的泌尿系统包括肾和输尿管,没有膀胱。公鸡泌尿生殖器官见图15-6。

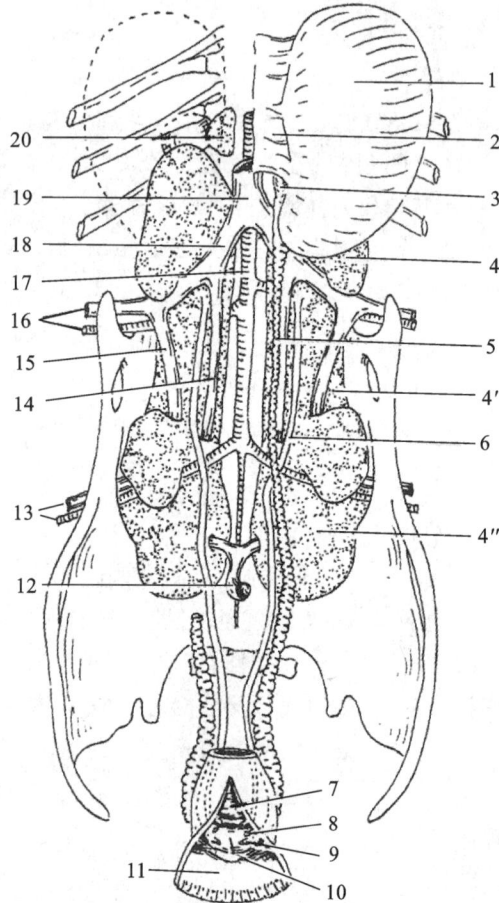

图 15-6　公鸡泌尿生殖器官(腹侧观,右睾丸和部分输精管已切除,泄殖腔从腹侧剖开)
1.睾丸　2.睾丸系膜　3.附睾　4、4′、4″.肾前部、肾中部、肾后部　5.输精管　6.输尿管　7.粪道　8.输尿管口　9.输精管乳头　10.泄殖道　11.肛道　12.肠系膜后静脉　13.坐骨血管　14.肾后静脉　15.肾门静脉　16.髂外血管　17.主动脉　18.髂总静脉　19.后腔静脉　20.肾上腺

（引自马仲华,家畜解剖学与组织胚胎学,第三版,2002）

一、肾

禽类的肾狭长,呈红褐色,位于综荐骨两旁和髂骨的内面,前达最后椎肋骨,向后几乎抵达综荐骨的后端。

禽类的肾分为前、中、后三部。前、中部之间以髂外动脉为界,中、后部之间以坐骨动脉为界。无肾门和肾脂肪囊,血管、输尿管直接从肾的表面进出。

肾由许多肾小叶构成。肾小叶表层为皮质区,深部为髓质区,但由于肾小叶的分布深浅不一,皮质区和髓质区分区并不明显。皮质区由许多肾单位构成。禽类的肾单位分为皮质型肾单位和髓质型肾单位两类。

禽类肾的血管特点是入肾血管有肾动脉和肾门静脉两支,而出肾血管只有肾静脉一支。

二、输尿管

禽类的输尿管从肾中部走出,沿肾的腹侧面向后延伸,最后开口于泄殖道。透过管壁常可看到尿酸盐的白色结晶。

知识单元 6 生 殖 系 统

一、雄性生殖系统

雄性生殖系统由睾丸、附睾、输精管和交配器等组成。

(一)睾丸

睾丸 1 对,位于腹腔内,以短的系膜悬于肾前部的腹侧。睾丸位置的体表投影相当于最后两椎肋骨的上部。睾丸的大小和色泽因禽类品种、年龄、生殖季节而有很大变化:幼禽的睾丸只有米粒大,呈淡黄色或黄色;成年禽的睾丸在生殖季节时大如鸽蛋,呈黄白色或白色,在非生殖季节则萎缩变小。

睾丸外面包有浆膜和一层薄的白膜;睾丸间质不发达,不形成睾丸小隔和纵隔。作为实质的精小管,在生殖季节加长、增粗。

(二)附睾

附睾小,位于睾丸的背内侧缘,又称睾丸旁导管系统,由睾丸输出管和短的附睾管构成。附睾管出附睾后延续为输精管。

(三)输精管

输精管是 1 对弯曲的细管,与输尿管并行,向后因管壁平滑肌增多而逐渐变粗。其终部略扩大,埋于泄殖腔壁内,末端形成输精管乳头,突出于输尿管口的外下方。输精管是精子成熟和主要的储存场所,在生殖季节加长、增粗,弯曲密度也变大,因储有精液而呈乳白色。

禽类没有副性腺,精清主要由精小管、睾丸输出管及输精管的上皮细胞所分泌。

(四)交配器

公鸡的交配器是 3 个并列的小突起,称阴茎体,位于肛门腹侧唇的内侧,刚孵出的雏鸡可以此来鉴别性别。

交配时,1 对外侧阴茎体因充满淋巴而增大,中间形成阴茎沟,插入母鸡阴道内。鸭和鹅的阴茎较发达,位于肛道腹侧偏左,由大、小两个螺旋形的纤维淋巴体和产生黏液的腺部构成。阴茎游离部在平时因退缩肌的作用而缩入基部内,位于肛道壁外的囊中;当充满淋巴时阴茎沟几乎闭合成管,阴茎勃起并伸出。

二、雌性生殖系统

雌性生殖系统由卵巢和输卵管构成,但仅左侧发育正常,右侧退化(图 15-7)。

(一)卵巢

以短的系膜悬挂于左肾前部腹侧。幼禽的卵巢为扁平形,呈灰白色或白色,表面略呈颗粒状,被覆生殖上皮。皮质区内有卵泡,髓质区为疏松组织和血管。随年龄增长和性活动期,卵泡不断发育生长,卵泡内的卵细胞逐渐储积卵黄,并突出于卵巢表面,至排卵前 7～9 天,仅以细的卵泡蒂与卵巢相连。排卵时,卵泡膜在薄弱而无血管的卵泡斑处破裂,将卵子释出。禽卵泡没有卵泡腔和卵泡液,排卵后也不形成黄体,卵泡膜于 2 周内退化消失。产蛋周期经常保持有 4～5 个成熟卵泡,呈葡萄状。停产期卵巢回缩,到下一个产蛋周期又开始生长。

(二)输卵管

左输卵管以其背侧韧带悬挂于腹腔背侧偏左;腹侧以富含平滑肌的游离腹侧韧带,向后固定于阴道。幼禽的输卵管是一条细而直的小管,到产蛋周期发育为管壁增厚而弯曲的长管道,长度可为

Note

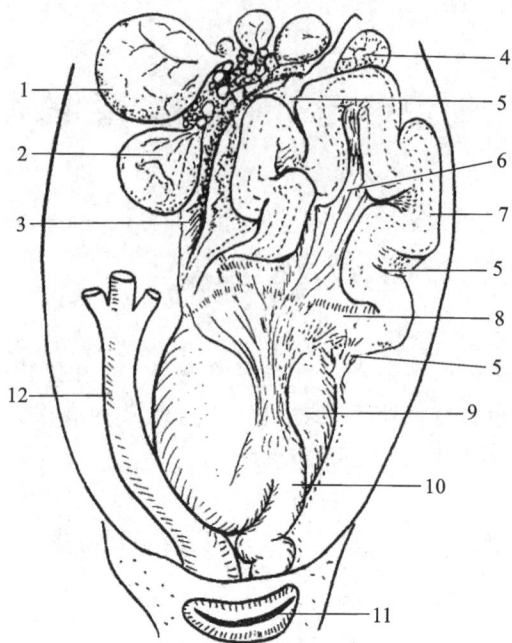

图 15-7　母鸡的生殖器官

1.卵巢中的成熟卵泡　2.排卵后的卵泡膜　3.漏斗部的输卵管伞　4.左肾前叶　5.输卵管背侧韧带　6.输卵管腹侧韧带　7.卵白分泌部　8.峡部　9.子宫及其中的卵　10.阴道　11.肛门　12.直肠

（引自朱金凤、陈功义,动物解剖,2007）

躯干长的 1 倍以上,至停产期则逐渐回缩。

根据构造和功能,输卵管由前向后分为漏斗、膨大部、峡部、子宫和阴道五部分。漏斗的前部形成漏斗伞,朝向卵巢,边缘薄而形成伞状,中央为漏斗口。膨大部又称蛋白分泌部,最长,黏膜形成略呈螺旋形的纵襞,在活动期呈乳白色,内有发达的、能分泌蛋白质的腺体。峡部细而短,黏膜褶较低;峡部腺体分泌角蛋白,形成蛋壳膜。子宫又称壳腺部,最宽,呈囊状,壁较厚,肌层发达;黏膜呈灰色或灰红色,形成小而密的皱襞,腺体分泌碳酸盐,形成蛋壳及其色素。卵在此停留的时间最长。阴道为输卵管的末段,是雌禽的交配器官,开口于泄殖道的左侧,平时折曲成"S"形。阴道的黏膜呈白色,形成细而低的褶,在与子宫相连接的一段含有管状的阴道腺,称精小窝,是交配后一部分精子的主要储存处,在 10～14 天甚至更长时间内能陆续释放出精子。

三、家禽的胚外结构

雌禽的生殖生理特点主要表现在没有发情周期,胚胎不在母体内发育,而是在体外孵化;没有妊娠过程;在一个产蛋周期中,能连续产卵;卵泡排卵后,不形成黄体;卵内含有大量的卵黄,卵的外面包有坚硬的壳。

（一）蛋的形成

蛋黄在卵巢形成,其他的成分如蛋白、壳膜和蛋壳等均在输卵管各段形成。输卵管包括五个部分:漏斗、膨大部（蛋白分泌部）、峡部、子宫（壳腺部）和阴道。漏斗部的输卵管伞接纳卵巢排出的卵细胞,并将卵沿输卵管向后端输送。在此过程中,卵黄外依次形成蛋白、壳膜和蛋壳。

（二）产蛋

家禽产蛋大多数是连续性的,连续每天产蛋后,停产 1～2 天,然后又连续多天产蛋,又停产 1～2 天,如此循环称作产蛋周期。蛋在输卵管中完全形成后,在输卵管的强烈收缩作用下很快产出。蛋在输卵管内停留期间,蛋的尖端始终朝后,在即将产出时,蛋在壳腺部旋转 180°,钝端向后产出。蛋产出时,阴道和泄殖腔外翻,蛋不与泄殖腔直接接触,使产出的蛋表面比较干净。

（三）抱窝

抱窝也称就巢性，是雌禽特有的性行为，表现为愿意孵卵和育雏。一般在一个产蛋周期后出现抱窝现象，在抱窝期间，停止产蛋。

抱窝受激素控制。注射雌激素或雄激素能中止抱窝。现代的蛋鸡生产中，经过人工育种的选择，抱窝的现象已经不明显。

（四）受精

交配后的精子靠本身游动和输卵管肌肉的收缩，进入输卵管漏斗部，有相当一部分储存在皱褶内，持续释放出来与卵子受精。禽类的精子存活时间较长，如鸡的精子可存活 1 个月，但是受精能力下降，一般在交配后 2～3 天受精率最高。就禽类而言，交配对于雌禽产蛋并非必需。但为了繁殖后代，则必须通过交配或人工授精形成合子，才能孵化出幼雏。

知识单元 7 循 环 系 统

一、心血管系统

禽类的心血管系统反映了较高的代谢水平，主要表现在：动静脉血液完全分流，完善的双循环，心脏 4 腔，具右体动脉弓；心脏容量大，心跳频率快，动脉压高，血液循环迅速。

家禽的心血管系统由心脏、血管和血液构成。

（一）心脏

家禽心脏的相对大小占脊椎动物的第一位，一般是同等体重兽类心脏大小的 1.4～2 倍。禽类心脏位于胸腔内的中部，肺脏的腹侧，夹在肝脏的左、右两叶之间。心房和心室已完全分隔，为完全双循环。与兽类不同的是，禽类右心房与右心室之间的瓣膜由肌肉质构成。禽类心跳的频率比哺乳动物快得多，一般在 150～350 次/分之间。动脉压较高，一些家禽可达 400 mmHg，因而血液流通迅速。

（二）血管

禽类的血管系统也包括动脉和静脉。禽类的动脉系统基本上继承了较高等的爬行动物的特点，但左侧体动脉弓消失，由右侧体动脉弓将左心室发出的血液输送到全身。静脉系统也基本上与爬行动物的相似，但有两个特点：①肾门静脉趋于退化：自尾部来的静脉血液只有少数入肾，其主干系经后腔静脉回心。②具尾肠系膜静脉，尾肠系膜静脉是一支来自尾部的血管，为禽类特有，其分支分别与后肠系膜静脉和肾门静脉相联结，收集消化管后部的静脉血送入肾，其中的大部分直接穿过肾进入后腔静脉回心脏，小部分在肾内形成毛细血管网再经肾静脉入后腔静脉。家禽翼部的尺深静脉是前肢的最大静脉，在皮下可清楚地看到其走向，是家禽采血和静脉注射的部位。

（三）血液

家禽的血液由血细胞和血浆组成。禽类的红细胞与家畜不同，有核，一般为卵圆形，体积比家畜的大，数量比家畜的少。家禽的白细胞在形态、结构和功能上与哺乳动物相似，但数量比家畜的多。家禽血液中无血小板，但含有凝血细胞，与红细胞形态相似，但细胞核较大，核与细胞质染色较深，有凝血功能。

二、淋巴系统

禽类的淋巴系统由淋巴管、淋巴组织和淋巴器官组成。

（一）淋巴管

淋巴管是输送淋巴的管道，禽类淋巴管比兽类少，主要由毛细淋巴管、淋巴管、淋巴干、胸导管构

Note

313

成,淋巴管的瓣膜不发达,壁内有淋巴小结。胸导管有 1 对,位于主动脉两侧,最后注入两前腔静脉。

(二)淋巴组织

淋巴组织通过形成抗体而对异质抗原起作用,由此产生适应性免疫。淋巴组织广泛分布于禽体的许多实质性器官、消化管壁以及神经干、脉管壁内。有的为弥散性,有的呈小结状,有的为孤立淋巴小结,有的为集合淋巴小结,如盲肠扁桃体(位于盲肠基部)、食管扁桃体等。

(三)淋巴器官

禽类淋巴器官包括胸腺、腔上囊、脾和淋巴结等。

家禽的胸腺位于颈部皮下气管的两侧,沿颈静脉直到胸腔入口的甲状腺处,呈淡黄色或黄红色。胸腺由 3～8 个淡红色、扁平而不规则的叶状结构组成,紧靠颈静脉并沿气管两侧排列。家禽性成熟时的胸腺体积最大,随后便开始萎缩。胸腺在促进淋巴细胞发育成熟并诱导其产生细胞免疫方面具有重要作用。

腔上囊又称法氏囊,是家禽特有的免疫器官,位于泄殖腔的背侧,开口于肛道;与胸腺平行发育,在胚胎时期出现于消化管末端,生长十分迅速,能产生淋巴细胞。幼禽的腔上囊特别发达,随着性成熟而逐渐退化。鸡的腔上囊呈圆形,鸭、鹅的呈长椭圆形。腔上囊的黏膜形成很多纵褶,内有大量排列紧密的淋巴小结。腔上囊和胸腺是淋巴组织起免疫作用的反应中心,是体内最初的淋巴细胞发育场所。

脾为一个近圆球状的器官,呈红褐色,位于腺胃的右侧。其体积呈季节性变化,夏季比冬季时更大。它的基本结构是网状纤维构成的支架和网状细胞。鸡的脾呈球形,鸭、鹅的呈钝三角形,鸽的呈长三角形。脾的实质可分为白髓和红髓,但分界不明显。脾的主要功能是造血、滤血和参与免疫反应,无储血和调节血量的作用。

知识单元 8　神 经 系 统

禽类神经系统结构和功能基本上与其他高等脊椎动物(特别是爬行类)相似,由中枢神经系统和周围神经系统组成,能接收体内、外的刺激,经过中枢的整合而发出适当的反应,从而维持体内环境的稳定以及应付多变的外界条件,并能选择性地将一些信息以记忆或学习的形式储存于大脑,在各种冲动的影响和协调下,形成多种有利于机体的、复杂的行为。

一、中枢神经

禽类的脊髓几乎与脊柱的椎管等长,末端不形成马尾,直接延伸到尾综骨的椎管内。家禽脊髓内部结构和兽类相似,中央为灰质,外围为白质,白质中有些上行传导束不发达,所以其外周感觉较差。禽类的脊髓有两个膨大部,分别为颈膨大和腰膨大,是翼和腿的低级中枢所在地。

禽类的脑较小,呈桃形,由延髓、小脑、中脑、间脑和大脑组成。延髓发育良好,腹侧面隆凸,具有维持和调节呼吸、心血管活动等作用。脑蚓部很发达,两侧无小脑半球而为绒球。中脑较发达,其顶部是视觉和协调中心,构成明显的视叶。间脑由上丘脑、丘脑和下丘脑组成,是低级中枢与大脑皮层及纹状体之间的联络站,是体温调节中枢和睡眠中枢。大脑皮质较薄,表面光滑,无脑回和脑沟,仅背面有一略斜的纵沟。禽类纹状体发达,是重要的整合中枢。家禽的胼胝体和嗅脑不发达,嗅球较小,因此家禽的嗅觉不发达。

二、外周神经

禽类的外周神经分为脑神经、脊神经和内脏神经,基本与兽类相同。其中脑神经有 12 对,三叉神经发达,面神经不发达。脊神经由脊髓发出,其数目与椎骨数目接近,鸡有 40 对,其中颈神经 15 对,胸神经 7 对,腰神经 3 对,荐神经 5 对,尾神经 10 对。内脏神经中,禽类形成一特殊的肠神经,在肠系膜中,从泄殖腔前端沿肠管一直延伸至十二指肠后端,具有一串肠神经节,发出分支到肠和泄殖腔。禽类粗大的神经相对较少,神经传导速度较慢。

技能操作 19　家禽内脏器官的解剖观察

一、技能目标

（1）通过对家鸡内脏器官标本及解剖的观察，认识禽类各器官系统的基本结构及其适应飞翔生活的主要特征。

（2）学习解剖禽类的方法。

二、材料及设备

家鸡内脏器官标本、活家鸡。

解剖盘、大头针、骨剪、剪刀、解剖刀、镊子、热水和水盆等。

三、实验步骤

（一）家鸡内脏器官标本的观察

观察家鸡内脏器官标本，将各器官进行拆解并重新进行组装，熟悉各内脏器官的位置、相对大小及颜色。

（二）家鸡的内部解剖

在实验前 20～30 min，将家鸡麻醉致死，或使其窒息而死，或切断颈动脉放血致死。解剖标本之前，先进行外形观察。家鸡具有纺锤形的躯体。除喙及跗跖部具角质覆盖物以外，全身被覆羽毛。头前端有喙，眼具活动的眼睑及半透明的瞬膜。眼后有被羽毛遮盖的外耳孔。前肢特化为翼。

用热水打湿家鸡腹侧的羽毛，然后拔掉。在拔颈部的羽毛时要特别小心，每次不要超过 3 枚，要顺着羽毛方向拔。拔时以手按住其颈部的薄皮肤，以免将皮肤撕破。将拔去羽毛的实验鸡置于解剖盘中。沿着龙骨突起切开皮肤。切口前至嘴基，后至泄殖腔。用解剖刀钝端分开皮肤；当剥离至嗉囊处时要特别小心，以免造成破损。沿着龙骨的两侧及叉骨的边缘，小心切开胸大肌。留下肱骨上端肌肉的止点处，下面露出的肌肉是胸小肌。用同样方法把它切开，试牵动这些肌肉了解其功能。然后沿着胸骨与肋骨相连的地方用骨剪剪断肋骨，将乌喙骨与叉骨联结处用骨剪剪断。将胸骨与乌喙骨等摘除，即可看到内脏的自然位置。

1. 消化系统

（1）消化管。

口腔：剪开口角进行观察。上下颌具有角质喙。舌位于口腔内，前端呈箭头状。在口腔顶部的两个纵行的黏膜皱襞中间有内鼻孔。口腔后部为咽部。

食管：沿颈的腹面左侧下行，在颈的基部膨大成嗉囊。嗉囊可储存食物，并可软化部分食物。

胃：胃由腺胃和肌胃组成。腺胃又称前胃，上端与嗉囊相连，呈长纺锤形。剪开腺胃观察内壁上丰富的消化腺。肌胃又称砂囊，上连腺胃，位于肝的左叶后缘，为一扁圆形的肌肉囊。剖开肌胃，检视呈辐射状排列的肌纤维。肌胃胃壁厚硬，内壁覆有硬的角质膜，呈黄绿色。肌胃内藏砂粒，用于磨碎食物。

十二指肠：位于腺胃和肌胃的交界处，呈"U"形弯曲（在此弯曲的肠系膜内，有胰腺着生）。

小肠：细长，盘曲于腹腔内，最后与短的直肠连接。

大肠：短而直，末端开口于泄殖腔。在其与小肠的交界处，有 1 对豆状的盲肠。鸡的大肠较短，不能储存粪便。

（2）消化腺。

肝脏：暗褐色，分左、右两叶，右叶较大，其后方有一胆囊。

胰脏：位于十二指肠肠袢内，呈淡黄色或淡红色，有胰管 2～3 条通入十二指肠后部。

脾脏：位于十二指肠附近，为卵圆形的紫色小球，属淋巴器官。

2. 呼吸系统

（1）外鼻孔：开口于上喙基部（家鸽位于蜡膜的前下方）。

(2)内鼻孔:位于口顶中央的纵走沟内。

(3)喉:位于舌根之后,中央的纵裂为喉门。

(4)气管:一般与颈同长,以完整的软骨环支持。在左、右气管分叉处有一较膨大的鸣管,是鸟类特有的发声器官。

(5)肺:左、右2叶。位于胸腔的背方,为1对弹性较小的实心海绵状器官。

(6)气囊:与肺连接的数对膜状囊,分布于颈、胸、腹和骨骼的内部。

3. 循环系统

(1)心脏:位于躯体的中线上,体积很大。用镊子拉起心包膜,然后以小剪刀纵向剪开。从心脏的背侧和外侧除去心包膜,可见心脏被脂肪带分隔成前、后两部分。前面褐红色的扩大部分为心房,后面颜色较浅的为心室。

(2)动脉:靠近心脏的基部,把余下的心包膜、结缔组织和脂肪清理出去,暴露出来的2条较大的灰白色血管,即无名动脉。无名动脉分出颈动脉、锁骨下动脉,分别进入颈部、前肢和胸部(锁骨下动脉为无名动脉的直接延续)。用镊子轻轻提起右侧的无名动脉,将心脏略往下拉,可见右体动脉走向背侧后,转变为背大动脉后行,沿途发出许多血管到有关器官。再将左右心房与无名动脉略略提起,可见下面的肺动脉分成2支后,绕向背后侧而到达肺。

(3)静脉:在左、右心房的前方可见2条粗而短的静脉干,为前腔静脉。前腔静脉由颈静脉、肱静脉和胸静脉汇合而成。这些静脉差不多与同名的动脉相伴行,因而容易看到。将心脏翻向前方,可见1条粗大的血管由肝的右叶前缘通至右心房,这就是后腔静脉。

从实验中可以看到鸟类的心脏体积很大,并分化成4室;静脉窦退化;体动脉弓只留下右侧的1支。因而动、静脉血完全分开,建立了完善的双循环。想想上述特点与鸟类的飞翔生活方式有何联系?

4. 泌尿生殖系统

(1)排泄系统。

肾:红褐色,左右成对,各分成3叶,贴近于体腔背壁。

输尿管:由中叶内侧分出下行,通入泄殖腔。鸟类不具膀胱。

泄殖腔:将泄殖腔剪开,可见到腔内具2横襞,将泄殖腔分为3室,前面较大的为粪道,直肠即开口于此;中间为泄殖道,输精管(或输卵管)及输尿管开口于此;最后为肛道。

(2)生殖系统:各小组间可交换进行雌、雄标本观察。

雄性:具成对的白色睾丸。从睾丸伸出输精管,与输尿管平行进入泄殖腔。不具外生殖器。

雌性:右侧卵巢退化;左侧卵巢内充满卵泡;有发达的输卵管。输卵管前端借喇叭口通体腔;后方弯曲处的内壁富有腺体,可分泌蛋白质并形成卵壳;末端短而宽,开口于泄殖腔。

(三)注意事项

小心使用解剖器材,不得打闹,切勿划伤。

(四)作业

撰写实验报告。

📖 **知识链接与拓展**

动物园鸵鸟养殖要点

案例分析

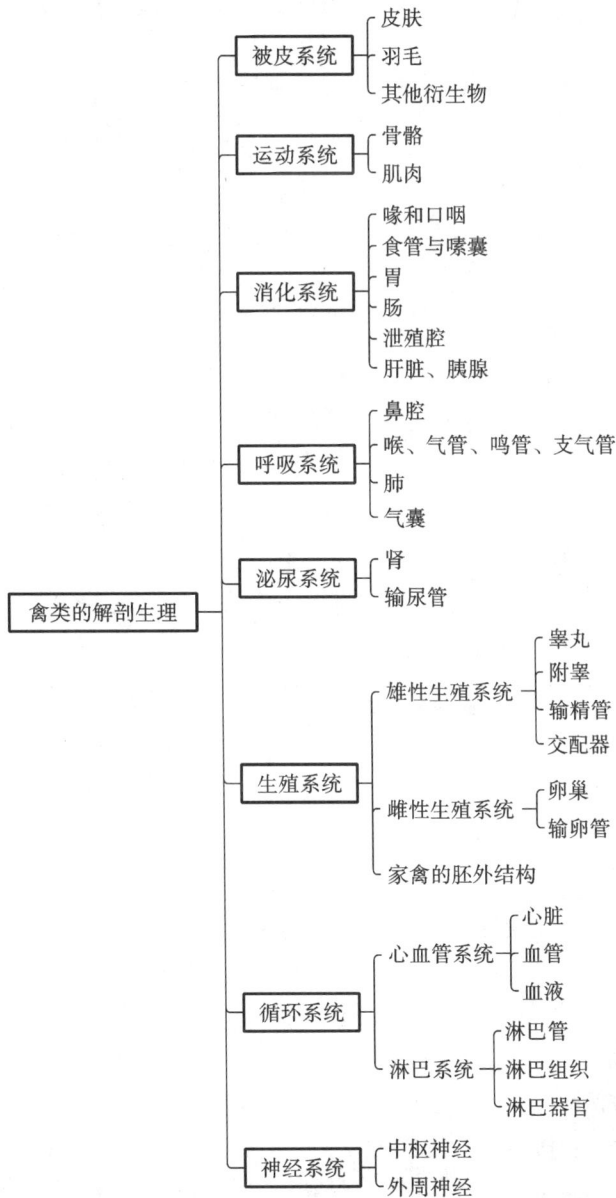

鸟与人类生活

模块小结

禽类的解剖生理
- 被皮系统
  - 皮肤
  - 羽毛
  - 其他衍生物
- 运动系统
  - 骨骼
  - 肌肉
- 消化系统
  - 喙和口咽
  - 食管与嗉囊
  - 胃
  - 肠
  - 泄殖腔
  - 肝脏、胰腺
- 呼吸系统
  - 鼻腔
  - 喉、气管、鸣管、支气管
  - 肺
  - 气囊
- 泌尿系统
  - 肾
  - 输尿管
- 生殖系统
  - 雄性生殖系统
    - 睾丸
    - 附睾
    - 输精管
    - 交配器
  - 雌性生殖系统
    - 卵巢
    - 输卵管
  - 家禽的胚外结构
- 循环系统
  - 心血管系统
    - 心脏
    - 血管
    - 血液
  - 淋巴系统
    - 淋巴管
    - 淋巴组织
    - 淋巴器官
- 神经系统
  - 中枢神经
  - 外周神经

→ 执考真题

1.(2009 年)家禽大肠的特点是(　　)。

A.有一条盲肠　　　　　　　　B.有一条结肠　　　　　　　　C.有一对盲肠

D.有一对结肠　　　　　　　　E.有一对直肠

答案:C

2.(2009 年)雌性家禽生殖系统的特点是(　　)。

A.卵巢不发达　　　　　　　　B.输卵管不发达　　　　　　　C.卵巢特别发达

D.左侧输卵管退化　　　　　　E.右侧输卵管退化

答案:E

3.(2021 年)鸡盲肠扁桃体位于(　　)。

A.回肓韧带　　　B.盲肠体　　　C.盲肠尖　　　D.盲肠基部　　　E.盲肠体和尖

答案:D

4.(2020 年)成年鸡分泌淀粉酶的器官是(　　)。

A.肌胃　　　　B.肝脏　　　　C.胰腺　　　　D.腺胃　　　　E.嗉囊

答案:C

→ 能力巩固

一、填空题

1.家禽的消化系统由 _____、_____、_____、_____、_____、_____等消化管和 _____等消化腺构成。

2.禽胃分两部分,前为 _____,后为 _____,中间为 _____。

3.盲肠的结构分为 _____、_____和 _____三部分。在盲肠基的壁内分布有丰富的淋巴组织,称为 _____。

4.家禽的呼吸系统由 _____、_____、_____、_____、_____和 _____等器官构成。

5.雄禽生殖系统由 _____、_____、_____和 _____等组成。

6.雌禽生殖系统由 _____和 _____等组成。

7.输卵管结构由前向后分为 _____、_____、_____、_____和 _____五部分。

8.禽的淋巴器官有 _____、_____、_____和 _____等。_____是禽类特有的淋巴器官。

9.禽的泌尿系统包括 _____和 _____。

二、判断题

1.禽没有软腭、唇和齿,有不明显的颊。喙是采食器官。(　　)

2.家禽咽与口腔没有明显分界,常合称为口咽。(　　)

3.家禽大肠分为盲肠、结肠和直肠。(　　)

4.气囊是肺的衍生物,为禽类特有。(　　)

5.禽的泌尿系统由肾、输尿管、膀胱和尿道构成。(　　)

6.家禽同哺乳动物一样,卵泡形成卵泡腔和卵泡液,成熟排卵后生成黄体。(　　)

7.雌禽生殖系统由卵巢和输卵管构成,但仅左侧发育正常,右侧退化。(　　)

三、名词解释

1. 卵黄囊憩室
2. 盲肠扁桃体
3. 腔上囊

四、简答题

1. 简述家禽的呼吸系统与哺乳动物的呼吸系统的异同点。
2. 简述雌禽生殖系统构造特征。
3. 简述家禽淋巴系统特征。
4. 结合家禽的消化系统特点,谈谈家禽生产中应该注意哪些问题。

模块十六 其他动物解剖生理

学习目标

【知识目标】

1. 能说出犬、猫、兔的主要器官位置、形态和结构。

2. 能阐述犬、猫、兔内脏结构的主要区别。

【能力目标】

1. 能在活体或离体上识别犬、猫、兔的各器官。

2. 能在活体上识别犬、猫、兔常用的静脉注射及采血位置。

【思政与素质目标】

1. 树立不怕脏、不怕累的观念,培养学生的动手能力。

2. 培养较强的自我管控能力和团队协作能力,有较强的责任感和科学认真的工作态度。

3. 实验室技能操作过程中,严格遵守相关操作规范,养成良好的职业操守。

知识单元 1 犬的解剖生理

一、生物学特征

犬是较早被驯化的家养动物之一。犬属肉食动物,属于哺乳纲、食肉目、犬科动物。但经人类长期驯化后,变成了以肉食为主的杂食动物。犬的汗腺很不发达,主要靠呼吸调节散热。犬对环境的适应力很强,能耐受寒冷的气候。犬的神经系统比较发达,能较快地建立条件反射。犬听觉敏锐,大约是人类听觉的 16 倍,能辨别极细小的声音,对声源的判断能力也很强。犬视觉不发达,远视能力有限,但对移动物体极灵敏。犬喜欢与人类亲近,能理解人类的简单意图,对主人非常忠贞,是常见的伴侣和观赏动物。

二、犬的解剖生理特征

(一)运动系统

犬的全身骨骼(图 16-1)包括躯干骨、头骨、前肢骨、后肢骨及阴茎骨。

1. 骨骼

(1)躯干骨。

椎骨:50~53 枚,脊柱式为 C7、T13、L7、S3、CY20~23。犬椎骨的基本形态与家畜的无差别,但也有自己的特点。犬颈椎体比猪的长,比马的短。胸椎棘突由前向后逐渐变短,腰椎横突自第 1 枚至第 6 枚逐渐增长,第 7 枚又稍短,6~7 枚无肋凹。荐椎 3 枚愈合成荐骨,第 3 荐椎的横突向后方突出。尾椎数目变化较大,第 3、4、5 尾椎椎体腹侧常附有血管弓骨,左右合并成"V"字形,尾中动脉、静脉由此通过。

肋骨:共 13 对,其中 9 对为真肋,3 对为假肋,最后 1 对为浮肋。

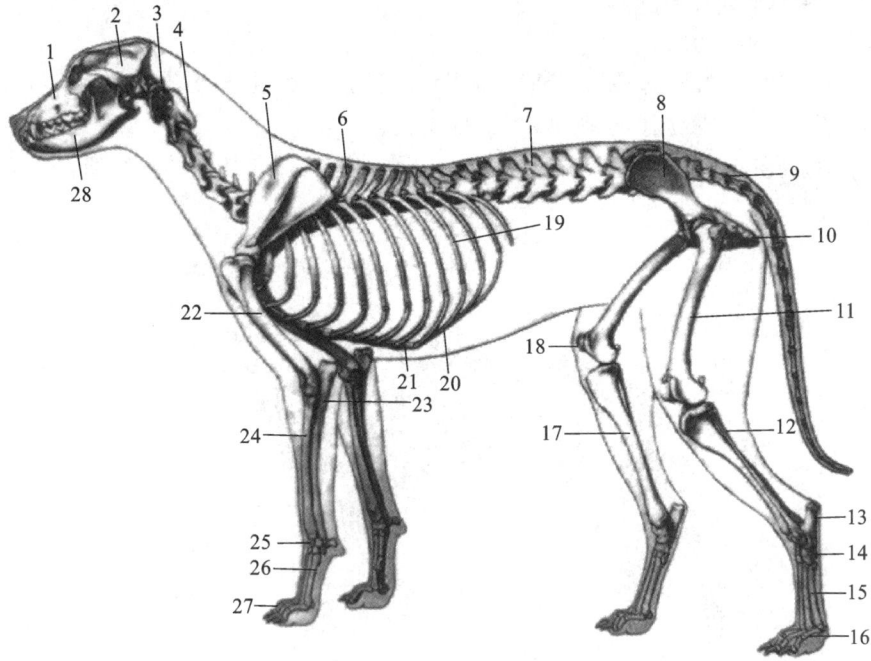

图 16-1 犬的全身骨骼

1.上颌骨 2.顶骨 3.寰椎 4.枢椎 5.肩胛骨 6.胸椎 7.腰椎 8.髋骨 9.尾椎 10.坐骨 11.股骨 12.腓骨
13.跟骨 14.距骨 15.跖骨 16.趾骨 17.胫骨 18.髌骨 19.肋骨 20.肋软骨 21.胸骨 22.肱骨 23.尺骨
24.桡骨 25.腕骨 26.掌骨 27.指骨 28.下颌骨

(引自彭克美,畜禽解剖学,第二版,2009)

胸骨:由8块节片愈合而成一块,最后节片的后端接剑状软骨。

(2)头骨:由于犬的品种不同,头骨形态、大小差异很大。头骨可分颅骨、面骨和舌骨等。长头型品种面骨较长,颅部较窄;短头型品种面骨短,颅部较宽。颅骨构成颅腔,由不成对的枕骨、蝶骨、筛骨和顶间骨,成对的顶骨、颞骨、额骨围成。面骨位于颅骨的前下方,构成鼻腔和口腔的骨质基础。面骨有成对的上颌骨、颌前骨、腭骨、鼻骨、颧骨、泪骨、下颌骨、上下鼻甲骨和犁骨。此外,还有舌骨和听骨等。

(3)前肢骨。

肩带骨:由肩胛骨和锁骨构成。肩胛骨前角钝圆,无肩胛软骨,肩胛冈结节缺失。锁骨小,是三角形薄骨片或完全退化,锁骨存在时位于臂头肌内,不与其他骨骼相连。肱骨是稍呈螺旋状扭转的长骨,三角肌粗隆小;远端鹰嘴窝与冠状窝之间有滑车。

前臂骨:由桡骨和尺骨组成,桡骨近端后面、远端外侧均有关节面,与尺骨形成可活动的关节。尺骨发达,比桡骨长,上端较粗大,下部较细。两骨之间有狭长的前臂骨间隙。

前脚骨:包括腕骨、掌骨、指骨。腕骨共7块,分上、下两列。掌骨共5块。犬有5个指,指骨除第1指是2个骨节外,其他4指均由3个骨节组成。远指骨节短,末端有爪突,称为爪骨。

(4)后肢骨。

盆带骨:由髋骨组成,包括髂骨、耻骨和坐骨,均属扁骨。

股骨:长骨,呈圆柱状,两端粗大,大转子低于股骨头,股骨下端内、外髁较明显。在内、外髁的后上部,均有与籽骨相接的关节面。

髌骨:狭长,是一块较大的籽骨。

小腿骨:包括胫骨和腓骨。胫骨粗大呈"S"形,腓骨细长,两端稍膨大。

后脚骨:包括跗骨、跖骨和趾骨。跗骨7块,排成3列:上列2块为距骨和跟骨;下列4块,自内向外依次为第1至第4跗骨;中列只有1块中央跗骨。跖骨和趾骨的排列与前脚掌骨、指骨相似。

2. 肌肉　犬体浅层肌肉见图 16-2。

(1) 头部肌：分咀嚼肌和面肌。

咀嚼肌：主要有咬肌、翼肌、颞肌。咬肌厚而隆凸，起于颧骨，止于下颌骨的腹侧缘。翼肌位于下颌支的内侧面，富有腱质。颞肌位于颞窝内，含腱质较多。

面肌：位于口腔、鼻孔和眼裂周围的肌肉，分为开张肌和关闭自然孔的环行肌。

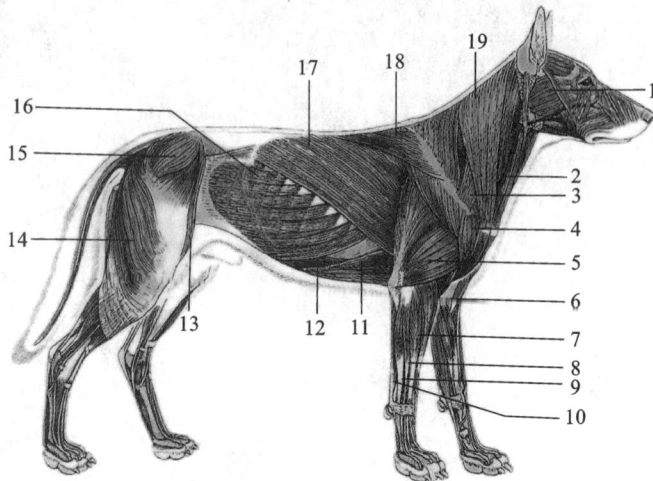

图 16-2　犬体浅层肌肉

1.咬肌　2.胸骨舌骨肌　3.肩胛横突肌　4.三角肌肩峰部　5.臂三头肌　6.腕桡侧伸肌　7.指总伸肌　8.指外侧伸肌
9.腕外侧屈肌　10.腕尺侧屈肌　11.胸深肌　12.腹直肌　13.缝匠肌　14.股二头肌　15.臀中肌　16.腹外斜肌
17.背阔肌　18.斜方肌　19.臂头肌

(引自陈耀星、崔燕,动物解剖学与组织胚胎学(全彩版),2019)

(2) 躯干肌：躯干部皮肌非常发达，颈皮肌可分浅、深两层，胸腹皮肌发达，几乎包着整个胸腹部。躯干肌主要包括脊柱肌、胸壁肌、腹壁肌和颈腹侧肌。

脊柱肌：分为脊柱背侧肌群和脊柱腹侧肌群。

背侧肌两侧同时收缩时，可伸脊柱、举头颈；一侧收缩时，可向一侧偏脊柱；主要有背腰最长肌、髂肋肌和夹肌。颈腹侧肌主要有臂头肌、胸骨甲状舌骨肌和肩胛舌骨肌。胸头肌构成颈静脉沟的下界，肩胛舌骨肌在颈前部构成颈静脉沟的底部。

胸壁肌：胸壁肌收缩可改变胸腔的体积，参与呼吸运动，因此称为呼吸肌。主要包括肋间内、外肌、肋提肌、斜角肌和腰肋肌。

腹壁肌：包括腹外斜肌、腹内斜肌、腹直肌和腹横肌。收缩时具有协助呼吸、排尿、排便和分娩等功能。犬腹内斜肌和腹外斜肌的肌质面积较大，腹直肌腱有 3~4 条。

(3) 前肢肌：分肩带肌、肩部肌、前臂部肌和前脚部肌。

肩带肌：包括斜方肌、肩胛横突肌、菱形肌、背阔肌、臂头肌、腹侧锯肌和胸肌等。

肩部肌：包括冈上肌、冈下肌、三角肌、前臂筋膜张肌、臂三头肌等。内侧有肩胛下肌和大圆肌等。

前臂部肌和前脚部肌：作用于腕、指关节的肌肉，主要有背外侧肌群和掌内侧肌群。

背外侧肌群：主要伸腕关节和指关节。从前向后分别是腕桡侧伸肌、指内侧伸肌、指总伸肌和腕斜伸肌。

掌内侧肌群：主要屈腕关节和指关节。包括腕桡侧屈肌、腕尺侧屈肌、指浅屈肌和指深屈肌。

(4) 后肢肌：包括臀部肌、后股肌、小腿部肌等。

臀部肌、后股肌：主要包括阔筋膜张肌、臀中肌、臀浅肌、臀深肌、半腱肌、半膜肌、股四头肌、内收肌、缝匠肌等。

小腿部肌：主要包括腓肠肌、胫骨前肌、趾长伸肌、趾外侧伸肌、腓骨长肌、趾浅屈肌、趾深屈肌等。

（二）被皮系统

1. 皮肤 犬皮肤的厚度因种类、品种、年龄、性别不同而不同。犬的皮下组织发达，因而皮肤移动性较大，临床上常作为皮下注射部位。

2. 毛 犬的毛一般以4～8根为一簇，长而粗的为主毛，细弱的为副毛。毛分为体毛和特殊毛两种。特殊毛主要是睫毛、耳毛和触毛，这类毛的毛根富含神经末梢，具有重要触觉功能。

3. 枕 由皮肤演化而成的弹性很强的厚脚垫，包括腕枕、掌（跖）枕和指（趾）枕。

4. 爪 分为爪轴、爪冠、爪壁和爪底，也由表皮、真皮和皮下组织构成。犬前肢5个爪，后肢有4个爪（图16-3）。

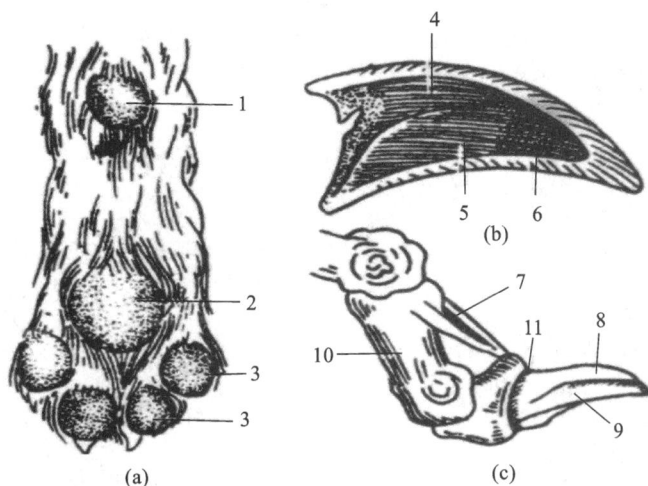

图16-3 犬的指、枕和爪

（a）大枕 （b）大爪角质囊（断面） （c）犬指

1.腕枕 2.掌枕 3.指枕 4.爪壁的角质冠 5.爪的角质壁 6.爪的角质底 7.远指节骨韧带 8.爪冠的真皮 9.爪壁的真皮 10.中指节骨 11.轴形沟

（引自杨维泰，家畜解剖学，1993）

5. 皮肤腺 犬的皮肤腺和汗腺分布在毛密处。犬体表汗腺不发达，只有指枕部较发达。犬乳腺有4～6对乳丘，对称排列在胸、腹部正中线两侧。犬的尾根部背侧皮下有尾腺，在肛门四周皮下有肛周腺。在肛门左、右两侧，皮肤内陷形成的囊状肛旁窦壁内有肛旁窦腺，其分泌物有恶臭味。

（三）消化系统

1. 口腔

（1）唇：犬的口裂长，下唇短小且薄而灵活，常松弛，并在齿缘上有锯齿状突起，上唇有中央沟或中央裂。上唇与鼻端之间形成光滑湿润的暗褐色无毛区，且有一中央沟。

（2）颊：犬颊部松弛，颊黏膜光滑并常有色素。

（3）舌：舌宽而薄且灵活，呈淡红色。黏膜结构与猪和马的相似。

（4）齿：犬的第四上白齿与第一下后白齿格外发达，称为裂齿，具有咬断食物的能力。犬齿大而尖锐并弯曲成圆锥形，上犬齿与隔齿间有明显的间隙，正好容受闭嘴时的下犬齿。犬的白齿数目常有变动。

（5）腭：硬腭前部有切齿乳头，软腭较厚。腭咽弓基部有扁桃体窦和腭扁桃体。

（6）唾液腺：犬的唾液腺特别发达，包括腮腺、颌下腺、舌下腺和眶腺。眶腺又称颧腺，位于翼腭窝前部，有4～5条眶腺管开口于最后上白齿附近。

2. 咽和食管 犬咽部同家畜，有7个孔。顶壁狭窄，食管入口处较小。食管起始端狭窄，称为食管峡，该部黏膜隆起，内有黏液腺。以后的管腔变得宽阔。颈后段食管偏于气管左侧。食管肌层全部为横纹肌。

3.胃 体积较大,呈长而弯曲的囊管状,左侧贲门部比较大,为圆囊形,右侧及幽门部较小,为圆管形。犬胃属单室有腺胃,贲门腺区呈环带状,位于贲门稍后的内壁,胃底腺区面积占胃黏膜面积的2/3,黏膜很厚,幽门腺区黏膜较薄。大网膜特别发达,从腹面完全覆盖肠管。

4.肠 犬的肠管比较短,由总肠系膜悬吊于腰、荐椎的腹面。

(1)小肠:犬小肠长约 400 cm。十二指肠腺仅分布于幽门附近,在肝的脏面处形成"乙"状曲(图16-4)。胆管和胰腺大管在十二指肠开口部距幽门 5~8 cm。空肠形成许多祥,位于腹腔左后下方。回肠末端有较小的回盲瓣。

(2)大肠:大肠与小肠的管径相似,且肠壁没有纵肌带和肠袋。犬大肠长 60~75 cm,犬盲肠退化,呈"S"形,位于右髂部,盲肠尖向后。结肠可分为升结肠、横结肠和降结肠。升结肠位于右髂部,横结肠接近胃幽门部,降结肠位于左髂部和左腹股沟部。直肠在左肾后下方内侧,承接于降结肠,末端与肛门交界处的黏膜含肛门腺(图 16-5)。

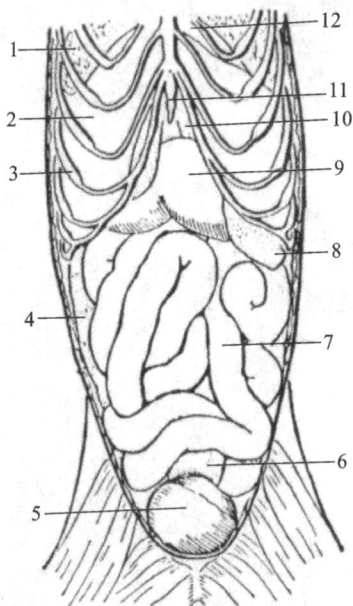

图 16-4 犬内脏的位置

1.肺 2.膈 3.第 9 肋 4.十二指肠 5.膀胱 6.降结肠 7.回肠 8.脾 9.胃 10.肝 11.剑状软骨 12.纵隔

(引自彭克美,畜禽解剖学,第二版,2009)

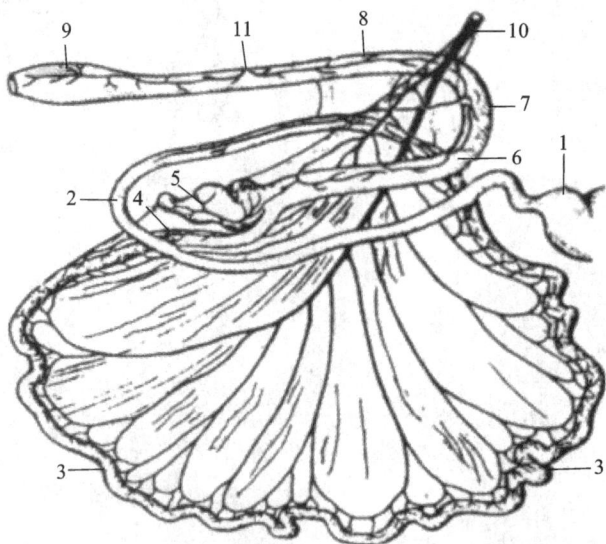

图 16-5 犬大肠模式图

1.胃 2.十二指肠 3.空肠 4.回肠 5.盲肠 6.升结肠 7.横结肠 8.降结肠 9.直肠 10.肠系膜前动脉 11.肠系膜后动脉

(引自彭克美,畜禽解剖学,第二版,2009)

5.肝和胰 肝体积较大,呈紫红色,在膈与胃之间。分为六叶,即左外叶、左中间叶、右外叶、右中间叶、方叶和尾叶。胆囊隐藏在脏面的方叶和右中间叶之间。胰位于十二指肠、胃和横结肠之间,呈"Y"形。

6.犬的消化生理特点 犬是肉食动物,但经人类的长期驯化后成为以肉食为主的杂食动物。犬齿尖锐发达,适合对食物进行撕咬并且咬合力很强,可达 165 kg,适合啃咬骨头;但犬臼齿的咀嚼面不发达,因此,犬不适合仔细咀嚼食物,而适合捕获猎物并将其撕成小块,所以犬的觅食方式是吞食,对食物的咀嚼程度较差。

犬的消化管相对较短,其消化管的整体特点比其他家畜消化管短,肠管的长度是体长的 3~5倍,管壁也相对较厚。食物在肠道内停留的时间短,胃内分泌盐酸浓度高,胃的排空速度也比其他动物快,食物通过整个消化管的时间是 12~14 h,所以犬易有饥饿感。犬的消化液对食物的消化作用不彻底,影响了对营养物质的消化吸收。

犬的消化管中没有消化纤维素的微生物,所以犬对植物性饲料的消化能力弱,尤其对粗纤维饲料几乎不能消化。此外,犬对维生素的合成能力远不及草食动物。所以,犬饲料中应注意补充各种维生素。

犬对蛋白质和脂肪的消化吸收能力很强,消化液中虽然淀粉酶少,但蛋白酶和脂肪酶丰富。胃液中的盐酸含量高,便于蛋白质膨胀变性而利于消化;肝脏功能也很强,胆汁分泌旺盛,可增强对脂肪的乳化,便于脂肪的消化。

由于犬的呕吐中枢比较发达,当吃进变质的食物或毒物时,能引起强烈的呕吐,对自身进行保护。

(四)呼吸系统

1.鼻腔 犬的鼻孔呈逗点状,鼻腔宽大,下鼻甲较发达。鼻腔后部由一横行板隔成上、下两部,上部为嗅觉部,下部为呼吸部。嗅区黏膜富含嗅细胞,使嗅觉灵敏。鼻唇镜为低温、湿润的黑色无毛区。

2.喉 犬的喉较短,喉口较大,声带大而隆起,喉侧室较大,喉小囊较广阔,喉肌较发达。

3.气管和支气管 气管由 40～45 个"U"形软骨环构成,气管的背侧软骨环两端并不互相连接,而由横行的平滑肌相连接。气管在颈段时位于食管的背侧。气管末端在心基上方分为左、右支气管。

4.肺 肺很发达,分为 7 叶,即左尖叶、左心叶、左膈叶、右尖叶、右心叶、右膈叶和副叶。右肺显著大于左肺,但右肺心压迹比左肺深,右肺心切迹比左肺明显,呈三角形,右侧心包直接接触右胸壁(此部相当于第 4～5 肋软骨间隙)。

(五)泌尿系统

1.肾 肾呈蚕豆形,右肾靠前,位置较固定,位于前 3 个腰椎的横突下方;左肾因系膜松弛并受胃充满程度的影响而位置常有变动。胃空虚时,左肾位于第 2～4 腰椎的下方,胃充满时,左肾后移一个椎体的距离,前端约与右肾后端相对。犬肾为表面光滑的单乳头肾,无肾盏,有肾盂,肾盂在肾门处变细,与输尿管相连。

2.输尿管 起于肾盂,止于膀胱,左右各一,右输尿管略长于左输尿管。

3.膀胱 犬膀胱较大,尿充盈时顶端可达脐部,空虚时位于骨盆腔内。

4.尿道 雄性尿道细长,分为骨盆部位和阴道部。起始于膀胱颈后,开口于阴茎头端,具有排尿和排精的功能。雌性尿道宽而短,起始于膀胱颈后,开口于尿生殖前庭腹侧壁,仅为排尿通道。

(六)生殖系统

1.雌性生殖器官

(1)卵巢:较小,左右各一,呈长卵圆形。在非发情期,每侧卵巢均隐藏在发达的卵巢囊中(图16-6)。卵巢表面常有突出的卵泡。

(2)输卵管:较细小,伞端大部分在卵巢囊内。其腹腔口较大,子宫口较小,接子宫角。

(3)子宫:属于双角子宫,子宫角细而长,子宫体很短,子宫颈较短,且与子宫体界限不清,子宫颈位于腹腔内,含有一厚层肌肉形成圆柱状突。

(4)阴道:较长,前端稍细,不形成明显的穹窿,肌层较厚。黏膜内有纵行皱褶。

(5)尿生殖前庭:前庭较宽,有两个发达的突起。当交配刺激时,两个发达的突起充血膨大,也是交配时发生锁紧的一个条件。在尿生殖前庭的前腹壁有尿道外口,侧壁黏

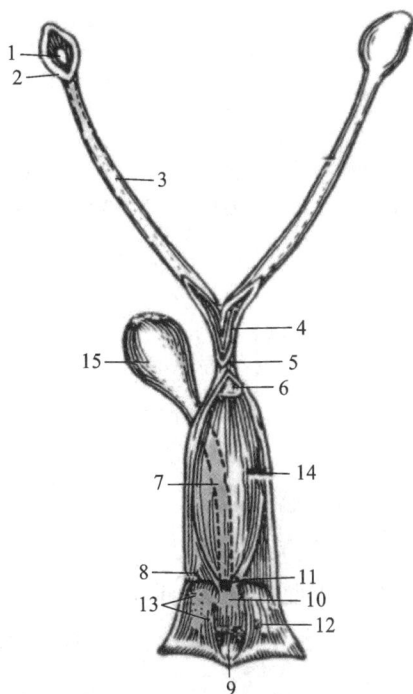

图 16-6 母犬生殖器官模式图

1.卵巢 2.卵巢囊 3.子宫角 4.子宫体 5.子宫颈 6.子宫颈阴道部 7.尿道 8.阴瓣 9.阴蒂 10.阴道前庭 11.尿道外口 12、13.前庭小腺开口 14.阴道 15.膀胱
(引自曲强、程会昌、李敬双,动物解剖生理,2012)

膜有前庭小腺,犬无前庭大腺。

2. 雄性生殖器官

(1)睾丸和附睾:睾丸体积较小,呈卵圆形,位于阴囊内。睾丸纵隔很发达。附睾较大,紧附于睾丸背外侧。

(2)输精管和精索:输精管起端在附睾尾,先沿附睾体伸至附睾头部,又穿行于精索中,后进入腹腔,继而向后上方延伸进入盆腔。左、右输精管末端通入尿道起始部背侧。精索较长,呈圆锥状,内有输精管和血管、神经,精索上部无鞘膜环。

(3)副性腺:犬一般无精囊腺和尿道球腺,只有前列腺(图 16-7)。犬的前列腺比较发达,位于耻骨前缘,呈球状环绕在膀胱颈及尿道起始部。

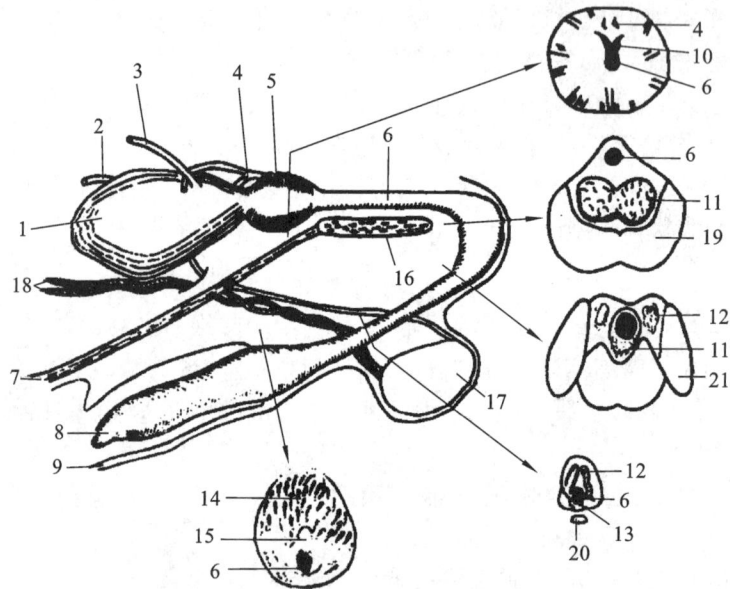

图 16-7 雄犬生殖器官

1.膀胱 2.右输尿管 3.左输尿管 4.输精管 5.前列腺 6.尿道 7.腹壁 8.阴茎头 9.包皮 10.尿道嵴 11.尿道球 12.阴茎海绵体 13.尿道海绵体 14.阴茎头球 15.阴茎骨 16.耻骨联合 17.睾丸 18.精索内动脉、静脉 19.球海绵体肌 20.阴茎缩肌 21.坐骨海绵体肌

(引自董常生,家畜解剖学,第三版,2001)

(4)尿生殖道:起于膀胱颈,分为骨盆部和阴茎部,其前部包藏于前列腺中(当前列腺增大时会影响排尿)。坐骨弓处的尿道特别发达,称为尿道球。该部分有发达的尿道海绵体和尿道肌。

(5)阴茎:犬的阴茎较特殊,阴茎后部有一对海绵体,正中由阴茎中隔隔开。中隔前方有棒状的阴茎骨,长约 10 cm。腹侧有尿生殖道沟,背侧隆,前端变小。包皮内含有淋巴结。

(七)心血管系统

1. 心脏 犬心脏呈卵圆形,心的长轴斜度大,心底朝向前上方,正对胸前口,在第 3 肋骨下部。心尖钝圆,偏向左下方。心尖位于第 6 肋或第 7 肋软骨处,与膈的肌质部的胸骨部相接。心腔的右房室瓣由 2 个大尖瓣和 3～4 个小尖瓣构成,左房室瓣由 2 个大尖瓣和 4～5 个小尖瓣构成。

2. 血管

(1)动脉:犬的动脉血管与其他哺乳动物类似。

(2)静脉:犬的静脉系似牛,亦分为心静脉、前腔静脉、后腔静脉和奇静脉(图 16-8)。

临床上犬进行前肢静脉注射的血管主要是前肢的头静脉和副头静脉;后肢上静脉注射主要是内侧隐静脉和外侧隐静脉,其中外侧隐静脉较粗大,由跗背侧静脉和跗底外侧静脉汇合而成。

(八)淋巴系统

1. 淋巴管和淋巴结 犬的淋巴管和淋巴结示意图见图 16-9。

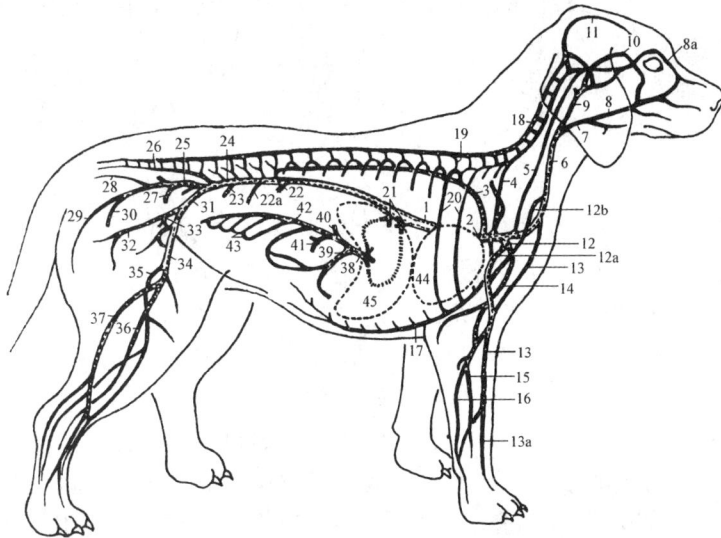

图 16-8 犬的静脉系

1.后腔静脉 2.前腔静脉 3.奇静脉 4.椎静脉 5.颈内静脉 6.颈外静脉 7.舌面静脉 8.面静脉 8a.眼角静脉 9.颌内静脉 10.颞浅静脉 11.背侧矢状静脉窦 12.腋静脉 12a.腋臂静脉 12b.肩胛臂静脉 13.头静脉 13a.副头静脉 14.臂静脉 15.正中静脉 16.尺静脉 17.胸廓内静脉 18.椎骨静脉丛 19.椎骨间静脉 20.肋间静脉 21.肝静脉 22.肾静脉 22a.睾丸或卵巢静脉 23.旋髂深静脉 24.髂总静脉 25.右髂内静脉 26.荐中静脉 27.前列腺或阴道静脉 28.尾外侧静脉 29.臀后静脉 30.阴部内静脉 31.右髂外静脉 32.股深静脉 33.阴部腹壁静脉干 34.股静脉 35.隐内侧静脉 36.胫前静脉 37.隐外侧静脉 38.肝门静脉 39.胃十二指肠静脉 40.脾静脉 41.肠系膜后静脉 42.肠系膜前静脉 43.空肠静脉 44.心脏 45.肝脏

（引自陈耀星,畜禽解剖生理,2019）

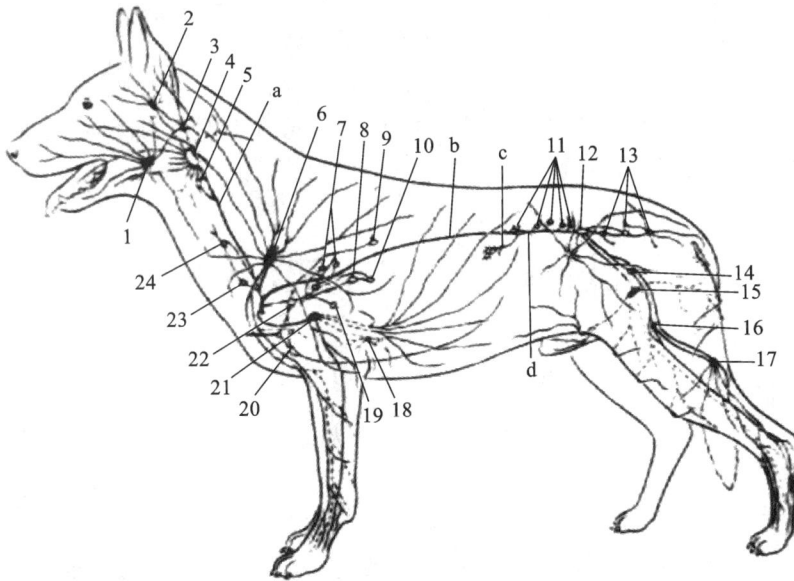

图 16-9 犬的淋巴管和淋巴结示意图

1.下颌淋巴结 2.腮腺淋巴结 3.咽后外侧淋巴结 4.咽后内侧淋巴结 5.颈深前淋巴结 6.颈浅淋巴结 7.纵隔前淋巴结 8.气管支气管左淋巴结 9.肋间淋巴结 10.气管支气管中淋巴结 11.主动脉腰淋巴结 12.髂内侧淋巴结 13.荐淋巴结 14.髂股淋巴结 15.腹股沟浅淋巴结（阴囊淋巴结或乳房淋巴结） 16.股淋巴结 17.腘浅淋巴结 18.腋副淋巴结 19.纵隔前淋巴结 20.胸骨前淋巴结 21.固有腋淋巴结 22.纵隔前淋巴结 23.颈深后淋巴结 24.颈深前淋巴结

a.颈干（气管干） b.胸导管 c.内脏干 d.腰干

（引自董常生,家畜解剖学,第三版,2001）

2.胸腺 幼龄犬胸腺发达,位于胸腔纵隔前部。出生后 2 周逐渐增大,2 个月会后逐渐萎缩退化,直至被少量的活性腺组织代替。

3.脾 犬脾红色质软,狭长,呈镰刀状。

(九)神经系统

1.中枢神经

(1)脊髓:犬脊髓呈圆柱形,但颈膨大和腰膨大处呈扁平状,从枕骨大孔延续至第 6～7 腰椎处,末端移行为细的终丝。脊膜分为 3 层:脊硬膜、脊蛛网膜和脊软膜。脊硬膜与椎管间形成硬膜外腔,内有静脉及大量脂肪,临床上常作为麻醉部位。

(2)脑:犬脑略呈前窄后宽的锥形体。延髓宽厚;脑桥小;小脑也较小;中脑腹侧的大脑较粗大,脚间窝较深。

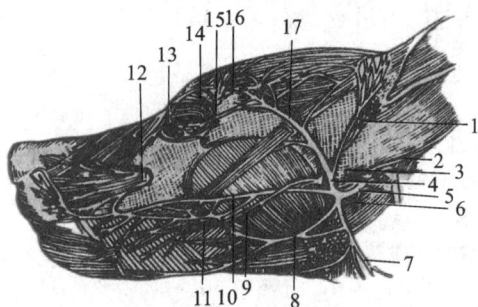

图 16-10　犬头部浅层神经

1.耳颞神经　2.耳后神经　3.耳内神经　4.耳睑神经　5.面神经　6.二腹肌神经　7.颈支　8.下颊支　9.面横支　10.上颊支　11.颊神经　12.眶下神经　13.滑车下神经　14.额神经　15.颧支　16.泪腺神经　17.眼睑神经

(引自董常生,家畜解剖学,第三版,2001)

2.外周神经 犬脊神经的分支分布情况与牛基本相似。犬脊神经有 35～38 对,颈神经 8 对,胸神经 13 对,腰神经 7 对,荐神经 3 对,尾神经 4～7 对。犬的脑神经 12 对,其结构和分布大体与牛相似。植物性神经分支及延伸途径与其他哺乳动物相似(图 16-10)。

(十)内分泌系统

1.脑垂体 呈圆形小体,远侧部呈红黄色,从前方和两侧包围神经部。神经部呈淡黄色。

2.甲状腺 位于第 6、7 气管环两侧,均由左、右侧叶和中间峡构成,左、右侧叶呈扁桃形,红褐色,腺峡不发达。

3.甲状旁腺 1 对,呈粟粒状,位于甲状腺前端外侧或包于甲状腺内。

4.肾上腺 左、右两侧肾上腺的形态不同,右肾上腺呈梭形,位于右肾前内侧与后腔静脉之间;左肾上腺稍大,为不正的梯形,位于左肾前内侧与腹主动脉之间。皮质部为黄褐色,髓质部为深褐色。

知识单元 2　猫的解剖生理

一、生物学特征

猫在动物学分类中属于脊椎动物门哺乳纲食肉目猫科猫属。寿命 8～10 年,性成熟 10～12 月龄,繁殖期是每年春、秋两次,妊娠期 63 天,哺乳期 60 天,每胎产 3～6 只仔猫。新生仔猫不睁眼,第 9 天才开始有视力。现有家猫和野猫之分,不论哪一品种的家猫都是数千年来人们从野猫逐步驯化而来的。猫的神经、心血管等系统更接近于人类,因此自 19 世纪末开始被用于生理、药理等方面的实验研究。

二、猫的解剖生理特征

(一)运动系统

1.骨骼 猫的骨骼包括躯干骨、头骨、前肢骨和后肢骨,其数目随年龄的不同而异,老猫由于某些骨的愈合而数目减少。其骨骼与犬差别不大(图 16-11)。

头部骨骼和犬相比,面部短,腭也比犬短,头较圆,齿的数目变少,眼眶有完整的骨质缘,外侧矢状嵴短,猫具有相对大的颅腔和额窦。

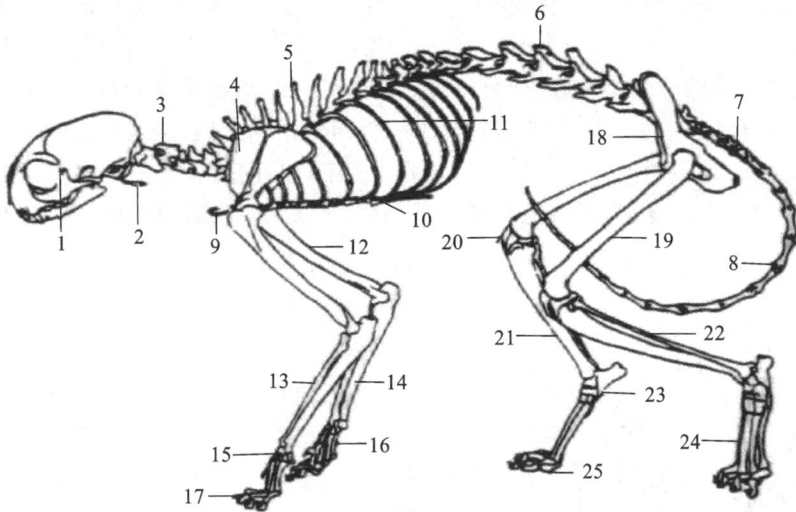

图 16-11　猫的全身骨骼

1.头骨　2.舌骨　3.颈椎　4.肩胛骨　5.胸椎　6.腰椎　7.荐椎　8.尾椎　9.锁骨　10.胸骨　11.肋　12.臂骨
13.桡骨　14.尺骨　15.腕骨　16.掌骨　17.指骨　18.髋骨　19.股骨　20.髌骨　21.胫骨　22.腓骨　23.跗骨
24.跖骨　25.趾骨

(引自周其虎,动物解剖生理,第三版,2019)

脊柱包括颈椎、胸椎、腰椎、荐椎和尾椎,共 52~53 枚,公式为 C7、T13、L7、S3、CY22~23。肋骨 13 对,胸骨由 8 个骨片愈合而成,其胸廓与犬比更细长。

2.肌肉　猫的肌肉发达,全身有 500 多块肌肉,收缩力强,特别是后肢和颈部,猫的颈可旋转 180°(图 16-12)。

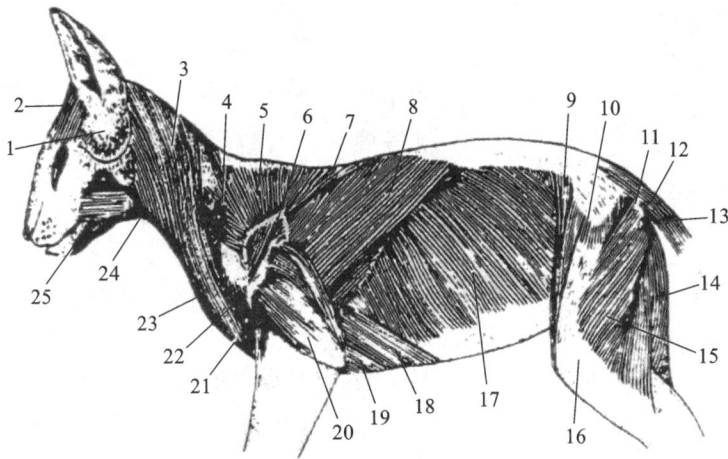

图 16-12　猫全身浅层肌肉

1.唾液腺　2.额盾肌　3.锁骨斜方肌　4.肩胛提肌　5.肩峰斜方肌　6.颈三角肌　7.胸斜方肌　8.背阔肌　9.缝匠肌
10.阔筋膜张肌　11.尾臀肌　12.尾外侧伸肌　13.尾外侧展肌　14.半腱肌　15.臀股二头肌　16.阔筋膜　17.腹外斜
肌　18.剑肱肌　19.胸小肌　20.臂三头肌外侧头　21.臂三头肌长头　22.三角肌肩峰部　23.锁骨肱肌　24.胸乳突
肌　25.咬肌

(引自彭克美,畜禽解剖学,第二版,2009)

(二)被皮系统

1.皮肤　猫的皮肤会有色素沉着,有色素沉着的部分毛较稀少。皮肤和被毛不仅构成了猫漂亮的外貌,还有很重要的生理功能。皮肤和被毛是猫的一道坚固屏障,保护机体免受有害因素的损伤,还具有良好的保温性能。

2. 毛 猫的被毛很稠密,可分为针毛和绒毛两种。猫的上唇触毛(俗称胡须)坚硬而细长,是猫重要的感觉器官之一。

3. 皮肤腺 猫皮肤腺分为泌离腺、外分泌腺和皮脂腺。泌离腺分泌物有香味,主要分布于颌部、颞部和尾根部。外分泌腺主要分泌汗液,与犬一样,分布于足底。猫汗腺不发达,只分布于鼻尖和脚垫。其分泌物为高渗、碱性的液体。皮脂腺分泌皮脂,有的部位皮脂腺特别发达,如下巴、尾部背侧及阴囊处,其分泌物能润泽皮肤,使被毛变得光亮,但在爪垫和鼻镜的部位缺少皮脂腺。

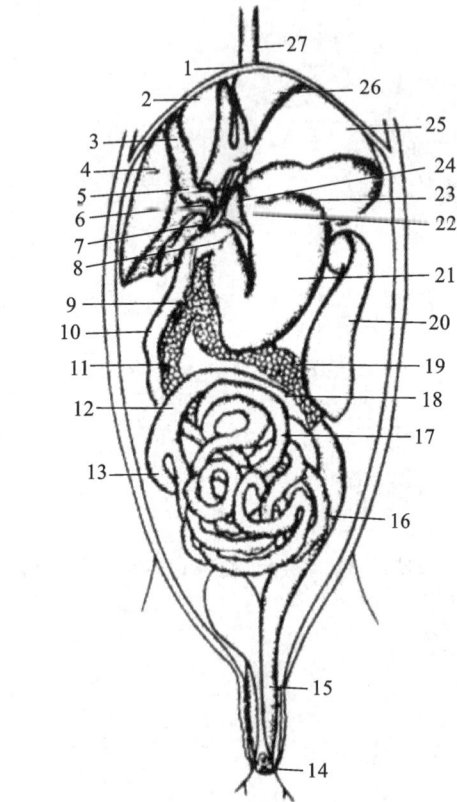

图 16-13 猫的消化系统

1.膈 2.肝右叶 3.胆囊 4.肝右外叶 5.肝管 6.胆囊管 7.胆总管 8.幽门 9.胰管 10.十二指肠 11.胰右叶 12.升结肠 13.盲肠 14.肛门 15.直肠 16.降结肠 17.空肠 18.横结肠 19.胰左叶 20.脾 21.胃体 22.贲门 23.胃底 24.肝尾叶 25.肝左外叶 26.肝左内叶 27.食管

(引自彭克美,畜禽解剖学,第二版,2009)

(三)消化系统

猫的消化系统详见图 16-13。

1. 口腔 猫的口腔较窄,颊薄,颊前庭较小,内表面有一些皱褶,有腮腺、齿腺和眶下腺导管的开口。上唇的两侧生有触毛。猫舌灵活,中间有一条浅沟,舌背侧面有许多角化的乳头,呈倒钩状,便于舐食骨上的肉。舌的腹侧和外侧没有乳头,较光滑。

成年猫有 30 颗齿,其齿式如下。

$$恒齿式:2\left(\frac{3}{3}\ \frac{1}{1}\ \frac{3}{2}\ \frac{1}{1}\right)=30$$

$$乳齿式:2\left(\frac{3}{3}\ \frac{1}{1}\ \frac{3}{2}\ \frac{0}{0}\right)=26$$

齿冠边缘尖锐。切齿较小,两侧切齿较中央的切齿稍大,下切齿比上切齿大。每个切齿有一个齿根,有缺口,形成 3 个片状齿尖。

2. 咽和食管 咽分为口咽部、鼻咽部和喉咽部三部分。有 7 个孔与邻近器官相通,咽腔狭窄,咽壁黏膜向咽腔凸出,称咽鼓管隆凸。食管为一肌性直管,位于气管的背侧;起始部较细,称食管峡,黏膜隆起,内有黏液腺。猫食管可反向蠕动,能将囫囵吞下的大块骨头呕吐出来。

3. 胃 猫胃为单室胃,呈梨形,位于腹腔的前部,几乎全部在体中线的左侧。左侧胃底与贲门端较宽,通食管。幽门端狭窄,伸向右腹侧,通十二指肠。胃的内表面有纵行的、高度不同的皱褶。纵褶的突出度与胃的扩张有关,当充满食物时,纵褶较浅。幽门与十二指肠连接处是幽门瓣,幽门瓣由较厚的环行肌纤维组成,可关闭幽门。

4. 小肠 小肠分十二指肠、空肠和回肠,占据腹腔的大部分。十二指肠全长 14~16 m,第一部分与胃幽门部形成一个角度,在幽门部向后 8~10 cm 处形成一个"U"形的弯曲,然后左转移行为空肠。十二指肠背侧壁距幽门约 3 cm 的黏膜上,有一突起的乳头为十二指肠大乳头,其顶端是胆总管和胰管开口。空肠与十二指肠没有明显的分界。小肠肠腔的直径变化不大,回肠前部的肠壁较后部的肠壁厚些。

5. 大肠 大肠分为盲肠、结肠和直肠,长度是体长的一半。盲肠长约 5 cm,呈向左弯曲的圆锥形,由短的系膜悬挂,表面与结肠之间无明显分界。结肠长约 23 cm,直径约为回肠的 3 倍。盲肠不发达。肛门两侧各有一个大的肛门腺,其直径约 1 cm,腺管开口于肛门。

6. 肝和胰 猫肝发达,分左、右两叶,左叶分为左内叶和左外叶,右叶分为右内叶、右外叶和尾叶,左、右叶之间的部分肝门分为后方的尾叶和前下方的方叶,方叶和右内叶之间有胆囊,胆囊发达。

猫肝有左、右两个肝管。胰位于十二指肠的"U"形弯曲内,呈扁平状,分为许多腺小叶。胰有两个导管,胰管和胆总管一起开口于十二指肠大乳头。副胰管开口于十二指肠大乳头后腹面约 2 cm 的十二指肠小乳头处。

(四)呼吸系统

1. 鼻腔　左右鼻腔几乎被筛骨、鼻甲、上鼻甲和下鼻甲所填满。上鼻甲和下鼻甲将鼻腔分为上、中、下 3 个鼻道。鼻腔内衬以黏膜,内有大量的嗅细胞,因此,猫的嗅觉灵敏。

2. 喉　以甲状软骨、环状软骨、会厌软骨和成对的杓状软骨为支架,外面附着喉肌,内面衬以黏膜。喉腔前上部为喉前庭,它的尾缘为假声带,是从会厌靠近基底部处伸展到杓状软骨尖端的黏膜,其震动可发出特殊的"咕噜"声。从杓状软骨的顶端延伸到甲状软骨处还有两条黏膜褶,是真声带,为猫发声的器官。

3. 肺和支气管　猫的右肺略大,分前叶、中叶、后叶及内侧的副叶,左肺分 3 叶,前叶的前两叶在基部连在一起。猫气管共有 38~43 个软骨环。第 1 软骨环比其他软骨环宽些。气管从喉伸至第 6 肋骨处分叉为左、右支气管。

(五)泌尿系统

1. 肾　猫肾呈豆形,右肾位于第 2~3 腰椎之间。左肾位于第 3~4 腰椎之间。猫肾被膜内有被膜静脉,这是其独有的特征。猫肾为平滑单乳头肾,肾乳头顶端有许多收集管的开口。猫一昼夜排尿量为 100~200 mL。

2. 输尿管　猫输尿管起于肾盂,向背侧穿过输精管后在膀胱颈附近斜入膀胱壁。

3. 膀胱　猫膀胱呈梨形,体积较大,尿液充盈时可伸达脐部,排空后全部缩回骨盆腔。

(六)生殖系统

1. 雄性生殖系统　包括睾丸、附睾、输精管、阴茎和副性腺。

猫阴囊位于肛门的腹侧,阴囊中间有一条很明显的沟,为阴囊中隔所在位置。副性腺有两种,由发达的前列腺和不发达的尿道球腺构成,猫无精囊腺。猫阴茎呈圆柱状,由 2 个阴茎海绵体和 1 个尿道海绵体组成(图 16-14)。阴茎平时向后下方,位于包皮内,排尿时也向后下方,只有勃起时会朝前。阴茎远端有 1 块阴茎骨。

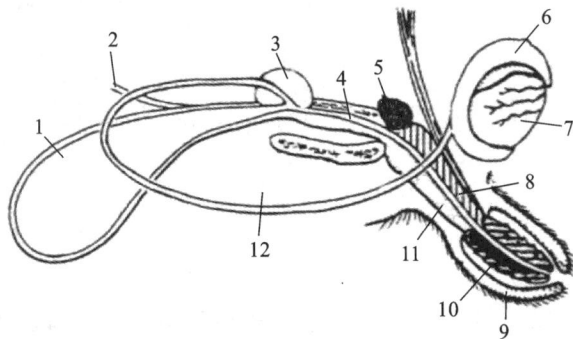

图 16-14　公猫的生殖系统

1.膀胱　2.输尿管　3.前列腺　4.尿生殖道　5.尿道球腺　6.附睾　7.睾丸　8.尿道海绵体　9.包皮　10.阴茎　11.阴茎海绵体　12.输精管

(引自韩行敏,宠物解剖生理,2012)

2. 雌性生殖系统　包括卵巢、输卵管、子宫、阴道、阴道前庭和阴门等。

(1)卵巢:位于第 3~4 腰椎腹侧,平均长 2 cm,包于卵巢囊内。猫属于刺激性排卵动物,母猫6~8 月龄可达性成熟,发情周期为 21 天,发情持续 3~6 天。妊娠期因年龄、环境不同而不同,一般为57~71 天,平均为 63 天。

(2)输卵管:呈喇叭状,与卵巢紧贴,向后弯曲延伸与子宫角相连。输卵管的前 2/3 直径较大,后

1/3则较小。

(3)子宫:子宫为双角子宫,呈"Y"形。子宫角细长,呈"V"形,从子宫体向两侧延伸至输卵管。

(4)阴道:猫的阴道较短。

(5)乳腺:猫有5对乳房,对称排列于胸、腹部正中线两侧。

(七)心血管系统

1. 心脏　猫心脏位于纵隔内,呈圆锥形,长轴斜度大,心尖钝,偏于左下方,与第4~8肋相对。

2. 血管

(1)动脉:猫的动脉与犬、牛的相似。

(2)静脉:可分肺静脉和体静脉两大部分。肺静脉分三组进入左心房,一组来自肺尖叶,一组来自左肺的心叶,还有一组来自左、右肺的膈叶。体静脉与其他哺乳动物相似。

(八)淋巴系统

1. 淋巴结　猫的淋巴循坏和淋巴结与犬的类似。

2. 胸腺　呈淡红色或灰白色,分左、右两叶,与犬的类似,幼龄发达,位于胸腔前纵隔内,成年后退化。

3. 脾　猫脾较小,呈深红色,扁平细长而弯曲,位于胃的左侧靠近胃大弯。

(九)神经系统

猫的神经系统与犬的类似。与犬相比,猫的脑前部和后部宽度相近,背侧面略呈桃形,外侧面呈不等的三角形。猫的嗅球呈卵圆形,嗅束发达。猫脊神经有38~39对,从脊髓颈膨大和腰膨大发出的脊神经较其他脊神经粗大。

(十)内分泌系统

1. 脑垂体　在视交叉的后方,蝶骨的蝶鞍内,背部与漏斗相连。漏斗中空,在灰结节腹侧正中,由第三脑室底向腹面延伸形成。

2. 甲状腺　位于喉后方气管两侧,由两个侧叶和中间的峡部组成。

3. 甲状旁腺　很小,近球形,有前、后两对,呈黄色,分别位于甲状腺侧叶外侧前后,埋于脂肪中,难被发现。

4. 肾上腺　为卵圆形小体,位于肾前内侧,呈黄色或淡红色,外包有脂肪。

知识单元3　兔的解剖生理

一、家兔的生物学特征

家兔属于哺乳纲兔形目兔科穴兔属。家兔属草食动物,易消化粗纤维,对青绿饲料的消化率较高。耳大,血管清晰,便于注射和采血。颈部有减压神经独立分支。胸腔结构特殊。兔具有打洞穴居、昼伏夜出、喜欢干净、怕热耐寒、胆小怕惊、听觉灵敏、善于逃跑、草食粗饲、繁殖力强等生活习性和生理特点。其寿命为4~9年,适配年龄雄性7~9月龄,雌性6~7月龄。刺激性排卵,怀孕期30天,哺乳期30~50天,年产3~5胎,每胎产仔1~5只。兔易饲养繁殖,是常用的实验动物。

二、兔解剖生理特征

(一)运动系统

1. 骨骼　兔全身骨骼包括头骨、躯干骨和四肢骨(图16-15)。

(1)头骨:28块,前部以鼻骨为主,后部以枕骨为主,眶窝较大。腹侧前部有较大的腭裂。

(2)躯干骨:脊柱呈弯曲的"S"形。颈椎7枚,胸椎12枚(偶有13枚),腰椎7枚(偶有6枚),荐椎4块愈合为荐骨。尾椎16枚(偶有15枚)。肋骨共12对(偶有13对),最后3对肋为浮肋。胸骨

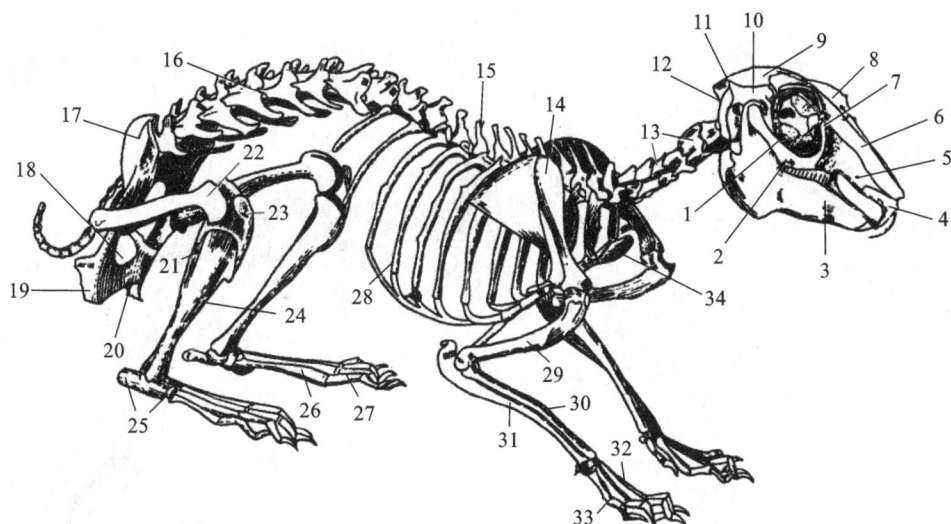

图 16-15 兔的全身骨骼

1.腭骨　2.额骨　3.下颌骨　4.颌前骨　5.上颌骨　6.鼻骨　7.泪骨　8.额骨　9.顶骨　10.颞骨　11.顶间骨
12.枕骨　13.颈椎　14.肩胛骨　15.胸椎　16.腰椎　17.髋骨　18.闭孔　19.坐骨　20.耻骨　21.腓骨　22.股骨
23.髌骨　24.胫骨　25.跗骨　26.跖骨　27.趾骨　28.肋骨　29.臂骨　30.桡骨　31.尺骨　32.掌骨　33.指骨
34.胸骨

（引自陈功义,动物解剖,2010)

由 6 节胸骨片组成。

（3）前肢骨：短,不发达。肩胛骨完整,肩胛冈较长,肩峰发达,与很长的后肩峰突呈直角。锁骨退化为一细骨埋于臂头肌中,两端分别连于胸骨柄和肩胛骨。臂骨细长而直,三角肌结节不发达。桡骨与尺骨不愈合,略呈"S"形,肘突明显。

（4）后肢骨：由髋骨（髂骨、耻骨和坐骨）、股骨、髌骨（膝盖骨）、小腿骨（胫骨和腓骨）及后脚骨（跗骨、跖骨、趾骨和籽骨）组成。左、右髋骨前后等宽,髂骨较宽大,坐骨平直,坐骨弓较深。胫骨较粗,腓骨较细,小腿间隙明显。兔后肢骨较长,且较发达,所以兔善于跳跃。

2.肌肉　兔肌肉与其他哺乳动物的相似,全身肌肉可分为皮肌、头部肌、躯干肌、前肢肌、后肢肌（图 16-16）。兔腰背侧肌、臀肌和后肢肌较发达,是其跳跃和奔跑都依赖的肌肉。其腹壁肌较薄。

（二）被皮系统

1.皮肤　兔皮肤真皮较厚,可作鞣制皮革用。皮下组织无脂肪层,在耳后、股内侧和腹中线的两侧皮下组织特别发达,临床上选作注射部位。

2.毛　兔除爪、鼻端、阴囊等处外,密生被毛。在口腔周边有长而硬的触毛,触毛有触觉作用。兔是季节性脱毛,只在春、秋两季换毛。

3.爪　兔的每一指（趾）的末指节骨上都附有爪,爪分为爪壁（体）和爪底两部分。

4.皮肤腺　皮脂腺遍布全身,汗腺不发达,只有唇和腹股沟部有分布。乳腺位于胸部及腹部正中线两侧。产仔多、泌乳好的母兔应有 4 对以上发育良好的乳头。

（三）消化系统

1.口腔　兔口腔体积较小,由唇、颊、腭、舌、齿和唾液腺组成。

（1）唇：兔的上唇中线上有一个纵裂,称兔裂,将上唇完全分成左、右两部,常显露门齿,便于快速啃食短草和较硬的物体。裂唇与上端圆厚的鼻端构成三瓣鼻唇（鼻端可随呼吸而活动）。

（2）颊：兔的颊黏膜光滑湿润,在靠近第 3、4 臼齿处有腮腺管的开口。

（3）舌：兔的舌短而厚,分舌根、舌体和舌尖三部分。舌体背面有明显的舌隆起,与牛舌圆枕很像。舌的背侧的黏膜上有呈绒毛样的丝状乳头,在丝状乳头间还散在分布有菌状乳头,在舌体的后

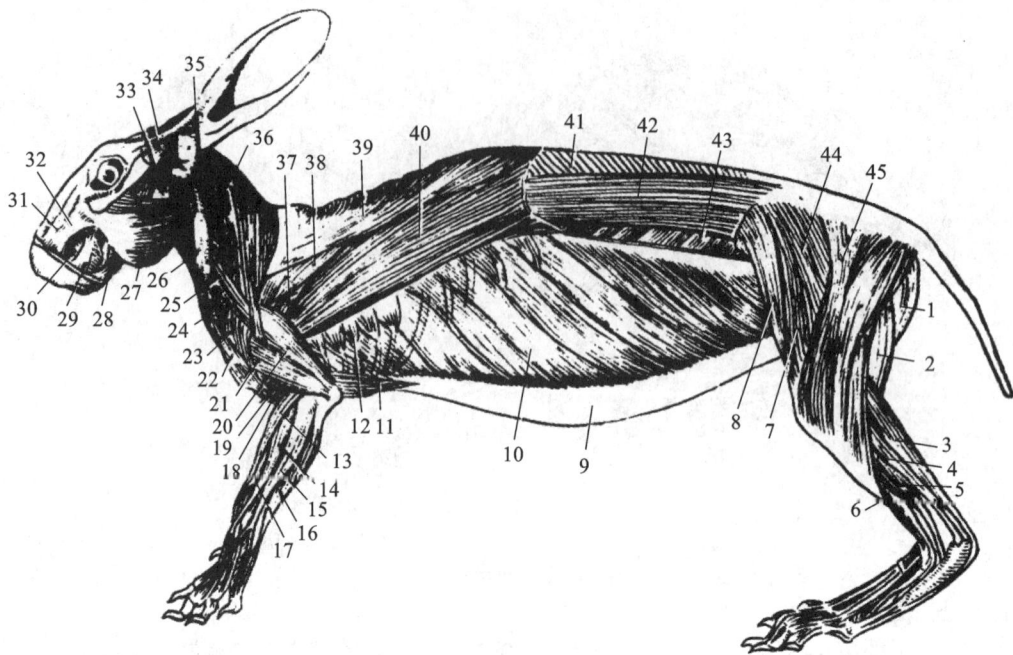

图 16-16　兔的全身肌肉

1.半膜肌　2.半腱肌　3.腓肠肌　4.比目鱼肌　5.趾深屈肌　6.腓骨长肌　7.股四头肌　8.缝匠肌　9.腹直肌鞘
10.腹外斜肌　11.胸肌　12.腹侧锯肌　13.腕桡侧伸肌　14.指总伸肌　15.指外侧伸肌　16.腕尺侧屈肌　17.第一指
伸肌　18.臂二头肌　19.臂肌　20、21.臂三头肌　22.三角肌　23.肩展肌　24.臂头肌　25.肩提肌　26.胸头肌
27.咬肌　28.下唇降肌　29.颧肌　30.颊肌　31.鼻唇提肌　32.上唇提肌　33.颞肌　34.颧耳肌　35.夹肌　36.斜方
肌　37.大圆肌　38.冈下肌　39.胸斜方肌　40.背阔肌　41.背棘肌　42.背腰最长肌　43.髂肋肌　44.臀浅肌　45.
臀股二头肌

(引自陈功义,动物解剖,2010)

部有成对的轮廓乳头和叶状乳头。

（4）齿：两对上门齿排列特殊，一对大门齿在前方，一对小门齿在大门齿后方,组成两排,大门齿外露。门齿生长较快,兔常有啃咬、磨牙的习性。兔无犬齿,其齿式如下。

$$恒齿式：2\left(\begin{array}{cccc}2 & 0 & 3 & 3 \\ 1 & 0 & 2 & 3\end{array}\right)=28$$

$$乳齿式：2\left(\begin{array}{cccc}2 & 0 & 3 & 0 \\ 1 & 0 & 2 & 0\end{array}\right)=16$$

（5）唾液腺：兔的唾液腺较发达,主要有腮腺、颌下腺、舌下腺和眶下腺。唾液腺中含有消化酶。

（6）软腭和硬腭：兔的软腭较长,与舌之间的舌腭弓内有扁桃体窝。硬腭前部有一对鼻腭管孔,鼻腭管与鼻腔相通。硬腭有 16～17 个腭褶。

2.咽喉　鼻咽部较大,口咽部较小,软腭后缘与会厌软骨汇合。

3.食管　兔的食管为细长的扩张性管道,前部肌层为横纹肌,中后部肌层为平滑肌(图 16-17)。

4.胃　兔的胃呈椭圆囊状,属于单室胃,横位于腹腔前部。与猪胃相似,贲门腺区为无腺区,面积最小,其他为有腺部。胃入口处平滑肌较发达。胃液酸度较高,消化力较强,主要成分是盐酸和胃蛋白酶。健康兔的胃常充满食物。

5.肠　兔肠管较长(为体长的 10 倍以上),体积较大,具有较强的消化吸收功能。

小肠:兔的小肠包括十二指肠、空肠和回肠。小肠总长超过 3 m。

（1）十二指肠：呈"U"形弯曲,十二指肠之间彼此有系膜相连,而大部分全游离于腹腔的背侧的腰下部。肠袢之间有胰腺,肠管内有胆总管和胰管的开口。

（2）空肠：长 2 m,呈淡红色,位于腹腔的左侧前半部分,形成许多弯曲的肠袢,有较长的空肠系膜,悬于腰椎下方。

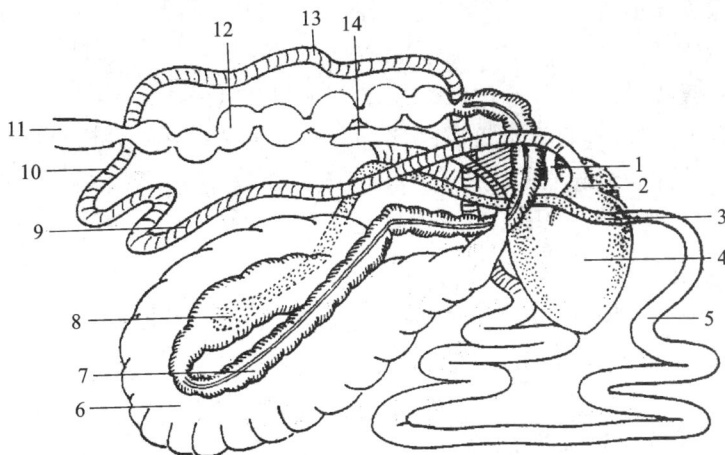

图 16-17　兔消化管走向模式图

1.食管　2.幽门　3.回肠　4.胃　5.空肠　6.盲肠　7.结肠　8.圆小囊　9.十二指肠降支　10.十二指肠横支　11.肛门　12.直肠　13.十二指肠升支　14.盲肠蚓突

(引自曲强、程会昌、李敬双,动物解剖生理,2012)

(3)回肠:较短,长约 40 cm,以回盲褶与盲肠相连,在盲肠的起始部,连在圆小囊处。

大肠:兔大肠包括盲肠、结肠和直肠。大肠总长度为 1.9 m。

(1)盲肠:兔的盲肠特别发达,长约 50 cm,为卷曲的锥形体,与结肠并列,由系膜将盲肠和结肠联系起来。盲肠基部粗大,体部和尖部缓缓变细。在与回肠相连的起始部肠壁膨大成一厚壁圆囊,约拇指大小,呈灰白色,是兔特有的淋巴组织,称圆小囊。基部黏膜中有盲肠扁桃体,体部和尖部黏膜面有螺旋瓣,从盲肠外表可看到相应的沟纹,盲肠尖部有狭窄的、灰白色的蚓突,蚓突长约 10 cm,光滑形成螺旋褶,突壁内有丰富的淋巴滤泡,对兔肉制品检查时,要详细地检查圆小囊和蚓突。

(2)结肠:长约 1 m,管径由粗变细,起始部粗,直径可达 2 cm,称大结肠。外表有两条纵肌带和两列肠袋。大结肠后部变细的部分为小结肠,小结肠先由右向左穿过腹腔部分(横结肠),在此处与十二指肠的后段间有十二指肠韧带相连。后在左侧后转变为降结肠,由肠系膜固定于腰下。

(3)直肠:长 30~40 cm,直肠与降结肠无明显的界限,但两者之间有"S"形弯曲。直肠内有粪球,肠外观察呈串珠样。

6.肝和胰　兔肝位于腹前部偏右侧,呈暗紫色,有两面(膈面和脏面)、两缘(背缘和腹缘),有四种韧带(镰状韧带、冠状韧带、三角韧带和肝圆韧带)与其他器官相接。肝分六叶,即左外叶、左中叶、右外叶、右中叶、方叶和尾叶。右中叶处有胆囊。兔肝能分泌大量胆汁。

胰位于十二指肠襻内,其叶间结缔组织比较发达,使胰呈松散的枝叶状结构。胰呈灰紫色。

(四)呼吸系统

1.鼻腔　兔鼻与家畜的相同,由中隔分成左、右两个鼻腔,每个鼻腔内也有上、下鼻甲骨作支架。鼻腔内面鼻甲上均有黏膜分布,前部为呼吸区,后部为嗅区。鼻孔呈卵圆形,与唇裂相连,鼻端随呼吸而活动。鼻腔为管道状,鼻道构造较复杂,嗅区黏膜分布有大量嗅觉细胞,对气味有较强的分辨能力。

2.咽和喉　咽呈漏斗状,为消化管和呼吸道的交叉要道。喉呈短管状,声带不发达,发音单调。

3.气管和支气管　气管由不闭合的 48~50 个软骨环构成,气管末端分为左、右支气管。

4.肺　肺分为七叶,即左尖叶、左心叶、左膈叶、右尖叶、右心叶、右膈叶和副叶。左肺较小,心压迹较深。

(五)泌尿系统

1.肾　肾呈蚕豆形,为平滑单乳头肾,左右各一,位于最后肋骨近端和前部腰椎横突腹面,右肾靠前,左肾稍后。肾脂肪囊不明显。

2.输尿管 输尿管起于漏斗状的肾盂,左右各一,呈白色,经腰肌与腹膜之间向后延伸至骨盆腔,由膀胱颈背侧开口于膀胱。

3.膀胱 膀胱呈囊状,无尿时位于骨盆腔内,当尿充盈时可突入腹腔内。

4.尿道 公兔尿道细长,起始于膀胱颈后,开口于阴茎头端,具有排尿和排精的功能。母兔尿道宽短,起始于膀胱颈后,开口于尿生殖前庭内,仅为排尿通道。

(六)生殖系统

1.母兔生殖器官

(1)卵巢:左、右各一个,呈长卵圆形,位于后部腰椎腹侧,呈浅粉色(图16-18)。幼兔卵巢表面光滑,成年兔卵巢表面有突出的卵泡。

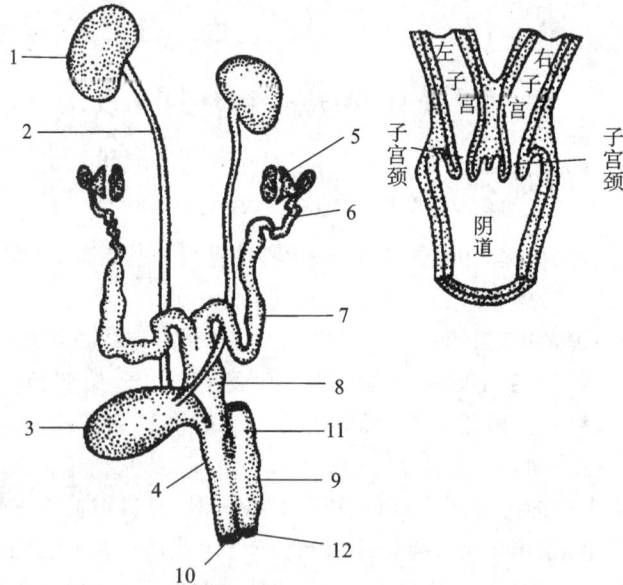

图16-18 母兔泌尿生殖器官

1.肾 2.输尿管 3.膀胱 4.尿道 5.卵巢 6.输卵管 7.子宫 8.阴道 9.尿生殖前庭 10.阴门 11.直肠 12.肛门

(引自陈功义,动物解剖,2010)

(2)输卵管:左、右各一条,由输卵管系膜系于腰下。前端有输卵管伞和漏斗,稍后处增粗为壶腹,后端以峡与子宫角相通。输卵管兼有输送卵子和作为受精场所的功能。

(3)子宫:兔的子宫属于双子宫,左、右两侧的子宫是完全分离开的,两侧子宫前均接输卵管,后开口于阴道。子宫角较长,子宫颈较短,两侧的子宫分别以子宫颈管外口共同突入阴道中。

(4)阴道:在直肠腹侧,紧接于子宫后面,其前端有双子宫颈管外口,中间有嵴,后端有阴瓣。

(5)阴门:开口在肛门的腹侧,两侧隆突形成阴唇。在阴唇的背、腹侧形成了阴唇联合,在腹侧的阴唇联合处形成阴瓣,阴瓣与阴门之间为尿生殖前庭,尿道外口位于前庭的前腹侧壁。

(6)母兔生殖生理特点:一般母兔性成熟年龄为3.5~4月龄。刚达性成熟年龄的公、母兔不宜立即配种;初配年龄应再推后1~3个月。兔为诱发排卵动物,只有在公兔交配或有关激素等刺激下才能排卵,排卵发生于交配刺激后10~12 h,排卵数为5~20个。如果母兔卵巢中卵子成熟后不交配,则成熟卵经10~16天被吸收,新的卵泡又不断地成熟。母兔妊娠期为30~31天。孕兔一般在产前5天左右开始衔草做窝,临近分娩时用嘴将腹毛拔下垫窝。分娩多在凌晨,弓背努责呈蹲坐姿势,有边分娩边吃胎衣的习性。

2.公兔生殖器官

(1)睾丸和附睾。

睾丸:呈卵圆形,睾丸头向上。胚胎时期,睾丸位于腹腔;幼兔的睾丸位于腹腔内,出生后1~2

个月,睾丸移行到腹股沟管(此时尚未有明显的阴囊);3~4月龄时,睾丸下降至阴囊中。因腹股沟管宽短加鞘膜仍与腹腔保持联系及管口终生不封闭,所以睾丸仍能回到腹腔,故检查成年兔的睾丸时,一定要让公兔保持正确姿势。

附睾:发达,呈长条状,位于睾丸的背外侧面上,附睾头和尾均超出睾丸的头尾,附睾尾部折转向上移行为输精管。

(2)输精管:由附睾尾向上延续形成,前端穿行于精索中,后经腹股沟管进入腹腔内,向后方移行至盆腔内,与输尿管交叉后,管壁增厚形成输精管壶腹。左、右输精管在精囊腹侧开口,通入尿生殖道中。

(3)副性腺:包括精囊腺、前列腺、尿道球腺,雄性子宫也很发达,有分泌作用。

雄性子宫:位于膀胱颈和输精管壶腹的背侧,为扁平囊,开口于尿道的背侧壁。

精囊腺:1对,呈椭圆形,位于膀胱颈和输精管腺的背侧。分泌物可稀释精液,在交配后在母兔阴道中凝固形成阴道栓,防止精液倒流。

前列腺:位于精囊腺的后方,呈椭圆形,其分泌物呈碱性,可中和阴道中的酸性物质。

尿道球腺:在前列腺的后方,呈暗红色。开口于尿道背侧壁,腺的后端有薄的球海绵体肌覆盖。当性冲动时,尿道球腺分泌物流入尿道,起冲洗和润滑作用。

(4)阴茎:呈圆柱状,是交配和排尿器官,主要由海绵体构成;平时缩向肛门附近,交配时,海绵体充血膨胀,阴茎勃起伸向前方。阴茎前端没有龟头,游离部稍弯曲。

(5)尿生殖道:起于膀胱颈,止于阴茎头的尿道外口,分为骨盆部和阴茎部,具有排尿和输送精液的功能。

(6)阴囊:位于股内侧,2.5月龄方能显现。兔睾丸在繁殖时才降入阴囊,过后又回升到腹股沟管或腹腔中。

(七)心血管系统

1.心脏 呈前后稍扁的圆锥形,心尖钝圆,位置与第2~4肋骨相对。右心房静脉窦发达,窦前上方接右前腔静脉,后方连后腔静脉。左、右心房室口都只有二尖瓣。左心房心耳明显,连接3条肺静脉。左心室的心壁肌很发达,但梳状肌不发达,陷窝浅而少。在安静时,成年兔的心跳可达100次/分,幼兔为100~160次/分,运动或受到惊吓时可达300次/分。

2.血管 兔的动脉分支、循环途径和其他哺乳动物相似。兔耳翼上有明显的耳廓前静脉和耳廓后静脉,其中耳廓前静脉较粗,常作为静脉注射部位。

(八)淋巴系统

1.淋巴结 兔的淋巴结在肠系膜上几乎很少见到,主要的淋巴结分布在颈、前肢、后肢、骨盆部和腹腔内。比较重要的淋巴结有下颌淋巴结、腮淋巴结、颈浅淋巴、颈深淋巴结、肩前淋巴结、肩后淋巴结、腋下淋巴结等,另外盲肠处的圆小囊和蚓突均有淋巴组织分布。

2.胸腺 无固定形态,浅粉色,位于纵隔内,与第1~3肋软骨相对,成年后退化。

3.脾 很小,呈舌形,暗红褐色,有较大伸展性。

(九)神经系统

1.中枢神经

(1)脑:呈楔状,前窄后宽,表面光滑,沟和回不明显。大脑纵裂窄而浅,横裂宽而大。小脑发达,中间是蚓部,蚓部两侧为小脑半球,小脑半球的外侧称小脑绒球。延脑狭窄,前方被小脑蚓部的后缘所遮盖,延脑背侧有第四脑室(菱形窝)。

(2)脊髓:为圆柱形的绳状体,前连延髓,后达第2荐椎,有37~38节段。

2.外周神经

(1)脊神经:为混合神经,共有37~38对,其中颈神经8对,胸神经12(13)对,腰神经7~8对,荐神经4对,尾神经6对。

（2）脑神经：兔脑神经有 12 对，与其他哺乳动物基本相似。迷走神经特点明显：近神经节较小，远神经节较大。在颈部，迷走神经与颈交感神经不形成迷走交感干，而各自独立成为迷走神经干和颈交感神经干。

（3）植物性神经：兔交感神经和副交感神经与其他哺乳动物的基本相似。

（十）内分泌系统

1. 甲状腺　呈暗红色，位于甲状软骨与前 9 个气管软骨环之间的腹侧和外侧表面，分为峡部和两个侧叶。大小和位置随性别和年龄而变化，一般母兔的甲状腺比公兔的略大。

2. 甲状旁腺　较小，呈黄褐色，卵圆形或纺锤形，长 0.2～0.25 cm，位于甲状腺侧叶后部两侧、颈总动脉附近。

3. 肾上腺　左右各一，呈扁平三角形小体，黄白色。

技能操作 20　犬、猫内脏器官的观察

一、技能目标

（1）掌握犬、猫的正确解剖方法。

（2）能熟练掌握犬、猫各内脏器官的形态、位置和结构。

二、材料及设备

实验动物、小动物解剖台、解剖器械、消毒水、一次性手套、口罩等。

三、实验步骤

（一）胸腹部外部观察

1. 活体状态观察　观察犬、猫的精神状态、被毛状态和行为动作等活体状态，触摸识别体表主要结构，对主要内脏器官进行体表投影位置的确定。

2. 放血　采用扎口和徒手法相结合保定，股动脉放血。

3. 外生殖器官观察　放血致死后观察公犬、公猫的外生殖器官，包括阴囊形态、阴囊中隔的位置、包皮及阴茎头部。观察母犬、母猫的阴门等外生殖器官。

4. 胸腹部剥皮　自胸骨中线起沿腹侧正中矢状线向后切开皮肤到耻骨联合处，注意避开公犬、公猫的外生殖器官，并在前后肢内侧处，自上述切口向四肢末端分支切开 4 个位于四肢内侧自近向远的纵向切口，从上述 5 条切口向背侧剥开展露胸腹壁。

（二）胸腔的解剖及内部观察

1. 打开胸腔　分别在胸骨的两侧找到其与肋软骨相接处，用剪刀或解剖刀从第 1 肋软骨开始向后切，直至切断膈肌与肋骨内侧连处接肌质部分。然后用力将两侧肋骨翻向左右两侧，使其肋椎关节折断，以展平肋骨，便于观察。

2. 肺的观察　观察肺胸膜和膈胸膜，观察肺的形态、质地、分叶和颜色。左右胸腔比较：观察犬、猫的左右肺的大小和分叶情况，将右肺向前移开，观察前腔静脉、后腔静脉、右侧的膈神经和右肺的副叶，将副叶从静脉褶中拉出，切断肺根，取下右肺，放入方瓷盘中，观察肺的颜色、质地和各种结构，将整个右肺或切下一小块放入水中，观察其浮沉情况。

3. 纵隔的观察　清理胸腔内多余的血液，观察心包、膈、食管、气管、膈神经、迷走神经和大的血管主干及其主要分支。在右膈肌处找到后腔静脉，观察其在膈肌处的裂孔的位置，观察心包的末端与胸骨之间形成的韧带；切开心包，观察心包积液，切下心脏，观察心脏外形，剪开左右两侧心脏，分别观察左右心房和心室的结构，比较左右心室肌的厚度，观察心耳的梳状肌，同时，注意观察两个房室口的瓣膜及主动脉根部的冠状动脉入口。

(三)腹腔与盆腔的解剖及内部观察

1.打开腹腔和骨盆腔 在剑状软骨下方,对准腹白线,用手术刀切长 5 cm 小口,注意不要过于用力,以免刺破内部脏器。然后,用示指和中指夹住手术刀片,刀刃向上,术者直推手术刀,将腹壁沿腹白线切开至耻骨联合处。

2.观察腹腔内脏器 打开腹腔,观察网膜;移开网膜,观察腹腔器官的表面形态;移除网膜,将大部分空肠移到腹腔一侧,观察胃与肝之间的小网膜、肝脏面、胆囊、肝门,再沿胸腔内后腔静脉膈肌裂孔处,找到后腔静脉与肝之间的切迹处,找到肝的尾状突,并观察其与右肾的切迹。同时,在附近找到十二指肠的"U"形弯曲,并观察胰腺的形态与结构特点。观察胃的形态、位置,找到胃小弯、胃大弯,沿十二指肠向右,找到空肠与十二指肠之间分界,再找到盲肠的"S"状弯曲,找到回盲韧带,此处为空肠与回肠之间的大致分界,仔细观察肠管的管径并触摸肠壁厚度及肠系膜的形态结构。观察肾、肾上腺、十二指肠、结肠、胃、脾、胰、肝和大血管之间的位置关系。

切断食管、肠系膜和结肠的末端,取下消化管移到解剖盘中。继续清理观察盲肠的形态及其与结肠和回肠的通连关系,将胃从消化器官中取出,沿大弯切开,除去内容物洗净,观察胃黏膜的分区与颜色。

3.观察骨盆腔内脏器 观察血管与盆腔脏器的关系。公犬、公猫观察腹股沟管、精索,打开阴囊,观察睾丸的形态。母犬、母猫观察卵巢、输卵管、子宫,确认子宫的具体位置,并切开子宫颈口及阴道部进行观察,盆腔内还需观察膀胱、输尿管、尿道。将两侧肾取出,观察肾的形态、颜色,剥离肾包膜并将其沿外侧缘纵切,观察肾盂、肾皮质和肾髓质。

(四)技能考核

根据操作过程考察,结合操作的口试及描绘的猫内部器官解剖图,评定成绩。

(五)注意事项

整个实操过程注意个人防护。

(六)作业

撰写实验报告。

➡ 模块小结

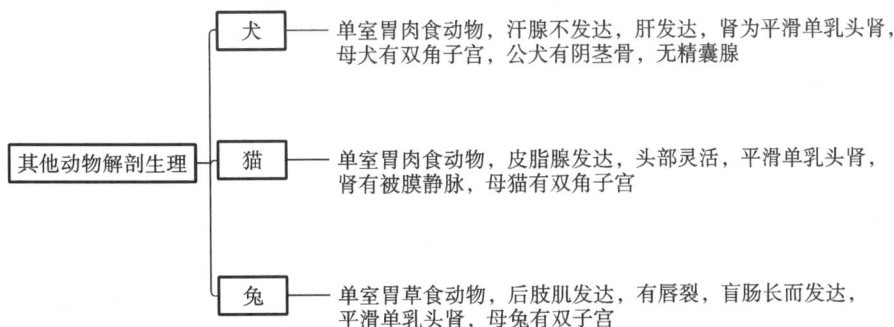

➡ 执考真题

1.(2015 年)猫前肢采血的静脉是(　　)。

A.腋静脉　　　　B.头静脉　　　　C.臂静脉　　　　D.隐静脉　　　　E.正中静脉

答案:B

2.(2019 年)七岁犬的胸腺特征是(　　)。

A.胸部和颈部的胸腺均发达　　　　B.颈部胸腺发达,胸部胸腺退化

C.胸部胸腺发达   D.颈部和胸部的胸腺均退化

E.颈部胸腺发达

答案:D

→ **能力巩固**

一、填空题

1.家兔有 4 对唾液腺,分别是 _____、_____、_____ 和 _____,其中 _____、_____是家兔所独有的。

2.临床上犬、猫前肢采血的血管为_____,后肢采血的血管为_____。

3.犬、猫肾的类型均属于_____,兔肾的类型为_____。

4.犬的副性腺只有_____且十分发达。

5.猫的副性腺有_____和_____。

6.犬的龟头可分为前部的_____和后部的_____,后者交配时可充血膨大成球状,延长交配时间。

二、判断题

1.家兔具有草食动物的典型齿式,如门齿呈凿型,没有犬齿,白齿发达。( )

2.猫和犬的输精管壶腹都不甚明显。( )

3.兔、犬、猫肾的类型相同。( )

4.犬、猫的虹膜呈黄褐色,有时为蓝色。虹膜的颜色因犬、猫品种的不同而不同,有个别品种两眼虹膜颜色亦不一致(鸳鸯眼)。( )

5.犬、猫胃为单室腺型胃,胃酸浓度较高,所以消化能力很强。( )

三、简答题

1.兔的消化系统有哪些解剖学特点?

2.犬的呼吸系统有哪些解剖学特点?

3.犬、猫的泌尿系统有哪些解剖学区别?

4.母犬、母猫的生殖系统有哪些解剖学特点?

模块十七　理实一体化技能操作

技能操作 21　动物主要器官组织构造的观察

一、技能目标

通过观察，了解和掌握动物主要器官的组织构造，从而进一步理解该器官的功能，并熟练掌握显微镜的使用方法。

二、材料及设备

胃、小肠、肝、肺、肾、睾丸、卵巢、淋巴结和脾的组织切片（HE 染色），显微镜、擦镜纸等。

三、实验步骤

（一）胃

1. 低倍镜观察　胃壁的四层形态结构。

2. 高倍镜观察　黏膜层的单层柱状上皮、胃小凹、胃底腺的主细胞（带蓝色而较小的细胞）和壁细胞（染红的大型细胞）。

（二）小肠

1. 低倍镜观察　肠壁由黏膜层、黏膜下层、肌层与浆膜层构成。

2. 高倍镜观察　选择呈正中纵切面的肠绒毛观察，绒毛表面是单层柱状上皮，细胞的游离端有纹状缘，由上皮陷入固有膜内，形成许多肠腺。肠腺的上皮，也由单层柱状上皮和杯状细胞构成。上皮下面是固有膜，以结缔组织为基础，内有腺体和孤立、集合淋巴结。固有膜的外面为黏膜肌层。黏膜下层为疏松结缔组织，有丰富的毛细血管、淋巴管和神经丛。十二指肠黏膜下层则有许多肠腺。黏膜下层的外面为肌层，分内环行肌和外纵行肌两层。肌层外面为浆膜层，由间皮和薄层的结缔组织构成。

（三）肝

1. 低倍镜观察　肝的表面覆盖一层被膜，被膜的表层是扁平的间皮，下面是结缔组织。被膜内可见到许多多角形的小区域，即肝小叶，小叶之间有较多的结缔组织。

2. 高倍镜观察　每一小叶的中央有一较大的空隙，称中央静脉，肝细胞围绕中央静脉呈放射状排列，形成许多细胞索。细胞索与细胞索之间的空隙称窦状隙。肝细胞呈多角形，细胞核圆形，染色较淡，细胞质丰富。小叶间结缔组织内，可找到汇管区，即小叶间静脉、小叶间动脉和小叶间胆管三者在同一部位。

（四）肺

1. 低倍镜观察　肺外面被覆一层被膜，被膜下可见许多形状不规则的肺泡。观察小支气管、细支气管、终末支气管，注意各个管壁的层次结构和管腔特征。

2. 高倍镜观察　观察呼吸性支气管、肺泡管、肺泡囊、肺泡等结构，注意观察它们在管壁结构上的区别。

Note

（五）肾

1.低倍镜观察 肾包膜由致密结缔组织构成。皮质部由许多圆形、卵圆形或管状的肾小管和呈球团状肾小体组成。髓质部与皮质部无明显界限，由许多纵行的集合管和髓袢的升、降支组成。

2.高倍镜观察 肾小体由肾小球和肾小囊构成。肾小球是一团毛细血管，肾小囊分脏层和壁层，两层都由单层扁平上皮构成，两层之间的空隙为肾小囊腔。观察近曲小管、远曲小管及集合管，注意区别各段肾小管上皮细胞的形状。

（六）睾丸

1.低倍镜观察 观察睾丸的被膜及实质。睾丸实质被结缔组织分隔为许多小叶，每个睾丸小叶就是一组曲细精管。

2.高倍镜观察 仔细观察曲细精管，从管壁到最内层有不同形态和不同发育阶段的生精细胞，包括精原细胞、初级精母细胞、次级精母细胞、精细胞和精子，观察锥形的支持细胞。在曲细精管之间有体积较大的卵圆形或多边形的间质细胞。

（七）卵巢

1.低倍镜观察 卵巢表面有单层生殖上皮，上皮下面为白膜。白膜内层为皮质，皮质内含有大量发育程度不同的卵泡，深部为髓质。

2.高倍镜观察 注意观察原始卵泡、生长卵泡、成熟卵泡、黄体的结构。

（八）淋巴结

1.低倍镜观察 观察淋巴结结构的全貌。淋巴结外面包着一层结缔组织的被膜，被膜伸入淋巴组织内，称小梁。淋巴结的外周染色较深的部分为皮质，这部分有许多淋巴细胞聚集而成的圆形小体，为淋巴小结，淋巴小结中央染色较淡，为生发中心。被膜及淋巴小结周围的腔隙是皮质淋巴窦。皮质以内染色较浅的部分为髓质部，内有许多不规则的带状或块状淋巴组织，为髓索。在髓索与小梁之间稀疏的部分为髓质淋巴窦。

2.高倍镜观察 淋巴小结、皮质淋巴窦、髓质淋巴窦、髓索。注意猪的淋巴结皮质和髓质的位置与其他动物相反。

（九）脾

先用低倍镜观察大致结构，后用高倍镜观察。脾的表面为一层由致密结缔组织及平滑肌组织组成的被膜，被膜分支伸入脾内为小梁。看到的许多圆形或卵圆形的淋巴组织为脾小体，内有中央动脉通过。红髓位于脾小体之间。

四、注意事项

(1)注意安全。

(2)严格按照实验步骤操作。

(3)认真观察和记录。

五、作业

根据观察过程及观察结果完成实验报告。

技能操作 22　猪的解剖技术及内脏器官的观察

一、技能目标

通过对猪内脏各器官的形态、位置、色泽、硬度以及与周围器官的位置关系等的解剖观察，进一步掌握猪内脏器官的解剖学特点及其与其他家畜的区别。

二、材料及设备

(1)实验动物:母猪1头,公猪1头。

(2)实验器械:手术刀柄、手术刀片、手术镊、止血钳、手锯、骨剪、器械盘、手术剪等。

三、实验步骤

1.心脏放血 使动物因心脏放血致死。

2.烫毛 用开水烫毛或直接进行下面的步骤。

3.打开腹腔,观察腹腔脏器 沿胸骨下端正中线切开腹壁肌肉至耻骨联合,再向两侧作横行切口,然后将腹壁向左右两侧翻转,充分暴露腹腔内各脏器。

(1)检视消化器官:打开腹腔后首先看到的是大网膜及一部分肠,检视大网膜及其与胃、肠的关系。剪开大网膜,观察腹腔消化器官的自然形态位置后,再分别详细检视胃的形态、大小及位置关系,并检视与胃左侧相连的脾的形态;检视小肠和大肠的分段、走行及结肠圆锥和肠系膜等结构的特点;检视肝脏、胰的位置、形态及肝管、胰管的特征。最后分别在贲门和降结肠末端处结扎并剪断,小心分离消化器官与腹腔的联系并取出。倒掉胃的内容物,观察其内部结构。在解剖过程中顺便检视一些大的血管、淋巴结等。

(2)检视泌尿器官:首先检视肾的自然形态位置,然后剥离一侧肾的肾脂肪囊,沿肾的凸缘纵行切开,观察其内部结构及类型,然后检视输尿管、膀胱及尿道的特点。在剖检肾时注意观察位于肾前内侧的肾上腺。

(3)检视母猪生殖器官:首先检视母猪卵巢和输卵管的位置和形态,然后仔细检视子宫的位置、形态。

4.打开盆腔,观察盆腔脏器 用骨剪从骨盆联合处剪开,暴露盆腔脏器。首先检视公猪的生殖器官,观察位于阴囊内的睾丸和附睾,然后检视精索、腹股沟管、输精管的结构。在盆腔内可看到直肠,母猪的子宫颈、阴道或公猪的尿道、副性腺,观察盆腔脏器的位置关系。

5.打开胸腔,观察胸腔脏器 清理胸壁组织和肌肉,在肋骨与肋软骨连线的内侧约1 cm处,将左、右肋骨剪断,取下胸骨,暴露胸腔。

(1)检视心脏:剪开心包暴露心脏。检视心脏的形态、位置及与其相连的血管。右心的剖检:用剪刀将右心房从后腔静脉入口处作直线剖开,从此线的中点沿心脏的右缘剖至心尖部,从心尖部与心室隔向右1 cm处,沿冠状动脉沟平行地剖至肺动脉;检视右心房、右心室及房室口的三尖瓣和肺动脉瓣等。左心的剖检:用剪刀将左心房从左、右肺静脉入口处直线剪开,沿心脏左缘割至心尖部,再从心尖部与心室中隔向左1 cm处,平行地剖开左心室的前壁和主动脉,检查三尖瓣、主动脉瓣和腱索、左心房、左心室内的结构。

(2)检视肺脏:观察肺脏的位置、外形、色泽及分叶情况,然后观察支气管、胸腺。

6.上呼吸道和上消化管的解剖 在颈部观察食管和气管的位置关系。在头部观察喉软骨、喉腔、鼻腔、口腔内器官等。

四、注意事项

(1)注意安全。

(2)严格按照实验步骤操作。

(3)认真观察和记录。

五、作业

根据解剖过程及观察结果完成实验报告。

技能操作 23 羊的解剖技术及内脏器官的观察

一、技能目标

通过对羊内脏各器官的形态、位置、色泽、硬度以及与周围器官的位置关系等的解剖观察,掌握反刍动物内脏器官的解剖学特点及其与其他家畜的区别。

二、材料及设备

羊,常规解剖器械(手术刀、手术剪、骨剪、镊子等)。

三、实验步骤

1.致死 使动物因颈总动脉放血致死。

2.剥皮 小心地剥离皮肤。皮肌及皮肤密切相连,剥皮时,要尽量把皮肌留在尸体上。观察皮肌、浅筋膜、肌肉、血管、神经等。

3.打开腹腔,观察腹腔脏器 沿胸骨下端正中线切开腹壁肌肉至耻骨联合,再向两侧作一个横行切口,然后将腹壁向左、右两侧翻转,充分暴露腹腔内各脏器。

(1)检视消化器官:打开腹腔后首先看到的是大网膜及一部分肠,检视大网膜及其与胃、肠的关系。剪开大网膜,观察腹腔消化器官的自然形态、位置后,再分别详细检视瘤胃、网胃、瓣胃、皱胃的形态、大小及位置关系,并检视与瘤胃左侧相连的脾的形态;检视小肠和大肠的分段、走向及肠襻和肠系膜等结构的特点;检视肝脏、胰的位置、形态及肝管、胰管的特征。最后分别在贲门、十二指肠结肠韧带的后缘和降结肠末端处结扎并剪断,小心分离消化器官及腹腔的联系并取出。倒掉胃的内容物,观察其内部结构。在解剖过程中顺便检视一些大的血管、淋巴结等。

(2)检视泌尿器官:首先检视肾的自然形态位置,然后剥离一侧肾的肾脂囊,沿肾的凸缘纵行切开,观察其内部结构及类型,然后检视输尿管、膀胱及尿道。在剖检肾时注意观察位于肾前内侧的肾上腺。

(3)检视母羊生殖器官:首先检视母羊卵巢和输卵管的位置和形态,然后仔细检视子宫的位置、形态,包括羊角状的子宫角及子宫角后端的伪体,子宫体和子宫颈内的子宫阜。

4.打开胸腔,观察胸腔脏器 清理胸壁组织和肌肉,在肋骨及肋软骨连线的内侧约 1 cm 处,将左、右肋骨剪断,取下胸骨,暴露胸腔。

(1)检视心脏:剪开心包,暴露心脏。检视心脏的形态、位置及与其相连的血管。右心的剖检:用剪刀将右心房从后腔静脉入口处作直线剖开,从此线的中点沿心脏的右缘剖至心尖部,从心尖部及心室隔向右 1 cm 处,沿冠状动脉沟平行地剖至肺动脉;检视右心房、右心室及房室口的三尖瓣和肺动脉瓣等。左心的剖检:用剪刀将左心房从左、右肺静脉入口处直线剪开,沿心脏左缘割至心尖部,再从心尖部及心室中隔向左 1 cm 处,平行地剖开左心室的前壁和主动脉,检查三尖瓣、主动脉瓣和腱索、左心房、左心室内的结构。

(2)检视肺:观察肺的位置、外形、色泽及分叶情况,然后观察支气管、胸腺。

5.打开盆腔,观察盆腔脏器 用骨剪从骨盆联合处剪开,暴露盆腔脏器。首先检视公羊的生殖器官,观察位于阴囊内的睾丸和附睾,然后检视精索、腹股沟管、输精管的结构。在盆腔内可看到直肠,母羊的子宫颈、阴道或公羊的尿道、副性腺,观察盆腔脏器的位置关系。

6.头颈部解剖 在颈部观察食管和气管的位置关系。在头部观察喉软骨、喉腔、鼻腔、口腔器官等。

四、注意事项

(1)注意安全。

(2)严格按照实验步骤操作。

(3)认真观察和记录。

五、作业

根据解剖过程及观察结果完成实验报告。

技能操作 24 常用生理指标的测定

一、技能目标

通过训练,学生具备正确测定体温、心率和呼吸频率,听取呼吸音、胃肠音的技能,为临床诊疗打下基础。

二、材料及设备

牛、羊、猪、马、犬、猫(根据当地条件选择),体温计、酒精棉球、听诊器、听诊布、保定器械、液体石蜡等。

三、实验步骤

1.体温的测定 观察体温计内的水银柱,熟悉体温计的刻度。测温前,应甩动体温计使水银柱刻度降至 35 ℃以下,用酒精棉球擦拭消毒并涂以润滑剂后再使用。测温时,被检动物应加适当的保定,检查者通常位于动物的左侧后方(如被检动物是牛,应站在其后方),以左手提起尾根部并稍推向对侧,右手持体温计经肛门徐徐捻转插入直肠中,再将附有的夹子夹于尾毛上,经 3~5 min 取出,用酒精棉球将体温计上的粪汁和黏液擦去,然后读取度数。用后将水银柱刻度甩至 35 ℃以下并放于消毒瓶内备用。

2.脉搏的测定 测定每分钟脉搏的次数,以次/分表示。

牛通常检查尾中动脉,检查者站在牛的正后方,左手提起牛尾,右手拇指放在尾根部的背面,用示指和中指在距尾根 10 cm 左右处尾的腹面正中,用手指指肚感知后进行检查。

马属动物可检查颌外动脉(面动脉),检查者站在马头一侧,一手握住笼头,另一手拇指置于下颌骨外侧,示指、中指指肚伸入下颌支内侧,在下颌支血管切迹处前后滑动,用指轻压即可感知。羊等中小动物可在后肢内侧的股动脉处检查。

3.心率测定和心音的听取 被检动物取站立姿势,使其左前肢向前伸出半步。心率的听诊方法有两种:①直接听诊法。将听诊布盖于左侧胸前部,检查者面向动物后方(前方),左(右)手将听诊布固定于鬐甲部,身弯弓向下,以左(右)耳紧贴心区,细心听取。②间接听诊法,最常用的一种方法。检查者戴好听诊器,以右(左)手固定鬐甲部,左(右)手持听诊筒在心区听取。计数每分钟心跳次数,以次/分表示。注意区别第一心音与第二心音的特征。

4.呼吸频率的测定、呼吸式的观察和呼吸音的听取

(1)呼吸频率的测定:测定动物每分钟的呼吸次数。一般可根据腹部的起伏动作测定。在动物安静时,检查者立于动物的侧方,注意观察其腹肋部的起伏,一起一伏为一次呼吸,在寒冷季节也可以通过观察呼出气流来计算。

(2)呼吸式的观察:注意观察动物呼吸过程中胸腹壁的起伏情况以判断呼吸式。健康动物通常呈胸腹式呼吸,而且每次呼吸的深度均匀,间隔的时间均等。

(3)呼吸音的听取:一般用听诊器进行间接听诊。对动物的两侧肺区,应普遍进行听诊,每一听诊点的距离为 3~4 cm,每一听诊点应连续听诊 2~3 个呼吸周期。整个肺区均可听到肺泡呼吸音,但以肺区的中部最为明显。健康动物可听到微弱的呼吸音,于呼气阶段较清楚,如吹风样。

5.胃肠音的听取 牛的瘤胃音,可在左肷窝听取,健康牛的瘤胃音似风吹或远雷声,每 2 min 2~3 次。瓣胃在牛的右侧第 7~9 肋间沿肩关节水平线上、下 3 cm 范围内听诊,正常的瓣胃蠕动音,呈断续性细小的捻发音。真胃音在真胃区听取,类似肠音,呈流水声或含漱音。大肠音犹如雷鸣音或远炮声。

6. 反刍的观察　反刍是反刍动物复杂的内脏运动反射现象。一般于采食后 30～60 min 开始反刍，每次反刍持续时间在 20 min 至 1 h 不等，每昼夜进行 6～8 次反刍。每次回口的食团再咀嚼 40～60 次（水牛 40～50 次）。高产奶牛反刍的次数较多且每次持续的时间长。一般每小时有 15～30 次的嗳气活动。因此，观察时应注意反刍开始出现时间，每次持续时间，昼夜反刍的次数，每次食团的再咀嚼情况和嗳气的情况等。

四、注意事项

（1）注意安全。

（2）严格按照实验步骤操作。

（3）认真观察和记录。

五、作业

学生熟练记忆三项家畜生理常数备注，完成实验报告。

技能操作 25　牛(羊)的活体触摸和主要内脏器官体表投影位置的确定

一、技能目标

通过训练，学生能在活体动物身上熟练指出体表部位名称，触摸常用骨性、肌性标志及体表淋巴结，确定牛主要内脏器官的体表投影位置。加深理解记忆，从而为临床诊疗打下基础。

二、材料及设备

牛（根据当地条件再选择羊、猪、马、犬、猫等动物）。保定绳、二柱栏（保定大动物用）、小动物保定器械。

三、实验步骤

(一)牛体表触摸常用的骨性、肌性标志和体表淋巴结

1. 头部　额隆起、面结节、眶上突、眶下孔、鼻颌切迹、下颌淋巴结、齿槽间缘。

2. 颈部　寰椎翼、臂头肌、胸头肌、颈静脉沟、喉、气管、甲状腺、肩前淋巴结。

3. 胸背部　鬐甲、髂肋肌沟、肋间隙、肋弓、胸骨柄、剑状软骨。

4. 腰背部　腰椎棘突和横突、腰椎间隙。

5. 前肢　肩胛骨、肱骨、前臂骨、腕骨、掌骨、指骨。肩关节、肘关节、腕关节、系关节、冠关节。肩胛冈、副腕骨。正中沟、桡沟、尺沟、掌内外侧沟。

6. 荐臀部和后肢　荐结节、髋结节、坐骨结节、荐尾间隙。臀股部肌、股骨、膝盖骨、小腿骨、跗骨、趾骨。髋关节、膝关节、跗关节、系关节、冠关节、大转子、跟结节。跟腱。股二头肌沟、小腿内外侧沟、跖内外侧沟。髂下淋巴结。

(二)牛主要内脏器官的体表投影位置的确定

1. 心脏　使牛左前肢向前迈出半步，显露左侧胸壁，心脏投影约在胸腔下 2/3 处，位于第 3～6 肋之间，心基大致位于肩关节的水平线上，心尖在膈的前下方 2～5 cm 处。

2. 肺　背界距背中心约 10 cm，后缘为一条从第 12 肋骨上端至第 4 肋骨下端凸向后下方的弧线。

3. 肝　位于右季肋部，最前端达第 6～7 肋间下端；长轴斜向后向上，达最后肋间隙。胆囊相当于第 10～11 肋间隙的下部。

4. 瘤胃　腹腔左半部，前端与第 7～8 肋间隙相对。

5. 网胃 季肋部正中矢状面上,前后稍扁,膈的紧后方,与第 6～8 肋相对。

6. 瓣胃 右季肋部,瘤网胃交界处右侧,与第 7～11(12)肋相对(肩关节水平线上)。

7. 皱胃 在季肋部和剑状软骨部,瘤胃腹囊左侧和后方,大部分与腹底壁紧贴,与第 8～12 肋相对。

8. 小肠 大部分位于右季肋部、右髂部和右腹股沟部。

9. 大肠 位于腹腔右季肋部和右髂部,听诊部位在右肷及其周围。

10. 肾 右肾在第 12 肋间至第 2(3)腰椎横突腹侧,左肾在第 2(3)至第 5 腰椎横突腹侧。

(三)其他动物体表触摸和主要内脏体表投影位置的确定

注意介绍各种动物接近的方法及注意事项。确定体表部位,触摸骨、关节和体表淋巴结,胃肠体表投影位置(详细内容见理论知识部分)。

四、注意事项

(1)注意安全。

(2)严格按照实验步骤操作。

(3)认真观察和记录。

五、作业

学生熟练记忆牛、羊体表部位名称,完成实验报告。

主要参考文献

[1] 彭克美.畜禽解剖学[M].2版.北京:高等教育出版社,2009.

[2] 周元军.动物解剖[M].北京:中国农业大学出版社,2007.

[3] 董常生.家畜解剖学[M],5版.北京:中国农业出版社,2015.

[4] 杜护华.动物解剖生理[M].武汉:华中科技大学出版社,2013.

[5] 陈功义,朱金凤.动物生理[M].2版.重庆:重庆大学出版社,2016.

[6] 周其虎.动物解剖生理[M].3版.北京:中国农业出版社,2019.

[7] 曲强,程会昌,李敬双.动物解剖生理[M].北京:中国农业大学出版社,2012.

[8] 陈功义.动物解剖[M].北京:中国农业出版社,2010.

[9] 陈杰.家畜生理学[M].4版.北京:中国农业出版社,2003.

[10] 彭芳.生理学[M].西安:陕西科学技术出版社,2018.

[11] 李文忠,蒋淑君,韩丽华.生理学[M].武汉:华中科技大学出版社,2014.

本书在写作过程中使用了部分图片,在此向这些图片的版权所有者表示诚挚的谢意！由于客观原因,我们无法联系到您。如您能与我们取得联系,我们将在第一时间更正任何错误或疏漏。